W0257630

Die Krackverfahren
unter Anwendung von Druck
(Druckwärmespaltung)

Von

Dr. Erwin Sedlaczek
Oberregierungsrat

Mit 179 Textabbildungen

Berlin
Verlag von Julius Springer
1929

ISBN-13:978-3-642-90393-9   e-ISBN-13:978-3-642-92250-3
DOI: 10.1007/978-3-642-92250-3

Inhaltsverzeichnis.

Einleitung.

Unter Krackverfahren, wie sie heute in großem Maßstab in Amerika und dort, wo amerikanisches Geld in der außeramerikanischen Erdölindustrie arbeitet, zur Ausführung kommen, versteht man in erster Linie die sogenannten Druckwärmespaltungsverfahren, mit Hilfe deren es gelingt die wegen ihres zu hohen Siedepunktes schwer absetzbaren Erdölprodukte in leicht flüchtige zum Betrieb von Motoren geeignete Benzine umzuwandeln. Für die Versorgung des Marktes mit Motortreibmitteln ist das Kracken bereits schon seit einer Reihe von Jahren ein äußerst wichtiger Faktor geworden. Man darf auch nicht unberücksichtigt lassen, daß dieses Veredelungsverfahren nicht nur für die bei der Gewinnung und Verarbeitung des Erdöls anfallenden Rohprodukte bzw. Nebenprodukte oder Abfälle, sondern auch für die aus anderen Industrien stammenden sonst schwer verwertbaren Abfallprodukte, wie sie in der Form von Teeren aller Art oder dergleichen vorliegen, und auch für die in den letzten Jahren immer mehr an Interesse gewinnenden synthetischen Öle von großer Bedeutung ist.

Von dem Phänomen der pyrogenetischen Zersetzung von Ölen zur Gewinnung von Ölgas hat man schon seit dem Jahre 1792 Verwendung gemacht. Das Kracken von Ölen, d. h. das Verfahren leicht siedende benzinartige Produkte aus schwersiedenden durch Überhitzung zu gewinnen, wurde durch Zufall im Jahre 1861 gelegentlich einer unrichtig geleiteten Destillation von Erdöl beobachtet. Grundlegend für die praktische Durchführung des Krackverfahrens ist aber erst das A.P. 1 049 667 von Burton geworden, das am 7. I. 1913 erteilt wurde.

Die Veröffentlichungen über die einzelnen Krackverfahren haben heute eine Zahl erreicht, die weit über Tausend hinausgeht. Sie sind zum größten Teil in der Patentliteratur enthalten. Die amerikanischen sind am zahlreichsten, was im Hinblick auf den Besitz Amerikas an einheimischen und ausländischen Ölquellen ohne weiteres verständlich erscheint.

Bei dem täglich wachsenden Interesse für diese relativ junge und sehr aussichtsreiche Technik war die Bedürfnisfrage nach einer Sichtung der gemachten Vorschläge insbesondere unter Berücksichtigung der Gesamtentwicklung der Krackverfahren und des jetzigen Standes der Krackindustrie nicht ohne weiteres abzulehnen.

Das Bestreben diese Aufgabe zu lösen hat zu der folgenden Zusammenstellung geführt.

Die Anordnung eines so umfangreichen Materials in eine für den Interessenten möglichst übersichtliche Form stößt insofern auf große Schwierigkeiten, als vielfache Veröffentlichungen, insbesondere solche fremder Staaten, durch die Angabe zahlloser Details in den Ausführungs-möglichkeiten den eigentlichen wichtigen abstrakten Inhalt einer Neue-rung verschleiern oder ganz verdecken, und infolgedessen eine techno-logische Einordnung ungemein erschweren.

Geradezu verblüffend ist aber das Mißverhältnis zwischen der Zahl der wirklich praktisch durchgeführten Verfahren im Verhältnis zu den in der Patentliteratur gemachten zahllosen Vorschlägen. Während näm-lich die Zahl der Vorschläge weit über 1000 beträgt, wird von Sach-verständigen der amerikanischen Krackindustrie die Zahl der praktisch ausgeführten Verfahren auf nur 12—24 angegeben.

Es ist nun in den folgenden Ausführungen nicht beabsichtigt worden, eine lückenlose Zusammenstellung aller Vorschläge zu bringen, wie dies etwa seit dem Jahre 1921 in dem sehr lesenswerten Werke von Croner und Naphtali (Leichte Kohlenwasserstofföle 1928) geschehen ist, sondern der Verfasser hat sich die Aufgabe gestellt, nach einem kurzen theore-tischen Überblick zunächst die wichtigsten heute praktisch in Amerika benutzten Krackverfahren zu beschreiben, und auf Grund dieses prak-tisch bewährten Materials die außerdem vorliegenden Veröffentlichungen unter Ausscheidung derjenigen Vorschläge, die offensichtlich keine prak-tische Anwendungsmöglichkeit erkennen lassen, wahlweise und, wenn auch nicht lückenlos, so doch möglichst erschöpfend insbesondere soweit das amerikanisches Material in Betracht kommt, in zahlreiche technolo-gische Unterabteilungen einzuordnen, die sich zwanglos aus den praktisch erprobten Maßnahmen und Apparaten ergaben. Es ist durch die Ein-ordnung ein gewisser Zusammenhang zwischen den praktisch erprobten Verfahren und Apparaten und den noch nicht durchgeführten Vor-schlägen gewahrt, die leicht erkennen lassen, in welcher Weise in den einzelnen Phasen dieses weit verzweigten Aufgabenkomplexes gearbeitet worden ist.

Trotz dieser vorgenommenen Einschränkung, d. h. der nur teilweisen Berücksichtigung des Gesamtmaterials, die auch nicht an letzter Stelle dem von vornherein festgesetzten Umfang dieses Buches Rechnung tragen mußte, hofft der Verfasser dem Leser die Möglichkeit zu geben, sich selbst ein Bild über das Wesen und die Ziele der Krackverfahren an der Hand des besprochenen Materials zu machen.

Es soll schließlich nicht unerwähnt bleiben, daß sich diese Zusammen-stellung lediglich auf die Druckwärmespaltungsverfahren bezieht und daß andere Spezialverfahren, wie z. B. die sogenannten Berginverfahren oder die synthetisch hergestellten Kohlenwasserstoffe keine Berücksich-tigung gefunden haben.

Das referierte Material ist in 23 Gruppen unterteilt, zu denen der erste Abschnitt hinzukommt, der sich mit der Theorie des Krackens und dem Stand der praktisch ausgeführten Krackindustrie befaßt. In den darauffolgenden 23 Kapiteln hat eine Unterteilung des Materials nach technologischen Gesichtspunkten stattgefunden.

Es soll zunächst ganz kurz auf die Gedankengänge hingewiesen werden, die zu der vorgeschlagenen Unterteilung geführt haben.

Das gesamte Material zerfällt zunächst rein theoretisch zwanglos in zwei große Gruppen, d. h. in Verfahren und in Apparate. Bei den Verfahren überwiegen die chemischen, bei den Apparaten die mechanischen Gesichtspunkte. Ferner sind zahlreiche Vorschläge vorhanden, die weder ein Gesamtverfahren bzw. einen Apparat als Ganzes, sondern nur Einzelteile desselben betreffen. Schließlich haben sich gewisse Grundtypen in der Ausbildung bestimmter Gesamtapparaturen oder ihrer Einzelteile ausgebildet, die gleichfalls dazu hinleiten, diese in gesonderten Kapiteln zu besprechen. Naturgemäß werden sich einzelne Kapitel hinsichtlich ihres Inhalts überschneiden und es ist außerdem nicht immer möglich gewesen in einigen Einzelkapiteln Verfahren und Apparate scharf voneinander zu trennen.

Die gesamten Vorschläge, welche das Kracken betreffen, lassen sich kritisch entweder nach den ihnen zugrundeliegenden theoretisch-wissenschaftlichen Erkenntnissen bzw. Hypothesen in bestimmte Gruppen einordnen oder aber nach den erzielten Wirkungen, die von der Innehaltung einer bestimmten Arbeitsweise oder Anwendung einer Spezialkonstruktion abhängig sind.

Wenn man mit Rücksicht auf die mit den wissenschaftlichen Feststellungen nicht immer übereinstimmenden praktisch erzielten Resultate die erzielte Wirkung als das wesentliche Merkmal betrachtet, so würde die gelöste Aufgabe und die dazu benutzten Mittel das Bindeglied zwischen einzelnen anscheinend heterogenen Ausführungsformen werden.

Diese Auffassung würde dazu dienen können die Übersicht über das Gesamtmaterial zu erleichtern. Zu diesem Zweck erscheint es geboten, im Einzelfalle das Typenmäßige in der Ausgestaltung der Krackverfahren und Apparate, das man als Allgemeingut des Technikers ansehen kann, bei der Besprechung unberücksichtigt zu lassen. Es kann z. B. unerwähnt bleiben, daß bei Ausführung einer Druckwärmespaltung Druck und höhere Temperatur in dem Apparat herrschen muß, daß man zur Erzielung von Druck und Temperatur Ventile und Feuerung braucht, daß man die Destillate schließlich in einen Dephlegmator bzw. Kondensator leiten muß, daß man bei kontinuierlichen Verfahren für die Zuführung von Frischöl und die Abführung der Rückstände Sorge tragen muß und anderes mehr. Wenn man dann die Einzelvorschläge in der erläuterten Weise des unnötigen Beiwerkes entkleidet, so bleibt meistens schließlich als Kern einer Erfindung eine überaus leichtverständliche mit wenigen Worten oder Strichen zu skizzierende Maßnahme oder Anordnung übrig, wodurch anscheinend ganz verschiedene Vorschläge sich technologisch als zu derselben Gruppe gehörig erweisen.

Auch unter Zugrundelegung dieser Anschauungsweise ist versucht worden das Material in die folgenden 23 Untergruppen einzuordnen.

Es wird sich, wie bereits erwähnt, nicht vermeiden lassen, im Einzelfall mehrere Kapitel nachzulesen, was indessen mit einer geringeren Mühe verbunden sein dürfte, als wenn die einzelnen Kapitel an Zahl geringer, dafür aber um so umfangreicher wären.

Wenn auch diese Zusammenstellung dazu beitragen würde den interessierten Kreisen die Information auf dem Gebiete des Krackens zu erleichtern, so wäre der Zweck dieses Buches erfüllt.

Theorie und Praxis der Krackverfahren.

Es ist auffällig, daß in einer Industrie, deren Standardpatent A.P. 1049667 bereits am 7. I. 1913 erteilt wurde, sich anscheinend so wenig Gesetzmäßigkeiten zeigen. Denn man kann beim Studium des vorliegenden Gesamtmaterials nicht den Eindruck gewinnen, daß allen Verfahren ein gemeinsames Grundmerkmal eigen ist, welches in den Einzelvorschlägen lediglich gewissen Abänderungen unterworfen wird. Im Gegenteil scheint es vielfach so, als ob der größte Teil der Einzelvorschläge auf an sich verschiedenen Erkenntnissen beruht und nur wenig Vergleichsmöglichkeiten miteinander in sich schließt.

Verständlich wird aber diese Sachlage dadurch, daß die physikalisch-chemischen Grundlagen der Druckwärmespaltung, wie von kompetenter Seite zugegeben wird, noch sehr wenig aufgeklärt sind. Anknüpfend an diese Äußerung von Gurwitsch soll aus seinen Ausführungen in dem von ihm verfaßten Werke „Wissenschaftliche Grundlagen der Erdölverarbeitung 1924, S. 211ff." nur Folgendes wiedergegeben werden. Die Temperatur, bei der die Zersetzung der Kohlenwasserstoffe beginnt, liegt nach Engler bei etwa 200⁰ C, während andere Forscher bei Temraturen bis etwa 325⁰ C keine Zersetzung beobachteten. Die chemischen Vorgänge bei der Einwirkung der Hitze auf Erdölkohlenwasserstoffe bestehen in erster Linie in der Spaltung der größeren Moleküle in kleinere Stücke, die ihrerseits weiteren Veränderungen unterliegen können. Im Anfang der Zersetzung tritt eine Spaltung in größere Stücke ein, während mit steigender Temperatur immer kleinere und flüchtigere Spaltstücke und auch durch sekundäre Polymerisation hochmolekulare Reste sich bilden. Bei der Krackdestillation, wo die Öle absichtlich längere Zeit höheren Temperaturen ausgesetzt wurden, tritt außer der Bildung von Gasen auch eine solche von Wasserstoff ein. Die Spaltung von Paraffinen ist stets von einer Bildung von Olefinen begleitet. Neben den Spaltungsvorgängen finden auch Polymerisationsvorgänge statt, wobei sich sowohl die im Öl ursprünglich vorhandenen, als auch die durch Spaltung gebildeten ungesättigten Verbindungen polymerisieren können. Die ungesättigten Spaltstücke der ursprünglich größeren Kohlenwasserstoffmoleküle können auch verschiedene Isomerisationsprozesse durchmachen. In der Hitze erleiden auch die in den Erdölen enthaltenen Wachse und Asphaltstoffe eine Zersetzung. Die Spaltung der Erdölbestandteile geht in der Dampfphase viel leichter vor sich als in der Flüssigkeitsphase.

Anfangs wurde das Kracken in hohen stehenden zylindrischen Kesseln ausgeführt, die zur Hälfte gefüllt waren und deren Oberteil bis zur Rotglut erhitzt wurde. Diese große Überhitzung erwies sich als schädlich, weil, wie bereits erwähnt, niedrige Temperaturgrade große Spaltstücke, hohe Temperaturgrade dagegen kleine Spaltstücke, wie Methan, Äthylen, Wasserstoff und dergleichen liefern. Beim gewöhnlichen Krackungsprozeß arbeitet man auf Kerosin und Benzin. Da aber bei wenig hohen Temperaturen die Spaltung zu langsam vor sich geht, so muß man das zu krackende Öl einer nicht zu starken, dafür aber ausreichenden Erhitzung unterwerfen. Zu diesem Zweck wurden in den zuerst benutzten hohen zylindrischen Kesseln, und zwar in ihrem Oberteil und in auf ihnen aufgesetzten Domen, die entstandenen Destillatdämpfe einer Dephlegmation unterworfen, wobei die schweren Kondensate in den Krackkessel zurücklaufen. Man kann bei genügend langer Dauer der Erhitzung bereits bei etwa 250⁰ C kracken.

Gleichzeitig mit der Abspaltung der abdestillierenden kleinen Stücke geht bei der Krackung eine Polymerisation der zurückbleibenden Reststücke zu größeren Molekülen vor sich. In dem Kessel bleibt schließlich eine asphaltartige Masse zurück, die zum Teil aus den ursprünglichen Asphaltstoffen, zum Teil aus den durch Polymerisation neu gebildeten Verbindungen besteht. Als letztes Produkt bleibt beim Kracken im Destillatkessel sogenannter Petroleumkoks, d. h. ein harter poröser glänzender Körper zurück, der als ein Gemenge von sehr hochmolekularen, wasserstoffarmen Kohlenwasserstoffen aufzufassen ist.

Die vorstehend gemachten Angaben beziehen sich auf die Krackdestillation lediglich mit Hilfe von erhöhten Temperaturen. Als eine Abart dieser destruktiven Destillation erscheint die sogenannte Druckwärmespaltung, d. h. ihre Ausführung unter Anwendung von Druck neben Hitze. Bei Benutzung des Druckes scheint die Spaltung symmetrischer zu verlaufen, indem die Bildung sehr niedrig molekularer (Gase) und sehr hoch molekularer Verbindungen (Koks) zugunsten von Benzinen und dergleichen zurücktritt. Bei der Druckwärmespaltung besteht der interessanteste Vorgang darin, daß hochmolekulare und nicht unzersetzt siedende Verbindungen bei gleich hohem Erhitzen unter Druck sich auf andere Weise als ohne Druck spalten.

Die größere Ergiebigkeit der Druckdestillate an flüssigen Produkten auf Kosten von Gasen ist in der Polymerisation und Kondensation der primär gebildeten ungesättigten gasförmigen Spaltstücke zu flüssigen Produkten unter der Einwirkung des Überdruckes zu suchen.

Die durch die Druckwärmespaltung erhaltenen Produkte sind bedeutend reicher an ungesättigten Kohlenwasserstoffen, enthalten auch größere Mengen gefärbter Stoffe und lassen sich auch schwerer raffinieren als normale Destillate des Öls.

Es ist dann in dem vorerwähnten Werk auf S. 229 ff. die pyrogene Zersetzung von Kohlenwasserstoffen abgehandelt, die in pyrogenetischer Synthese d. h. Aufbauverfahren, z. B. Herstellung von Benzol C_6H_6 durch Kondensation von Azetylen C_2H_2 und in pyrogenetischer Analyse d. h. Abbauverfahren z. B. Gewinnung von Azetylen C_2H_2 und Benzol C_6H_6 aus Styrol C_8H_8 besteht. Es wird darauf hingewiesen, daß bei Gewinnung von Benzinen durch Pyrogenisation unter Anwendung von

Druck, Temperaturen unter 500⁰ C innegehalten werden müssen, während für die Bildung von aromatischen Kohlenwasserstoffen viel höhere Temperaturen angewendet werden. Die aromatischen Kohlenwasserstoffe erwiesen sich als die beständigsten bei Temperaturen zwischen 650—700⁰ C. Die hohen Temperaturen bewirken aber auch die Bildung von Gasen und Koks. Es sind dann noch Angaben über die Erhitzungsdauer und ihre Beziehung zu der Höhe der Temperatur gemacht und über die Beziehung des Druckes zu der Temperatur und zu der Natur der Endprodukte sowie über die Wirkung von Katalysatoren.

Obwohl die Herstellung von Benzinen auf dem Wege des Krackens seit vielen Jahren als praktisch gelöst angesehen werden kann, bleibt die große Zahl der von Jahr zu Jahr wachsenden neuen Vorschläge auffällig, so daß man zwangsläufig zu der Auffassung kommen kann, daß die vom Techniker rechnerisch herauskalkulierte Spitzenleistung noch nicht erreicht ist.

Es ist ohne weiteres verständlich, daß die Krackverfahren wirtschaftlich um so wertvoller sind, je größer die Ausbeuten sind und je höher die Wärmeökonomie ist, und es sind fraglos in dieser Hinsicht sehr große Fortschritte zu verzeichnen.

Der Hauptfeind des Krackdestillateurs ist aber der Kohlenstoff, der sich meistens an den Stellen absetzt, wo er unerwünscht ist. Es ist anzuerkennen, daß es an sehr sinnreich durchdachten Vorschlägen nicht gefehlt hat, um sich gegen den Kohlenstoff zu wehren. Wenn man von dem häufiger erwähnten Standard-Apparat von Burton (A.P. 1 049 667 ausgeht, in dem eine relativ große Ölmenge in einem liegenden zylindrischen Kessel erhitzt wurde, so ist es wohl verständlich, daß sich in der ruhenden großen Ölmenge am Boden Kohlenstoff absetzen wird, deshalb wurden später Ölerhitzer angewendet, die eine Zirkulation des Öles während der Erhitzung ermöglichten. Diese Bewegung des Öles während der Spaltung ist dann in der mannigfachsten Weise außer durch Umlauf ausgeführt worden, und zwar in rotierenden Retorten, mit Hilfe von mechanischen Rührern oder Schabern, durch Einbau von Filtern, durch Einblasen von Gasen oder Dämpfen auf den Boden der Druckkessel u. a. m. Dann hat man den Kohlenstoff dadurch zu bekämpfen versucht, daß man ihn an solchen Stellen zur Absetzung brachte, wo er leicht entfernt werden konnte. Für gewöhnlich bestehen solche Zweiphasenapparate aus einer Heizschlange und einem mit ihr verbundenen Expansionskessel. In der Schlange wird das Öl bis zur Kracktemperatur und bei einer so hohen Strömungsgeschwindigkeit erhitzt, daß sich in ihr kein Kohlenstoff absetzen kann. Aus der Heizschlange treten die Dämpfe in den Expansionskessel, in dem sich der eigentliche Krackprozeß vollzieht und sich auch der Kohlenstoff abscheidet, der leicht mechanisch entweder intermittierend oder kontinuierlich auch unter Mitwirkung lösend wirkender Öle u. a. m. entfernt werden kann. Diese Lösungsöle hat man auch bereits dem Krackgut zugefügt. Schließlich sind auch solche Apparate vorgeschlagen worden, in denen die Abscheidung von Kohlenstoff lokalisiert wurde. Der Kohlenstoff wurde dann entweder durch bereits eingebaute Spezialeinrichtungen, d. h. Röhren für das Einleiten von Wasserdampf oder durch Reißketten o. dgl. entfernt.

Man ersieht bereits aus dieser keineswegs erschöpfenden Zusammenstellung, wie zahlreich die vorgeschlagenen Lösungen für dieses Problem sind. Ähnlich liegen die Verhältnisse bei den übrigen für die Ausführung des Krackens wichtigen Arbeitsbedingungen. Man kann ferner aus diesen Tatsachen schließen, daß es für die Übersichtlichkeit des bearbeiteten Stoffes notwendig war, bei der Besprechung von Neuerungen nur das eine die Neuheit bedingende Merkmal herauszuschälen und Ausführungsmöglichkeiten bzw. Anordnungen, die mit dem Wesen der Neuerung keine innere Verbindung besaßen, unberücksichtigt zu lassen. Unter Berücksichtigung dieser im vorstehenden gekennzeichneten Auffassung sind die folgenden Ausführungen zu werten.

Zur schnelleren Informierung des Lesers über die zu besprechende Materie soll nunmehr auf den Stand der Krackindustrie in Amerika im Jahre 1924 näher eingegangen werden.

Der Stand der Krackindustrie in Amerika.

Während in den meisten Ländern die Krackindustrie eine nebensächliche oder nur wenig bedeutungsvolle Rolle spielt, sollen 'nach glaubwürdigen Mitteilungen bereits jetzt schon in Amerika etwa 40 bis 50 vH der Treibmittel Krackbenzine sein. Es ist deshalb für die Industrie auch derjenigen Staaten, in denen die Krackindustrie bisher keine Rolle gespielt hat, von Interesse zu erfahren, in welcher Weise diese Krackbenzine nun eigentlich gewonnen werden. Durch ein Studium der amerikanischen Patentliteratur, die mehrere Hundert Patentschriften beträgt, wird man zu einer Klärung dieser Frage kaum kommen können. Es ist deshalb außerordentlich zu begrüßen, daß C. M. Johnson in der amerikanischen Zeitschrift Mechanical Engineering 1924, Heft 12 eine Zusammenstellung über die zurzeit in Amerika praktisch ausgeführten Krackverfahren veröffentlicht hat, die im folgenden wiedergegeben werden soll.

Die stets wachsende Nachfrage nach Gasolin und der Umstand, daß ein großer Teil des gewonnenen Rohpetroleums für die Herstellung von Treibmitteln ungeeignet ist, haben zu der Ausarbeitung zahlreicher technischer Prozesse geführt, die man mit dem Namen Krackprozesse bezeichnen kann. Durch diese Verfahren ist man in den Stand gesetzt aus minderwertigem Rohmaterial oder aber aus schwersiedenden Fraktionen von vollwertigem Rohmaterial eine relativ hohe Ausbeute von leicht siedenden Benzinen zu gewinnen. Es soll zunächst zu der Theorie des Krackverfahrens Stellung genommen und dann die Einzelverfahren hinsichtlich ihrer Vorzüge und Nachteile besprochen werden. Es gibt zurzeit etwa 12 verschiedene Krackprozesse, die in Amerika praktisch zur Ausführung gelangen.

Trotzdem das Petroleum weit verbreitet und schon sehr lange ein weitverbreiteter Handelsartikel ist, gründen sich unsere Kenntnisse über das chemische Verhalten dieses Stoffes auf Untersuchungen der letzten 40 Jahre. Obwohl eine ungeheuer große Literatur über das Petroleum erschienen ist, vollzieht sich die Reinigung des Petroleums nach rein empirischen Grundsätzen. Es bestehen sehr viele Vorschriften darüber, in welcher Weise man die Handelsprodukte aus dem Petroleum gewinnen soll, aber es fehlen Angaben darüber, wie man eine Maximalausbeute gewinnen soll.

Die unaufhörlich fortschreitende Motorisierung nicht nur in Amerika, sondern auch in anderen Ländern, hat die Nachfrage nach Treibmitteln derart erhöht, daß der Bedarf von den natürlichen Hilfsquellen nicht gedeckt werden kann. Überdies ist ein großer Teil der Weltproduktion an Petroleum derart, daß er nach den üblichen Raffinationsmethoden wenig Gasolin und Naphtha liefert. Das raffinationsfähige Rohmaterial liefert aber nur bestimmte Mengen leichtsiedender Fraktionen im Verhältnis zu dem Gesamtvolumen.

Auch die Entdeckung oder Erschließung neuer Ölfelder kann an dieser Tatsache nichts ändern. Selbst wenn die Menge des gewonnenen Petroleums ausreichend sein würde, um den Bedarf an Gasolin zu decken, so würde andererseits in einem solchen Falle der Markt mit schwer absetzbaren Produkten überschwemmt werden. Der Umstand, daß die Verarbeitung von derartig großen Petroleummengen vollkommen unwirtschaftlich sein würde, hat zu den Bestrebungen geführt, aus beschränkten Mengen von Petroleum erhöhte Ausbeuten an leicht siedenden Produkten zu gewinnen. Es ist ohne weiteres verständlich, daß wenn derartige Bestrebungen erfolgreich gewesen sind, dieser Ausweg vom wirtschaftlichen Standpunkt aus viel zweckmäßiger erscheint, als wenn man die Gewinnung von Rohpetroleum steigert. Denn hierdurch wird das überhaupt vorhandene Petroleum geschont und der Markt nicht mit Produkten belastet, die schwer abzusetzen sind. Einen Ausweg aus dieser Notlage bilden nun diejenigen Verfahren, welche schwere Öle kracken, die entweder aus minderwertigen Rohprodukten oder aber aus Raffinaten stammen.

Über die Grundzüge der Krackverfahren.

Die Krackverfahren befinden sich heute noch im Stadium der Entwicklung. Eine sehr große Menge experimenteller Untersuchungen sind erforderlich gewesen, um schließlich zu einigen wenigen wirtschaftlich ausführbaren Prozessen zu führen. Die destruktive Destillation von Ölen, d. h. die Gewinnung von leicht siedenden Ölen aus schweren unter Verwendung von Hitze und Druck, wurde durch Zufall im Jahre 1861 bei einer Öldestillation in Newark beobachtet. Es handelte sich damals um die Umwandlung von Petroleumprodukten, die nach ihrem Siedepunkt zwischen dem Kerosin und den Schmierölen lagen, in leicht siedende zu Beleuchtungszwecken dienende Produkte.

Bei der üblichen Raffination des Rohpetroleums enthält man eine große Anzahl verschiedenartiger Produkte, deren Grenzen bezüglich ihrer Eigenschaften und ihrer Absetzbarkeit äußerst weit gezogen sind. Am meisten gefragt sind die Treibmittel für Luftfahrzeuge, Motorboote, Automobile u. dgl. Weniger gefragt sind Kerosin und Heizöle, die Licht, Hitze oder Kraft entwickeln sollen.

Von den zwei Typen von Produkten, die zum Betrieb von Verbrennungskraftmaschinen erforderlich sind, d. h. dem Schmieröl und dem

Gasolin, ist das erstere für die Erhaltung der Ölvorräte ohne Bedeutung, aber die Versorgung mit Gasolin droht andererseits die Hilfsquellen an Petroleum langsam zu zerstören.

Die restliche Umwandlung des gesamten Kerosin und Heizöles in Gasolin ist weder wünschenswert noch auch durchführbar. Nichtsdestoweniger ist die Erhöhung der Ausbeute an Gasolin eine unerläßliche Bedingung. Zur Ausführung dieser Aufgabe dienen nun die Krackprozesse.

Der Krackprozeß ist auf die bekannte Tatsache zurückzuführen, daß sich organische Verbindungen durch die Einwirkung der Hitze zersetzen. Je größer das Kohlenwasserstoffmolekül ist, um so leichter zerfällt es. Man kann im übrigen sagen, daß bei fast allen Destillationen, sofern sie sich nicht sehr niedriger Temperaturen bedienen, stets ein Kracken eintreten wird.

Ein von der Natur geliefertes Öl, wie z. B. Rohpetroleum, stellt eine Mischung von Körpern von verschiedenen Siedepunkten dar. Jeder der in dem Öl enthaltenen Kohlenwasserstoffe von hohem Siedepunkt ist während der Destillation der leichteren Bestandteile einer längeren Hitzewirkung bei steigenden Temperaturgraden ausgesetzt bis die niedrig siedenden Produkte abdestilliert sind. Infolgedessen bleiben die hochsiedenden Bestandteile mehrere Stunden lang einer unter ihrem Siedepunkt liegenden Hitze ausgesetzt. Für gewöhnlich dauert die raffinierend wirkende Destillation je nach der Größe der Kessel 1—3 Tage. Diese lange Einwirkung von Temperaturen, die unter dem Siedepunkt bestimmter Bestandteile liegen, zeigt sich in gewissen Spaltungsvorgängen (Kracken). Die Zeit ist stets ein wichtiger Faktor bei der Ausführung organischer Reaktionen, demnach ist die Dauer der Hitzeeinwirkung für das Endergebnis von sehr hoher Bedeutung. Für die Ausführung der Krackverfahren sind die beiden wesentlichsten Faktoren Hitze und Druck. Die Einwirkung der Hitze besteht darin, daß sie die Bindungen zerbricht, welche das ganze Kohlenstoffwassermolekül zusammenhalten. Bei manchen Verfahren ist auch der angewandte Druck von Bedeutung für die Innehaltung von bestimmten Temperaturen, aber auch für die Natur der entstandenen Spaltprodukte.

Die Temperatur, bei der die Spaltung eines bestimmten Kohlenwasserstoffes in ausreichend schneller Weise eintritt, liegt über seinem Siedepunkt. Wenn kein Druck zur Anwendung kommt, so wird der Kohlenwasserstoff verdampfen und sich hierdurch der Einwirkung der Hitze entziehen, wodurch die Menge der Spaltprodukte klein wird. Wenn dagegen der Druck genügend hoch ist, um den Siedepunkt so weit zu steigern, daß ein schnelles Kracken eintritt, so kann man einen Zerfall in die gewünschten Spaltstücke bewirken, ohne eine vollkommene Zersetzung befürchten zu müssen. Ein Zeichen für einen vollkommenen Zerfall ist die Entwicklung permanenter Gase, sowie die Ausscheidung von Kohle und schweren asphaltartigen Substanzen, die als Rückstand zurückbleiben.

Die Menge des Gases, die sich messen läßt, liefert ein Anzeichen dafür, wie weit die Zersetzung schon vorgeschritten ist. Der Krackprozeß stellt demnach eine teilweise Zersetzung bzw. Dissoziation dar im Gegensatz zu einer vollkommenen Zersetzung. Der Zweck des Krackens ist, daß hoch siedende Bestandteile in niedrig siedende umgewandelt werden, die bei der gewöhnlichen Destillation nicht gewonnen werden können. Eine solche Zersetzung kann mit einer erheblichen Entwicklung permanenter Gase verbunden sein. Sie braucht es aber nicht. Das hängt ganz von den Temperaturen ab, die für die gewünschte Zersetzung im Einzelfall erforderlich sind. Bei einem gewöhnlichen Krackprozeß ist die Innehaltung möglichst hoher Temperaturen innerhalb bestimmter Grenzen anzuraten, weil hierduch eine ausreichend schnelle Arbeitsweise gewährleistet ist. Ein Abfallen der Temperatur unter eine gewisse Höhe kann nur durch längere Einwirkung der Hitze wieder aufgewogen werden. Vom wirtschaftlichen Standpunkt bedeutet das eine Erhöhung der Kosten. Andererseits ist die Anwendung zu hoher Temperaturen von einer Bildung unerwünschter Spaltungsprodukte begleitet, so daß man also zur Vermeidung dieser Übelstände eine derartige Temperatur wählen muß, welche die Spaltung in einem Minimum von Zeit durchführen läßt, wobei eine möglichst geringe Menge von permanenten Gasen und Kohle abgeschieden werden.

Es muß der Zweck jedes technischen Prozesses sein, möglichst hohe Ausbeuten bei möglichst niedrigen Kosten zu erzielen. Der Krackprozeß liefert ein Gemisch von Kohlenwasserstoffen der verschiedensten Art, das mit Rücksicht auf seine wirtschaftliche Verwertbarkeit einen Siedebereich haben muß, der etwa bei 140^0 Fahr. (78^0 C) anfängt und bei 450^0 Fahr. (250^0 C) endet. Sein spez. Gew. soll zwischen 50—58^0 Bé liegen. Das Produkt muß wasserklar sein, einen guten Geruch haben, und darf sich nicht in seinen Eigenschaften verändern. Der Gebrauch von Hitze und Druck zum Ausführen des Krackens ist ein seit langem ausgeführtes Verfahren und ist auch nicht der Gegenstand einiger älterer grundlegender Patente. Hingegen ist dieses Verfahren kombiniert mit der Kondensation unter Druck in dem amerikanischen Patent 1049667 William Burton vom 7. I. 1913 und in dem amerikanischen Patent 1123502 J. A. Dubbs vom 5. I. 1915 geschützt. Diese Verfahren sind etwa die frühesten, welche Arbeitsmethoden enthalten, die auch heute noch von Bedeutung sind. Die einzelnen Patentansprüche kollidieren miteinander, da sie in gewisser Hinsicht ähnliche grundlegende und wichtige Faktoren enthalten. Über diese Verfahren besteht ein Patentstreit zwischen der Universal Oil Products Corporation und der Standard Oil Co. of India.

Einteilung und Vergleich der Krackverfahren.

Die Krackverfahren kann man etwa nach folgendem Schema einteilen:
1. Flüssigkeitsphase, Anwendung von Hitze und Druck.
2. Dampfphase, Anwendung von Hitze mit oder ohne Druck.
3. Flüssigkeits- oder Dampfphase, Gegenwart von Katalysatoren.
Roy Cross hat in seinem Bulletin Nr. 16 des Kansas City Testing Laboratory folgendes Schema für die Krackverfahren vorgeschlagen:

I. Dampfphase.
   A. atmosphärischer Druck.
      1. Hohe Temperatur (Pintsch-Gas);
      2. Niedrige Temperatur.
   B. erhöhter Druck.
      1. Hohe Temperatur Rittmann;
      2. Niedrige Temperatur.
II. Flüssigkeitsphase.
   A. Mit Destillation (Destillation ist notwendig).
      1. Atmosphärischer Druck,
         a) ohne chemische Zusätze,
         b) mit chemischen Zusätzen.
      2. Mit erhöhtem Druck (Druck nicht wechselnd).
        Dewar und Redwood, Dubbs, Burton, Clark,
        Jenkins, Fleming.
      3. Sehr hoher Druck (Destillation unter vermindertem Druck).
   B. Ohne Destillation (hoher Druck Bedingung).
      1. Intermittierend;
      2. Kontinuierlich.
         a) Eine Zone zum Anwärmen und Zersetzen,
         b) Getrennte Zonen zum Anwärmen und Zersetzen.

Man ersieht aus der vorstehenden Zusammenstellung, daß die Herstellung des Gasolins nicht an eine bestimmte Apparatur gebunden ist. Indessen enthalten die meisten Patentbeschreibungen Angaben über den Bau der zum Kracken benutzten Apparate.

Diejenigen Verfahren, nach denen das Öl in der Dampfphase bei atmosphärischem Druck erhitzt wird, sind in erster Linie zur Herstellung von Gas bestimmt. Im Hinblick auf die geringe spezifische Wärme des Öldampfes sind die angewendeten Temperaturen sehr hoch und nicht genau zu kontrollieren. Der wichtigste Schritt auf dem Gebiet des Krackens bestand darin, das Öl in der Dampfphase unter erhöhtem Druck zu erhitzen. Die praktisch und wirtschaftlich erfolgreichen Verfahren sind diejenigen, bei denen die Spaltung durch Erhitzung des Öles in der Flüssigkeitsphase bewirkt wird.

Das Verfahren, nach welchem ein großer Teil des synthetischen Gasolins heute hergestellt wird, besteht in der Anwendung von Drucken, die weit über dem Atmosphärendruck liegen. Die Spaltung und Destillation findet in demselben Kessel statt. Es ist ein starker Rücklauf erforderlich und das Gasolin muß möglichst schnell nach seiner Bildung entfernt werden. Der Wärmeverlust durch den Rücklauf ist unverhältnismäßig groß und die Spaltung wird hierdurch bedeutend verlangsamt. Indessen ist die Destillation eine unbedingte Notwendigkeit, da sich anderenfalls sehr hohe Drucke entwickeln würden. Die Dauer der Spaltung wird durch die Anwendung hoher Drucke ungemein verkürzt, und es gibt auch schon Verfahren, wo hiervon Gebrauch gemacht wird, während die anschließende Destillation bei niedrigerer Temperatur vorgenommen wird.

Alle Verfahren, bei denen die Spaltung des Öles nicht in der Flüssigkeitsphase vorgenommen wurde, haben nicht unbestrittene Erfolge aufzuweisen gehabt. Die Krackverfahren haben erst vor kurzem Aufnahme in der Technik gefunden. Da sie aber dazu berufen sind, wirtschaftliche Notwendigkeiten zu erfüllen, so kann ihre Bedeutung kaum überschätzt werden. Eine besondere Wichtigkeit gebührt der Frage, auf welche Weise man aus bestimmtem Öl das Maximum an Gasolin gewinnen kann. Da der Transport von Rohöl weder mit großen Schwierigkeiten noch Kosten verknüpft ist, würde es nahe liegen das Kracken der Öle dort vorzunehmen, wo die größte Nachfrage und der stärkste Verbrauch ist.

Man hat anfangs ein großes Mißtrauen gegenüber den Krackbenzinen gehabt. Man hat behauptet, daß die Brennöle eine geringere Leuchtkraft entwickeln und mit der Zeit nachdunkeln. Der größte Nachteil scheint der Gehalt an ungesättigten Kohlenwasserstoffen zu sein, die unangenehm riechen und eine sehr große Menge von Schwefelsäure bei der Raffination verbrauchen, wodurch die Kosten für das Endprodukt ungemein erhöht werden. Das gleiche Vorurteil scheint man gegen die gekrackten Gasoline zu haben. Ein anderer Vorwurf, den man den Krackbenzinen macht, besteht darin, daß sie beim Gebrauch in den Zylindern teerartige Massen abscheiden. Es ist aber anzunehmen, daß diese Abscheidungen mehr auf unsachgemäß zusammengestellte Mischungen, als auf die Verwendung der Krackbenzine zurückzuführen sind. Im Gegenteil zeigen die Krackbenzine wegen ihrer leichteren Brennbarkeit höhere dynamische Werte, als die durch Destillation auf die übliche Weise gewonnenen Gasoline. Man kann also im Gegenteil behaupten, daß die Krackbenzine als Treibmittel den gewöhnlichen Gasolinen überlegen sind. Wenn auch zugegeben werden muß, daß ihnen gewisse, dem gewöhnlichen Gasolin zukommende technisch wichtige Eigenschaften fehlen, so kann man diesen Mangel dadurch unschwer beseitigen, daß man sie im Gemisch mit natürlichem Gasolin anwendet.

Die Druckdestillation in der Flüssigkeitsphase scheint derjenige Krackprozeß zu sein, der sich zurzeit in einem Stadium starker Entwicklung befindet und heute einen wichtigen wirtschaftlichen Faktor für die Herstellung von Gasolin darstellt. Das Kracken durch Destillation ohne Druck ist seit langem bekannt und wurde zur Herstellung von Kerosin aus schweren Petroleumanteilen benutzt. Es wurde vor vielen Jahren durch einen Zufall beobachtet. Es hatte sich nämlich gezeigt, daß stark geheizte Destillationskessel mit großer Oberfläche, die als Rücklaufkondensator diente, bei der Destillation von schweren Petroleumderivaten leichte Brennöle lieferten. Die Druckdestillation kam in Aufnahme, als nicht mehr das Kerosin, sondern das Gasolin das gewünschte Produkt war. Die Schwierigkeiten, die sich bei der Einführung dieses Verfahrens ergaben, waren viel größer als bei der Anwendung des Krackverfahrens zur Herstellung von Kerosin, und die Entdeckung des Burton-Verfahrens ist einer der wichtigsten technischen Erfolge.

Die andere Ausführungsform des Spaltverfahrens arbeitet in der Dampfphase. Hierbei wird das Öl gekrackt, indem man es durch ein Heizsystem, z. B. ein Rohr, das hoch erhitzt ist, hindurchleitet. Es ist fraglich, ob bei dieser Arbeitsweise, d. h. beim Durchgang durch das Heizsystem, das Öl vor der Spaltung tatsächlich vollkommen verdampft ist, aber man kann wohl mit Recht von einem Einphasensystem sprechen, bei dem sich das Öl in der Dampfphase befindet. Bei der Druckdestillation bestehen für jedes Öl bestimmte Beziehungen zwischen Temperatur und Druck. Beim Arbeiten in der Dampfphase können Temperatur und Druck unabhängig voneinander und der Natur des Öles angepaßt eingestellt werden. Erhitzung und Spaltung vollziehen sich in einer Zone, so daß man von einem Einphasen- oder Dampfphasensystem sprechen kann.

Dampfphasenprozesse haben sich seit langem innerhalb gewisser technischer Richtlinien entwickelt, aber obwohl sie grundsätzlich auf denselben Erwägungen beruhen, scheinen sie in mechanischer und technischer Hinsicht stark untereinander verschieden zu sein. Ihnen gemeinsam ist die Arbeitsweise, nach welcher ein Ölstrahl durch die Heizzone geschickt wird, deren Hitze groß genug ist, um eine Spaltung des Öles zu bewirken. Diese Verfahren arbeiten zwangsläufig unter Druck, obwohl die Anwendung des Druckes keine unerläßliche Bedingung wie beim Arbeiten in der Flüssigkeitsphase ist. Die angewendete Temperatur, wie sie gemessen wird, ist die des gekrackten Öles in dem Augenblick, in dem es die Heizzone verläßt. In den Patentbeschreibungen sind Temperaturen von 500—600⁰ C angegeben.

Was nun die Spaltung beim Dampfphasenprozeß anlangt, so scheint das durch Kracken gebildete Gasolin nicht kontinuierlich aus dem Apparat entfernt zu werden, sondern während des Kreisprozesses in dem unveränderten Öl zu bleiben. Dadurch werden die bereits gekrackten Produkte während einer erheblichen Zeitspanne der Kracktemperatur ausgesetzt, wodurch eine erneute Spaltung unter Bildung von permanenten Gasen erfolgen kann. Aus diesem Grunde, wie auch infolge der Tatsache, daß die angewandten Temperaturen zweifellos höher liegen als die bei der Druckdestillation (Flüssigkeitsphase) benutzten, ist die prozentuale Bildung von Gasen bei der Spaltung in der Dampfphase höher als in der Flüssigkeitsphase. Die Spaltung in der Flüssigkeitsphase scheint auch vom Standpunkt der chemischen Kinetik besonders empfehlenswert zu sein. Die Temperaturen, die man im flüssigen Öl aufrecht erhalten muß, sind relativ niedrig. Die Temperatur der beheizten Metallflächen, durch welche die Hitze übertragen werden soll, ist unzweifelhaft viel höher als die Temperatur im Öl; jedenfalls vollzieht sich aber die Spaltung bei relativ niedriger Temperatur. Die Krackbenzine werden überdies sofort nach ihrer Bildung aus der Krackzone entfernt. Das gebildete Gasolin ist unter den angewendeten Temperaturen und Drucken flüchtig und entweicht schnell in die Kondensationszone. Diese beiden Erscheinungen, d. h. die Innehaltung niedriger Temperaturen und die schnelle Ausscheidung der gebildeten Krackbenzine aus der Krackzone, garantieren eine hohe Ausbeute an Gasolin ohne die Bildung unerwünschter Nebenprodukte, wie permanente Gase und Kohle.

Während das Kracken der Öle in der Dampfphase an sich sehr erwünscht sein würde, wenn nur die erzielten Erfolge befriedigen würden,

besitzt das Arbeiten in der Flüssigkeitsphase gegenüber der Dampfphase gewisse Vorzüge, die im folgenden zusammengestellt werden sollen:

Die Temperatur für die Spaltung ist niedriger.

Die Ausbeute an Gasolinen ist höher.

Die Wärmeökonomie ist größer. Man kan den thermischen Effekt
einerseits mit der Erzeugung von Dampf aus Wasser, andererseits mit
der Erzeugung von überheiztem Dampf vergleichen. Die Erhitzung von
Dampf durch ein Metall hindurch ist nicht wirtschaftlich.

Die Temperatur kann leicht kontrolliert werden. Die abgeschiedene
Kohle ist im Öl suspendiert.

Die Schwierigkeiten dieses Verfahrens sind folgende:

Beim Bruch eines Kessels sind große Mengen Öl dem Feuer ausgesetzt.

Leichte Destillate, wie Kerosin, lassen sich nur bei sehr hohen
Drucken verarbeiten.

Für das Arbeiten in der Dampfphase werden folgende Effekte geltend
gemacht:

Bei Verletzung der Apparatur können nur unbedeutende Mengen Öl
verbrennen.

Die Möglichkeit Druck und Temperatur unabhängig voneinander regulieren zu können, wodurch man auch leichte Destillate, wie Kerosin,
spalten kann.

Das Arbeiten in der Dampfphase zeigt folgende Nachteile:

Zur Ausführung dieses Prozesses sind sehr hohe Temperaturen erforderlich, die unter gleichzeitiger Anwendung von Druck zu der Spaltung der Öle führen.

Die Abscheidung von Kohle an den mechanisch wirkenden Schabern
oder Rührern, die endlich zur Verstopfung der Apparatur führen.

Überhitzung der Öldämpfe, welche die erhitzten Wandungen der
Krackröhre berühren, wodurch die Bildung permanenter Gase und von
Kohle herbeigeführt wird. Die Schwierigkeiten, die mit der Erhitzung
eines Gases oder Dampfes in einem Metallgefäß verbunden sind, bestehen
in erster Linie darin, daß ein solches Verfahren sehr wenig wirtschaftlich ist.

Während in dem letzten Jahrzehnt eine ungeheure Anzahl von Untersuchungen und Erfindungen zu verzeichnen gewesen sind, sind zurzeit
nur wenige Verfahren vorhanden, die tatsächlich zur praktischen Durchführung gekommen sind. Man kann daraus den Schluß ziehen, daß für
den praktischen Wert eines Verfahrens, so verheißungsvoll es zunächst
auch erscheinen mag, an letzter Stelle lediglich die technische Durchführung in großem Maßstabe entscheidend ist. Die Anwendung von
Druckkesseln im Destillationsbetrieb erscheint beinahe als das übliche
Arbeitsverfahren, aber auch eine solche Arbeitsweise unterliegt gewissen
Beschränkungen.

Im folgenden sollen diejenigen Arbeitsverfahren kurz erwähnt werden, die augenblicklich in Amerika praktisch durchgeführt werden.

1. Der Burton-Prozeß.

Das erste Patent von Burton Nr. 1049 667 wurde am 7. I. 1913 erteilt. Dieses Verfahren wird in großem Maßstabe auch heute noch von den verschiedenen Tochtergesellschaften der Standard Oil Company ausgeführt. Die Entdeckung dieses Verfahrens ist ein Merkstein in der Geschichte der Petroleumraffinerie, und ihrem Erfinder gebührt das Verdienst, der erste gewesen zu sein, der der Technik den Weg gewiesen hat, wie man Druckdestillationen sicher ausführen kann. Das Burton-System mit seinen verschiedenen Abänderungen arbeitet in der Flüssigkeitsphase, es verwendet zur Erhitzung des Gasöles oder Feuerungsöles Ringretorten (Burton) oder Heinekocher (Clark). Durch einen Thermosyphon wird eine Zirkulation des Öles betätigt. Die Kondensation der Dämpfe erfolgt bei 4—5 Atm. Diese Systeme zeigen beträchtliche Ausscheidungen von Kohle, aber ihre Ergebnisse halten jeden Vergleich mit anderen Verfahren aus (Abb. 1).

Der Apparat setzt sich im wesentlichen aus folgenden Teilen zusammen. Einem Kessel *1*, unter dem eine Feuerung angeordnet ist, und der mit einem Sicherheitsventil *3* versehen ist, sowie mit einem Druck- und Tempe-

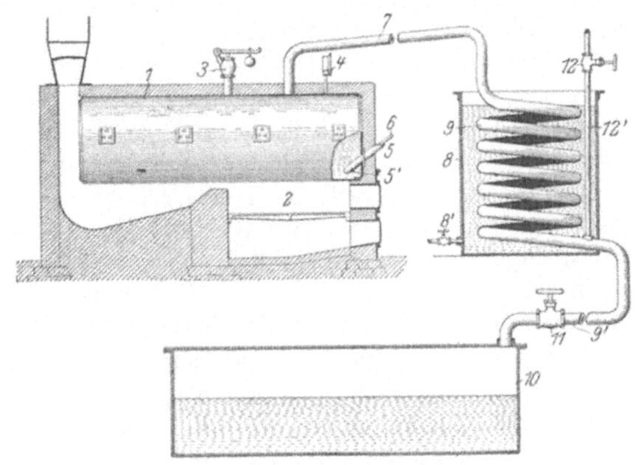

Abb. 1. Am.P. 1049 667.

raturmesser *4* und *5*. Die Röhre *5'* durchbricht die Kesselwandung und ist mit Quecksilber oder Öl gefüllt. Sie enthält das Thermometer *6*. Ein Rückflußkühler *7* führt vom oberen Ende des Kessels schräg aufwärts in den Kondensator *8*. Durch die schräge Anordnung der Röhre *7* laufen die verflüssigten schweren Kondensate zurück, während die gasförmigen Destillate in die Kühlschlange *9* gelangen. Die Kühlschlange *9* trägt bei *9'* ein Ausflußrohr. Die Kondensate gelangen durch das Rohr *9'* und das Ventil *11* in das Sammelgefäß *10*. Das Entspannungsventil befindet sich in *12* und ist durch das Rohr *12'* mit dem Ausflußrohr *9'* verbunden. Das Ventil *11* ist für gewöhnlich geschlossen. Beim Erhitzen der in dem Kessel *1* enthaltenen Rückstände durch die Feuerung *2* gehen die Destillate in Dampfform durch den Rückkühler *7* und das Kühlrohr *9*, in dem sie verflüssigt werden. Wenn das Ventil *11* fest geschlossen ist und die Destillate zurückhält, so sammeln sich die Destillatdämpfe und üben einen hohen Druck von 4—5 Atm. auf die in dem Kessel befindliche Flüssigkeit aus, die den Siedepunkt von 280—330⁰ C auf 416 bis 444⁰ C erhöht. Der entstehende Druck und die erhöhte Temperatur genügen zur Spaltung der Paraffine. Von Zeit zu Zeit wird das Ventil *11* geöffnet, um die Kondensate in den Sammler *10* abzulassen. Die Öffnung des Ventiles muß so häufig geschehen, daß sich die Kühlschlange nicht mit Kondensat füllt.

Ähnliche Verfahren wie das des A.P. 1049667 sind in dem Kapitel 1, Einphasenverfahren, besprochen.

2. Der Burton-Clark-Prozeß.

Die Burton-Clark-Retorte ist für eine Menge von 210000 Gallonen (rund 800 cbm) pro Monat, d. h. für eine Tagescharge von 165 bbl (26 cbm) eingerichtet. Eine typische Modifikation der Burton-Retorte besteht aus einer horizontalen Retorte von 10 Fuß (3 m) Durchmesser und 30 Fuß (9 m) Länge mit 45 Röhren von 4 Zoll (10,2 cm) Durchmesser, die durch Sammelräume an den Stirn- und Rückwänden zusammen gehalten werden, ähnlich wie bei Rohrkesseln zum Erhitzen von Wasser. Das Gefälle der Röhren ist derart eingerichtet, daß eine Zirkulation durch einen Thermosyphon stattfindet, und daß die bei Ausführung des Prozesses abgeschiedene Kohle aus der Heizzone entfernt und in die Retorte übergeführt wird. Die Röhren sind den heißen Feuergasen ausgesetzt, während die Retorte selbst vor der Wärmeeinwirkung geschützt ist. Dampfröhren von 8 Zoll (20,4 cm) Durchmesser führen die Dämpfe zu Luftkondensatoren, die etwa 400 Fuß (122 m) 4zöllige (10,2 cm) Röhren enthalten. Von den luftgekühlten Kondensatoren gehen die Dämpfe durch einen Vorwärmer zu den mit Wasser gekühlten Kondensatoren und von da in ein Sammelbassin im Hinterhaus.

Hier sammeln sich die kondensierten Dämpfe, indem sie das Bassin bis zu der gewünschten Höhe anfüllen. Die unkondensierten Dämpfe sammeln sich unter Druck in dem oberen Teil des Kessels und werden durch besondere Kontrollventile unter hohem oder geringem Druck in die Gasolingewinnungsanlagen oder in die Feuerung geleitet. Die leichten Destillate, die vom Boden des Kessels entfernt werden, werden gemessen und dann in die Durchlauftanks geleitet. Das Rohöl, das in das Spaltungssystem eintritt, wird gemessen und durch den Dampfvorwärmer und die Dampfröhren in den Kessel gepumpt. Der Rücklauf von den Luftkondensatoren läuft durch die Dampfzuleitungen wieder in den Kessel zurück. Das ganze System arbeitet unter einem Druck von 75—85 lb (33—38 kg). Alle Kontrollorgane befinden sich in dem Hinterhaus, das auf die Kondensatorkammern aufgesetzt ist.

Ein Abtrieb dauert etwa 72 Stunden. Man verlangt hierbei etwa 60—70 vH Leichtöle, aus denen 50 vH Gasolin gewonnen wird. Der Preßteer wird am Ende entnommen und als Feuerungsmaterial benutzt. Die abgeschiedene Kohle beträgt 150—300 lb (68—136 kg). Sie wird mit der Hand entfernt.

Die Standard Oil Company of India ist Besitzerin dieser Patente. Die Lizenzgebühr beträgt 0,4 Cent pro Gallone (d. i. 0,44 Pfg./Ltr.). Sie hat ferner die Bedingung gestellt, daß ein Drittel der Gesamtproduktion des mit ihren Apparaten erzeugten Gasolins ihr für eine Abruffrist von 60 Tagen zur Verfügung gestellt wird.

Eine wesentliche Abänderung des vorbeschriebenen Apparates liegt dem Apparat nach dem Am.P. 1388514 zugrunde (Abb. 2).

In der Zeichnung bedeutet *10* einen horizontalen Kessel, der durch die Feuerstelle *11* beheizt wird, deren Gase durch *12* entweichen. Die aus dem Kessel *10* entweichenden Gase gelangen in das als Rückflußkühler dienende schräge Rohr *13*, das mit einem fraktionierend wirkenden Kondensator in Verbindung *14* steht, der so angeordnet ist, daß die Kondensate wieder in den Kessel *10* zurücklaufen. Von der Spitze des Kondensators gelangen die Dämpfe durch ein Rohr *15* in den eigentlichen Kondensator *16*, der aus einer Kühlschlange in einem Wasserbad bestehen kann. Aus dem Kondensator *16* gelangt das Destillat in den Tank *18*, der zwei Ventile zum Ablassen der Flüssigkeit und des Gasdruckes besitzt. Der horizontale Kessel *10* ruht auf den Säulen *21* über

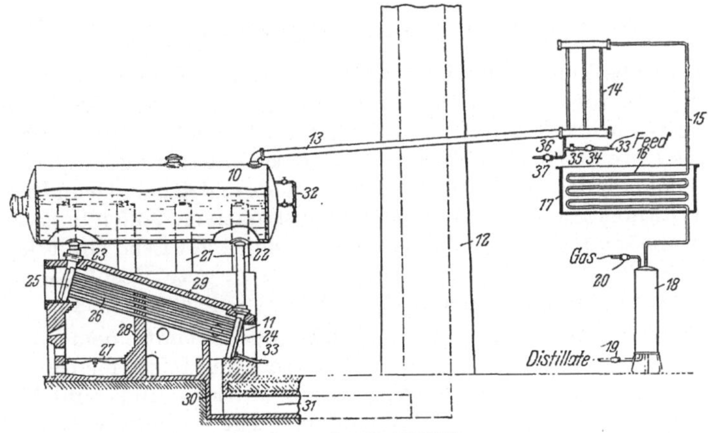

Abb. 2. Am. P. 1388514.

der Feuerung. Aus dem Kessel führen zwei Verbindungsröhren *22, 23* zu den Verschlußkappen *24, 25*, in welche die Röhren des Erhitzers *26* münden. Die Röhren werden durch eine Rostfeuerung erhitzt, die vorn in der Feuerstelle angeordnet ist. Die Heizgase müssen durch die Röhrenanlage bis zu der Platte *19* streichen, gelangen dann abwärts in die Führung *30* und von da durch das Rohr *31* in den Schornstein *12*.

Die erläuterte Einrichtung empfiehlt sich überall dort, wo unter hohen Drucken gearbeitet wird und der Hauptkessel nicht einer direkten Erhitzung ausgesetzt werden soll, wodurch eine lokale Überhitzung und damit die Explosionsgefahr stark eingeschränkt wird. Die Erhitzung des Öles in dem Kessel vollzieht sich lediglich in den Röhren *26*, die wie ersichtlich stark geneigt angeordnet sind. Hierdurch tritt eine zwangsweise Zirkulation wie bei einem Thermosyphon ein, die genügt, um ein Abscheiden von Kohle in den Röhren selbst zu verhindern. Das Abflußrohr *33* ist am unteren Teil der Verschlußkappe *25*, d. h. am tiefsten Punkte des Kessels angeordnet. Zum Betrieb wird das zu spaltende Ausgangsmaterial in den Kessel *10* eingebracht und durch die Feuerung *11* erhitzt. Wie beim Burton-Apparat stehen die Teile des Kondensators und Dephlegmators in freier Verbindung miteinander. Aus dem letzteren gelangen die Destillate und die Gase in den Tank *18*. Die Öle werden durch das Ventil *19* abgelassen, die Gase durch *20*. Man kann die Ausbeute dadurch steigern, daß man kontinuierlich oder mit Unterbrechungen frisches Öl zusetzt. Während der Dauer eines Abtriebes kann man 200 vH an Ausgangsöl zusetzen. Man soll das Ausgangsöl in das obere Ende des Dephlegmators *13* einführen, damit es einen langen Weg zurücklegen muß, ehe es den Kessel erreicht. Zur Einführung dieses Öles ist ein mit Ventil versehener Einlaufstutzen *33* vorgesehen, der zwei Ventile *34* und *35* trägt. Durch das Rohr *36* soll der aus dem Kondensator abgeschiedene Teer abgelassen werden (Am.P. 1388514).

Ähnliche Apparate sind in Kapitel 7 beschrieben.

3. Das Dubbs-Verfahren.

Das Dubbs-Verfahren, das der Universal Oil Products Corporation übertragen worden ist, arbeitet in der Flüssigkeitsphase. Das erste Patent von Wichtigkeit, Am.P. 1123502, datiert vom 5. I. 1919. Sicherlich besitzt es vorteilhafte Einrichtungen. Es erscheint aber im übrigen als eine der vielen möglichen Ausführungsformen des gleichen Grundprinzips, deren Wirkungsgrad lediglich von der konstruktiven Vollendung der Apparatur abhängig ist. Wenn dieses System einen gewissen Grad der Vollendung erreicht, so wird man damit genau so gute Resultate erzielen können, wie auch mit anderen Systemen der gleichen Klasse.

In den Standardanlagen befinden sich Apparate mit einem Inhalt von 500 bbl (80 cbm). Die Anlage enthält außerdem Heizelemente, Expansionskammern, einen Dephlegmator, Kondensations- und Kühlelemente, einen Sammeltank und eine Pumpanlage. Die Heizelemente bestehen aus 50 Stück 4zölligen, 30 Fuß (9 m) langen, nahtlos gezogenen Röhren, deren Enden durch besondere Krümmer verbunden sind, die zusammengelegt ein Rohr von 1500 Fuß (457 m) Länge und 1500 Quadratfuß (140 qm) Heizfläche bilden. Diese Röhren stehen durch Ziegeleinmauerung mit einer Heizkammer in Verbindung, die an beiden Enden geheizt wird. Die Heizgase ziehen über eine Verteilungswand dann abwärts über die Röhren und von da nach dem Fuchs und Schornstein. Die Expansionskammer hat 10 Fuß Durchmesser und 10 Fuß Höhe. Sie besteht aus einer geschweißten Stahlretorte. Sie ist mit einem Ring aus Gußstahl auf einer besonderen Plattform angeordnet. Dieser Kessel besitzt eine starke Wärmeisolation, um Wärmeverluste durch Strahlung zu vermeiden. Der Dephlegmator besteht aus einem aufrecht stehenden Stahlzylinder, der annähernd 3 Fuß Durchmesser und 12 Fuß Höhe aufweist; er wird durch einen Stahlrahmen getragen und ist etwa 90 Fuß hoch auf dem Turm angeordnet. Die Kondensationselemente liegen in einem Stahlkondensator, der sich auf dem Dach des Kontrollhauses befindet. Das Kontrollhaus ist ein besonderer Bau aus Ziegeln und enthält die Speise- und Förderungspumpen zusammen mit den notwendigen Kontrollinstrumenten. Die Kühlanlagen für die Rückstände stehen mit einem Stahlkondensator auf der Erde an einem geeigneten Ort in Verbindung. Röhren, Ventile und die anderen Ausrüstungen sind so gehalten, daß sie den angewendeten Temperaturen und Drucken widerstehen.

Das Rohöl wird von den Vorratsbehältern durch die Heizkörper gepumpt, es tritt am Ende ein und strömt im Gegenstrom zu den Heizgasen. Das erhitzte Öl hat eine Temperatur von 750—800° F (416 bis 444° C) und steht unter einem Druck von 120—160 lb (55—75 kg). Es fließt nach der Expansionskammer, in die es von oben eintritt. In dieser Kammer werden die Dämpfe frei und gehen von da aus zu dem Dephlegmator. Die Ablagerungen von Kohle und Koks, die sich an dem Boden der Kammer bilden, und die schweren Feuerungsöle werden abgezogen. Die Dämpfe treten in den Dephlegmator vom Boden ein, steigen nach oben, passieren ein System von Prellplatten, wo die Schweröle kondensiert werden und in den Betrieb zurückgehen. Die leichten Dämpfe verlassen den Turm an der Spitze und laufen dann durch die Kondensations- und Kühlanlagen zu einem Sammeltank, wo der Druck aufgehoben wird. Von hier aus gelangen die Druckdestillate in den Aufbewahrungstank. Die permanenten Gase werden aus dem Sammler entfernt, gehen durch eine Kompressions- und Absorptionsanlage, um die Ausbeute an Gasolin zu erhöhen und schließlich zu der Feuerung. Diese Gase betragen etwa 1,5—3 vH von der Menge des verwendeten Rohöles. Sie enthalten 0,5 Gall. (2,25 Liter) Gasolin auf 1000 Kubikfuß (28 cbm).

Die Dämpfe, welche den Dephlegmator verlassen, werden dadurch auf die geeignete Temperatur gebracht, daß man einen Teil des Druckdestillates darüberleitet. Diese Menge tritt am oberen Ende des Turmes ein und bewegt sich im Gegenstrom zu den aus der Expansionskammer emporsteigenden Dämpfen. Diese Flüssigkeit kühlt die Dämpfe ab und veranlaßt die schweren Dämpfe in das System zurückzukehren, während in derselben Zeit die Destillate verdampft werden. Dieser konstante Rückfluß unter Zirkulation liefert ein Druckdestillat von besonders guten Eigenschaften. Die Menge der Beschickung ist von Einfluß auf die Ausbeute an Gasolin. Große Beschickungen geben hierbei schlechtere Ausbeuten als kleinere. Der Rückfluß dient zum Kreislauf der hochsiedenden Produkte. Es wird in den Heizelementen wenig oder gar keine Kohle abgesetzt wegen der dauernden Entfernung der schweren Heizöle und weil die Abscheidung der Kohle in der Expansionskammer erfolgt. Die relativ große Menge an Rückfluß im Vergleich zu der Beschickung dient zur Vorwärmung des Rohöles. Von den 500 bbl (80 cbm) des Rohöles enthält man 60—70 vH Druckdestillat, 38—27 vH Heizöl und 2—3 vH Kohle. Vor Beginn einer Druckdestillation werden Ketten aufgehängt und in der Expansionskammer aufgerollt. Am Ende des Abtriebes erleichtern diese Ketten das Entfernen des abgesetzten Kokses. Die Dauer der Betriebsfähigkeit eines Apparates hängt von der Menge des abgeschiedenen Kohlenstoffes in der Kammer ab. Wenn man als Ausgangsmaterial leichtere Rohöle benutzt, kann man den Betrieb 5—6 Tage aufrecht erhalten, wobei 12—13 lb (5—5,5 kg) Koks pro Barrel Rohöl abgeschieden werden. Bei der Verwendung von Gasöl kann man 5 bis 15 Tage je nach der Qualität des Öles arbeiten. Der Verbrauch an

Feuerung erscheint hoch, denn er beträgt 6—12 vH vom Ausgangsmaterial, aber die Resultate rechtfertigen diese Ausgabe.

Die Patente von Dubbs sind im Besitz der Universal Oil Products
Company in Chikago. Die Lizenzgebühr beträgt etwa 15 v. H. Das Verfahren des Am.P. 1123502 bedient sich zum Erhitzen einer Röhren-
konstruktion (Abb. 3).

Das zu spaltende Öl tritt von der Quelle aus oder aus einem Tank in
die Heizschlange 2, die durch geeignete Mittel, z. B. durch Anordnung
der Heizschlange in einer Heizkammer 3, auf die erforderliche Temperatur erhitzt wird. Ein im Zuleitungsrohr angeordnetes Rückschlagventil verhindert ein Zurücktreten des zu erhitzenden Öles. Ein Druckventil 5 dient zur Schonung des Apparates gegen zu hohen Druck. Das

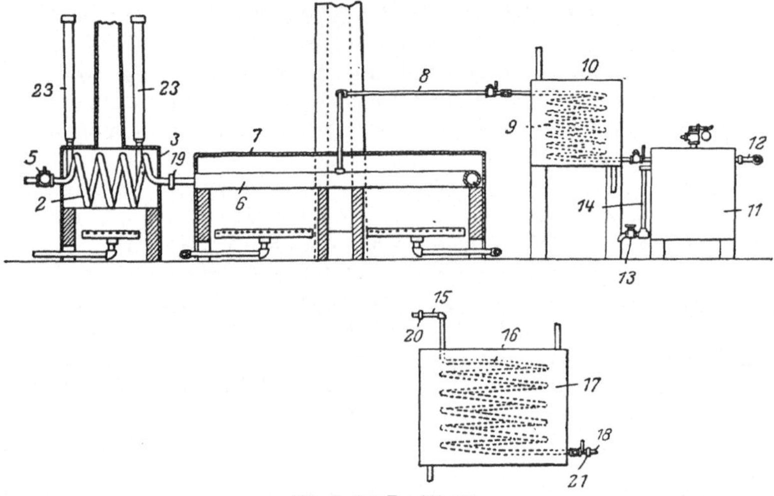

Abb. 3. Am.P. 1 123 502.

Öl gelangt aus der Heizschlange 2 in ein weiter dimensioniertes Heizrohr 6, das gleichfalls in einer Heizkammer 7 angeordnet sein kann.
Durch den größeren Durchmesser des Rohres 6 tritt eine Trennung von
Wasserdampf (Verunreinigung des Öles) und leichten Destillaten von
dem flüssigen Öl ein. Diese Dämpfe werden durch das Rohr 8 abgeleitet
und gelangen in die Kondensatorschlange 9, die sich in dem Gefäß 10
befindet, durch das ein Kühlstrom geleitet wird. Aus dem Röhrenkühler
fließen die kondensierten Dämpfe in die Trennkammer 11, in der sich
Wasser und Öl voneinander scheiden. Aus der Trennkammer 11 laufen
die Kondensate durch den Überlauf 12, während das Wasser durch den
Hahn 13 abgelassen wird. 14 zeigt ein Wasserstandsglas. Aus dem
Röhrenerhitzer 6 fließt das erhitzte Öl durch das Rohr 15 in die Kühlschlange 16, die in einem Tank 17 angeordnet ist. Von dort gelangt das
Öl nochmals in einen Separator, um die letzten Spuren von Wasser auszuscheiden. An verschiedenen Stellen, wie bei 19, 20, 21, 15, befinden
sich Pyrometer, die es gestatten, in dem ganzen Apparat die geeigneten

Temperaturen festzuhalten. Um in dem System den Druck aufrechtzuerhalten, ist nahe dem Hahn *21* ein Drosselventil angeordnet. Zur Schonung des Apparates und zum Druckausgleich beim Anwärmen sind in der Heizröhre *2* senkrechte Röhren *23* angeordnet. Diese Röhren sind so lang gemacht, daß der Flüssigkeitsdruck in den Röhren größer ist als der Destillationsdruck. Falls bei der Destillation ein Stoßen erfolgt, so wirken diese Flüssigkeitssäulen als Kissen für den Stoß. Man kann auch diese Röhren oben schließen, so daß die in ihnen enthaltene Luft als Luftkissen wirkt. Die Destillation richtet sich ganz darnach, wie groß der Wassergehalt des Rohöles ist und die Wassertropfen sind. Sind die Tropfen klein und der Gehalt an Wasser groß, so kann Hitze und Druck gesteigert werden. Bei einem Öl von 28 vH Wasser hat ein Druck von 25 Pfund und eine Temperatur von 180⁰ C gute Resultate für die Abscheidung des Wassers gegeben. Der Apparat ist so eingerichtet, daß die Dämpfe von Öl und Wasser zusammen kondensiert werden und in den Separator gelangen (Am.P.1 123 502). Ähnliche Apparate sind im Kap.II besprochen.

4. Das Greenstreet-Verfahren.

Das erste Patent von Greenstreet E.P. 16 452/1912; vgl. auch Am.P. 1 110 924 wurde in England genommen. Nach diesem Verfahren werden die Öldämpfe in Röhren bei Gegenwart von Wasserdampf erhitzt. Zunächst geht das Öl durch Röhrenüberhitzer, in denen das flüssige Öl keine hohen Temperaturen annimmt, dann wird Wasserdampf eingeleitet und die Mischung von Öl und Dampf in die Krackröhren eingeleitet, wo sie hohen Temperaturen ausgesetzt wird. Aus der Krackzone treten die Dämpfe in die Expansionskammern, deren Anzahl derjenigen der Krackapparate entspricht. In diesen Kammern wird der Druck herabgemindert und die Spaltung weiter fortgesetzt. Beim Austritt aus diesen Kesseln tritt eine weitere Entspannung ein bevor die Dämpfe in den Kondensator gelangen. Die schweren Öle werden vom Boden der Expansionskammern abgezogen. Der verwendete Apparat besteht aus einem Ofen, in dem eine flache zweizöllige Heizschlange von 140 m Länge so angeordnet ist, daß sie leicht ersetzt werden kann. Man muß den Druck, die Temperatur und die Dampfmenge der Natur des benutzten Öles anpassen. Bei richtiger Arbeitsweise setzt sich keine Kohle ab.

Dieses Verfahren, das in England unter Nr. 16 452/1912 geschützt ist (vgl. auch Am.P.1 110 924) und seine praktische Ausführung in Amerika fand, bedient sich folgender apparativen Einrichtung (Abb. 4).

Wesentlich für das Verfahren ist der Umstand, daß eine lange Heizschlange hoch erhitzt und durch sie unter Druck ein Gemisch von Öl und Wasserdampf hindurchgeleitet wird. *1* ist eine Heizkammer, in der sich eine lange Heizschlange aus Eisen *2* befindet. Die Schlange besitzt gleichen Durchmesser und muß frei von Knicken sowie von Unebenheiten im Inneren sein. Das obere Ende der Schlange ist durch ein Rohr *3*, einen Verteiler *4*, Rohr *5* und Seitenrohre *6* und *7* mit den Öltanks *8* und *9* verbunden. Jedes der Seitenrohre *6* und *7* trägt Ventile *10* und *11*, durch die entweder einer oder beide Öltanks in Verbindung mit der

Heizschlange 2 gebracht werden können. Die Vorratsbehälter 8 und 9
sind etwa in der Mitte durch mit Ventilen ausgestattete Rohre 12 und 13
mit dem Rohr 14 verbunden, das mit der Entleerungspumpe 15 in Verbindung steht. Die Einlaßseite dieser Pumpe 15 steht durch das mit
Ventil versehene Rohr 16 mit dem Öltank 17 in Verbindung.

Ein Dampfrohr 18 führt in einen Dampfkessel und trägt Seitenrohre
19 und 20, die zu den Tanks 8 und 9 hingehen. Sie besitzen Kontrollventile 21, 22. Die Vorratstanks sind mit Druckmessern 23, 24 versehen. Ein anderes Seitenrohr 25 zweigt von dem Dampfrohr 18 ab und
mündet in den Verteiler 4, der durch das Rohr 3 mit der Heizschlange 2

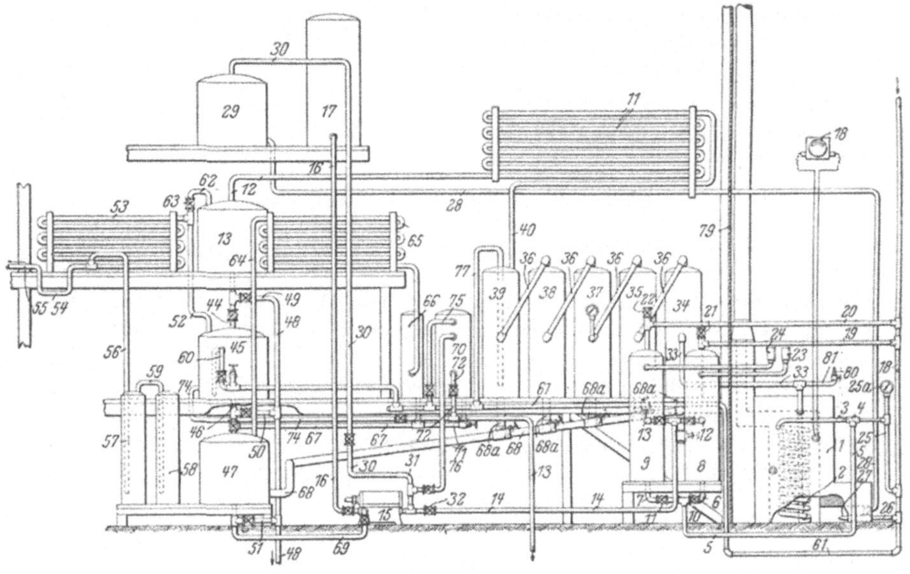

Abb. 4. Am. P. 1 110 924.

in Verbindung steht. Auch das Rohr 25 trägt einen Druckmesser 25a.
Ein Seitenrohr 26 geht von dem Dampfrohr in einen geeigneten Öl-
brenner 27, der als Heizquelle dient. Der Ölbrenner wird durch ein
Rohr 28 mit Öl gespeist, das mit einem Öltank 29 in Verbindung steht.
Dieser Öltank ist durch ein mit Ventil ausgestattetes Rohr 30 an ein
Rohr 31 angeschlossen, das mit dem Förderrohr 14 der Pumpe 15 an
einem Punkt zwischen der Pumpe und dem Ventil 13 in Verbindung
steht.

Das Ausströmungsende der Heizschlange 2 steht durch ein Rohr 33
mit einem Kondensatortank 34 etwa in dessen Mitte in Verbindung. Der
Kondensatortank 34 ist durch ein Rohr 36, das vom Dach des Tanks 34
ausgeht, an einen zweiten Tank 35 angeschlossen, und zwar etwa in
dessen Mitte. In der gleichen Weise besteht eine Verbindung zwischen
den Tanks 37, 38 und 39. Der letzte Tank 39 trägt ein Rohr 40, das von
seiner Spitze ausgeht und in eine Kühlschlange 41 mündet, die ihrerseits

mit der Spitze des Tanks *43* durch das Verbindungsrohr *42* verbunden ist. Der Tank *43* ist der Tank zur Abscheidung des Gasolins. Am Boden des Tanks *43* sitzt ein Rohr mit Ventil *44*, das mit der Spitze des Tanks *45* in Verbindung steht, der unter dem Gasolintank angeordnet ist und als Destilliertank bezeichnet ist. Der Boden dieses Tanks steht durch ein Rohr *46* mit Ventil mit der Decke des Tanks *47* in Verbindung, der als Sammeltank bezeichnet ist. Eine weitere Erläuterung der Zeichnung erscheint entbehrlich, dagegen soll die Arbeitsweise kurz erläutert werden.

Die Heizkammer wird zuerst durch Rohöl, das aus dem Speisetank *29* zum Brenner *27* läuft, geheizt, das durch die Dampfdüse *26* verstärkt wird. Aus dem Seitenrohr *25* wird durch den Zerstäuber *4* Wasserdampf durch den Apparat unter Druck eingeblasen. Hierdurch steigt die Temperatur in der Heizschlange und in den Kondensatoren. Wenn die Heizschlange kirschrot geworden ist, werden die Ventile *19* und *20* geöffnet, um die Speisetanks *8* und *9* unter Druck zu setzen, das durch die Ventile *10* und *11* in den Zerstäuber *4* gelangt. Von dort strömt das Öl durch die lange Heizschlange *2*. (Vgl. auch die in Kap. II besprochenen Apparate.)

5. Das Hall-Verfahren.

Dieses von einem Amerikaner erfundene Verfahren wurde in England während des Krieges zur Herstellung von Benzol und Toluol aus Gasöl angewendet. Der benutzte Apparat ähnelt im wesentlichen dem von Greenstreet benutzten, dagegen wird kein Wasserdampf angewendet.

Das Öl tritt in eine Heizschlange, wo es stufenweise bis auf hohe Temperaturen erhitzt wird. Am Auslaß, wo der Druck aufgehoben wird, beträgt die Geschwindigkeit der Dämpfe etwa 2000 m pro Minute. Die Dämpfe treten aus dem Expansionsraum in Dephlegmatoren. Die dampfförmigen Spalt-

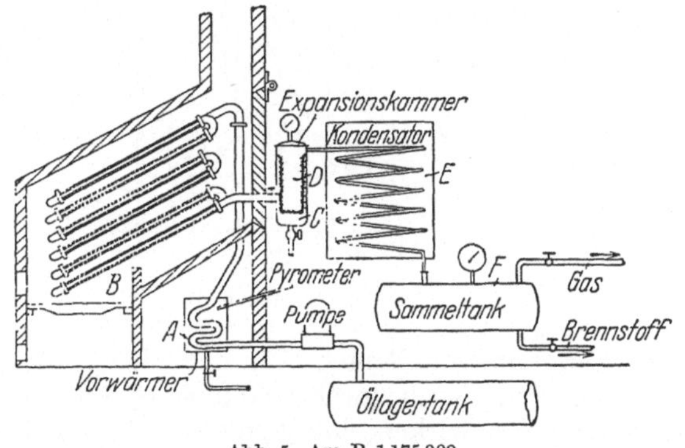

Abb. 5. Am. P. 1175909.

produkte werden komprimiert und gekühlt. Jede Heizschlange ist 200 m lang und einzöllig.

Dieses Verfahren, das sich außer den physikalischen Faktoren, wie Hitze und Druck, noch chemisch wirkender Katalysatoren bedient, benötigt folgende Apparatur (Abb. 5).

Der Apparat besitzt einen Vorwärmer *A* für das zu spaltende Öl. In dem Vorwärmer soll der größte Teil des Öles verdampft werden, ehe es in den Röhrenerhitzer *B* gelangt. Die Entwicklung des Gases soll möglichst zeitig erfolgen. Der Umwandler *B* besteht aus metallischen, schräg angeordneten Röhren, in denen der Öldampf von oben nach unten geführt wird, wobei die Temperatur oben am geringsten ist und nach unten zu wächst. In dem Röhrenerhitzer befindet sich das katalytisch wirksame Material, d. h. Metalle oder Oxyde von Metallen, wie Nickel, Kobalt, Silber, Palladium, Chrom, Mangan u. dgl., die in Berührung mit den heißen Wandungen der Röhren bleiben. Aus dem Konverter B gelangen die Dämpfe in eine Expansionskammer C, wo ihre Temperatur etwas erniedrigt wird. Diese Kammer trägt in ihrem Inneren einen Überzug D von Metallgaze, an dem sich der lose Kohlenstoff absetzen soll. Die Ausscheidung des Kohlenstoffs tritt erfahrungsgemäß leicht beim Entspannen der Dämpfe ein. Der Druck der Dämpfe fällt bedeutend

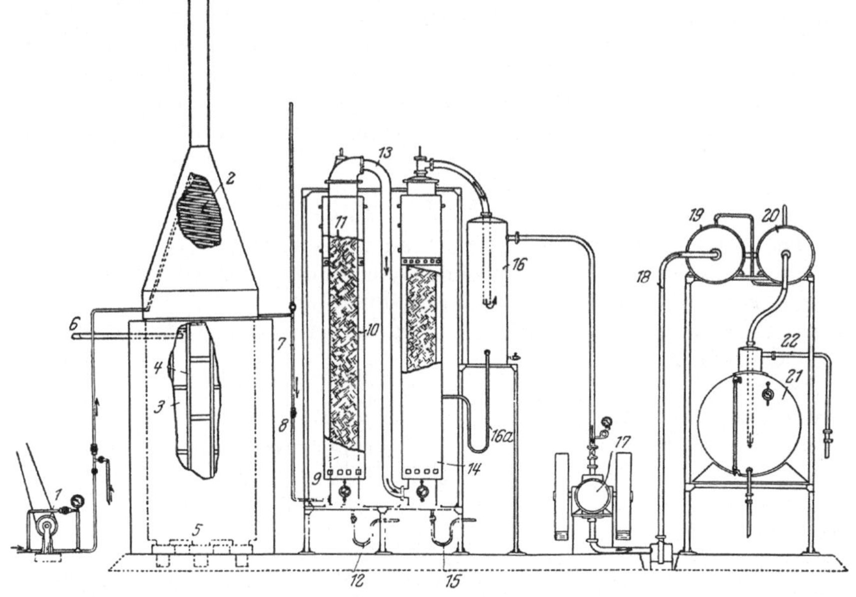

Abb. 6. Am. P. 1 175 910.

beim Übertritt von B nach C, in dem sich große Mengen von Kohlenstoff absetzen. Man kann durch eine hohe Strömungsgeschwindigkeit in dem Konverter B bewirken, daß Kohle und Teer sich erst in C auf der Metallgaze D abscheiden. Von C aus gelangen die Dämpfe durch einen Kondenser P in den Sammeltank F, aus dem lediglich die permanenten Gase entweichen (Am. P. 1 175 909).

Von dem gleichen Anmelder ist in dem Am. P. 1 175 910 noch eine andere apparative Form vorgeschlagen worden (Abb. 6). Das zu spaltende Öl wird mit einer Pumpe 1 durch eine Heizschlange 2 von 1—1,5 Zoll Durchmesser gepreßt, die über einer Feuerung 3 liegt und durch die Feuerungsgase angewärmt. Dann gelangt es in die Rohrschlange 4, die mittels des Brenners 5 auf eine Temperatur von 540—600⁰ C entsprechend der Art des benutzten Öles erhitzt wird. 6 ist ein Pyrometer. Die Temperatur der in den Röhren enthaltenen Gase und Dämpfe kann etwas niedriger sein als die außerhalb der Heizröhren, und am Boden etwas höher als an der Decke. Die Heizschlange *4* soll ungefähr 100 m lang sein. Sie kann durch eine Gasflamme oder durch Öl-, Kohlen- oder Koksfeuerung erhitzt werden. Aus der Heizröhre *4* streichen die Gase und gekrackten Öle in der Dampfphase durch das Rohr *7*, das mit einem Ventil *8* versehen ist. Das Ventil *8* dient dazu, den Ölzufluß abzudrosseln und den Druck zu regulieren. Nach dem Passieren des Ventiles *8* expandieren die Dämpfe in den Dephlegmator *9*, der mit einem Luftmantel ausgestattet ist und kleinen Stückchen Ton oder ähnlichem Ersatzmaterial gefüllt ist, und in dem der Druck von 75 auf 10 Pfund auf den Quadratzentimeter und die Temperatur von 600 auf 325⁰ C fällt. Hierbei scheiden sich große Mengen Kohle auf dem Füllmaterial aus. Die Mengen von Öl, welche oberhalb 325⁰ C sieden, kondensieren sich im Dephlegmator *9* und werden von seinem Boden durch ein Rohr *12* als schwerer Rückstand abgezogen. Die flüchtigen Gase gehen durch das Rohr *13* in einen gleichkonstruierten Dephlegmator *14*, wo die Temperatur etwa auf 180⁰ C herabgedrückt wird, und die dabei anfallenden Kondensate durch das Rohr *15* abgezogen werden. Der sogenannte leichte Rückstand geht in den Betrieb zurück. Die Gase und die Dämpfe, die über 180⁰ C sieden, gelangen dann nach dem Separator *16* und von dort in den Kompressor *17*, in dem eine endothermische Reaktion der Spaltprodukte eintritt. *19* und *20* sind Kühler und *21* ein Sammeltank (Am.P. 1 175 910). (Vgl. auch die im Kap. XX besprochenen Apparate.)

6. Das Rittmann-Verfahren.

Die Spaltung findet in der Dampfphase und in einem aufrechtstehenden Rohr statt. Das zu spaltende Öl wird am oberen Ende des Rohres fein vernebelt in Abwesenheit jeglicher Flüssigkeit und unter einem Druck von wenigstens 6 Atm. Dämpfe und Teer werden getrennt abgezogen. Die abgeschiedene Kohle wird von den Wänden des Rohres mechanisch entfernt. Das Verfahren ist ein Einphasenverfahren. Da man den Druck konstant halten und die Temperatur ändern kann, so arbeitet es elastischer als ein Zweiphasenverfahren.

Während die vorstehenden Verfahren sämtlich durch Patente geschützt sind, ist das Verfahren nach Rittmann in seinen Grundzügen ein Freiverfahren, das jedermann benutzen kann, und das hauptsächlich infolge dieses Umstandes keine wirtschaftlichen Erfolge erzielt haben soll.

Zur Ausführung des Verfahrens wird das Schweröl verdampft und bei einer Temperatur von 500—575⁰ C unter einem Druck von 100 bis 150 Pfund durch eine Stahlröhre geleitet und die Dämpfe unter dem gleichen Druck kondensiert. Wie bei allen Dampfphasenverfahren müssen Temperatur, Druck und Ölzufluß genau aufeinander abgestimmt sein.

Eine spätere Ausbildung dieser Anordnung ist in dem Am.P. 1 352 916 geschützt (Abb. 7).

Die Retorte *1* ist mit einer geeigneten Heizkammer verbunden. Die Wände der Retorte werden auf Kracktemperatur erhitzt. Das untere Ende der Retorte ragt aus der Heizkammer heraus und ist durch ein

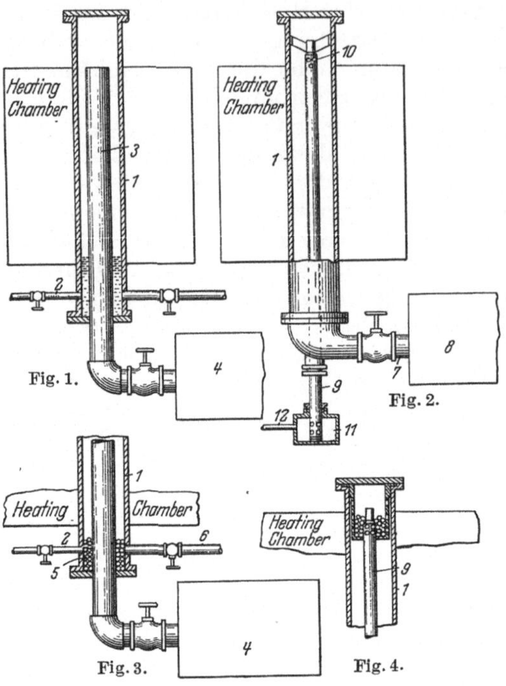

Abb. 7. Am. P. 1 352 916.

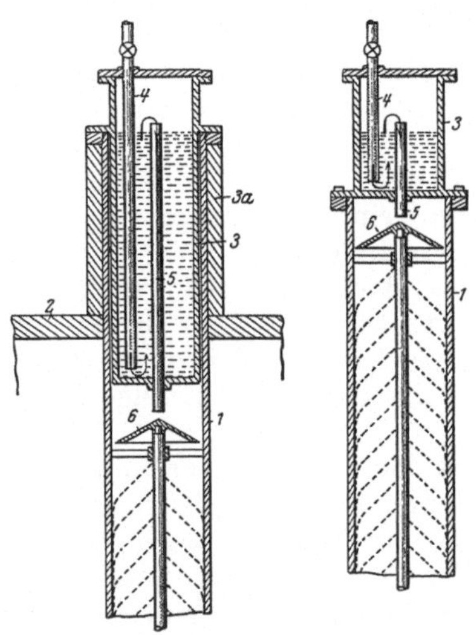

Abb. 8. Am. P. 1 352 917.

Rohr mit einer Pumpe o. dgl. verbunden, durch die das Öl unter geeignetem Druck in das untere Ende der Retorte bis zu einer bestimmten Höhe eingepreßt wird. Das Öl (vgl. Fig. 1) muß so hoch in der Retorte stehen, daß eine genügende Menge Öl durch die Heizkammer verdampft wird, wodurch sich eine Ölzone am oberen Ende der Retorte *1* bildet. Die gekrackten Dämpfe treten dann in das Rohr *3*, das konzentrisch in der Retorte *1* angeordnet ist. Das Rohr *3* endet in einem Kondensator *4*, in dem eine Trennung der Gase von den Kondensaten stattfindet. Durch diese Anordnung verdampft stets nur eine relativ kleine Menge Öl. Die abströmenden Dämpfe erzeugen eine Zirkulation durch *3*, wobei das Kracken sowohl in der Retorte *1*, als auch im Rohre *3* stattfindet.

Zur Beschleunigung der Verdampfung des Öles kann der Boden der Retorte *1* mit Metallkugeln bedeckt sein. Die Kugeln können auch auf einem Sieb am oberen Teil der Retorte *1* angeordnet sein (vgl. Fig. 4). (Am.P. 1352916.)

Eine Abänderung des vorbeschriebenen Apparates ist Rittmann durch das Am.P. 1352917 geschützt (Abb. 8).

Die Krackretorte *1* für die Dämpfe ist in eine geeignete Feuerung *2* eingebaut. Das obere und untere Ende der Retorte ragen aus der Feuerung heraus. Die Retorte *3* zum Kracken der flüssigen Öle ist so angeordnet, daß die Bewegung der Kohlenwasserstoffe hauptsächlich in senkrechter Richtung erfolgt, wenn der Übergang in die beiden Phasen

stattfindet. Um eine vollkommene Verdampfung zu sichern, wenn das
Öl in die Retorte *1* eintritt, prallt es gegen den hocherhitzten Konus *6*
(Am.P. 1352917). Ähnliche Verfahren sind im Kap. IV abgehandelt.

7. Das Chloraluminium-Verfahren.

Es ist in der Golf Refining Co. unter der Leitung von McAfee zu
hoher Entwicklung gelangt. Das Öl wird in einem Kessel mit wasserfreiem Aluminiumchlorid oder einem anderen wasserfreien Aluminium-
salz erhitzt. Das benutzte Öl muß wasserfrei gemacht werden, dann werden dem Öl etwa 8 vH des Katalysators zugesetzt und dann destilliert.
Zwischen dem Kessel und den Kondensatoren werden Fraktioniertürme
eingeschaltet, so daß die hochsiedenden Spaltprodukte wieder in den
Spaltkessel zurückfließen. Die Destillation dauert bei einer Temperatur
von etwa 300° C 24—48 Stunden. Es bleiben etwa 15 vH Rückstandsöle
zurück. Das Aluminiumchlorid ist in granuliertem Koks eingeschlossen.
Das Rückstandsöl dient zu Schmierzwecken. Die Leichtdestillate sind
wasserhell, von angenehmem Geruch und lassen sich mit verdünntem
Alkali und Wasser reinigen. Die so gewonnenen Leichtöle sollen die
Krackbenzine in ihren Eigenschaften übertreffen.

Das Verfahren von McAfee.

Das Verfahren besteht bekanntlich darin, daß man Rohöle mit Chloraluminium behandelt, wobei neben großen Mengen an leichten Destillaten auch ein erheblichen Prozentsatz von Brennölen, Schmierölen und
Zylinderölen, die
asphaltfrei sind,
gewonnen werden.
Wenn man z. B.
ein mexikanisches
Rohöl mit einem
starken Gehalt an
Schwefel und
Stickstoffbasen
sowie Paraffin und
Asphalt destilliert,
so erhält man zu-
nächst ein Destil-
lat (10,72 vH), das
Wasser und größ-
tenteils Gasolin
enthält. Man setzt

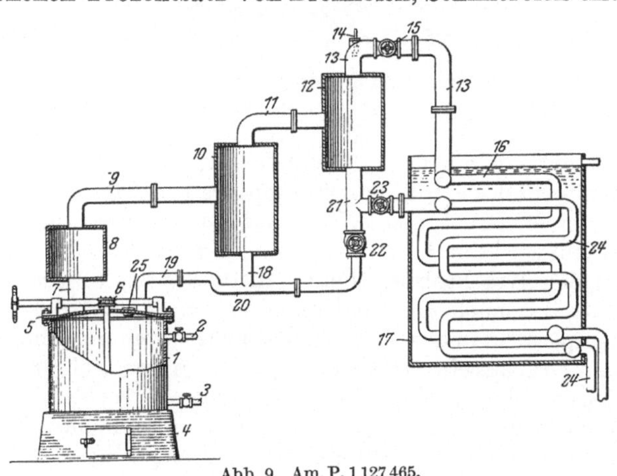

Abb. 9. Am.P. 1127465.

dann 5 vH Aluminiumchlorid hinzu und destilliert weiter. Man erhält
25 vH eines zweiten Destillates, das zur Hälfte aus Gasolin besteht.
Dieses zweite Gasolin war viel wertvoller als das Naturgasolin. Der
zurückbleibende schwere Rückstand wurde vom Aluminiumchlorid getrennt und auf Paraffin und Zylinderöl verarbeitet (Abb. 9).

In der Zeichnung ist *1* eine Retorte, mit einem Einlaß *2* und einem
Auslaß *3*. In *4* ist die Feuerung angeordnet. Die Retorte *1* trägt einen

Deckel *5*, durch den ein Rührwerk *6* geht. *7* ist ein Auslaß für Dämpfe, die nach dem Kessel *8* streichen. Das Dampfrohr *9* führt von dieser Kammer zu einem luftgekühlten Kondensor *10*. Aus diesem Kondensor führt ein Rohr *11* zu einem zweiten Kondensator *12*. Über diesem Kondensor liegt das Rohr *13* mit Thermometer *14* und Ventil *15*. An das Rohr *13* schließt sich eine Kühlanlage *16, 17* mit Auslaß *19* (Am.P. 1127465). (Vgl. auch die Verfahren im Kap. XVIII.)

8. Der Spaltprozeß nach Cross.

Die Anlage ist auf 80 cbm pro Tag eingerichtet. Sie besteht aus Heizelementen, einer Spaltkammer, Kondensator, Kühlapparaten, Sammeltank und Pumpanlagen. Die Heizanlage besteht aus oben liegenden Röhren zum Vorwärmen und den unten liegenden Spaltröhren. Die Spaltröhren liegen im Mauerwerk direkt über der Heizung. Die Vorwärmeröhren werden durch die Abgase angewärmt. Die Spaltkammer

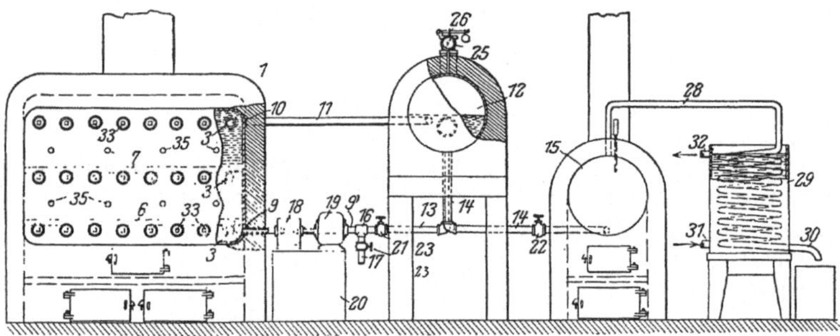

Abb. 10a. Am.P. 1203312.

besteht aus einem Stahlzylinder, der 12 m lang ist, von 38 Zoll lichter Weite und 44 Zoll Außendurchmesser. Die Apparate sind eingerichtet für einen Druck von 270 kg und eine Temperatur von etwa 470° C. Das Rohöl wird durch die Vorwärmer gepumpt, in die es von oben nach unten zu den Krackröhren fließt. In diese tritt es von unten ein und steigt aufwärts nach der Spaltkammer. Hier tritt die Erhitzung auf Spalttemperatur in der Flüssigkeitsphase unter Anwendung eines ausreichenden Druckes ein. Das Öl läuft von den Spaltröhren zu der Krackkammer, wo es solange, d. h. etwa 15 Minuten, verbleibt, bis sich das Gleichgewicht zwischen Dampf- und Flüssigkeitsphase hergestellt hat. Dann wird eine teilweise Entspannung durchgeführt. Das Öl tritt unter einem Druck von etwa 17 kg durch die Kondensations- und Kühlröhren in den Sammeltank. Bei diesem Verfahren sollen etwa 96 vH der Öle gespalten werden, während 4 vH in Kohle und permanente Gase übergehen. Es werden primär etwa 30 vH Gasolin gewonnen, dessen Menge durch nochmaliges Kracken der schweren Destillate erhöht werden kann. Der erste Abtrieb ergibt prozentual 43 vH, die Wiederholung etwa 51 vH. Man kann nach diesem Verfahren Kerosindestillate spalten und auch Heizöle. Es werden auch Fraktioniertürme angeordnet, wobei die Temperatur der

Destillate zur Destillation ausgenutzt wird. Ein Abtrieb dauert 150 bis 175 Stunden.

Dieses Verfahren wird von der Gasoline Products Co. ausgeübt. Die Lizenzgebühren betragen 10 cts. für 0,15 cbm Rohöl.

Auch dieses Verfahren bedient sich eines Röhrenerhitzers. Die Einzelheiten sind aus den Abb. 10a und 10b ersichtlich.

1 ist eine Feuerung mit dem üblichen Heizraum *2*, über dem sich eine Reihe von Röhren *3* befindet, die in hohle Deckplatten *4* und *5* endigen. Mehrere Prellplatten *6* und *7* dienen zur Bewegung der Heizgase. Unten an den Heizröhren *4* befindet sich ein Einlaß *9*, der mit einem Ölbehälter verbunden ist, oben ist ein Auslaß *10*, der durch das Rohr *11* mit dem Konverter *12* in Verbindung steht. Aus dem Konverter *12* führen zwei Auslaßröhren *13* und *14*. Die Röhre *14* steht mit dem Erhitzer *15* in Verbindung und *13* durch T-Stück *16* mit dem Füllrohr *17* und dem Einlaßrohr *9'*.

Das Rohmaterial zirkuliert aus dem Konverter *12* durch die Heizröhren *3* und zurück in den Konverter mit Hilfe einer Pumpe *18* durch den Einlaß *9*. Der Kreislauf des Öles wird durch geeignete Ventile geregelt. Rohr *13* besitzt das Ventil *21* zwischen *16* und *12*. Ventil *22* liegt zwischen *12* und *15*. Das Zuflußrohr *17* kontrolliert den Ölzufluß.

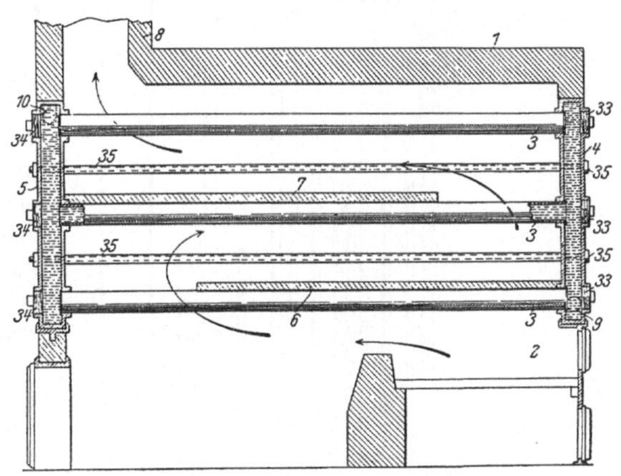

Abb. 10b. Am. P. 1 203 312.

Zunächst werden die Röhren *3* und der Konverter *12* teilweise mit Öl gefüllt. Dann wird das Öl durch das Rohr *13* und den Einlaß *9* in die Kammer *4* und durch die Heizröhren *3* gepumpt. Der Konverter und die Heizröhren stehen unter dem gleichen Druck. Wenn die Spaltung eingetreten ist, werden die Spaltprodukte in den Erhitzer *15* gebracht und so weit erhitzt, bis die Dämpfe in den Kondensator *29* übergehen (Am. P. 1 203 312). Ähnliche Apparate finden sich im Kap. VI.

9. Das Fleming-Verfahren.

Der aufrechtstehende Stahlkessel hat einen Inhalt von 32 cbm Vorhanden sind ferner ein Dephlegmator, Wasserkondensator, Kühlschlangen für den Rückstand und eine Pumpenanlage. Der Stahlkessel hat etwa 3,3 m Durchmesser und ist 10 m hoch. Er ist auf einer Plattform angeordnet und eingemauert. Er wird in seinem Umfang durch vier Brenner angeheizt. Der den Flammen ausgesetzte Teil des Kessels ist durch Mauerwerk geschützt. Der Dephlegmator besteht aus einem aufrechtstehenden Stahlzylinder von 1 m Durchmesser und 4 m Höhe. Der Kessel wird mit 50 cbm Rohöl gefüllt, das nach und nach angewärmt wird, bis die Destillation beginnt. Dann läßt man Rohöl von der Spitze des Fraktionierturmes eintreten, und zwar in einer Menge von etwa 1000 Litern pro Stunde. Durch die direkte Berührung mit den Destillatdämpfen wird das Rohöl angewärmt. Gleichzeitig verdichten sich die hochsiedenden Destillate, und nur die niedrigsiedenden Destillate gelangen zu den Kühltürmen. Das vorgewärmte Rohöl und der Rückfluß tritt an dem Boden des Spaltkessels ein und verteilt sich in dem zu spaltenden Öl. Um geeignete Temperaturen aufrecht zu erhalten, wird ein bestimmter Teil des Rückflusses gekühlt und in die Spitze des Fraktionsturmes eingepumpt. Die leichtesten Destillate werden in einem Wasserkühler verdichtet. Der erforderliche Druck wird durch ein Nadelventil aufrecht erhalten. Hinter dem Ventil, d. h. in dem Kondensator, ist kein Druck, sondern vielmehr ein schwaches Vakuum. Aus dem Kondensat wird das Wasser abgetrennt. Obwohl die Destillate bei diesem Verfahren durch Wasser streichen müssen, soll kein Verlust an Gas entstehen, sondern vielmehr eine Reinigung eintreten. Ein Abtrieb vollzieht sich etwa in 60 bis

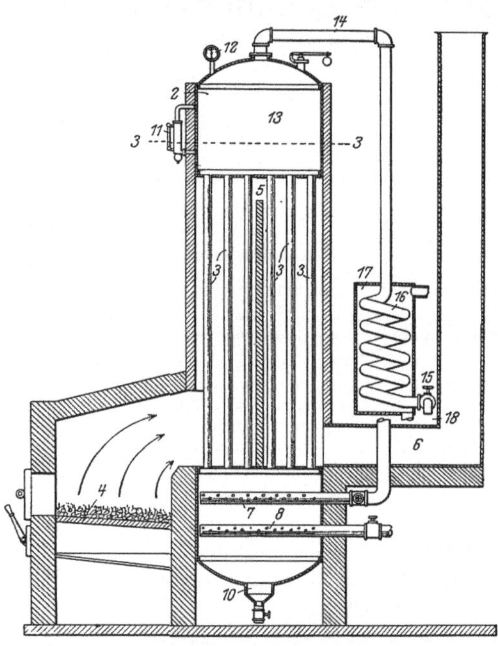

Abb. 11. Am. P. 1 324 766.

80 Stunden und hängt von der Natur des Rohöles ab. Am Ende eines Abtriebes ist noch soviel Hitze in dem Kessel, um 16—20 cbm Gasöl zu destillieren und hierbei ein Heizöl von ausreichender Viskosität und Schwere zu erhalten. Das Verfahren wird von der Kellogg Co. ausgeübt. Die Lizenzgebühr beträgt pro Kessel 20 000 Dollar nach 2 Jahren zahlbar.

Auch das Verfahren von Fleming benutzt einen Röhrenerhitzer, der im folgenden erläutert ist (Abb. 11).

1 und *2* sind zwei Kessel, die durch senkrechte Röhren *3* miteinander verbunden sind, die soweit als erforderlich erhitzt werden. *4* ist eine Feuerung, durch deren Heizgase die Röhren *3* erhitzt werden. *5* ist eine Prellplatte und *6* der Schornstein, durch den die Heizgase abziehen. Die Heizgase streichen in den linken Röhren *3* von unten nach oben und in den rechten umgekehrt. Das teerige Rohmaterial wird kontinuierlich durch Rohr *7* zugeführt und die leichter siedenden Öle durch das Siebrohr *8* in solcher Menge, daß die Spalttemperatur herabgemindert wird. Der Boden des Kessels *1* trägt einen Auslaß *10*, durch den die Rückstände abgezogen werden. *11* ist ein Schauglas, *12* ein Druckventil, *13* eine Dampfkammer, die durch das Rohr *14*, das mit dem Reduzierventil *15* in Verbindung steht, mit der Kühlschlange *16*, die in dem Gefäß *17* angeordnet ist, verbunden ist. Die Kondensate und Dämpfe werden durch Hahn *18* abgezogen. Wesentlich für das Verfahren ist die gemeinsame Anwendung von pechartigen Produkten zusammen mit leichteren Ölen (Am.P. 1324766). Ähnliche Verfahren sind im Kap. IV besprochen.

10. Das Jenkins-Verfahren.

Mit diesem Verfahren beschäftigen sich folgende amerikanische Patentschriften: 1226526, 1321749, 1239423, 1247883, 1295223, 1324075, 1374402.

Das wesentliche Merkmal dieses Verfahrens besteht darin, daß das zu spaltende Öl in der Anlage kontinuierlich zirkuliert. Der Krackkessel System Jenkins ist nach dem System der Heineschen Wasserrohrkessel gebaut. Der Hauptkessel ist ein Stahlkessel von 72 Zoll im Durchmesser und 12 m Länge, dessen Enden mit angeflantschten Platten von $^{15}/_{10}$ Zoll Stärke verschlossen sind. Vorn und hinten aus diesem Kessel sind nach unten zwei Rohre (Seitenschenkel) von großem Durchmesser angeordnet, die durch eine größere Anzahl von schrägen Röhren miteinander verbunden sind. Die Seitenschenkel sind durch 130 $3^1/_2$zöllige nahtlose Röhren miteinander verbunden, welche in den Feuerzügen angeordnet sind. In der amerikanischen Gasolinanlage sind die Kessel mit 226 Röhren von 3 Zoll Durchmesser und 65 m Länge versehen. Die Kessel entsprechen den Vorschriften, die von der American Society of Mechanical Engineers aufgestellt worden sind. Sie sind eingerichtet für einen Betriebsdruck von 68 kg und eine Temperatur von 400⁰ C. Jeder Kessel wird mit einem hydraulischen Druck von 102 kg geprüft. An dem Kessel sind Einrichtungen zum Einbringen der Charge, zum Auspumpen, zum Reinigen des Kessels und zum Einblasen von Dampf vorgesehen. In dem Apparat befindet sich eine Propellereinrichtung, um das Öl kontinuierlich im Kreislauf zu erhalten. Die Kessel sind unabhängig vom Mauerwerk angeordnet, und zwar durch Rahmen abgestützt. Das Mauerwerk ist so gehalten, daß nur die Röhren mit den Verbrennungsgasen in Berührung kommen, während alle anderen Teile des Kessels durch Ziegel vor einer direkten Einwirkung der Hitze geschützt sind. Durch Einbau von einem Propeller mit genügender Wirkung ist dafür Sorge getragen, daß eine gute Verteilung der Hitze von den Röhren aus stattfindet. Der Propeller wird durch einen direkt gekuppelten Motor mit 30—50 PS getrieben. An Stelle des elektromotorischen Antriebes kann auch Dampf in Anwendung kommen. Der Kessel ist durch ein 8zölliges Ventil geschlossen. Auf dem Kondensator befindet sich ein Kühlturm von 60 Zoll Durchmesser und 5 m Höhe. Er besteht aus drei Kesseln, von denen jeder 60 Zoll Durchmesser und 1,3 m Höhe aufweist und die durch zwei Systeme von 60 Röhren miteinander verbunden sind, die 2 Zoll im

Durchmesser besitzen und 2 Fuß lang sind. Von dem Kühlturm gehen die Dämpfe durch geeignete Kondens- und Kühlanlagen in den Sammeltank. Die Kessel werden zuerst mit 25 cbm Öl gefüllt, das langsam auf geeigneten Druck und Temperatur gebracht wird, was etwa 7 Stunden beansprucht. Das 8zöllige Ventil auf dem Kessel bleibt hierbei geschlossen, und durch die $1^{1}/_{2}$zöllige Nebenleitung wird der Druck reguliert. Während der nächsten 92 Stunden werden etwa 4 cbm pro Stunde in den Kessel eingeführt. 2 Stunden dauert das Auspumpen und 6 Stunden das Ausdämpfen und Abkühlen. Dann betreten die Arbeiter die Kessel, um die Kohle daraus zu entfernen. Die Röhren werden mit durch Luft getriebenen Reinigern gereinigt. Die Gesamtoperation, d. h. Ein-

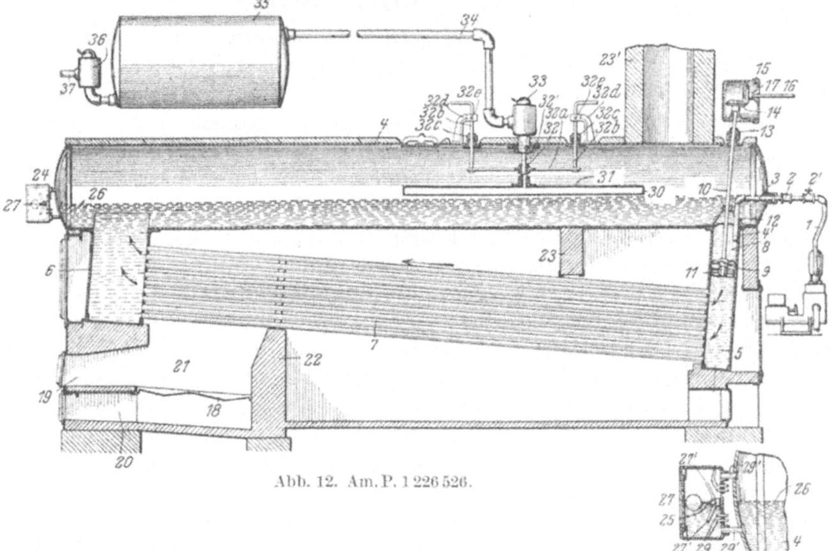

Abb. 12. Am. P. 1 226 526.

bringen der Charge, Abtrieb, Auspumpen, Kühlen
und Dämpfen, Reinigen, Wiedereinbringen einer
neuen Charge dauert 123 Stunden. Die Betriebsdauer von 123 Stunden ist im Durchschnitt in amerikanischen Anlagen innegehalten worden, sie kann im Einzelfall aber höher sein. Die durch Nebenleitung entwickelten Dämpfe werden durch ein 8zölliges Ventil in die untere Kammer eines Fraktionierturmes geleitet. Von da aus gelangen sie durch Röhren in den mittleren und dann in den obersten Kessel. Von dem ersten Kondensat wird ein großer Teil entfernt und ein kleinerer Anteil von dem zweiten Kondensat, die zusammen in Heizkessel geleitet werden, welche Leichtbenzine und leicht siedende Gasöle enthalten. Diese Leichtdestillate, die aus dem Rückfluß herrühren, werden vereinigt mit den Destillaten, die aus der Spitze des Kühlturmes austreten und liefern dann nach der Destillation mit Wasserdampf fertige leichte Gasoline mit Kerosindestillaten. Das permanente Gas wird aus dem System in einen Sammeltank gebracht, durch Wasser durchgedrückt und als Heizgas verwendet. Der Wasserkessel dient zur Reinigung des

Gases und zur Entfernung des Schwefelkohlenstoffs. Das Heizöl enthält
etwa 7 vH Kohle berechnet auf die Gesamtmenge Öl. Es wird dauernd
von dem Kessel an dem anderen Ende entfernt.

Der benutzte Apparat ähnelt hinsichtlich der Heizanordnung dem im
Am.P. 1388514 von Burton-Clark (vgl. S. 16). Die Einzelheiten sind
aus der nebenstehenden Zeichnung ersichtlich (Abb. 12).

Das Rohmaterial wird durch das Rohr *1*, in dem sich das Ventil *2*
befindet, und durch das Einlaßrohr *3* in den Kessel *4* eingepumpt, der
vorn und hinten zwei Stutzen *5* und *6* aufweist, die durch eine große Anzahl schräg gelagerter Röhren miteinander verbunden sind. In der Kammer *5* ist der Propeller *11* zur Erzeugung einer Strömung angeordnet, der
durch ein Getriebe *14—17* in Bewegung gesetzt wird.

Unter der Retorte mit der Trommel *4*, den Seitenstutzen *5* und *6* und
den Röhren *7* ist eine Feuerung angeordnet mit Rosten *18*, Einlaß *19*,
Aschenkasten *20*, Feuerbuchse *21* und Prellplatten *22*, *23* zur Verteilung
der Feuergase über die Heizröhren. Die durch *1* eingeführten Rohöle
werden durch den Propeller *9* mechanisch durch Stutzen *5* gepreßt und
gelangen dann in die Röhren *7* und durch den Stutzen *6* in den Kessel *4*.
Durch diese Einrichtung wird eine große Strömungsgeschwindigkeit von
5 nach *6* erzielt. Der Stutzen *6* ist weiter als *5*, um die in den Heizrohren *7*
expandierten Öle aufzunehmen und ein Zurückschlagen nach *5* zu verhüten. Das Ölniveau wird konstant gehalten durch eine Ventilkonstruk-
tion, die in der Abb. 12 rechts unten näher erläutert ist. Der Druck in
dem Apparat wird mit dem Ventil *33* reguliert. Die entstehenden Gase
und Dämpfe gehen nach dem Sammler *30* und gelangen nach ihrer Entspannung in die Expansionskammer *35* (Am.P. 1226526). Ähnliche
Apparate finden sich im Kap. VII.

11. Der Coast-Cosden-Prozeß.

Die Retorten besitzen einen Fassungsraum für eine tägliche Charge
von etwa 20 cbm Gasöl. Der Kessel ist horizontal und besitzt einen
Durchmesser von etwa 3 m und eine Länge von etwa 13 m. Er ist eingemauert. Die Feuerseite wird von dem Ansatz von Kohlenstoff durch
schleifende Ketten rein gehalten; der ausgeschiedene Kohlenstoff bleibt
im Öl suspendiert. Die Dämpfe passieren drei Luftkondensatoren oder
horizontale Kühltürme, bis sie in das Kontrollhaus gelangen, wo eine
Entspannung vorgenommen und die Dämpfe bei Atmosphärendruck kondensiert werden. Die anfängliche Beschickung beträgt 40 cbm Gasöl, das
auf 400⁰ C vorgewärmt wird. Der Druck im Kessel ist 35 kg. Von den
Destillaten, die durch die Kühltürme gehen, werden 90 vH kondensiert
und gehen in den Spaltkessel zurück. Die gasförmigen Destillate gehen
in den Sammeltank und nach ihrer Entspannung in den Kondensator. Es
sind Einrichtungen zur Feststellung und Regulierung von Druck und
Temperatur vorgesehen. Hinter dem Kondensator geht das Krackbenzin
durch einen Gas- und Wasserscheider und durch eine Meßvorrichtung.
Da die Menge des zugeführten Gasöles gleichfalls gemessen wird, kann
man Zu- und Ablauf miteinander in Einklang bringen. Das dem Spaltkessel zugeführte Gasöl wird auf etwa 200⁰ C vorgewärmt. Hierdurch

wird für den Kessel selbst eine große Wärmeersparnis erzielt. Während eines Abtriebes werden 24 cbm Gasöl in den Spaltkessel eingepumpt, so daß im ganzen 64 cbm Öl der Spaltung unterworfen werden. Ein Abtrieb dauert etwa 60 Stunden, d. h. in 24 Stunden werden etwa 25 cbm Öl gespalten. Von den 60 Stunden entfallen 52 Stunden auf die Spaltung, $7^1/_2$ Stunden auf Beschicken, Kühlen, Ausdämpfen und $^1/_2$ Stunde auf Reinigen.

Von dem angewandten Öl gehen etwa 70 vH als Druckdestillat über, 26 vH werden als Heizöl gewonnen, 4 vH sind Verlust. Die Reinigung der Druckdestillate vor der Destillation mit Wasserdampf bringt einen Verlust von 2 vH. Zahlreiche Beobachtungen haben ergeben, daß die Destillate 61,2 vH Gasolin, 7,2 vH Kerosin, 30,6 vH Heizöl bei einem Verlust von 0,9 vH liefern. Die Ausbeuten berechnen sich auf den ersten

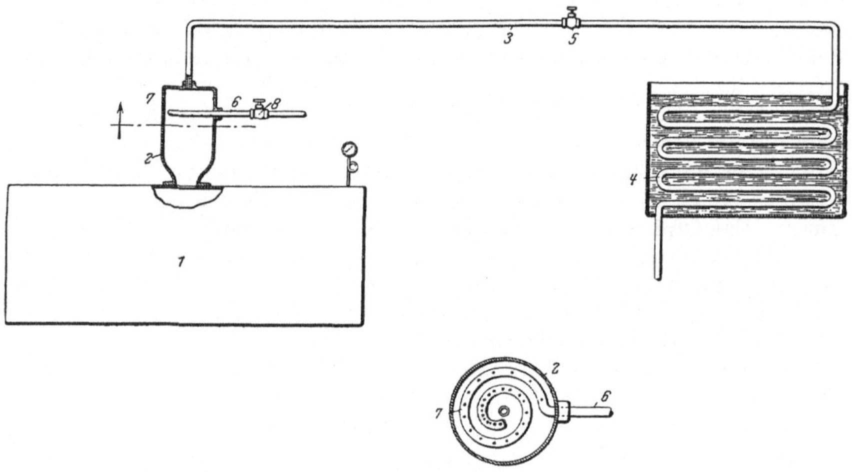

Abb. 13. Am. P. 1250798.

Abtrieb mit Gasöl. Die Heizung beträgt 9 vH von der Gesamtbeschikkung. Dieses Verfahren wird von der F. W. Freeborn Engineering Co. in Tulsa ausgeübt.

Die Einzelheiten des verwendeten Apparates, der durch das Am.P. 1250798 geschützt ist, sind im folgenden näher beschrieben (Abb. 13).

1 bedeutet eine Retorte, die mit einer Druckkammer *2* und einem Dampfrohr *3* versehen ist, das von der Druckkammer zu dem Kondensor *4* führt. Ein Regulierventil für den Druck *5* ist in dem Dampfrohr angeordnet zwischen der Retorte und dem Kondensor. Ein Dampfeinlaßrohr *6* führt in die Druckkammer *2* und ist mit einem Auslaß *7* versehen, der in der Druckkammer liegt. Die Unterseite des Auslasses *7* ist perforiert, um Dampf in feinen Strahlen in die Kammer *2* eintreten lassen zu können. Vor allem eignet sich der Apparat zur Verarbeitung von schweren Ölen, die zwischen 190—450° C sieden. Das Rohmaterial wird in die Retorte eingeführt und das Ventil *5* auf einen geeigneten Druck eingestellt für die Retorte und die Druckkammer *2*. Die Retorte

wird zwischen 330—450⁰ C erhitzt, der Druck soll 50—150 Pfund auf den
Quadratzentimeter betragen. Die aus der Retorte aufsteigenden Dämpfe
werden in der Druckkammer abgekühlt, indem die hochsiedenden Bestandteile zurückfließen und die leichten Destillate durch das Druckventil *5* in den Kondensor *4* entweichen, wo normaler Druck herrscht.
Der eingeblasene Wasserdampf soll eine Temperatur zwischen 135 bis
230⁰ C haben (Am.P. 1250798). Ähnliche Verfahren sind im Kap. XIII
und XIV zu finden.

12. Das Isom-Verfahren.

Es ist durch das Am.P. 1285200 geschützt und wird von der Sinclair
Refining Co. ausgeübt. Es arbeitet mit Drucken von 68 kg und einer
Temperatur von 400⁰ C. Die angewandten Kessel fassen etwa 40 cbm

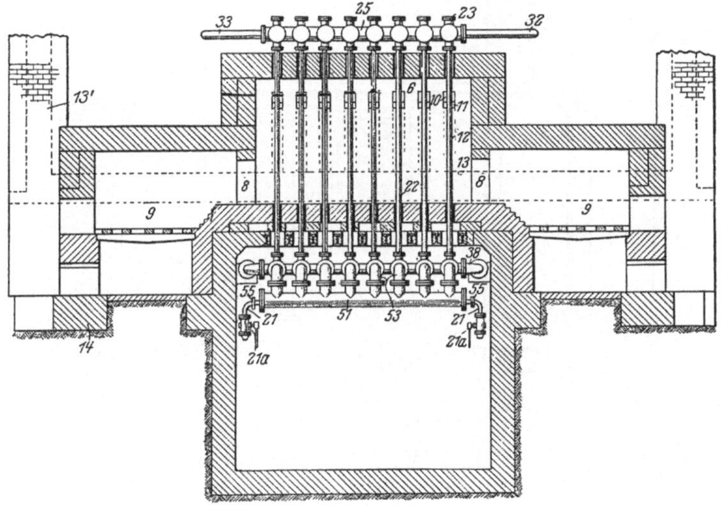

Abb. 14a. Am.P. 1285200.

rohes Gasöl und verarbeiten pro Tag etwa 200 cbm. Die Heizelemente
bestehen aus 50 4zölligen Röhren, die mit Foster-Ringüberhitzern ausgestattet sind, welche 300 qm Heizfläche besitzen, während für das Öl
eine Heizfläche von 100 qm vorgesehen ist. Das Öl zirkuliert mit Hilfe
einer Pumpe durch die vertikal in der Feuerung angeordneten Heizröhren und von da durch einen Horizontalkessel von 3 m Durchmesser
und 11 m Länge. Die Dämpfe werden durch einen Rückflußkondensator
geleitet, der 60 Zoll Durchmesser und 9 m Höhe besitzt. Der Kessel wird
dadurch kontinuierlich aufgefüllt, daß man Rohöl von oben in den Kondensator eintreten läßt. Die Dämpfe werden unter Druck kondensiert.
Die Regulierventile befinden sich in dem Sammelhaus.

Ein Abtrieb dauert 48 Stunden, wobei 30 Stunden auf das Spaltverfahren kommen, während 18 Stunden für Anheizen, Kühlen und
Reinigen verbraucht werden. Unter normalen Bedingungen werden

50 vH des angewandten Gasöles als Destillat gewonnen. 45 vH werden als Teer abgezogen und 5 vH sind Verlust und Kohle.

Auch die zur Ausführung dieses Verfahrens verwendete Apparatur benutzt u. a. einen Röhrenerhitzer, wie er auch bei früher beschriebenen Einrichtungen vorhanden war (Abb. 10). Die Anordnung ist in der folgenden Zeichnung erläutert (Abb. 14a und 14b).

Die senkrechten Heizröhren 6, 7 werden durch Heizzüge 8, 8 erhitzt, die mit Feuerstellen 9, 9 in Verbindung stehen. Die Züge 10, 10 verbinden mit dem Schornstein 13. Das Öl wird durch eine Batterie von Röhren geleitet, die in einem Ofen A liegen. Es befindet sich im steten Kreislauf von dem Tank C durch eine Fördervorrichtung B, durch die Heizröhren und nach dem Tank C zurück. Der Tank C steht mit einem Kondensor

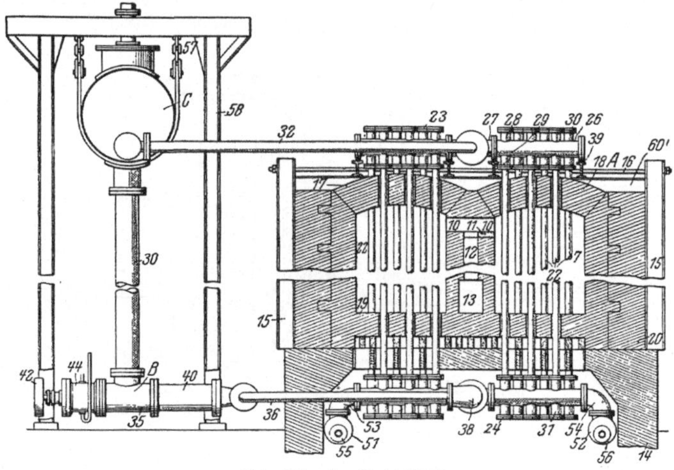

Abb. 14b. Am.P. 1285200.

in Verbindung, der in üblicher Weise ausgestaltet ist. Es herrscht in den Heizröhren, dem Tank und dem Kondensor der gleiche Druck. Das Niveau des Öles in dem Tank C muß konstant erhalten werden. Der Fördermechanismus für das Öl in 35 besteht vorteilhaft aus einem Propeller. Die Zufuhr von neuem Öl erfolgt durch besondere Anordnungen in das Rohr 35 (Am.P. 1285200). Ähnliche Apparate finden sich im Kap. VI.

Entgegen den Ausführungen von C.M.Johnson vertritt E.H.Leslie in seinem äußerst inhaltsreichen, auch für den Kracktechniker überaus instruktiven Werk „Motor Fuels 1923“ die Auffassung, daß außer den bereits besprochenen Verfahren noch folgende praktisch ausgeführt werden und wirtschaftlich von Bedeutung sind.

13. Das Verfahren nach Alexander.

Das besondere Merkmal dieses Verfahrens besteht u. a. in der gleichmäßigen und lokalisierten Beheizung der Spaltretorten, die durch einen Wärmeschutzmantel, der konzentrisch zu der Retorte angeordnet ist, bewirkt wird. Zwischen den Mantel und die Retorte werden die Heizgase eingeleitet (Abb. 15).

In der Abbildung bedeutet *1* eine Heizkammer, in die durch *2* Heizgase eingeleitet werden. Die Kammer *3* ist die Heizkammer, während *4* als Vorheizkammer dient. In der Heizkammer *3* liegt die Spaltretorte *7*, die unten und oben über die Heizkammer hinausragt. In den Retorten befinden sich Schaber und unter ihnen Sammelräume *21, 12* für Kohlenstoff. Die Öle werden bei *19* eingeleitet. Die Destillate treten bei *28* aus. Die Heizgase ziehen spiralig um die Retorte *7* herum und werden dann nach *4* geleitet. Die Dämpfe sollen auf Temperaturen zwischen 450—550⁰ C erhitzt werden. Die Drucke sollen zwischen 75 bis 300 Pfund liegen. Am.P. 1 387 677 (C. M. Alexander, Texas. 16. August 1921). Ähnliche Einrichtungen finden sich im Kap. IV. Ein zweites Patent von Alexander (Am.P. 1 404 725) ist in dem Kap. XVI beschrieben.

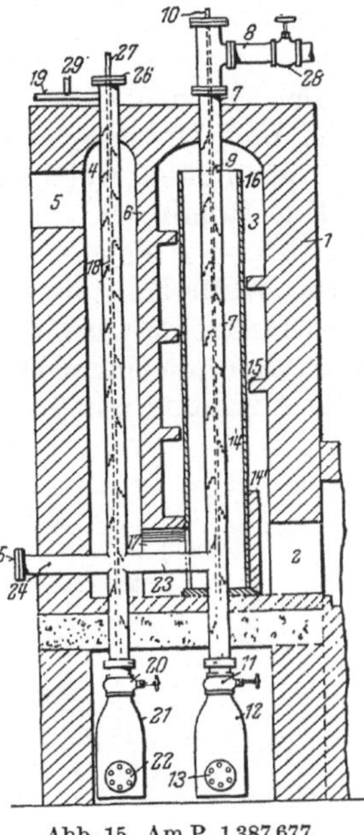

Abb. 15. Am.P. 1 387 677.

14. Das Verfahren nach Washburn.

Es ist durch das Am.P. 1 138 266 geschützt (Abb. 16).

Nach diesem Verfahren wird Öl bei Gegenwart von Wasserdämpfen unter Druck gekrackt und gleichfalls unter Druck kondensiert. Man soll zu einem geruchlosen Leichtbenzin ohne Abscheidung von Kohlenstoff gelangen. *B* ist eine schräg in der Feuerung *A* liegende

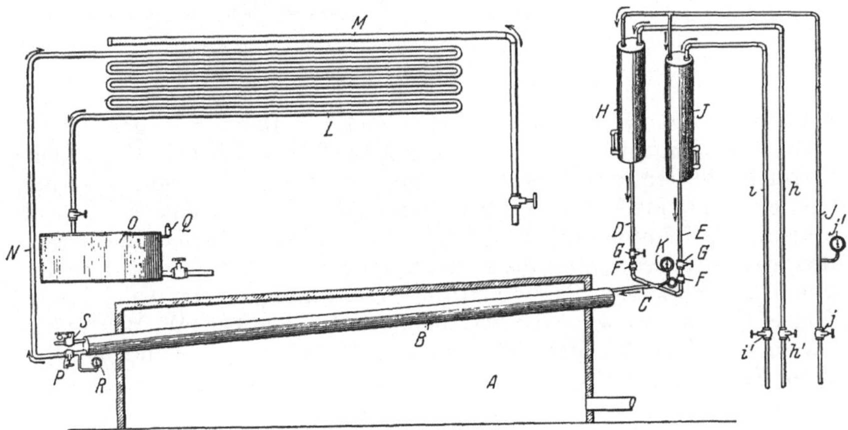

Abb. 16. Am.P. 1 138 266.

Druckretorte, in die durch *D* und *E*, die mit Rückschlagventilen versehen sind, Petroleum und Wasser eingeführt wird. Durch *J* wird Wasserdampf unter Druck eingeleitet. *L* ist ein Röhrenkondensator. Der angewendete Druck soll 3—5 Atm. betragen (C. H. Washburn, St. Louis. 4. Mai 1915). Ähnliche Einrichtungen finden sich im Kap. I.

15. Das Verfahren nach W. M. Parker.

Das Öl wird hierbei nacheinander einer Reihe von hohen Temperaturen und Drucken ausgesetzt, und zwar bei einer hohen Strömungsgeschwindigkeit, welche durch Hindurchpumpen erreicht wird (Abb. 17).

Das Rohöl wird aus dem Tank *5* mit einer Pumpe *6* in eine Heizeinrichtung *7* eingepumpt, die eine sehr lange Heizröhre *8* von geringer lichter Weite trägt und auf 222—232⁰ C erhitzt wird. Das Öl durchläuft diese Heizschlange mit großer Geschwindigkeit. Dann gelangt das Öl durch den mit einem Dampfmantel versehenen Überhitzer *10*, und zwar unter Mischung mit überhitztem Dampf, in die Mischdüse *12*. Die Tem-

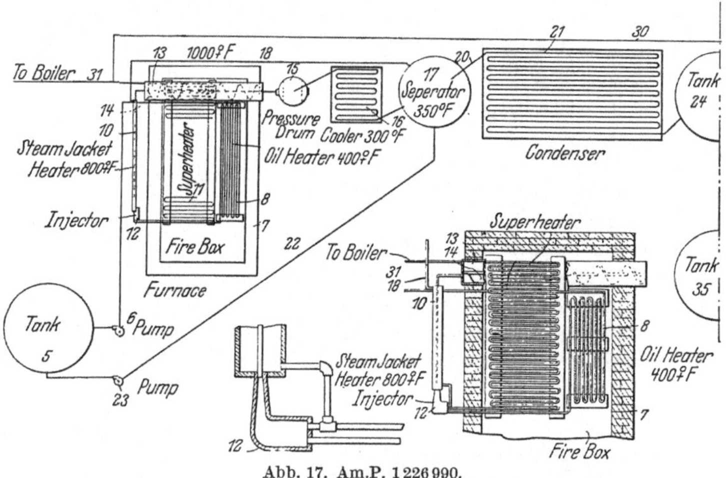

Abb. 17. Am.P. 1 226 990.

peratur im Überhitzer beträgt 445—500⁰ C. Dann gelangen die Öldämpfe in den mit einer Verteilungsschnecke versehenen Expansionskessel *14*, in dem die Dämpfe zu einer rotierenden Bewegung gebracht werden. In dem Kessel *15* sollen sich der Kohlenstoff und der Teer absetzen. Die Dämpfe werden in *16* gekühlt, in *17* bei 177⁰ C von den Kondensaten geschieden und die Kondensate in den Betrieb zurückgeleitet. Die Temperatur soll 555⁰ C und die Geschwindigkeit der Öldämpfe im Kessel *14* soll etwa 30 m/sec betragen (Am.P. 1 226 990. W. M. Parker, Oklahoma. Vom 22. Mai 1917). Ähnliche Einrichtungen finden sich im Kap. XX.

16. Das Verfahren nach Ramage.

Nach diesem Verfahren soll man aus gesättigten Kohlenwasserstoffen zu neuen ungesättigten Olefinen oder zu aromatischen bzw. terpenartigen Kohlenwasserstoffen gelangen, wenn man sie einer gelinden Oxydation mit bestimmten Mengen Sauerstoff bei Gegenwart von Oxyden des

Kupfers, Nickels, Kobalts oder Eisens unterwirft (Am.P. 1224787. A. S. Ramage, Detroit. Vom 1. Mai 1917). Derartige Verfahren sind im Kap. XVI besprochen.

17. Das Verfahren nach Adams.

Von den vielen an anderen Stellen dieses Buches besprochenen Patenten dieses Erfinders soll hier nur das erste besprochen werden (Abb. 18).

Als wesentlich wird der Umstand hingestellt, daß die Spaltung der Öle sich unter Vakuum vollzieht, und daß man als Heizquelle sich eines elektrischen Heizkörpers bedient. In

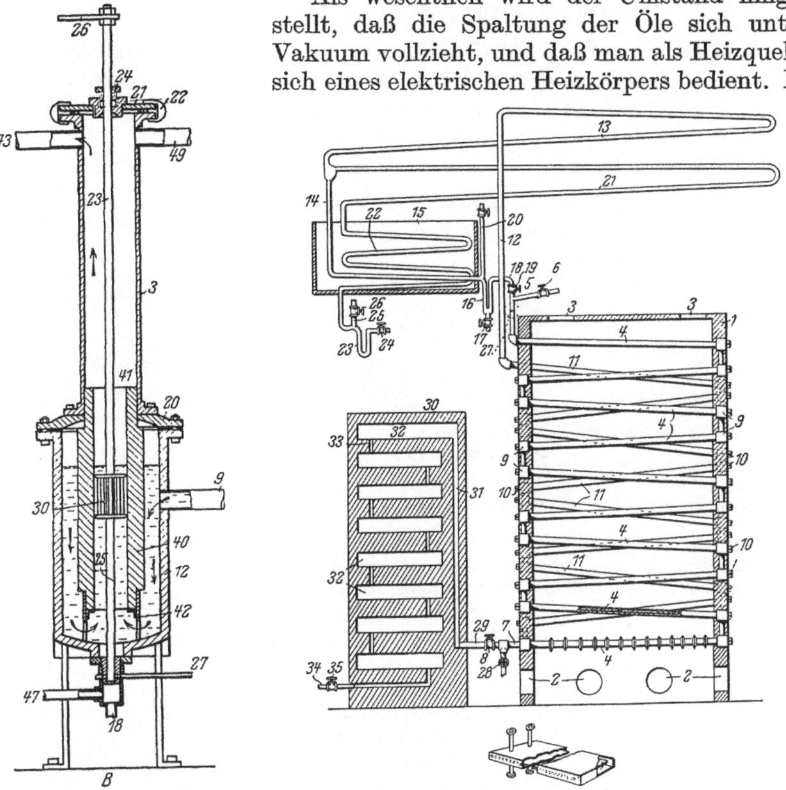

Abb. 18. Am.P. 976975.   Abb. 19. Am.P. 1249278.

der Abbildung ist *12* der Spaltraum mit aufgesetztem Dom *3*. Die Zuleitung des Öles erfolgt durch *9*. Das Öl steigt durch die Öffnungen *42* in den Ringraum *40* und gelangt zu dem elektrischen Heizkörper *30* (Am.P. 976975. J. H. Adams. Vom 29. November 1910). Derartige Verfahren sind im Kap. XVII behandelt.

18. Das Verfahren nach Ellis.

Das Verfahren läßt sich am besten an der Hand der Zeichnung erläutern (Abb. 19).

1 ist eine mit Heizgasen beheizte Heizkammer. Das Öl läuft durch Rohr *5* durch die im Zickzack angeordneten Röhren *4* nach unten. Von da können die Öle zu ihrer vollkommenen Spaltung entweder durch das Röhrensystem *11* nach oben steigen oder aber in den Digester *30* durch Kanal *31* abgeleitet werden. Der Zusatz von wässerigen Salzlösungen, wie Ammoniumnitrat oder katalytisch wirkenden Lösungen zu den Ölen, ist vorgesehen, ebenso auch die Verwendung von Katalysatoren in den Röhren (Am.P. 1249278. C.Ellis, New Jersey. Vom 4.Dezember 1917). Derartige Verfahren sind im Kap. IV besprochen.

19. Das Verfahren nach Lewis (Abb. 20).

Nach dem Am.P. 1364443 soll man die Druckdestillate in eine Reihe von vier nebeneinanderliegenden Kesseln bringen, wobei ein fraktionier-

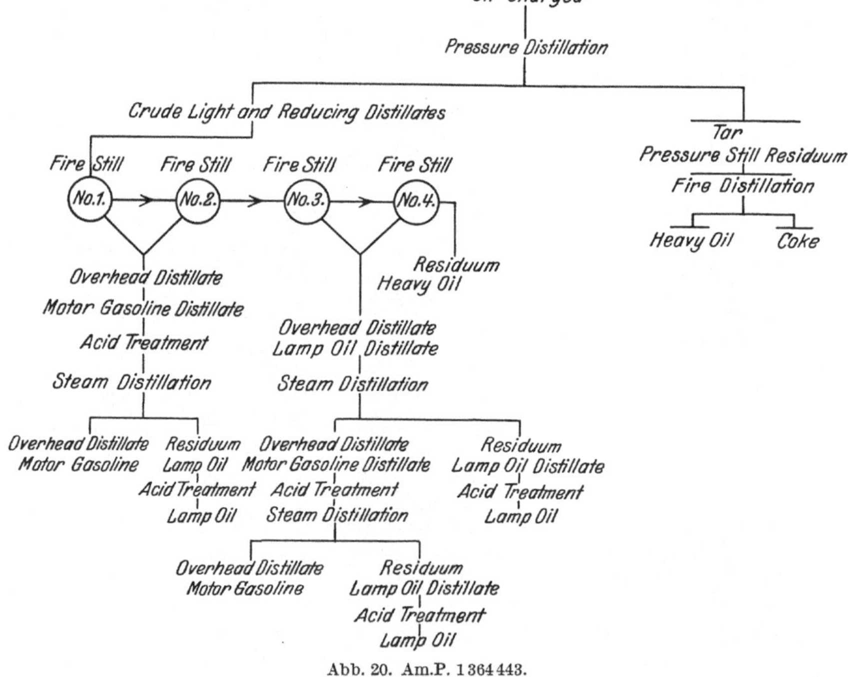

Abb. 20. Am.P. 1364443.

tes Überdestillieren unter Weiterleiten der Rückstände in den nächsten Kessel stattfindet. Aus dem Kessel *1* und *3* erhält man Motorgasoline, die einer Behandlung mit Schwefelsäure und dann einer Dampfdestillation unterworfen werden. Die sinngemäß vereinigten Destillate aus den Kesseln *1—4* ergeben schließlich gereinigte Motorgasoline und gereinigtes Leuchtöl (Am.P. 1364443. J. W. Lewis. Vom 4. Januar 1921). Derartige Verfahren sind im Kap. XVI behandelt.

20. Das Verfahren nach Emerson.

Zur Ausführung des Verfahrens soll man die Ausgangsöle von Schwefel und Wasser befreien und toppen. Ferner soll ein Wärme-

austausch zwischen den Destillaten und dem Frischöl stattfinden. Die
vorerhitzten Öle und die Kondensate sollen wieder in das zu spaltende
Öl zurückgeleitet werden (Abb. 21).

In der Zeichnung befindet sich auf der rechten Seite ein Umlaufkessel,
wie er nach dem Verfahren 2 und 10 (S, 17 u. 32) verwendet wird. Die aus

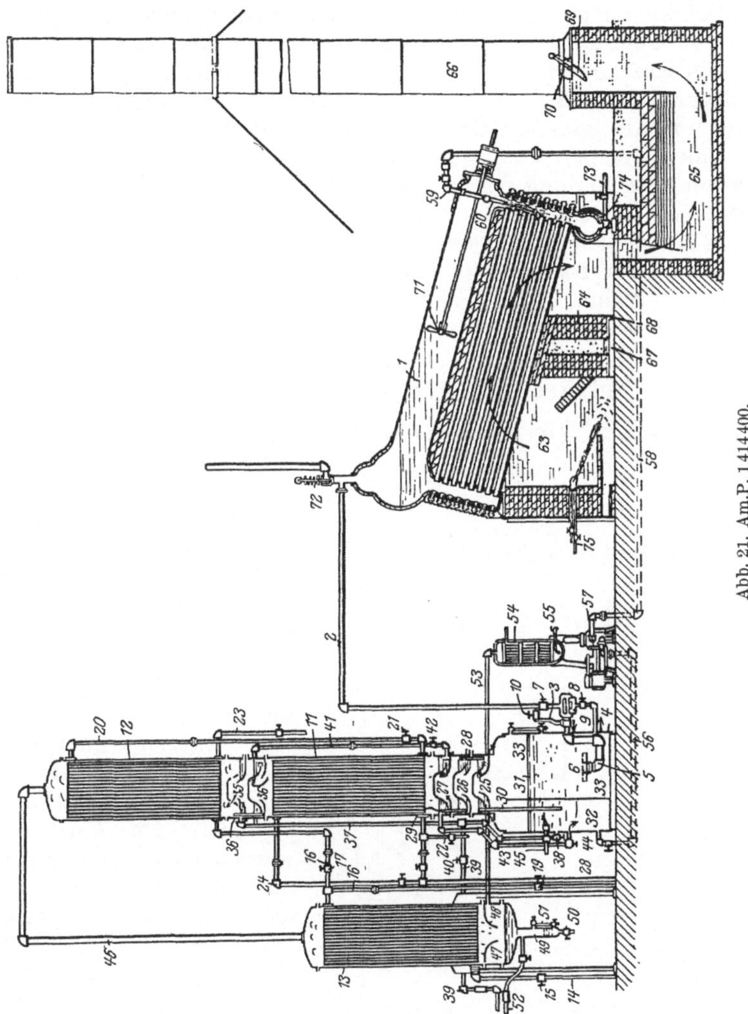

Abb. 21. Am.P. 1414400.

diesem Umlaufkessel entweichenden Destillate werden durch Rohr 2 in die
Kammer 4, durch Rohr 5 und Verteiler 6 in das dort befindliche Kondensat
eingeleitet. Über der Kammer 4 befinden sich die Kondensatoren 11 und
12, die mit einem dritten Kondensator durch Rohr 46 in Verbindung stehen.
Der Druck im Kessel soll 75—100 Pfund/Quadratzoll und die Tempe-

ratur 390—450⁰ C betragen. Durch die Rohre *22* und *23* werden die Kondensatoren durch Dampf angeheizt. In die Trennkammer *32* wird Frischöl eingeleitet. Nach den Angaben der Patentschrift soll man den Kessel, in den die gasförmigen Produkte geleitet werden, auf der linken Seite der Zeichnung als Primärkessel und den Kessel *1* als Sekundärkessel bezeichnen, da das Öl in der Seitenkammer *32* des Kessels *4* zuerst destilliert wird und dann erst in den Kessel *1* zur Spaltung gelangt. Die Pumpe *57* saugt das Öl aus der Kammer *32* durch das Rohr *56* und preßt es in das Krackgut in den Kessel *1* durch den Strahlapparat *60*. Die Strahlröhren *62* befördern das Öl mit großer Geschwindigkeit in die Zuleitungen zu den Sammelräumen. Diese schnelle Zirkulation des Öles bewirkt einen Temperaturausgleich und verhindert die Abscheidung von Kohle und die Bildung permanenter Gase. Die Kondensate, die in die Kammer *32* fließen, werden zusammen mit den vorerhitzten und getoppten Frischölen in den Sekundärkessel geleitet und vermeiden dadurch eine Überhitzung beim Kracken (Am.P. 1414400. V. L. Emerson, Pennsylvania. Vom 2. Mai 1922). Ähnliche Umlaufkessel sind im Kap. VII besprochen.

21. Verfahren nach Bacon, Brooks und Clark.

Das Verfahren läßt sich am besten an der Hand der Zeichnung erläutern (Abb. 22).

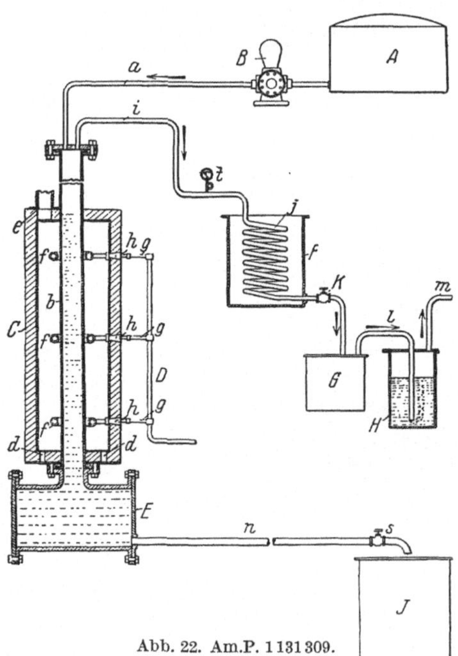

Abb. 22. Am.P. 1131309.

C ist eine mit feuerfestem Material umgebene Heizkammer, innerhalb derer sich die röhrenförmige Retorte *b* befindet, die durch Ringbrenner *f* erhitzt wird und unten einen Absetzkessel *E* für den ausgeschiedenen Kohlenstoff besitzt. Das Öl wird kontinuierlich aus Kessel *A* durch Pumpe *B* und Rohr *a* eingepreßt. Die Rückstände werden durch *n* abgezogen, die Destillate durch *i* in den Kondensator *j* geleitet. Der Druck soll 60—300 Pfund/Quadratzoll betragen, die Temperatur 350—500⁰ C (Am.P. 1131309. Bacon, Brooks und Clark, Pennsylvania. Vom 9. März 1915). Derartige Verfahren sind im Kap. IV besprochen.

22. Das verbesserte Verfahren nach Coast.

Hierfür fehlen nähere Angaben über die Ausführung.

23. Das Verfahren nach Muehl.

Auch hierfür sind keine bestimmten Angaben gemacht; ebenso nicht für die vom Autor außerdem noch erwähnten Verfahren.

Spezieller Teil.

Wie bei allen Zusammenstellungen technischer Apparate und Verfahren, die sich auf ein sehr großes Material stützen, ergibt sich naturgemäß die Notwendigkeit eine auf technologischen Erwägungen gestützten Unterteilung vorzunehmen, um den gesamten Stoff möglichst übersichtlich anzuordnen. Diese Aufgabe ist insoweit ohne Schwierigkeiten zu lösen, wenn es sich um hervorstechende und charakteristische Merkmale handelt, die ohne weiteres zur Bildung von Untergruppen führen können. So sind z. B. diejenigen Apparate, die Rührwerke, rotierende Retorten, Metallbäder, sowie die Verfahren, welche Katalysatoren u. dgl. benutzen, in Sonderkapiteln besprochen worden.

Ein großer Teil der gemachten Vorschläge erstreckt sich aber auf Apparate bzw. Verfahren, die keine stark unterschiedlichen Merkmale aufweisen, oder bei denen die Übergänge der Einzelapparate bzw. Verfahren untereinander schwerer auseinander zu halten sind. Für diese Art der technischen Veröffentlichungen ist der Vorschlag gemacht worden, sie in zwei große Gruppen einzuteilen, nämlich in solche, die das Öl in der Flüssigkeitsphase kracken, während die anderen in der Dampfphase arbeiten (S. 10).

Diese Art der Unterteilung hat fraglos ihre Berechtigung, insbesondere, wenn gewisse technische Erwägungen in den Vordergrund gestellt werden müssen. Sie erscheint aber nicht ausreichend, wenn die Forderung erfüllt werden soll, eine möglichst große Zahl von Untergruppen zu schaffen, um den dargebotenen Stoff möglichst übersichtlich zu gestalten. Es sind außerdem viele Verfahren vorgeschlagen worden, bei denen das Öl während der Spaltung sich zum Teil in der Dampf-, zum Teil in der Flüssigkeitsphase befinden soll.

Wenn man von der ältesten Standardtype der amerikanischen Krackapparate, nämlich dem Burton-Apparat des Am.P. 1 049 667, ausgeht, so wird man sehen, daß dieser älteste praktisch erprobte Krackapparat im wesentlichen nur aus zwei Hauptteilen, nämlich einem Druckkessel und einem Kondensator, besteht. Wenn man die Entwicklung der Spaltapparatur weiter verfolgt, so wird man feststellen, daß man in erster Linie der Vervollkommnung der Heizeinrichtung eine besondere Aufmerksamkeit gewidmet hat, während die Vorschläge zum Aufbau von Kondensatoren sich zum größten Teil an bekannte Vorschläge anlehnen, die aus der Destillation ohne Druck bekannt sind. Unter Berücksichtigung dieser Tatsache scheint es nicht ungerechtfertigt, der Konstruktion der Heizapparate einen besonderen Wert zuzumessen. Je nach der Art der gemachten technischen Vorschläge zerfallen sie sinngemäß in Verfahren und Apparate. Praktisch hat sich diese Unterteilung nicht immer konsequent durchführen lassen, denn es können die neuen Merkmale eines technischen Vorschlages sowohl nur im Verfahren, als auch gelegentlich im Apparat oder auch nur im Apparat liegen. Besonders tritt diese Erscheinung u. a. z. B. beim Kracken mit Hilfe der Elektrizität, wo sowohl das Verfahren der elektrischen Beheizung, als auch der Bau der Heizvorrichtungen im wesentlichen bekannt ist, und es sich im Einzelfall nur um Sondermaßnahmen bzw. Sonderkonstruktionen handelt. Es gibt aber auch zahlreiche Verfahrensvorschläge, für die eine besondere Apparatur nicht erforderlich ist, und es erschien angebracht, diese Verfahren gesondert zu besprechen.

Da man, wie bereits auseinandergesetzt wurde, im Hinblick auf die technologische Entwicklung der Krackapparatur der Art der Heizung einen besonderen Wert beimessen muß, so wurden unter Berücksichtigung der außerdem gemachten Ausführungen die Apparate in Ein-, Zwei- und Mehrphasenapparate eingeteilt, je nach der Anzahl der zum Spalten des Öles benutzten Heizvorrichtungen. Es soll bereits hier bemerkt werden, daß die Vorwärmung des Öles z. B. im Kondensator, die in erster Linie als eine wirtschaftliche Wärmeersparnis und nicht als eine bewußte Stufe bzw. Vorstufe für das Kracken angesehen werden kann, nicht als Sonderphase des eigentlichen Krackprozesses in der folgenden Zusammenstellung behandelt wurde. Für die Einordnung in die nachstehend angegebene Unterteilung war die Überlegung ausschlaggebend, ob bei den einzelnen Untergruppen der Apparat oder die Verfahrensmerkmale in der Mehrzahl der in einer Gruppe besprochenen Vorschläge von ausschlaggebender Bedeutung waren. Jedenfalls erschien es im Interesse der Übersichtlichkeit nicht ratsam, z. B. beim Kracken mit Hilfe der Elektrizität oder mit Hilfe von Katalysatoren den chemischen von dem mechanischen Teil wegen des Überschneidens dieser beiden Materien zu trennen.

Inhalt der Kapitel.

16. Verfahren der Druckwärmespaltung.
17. Kracken unter Verwendung von elektrischem Strom.
18. Kracken unter Verwendung von $AlCl_3$.
19. Kracken unter Verwendung von anderen Katalysatoren als $AlCl_3$.
20. Besondere Vorschläge für das Kracken.
21. Reinigung der Krackbenzine.
22. Die Ausgangsmaterialien für den Spaltprozeß.
23. Das Material für die Krackblasen.

1. Einphasenapparate.

Wie bereits erwähnt, ist der typische Vertreter eines Einphasenapparates, der auch technisch eine weitgehende Anwendung gefunden hat, der in dem Am.P. 1049667 beschriebene Apparat von Burton, der ausführlich auf Seite 15 abgehandelt worden ist. Unter Einphasenapparaten sind demnach solche zu verstehen, bei denen das Spalten in einer Phase der Anheizung ausgeführt wird.

D. R. P. 37728, Kl. 23. A. Riebecksche Montanwerke, A.-G. in Halle a. Saale. Verfahren zur Abscheidung von leichten Kohlenwasserstoffen und zur Gewinnung dickflüssiger oder asphaltartiger Öle aus Paraffinölen usw. durch Destillation unter höherem Druck. Vom 28. Februar 1886.

Patentanspruch: Das Verfahren, durch Destillation unter Druck, welcher mindestens 2 Atm. beträgt, aus schweren, hellen oder dunklen Paraffinölen (Braunkohlenteerölen), rohen Schiefer- und Erdölen, den bei Raffinierung der rohen Erdöle hinterbleibenden Residuen, den bei Bereitung des Ölgases aus Paraffinöl oder Petroleumrückständen resultierenden Teeren und allen sonstigen mineralischen Ölen leichte Kohlenwasserstoffe (Benzin- und Leuchtöle) unter gleichzeitiger Erzeugung dickflüssiger Schmieröle oder asphaltartiger Öle darzustellen.

Der zur Zersetzung der Öle am vorteilhaftesten angewendete Druck ist für jede einzelne Sorte ein ganz bestimmter, indem von dem Druck die Ausbeute an den einzelnen Produkten, sowie auch der Verlust durch Vergasung qualitativ und quantitativ abhängt. Wie die Erfahrung lehrt, eignet sich für schwere Paraffinöle (Braunkohlenteeröle) je nach ihrer Beschaffenheit am besten ein Druck von 3—6 Atm., für Rohpetroleum und dessen Residuen ein Druck von 2—4 Atm. und für Ölgasteer ein Druck von 4—6 Atm.

Der zur Destillation der genannten Produkte unter Druck dienende Apparat besteht aus einer mit Sicherheitsventil, Füllstutzen usw. armierten Blase, einer Kühlschlange und einem Ventil. Die Blase besteht aus Gußstahl und hat im allgemeinen die Form der gewöhnlichen Destillierblasen der Braunkohlenteer-Industrie. Sie muß bei Rotglut der vom Feuer bestrichenen Teile noch dicht sein für den auf etwa 400^0 erhitzten Inhalt unter einem Überdruck von 10 Atm. Die mit der Blase verbundene Kühlschlange kann im Durchmesser der Kühlröhre enger gewählt werden, als bei der Destillation im Vakuum oder unter normalem Druck.

Das zwischen Blase und Kühlschlange eingeschaltete Ventil ist so eingerichtet, daß es selbständig sich aushebt bzw. sich öffnet und die

Verbindung zwischen Blase und Kühlschlange herstellt, sobald der zur Zersetzung gewünschte Druck erreicht ist.

Wird das Verfahren der Destillation unter Druck auf Schiefer- und Erdöle angewendet, so entzieht man am vorteilhaftesten den rohen Ölen die leichten Öle durch gewöhnliche Destillation auf 70—75 p. Ct. Residuum und zersetzt dann das Residuum unter Druck, wobei man etwa 50 p. Ct. Destillat abnimmt.

D.R.P. 358299, Kl. 23. Standard Oil Company in Whiting, V.St.A. Verfahren zum Behandeln der bei der Petroleumdestillation sich ergebenden flüssigen Bestandteile der Paraffinreihe, deren Siedepunkt über 260⁰ liegt. Vom 29. Dezember 1912 (vgl. auch Ö.P. 71429, Am.P. 1049667).

Patentanspruch: Verfahren zum Behandeln der bei der Petroleumdestillation sich ergebenden flüssigen Bestandteile der Paraffinreihe, deren Siedepunkt über 260⁰ C liegt, dadurch gekennzeichnet, daß die Flüssigkeit bei einer Temperatur von 340—450⁰ C destilliert wird und die sich ergebenden Dämpfe zur Kondensation gebracht werden in der Weise, daß diese Dämpfe auf die Flüssigkeit, aus welcher sie entwickelt werden und während ihrer Kondensation auf das Destillat einen Druck von ungefähr 4—5 Atm. ausüben, wodurch die flüssigen Bestandteile in einen niedrigen Siedepunkt besitzende Produkte derselben Reihe übergeführt werden.

D.R.P. 424250, Kl.23. Charles Russell Burke in Tulsa, V.St.A. Verfahren zum Raffinieren und Spalten von schweren Kohlenwasserstoffölen. Vom 27. August 1921 (vgl. auch Am.P. 1389934 und 1487438).

Patentanspruch: Verfahren zum Raffinieren und Spalten von schweren Kohlenwasserstoffölen in einer durch Vermittlung einer Vorlage mit einem Kühler verbundenen Retorte, gekennzeichnet durch die Verwendung einer Vorlage, deren unterer Teil derartig verengt und dem Inhalt nach bemessen ist, daß er einen im Verhältnis zum Retorteninhalt wesentlichen Teil des in der Vorlage sich bildenden Kondensats aufzunehmen und in Form einer zusammenhängenden Flüssigkeitssäule zurückzuhalten vermag.

Ö.P. 61080. Josef Weiser in Mährisch-Schönberg. Kessel zur Ausführung des Krackprozesses in der Petroleumindustrie. Vom 10. September 1913.

Patentansprüche: 1. Kessel zur Verkokung der den Petroleumkesseln entnommenen Rückstände, um deren Destillation bis zur Trockene zu führen, dadurch gekennzeichnet, daß die Kessel mit Feuerrohren ausgestattet sind.

2. Kessel nach Anspruch 1, dadurch gekennzeichnet, daß sowohl die Böden der Kessel, als auch die Flammrohre oder nur einer dieser Bestandteile des Kessels doppelwandig ausgeführt sind.

Die Böden des Kessels sowie die in denselben eingebauten Flammrohre können entweder einfach oder doppelwandig hergestellt sein; im letzteren Falle wird zwischen den doppelten Wänden ein wärmeleitendes, flüssiges oder bei höherer Temperatur sich verflüssigendes Material, wie leicht schmelzbare Metalle u. dgl., eingefüllt.

In jenen Fällen, in welchen die Flammrohre in einfacher Wandung ausgeführt sind, können dieselben im Interesse der Erhöhung ihrer Haltbarkeit mit einer Schutzhülle aus Schamotte, Gußeisen oder einem sonstigen Materiale ausgefüttert werden.

Ö. P. 71429. **Standard Oil Company (of Indiana) in Whiting und Chikago. Verfahren zur Behandlung von Rückständen der Petroleumdestillation. Vom 27. März 1916 (vgl. auch D.R.P. 358299).**

Patentansprüche: 1. Verfahren zum Behandeln der bei der Petroleumdestillation sich ergebenden flüssigen, aus Kohlenwasserstoffen der Paraffinreihe bestehenden Rückstände, deren Siedepunkt über 260^0 C liegt, dadurch gekennzeichnet, daß die Flüssigkeit bei einer Temperatur von 343—454^0 C destilliert wird und die sich ergebenden Dämpfe in der Weise zur Kondensation gebracht werden, daß sie auf die Flüssigkeit, aus welcher sie entwickelt werden und während ihrer Kondensation auf das Destillat einen Druck von 4—5 Atm. ausüben, wodurch die flüssigen Bestandteile in niedrigsiedende Produkte derselben Reihe übergeführt werden.

2. Verfahren nach Anspruch 1, dadurch gekennzeichnet, daß der Druck der Dämpfe auf der Flüssigkeit im Destillierapparat solange aufrechterhalten wird, bis dieselbe auf 40—50 vH ihres ursprünglichen Volumens herabgemindert ist, worauf sie in demselben oder einem anderen Apparate ungefähr bei Atmosphärendruck einer Temperatur von ungefähr 260—373^0 C unterworfen und hierbei Wasserdampf eingeführt wird, bis der größere Teil der Flüssigkeit abdestilliert ist, worauf man das Asphaltprodukt abkühlen läßt.

Ö. P. 71430. **Standard Oil Company (of Indiana) in Whiting und Chikago. Verfahren zur Behandlung von Rückständen der Petroleumdestillation. Abhängig vom Pat. 71429. Vom 10. Mai 1916 (vgl. auch D.R.P. 358299 und Am.P. 1105961).**

Patentansprüche: 1. Verfahren zum Behandeln der bei der Petroleumdestillation sich ergebenden flüssigen, aus Kohlenwasserstoffen der Paraffinreihe bestehenden Rückstände, deren Siedepunkt über 260^0 C liegt, um daraus leichtsiedende Produkte derselben Reihe dadurch zu erhalten, daß die flüchtigen Bestandteile der genannten Flüssigkeit bei einer Temperatur von 343—454^0 C destilliert und die sich ergebenden Dämpfe in der Weise zur Kondensation gebracht werden, daß sie auf die Flüssigkeit, aus welcher sie entwickelt werden und während ihrer Kondensation auf das Destillat einen Druck von 4—5 Atm. ausüben, dadurch gekennzeichnet, daß aus dem Rückstande dieser Destillation bei Atmosphärendruck die flüchtigen Bestandteile überdestilliert und kondensiert und hierauf der erstgenannten Druckdestillation unterworfen werden.

2. Verfahren nach Anspruch 1, dadurch gekennzeichnet, daß das bei Atmosphärendruck gewonnene Destillat in Mischung mit noch unbehandelten Rückständen der Petroleumdestillation der genannten Druckdestillation unterworfen wird (Abb. 23).

Ö.P. 89907. Standard Oil Company in Whiting, Indiana und Chikago (V.St.A.). Verfahren zur Behandlung von Rückständen der Petroleumdestillation. Vom 10. November 1922.

Patentansprüche: 1. Verfahren zur Behandlung von Rückständen der Petroleumdestillation, deren Siedepunkt über 260⁰ C liegt durch Destillation bei einem 4 Atm. übersteigenden Druck behufs Gewinnung von niedrigsiedenden Produkten, dadurch gekennzeichnet, daß die Destillation unter Rückfluß der kondensierten schweren Fraktionen zur Retorte erfolgt, während die leichten Dämpfe abgezogen und sodann kondensiert werden.

2. Vorrichtung zur Ausführung des Verfahrens nach Anspruch 1, mit schräg ansteigender Abzugsleitung aus der Retorte zum Kondensator, dadurch gekennzeichnet, daß diese Leitung durch entsprechende Bemessung ihres Fassungsraumes in bezug auf ihre wärmeabgebende Oberfläche als Kondensator und Rückfluß für die schwereren Fraktionen ausgebildet ist.

In dem Am. P. 954575 ist eine aus zickzackförmigen Einzelelementen zusammengesetzte Röhrenretorte beschrieben, die von den Heizgasen einer Feuerung derart bestrichen werden, daß das erste Retorten-

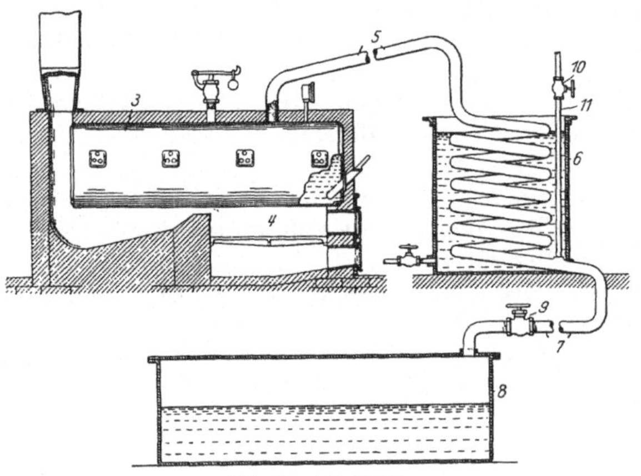

Abb. 23. A.P. 71430.

aggregat die größte Hitze erhält, die nach dem weiteren Teilen der Retorte abnimmt. Die Zuleitung des Öles zu dem ersten Retortenaggregat erfolgt durch Vorwärmer, die durch die Abhitze der Feuerung erwärmt werden. Die einzelnen Aggregate der Retorte besitzen Zu- und Ableitungsorgane sowie Einzelkondensatoren für die in jedem Aggregat sich bildenden gasförmigen Destillate und dickflüssigen Rückstände (Am.P. 954575. J. S. Lang. Vom 12. April 1910).

Für die Krackdestillation ist es von Bedeutung, daß die schweren Kondensate wieder in den Spaltprozeß zurückkehren. Man hat es auch als wichtig anerkannt, daß man aus diesem Rücklauf die teerigen Substanzen zur Ausscheidung bringt. Diesen Bedingungen entspricht das Am.P. 1095438. Es wird in einem wagerecht liegenden Röhrenkessel Öl unter Druck gespalten. Die Destillatdämpfe werden in einen Kondensator geleitet, der mit Kieselsteinen gefüllt ist. Oberhalb dieser Steinschicht befinden sich radial nach unten gerichtete Ableitungsröhren, die in einen Ringraum münden. Die Wandung des Skrubbers besitzt im oberen Teile verschließbare Löcher zum Einleiten von Luft. Der Rücklauf aus dem Kondensator kann entweder in den Kessel zurückgeleitet oder anderweitig abgeführt werden. Die Temperatur soll bis 475⁰ C betragen (Am.P. 1095438. J. W. van Dyke und M. M. Jrish, Pennsylvania. Vom 5. Mai 1914 [vgl. auch Am.P. 1143466, Kap. XIV).

Die durch Druckwärmespaltung erhaltenen Leichtöle weisen einen unangenehmen Geruch auf. Man soll Spaltprodukte von angenehmem Geruch erhalten, wenn man Kerosin, Heizöl oder Gasöl bei Gegenwart von Wasserdampf bei Temperaturen von 333—525⁰ C und einem Druck von 3—5 Atm. der Spaltung unterwirft und diesen Druck auch während der Kondensation der Dämpfe aufrecht erhält. Es soll eine schrägliegende Röhrenretorte angewendet werden, an deren höher liegen-

dem Ende das Gemisch von Wasser und Öl eingepreßt wird. Der Röhrenkondensator wird von Wasser berieselt (Am.P. 1138266. C. H. Waschburn, Missouri. Vom 4. Mai 1915).

Bei der Anwendung von aus mehreren nebeneinander-

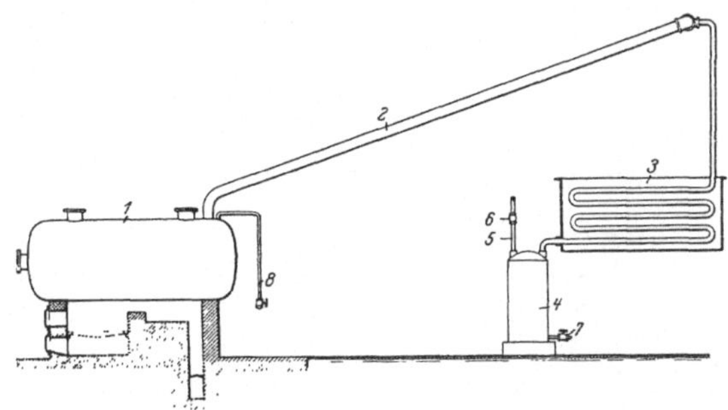

Abb. 24. Am.P. 1553861.

liegenden Röhren bestehenden Retorten, die von dem zu spaltenden Öl durchflossen werden und mit einer Expansionskammer in Verbindung stehen, soll die Abscheidung von Kohlenstoff dadurch vermieden werden, daß die entstehenden Gase abgezogen werden, so daß die Retorten stets mit Öl gefüllt bleiben. Zur Ausführung sind die nebeneinanderliegenden, durch Krümmer verbundenen Retorten miteinander mit die Retorten gemeinsam entgasenden Ableitungsvorrichtung versehen. Die Einleitung von Wasserdampf in das Öl ist vorgesehen (Am.P. 1194577. M. J. Trumble, Kalifornien. Vom 15. August 1916).

Wenn man die Spaltung von Ölen in der Flüssigkeitsphase in einem möglichst einfachen Apparat ausführt, der aus einem Druckkessel und einem Kondensator besteht, die durch ein schräg nach oben gehendes Kühlrohr verbunden sind, so hat sich ergeben, daß bei 411⁰ C 1,2 vH und bei 450⁰ C 17 vH von Gasolin mit dem Siedepunkt bis etwa 140⁰ C sich bilden, während bei denselben Temperaturen sich 2,2 vH und 35 vH Gasoline vom Siedepunkt bis 220⁰ C bilden (Am.P. 1553861. R. E. Humphreys et Al., Chikago. Vom 15. September 1925) (Abb. 24).

Dieser Apparat aus dem Jahre 1925 unterscheidet sich von dem Standardapparat von Burton des Am.P. 1049667 aus dem Jahre 1913 (vgl. S. 15) im wesentlichen nur durch den betonten Rückflußkühler.

2. Zweiphasenapparate.

Diese Apparate bestehen für gewöhnlich aus einem Röhrenerhitzer, durch den das Öl unter Innehaltung bestimmter Geschwindigkeiten und

bei Anwendung derartiger Temperaturen hindurchgeleitet wird, daß eine
merkliche Spaltung noch nicht stattfindet. Aus der Heizschlange tritt
das Öl dann in einen Kessel, der auch als Expansionsraum, Reaktionsraum, Digester, Konverter o. dgl. bezeichnet wird, und in dem meist unter
teilweiser Entspannung das eigentliche Kracken unter Abscheidung von
Kohlenstoff, also in zwei Phasen, stattfindet. Diese Arbeitsweise scheint
deshalb so verbreitet zu sein, weil die schwer zu reinigende Heizschlange
frei von Kohlenstoff bleibt, da der Kohlenstoff sich nur in dem leicht zu-
gänglichen Großraumkessel absetzen soll.

In diesem Kapitel sind auch diejenigen Apparate besprochen, bei
denen vor dem Kracken eine primäre, weit unter der Kracktemperatur
liegende Destillation des Ge-
samtöles, d. h. also kein Toppen
vorgenommen wird.

D.R.P. 284118, Kl. 23.
Gesellschaft für Verwer-
tung von Kohlenstoff-Ver-
bindungen m.b.H. in Düs-
seldorf Verfahren zur
Überführung von höher-
siedenden Kohlenwasser-
stoffen in niedrigsiedende.
Vom 20. Juli 1912 (vgl. auch
F.P. 439476).

Patentanspruch: Ver-
fahren zur Überführung von
höhersiedenden Kohlenwasserstoffen in niedrigersiedende
unter einem bestimmten, durch
ein im Kreislauf geführtes, in-

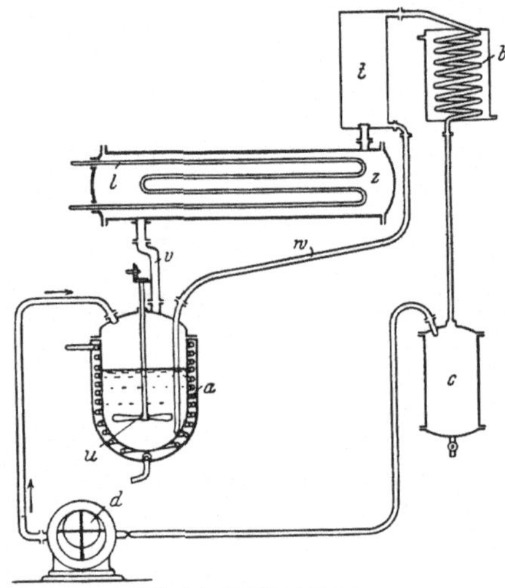

Abb. 25. D.R.P. 284118.

differentes Gas erzeugten Druck und gleichzeitiger Bewegung der
Flüssigkeit, dadurch gekennzeichnet, daß die aus dem Destilliergefäß
aufsteigenden Kohlenwasserstoffdämpfe zunächst durch ein Gefäß,
dessen Temperatur regelbar und unabhängig von der Erwärmung des
Destilliergefäßes ist, und dann erst zum Kühler geleitet werden (Abb. 25).

Die Zeichnung stellt schematisch eine Anordnung zur Ausführung des
Verfahrens dar.

Nach dem Anheizen verdampft das Einsatzmaterial, bewegt durch
Rührwerk u in der Blase a, wobei die Spaltung bei entsprechender Temperatur schon beginnen kann. Die Dämpfe steigen durch die Leitung v
in die eigentliche Spaltkolonne z, in dem gewählten Beispiel erhitzt mittels Rohrleitungen l, in denen eine bestimmte Temperatur unterhalten
werden kann, deren Höhe sich nach der Natur des zu bearbeitenden Roh-
produktes richtet. Die genaue Regelbarkeit der Temperatur dieses Gefäßes ist für das Verfahren wesentlich, die Erhitzung kann in an sich bekannter Weise durch Gas, Dampf, Wasser oder Elektrizität erfolgen.
Mittels der Pumpe d wird durch die gesamte Apparatur ein indifferentes
Druckmittel, wie Stickstoff, Kohlensäure, Wasserstoff o. dgl., durch-

getrieben, und so gelangen die in der Spaltkammer z zersetzten oder gespaltenen Kohlenwasserstoffe zu einem Dephlegmator t, wo sich die unzersetzten Kohlenwasserstoffe abscheiden und durch Rohrleitung r wieder in die Blase a zurückfließen können, was infolge des gleichmäßigen Druckes in der ganzen Apparatur möglich ist.

D.R.P. 303883, Kl. 23. Dr. Edmund Graefe und Dr. Freiherr Reinhold von Walther in Dresden. Verfahren zur Gewinnung von leichten Kohlenwasserstoffen aus schweren. Vom 18. Oktober 1913 (vgl. auch Ö.P. 72884).

Patentansprüche: 1. Verfahren zur Gewinnung von leichten Kohlenwasserstoffen aus schweren, dadurch gekennzeichnet, daß die schweren Öle in einem gleichmäßig temperierbaren Druckautoklaven durch hohe Erhitzung unter einen hohen eigenen Gasdruck von etwa 20 bis 50 Atm. gebracht und bei einer zur Verdampfung gerade hinreichenden Temperatur der Flüssigkeit und Erhitzung des möglichst groß zu haltenden Dampfraumes unter Erhaltung des hohen Gasdruckes kontinuierlich derart destilliert werden, daß die beabsichtigte Spaltung im wesentlichen erst im Dampfraum vor sich geht und die Dämpfe nach einer für die Umsetzung genügend langen Zeit entspannt und zur Kondensation gebracht werden.

2. Verfahren nach Anspruch 1, dadurch gekennzeichnet, daß die Umsetzung der unter hohem Gasdruck stehenden Gase und Dämpfe unter annähernd gleicher Temperatur im Flüssigkeits- und im Gasraum vorgenommen wird.

3. Verfahren nach Anspruch 1 und 2, dadurch gekennzeichnet, daß die bekannte stufenweise Destillation auf die vorliegende Druckdestillation angewendet wird, indem eine Reihe von Zersetzungsdestillatoren hintereinander geschaltet werden, deren Inhalt jeweils dem nächstfolgenden zuströmt, um eine bessere Konstanz der Drucke und Temperaturen zu erzielen.

D.R.P. 357770, Kl. 23. International Gasoline Process Corporation in Philadelphia, V.St.A. Vorrichtung zum Spalten von Mineralölen und anderen Flüssigkeiten. Vom 16. Mai 1920 (vgl. auch Am.P. 1340332).

Patentanspruch: Vorrichtung zum Spalten von Mineralölen und anderen Flüssigkeiten, bei der die Öle durch ein beheiztes Rohrsystem gedrückt und einer unterschiedlichen Erwärmung ausgesetzt werden, dadurch gekennzeichnet, daß das beheizte Rohrsystem aus zwei Abschnitten besteht, von denen der untere Abschnitt mittels innerhalb des Rohrsystems angeordneter Heizrohre durch Kesseldampf von normaler Temperatur beheizt wird, während die Rohre des oberen Abschnittes ebenfalls mittels innerhalb des Rohrsystems angeordneter Heizrohre durch überhitzten Dampf beheizt werden.

D.R.P. 370470, Kl. 23. Universal Oil Products Company in Chikago. Verfahren zur Umwandlung der schweren Kohlenwasserstoffe von Rohöl in spezifisch leichtere mittels Druckdestillation unter Anwendung von Spaltungs- und Verdampfungsrohrzonen. Vom 17. Dezember 1919 (vgl. auch Ö.P. 94394 und Am.P. 1392629).

Patentansprüche: 1. Verfahren zur Umwandlung der schweren Kohlenwasserstoffe von Rohöl in spezifisch leichtere, indem das Rohöl in einer Zone auf Spaltungstemperatur erhitzt wird, ohne Verdampfung herbeizuführen, um nachher in einer anschließenden Zone verdampft zu werden, der im Kondensator verdichtete Rücklauf aber einer nochmaligen Behandlung unterworfen wird, dadurch gekennzeichnet, daß die Rückstände aus der Verdampfungszone entfernt werden, ohne daß es ihnen möglich gemacht ist, sich mit dem Öl in der ersten Zone zu vermischen.

2. Verfahren nach Anspruch 1, dadurch gekennzeichnet, daß die Entfernung der Rückstände unmittelbar aus den Verdampferrohren, d. h. vor dem Eintritt der Dämpfe in den Kondensator, stattfindet, und daß der Rücklauf aus dem Kondensator, ohne mit der Rückstandsableitung in Verbindung zu treten, in die Frischölleitung einmündet.

3. Verfahren nach Anspruch 1 und 2, dadurch gekennzeichnet, daß die Entziehung der Rückstände aus den Verdampfungsrohren eine ununterbrochene ist und auch die Verdampfung und Verdichtung sowie die Rückleitung des verdichteten Rücklaufs zur Zersetzungszone des Frischöles eine ununterbrochene ist.

Das Verfahren zur Spaltung von schweren Kohlenwasserstoffen nach der vorliegenden Erfindung gehört zu jenem Verfahren, in welchem das Ausgangsmaterial unter Druck destilliert wird. Ferner gehört es zu jenen Druckdestillationsverfahren, in welchen Frischmaterial beständig eingeschickt wird, so daß also der Betrieb andauernd oder nahezu andauernd aufrecht erhalten werden kann. Dabei geht, wie in anderen Verfahren ähnlicher Art, die Spaltung in einer Zone vor sich, die nahe an den Brennern liegt, und die Verdampfung geht in einer anderen daran anschließenden Zone vor sich; wie bei anderen bekannten Verfahren wird auch hier das Kondensat durch Rücklauf in einer zweiten Behandlungsstufe an denselben Stellen der Erhitzung bzw. Verdampfung ausgesetzt, an welchen das frische Material bearbeitet wird. In solchen Druckdestillationsverfahren mit im Kreislauf befindlichem Öl hat die Entfernung der Rückstände stets Schwierigkeiten bereitet. Die aus Ruß oder Teer bestehenden Rückstände setzen sich an den Innenwänden der Rohre an und verhindern die Ausstrahlung der Hitze, so daß die Rohre durchbrennen, was natürlich zu bedeutenden Betriebsstörungen oder Unglücksfällen führt.

Das Neuheitliche des vorliegenden Verfahrens ist nun darin zu sehen, daß die Rückstände aus der Verdampfungszone entfernt werden, ohne daß es ihnen möglich gemacht wird, sich mit dem Öl in der Erhitzungszone zu vermischen. Durch diese Entfernung der Rückstände, ehe sie wieder in den Kreislauf durch die Anlage eintreten, wird vermieden, daß Ruß o. dgl. an den Rohren niederschlagen wird, und dadurch wird die Lebensdauer der Anlage erhöht. Die Entfernung der Rückstände aus den Verdampfungsrohren und vor dem Eintritt der entwickelten Dämpfe in den Kondensator findet statt, indem das Rückstromkondensat in die Frischölleitung eingeschickt wird, ohne mit der Rückstandsableitung in

Verbindung zu treten. Dabei kann die Entnahme der Rückstände an der Verdampfungszone eine ununterbrochene sein und der ganze Betrieb einschließlich der Verdampfung und Verdichtung sowie der Rückleitung des Kondensats zur Zersetzungszone des Frischöles ebenfalls ein ununterbrochener sein, so daß der Betrieb für viel längere Zeit aufrechterhalten

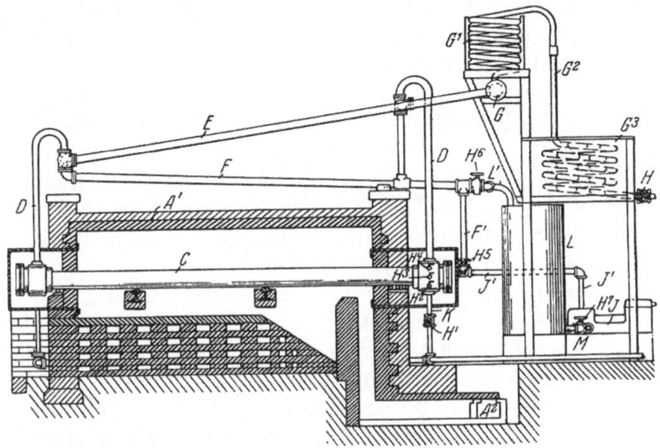

Abb. 26a. D.R.P. 370470.

werden kann, als dies in bekannten Anlagen der Fall ist (Abb. 26a und 26b).

Das durch die Pumpe J den Zersetzungsrohren B unter Druck zu-

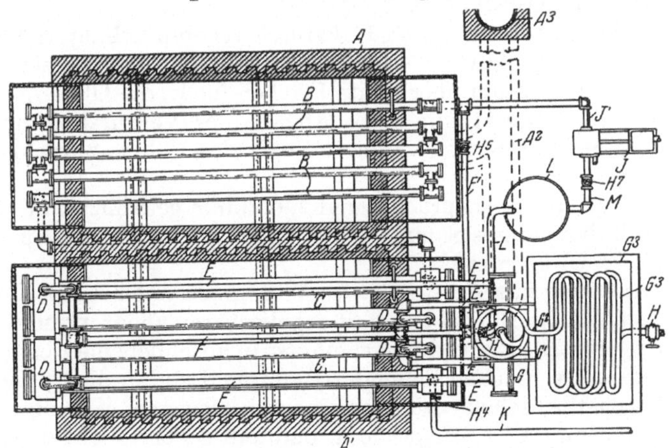

Abb. 26b. D.R.P. 370470.

geführte Öl wird in dem Ofen A einer genügenden Hitze unterworfen, um die erwünschte Zersetzung herbeizuführen, ohne daß das Öl seinen flüssigen Zustand ändert. Beim Durchgang des Öles durch die Rohre b von größerem Durchmesser werden Dämpfe frei. Diese Dämpfe gelangen durch die beschriebenen Leitungen D, E in den Sammler G und von hier aus durch die Röhrenschlangen G^1, G^2 und G^3 zum Ablaßventil H, durch dessen Einstellung der Druck in der ganzen Anlage zwischen Einlaß- und Ausströmende des Öles geregelt werden kann. Sollten sich in den Rohren D und E aus den entwickelten Dämpfen Kondensate niederschlagen, so werden diese Kondensate durch die Leitung F zur Leitung F_1 geführt, und da diese Leitung mit dem Rohr J_1 in Verbindung steht, so strömen diese Rücklaufkondensate zusammen mit dem Frischöl in die Zersetzungsrohre B zurück.

Jene Bestandteile des Frischöles, die in den Rohren C nicht verdampft werden, die also die Rückstände bilden, werden durch die Leitung K und Ventil H_1 entleert.

D. R. P. 417138, Kl. 23. Simplex Refining Company in San Francisco, V. St. A. Verfahren und Vorrichtung zum Spalten von Erdöl. Vom 14. November 1915 (vgl. auch Schweiz. P. 72173, Am. P. 1281884 und 1304125).

Patentansprüche: 1. Verfahren zur Umwandlung von schweren Kohlenwasserstoffen, insbesondere Erdöles, in leichte, wobei das Öl beständig im Kreislauf durch ein geschlossenes Rohr geleitet wird, dadurch gekennzeichnet, daß die Erhitzung des Rohres an einem verengten Teil desselben stattfindet, so daß das Öl auf dem Wege durch den erhitzten Teil unter höherem Druck steht und, in Schaum verwandelt, diesen Teil mit großer zunehmender Geschwindigkeit durchströmt, während an einer anderen erweiterten Stelle des Rohres die gebildeten leichteren Öle in Dampfform entnommen und die Rückstände, welche Verunreinigungen enthalten, die nach dem Verdampfen zurückbleiben, entweder ganz oder teilweise in den Kreislauf zurückgepumpt werden.

2. Verfahren nach Anspruch 1, dadurch gekennzeichnet, daß das Öl, nachdem es die verengte und erhitzte Strecke des Rohres passiert hat, in einem erweiterten Raum über breite Flächen fließt, die Öldämpfe abgibt und sich unten absetzt, um nach Abgabe der Verunreinigungen und Rückstände in die erhitzte, verengte Stelle des Rohres zurückgepumpt zu werden.

3. Verfahren nach Anspruch 1 und 2, dadurch gekennzeichnet, daß in das Rohr ein besonderes Sammelgefäß eingeschaltet ist, in dem sich das rückfließende Öl absetzt.

4. Vorrichtung zur Ausübung des Verfahrens nach Anspruch 1, dadurch gekennzeichnet, daß eine mit regulierbarer Feuerung und Speisepumpe ausgerüstete Rohrschlange, ein daran anschließender erweiterter, im Inneren breite Flächen bietender Raum und ein an die Speisepumpe angeschlossener Abscheideraum zu einem Ringsystem vereinigt sind.

5. Vorrichtung nach Anspruch 4, dadurch gekennzeichnet, daß zwischen die Rohrschlange und den Dampfabscheider ein Regulierventil eingeschaltet ist.

6. Vorrichtung nach Anspruch 4, dadurch gekennzeichnet, daß zwischen dem Setzkessel bzw. dessen Schlammsammler und den Brennern eine Verbindung besteht, so daß der Rückstand verfeuert werden kann.

7. Vorrichtung nach Anspruch 4, dadurch gekennzeichnet, daß der

Schlammfang des Abscheiders mit einem besonderen Vorratsbehälter verbunden ist.

8. Vorrichtung zur Ausübung des Verfahrens nach Anspruch 1, dadurch gekennzeichnet, daß die Dephlegmatoren für die Öldämpfe an das Ringsystem angeschlossen sind, so daß darin abgeschiedenes Schweröl in den Kreislauf zurückgeführt werden kann.

D.R.P. 429052, Kl. 23. Universal Oil Products Company in Chikago, V.St.A. Vorrichtung zur Spaltung von Öl. Vom 16. März 1921 (vgl. auch Ö.P. 101967).

Patentansprüche: 1. Vorrichtung zur Spaltung von Öl, dadurch gekennzeichnet, daß die Verdampfungsräume als verhältnismäßig große und weite Kammern (*80, 81*) ausgebildet sind, die unter demselben Druck

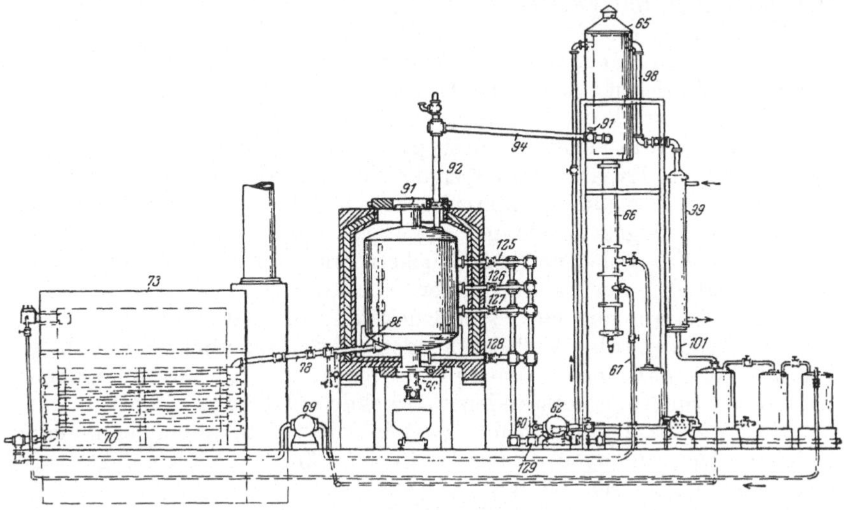

Abb. 27. D.R.P. 429052.

stehen, wie die Heizröhren, und deren Reinigung in beliebigen Zwischenräumen dadurch erleichtert wird, daß im Inneren der Kammern keine Verteilungskegel o. dgl. angeordnet sind, während am Bodenende der Kammern ein Auslaßstutzen (*90*) die Entfernung der in diesen Verdampfungskammern angesammelten Rückstände erleichtert.

2. Vorrichtung nach Anspruch 1, dadurch gekennzeichnet, daß von verschiedenen Höhen der Verdampfungskammern (*80, 81*) ausgehende Leitungen (*127, 126, 125*) während des Betriebes eine Ablassung der noch verwertbaren Rückstände aus den Kammern gestatten, bis bei Ansammlung von Teer bis zum Spiegel der höchsten Ablaßröhre (*125*) eine Abstellung der Kammer notwendig wird (Abb. 27).

Dem Ofen *73* wird Frischöl durch die Röhre *60* unter Vermittlung der Pumpe *62* zugeführt, und die Spaltungsröhren *70, 72* in dem Ofen leiten das im Ofen unter Druck erhitzte Öl zur Röhre *78*, von wo aus Zweigröhren *79* und *85, 86* zu den Verdampfungskammern *80* führen. Diese verhältnismäßig großen und weiten Kammern enthalten im Inneren keine Gegenplatte und können deshalb nach Abstellung des Betriebes leicht gereinigt werden. Zu diesem Zweck ist bei *91* oben ein Mannloch angeordnet, und eine von hier eingesetzte Ramme stößt den teerartigen Rückstand durch den Stutzen *90* nach unten, wo er in passenden Karren aufgefangen werden kann. Die Dämpfe gehen aus den Kammern *80, 81* durch die Leitungen *92* und *94, 95* zu einem Dephlegmator *65*, wo sie kondensiert werden oder aber in Dampfform von oben durch die Röhren *98, 99* abziehen, um in den Sammelbehältern *101* als Endprodukt zu erscheinen. Das Rückstromkondensat aus dem Dephlegmator *65* mag durch die lange Leitung *66* nach unten gehen, und diese Leitung kann durch eine Röhre *67* mit der Pumpe *69* verbunden sein, welche ebenfalls dieses Rückstromkondensat wieder in den Ofen *73* einschickt, um es einer nochmaligen Behandlung zu unterwerfen.

Schweiz. P. 119724, Kl. 23. Universal Oil Products Co., Chikago (Illinois, Ver. St. v. A.). Verfahren zur Umwandlung von schweren Kohlenwasserstoffen in leichtere. Vom 1. April 1927.

Patentanspruch: Verfahren zur Umwandlung von schweren Kohlenwasserstoffen in leichtere durch pyrogene Spaltung unter Druck und darauffolgendes Expandierenlassen der Spaltprodukte einer Kammer, bei welchem das zu spaltende Material Frischöl und Rückstromkondensat enthält, dadurch gekennzeichnet, daß die Mengenverhältnisse bei der Mischung des Frischöles und des Rückstromkondensates derart geregelt werden, daß bei der nachfolgenden Verdampfung in der Kammer in dieser nur Dampf und ein fester Rückstand erzeugt wird.

Unteranspruch: Verfahren nach Patentanspruch, dadurch gekennzeichnet, daß einer Mischung von Frischöl und Rückstromkondensat ein bei der Spaltung entstandenes Druckdestillat zugesetzt wird.

Ein Zweiphasenapparat mit zwei in einer Feuerung übereinanderliegenden Heizschlangen ist bereits in dem Am. P. 1175910 (vgl. S. 24) eingehend besprochen.

Auch nach dem Verfahren des Am. P. 1241979 vollzieht sich die Spaltung der Öle in zwei Phasen ehe die Dämpfe in den Kondensator treten. In der ersten Phase wird Öl mit Erdgas gemischt und durch eine hoch erhitzte Heizschlange unter hohem Druck hindurchgepreßt. Der Druck in der Heizschlange soll zwischen 50—100 Pfund/Quadratzoll und die Temperatur zwischen 420 und 611⁰ C liegen. In der zweiten Phase tritt das Gemisch von Öldampf und Naturgas in eine Expansionskammer, die eine Prellplatte zwischen Einlaß und Auslaß besitzt. Da die Dämpfe unter adiabatischen Bedingungen expandieren, so scheiden sie dabei Teer und Koks ab (Am. P. 1241979. J. D. Holmes, Oklahoma. Vom 2. Oktober 1917).

Nach den Angaben des Am. P. 1245291 wird das Öl in der ersten Phase verdampft und gelangt in der zweiten Phase in einen Überhitzer, der nicht unter Druck steht und auf 416—445⁰ C erhitzt ist. Aus diesem Überhitzer führt ein schräg nach oben gerichtetes Dampfrohr, das als Rücklaufkühler wirkt, zu einem Fraktionskondensator. In der Mitte des Dampfrohres zweigt ein Rücklaufrohr in das Verdampfungsgefäß für das Öl zum Rücklauf für die schweren Kondensate ab. Der Fraktionskondensator besteht aus drei übereinanderliegenden Rohrschlangen, die gesonderte Abläufe tragen und außerdem mit dem Verdampfungskessel für das Öl und mit einem zweiten Kondensator für die Leichtöle in Verbindung stehen (Abb. 28). In dem Kessel *2*, der durch Brenner *1* erhitzt wird, befindet sich das Öl. Die Öldämpfe gehen durch Rohr *4* in den

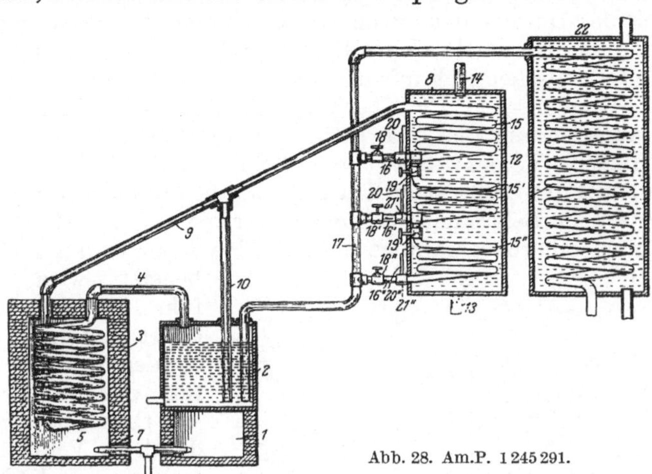

Abb. 28. Am.P. 1 245 291.

Röhrenerhitzer *5*, aus dem das Rohr *9* in den Kondensator *8* abzweigt. Durch die Zweigleitung *10* fließt das schwere Kondensat in den Kessel *2* zurück. (Am.P. 1 245 291. F. E. Wellmann, Kansas City. Vom 6. November 1917.)

Um eine möglichst hohe Ausbeute an Krackbenzinen zu gewinnen, soll man die zu spaltenden Öle zunächst destillieren, dann in eine Krackzone leiten, von hier aus in einen Expansionskessel und dann in einen Kondensator. Besonders wichtig bei der Ausführung

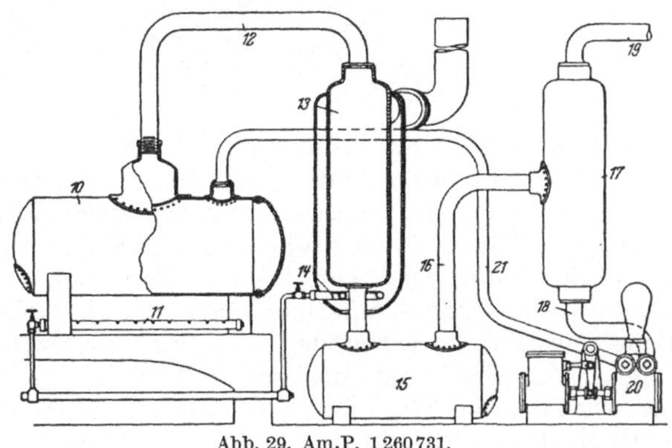

Abb. 29. Am.P. 1 260 731.

ist, daß die Temperaturen, bei denen die Destillation erfolgt, progressiv gesteigert werden, und ebenso die Temperaturen, bei denen die Spaltung erfolgt (Abb. 29). *10* ist ein Druckkessel, *13* die Reaktionskammer, *15* die Expansionskammer, *17* der Kondensator und *21* die Rückleitung für die schweren Kondensate. (Am.P. 1 260 731. J. A. Swaton, Los Angeles. Vom 26. März 1918.)

Man kann auch hochsiedende Öle bei relativ niedriger Temperatur

kracken, wenn man dafür sorgt, daß die Einwirkung der Hitze lange
genug dauert. Zu diesem Zwecke wird zunächst die gesamte Ölmenge
in einem großen Kessel der Erhitzung unterworfen. Die Destillatdämpfe
durchlaufen dann einen Kondensator. Das schwere Rücklaufkondensat
wird in eine Überhitzerschlange geleitet, die sehr lang ist. Infolge der
langen Zeit des Durchlaufens kann die Kracktemperatur relativ niedrig
gewählt werden. Die entstandenen Krackdestillate werden in den Hauptkessel geleitet, mischen sich mit den Destillatdämpfen und gehen dann
wieder zum Kondensator. Die Überhitzerschlangen sind ummantelt. Der
Zwischenraum ist mit Blei o. ä. gefüllt (Am.P. 1288711. L. O. Shermann, Chikago. Vom 24. Dezember 1918).

In dem Am.P. 1312265 ist ein Krackapparat beschrieben, in dem das Öl
in zwei Phasen zur Behandlung kommt. In der ersten Phase wird es in eine
senkrecht stehende röhrenförmige Retorte, die von außen durch Brenner

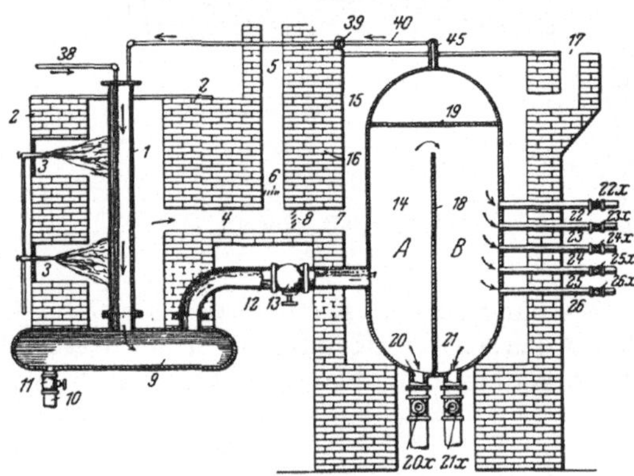

Abb. 30. Am.P. 1312265.

beheizt wird, einge-
führt. Diese Retorte
endet unten in einen
schalenförmigen Sumpf
für den Kohlenstoff.
Die Ölgase treten dann
durch ein Ventil in eine
stählerne zylindrische,
aufrecht stehende Re-
torte, in der sich die
synthetischen Umwand-
lungen vollziehen sollen.
Die zweite Retorte steht
unter dem gleichen
Druck wie die erste, sie
ist aber kälter. Sie ent-
hält eine nicht ganz bis oben reichende Trennwand und unter der
Decke ein Sieb, ferner Abführungsrohre für die Destillate und ein Rück-
führungsrohr für die Gase im Kreislauf, sowie Ablauf für die Schweröle
(Abb. 30). _1_ ist ein Krackrohr, in das durch _38_ Öl eingeleitet wird, und
das in der Feuerung _2_ erhitzt wird. Es mündet unten in die Kapsel _9_
zum Absetzen von Kohle und Schweröl. Die Kapsel _9_ ist mit einem
Reaktionsgefäß _15_ verbunden, das eine Trennwand _18_ und ein Sieb _19_
trägt. _20_ und _21_ sind Auslässe für Koks u. dgl. Durch _45, 40_ werden
die permanenten Gase im Kreislauf zurückgeleitet (Am.P. 1312265.
J. R. Miller, Oklahoma. Vom 5. August 1919).

Die Kohlenwasserstoffe durchlaufen in der ersten Phase ein langes
System von Heizröhren, wobei Wasserdampf mit eingeblasen wird. Die
Temperatur soll 400—600° C betragen, dann treten sie bei Aufrecht-
erhaltung des Druckes und der Temperatur in ein röhrenförmiges Absetz-
gefäß als zweite Phase ein. Die Destillate gelangen in einen Kondensor.
Zurückführung der Rückstromkondensate ist vorgesehen (Am.P. 1415232
C. Ellis, New Jersey. Vom 9. Mai 1922).

Nach den Ausführungen von W. F. Rittmann in dem Am.P.

1419122 soll man die Krackung von Ölen in zwei Phasen ausführen. In der ersten Phase soll man mit flüssigem Öl arbeiten und mit einem Druck, der kleiner, gleich oder größer als in der zweiten Phase sein soll. In der zweiten Phase ist das Öl verdampft, wobei der Druck 30 Pfund/Quadratzoll und die Temperatur wenigstens 400° C betragen soll. Aus der ersten Krackretorte (vgl. auch Am.P. 1352916 und 1352917. Einleitung S. 26) gelangt das Öl in eine Expansionskammer (Am.P. 1419122. W. F. Rittmann, Pennsylvania. Vom 6. Juni 1922).

Das Am.P. 1423500 arbeitet in zwei Operationen und krackt in der Flüssigkeitsphase. In der ersten Operation wird das in dem Kondensor vorgewärmte Öl in eine auf Kracktemperatur erhitzte Rohrschlange geleitet. In der zweiten Phase tritt es aus der Rohrschlange in einen liegenden zylindrischen, gegen Ausstrahlung isolierten Kessel, in dem die gleichen Drucke und Temperaturen, d. h. 750 Pfund/Quadrat-

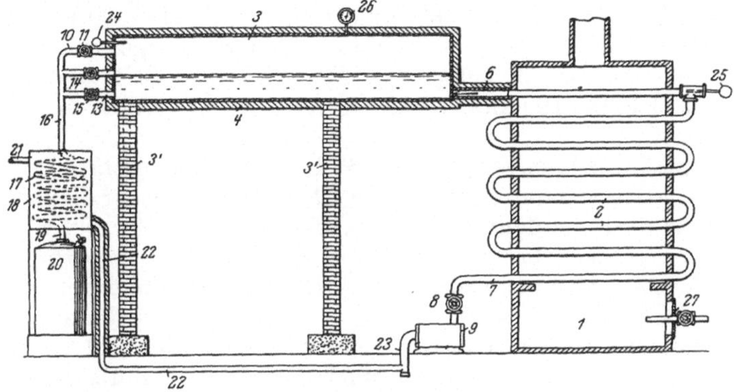

Abb. 31. Am.P. 1423500.

zoll und 390—450° C, wie in der Rohrschlange herrschen. Aus dem Kessel führen drei Ableitungsröhren für Gase und Dämpfe leichte Kohlenwasserstoffe und schwere Rückstände (Abb. 31). Wie aus der Zeichnung zu ersehen ist, tritt das zu spaltende Öl in der Flüssigkeitsphase durch die Heizschlange *2* in den Reaktionsraum *3* und von dort durch *11, 12, 13* in den Kondensator *18*. Die schweren Kondensate werden durch *22, 23* im Kreislauf zurückgepumpt (Am.P. 1423500. R. Cross, Neuyork. Vom 18. Juli 1922).

Ebenso wie in dem zuletzt besprochenen Am.P. 1423500 wird auch in dem Am.P. 1426813 ein Arbeitsverfahren angewendet, indem man die Öle zunächst schnell eine Heizzone durchlaufen und dann unter Aufrechterhaltung der gleichen Arbeitsbedingungen in einen Reaktionsraum, d. h. Absetzkessel für den Kohlenstoff, leitet. Man kann das Rohmaterial vorher toppen (Am.P. 1426813 und 1431772. J. C. Black, Kalifornien. Vom 22. August 1922 und 10. Oktober 1922).

Vorstehend ist u. a. das Am.P. 1423500 von R. Cross besprochen worden. Der Erfinder hat in dem Am.P. 1437229 eine weitere Ausbildung des Verfahrens nach dem Am.P. 1423500 beschrieben. Die wesentlichen Merkmale des neuen Verfahrens sind etwa die gleichen wie bei dem alten, d. h. das Öl wird durch eine Heizschlange in einen Absetzkessel unter hohem Druck gepreßt, in dem sich die weitere Spaltung in der Flüssigkeitsphase vollzieht. Neu an dem Verfahren ist eine Anordnung, die es gestattet, den Inhalt der Spaltschlange mit Hilfe einer Pumpe im Kreislauf zu bewegen (Am.P. 1437229. R. Cross, Kansas City. Vom 28. November 1922).

Nach den Ausführungen des Am.P. 1484612 handelt es sich um ein Zweiphasenverfahren, indem in der ersten Phase lediglich eine Verdampfung der Kohlenwasserstoffe ohne Erreichung der Kracktemperatur stattfindet, während in der zweiten Phase Drucke und Temperaturen angewendet werden, wie sie für das Kracken erforderlich sind, und zwar vollkommen unabhängig von den Arbeitsbedingungen der ersten Phase. Man arbeitet unter Einblasen von Dampf; während man in der ersten Phase z. B. eine Temperatur von 300° C verwendet, benutzt man in der zweiten Phase eine Temperatur von 550° C und einen Druck bis 1500 Pfund/Quadratzoll. Die Drucke sollen plötzlich und veränderlich angewendet werden. Dann werden die Dämpfe entspannt. Die Apparatur ist etwa die gleiche wie in dem Ö.P. 99010 (Am.P. 1484612. S. L. Gartlan, Kanada. Vom 19. Februar 1924).

Die vorstehend besprochenen Am.P. betreffen zum großen Teil solche Verfahren, bei denen das zu spaltende Öl zunächst in einer Heizschlange hoch erhitzt wird und dann in den Reaktionsraum von Kracktemperatur gelangt, in dem das Absetzen bzw. Abziehen des Teeres stattfindet. Es sind bei dem Apparat des Am.P. 1484513, der den vorstehend beschriebenen ähnlich ist, zwei wechselseitig ein- und ausschaltbare, nach der Ausflußseite des Teeres geneigte zylindrische Absetzkessel vorhanden, aus denen je drei Abzugsrohre in einen Kondensor hinüberleiten. Die Rückstromkondensate aus den Kondensern werden in die Heizschlange zurückgeleitet. Außerdem wird das Rohöl als direktes Kühlmittel in den Kondensern verwendet. Die schwer siedenden Bestandteile des Rohöles gelangen gleichfalls in die Heizschlange (Abb. 32). B sind die Krackröhren, die in die Sammler A, A' münden. D ist die Verdampferkammer mit Koksauslaß D_5 und Dampfrohr E. E_8 ist eine Pumpe mit Verbindungsleitungen E_6 und E_9. J_4 und J_6 ist die Rückleitung für das Rückstromkondensat. (Am.P. 1488325. C. P. Dubbs, Illinois. Vom 25. März 1924.)

Während das bereits besprochene Am.P. 1484612 in der ersten Phase das Öl mit niedrigem Druck und geringerer Hitze behandelt als in der zweiten Phase, arbeitet das Am.P. 1492273 gerade umgekehrt. Nach dem neuen Verfahren wird das Öl in einer Heizschlange auf eine Temperatur von 390° C unter einem Druck von 100 Pfund/Quadratzoll gebracht. Es gelangt dann in einen Expansionskessel, in dem eine Temperatur von 222—278° C und ein Druck von 80 Pfund/Quadratzoll herrscht. In den Kessel wird am Boden durch ein Siebrohr und oben durch Düsen Wasserdampf eingeblasen, der gegenüber den Öldüsen ausströmt (Am.P. 1492273. B. V. Stoll, Louisville. Vom 29. April 1924).

Die Einrichtung nach dem Am.P. 1509819 berücksichtigt ähnliche

Gesichtspunkte, wie die des zuletzt besprochenen Am.P. 1492273. Auch hier gelangt das Öl unter hohem Druck und bei hohen Temperaturen in eine Krackschlange. Von hier aus wird es unter Ermäßigung des Druckes in einen Expansionskessel geleitet. Nach den Ausführungen des Erfinders weist die konstruktive Anordnung dieses Kessels eine zylindrische, stehende Form und konische Endflächen auf. Es führen übereinanderliegend drei Leitungen in verschiedenen Höhen aus der Seitenwand, damit man die Destillate auch dann noch abführen kann, wenn auch ein Teil des Kessels mit Kohle angefüllt ist (Am.P. 1509819. R. T. Pollock, Chikago. Vom 23. September 1924).

Auch das Verfahren des Am.P. 1522425 gehört zu den in diesem Kapitel besprochenen Zweiphasenverfahren. Das getoppte und im Kon-

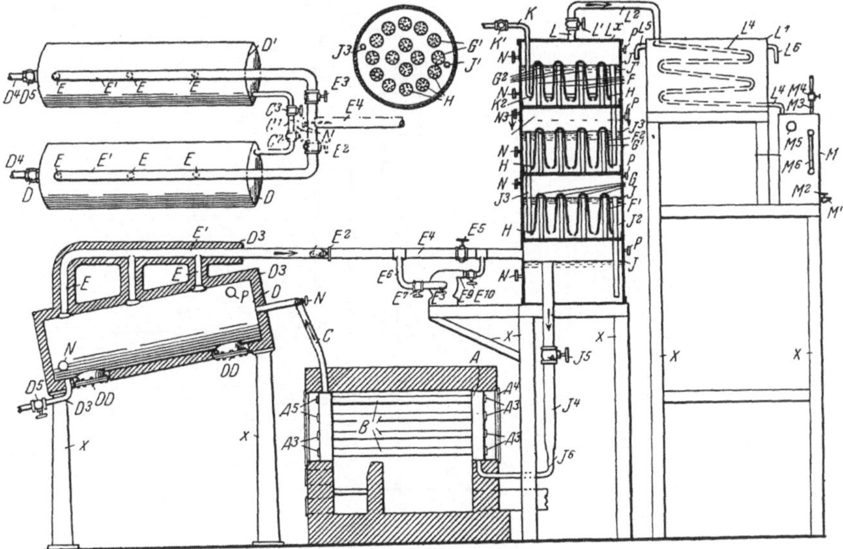

Abb. 32. Am.P. 1488325.

densator vorgewärmte Öl gelangt in eine Überhitzerschlange, passiert ein Druckventil und tritt durch ein senkrecht nach oben gerichtetes Rohr in eine Expansionskammer. Die Rückstromkondensate aus dem Kondensor werden im Kreislauf in das Spaltrohr zurückgeführt. Man kann das zum kontinuierlichen Betrieb erforderliche Frischöl entweder mit dem Rückstromkondensat einleiten oder es vorher als Kühlmittel im Kondensor anwenden und dann, wie bereits erwähnt, mit dem Rückstromkondensat in die Spaltschlange einleiten (Abb. 33). Das Öl tritt durch Rohr *3* in die Krackschlange *2* und durch Rohr *5* in den Expansionskessel *7*. Die Dämpfe steigen in den Kondensator *12* und werden durch *25, 24* mit Krackdestillat gekühlt. Aus dem Kondensator gelangen die Kondensate durch *13a* in die Frischölleitung *3*. (Am.P. 1522425. C. P. Dubbs, Chikago. Vom 6. Januar 1925.)

Bei dem Am.P. 1525281 handelt es sich nach den Angaben des Erfinders um eine Verbesserung des Am.P. 1488325. Die Verbesserung

soll darin erblickt werden, daß man die Rückstromkondensate frei von
Rückstandsöl durch den Betrieb schickt. Es ist ferner eine Pumpe angeordnet, um vom Boden des Kondensators das Öl mit gewünschter
Strömungsgeschwindigkeit durch die Heizschlange zu schicken, die aus
einem zusammenhängenden gebogenen Rohr besteht. Ferner sind im
Kondensator wagerechte Kühlröhren angeordnet. Auf die Regulierung
der Strömungsgeschwindigkeit und des Ölzuflusses aus dem Kondensor
wird besonderer Wert gelegt (Am.P. 1525281. C. P. Dubbs, Illinois.
Vom 3. Februar 1925).

Nach dem Am.P. 1525916 wird das Rohöl zunächst unter solchen
Bedingungen in eine Überhitzerschlange eingeleitet, daß es sich sowohl
in der Flüssigkeits-, als auch in der Dampfphase befindet, und daß merk-

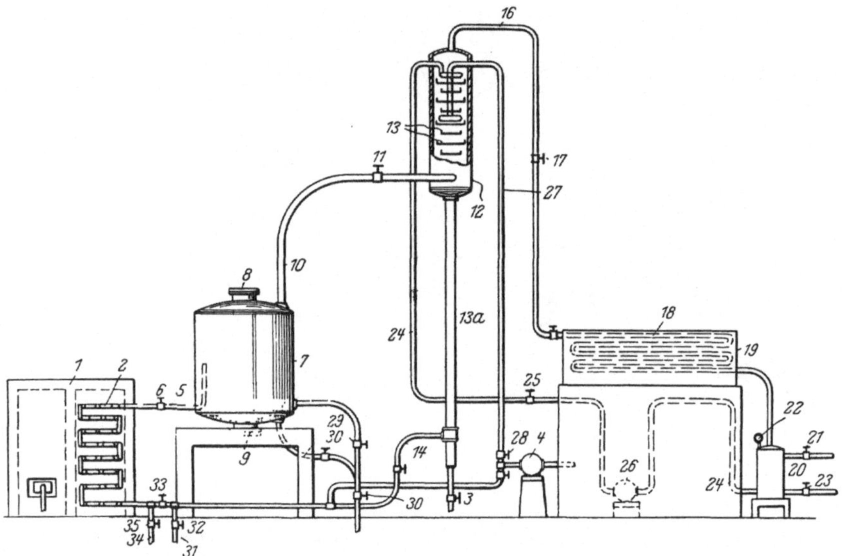

Abb. 33. Am.P. 1522425.

liche Spaltung noch nicht eintritt. Der Druck in der Schlange soll etwa
25 Pfund/Quadratzoll und die Temperatur etwa 390—440° C betragen.
Beim Verlassen der Heizschlange enthält das Öl keine erheblichen Mengen an Krackdestillaten. Es gelangt dann in einen Kompressor und von
da in den Konverter, in den es unter einem Druck von 200 Pfund/Qua-
dratzoll und mit einer Temperatur von 475° C eingepreßt wird. Die
Konverterkammer kann mit Abgasen der Feuerung beheizt wird. Das
Öl bleibt solange in dem Druckkessel, bis es ausreichend gespalten ist.
Es gelangt dann durch ein Expansionsventil in einen wagerecht liegenden
Kessel, der mit einem zu seiner Grundfläche schräg angeordneten Prell-
blech versehen ist und als Dephlegmator dient (Am.P. 1525916. C. M.
Clark, New York. Vom 10. Februar 1925).

Das Am.P. 1534927 beschreibt einen Apparat, der sich im wesentlichen an die bereits besprochenen Zweiphasenapparate anschließt. Neu

ist ein hinter dem großen Spaltkessel, der hier als ein stehender Zylinder ausgebildet ist, die Anordnung eines zweiten Kessels, der als Absetzkessel für den ausgeschiedenen Kohlenstoff bestimmt ist. Die Abscheidung des Kohlenstoffs an unerwünschten Stellen soll dadurch vermieden werden, daß man die Strömungsgeschwindigkeit in der Krackschlange sehr hoch wählt, und daß das Öl z. T. in dem ersten Kessel und vollkommen in dem zweiten Kessel zur Ruhe kommt und dort seinen Kohlenstoff ausscheidet. Die Zuführung des Rohöles der schweren Rückstände und Rückstromkondensate ist im Kreislauf angeordnet (Am.P. 1534927. C. P. Dubbs, Illinois. Vom 21. April 1925).

Von den im Vorstehenden beschriebenen Apparaten, die im wesentlichen aus einer Heizschlange und einem Expansionskessel bestehen, unterscheidet sich die Einrichtung gemäß Am.P. 1537164 dadurch, daß

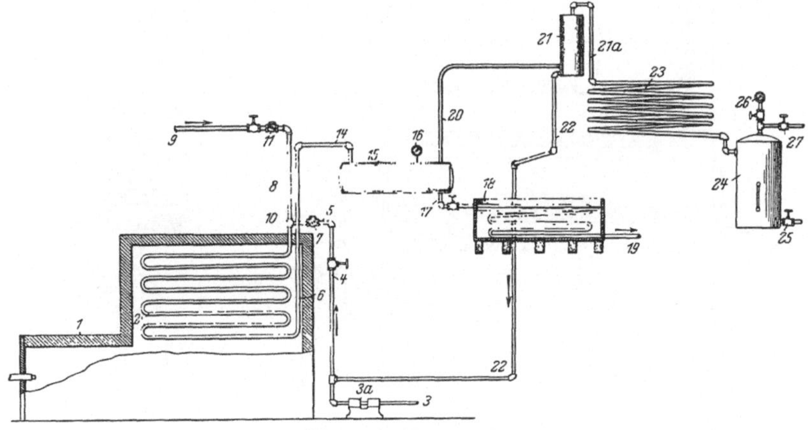

Abb. 34. Am.P. 1537164.

vom Boden des Expansionskessels eine Leitung zu einem Kühler führt, um die schweren Rückstände zu kühlen. In die Heizschlange wird außer Ölen Wasserdampf eingeleitet. Das Rückstromkondensat gelangt in die Ölleitung zur Heizschlange (Abb. 34). Das Öl wird in die Heizschlange 2 durch 3, 4, 5 eingeleitet und Dampf durch 9, 8. Das Gemisch aus flüssigem Öl, Kohle, Dampf und permanenten Gasen gelangt nach dem Expansionskessel 15, aus dem ein Rohr 20 zum Dephlegmator 21 und ein Rohr 17 zum Abziehen der Rückstände dient. (Am.P. 1537164. W. J. Gomory, Chikago. Vom 12. Mai 1925.)

Die Kombination von Heizschlange mit Expansionskammer zur Ausführung eines Zweiphasenverfahrens ist in diesem Kapitel häufiger beschrieben. Für gewöhnlich verwendete man als Expansionskessel eine zylindrische Retorte. Das Am.P. 1540934 beschreibt eine Expansionseinrichtung, die aus mehreren parallel liegenden, mit Flanschen verbundenen Rohren von steigendem Durchmesser besteht. Hierdurch soll eine möglichst langsame Expansion bewirkt werden (Am.P. 1540934. G. Egloff & Al., Kansas. Vom 9. Juni 1925).

Der im Am.P. 1540986 beschriebene Apparat gehört zu den Zweiphasenapparaten, bei denen das Öl zunächst eine Heizschlange durchläuft und dann in eine geräumige Verdampfungskammer eintritt, die aus einem senkrecht stehenden, zylindrischen Kessel besteht. Das wesentliche Merkmal der neuen Einrichtung besteht darin, daß der schräg oder senkrecht angeordnete Kesseleinsatz eine schneckenförmige Ausbildung besitzt, die dem Öl unter anderem eine größere Heizfläche darbieten soll (Am.P. 1540986. H. J. Halle, Chikago. Vom 9. Juni 1925).

Auch der Apparat des Am.P. 1541210 ist ein aus Heizschlange und Verdampfungskammer bestehender Zweiphasenapparat. Das Rohöl wird als Kühlöl für die Krackdestillate im Dephlegmator angewendet und gelangt dann zusammen mit dem Rückstromkondensat in die Heiz-

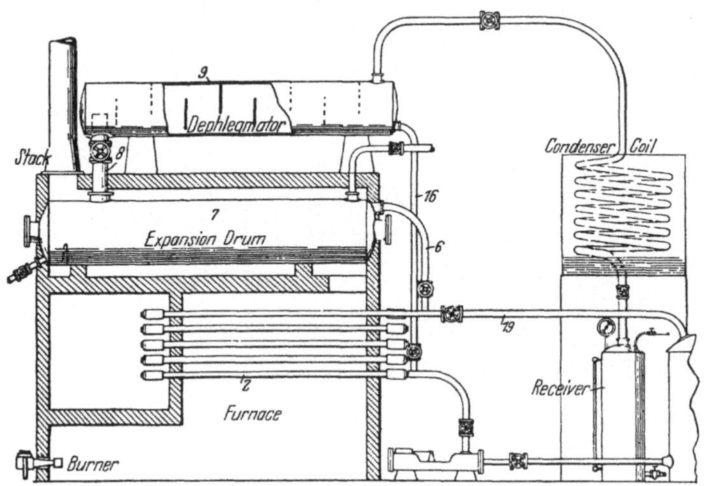

Abb. 35. Am.P. 1541553.

schlange. Der über der Heizschlange wagerecht liegende, zylindrische Kessel trägt an seiner Unterseite einen Ablauf für den Teer. In den Ablauf ragt düsenartig ein Einlauf für leichte oder kohlenstofffreie Öle, die das Ablaufen des Teeres aus dem Verdampfer erleichtern sollen (Am.P. 1541210. C. P. Dubbs, Illinois. Vom 9. Juni 1925).

Um Zweiphasenapparate, bestehend aus Heizschlange und Verdampfer, schnell abzukühlen, sofern es sich darum handelt, den Betrieb zu unterbrechen, ist eine Zweigleitung vorgesehen, durch die man das Rohöl im Kreislauf aus dem Tank durch die abzukühlende Heizschlange schicken kann. Der Verdampfer wird durch Einblasen von Wasserdampf, der lediglich den Verdampferkessel durchströmt, gereinigt (Abb. 35). Das Öl wird durch ein Rohr in den Röhrenüberhitzer *2* geleitet. Die Dämpfe steigen durch *6* in den Expansionskessel *7* und von da durch Rohr *8* in den Dephlegmator *9*. Rohr *16* ist der Rücklauf. Zum Kühlen des Krackrohres *2* wird durch *19* kaltes Öl im Kreislauf eingeleitet. (Am.P. 1541553. G. Egloff & Al., Chikago. Vom 9. Juni 1925.)

Der in dem Am.P. 1543831 erläuterte Apparat ist hinsichtlich seiner wesentlichen Merkmale dem des Am.P. 1392629 (vgl. D.R.P. 370470 dieses Kapitels, S. 51) sehr ähnlich. Nach dem Anspruch 1 des neuen Apparates wird Wert darauf gelegt, daß der Durchmesser der Heizröhren kleiner als der der Spaltröhren sein soll und daß auch die Temperatur in den Spaltröhren höher sein soll. Ferner soll das Öl sowohl in der Heiz- als auch in der Spaltröhre durch eine Pumpe zur Zirkulation gebracht werden (Am.P. 1543831. C. P. Dubbs, Chikago. Vom 30. Juni 1925).

Für das Am.P. 1543832 des vorgenannten Erfinders gilt etwa das Gleiche, was für das vorstehende Am.P. 1543831 auseinandergesetzt wurde. In dem zugehörigen Anspruch wird neben der Zirkulation in der Heiz- und Krackschlange besonders betont, daß während der Destillation und Kondensation ein Druck aufrecht erhalten werden müsse, der durch die erzeugten Gase hergestellt wird (Am.P. 1543832. C. P. Dubbs, Chikago. Vom 30. Juni 1925).

Der Zweiphasenapparat des Am.P. 1545949 besteht, wie üblich, aus einer Heizschlange und einem Verdampferkessel. Diese beiden Einrichtungen sind übereinander in einer Heizkammer angeordnet. Es wird bei Gegenwart von Wasserdampf gekrackt. Die Spalttemperaturen sollen zwischen 400—600° C liegen (Am.P. 1545949. C. Ellis, New Jersey. Vom 14. Juli 1925).

In dem Am.P. 1546634 bezieht sich der Erfinder auf sein älteres Am.P. 1488325, das in diesem Kapitel bereits besprochen worden ist. Die Zeichnung des Am.P. 1546634 läßt keine wesentlichen Abänderungen gegenüber dem älteren Am.P. erkennen. Es wird besonders auf die Wirkung des mit Rohöl beschickten, in einer stehenden Kolonne angeordneten, mit fallenden Temperaturen arbeitenden Ölkühlers für die Krackdestillate hingewiesen (Am.P. 1546634. C. P. Dubbs, Chikago. Vom 21. Juli 1925).

Das Am.P. 1549352 betrifft einen Zweiphasenapparat, in dem, wie üblich, in der Heizschlange unter hohem Druck gespalten wird, worauf das Öl nach Passieren eines Druckventils in einen hier senkrecht stehenden Verdampferkessel gelangt, in dem eine Trennung in Gase und Dämpfe, Öl und Kohle stattfindet. Bei diesem Apparat sind zwei Verdampfkessel angeordnet, von denen je einer in den Betrieb eingeschaltet wird, während der ausgeschaltete gereinigt wird (Am.P. 1549352. C. P. Dubbs, Illinois. Vom 11. August 1925).

Der in dem Am.P. 1550607 erläuterte Zweiphasenapparat ist im wesentlichen gleich mit dem in den Am.P. 1488325, 1525281 und 1546634 beschriebenen (vgl. dieses Kapitel, S. 60, 62, 65), d. h. das Rohöl tritt entweder direkt in die Krackschlange oder aber als Kühlöl in den Kondensator und von dort zusammen mit dem Rückstromkondensat in den Überhitzer. Neu an dem hier erläuterten Apparat ist ein an der Rückstromleitung liegender, von außen angetriebener Propeller, durch den der vorerwähnte Kreislauf des Öles befördert werden soll (Am.P. 1550607 C. P. Dubbs, Illinois. Vom 18. August 1925).

Das Am.P. 1550568 betrifft einen Zweiphasenapparat, bei dem ein besonderer Wert auf die Einführung des Rohöls durch den Dephlegmator und die gemeinsame Einführung des als Kühlöl benutzten, von den leichtsiedenden Produkten befreiten Rohöls zusammen mit dem Rückstromkondensat gelegt wird. Der Dephlegmator besteht aus drei, durch feste Böden getrennte, mit Überläufen versehene und übereinanderliegende Kammern mit konischen hohlen Prellkörpern zur Verteilung der Dämpfe im Öl. Ähnliche Einrichtungen sind in dem Am.P. 1550607 und in dem dort genannten Am.P. 1488325, 1525281 und 1546634 (vgl. dieses Kapitel, S. 60, 62, 65) beschrieben (Abb. 36). Gegenüber den bereits in diesem Kapitel beschriebenen Apparaten ist von besonderer Bedeutung der Dephlegmator *4*, dessen besondere Ausgestaltung aus der Abb. 2 zu

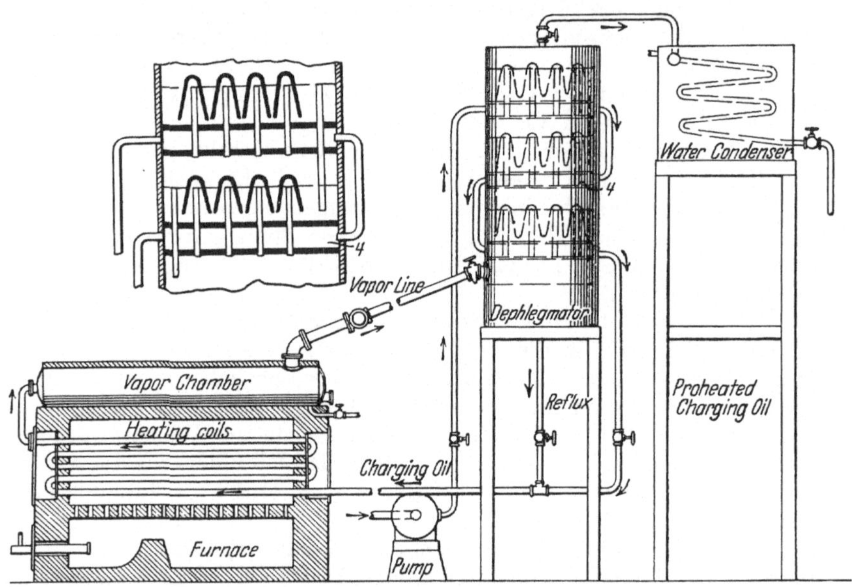

Abb. 36. Am.P. 1550568.

ersehen ist. (Vgl. Am.P. 1550568. R. T. Pollock, Chikago. Vom 18. August 1925.)

In diesem Kapitel, S. 65, ist in dem Am.P. 1550607 darauf hingewiesen, daß man bei Ausführung von Zweiphasenverfahren, bei denen das Rohöl auch in den Kondensator eingeleitet wird und zusammen mit dem Rückstromkondensat in die Heizschlange eintritt, in diese Leitung zwecks schnellerer Zirkulierung einen Propeller einbauen solle. Nach den Angaben des Am.P. 1551090 soll es möglich sein, im Verdampferkessel nur einen kokigen festen Rückstand ohne Öle zu erhalten, wenn man die direkte Zufuhr des Rohöls, die mit einer Pumpe bewirkt wird, und die Menge des gleichzeitig als Kühlöl aus dem Dephlegmator stammenden und zusammen mit dem Rückstromkondensat einlaufenden Öles gegeneinander abstimmt (Am.P. 1551090. C. P. Dubbs, Illinois. Vom 25. August 1925).

Nach den Ausführungen des Am.P. 1567062 verwendet man eine Überhitzerschlange, die mit einem geräumigen, gegen Wärmeausstrah-

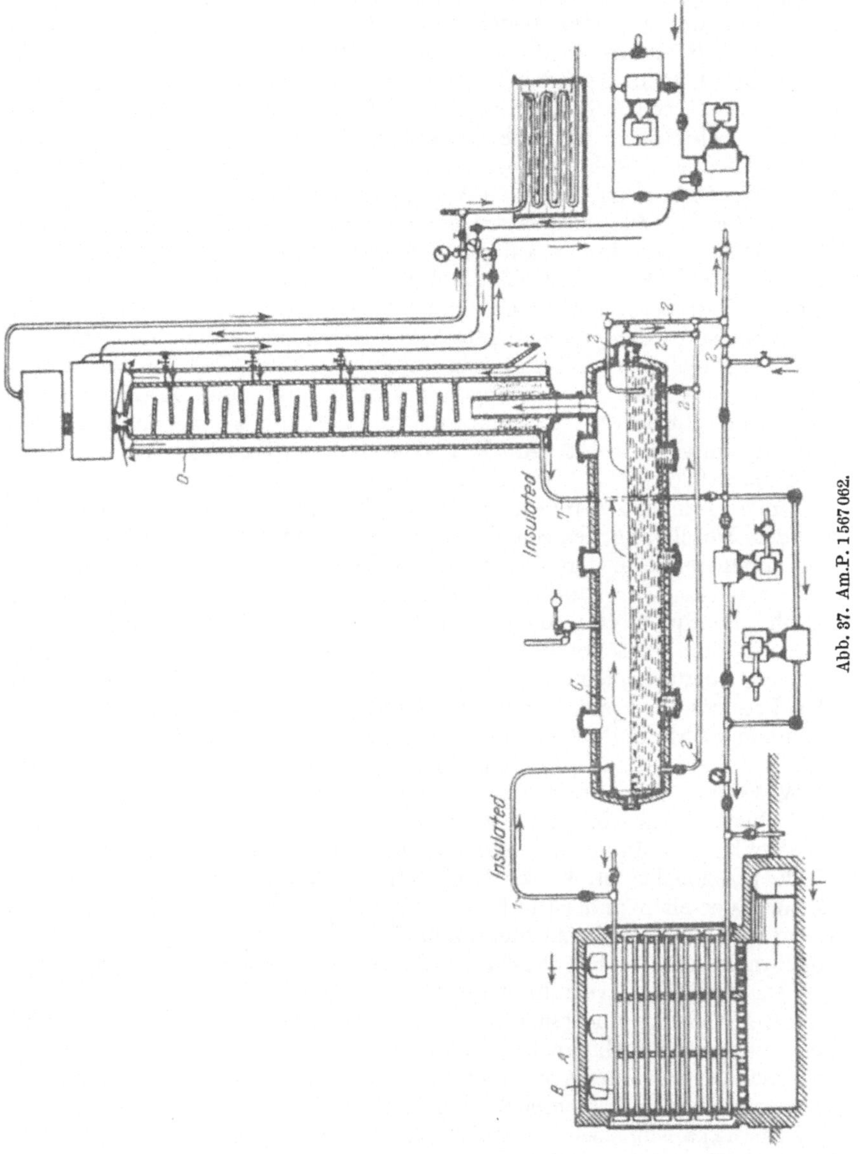

lung isolierten, liegenden, zylindrischen Kessel derart in Verbindung steht, daß man das zu spaltende Öl durch die Schlange in den Kessel hineinpumpt. Das Druckventil befindet sich hinter dem Kondensor. In dem Krackkessel setzt sich am Boden Koks ab, der abgezogen wird.

Aus dem Kessel führt ein so weites Zuführungsrohr in den Dephlegmator, daß Kohlenstoff mechanisch nicht mitgerissen wird. Die Mischung von Rückstromkondensat und einzuleitendem Rohöl wird auf 415 C erhitzt und steht unter einem Druck von mehreren 100 Pfund/Quadratzoll (Abb. 37). *B* ist die in der Feuerung *A* liegende Heizschlange, deren Inhalt durch Rohr *1* in den Expansionskessel *C* geleitet wird. Die Destillate aus *C* steigen in den Dephlegmator *D*. Die Rückstromkondensate laufen durch Rohr *7* ab. Die teerartigen Rückstände können aus dem Kessel *C* durch Rohr *2* abgezogen werden. (Am.P. 1567 062. F. B. Koontz, Oklahoma. Vom 29. Dezember 1925.)

Das Am.P. 1568 400 benutzt einen Apparat, der im wesentlichen die gleichen Hauptmerkmale aufweist, wie die in dem D.R.P. 370 470 und den Am.P. 1543 831 und 1543 832 beschriebenen Apparate. Wie die Patentschrift besonders betont, soll das Rückstromkondensat getrennt von den Dampfkammern aufgefangen werden, nahe der Stelle, wo das Frischöl eingeleitet wird und zwar in einem kühlen Teil des Apparates. Es sind außerdem Vorkehrungen getroffen, um eine Zirkulation des Rücklaufes durch die Heizzone auch dann sicher zu stellen, wenn die Umlaufpumpe aussetzt (Am.P. 1568 400. C. P. Dubbs, Illinois. Vom 5. Januar 1926).

Um bei solchen Zweiphasenverfahren, bei denen die Spaltung durch einmaligen Durchgang des Spaltgutes durch einen Röhrenüberhitzer vorgenommen wird, an den sich ein Absetzkessel anschließt, eine vollkommene Spaltung durchzuführen, ist in dem Am.P. 1578 035 vorgeschlagen sowohl die Spaltröhre, als auch das Rückstromkondensat, das zusammen mit dem Frischöl in die Spaltschlange eingeleitet wird, in einer Heizung anzuwärmen, die eine Zirkulation der Heizgase gestattet. Das Frischöl wird entweder in den Verdampferkessel eingeleitet, oder, nachdem es als Kühlöl in den Dephlegmatoren verwendet worden ist, und dann zusammen mit dem Rückstromkondensat (Am.P. 1578 035. E. W. Isom, New York. Vom 23. März 1926).

Neben der in der üblichen Weise in einer Heizung angeordneten Spaltschlange befindet sich ein aufrecht stehender zylindrischer Kessel als Expansionskessel. Dieser ist mit einer z. B. auch elektrischen Innenheizung versehen und ist mit einer Wärmeschutzmasse umgeben, die in Form übereinander angeordneter Zonen, die sich beliebig entfernen lassen, angebracht ist (Am.P. 1582 893. O. Behimer, Texas. Vom 4. Mai 1926).

Das Zweiphasenverfahren des Am.P. 1585 496 benutzt, wie üblich, eine Heizschlange und einen darin anschließenden, unbeheizten, stehenden, zylindrischen Expansionskessel. Die Heizung soll so geleitet werden, daß das Öl erst kurz vor seinem Übertritt in die Expansionskammer die erforderliche Spalttemperatur erreicht, so daß das eigentliche Kracken erst im Expansionskessel stattfindet. Aus diesem Kessel führt ein mit Wärmeisolierung umhülltes Kondensationsrohr für die Rückstromkondensate in einem Mischraum für Frischöl und von da in die Heizschlange (Abb. 38). Das Öl tritt durch *7* und *17a* in die Heizschlange *1* und durch *9, 10* in den Expansionskessel, von dessen Boden durch *12* kontinuierlich die Rückstände abgezogen werden. Durch den gegen Wärmeausstrahlung isolierten Rücklauf *17* gelangen die Kondensate warm in die Schlange *1*. (Am.P. 1585496. R. C. Holmes & Al., New York. Vom 18. Mai 1926.)

Nach den Ausführungen des Am.P. 1589908 wird das Zweiphasenverfahren in der Weise ausgeführt, daß das Öl aus der Krackschlange in eine Kolonne von Expansionsräumen geleitet wird, die nebeneinander geschaltet sind. Die Gase und Dämpfe treten dann von unten in einen Kondensor, der mit Rohöl von oben direkt gekühlt wird. Das so getoppte Rohöl und die Rückstromkondensate werden in die Heizschlange geleitet (Am.P. 1589908. P. J. Sweeny, Indiana. Vom 22. Juni 1926).

Bei der Mehrzahl der Zweiphasenverfahren, die eine Überhitzerschlange und einen Expansionskessel benutzen, wird das Rohöl zusammen mit dem Rückstromkondensat in der Überhitzerschlange einer gleichmäßigen Erwärmung unterworfen. Nach den Angaben des Am.P.

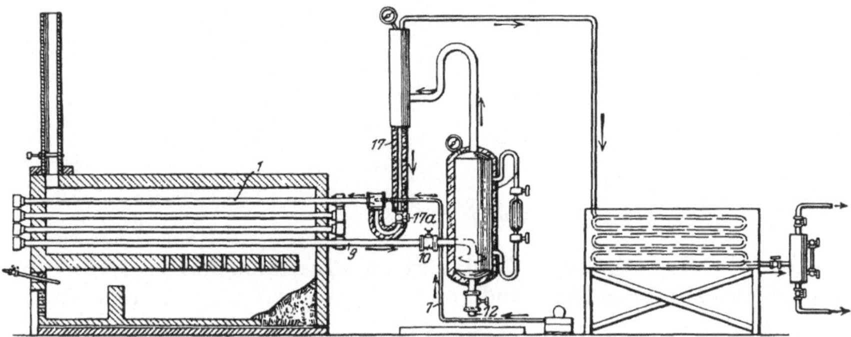

Abb. 38. Am.P. 1585496.

1592560 soll die Überhitzerschlange aus zwei übereinander und voneinander getrennten Teilen bestehen. Man arbeitet derart, daß man das Rohöl in dem oberen, d. h. kälteren Teil der Schlange erhitzt, sodann mit dem Rückstromkondensat vereinigt und diese Mischung durch den unteren, d. h. heißeren Teil der Heizschlange preßt. Dann gelangt das Öl in den Expansionsraum (Am.P. 1592560. C. P. Dubbs, Illinois. Vom 13. Juli 1926).

Das Am.P. 1594093 arbeitet gleichfalls mit einer Heizschlange, die mit den Verbrennungsgasen einer neben ihr liegenden Feuerung erhitzt wird. Das Spaltgut tritt dann in einen Expansionskessel. Das Rohöl wird zur direkten Kühlung der Krackdestillate im Dephlegmator verwendet und zusammen mit dem Rückstromkondensat und den schweren Kondensaten aus den Fraktionstürmen in die Krackschlange gepreßt. Die leichten Krackdestillate werden fraktioniert, kondensiert unter Anwendung der dabei erhaltenen Kondensate als Kühlflüssigkeit (Abb. 39). Das Frischöl wird durch *1, 2* in den Dephlegmator *3* eingepumpt. Die Kondensate aus den Fraktionstürmen können durch *38, 39* ebenfalls in den Dephlegmator gelangen oder durch *48* zur Speisepumpe *34*. Die Kondensate aus dem Dephlegmator *3* laufen durch *5, 6* zur Speiseleitung *8*.

Der ausgeschiedene Koks wird durch *18, 19* aus Kessel *14* entfernt. (Am.P. 1594093. C. P. Dubbs, Illinois. Vom 27. Juli 1926.)

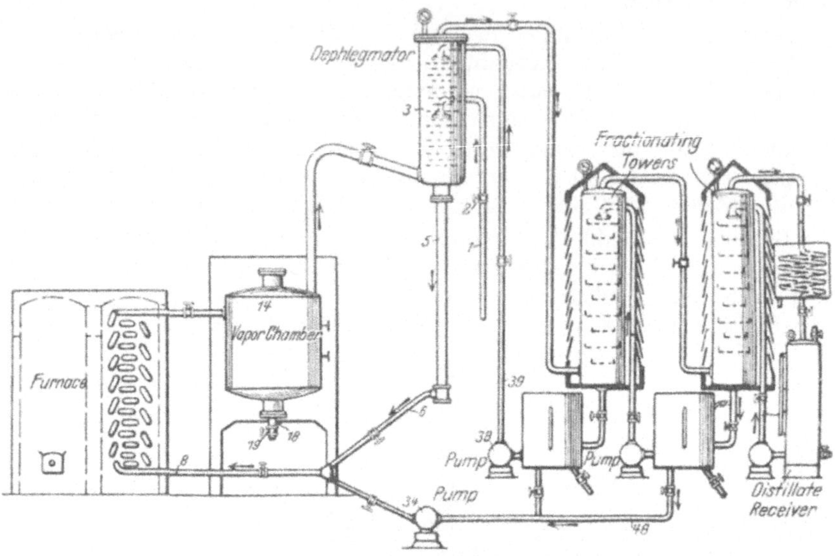

Abb. 39. Am.P. 1594093.

Auch bei dem Am.P. 1597821 wird das Frischöl in den Dephlegmator als direktes Kühlöl geleitet und kommt dann zusammen mit dem Rück-

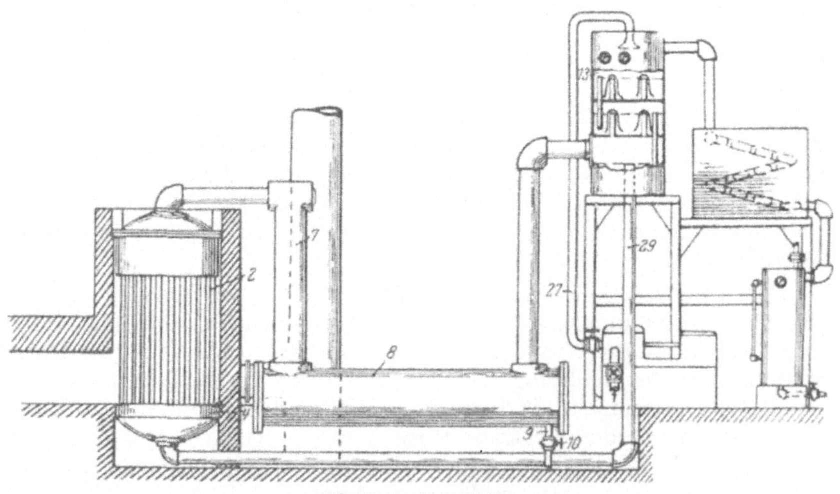

Abb. 40. Am.P. 1600721.

stromkondensat in die Krackschlange, die mit einer Expansionskammer in Verbindung steht, die ihre Dämpfe in den Dephlegmator abgibt. Es wird besonderer Wert darauf gelegt, daß in die aus dem Dephlegmator in die Krackschlange führende Leitung eine Speisepumpe eingeschaltet ist (Am.P. 1597 821. D. Pysel, Kalifornien. Vom 31. August 1926).

Von den typischen Zweiphasenapparaten, die aus einer Krackschlange und einem geräumigen. liegenden, zylindrischen Expansionskessel bestehen, weist der des Am.P. 1598 368 die Sondereinrichtung auf, daß an der Unterseite des Expansionskessels Ableitungsorgane für den ausgeschiedenen Kohlenstoff angeordnet sind, die in ein Sammelrohr endigen, aus dem der Kohlenstoff ausgeblasen werden kann. Infolge dieser Anordnung soll der Apparat sehr lange in Betrieb bleiben können, ehe eine mechanische Reinigung erforderlich ist (Am.P. 1598 368. G. Egloff et Al., Chikago. Vom 31. August 1926).

Auch in dem Am.P. 1600721, wie in dem zuletzt besprochenen Am.P. 1598368, ist die Vorrichtung getroffen, aus dem Expansionskessel die schweren Rückstände auszuscheiden und nicht in den Betrieb zurückzuschikken. Der Überhitzer besteht aus einer großen Anzahl senkrechter, parallel geschalteter Heizröhren, die von unten mit der Mischung aus Frischöl, das den Kondensator als Kühlöl durchlaufen hat und vom Rückstromkondensat beschickt wird (Abbild. 40). *2* ist ein Röhrenspalter, dessen Dämpfe durch *7* nach der Expansionskammer *8* streichen.

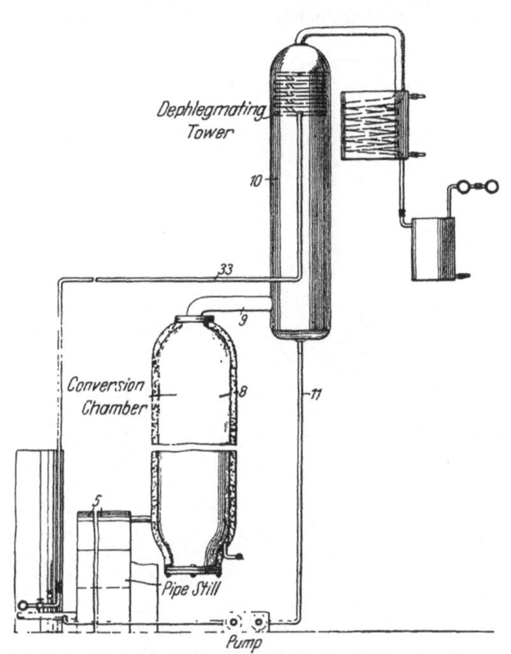

Abb. 41a. Am.P. 1 609 000 und 1 609 001.

13 ist ein Kondensator. Das Frischöl wird durch *27* in den Dephlegmator *13* gepumpt und gelangt mit den Kondensaten durch *29* nach *4*. Der Teer wird durch *9, 10* abgezogen. (Am.P. 1600721. C. P. Dubbs, Illinois. Vom 21. September 1926.)

Der Zweiphasenapparat des Am.P. 1609900 besteht aus einer Heizschlange, die in einen stehend angeordneten, zylindrischen Expansionskessel führt, aus dessen Boden kontinuierlich die Rückstände abgezogen werden. Die entweichenden Dämpfe gelangen in einen Dephlegmator, der indirekt durch Frischöl gekühlt wird. Das Rückstromkondensat wird durch eine Pumpe der Krackschlange wieder zugeführt. Das im Kondensator vorgewärmte Rohöl fließt in die Krackschlange des zweiten Heizelementes usw. In der Krackschlange soll bei einer Temperatur von etwa 370⁰ C keine merkliche Spaltung stattfinden, sondern erst in der

Expansionskammer (Abb. 41a). *5* ist ein Röhrenerhitzer. *8* eine Expansionskammer. *9* die Verbindung zwischen *8* und dem Dephlegmator *10*. Durch *33* wird Öl zugeführt. Durch *11* laufen die Kondensate nach dem Röhrenerhitzer *5*. (Am.P. 1609000 und 1609001. B.B. Schneider, Illinois. Vom 30. November 1926.)

In dem Am.P. 1617619 wird zum Spalten ein System parallel nebeneinander geschalteter Röhren benutzt. Die entstehenden Dämpfe werden dann in eine zylinderförmige Expansionskammer geleitet, die unten mit einem Schaber versehen ist und aus der kontinuierlich Kohlenstoff abgeleitet wird. Die Krackdämpfe gehen aus der Expansionskammer in einen Dephlegmator. Die Kondensate werden in das Kracksystem, in

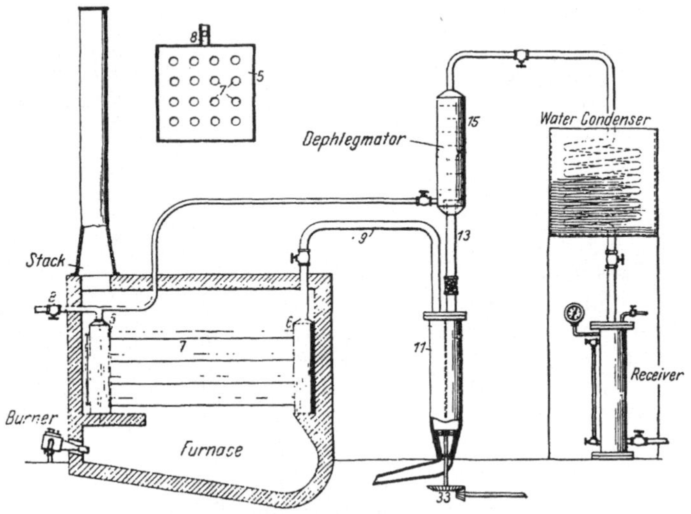

Abb. 41b. Am.P. 1617619.

das auch das Rohöl fließt, eingeleitet. Durch die kontinuierliche Ausscheidung des Kohlenstoffs soll eine lange Betriebsdauer gesichert sein (Abb. 41b). Das Frischöl wird durch *8* in den Sammler *5* geleitet, läuft durch die Röhren *7* in den Sammler *6* und von dort durch *9* in den Expansionsraum *11*, der einen Schaber *33* zur Entfernung des Kohlenstoffs trägt. Die Destillate gehen durch *13* nach Dephlegmator *15* und die Kondensate durch *16* nach Sammler *5*. (Am.P. 1617619. G. Egloff et Al., Chikago. Vom 15. Februar 1927.)

Bei dem Apparat des Am.P. 1619921 treten die Krackdestillate aus einer Überhitzerschlange durch ein Druckventil und dann in eine liegende zylindrische Expansionskammer, auf der sich ein Dephlegmator befindet. Das Rückstromkondensat gelangt nicht, wie üblich, direkt in den Expansionskessel zurück, sondern wird aus dem Dephlegmator mit einer Pumpe hinter das Druckventil eingeleitet und durch die Krackdämpfe wieder in den Expansionskessel eingeblasen (Abb. 42). *5* ist ein Röhrenerhitzer. *11* eine Expansionskammer. Die aus dem Dephlegmator *16* nach

18 eintretenden Kondensate werden durch Pumpe *35* in das Rohr *20*, d. h. in die heißen Krackdämpfe eingepreßt. (Am.P. 1619921. G. Egloff, Chikago. Vom 8. März 1927.)

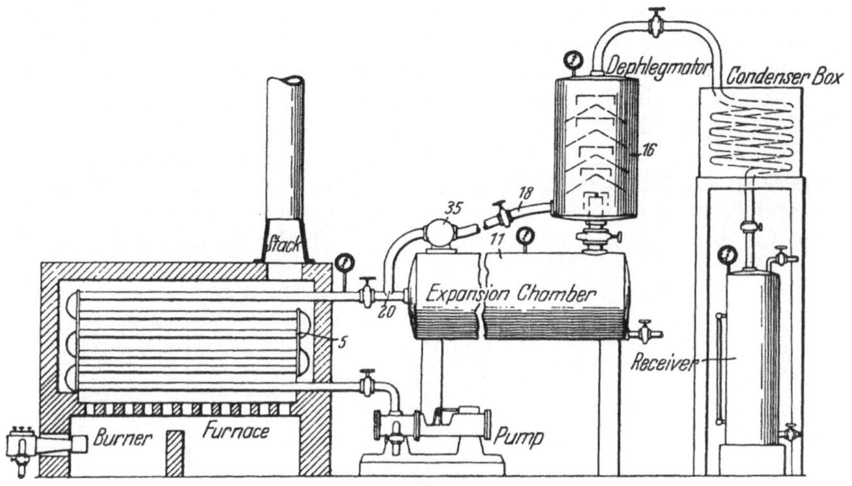

Abb. 42. Am.P. 1 619 921.

Nach den Ausführungen des Am.P. 1623729 wird das Öl in einer Heizschlange in der Flüssigkeitsphase bei einer Temperatur von 390 bis 500⁰ C und bei einem Druck von 500—3000 Pfund/Quadratzoll be-

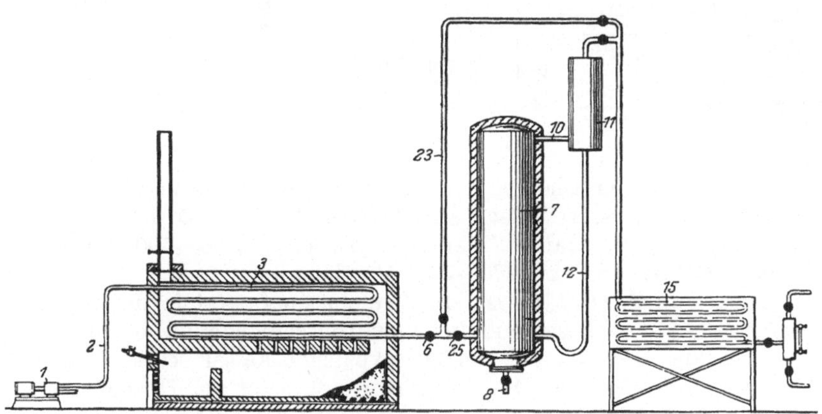

Abb. 43. Am.P. 1 623 729.

handelt. Dann läßt man es in einem geräumigen, senkrechten zylindrischen Expansionskessel übertreten, in dem der Druck um etwa $^1/_4$ herabgemindert ist. Hier tritt Verdampfung von einem Teil des Destillats ein, während die schweren Destillate auf dem Boden des Kessels bleiben. Das Rückstromkondensat wird in den Kessel zurückgeleitet. Das Ver-

fahren arbeitet kontinuierlich, indem stetig Frischöl der Heizschlange
zugeführt wird und Schweröl aus dem Kessel abgezogen wird (Abb. 43).
Das Öl wird durch *1* und *2* in die Heizschlange *3* eingepreßt und
tritt dann durch *6*, *25* in den Expansionskessel *7*, der einen Teer-
auslaß *8* besitzt. Die Dämpfe treten durch Rohr *10* nach Dephlegmator *11*. Das Rücklaufrohr ist *12*. Bei Benutzung der Nebenleitung
23 kann man *3* direkt mit Kondensator *15* verbinden. (Am.P. 1623729.
R. C. Holmes, New York. Vom 5. April 1927.)

Das Am.P. 1628127 betrifft eine Verbesserung des in diesem Kapitel
bereits erwähnten D.R.P. 370470 und der Am.P. 1543831 und 1543832.
Besonders erwähnenswert ist die Anbringung einer automatischen Regelung für ein konstantes Ölniveau. Auch soll das zu spaltende Öl die

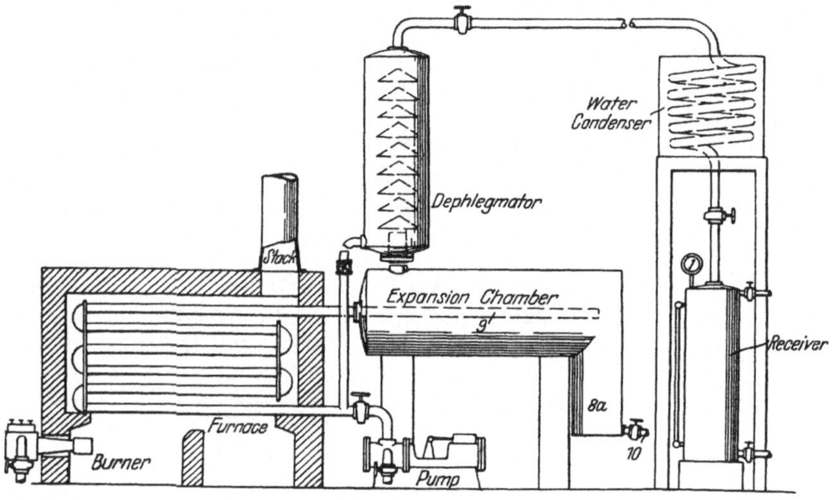

Abb. 44. Am.P. 1 627 164.

Heizschlangen im Kreislauf so schnell durchlaufen, daß eine Abscheidung
von Kohle nicht stattfindet (Am.P. 1628127. C. P. Dubbs, Illinois.
Vom 10. Mai 1927). Man soll bei einem Druck von 50—500 Pfund und
bei einer Temperatur von 280—555⁰ C arbeiten.

In dem Am.P. 1627164 ist ein Zweiphasenapparat in der üblichen
Ausgestaltung, d. h. bestehend aus einer Heizschlange und einem damit
in Verbindung stehenden liegenden Expansionskessel beschrieben, auf
dem am anderen Ende ein Dephlegmator aufgesetzt ist. Hervorzuheben
ist, daß die Destillate am hinteren Ende des Expansionskessels eingeleitet werden, und daß sich unter der Einführungsstelle ein Absetzgefäß
für den ausgeschiedenen Kohlenstoff befindet. Das Rückstromkondensat
wird in die Krackschlange zurückgeleitet (Abb. 44). Wesentlich für
die Anordnung ist das Rohr *9*, welches über dem Koksabsetzkessel *8a*
endet, der einen Auslaß *10* besitzt. (Am.P. 1627164. G. Egloff et Al.
Vom 3. Mai 1927.)

In dem Am.P. 1628236 wird, wie üblich, eine Heizschlange und anschließend eine Expansionskammer verwendet. Der aus dem Dephlegmator stammende Rücklauf wird im Kreisprozeß durch eine Pumpe in die Krackschlange eingepreßt. Die permanenten Gase werden durch eine Pumpe angesaugt und nach erfolgter Erhitzung im Kreislauf durch das in den Expansionskammern befindliche Schweröl gepreßt (Abb. 45). Die aus dem Leichtöltank *18* kommenden permanenten Gase werden durch Pumpe *25* in einen Erhitzer *29* geleitet und treten durch das perforierte Rohr *35* in die Rückstände des Kessels *11*. Das Rohöl wird durch *1* eingeleitet. (Am.P. 1628236. C. P. Dubbs, Illinois. Vom 10. Mai 1927.)

Bei einer großen Anzahl der in diesem Kapitel beschriebenen Verfahren, die eine Heizschlange und einen Expansionskessel aufweisen, wurde derart gearbeitet, daß das Rohöl in den Dephlegmator von oben als Kühlöl eintrat und zusammen mit dem Rückstromkondensat in die

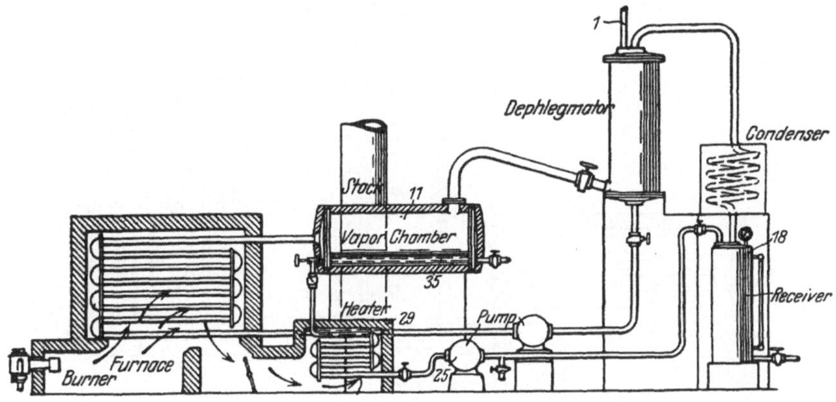

Abb. 45. Am.P. 1628236.

Spaltschlange gepreßt wurde. Nach dem Am.P. 1628270 gelangt das Rohöl, das den Dephlegmator durchlaufen hat, mit dem Rückstromkondensat in einen besonderen Kessel, der von den Abgasen der Feuerung beheizt wird, um alle flüchtigen Produkte zu gewinnen, bevor die Mischung in die Spaltschlange eintritt. Der Kessel kann unter Umständen ausgeschaltet und das Rohöl direkt in die Spaltschlange eingepreßt werden (Abb. 46). Das Frischöl wird durch Pumpe *27* und Rohr *28* bei *30* in den Dephlegmator eingeleitet. Durch *31* gelangen die Kondensate und das Frischöl nach dem Kessel *32*, wo sie destilliert werden. Die hierbei entstehenden Destillate gehen in den Kondensator *40*. Die Rückstände durch Pumpe *46* nach der Überhitzungsschlange *2*. Durch eine Nebenleitung kann der Kessel *32* ausgeschaltet werden. (Am.P. 1628270. Pollock, Boston. Vom 10. Mai 1927.)

Bei der Ausführung des Zweiphasenverfahrens, bei dem eine Kolonne von Hilfsschlangen mit Expansionskesseln verbunden ist, die in einen Sammelkessel und von da in einen Dephlegmator führen, soll der Druck in den Spaltschlangen etwa 150 Pfund/Quadratzoll betragen bei einer

Temperatur von 340⁰ C, während der Druck in den Kesseln 200 Pfund
und im Kondensator etwa 300 Pfund betragen soll (Am.P. 1638093.
G. Egloff, Illinois. Vom 9. August 1927).

Während bei den meisten Zweiphasenverfahren die Spaltung zum
großen Teil in der Krackschlange vorgenommen wurde und der daran
anschließende Kessel als Expansionskessel diente, deren Temperatur die
der Krackschlange nicht oder nicht wesentlich überstieg, soll nach dem
Am.P. 1638115 in der Expansionskammer ein Druck von 150 Pfund/
Quadratzoll und durch einen an der Decke des Kessels angebrachten
Röhrenerhitzer eine Überhitzung der Öldämpfe und Rückstromkondensate aus einem auf dem Kessel angeordneten Dephlegmator stattfinden.

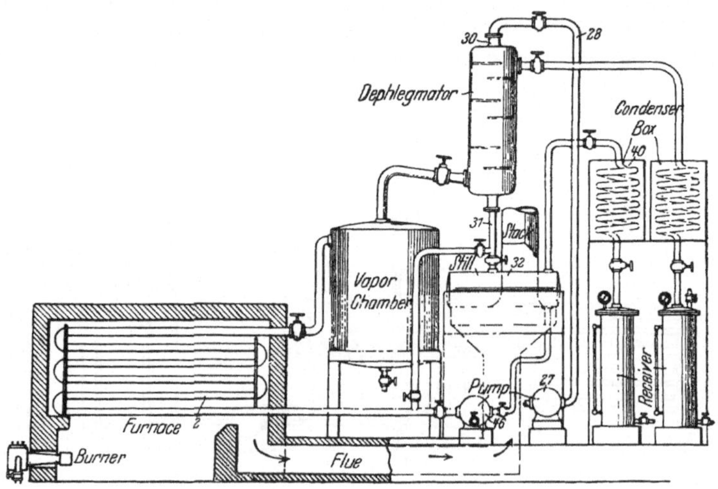

Abb. 46. Am.P. 1628270.

Das Frischöl wird direkt in die Spaltschlange gepumpt. Der Teer wird
kontinuierlich vom Boden des Kessels abgezogen (Am.P. 1638115.
G. Egloff, Illinois. Vom 9. August 1927).

Man hat bei Zweiphasenverfahren häufiger das Rohöl als Kühlmittel
in den Dephlegmator treten lassen und dann zusammen mit dem Rückstromkondensat in die Krackschlange gepumpt. Nach dem Am.P.
1638116 durchläuft das Rohöl einen Kondensator von unten und tritt
dann in einen Dephlegmator von oben ein, und zusammen mit den Kondensaten in die Speiseleitung. Außerdem ist eine Anordnung getroffen,
um die Hitze der abgezogenen Schweröle zum Anwärmen des Rohöls
zu verwenden (Abb. 47). Wesentlich ist die Konstruktion des mit
schneckenförmigen Einsätzen versehenen Dephlegmators und Kondensators, in die Rohöl eingeleitet wird, das zusammen mit den Kondensaten durch Rohr 26 in die Heizschlange 1 eingeführt wird. 14 ist ein
Vorerhitzer für Rohöl, der mit heißem Teer aus der Expansionskammer
beschickt ist. (Am.P. 1638116. G. Egloff et Al., Chikago. Vom 9. Aug.
1927.)

Der Apparat, den das Am.P. 1646380 beschreibt, besteht im wesentlichen aus einer Krackschlange, in der das Öl auf Spalttemperatur erhitzt wird und in einer Kolonne senkrecht stehender, zylindrischer, wahlweise ausschaltbarer Kessel, die zum größten Teil mit Öl gefüllt sein sollen, und in denen die Spaltung sich vollziehen soll. Die Einzelkessel stehen untereinander durch Überlaufröhren für das Öl und Ableitungsröhren für die Dämpfe in Verbindung und sind durch eine Sammelleitung an die Krackschlange angeschlossen. Sie besitzen zwei Ableitungsröhren für den Teer und eine Zuleitung für die aus dem Dephlegmator stammenden Kondensate, der an sie angeschlossen ist (Am.P. 1646380. R. C. Holmes et Al., New York. Vom 18. Oktober 1927).

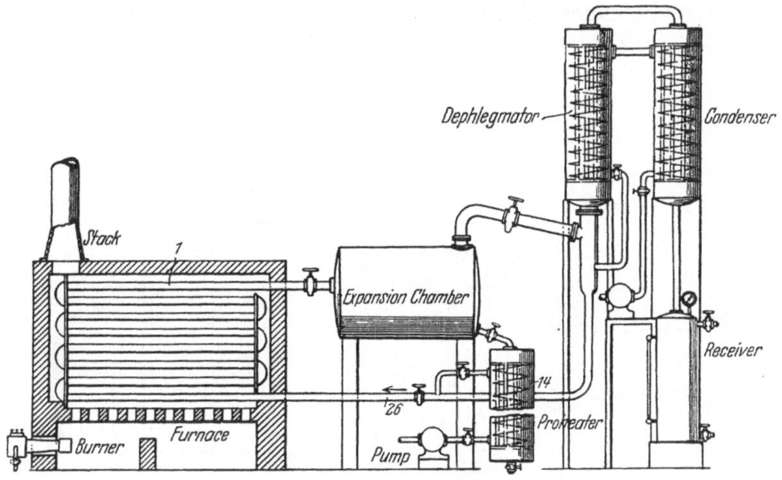

Abb. 47. Am.P. 1638116.

Bei dem Am.P. 1652167 handelt es sich anscheinend um eine weitere Ausbildung des Verfahrens nach dem D.R.P. 370470, sowie des Am.P. 1543831, 1543832 und andere mehr. In dem Anspruch 1 dieser Patentschrift werden im wesentlichen die gleichen Merkmale geltend gemacht, wie sie den bereits in diesem Kapitel besprochenen Verfahren zukommen. Hingewiesen ist besonders auf den Druck, der mehr als 50 Pfun d/Quadratzoll betragen soll (Am.P. 1652167. C. P. Dubbs, Illinois. Vom 13. Dezember 1927).

Während bei den meisten Zweiphasenverfahren der Inhalt der Krackschlange als Ganzes in eine Expansionskammer geleitet wurde, bedient sich das Am.P. 1652344 in der ersten Phase zur Spaltung einer Kolonne flacher Kessel, die in ihrer Mitte mit dem Unterteil eines stehenden zylindrischen, unten halbkugeligen Kessels verbunden ist, während die aus der Phase 1 entweichenden Dämpfe in den Oberteil desselben Kessels und zwar gegen eine in einem Aufsatz befindliche gewölbte Prellplatte geleitet werden. Auf diesem Kessel befinden sich zwei Dephlegmatoren. In dem Unterteil des Kessels soll sich der Kohlenstoff absetzen (Am.P. 1652344. W. Brink, Oklahoma. Vom 13. Dezember 1927).

Nach den Angaben des Am.P. 1652394 durchläuft das Öl drei Kolonnen hintereinander geschalteter Retorten, wobei eine progressive Erwärmung ohne merkliche Spaltung stattfinden soll. Die entstehenden Dämpfe werden dann in röhrenförmige Krackretorten geleitet, wo eine starke Überhitzung unter Absaugen der Dämpfe stattfindet. Die einzelnen Heizretorten stellen Röhren mit einer Scheidewand in der Mitte dar, um die das Öl von oben nach unten und dann von unten nach oben in einem dünnen Strom läuft (Am.P. 1652394. C. S. Coming, Illinois. Vom 13. Dezember 1927).

In dem Am.P. 1670103 ist ein Zweiphasenapparat beschrieben, dessen wesentliches Merkmal darin besteht, daß er neben der Spaltschlange nicht einen Expansionskessel, sondern vier nebeneinanderstehende zylindrische, miteinander durch Überlauf- und Sammelröhren

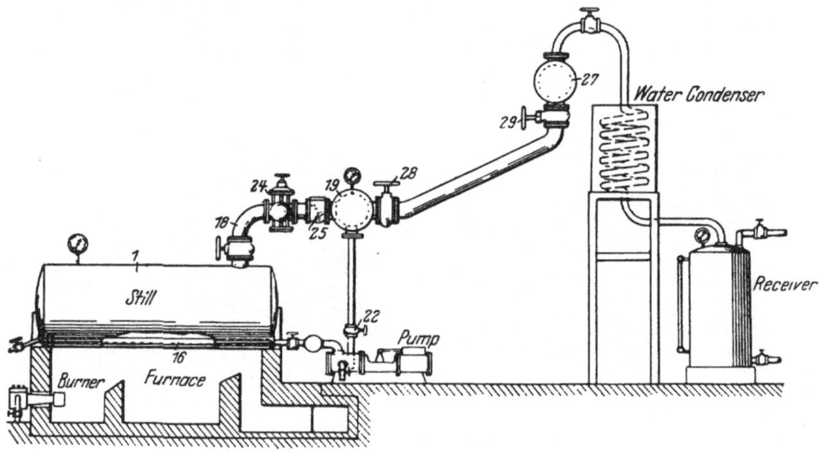

Abb. 48. Am.P. 1 670 104.

verbundene Expansionskessel besitzt, die gesonderte Abläufe für das Schweröl aufweisen, so daß man beliebig die Rückstände ausscheiden oder in den Betrieb zurückleiten kann. Die Dämpfe gelangen in einen Dephlegmator, werden durch Frischöl gekühlt und die Mischung aus erhitztem Frischöl und Rückstromkondensat wird in die Krackschlange gepumpt (Am.P. 1670103. C. P. Dubbs, Illinois. Vom 15. Mai 1928).

Auch der Apparat des Am.P. 1670104 ist dem Prinzip nach ein Zweiphasenapparat, indem das Öl in einer Kolonne von Kesseln unter Druck erhitzt wird, wobei die Dämpfe unter geringem Druckabfall in ein Sammelrohr, das die Rolle einer Expansionskammer spielt, treten. Aus diesem Sammelrohr werden die Kondensate in den Betrieb zurückgeleitet. Aus dem ersten Sammelrohr führen schräge Luftkühler zu einem zweiten Sammelrohr, so daß auf diesem Wege eine weitere Trennung in Flüssigkeit und Dämpfe stattfindet (Abb. 48.) Das Frischöl wird durch das perforierte Rohr *16* am Boden des Kessels *1* eingeleitet. Aus dem Kessel führt ein Kühlrohr *18* über die Druckventile *24, 25* zum Sammler *19*, aus dem dann die Kondensate durch *22* zur Speiseleitung fließen. Hinter dem Sammler *19* führt ein zweites Kühlrohr über die Ventile *28, 29* in den zweiten Sammler *27*. (Am.P. 1670104. C. P. Dubbs, Illinois. Vom 15. Mai 1928.)

Das Am.P. 1670108 betrifft einen aus einer Heizschlange und einem Expansionskessel bestehenden Zweiphasenapparat. Der Rücklauf aus dem Kondensator wird entweder in den Expansionskessel oder in die Heizschlange zusammen mit Frischöl eingepreßt. Die Rückstände aus dem Expansionskessel werden aus verschiedenen Niveauhöhen im Kreislauf in den Expansionskessel zur erneuten Destillation hindurchgeleitet (Am.P. 1670108. G. Egloff, Chikago. Vom 15. Mai 1928).

3. Mehrphasenapparate.

Unter Mehrphasenapparaten sollen solche verstanden werden, bei denen die Spaltung in mindestens drei oder noch zahlreicheren Phasen hintereinander erfolgt. Ein zahlenmäßiger Vergleich zwischen dem Inhalt der Kapitel 1—3 läßt darauf schließen, daß die Zweiphasenverfahren gegenüber den Ein- und Mehrphasenverfahren bei weitem überwiegen. Ein typisches Beispiel für ein Mehrphasenspaltverfahren ist in dem Am.P. 1046683 beschrieben. Das Verfahren wird mit Öldampf, der mit Wasserdampf gemischt ist, ausgeführt. In einer röhrenförmigen senkrechten Retorte liegen vier Heizschlangen übereinander. Die oberste dient zur Erzeugung von Dampf, die zweite zur Verdampfung des Öles. Vor der dritten Schlange wird Öldampf mit Wasserdampf gemischt und in der dritten und vierten Heizschlange überhitzt, wobei sich aus der abgesetzten Kohle und dem Wasserdampf Wasserstoff und Kohlenoxydgas bilden soll. Ein Vorwärmer für das Öl ist in Gestalt eines die Retorte durchziehenden Rohres vorgesehen. Nach Passieren einer Absetzkammer treten die Destillate in eine neue Retorte ein, die drei Heizschlangen übereinander enthält. Zur Vollendung der Reaktion durchlaufen die Destillate zunächst die mittlere und unterste Heizschlange und schließlich die oberste, wobei die schwerflüchtigen Rückstände abgeleitet werden. Die flüchtigen Destillate treten dann in die Kondensatoren ein (Am.P. 1046683. C. W. Turner, New York. Vom 10. Dezember 1912 und Am.P. 1151422. Vom 24. August 1915).

Während für gewöhnlich die Spalttemperatur beim Kracken auf einer sich gleichbleibenden Höhe erhalten wird, soll man nach den Angaben des Am.P. 1231509 das Kracken in der Weise ausführen, daß man den Spaltprozeß in einer Kolonne von Spaltgefäßen vornimmt, die mit sukzessive steigenden Temperaturen erwärmt werden. Die entstehenden Dämpfe werden in einer dem Ölstrom entgegengesetzten Richtung in das Öl des vorhergehenden Spaltgefäßes eingepreßt. In dem ganzen System soll eine Temperatur von wenigstens 111—277° C und höchstens 1111° C herrschen, während der Druck wenigstens 50 Pfund/Quadratzoll und höchstens 1000 Pfund/Quadratzoll betragen soll (Am.P. 1231509. C. P. Dubbs, Illinois. Vom 26. Juni 1917).

Nach den Angaben des Am.P. 1335767 wird das zu spaltende Öl in der ersten Phase bis nahe an die Kracktemperatur in einem geschlossenen

Kessel erhitzt. In der zweiten Phase wird das Öl durch eine Pumpe in eine Überhitzerschlange gepreßt und gekrackt. In der dritten Phase gelangen die Krackdestillate und Gase in eine Expansionskammer, die gleichzeitig zur Fraktionierung der Destillate dient. Sie steht in direkter Verbindung mit einem Kondensator. Aus der Expansionskammer können die Rückstromkondensate in den ersten Kessel zurücklaufen (Am.P. 1335767. F. E. Wellmann, Kansas City. Vom 6. April 1920).

Nach den Ausführungen des Erfinders soll es sich bei dem Am.P. 1440772 um eine weitere Ausbildung des Apparates bzw. Verfahrens nach Am.P. 1313309 handeln. Der Krackapparat besteht aus einer Kolonne miteinander in Verbindung stehender Retorten von zunehmender Temperatur. Das zu spaltende Öl passiert zunächst den jeder Retorte vorliegenden Kondensator, der als Vorwärmer dient, und wird dann von unten in die Spaltretorte eingepreßt, die zweckmäßig durch überhitzten Wasserdampf indirekt beheizt wird. Während die leichten Destillate in den Kondensator geführt werden, gelangen die schweren Rückstände durch einen Überlauf in die danebenliegende heiße Retorte (Am.P. 1440772 und 1627159. C.P.Dubbs, Illinois. Vom 2. Januar 1923 und 3. Mai 1927).

Das Am.P. 1561779 erläutert einen Krackapparat, in dem in drei Phasen gearbeitet wird. In der ersten Phase wird das Öl durch eine Krackschlange geschickt, in der zweiten Phase gelangt es durch ein Ventil in den ersten Expansionsraum, der aus einem liegenden zylindrischen Kessel besteht und in der dritten Phase in den zweiten Expansionsraum, der aus einem stehenden zylindrischen Kessel besteht, der mit einem Kondensator verbunden ist. Ein Teil des Inhalts der Krackschlange kann direkt von ihr unter Umgehung des ersten Expansionskessels in den zweiten Expansionskessel eingeleitet werden. Das Rückstromkondensat wird in den Prozeß zurückgeleitet (Am.P. 1561779. G. Egloff, Chikago. Vom 17. November 1925).

Das Am.P. 1578802 empfiehlt zur Ausführung der Spaltung drei übereinanderliegende, mit Öl gefüllte Kessel, die so angeordnet sind, daß sowohl ein Überlauf zwischen den beiden oberen Kesseln untereinander und mit dem untenliegenden stattfinden kann, als auch ein Ableiten des leichten Destillats in den oberen Kessel. Die beiden oberen Kessel werden zusammen angeheizt und der unterste für sich. Die Temperatur in dem untersten Kessel soll etwa 420^0 C sein, die in dem zweiten Kessel 333^0 C und in dem obersten etwa 250^0 C. Das Druckventil liegt hinter dem obersten Kessel. Am Ende der Spaltung sind die Destillate in den einzelnen Kesseln nach Siedepunkten getrennt (Abb. 49). *1* ist ein Druckkessel. *3* und *13* sind Nebenkessel, die durch Röhren *11* und *12* sowie Kammer *7* miteinander in Verbindung stehen. (Am.P. 1578802. C. M. Clark, New York. Vom 30. März 1926).

In dem Am.P. 1592214 werden schwere Asphaltöle oder asphaltartige Produkte in drei Phasen verarbeitet. Es befinden sich zu diesem Zweck zwei nebeneinander und ein darüber liegender Kessel. Die beiden unteren Kessel sind mit Verteilerplatten ausgerüstet, damit das Öl in dünner Schicht erhitzt wird. In dem ersten Kessel wird das Öl entwässert und gelangt dann in den zweiten, in dem es verdampft wird. Der obere Kessel enthält innen einen Einsatz, der konzentrisch zu der Kesselwandung ausgebildet wird. Der Öldampf wird in dem entstehenden Zwischenraum erhitzt (Am.P. 1592214. E. O. Linton, Indiana. Vom 13. Juli 1926).

Der Erfinder des Am.P. 1610594 hat in den Ausführungen zu der zu benutzenden Arbeitsweise auf die in den Zeichnungen enthaltenen Pfeile hingewiesen. Aus den Angaben kann man schließen, daß es sich um ein Mehrphasenverfahren handelt, bei dem das Öl zunächst einen Vorerhitzer und dann zwei Spaltschlangen, und zwar von unten nach oben und dann von oben nach unten durchläuft, um dann in einen Kondensator zu gelangen. Auf die zahlreichen Einzelheiten der Beschreibung kann nicht eingegangen werden (Am.P. 1610594. M. Rowe, Kalifornien. Vom 14. Dezember 1926).

Nach den Ausführungen des Am.P. 1627937 soll das Öl zunächst in mehreren Heizschlangen, die mit Dampfmänteln umgeben sind, progressiv angeheizt werden. Es sind in der Zeichnung sechs in einem Heizofen übereinanderliegende Heizschlangen angegeben und dann Öl und überhitzter Wasserdampf in eine Mischkammer und von dort in eine Trennkammer eintreten (Am. P. 1627937. S. L. Tingley, West Virginia. Vom 10. Mai 1927).

Das Am.P. 1638735 arbeitet im wesentlichen mit drei Phasen. In der ersten Phase wird das Öl

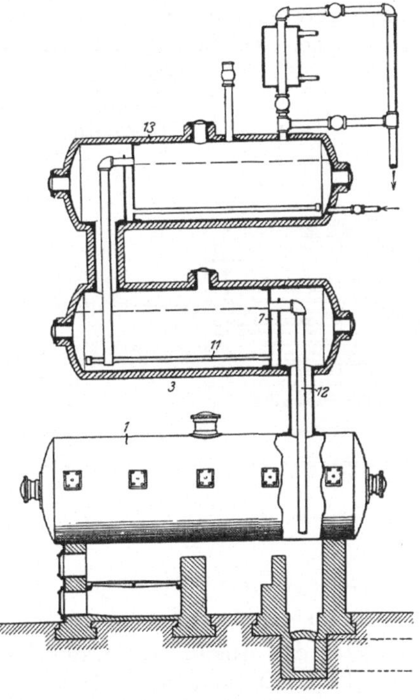

Abb. 49. Am.P. 1 578 802.

in einer Schlange bei 390—525⁰ C erhitzt, es gelangt dann in der zweiten Phase in einen Kessel, in dem ein Druck von etwa 200 Pfund/Quadratzoll herscht. Aus diesem Kessel werden sowohl die dampfförmigen als auch die flüssigen Produkte in einen zweiten Kessel gebracht, in dem der Druck auf die Hälfte herabgesetzt ist, und deshalb eine starke Verdampfung der Krackprodukte eintritt. Die Rückstromkondensate werden in die Krackschlange eingeleitet (Am.P. 1638735. L. C. Huff, Chikago. Vom 9. August 1927).

Die Spaltung des Öles wird nach dem Am.P. 1640223 in drei Phasen vorgenommen. In der ersten Phase strömt das Öl von unten nach oben durch einen Röhrenerhitzer, gelangt dann in der zweiten Phase in einen mit halbkugeligen Verteilungskörpern ausgestatteten Dephlegmator. Der Rücklauf wird nach Abscheidung des Teers in der dritten Phase wiederum in einen zweiten Röhrenerhitzer von unten nach oben eingeleitet und gelangt dann zusammen mit dem Öl aus dem ersten Erhitzer in den Dephlegmator (Am.P. 1640223. A. D. Smith et Al., Kansas. Vom 23. August 1927).

Nach den Ausführungen des Am.P. 1640938 werden die zu spaltenden Öle zunächst durch Wärmeaustauscher in eine Kolonne liegender zylindrischer Kessel geleitet, die sie hintereinander durchströmen, wobei die leichter siedenden Bestandteile abgetrennt werden. Der Rückstand durchläuft auch unter Einleiten von Dampf oder Gasen eine Heizschlange mit solcher Geschwindigkeit, daß sich keine Kohle absetzen kann. Dann gelangt der Inhalt der Spaltschlange in Expansionskessel und von da in Dephlegmatoren. Die Temperatur der Spaltung soll etwa 500⁰ C be-

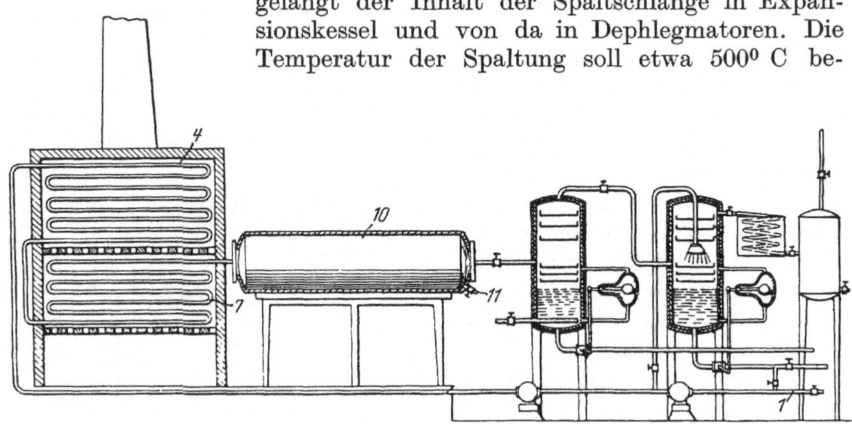

Abb. 50. Am.P. 1644991.

tragen (Am.P. 1640938. F. A. Howard et Al., New Yersey. Vom 30. August 1927).

Nach den Ausführungen des Am.P. 1643446 wird Öl in drei Phasen gespalten. In der ersten Phase tritt das Öl in eine aus zwei Kolonnen bestehende Heizschlange, wo es bis auf Kracktemperatur erhitzt wird, ohne daß merkliche Spaltung eintritt, dann kommt das Öl in der Flüssigkeitsphase in einen geräumigen, liegenden zylindrischen Kessel, in dem die Spaltung stattfindet. Hinter diesem Spaltkessel tritt es durch ein Expansionsventil, wo es entspannt und verdampft wird. Die Dämpfe werden in einen Dephlegmator geführt. Die Rückläufe kommen in das Frischöl (Am.P. 1643446. W. M. Cross, Kansas. Vom 27. September 1927).

Die Arbeitsweise nach dem Am.P. 1644991 desselben Erfinders unterscheidet sich von der zuletzt beschriebenen im wesentlichen nur dadurch, daß in der dritten Phase, d. h. bei der Entspannung, die Dämpfe einer fraktionierten Kondensation unterworfen werden. Die Kondensate werden, wie bereits beschrieben, in das Frischöl eingeleitet (Abb. 50). Das Öl läuft durch 1 in die obere Heizröhre 4 und von dort nach der unteren Heizröhre *7*, dann in den Expansionskessel *10*, aus dem der Teer durch *11* abgezogen werden kann. Die Bauart der Kondensatoren ist aus der Zeichnung ersichtlich (Am.P. 1644991. W. M. Cross, Kansas City. Vom 11. Oktober 1927).

Das Am.P. 1647026 verwendet hintereinander vier stehende zylindrische Erhitzer, von denen je zwei in einer Feuerung liegen. In den ersten Kessel, der als Verdampfer bezeichnet ist, wird das Öl unter Druck oder Torf bzw. Ölschiefer eingebracht. Die Dämpfe streichen dann in den Erhitzer *2*. Die beiden nächstfolgenden Erhitzer haben eine viel höhere Temperatur als die beiden ersten. Die Temperaturen können von 160—1700° C steigen. In den ersten Kessel kann auch Dampf eingeleitet werden. Hinter dem vierten Erhitzer ist eine Kolonne von Dephlegmatoren angeordnet (Am.P. 1647026. C. W. Turner, New York. Vom 25. Oktober 1927).

4. Besondere Heizeinrichtungen für das Öl.

Bei einer großen Anzahl von Krackapparaten kommt man zwanglos zu der Auffassung, daß nicht der Gesamtapparat an sich, sondern vielmehr die besondere Ausgestaltung der Heizeinrichtung das wesentliche Merkmal der empfohlenen Neuerung darstellt. Deshalb sind alle solche Apparate in dem folgenden Kapitel besprochen worden. Naturgemäß liegen viele innere Beziehungen zwischen dem vorliegenden Kapitel und den vorhergehenden 1—3 vor.

Bereits der Umfang dieses Kapitels läßt darauf schließen, daß die besondere Ausbildung der Heizeinrichtungen einen wichtigen Teil der Krackapparate darstellen.

D.R.P. 255118. Kl. 10a vom 18. Juli 1911 (vgl. auch Ö.P. 61083). Josef Weiser in Mährisch-Schönberg. Flammrohrkessel für die Destillation der Rückstände der Petroleumdestillation bis zur Trockne bzw. bis zur Koksgewinnung.

Patentanspruch: Flammrohrkessel für die Destillation der Rückstände der Petroleumdestillation bis zur Trockne bzw. bis zur Koksgewinnung, dadurch gekennzeichnet, daß die Behälterwände und die Flammrohre unabhängig voneinander beheizbar sind, um je nach Bedarf nur die Außenheizung oder nur die Innenheizung in Betrieb halten zu können (Abb. 51).

In Abb. *1—4* der Zeichnung ist eine Ausführungsform einer im Sinne der Erfindung hergestellten, für Destillationszwecke geeigneten Kesselanlage in zwei zueinander senkrechten Vertikalschnitten und zwei Horizontalschnitten nach *A—B* und *C—D* der Abb. *1* gezeigt.

Wie aus diesem Ausführungsbeispiel ersichtlich, wird an Stelle der bisher für den Krackprozeß verwendeten Kessel (Krackkessel) ein in bekannter Weise mit Flammrohren ausgestatteter Kessel *m* verwendet. Die Abstände der Flammrohre *n* voneinander, sowie vom Kesselboden, sind derart gewählt, daß der an den unteren Teilen der Flammrohre und am Boden sich absetzende Koks mit Leichtigkeit entfernt werden kann.

D.R.P. 260858, Kl. 23. John Laing in Musselburgh, Schottland. Verfahren zum Destillieren von Mineralölen u. dgl. unter Druck in einer mehrkammerigen Blase. Vom 27. Oktober 1911.

Patentanspruch: Verfahren zum Destillieren von Mineralölen u. dgl. unter Druck in einer mehrkammerigen Blase mit in die Verbindungsleitungen der einzelnen Kammern eingeschalteten Kondensatoren und Kondensatableitungen nach der nächsten Kammer der Blase, dadurch gekennzeichnet, daß die an sich bekannte Befreiung der Kondensate von Wasser in einer jeden Stufe erfolgt, und daß sich sodann die Kondensate

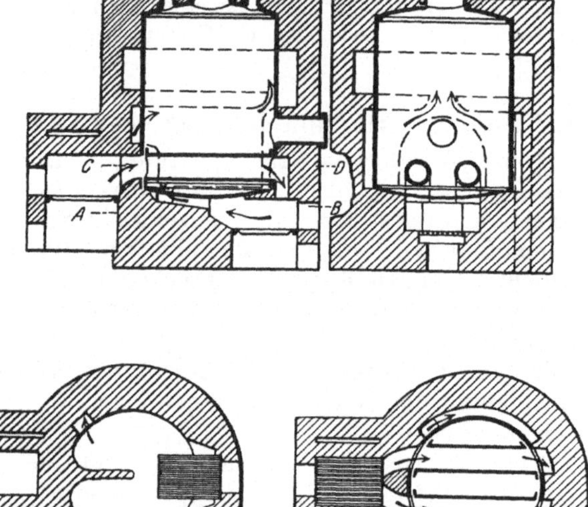

Abb. 51. D.R.P. 255 118.

unter Erwärmung durch das Öl der nächsten Blasenkammer auf ungefähr den Wärmegrad desselben über seinen Spiegel ergießen.

Gegebenenfalls kann Öl statt Wasser zur Kondensierung benutzt werden, in welchem Fall das zur Einführung in die Blase bestimmte Öl durch den Kondensatormantel hindurchgeführt und durch die Öldämpfe erhitzt wird, welche durch die Schlangenwindungen des Kondensators hindurchziehen. Das erhitzte überfließende Öl geht dann in der gleichen Weise, wie zuvor beschrieben, in die Blase; indessen wird auf diese Weise erheblich an Brennstoff gespart.

Die Blase selbst kann geneigt angeordnet sein, so daß die schweren Rückstände oder das Pech leicht abgezogen werden können.

D.R.P. 333216, Kl. 23. Dr. Albert Sommer in Dresden. Blase zum Spalten bzw. Destillieren von Kohlenwasserstoffen, Teeren u. dgl. Vom 21. Oktober 1915.

Patentanspruch: Blase zum Spalten bzw. Destillieren von Kohlenwasserstoffen, Teeren o. dgl., bestehend aus einem äußeren, lediglich als Heizmantel dienenden Gefäß und einem auswechselbaren, der Form dieses Gefäßes sich eng anschließenden Einsatz aus dünnwandigem Metall, das allein zur Aufnahme des Erhitzungsgutes bestimmt ist.

D.R.P. 452752, Kl. 23. Franz Puening in Pittsburgh, U. S. A. Heizeinrichtung. Vom 1. Januar 1925.

Patentansprüche: 1. Heizeinrichtung, bei welcher Gase als Wärmeträger zwischen einer Wärmequelle und den zu heizenden Räumen oder Körpern hin und her bewegt werden, dadurch gekennzeichnet, daß an dem zur Bewegung der Gase dienenden Kolben Flüssigkeitsabschluß angewendet ist.

2. Heizeinrichtung nach Anspruch 1, gekennzeichnet durch die Verwendung einer Tauchglocke als Kolben.

3. Heizeinrichtung nach Anspruch 1 und 2, dadurch gekennzeichnet, daß die Heizkammer durch Heizzüge sowohl mit dem Raum unterhalb der Glocke als auch mit dem Raum oberhalb der Glocke verbunden ist.

4. Heizeinrichtung nach Anspruch 1, dadurch gekennzeichnet, daß der Raum oberhalb der Glocke mit dem zugehörigen Heizzug verbunden ist durch einen durch die Glocke hindurch nach unten geführten Kanal mit Flüssigkeitsabdichtung.

5. Heizeinrichtung nach Anspruch 1, dadurch gekennzeichnet, daß die Fördermenge der Einrichtung zum Hinundherbewegen des gasförmigen Wärmeträgers regelbar gemacht ist.

6. Heizeinrichtung nach Anspruch 1 und 5, dadurch gekennzeichnet, daß der Hub des Gaspumpenkolbens veränderbar gemacht ist.

7. Heizeinrichtung nach Anspruch 1, dadurch gekennzeichnet, daß zum Schutz der Abschlußflüssigkeit am Kolben Wärmerückgewinnungseinrichtungen in solchen Kanälen untergebracht sind, daß sie die dem Kolben zuwandernden Gasmengen kühlen.

8. Heizeinrichtung nach Anspruch 1 und 7, dadurch gekennzeichnet, daß sdie Wärmerückgewinnungseinrichtungen in nächster Nähe des Kolbens und so weit von den Heizkammern entfernt liegen, daß sie mit dem heißesten Teil der hin und her bewegten Gase nicht in Berührung kommen.

Ö.P. 66697. Georges Renard in Brüssel. Vorrichtung zur Umwandlung von Petroleum und ähnlichen Kohlenwasserstoffen in Produkte von niedrigerem Siedepunkt. Vom 25. September 1914.

Patentansprüche: 1. Vorrichtung zur Umwandlung von Petroleum und ähnlichen Kohlenwasserstoffen in Substanzen mit niedrigerem Siedepunkt, gekennzeichnet durch die Anordnung einer mit zwei durch ein Rohrstück getrennten Rohrschlangen versehenen Röhre, von welchen Rohrschlangen die eine auf ungefähr 400—450° C erhitzt wird, während die andere in ein Kühlbad taucht, wobei die zu behandelnde Flüssigkeit, d. i. das Petroleum oder der Kohlenwasserstoff, andauernd unter starkem Druck (40—50 Atmosphären) in flüssigem Zustande gepreßt wird.

2. Vorrichtung nach Anspruch 1, dadurch gekennzeichnet, daß der geeignete Druck, welchem die Flüssigkeit während ihres Durchganges

durch die Vorrichtung ausgesetzt wird, durch ein Regelventil o. dgl., je nach der Anordnung und der angewendeten Überhitzungstemperatur, geregelt wird.

Ö.P. 86038. Ing. Gustav Kroupa in Wien. Vorrichtung zur vollständigen destruktiven Destillation von Erdölkohlenwasserstoffen und Kohlenteer. Zusatzpatent zum Patent 79714. Vom 25. Oktober 1921.

Patentanspruch: Vorrichtung zur vollständigen destruktiven Destillation von Erdölkohlenwasserstoffen und Kohlenteer gemäß Patent Nr. 79714, dadurch gekennzeichnet, daß im oberen Teile der Muffel ein oder mehrere Einsätze mit Metalldrehspänen oder anderem Material angeordnet sind, welche eigene Ableitungsrohre für die in diesem Muffelteil sich ergebenden Destillationsdämpfe besitzen.

Das Patent 79714 betrifft ein Verfahren zur vollständigen destruktiven Destillation von Erdölkohlenwasserstoffen und Kohlenteer, bei welchem derartige Bitumina in eine aus Schamotte oder anderem feuerfesten Material errichtete, vertikal oder schief angeordnete, enge, leere und während des Prozesses sich im unteren Teile mit dem gebildeten Koks anfüllende, mit einem Wasserverschluß versehene Muffel (Retorte) von eckigem oder ringförmigem Querschnitt bei gleichzeitiger Zufuhr von überhitztem Wasserdampf am Muffelboden in tropfbar flüssigem und durch eigene Abgase und Destillationsprodukte oder auf eine andere Weise entsprechend vorgewärmten Zustande entweder ununterbrochen oder periodisch eingeführt werden.

Insofern in dem zu behandelnden Bitumen bei normalem Druck unzersetzt flüchtige Bestandteile enthalten sind, findet bei diesem Verfahren während des Falles der Tropfen durch die Muffel in deren oberen, weniger heißen Partie zum Teil eine konservierende Destillation dieser Bestandteile statt; die dabei sich ergebenden Dämpfe mischen sich jedoch mit den bei der im unteren Teile der Muffel vor sich gehenden destruktiven Destillation entstehenden Dämpfen und gelangen mit ihnen gemeinsam zur Kondensation.

Zweck der vorliegenden Erfindung ist es, die konservierende Destillation der unzersetzt flüchtigen Anteile vollständiger zu gestalten und gegebenenfalls die dabei entstandenen Dämpfe gesondert abzuleiten.

Dies wird dadurch erreicht, daß im oberen Teile der Destillationsretorte ein oder mehrere entsprechend dimensionierte Einsätze eingebaut sind, in welchen sich Metalldrehspäne oder andere Materialien mit großer Oberfläche befinden. Die auf deren Oberfläche verstäubten Kohlenwasserstoffe sickern langsam durch die Füllung hindurch, geben hierbei so gut wie vollständig ihre unzersetzt flüchtigen Bestandteile ab, deren Dämpfe gesondert abgeleitet und kondensiert werden können, und gelangen dann in den Teil der Muffel, in welchem die destruktive Destillation stattfindet.

Ö.P. 92406. The Texas Company in Port Arthur, U. S. A. Ölkrackverfahren unter Druck. Vom 11. Mai 1923.

Patentansprüche: 1. Ölkrackverfahren unter Druck, bei welchem das Öl nacheinander durch eine Reihe von Destillierblasen geführt wird, dadurch gekennzeichnet, daß das Öl in allen Blasen auf einer im Wesen gleichen Kracktemperatur erhalten bleibt, und die meiste Wärme der mit frischem Öl gespeisten Destillierblase zugeführt wird, um die Kühlwirkung des Frischöles zu kompensieren.

2. Ölkrackverfahren nach Anspruch 1, dadurch gekennzeichnet, daß der Rückstand aus der letzten Destillierblase, wo die stärkste Kohlenstoffablagerung stattfindet abgezogen wird.

3. Ölkrackverfahren nach Anspruch 1 und 2, dadurch gekennzeichnet, daß die Dampfräume der einzelnen Destillierblasen in freier und offener Verbindung miteinander stehen, wodurch der Druck in den einzelnen Blasen untereinander ausgeglichen wird (Abb. 52).

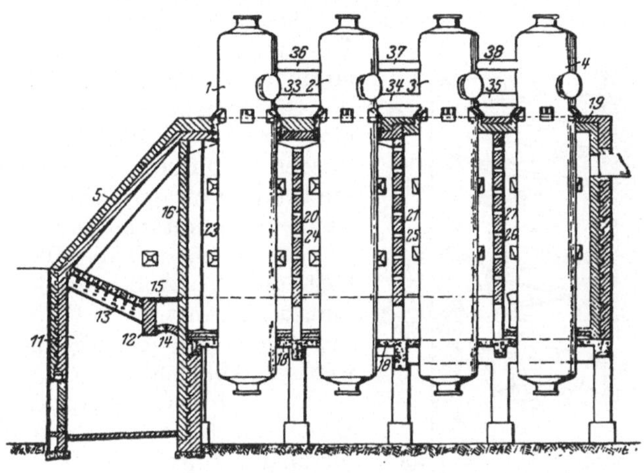

Abb. 52. Ö.P. 92406.

4. Einrichtung zur Durchführung des Verfahrens nach Anspruch 1, mit einer Mehrzahl von Destillierblasen oder Konvertern, die von einer einzelnen Wärmequelle geheizt werden, dadurch gekennzeichnet, daß die Wärmequelle der mit Frischöl gespeisten Destillierblase zunächst gelegen ist.

Die Vorrichtung als Ganzes umfaßt eine Batterie von Destillierblasen 1, 2, 3, 4, einen Ofen 5, einen Luftverdichter oder Seperator 6, einen Kondensator 7, einen Regler 8, eine Speisepumpe 9 und einen Vorwärmer 10. Der Ofen 5 besitzt eine Verbrennungskammer 11 mit Feuerbrücke 12, durchlochtem schrägem Gewölbe 13 und einem zweiten Gewölbe 14, das in Kanäle 15 führende Öffnungen besitzt. Ferner weist der Ofen eine die Wärme ablenkende Wand 16, Seitenwände 17, eine erhöht liegende, wagrechte Platte 18, Decke 19 und gelochte Trennungswände 20, 21, 22 auf, welche zusammen mit der Ablenkungswand 16, Kammern 23, 24, 25, 26 bilden, in welchen die Destillierblasen 1, 2, 3 und 4 untergebracht sind. Die Destillierblasen sind senkrecht angeordnet und so bemessen, daß der mittlere Teil jeder Blase sich innerhalb des Ofens befindet, wo er hoher Temperatur ausgesetzt ist, während der obere und untere Teil der Blase nach außen in kühlere Räume ragen. Kanäle *27* und *28* erstrecken sich längs der Heizkammer des Ofens am unteren Ende derselben und sind mit einstellbaren Absperrorganen oder Schiebern *29, 30, 31, 32* versehen, welche die aus den Kanälen den Destillierkammern zugeführte Wärmemenge regeln. Diese Blasen sind durch weite Flüssigkeitsrohre *33, 34, 35* verbunden und können auch durch Dampfrohre *36, 37, 38* verbunden sein. Der Flüssigkeitsstand in den Blasen wird vorteilhaft auf Mitte der verbindenden Flüssigkeitsrohre gehalten, wenn das Öl sich auf Zersetzungstemperatur befindet.

Ö.P. 94946. William Moneypenny Mc. Comb in New York. Verfahren zur Umwandlung schwerer Kohlenwasserstoffe in leichter flüchtige. Vom 26. November 1923.

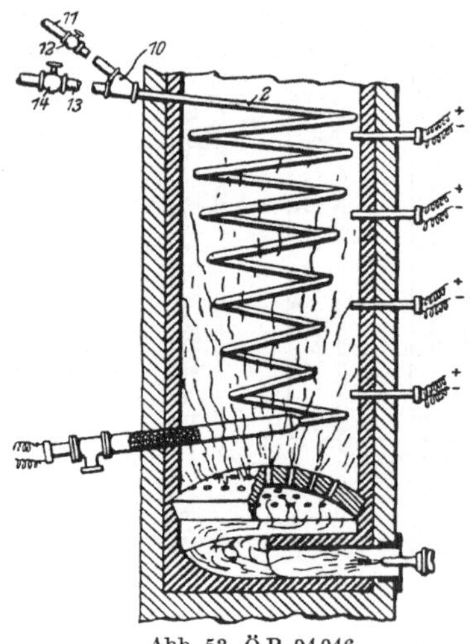

Abb. 53. Ö.P. 94946.

Patentanspruch: Verfahren zur Umwandlung schwerer Kohlenwasserstoffe in leichter flüchtige, bei welchem die Öle gemeinsam mit Wasser durch eine erhitzte Rohrschlange geleitet werden, dadurch gekennzeichnet, daß die Temperatur der Rohrschlange deren Länge nach stetig zunimmt und derart geregelt wird, daß die Öle beim Eintritt auf die Anfangssiedetemperatur und beim Austritt auf die Endsiedetemperatur des Ausgangsöles gebracht werden (Abb. 53).

Das Kohlenwasserstofföl wird unter Druck in das obere Ende der Rohrschlange *2* durch die Leitung *11*, die durch ein Ventil *12* abgesperrt werden kann, geführt, während die erforderliche Wassermenge in die Schlange *2* durch die Leitung *13* und den Anschluß *10* tritt. Die Leitung *13* ist durch ein Ventil *14* absperrbar. Die Wassermenge, welche hierbei zugeführt wird, wird vorher durch eine Kalorimeterprobe festgestellt. Dieselbe ist so groß, daß ungefähr ein Drittel der abgegebenen Hitze während des Durchganges des Stoffes absorbiert wird. Bei vorliegendem Prozeß kommen sieben Teile Wasser auf 22 Teile Öl in Anwendung. Das Wasser und das Öl werden in die Schlange unter hinreichend starkem Druck eingeführt, um den inneren Druck der Schlange zu überwinden. Dieser Druck beträgt etwa 40—50 kg. Die Ventile *12* und *14*, welche zweckmäßig Nadelventile sein können, regeln das Wasser und die Ölmengenverhältnisse. Das Wasser und das Öl sind natürlich durch eine besondere Einrichtung vorgewärmt und zwar auf eine Temperatur, die ungefähr der Siedetemperatur des Ölbestandteiles entspricht, welcher zuerst die Siedetemperatur erreicht.

Nach den Angaben des Am.P. 1131309 soll zum Spalten von Ölen ein Apparat folgender Konstruktion verwendet werden. Die senkrecht stehende Spaltretorte ist röhrenförmig und endet in einen Absetzkessel

mit Ablauf für den ausgeschiedenen Teer. Sie befindet sich in einen konzentrisch zu ihr angeordneten Heizofen, der durch mehrere, um die Retorte wagerecht angeordnete Ringbrenner erhitzt wird. Das Vorratsgefäß für das Öl befindet sich über der Retorte. Der Ölzufluß wird durch

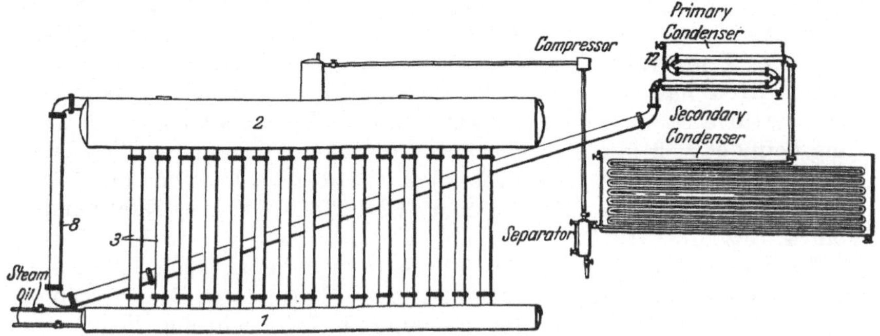

Abb. 54a. Am P. 1 235 384.

eine Pumpe bewirkt. Durch Regulierung des Ölzuflusses von oben und
des Teerabflusses von unten kann das Verfahren kontinuierlich ausge-

führt werden. Man kann die
Retorten auch in Kolonne
nebeneinander anordnen. Der
angewendete Druck soll 60
bis 310 Pfund/Quadratzoll
und die Temperatur 350 bis
500° C betragen (Am.P.
1 131 309 und Am.P.1 334 731.
R. F. Bacon, B. T. Brooks
& C. W. Clark, Pennsyl-
vania. Vom 9. März 1915
und 23. März 1920).

Eine besondere Ausge-
staltung zeigt die in einer
Heizvorrichtung liegende
Spaltretorte nach dem Am.P.
1 235 384. Drei in einem
Dreieck liegende Röhren, von
denen die obere die Ausgestaltung eines Röhrenkessels hat,
sind durch parallele hohle
Schenkel so miteinander ver-

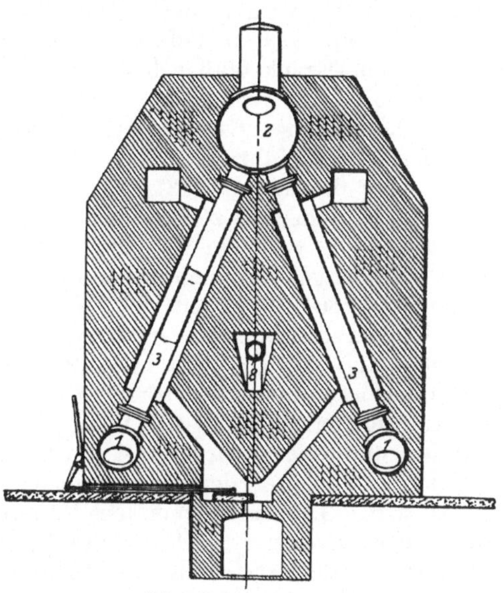

Abb. 54 b. Am.P. 1 235 384.

bunden, daß der Durchschnitt der Anordnung eine Gabel darstellt. In die
untere Röhre wird ein Gemisch von Wasserdampf und Öl eingebracht, das
durch die hohlen Schenkel in die obere Röhrenretorte steigt. Aus dieser
führt ein zunächst nach unten gebogenes Dampfableitungsrohr schräg nach
oben in zwei Kondensatoren. Die abgeschiedenen permanenten Gase
werden in den Spaltkessel unter Druck zurückgeführt (Abb. 54a u. b).

Die doppelseitigen, schräg angeordneten Verbindungsröhren *3* verbinden den oberen Sammelkessel *2* mit den zwei unteren Kesseln *1*. Aus dem oberen Kessel *2* führt das Rohr *8* zum Kondensator *12*. (Am.P. 1235384. G. L. Rowsey, Illinois. Vom 31. Juli 1917.)

Man soll nach den Angaben des Am.P. 1249278 das Kracken in der Weise ausführen, daß man die Öldämpfe durch eine lange Zone mit ansteigender Temperatur leitet, bis sie die Kracktemperatur erreicht oder überschritten hat und dann die Spaltprodukte einer stetig fallenden Temperatur aussetzt und dann kondensiert. Zur Ausführung der Heizung befindet sich in einem von unten direkt mit Feuergasen beheizten Kessel ein langes Rohr, das im Zickzack von oben nach unten und ebenso von unten nach oben führt. (Am.P. 1249278. C. Ellis, New Yersey. Vom 4. Dezember 1917.)

Bei dem in dem Am.P. 1255149 erläuterten Apparat handelt es sich um eine aus drei Röhren bestehende, in der Form eines Dreiecks angeordnete Krackeinrichtung, die in einer Heizvorrichtung liegt. Die Krackröhren sind mit Dampfröhren ummantelt und miteinander durch Krümmer außerhalb des Ofens verbunden (Am.P. 1255149. C. B. Forward, Ohio. Vom 5. Februar 1918).

Während für gewöhnlich das Kracken durch Hinzufügung von äußerer Hitze geschieht, wird in dem Am.P. 1274976 der Vorschlag gemacht, die Kracktemperaturen dadurch zu erzeugen, daß man einen Teil des Öles in dem Krackgefäß selbst durch Einführung von beschränkten Mengen von Luft verbrennt. Es ist ein zweischenkliger, aus weiten Röhren bestehender Krackkessel empfohlen, in den in geringen Abständen die Luftzuführungen eintreten (Am.P. 1274976. J. E. Biggins, Texas. Vom 6. August 1918).

Es ist in dem zuletzt besprochenen Am.P. 1274976 ein Verfahren erläutert, nach welchem die zum Kracken erforderliche Temperatur durch teilweises Verbrennen des zu krackenden Öles erzeugt wird. Auch das Am.P. 1280179 bedient sich eines ähnlichen Verfahrens. In einem gegen Wärmestrahlung isolierten zylindrischen Kessel münden Röhren zum Einleiten von Öl, Wasserdampf und Luft. Die hier entstehenden heißen Verbrennungsgase wirken in einem zweiten, aufrecht stehenden Druckkessel spaltend auf die Öldämpfe ein. Das Gemisch von Krackdämpfen und Gasen wird dann durch ein perforiertes Rohr in einen Kessel mit Öl geleitet, der unter atmosphärischem Druck steht und nicht erhitzt wird. Die entweichenden Dämpfe werden kondensiert, wobei Rücklauf vorgesehen ist. Das Öl des dritten Kessels dient als Ausgangsmaterial für den ersten Kessel (Abb. 55). *1* ist eine Verbrennungskammer zur Erzeugung heißer Verbrennungsgase. *9* ist die Spaltkammer. *11* eine Düse zum Einspritzen von Öl. Die Destillate werden durch *15* in das Öl des Kessels *16* eingeführt. Die durch Erwärmung des Öles in Kessel *16* entweichenden Leichtöle gelangen in den Dephlegmator *20*. Die Kondensate durch *21* nach *16*. (Am.P. 1280179. R. B. & D. T. Day, Washington. Vom 1. Oktober 1918.)

In dem Kap. 7 sind Umlaufretorten beschrieben, bei denen aus einem Hauptkessel das Öl durch eine größere Anzahl dünner Röhren geführt

wird, die in einer Feuerung liegen und in denen infolge der dünnen Öl-
ströme eine sehr gute Ausnützung der Wärme stattfindet. Ein ähnlich
konstruierter Apparat ist in dem Am.P. 1283202 beschrieben. Auch hier
findet das Erhitzen des Öles in senkrecht stehenden Röhrenerhitzern
statt, die direkt von den Flammen oder Feuerungsgasen umspült werden
(Am.P. 1283202. E. A. Johnson & W. Snodgrass, New York. Vom
29. Oktober 1918).

Nach den Ausführungen des Am.P. 1308161 soll man die Spaltung
von Ölen in einem Schlangenrohr ausführen, das in einer Feuerung angeordnet ist. In den unteren Teil der Überhitzerschlange wird das Öl

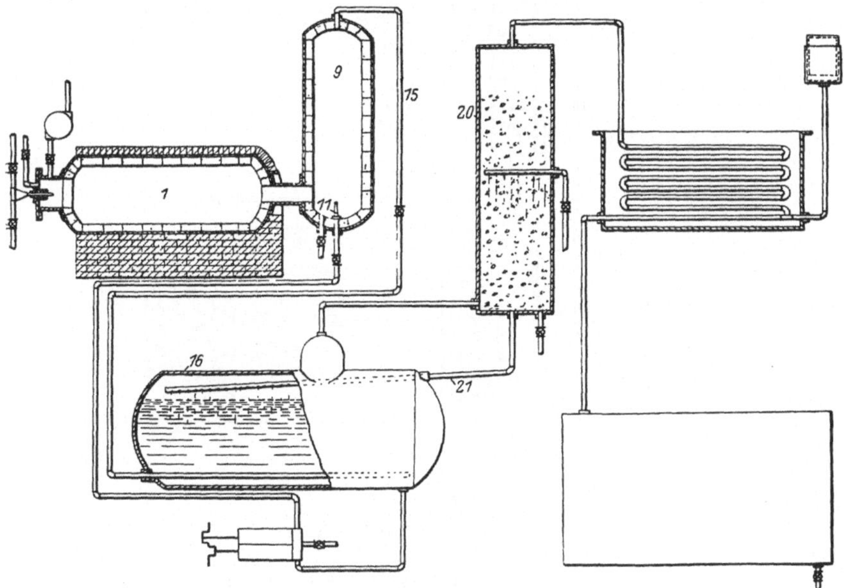

Abb. 55. Am.P. 1280179.

eingeleitet und außerdem überhitzter Wasserdampf als Träger für die
Öldämpfe. Man soll Temperaturen von 444—666⁰ F anwenden. Der
überhitzte Dampf soll 196⁰ F heiß sein. Man kann statt des Dampfes
oder neben dem Dampf auch Gase, wie Erdgas, unter Druck anwenden
(Am.P. 1308161. R. H. Brownlee, Pennsylvania. Vom 1. Juli 1919).

Das Verfahren des vorstehend besprochenen Am.P. ist von demselben Erfinder in dem Am.P. 1320376 in der Weise abgeändert worden,
daß bei dem Durchgang des Öles und des Wasserdampfes durch die
Heizschlange eine lokale Verminderung der Strömungsgeschwindigkeit
dadurch erzielt wird, daß die Heizröhren an den Knickstellen in Sammelkammern münden, wodurch eine Ausscheidung der teerartigen Kondensate bewirkt wird, die in einem der Strömung entgegengesetzter Sinne
abgezogen werden können (Abb. 56). Die Anordnung der Sammelröhren
4 und der Verbindungsröhren, sowie ihre Lagerung in der Feuerung 1

bedarf keiner weiteren Erklärung. (Am.P. 1320376. R. H. Brownlee, Pennsylvania. Vom 4. November 1919.)

Man soll aus sehr schweren Destillaten Kohlenwasserstoffe, wie Benzol, Toluol, Benzin, Naphtha u. dgl., herstellen, wenn man die Öle einer Glühhitze von nicht weniger als 555° C aussetzt. Man kann auch Temperaturen bis zur Weißglut anwenden. Zur Ausführung wird ein Apparat vorgeschlagen, der einen Vorwärmer besitzt, aus dem das Öl in den Kon-

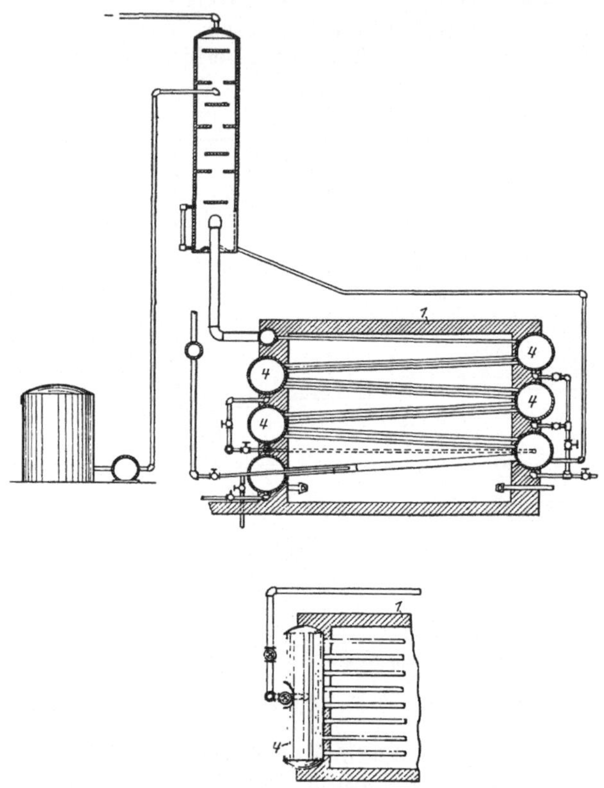

Abb. 56. Am.P. 1 320 376.

verter strömt. Dieser besitzt unten eine Platte aus Eisen, die durch eine direkte Feuerung auf Weißglut erhitzt wird. Auf diese Platte wird das zu spaltende Öl aufgebracht. Über der Platte befindet sich ein Dampfraum, der mit einem Kondensator in Verbindung steht (Am.P. 1320726 und 1320727. J. H. Adams, New York. Vom 4. November 1919).

Die Heizeinrichtung des Am.P. 1323383 besteht im wesentlichen aus parallel gelegten Heizrohren, die durch angeflantschte Krümmer miteinander verbunden sind, die auch innerhalb der Feuerung liegen (Abb. 57). Die abnehmbaren Rohrkrümmer 6 und ihre Befestigung an den Rohrenden 7 ist ohne weiteres verständlich. (Am.P. 1323383. F. E. Well-mann, Kansas. Vom 2. Dezember 1919.)

Eine besondere Heizeinrichtung für das Öl, bei dem zwei übereinander gelagerte Kessel für das Öl durch Heizröhren verbunden sind, ist in dem Am.P. 1324766 erläutert, das eingehend auf S. 29 besprochen ist (Am.P. 1324766. R. Fleming, Delaware. Vom 9. Dezember 1919).

In den in diesem Kapitel bereits besprochenen Am.P. 1308161 und 1320376 sind von dem Erfinder Brownlee Apparate zum Kracken beschrieben, die im wesentlichen aus einem zickzackförmigen Spaltrohr bestehen, das an den Knicken Sammelräume zum Absetzen schwerer Kondensate trägt und in dessen unteren Teil Öl und Wasserdampf eingeblasen wird. Nach dem Am.P. 1325927 ist insofern eine Abänderung der bekannten Apparate festzustellen, als die Heizrohre auch parallel zueinander und an ihren Enden durch Sammelräume miteinander verbunden angeordnet sein können. Auch sind Vorerhitzer

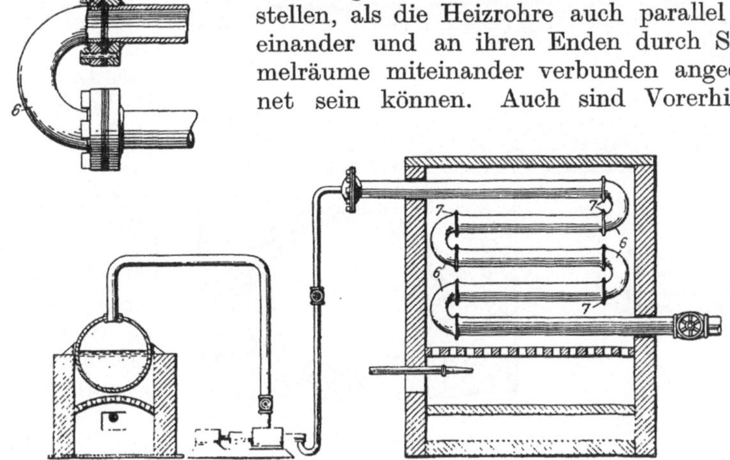

Abb. 57. Am.P. 1323383.

zur Ausnützung der Wärme aus den Kondensaten vorgesehen (Am. P. 1325927. R. H. Brownlee, Pennsylvania. Vom 23. Dezember 1919).

In diesem Kapitel sind die beiden Am.P. 1274976 und 1280179 besprochen, in denen beim Kracken den Öldämpfen beschränkte Mengen Luft zugeführt werden, um durch Verbrennen geringer Ölmengen die Kracktemperatur zu erreichen. In dem Am.P. 1326851 werden ähnliche Vorschläge gemacht. Man soll Schweröle verdampfen und in der Dampfphase kracken. Da diese Spaltung nur unter starker Überhitzung vor sich geht, soll eine geringe Menge Luft eingeleitet werden, um den ausgeschiedenen Kohlenstoff zu verbrennen (Am.P. 1326851. W. M. Cross, New York. Vom 30. Dezember 1919).

Um beim Kracken die Spaltröhren möglichst gleichmäßig anzuheizen, ist eine Heizeinrichtung in dem Am.P. 1328468 vorgeschlagen, bei der Heizgase in zwei Kaminen, die gegen Ausstrahlung isoliert und oben ge-

schlossen sind, durch Ölfeuerungen erzeugt werden. Die Heizgase werden
dann aus den Heizkammern mit Hilfe von weiten Röhren, die mit verstellbaren Klappen versehen sind, über die Krackröhren geleitet. Es
sind noch andere Anordnungen vorgeschlagen (Am.P. 1328468. F. E.
Wellmann. Vom 20. Januar 1920).

Die zum Kracken benutzten Heizröhren werden vielfach aus Stahl
oder Schmiedeeisen gemacht. Sie müssen hohen Druck und auch Tem-
peraturen aushalten. Deshalb ist der Vorschlag gemacht worden, die
Heizröhren kreisförmig zwischen zwei konzentrisch zueinander angeordneten Zylindern aus Gußeisen einzubetten. Die Enden der Röhren werden mit Hilfe von Flantschen durch Krümmer abgeschlossen (Abb. 58).
Die Anordnung der Spaltröhren und ihre Verbindung durch abnehmbare
Krümmer ist aus den Zeichnungen klar ersichtlich. (Am.P. 1331909.
J. L. Gray, St. Louis. Vom 24. Februar 1920). Nach dem
Am.P. 1335770 wird die zum Kracken benötigte Temperatur durch überhitz-
ten Wasserdampf erzeugt. Eine Dampfleitung befindet sich in einem Überhitzer.

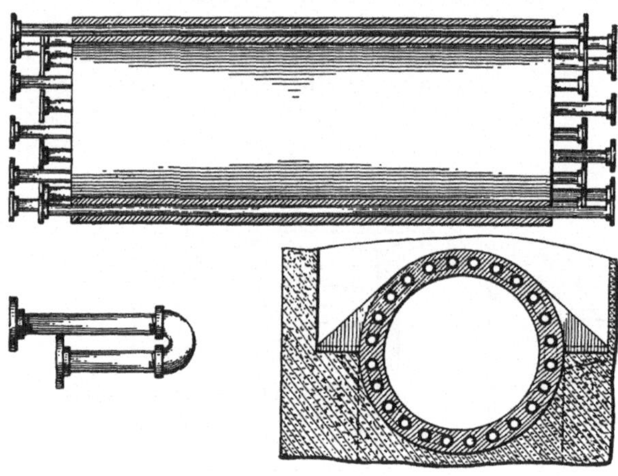

Abb. 58. Am.P. 1331909.

Der überhitzte
Wasserdampf wird in eine Kammer geleitet, in der sich die Spaltröhre
befindet. Der Abdampf gelangt dann in eine Heizschlange, die in einem
Wasserkessel liegt. Das hieraus verdampfte Wasser gelangt dann in den
Überhitzer für den Wasserdampf (Am.P. 1335770. F. H. Wellmann
& F. H. Sibley, Kansas. Vom 6. April 1920).

Ebenso wie bei dem zuletzt besprochenen Verfahren findet der überhitzte Wasserdampf auch bei dem Verfahren des Am.P. 1336357 Verwendung zum Anheizen der Spaltröhren (Am.P. 1336357. H. W. Jones,
Kansas. Vom 6. April 1920).

In dem Verfahren des Am.P. 1337144 werden trichterförmig gebogene Heizschlangen angewendet, in die ein Gemisch von Öl und Wasser
in rotierender Bewegung eingepreßt wird. Da die Einführungsstelle des
Öles in die Spaltschlange an dem höchsten Punkte über der Feuerung
liegt, nimmt die Temperatur des Öles beim Herablaufen in die Krackschlange sukzessive zu. Dem Öl wird die rotierende Bewegung durch
einen schneckenförmigen Einsatz verliehen, durch den das Gemisch von
Öl und Wasser hindurchgepreßt wird. Die Vorwärmung des Öles findet

in einem ummantelten Wärmeaustauscher statt (Am.P. 1337144. W. M. McComb, New York. Vom 13. April 1920).

Das Am.P. 1340793 erläutert einen Krackapparat, der verschiedene, übereinanderliegende und gegenseitig voneinander unabhängige Heizkammern aufweist. Unten in der Heizkammeranordnung liegt eine Kolonne von Röhrenretorten, von denen jede einzelne an ihrer Oberseite ein Einlaßrohr für das zu spaltende Öl und ein Auslaßrohr für die Krackdestillate aufweist. Diese Röhren liegen zum Teil innerhalb des Ofens. Ein Abfluß für den sich bildenden Teer ist vorgesehen (Abb. 59.) Die Heizeinrichtung *3* und die um den Kessel *29* gelagerten Heizzüge sind aus der Zeichnung ohne weiteres zu ersehen. (Am.P. 1340793. M. B. Poole, Oklahoma. Vom 18. Mai 1920.)

Auch in dem Verfahren des Am.P. 1345740 werden überhitzte. Gase, wie z. B. Erdgas, Kohlengas, Wassergas, Wasserstoff, Stickstoff o. dgl., als Hilfsheizmittel angewendet. Zur Ausführung dient ein Apparat, in den von oben das Öl durch eine Wärmeaustauschvorrichtung eintritt. Unter diesem Vorwärmer befinden sich zwei Heizschlangen, von denen die obere zum Erhitzen des Öles, die untere zum Überhitzen der Heizgase Verwendung findet. Das überhitzte Gas tritt zusammen mit dem zu spaltenden Öl in die obere Heizschlange ein. Am Austritt aus dieser Schlange befindet sich ein Sumpf für Kohlenstoff und Teer. Die Destillatdämpfe gehen zu einer Reihe von Kondensatoren. Die Rücklaufkondensate und das Heizgas laufen im Kreisprozeß (Am.P. 1345740. P. M. Biddison & H. T. Boyd, Ohio. Vom 6. Juli 1920).

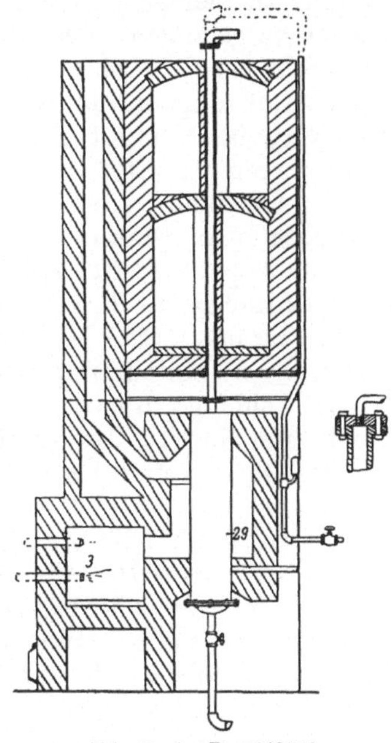

Abb. 59. Am.P. 1 340793.

Nach den Ausführungen des Am.P. 1347567 soll die Spaltung des Öles in einer Heizschlange stattfinden, deren wesentliches Merkmal darin zu erblicken ist, daß ihr Durchmesser größer ist, als der der Zuführungsleitung für das Öl. Hierdurch soll bewirkt werden, daß das unter Druck in die Krackschlange eingepumpte Öl bei seinem Eintritt entspannt wird. Die Krackschlange setzt sich in einer Kühlschlange von gleichem Durchmesser fort. Außerdem ist ein Kessel vorgesehen, in dem Öldämpfe erzeugt werden, die als Heizmittel durch eine Pumpe in die Spaltschlange gepreßt werden können (Am.P. 1347567. F. J. Wellmann, Kansas. Vom 27. Juli 1920).

Es ist bereits auf S. 25 in dem Am.P. 1352916 von W. F. Rittmann eine besondere Heizeinrichtung für das zu krackende Öl beschrieben worden, die darin besteht, die senkrecht stehende, röhrenförmige Krackkammer nur mit dem oberen Teil in dem Heizofen anzuordnen, während in den unteren kühlgehaltenen Teil das Krackgut von außen unter Druck eingeführt wird. Ein im Inneren konzentrisch angeordnetes Rohr dient zum Ableiten der Destillate nach unten in einen Kondensor. Durch das Am.P. 1352917 ist der Apparat des Am.P. 1352916 insoweit abgeändert worden, daß die Einführungszone des Kohlenwasserstoffes über die Spaltungszone verlegt ist, und daß aus einem Überlauf der Einführungszone der Kohlenwasserstoff auf einen hocherhitzten Verteilungsteller der Krackretorte geleitet wird. Die untere Krackretorte liegt ganz und die darüber gelagerte Einführungszone nur mit ihrem unteren Teil in der Feuerung, so daß also die Schweröle zum größten Teil in der Einführungszone lagern bleiben können, während vornehmlich die Leichtöle in die Krackzone gelangen. Die Einführungszone kann auch drehbar in dem Krackrohr gelagert sein und es können Schaber für den ausgeschiedenen Kohlenstoff angeordnet werden (Am.P. 1352917. W. F. Rittmann, Pennsylvania. Vom 14. September 1920).

In diesem Kapitel sind bereits Verfahren besprochen, die sich der inneren Ölheizung zwecks Erreichung der Kracktemperatur bedienen. Eine gleiche Anordnung liegt auch dem Am.P. 1357276 zugrunde. Der benutzte Apparat stellt einen stehenden Zylinder dar, dessen obere Hälfte im wesentlichen als Fraktionierapparat dient, während in der unteren Hälfte gekrackt wird. Die unten mit Schamotte ausgelegte Hälfte weist zwei konische Seitenkammern mit Gasbrennern auf. Das Frischöl läuft in einer Schlange in Gegenstrom zu den Krackdestillaten, ehe es in den Krackraum eintritt. Die Zuführung von Dampf und Luft ist vorgesehen (Am.P. 1357276 und 1357277. R. B. Day, Pennsylvania. Vom 2. Oktober 1920).

Das Am.P. 1357278 des Erfinders, der vorstehenden Am.P. 1357276 und 1357277 betrifft eine Abänderung des geschützten Krackapparates, die im wesentlichen dadurch bedingt ist, daß an Stelle des Öles Ölschiefer zur Verarbeitung gelangt. Die konstruktiven Abänderungsvorschläge ergeben sich aus der Natur des festen Ölschiefers an Stelle des flüssigen Öles (Am.P. 1357278. R. B. Day, Pennsylvania. Vom 2. November 1920).

Der Apparat nach dem Am.P. 1359931 besitzt eine Batterie von senkrecht angeordneten, röhrenförmigen Krackretorten. Die Heizungen dieser oben und unten angeordneten Retorten sind voneinander unabhängig. Die Heizung besteht aus Verbrennungsgasen (Am.P. 1359931. C. C. Stutz, Pennsylvania. Vom 23. November 1920).

In diesem Kapitel ist in den Am.P. 1352916 und 1352917 der sogenannte Rittmann-Prozeß abgehandelt, der im wesentlichen darin besteht, daß die unteren Teile der Spaltretorte oder die Vorspaltretorte eine geringere Erhitzung erfahren als die Spaltretorte selbst, wodurch es möglich sein soll, vornehmlich die leichten, keinen Kohlenstoff abspaltenden Öle der Krackung zu unterwerfen. Das Am.P. 1365602 betrifft eine weitere Abänderung der Apparatur, die darin besteht, daß der obere Teil der Spaltretorte bedeutend über dem Verdampfungspunkt des zu krackenden Öles gehalten wird und daß das Frischöl durch ein innen angeordnetes, konzentrisches Rohr in die hoch erhitzte Krackblase eingeführt wird (Am.P. 1365602. W. F. Rittmann, Pennsylvania. Vom 11. Januar 1921).

Das Am.P. 1365603 von W. F. Rittmann und C. B. Dutton betrifft die Wärmeausnutzung nur einer Heizquelle und zwar zum Vorwärmen des Krackgutes zum Spalten und zum Fraktionieren der Kondensate. Die verwendete Apparatur besteht aus einer senkrecht stehenden röhrenförmigen Krackretorte, deren oberer Teil von den Verbrennungsgasen einer Feuerung getroffen wird. Die Verbrennungsgase ziehen dann an der Retorte lang, aus der unten die Destillate in die Fraktioniereinrichtungen treten, und gelangen durch einen Kanal zur Beheizung der Fraktioniereinrichtungen und schließlich zur Vorwärmung des Rohöles (Am.P. 1365603. F. W. Rittmann & C. B. Dutton. Vom 11. Januar 1921).

Es sind bereits in dem Am.P. 1337144 (vgl. dieses Kapitel, S. 94) Heizeinrichtungen für das Öl beschrieben, die aus einer senkrechten Schlange bestehen, welche von oben mit Öl beschickt und von unten beheizt wird. Da das Öl sich beim Herablaufen in der Schlange der Feuerung nähert, wird es infogedessen einer sich stetig steigernden Temperatur ausgesetzt. Auch in dem Am.P. 1374858 wird eine ähnliche Apparatur benutzt. Indessen wird hier bei Gegenwart von Wasser gekrackt. Die in dem Ofen herrschenden Temperaturen werden an vier verschiedenen Stellen gemessen. Die Heizung der Krackschlange in vier verschiedenen Abschnitten, gleichfalls mit steigender Temperatur, kann auch durch Elektrizität erfolgen (Am.P. 1374858. W. McComb, New York. Vom 12. April 1921).

Die Heizeinrichtungen des Am.P. 1378307 bestehen aus zwei übereinanderliegenden Heizschlangen, die in einer Feuerung liegen. Man leitet in die obenliegende Heizschlange, die weniger erhitzt ist als die untere. Petroleum und Dampf ein, welche die Heizschlange abwärts fließen. Dann treten sie durch ein Verbindungsrohr in den unteren Teil der unten liegenden hoch erhitzten Schlange ein und steigen in ihr aufwärts (Am.P. 1378307. W. H. Young, Kalifornien. Vom 17. Mai 1921).

In dem Am.P. 1387677 wird eine Heizeinrichtung vorgeschlagen, die in erster Linie für eine U-förmige Krackretorte, deren lange Schenkel eine Verlängerung nach unten in zwei Absatzgefäße für Teer aufweisen, bestimmt ist. Als Heizmittel werden heiße Verbrennungsgase angewendet. Die Retorten liegen in entsprechend ausgebildetem Mauerwerk und eine von ihnen ist mit einem Mantel aus wärmeleitendem Material, wie Eisen, Ton o. dgl., umgeben. Die Öle treten von oben in den einen Retortenschenkel und gelangen dann in den nach oben gerichteten Schenkel (Am.P. 1387677. C. M. Alexander, Texas. Vom 16. August 1921).

Es ist bekannt, daß hochsiedende Öle sich relativ leicht kracken lassen, während Destillate des Leuchtöles höher erhitzt werden müssen. Es ist ferner bekannt, daß wenn man den Krackprozeß in einem direkt beheizten großen Kessel vornimmt, leicht Überhitzungen der Kesselwandung durch Ausscheidung von Kohlenstoff eintritt. Um nun sowohl hoch als auch niedrig siedende Öle zusammen zu kracken ohne lokale Überhitzungen befürchten zu müssen, wird folgende Arbeitsweise vorgeschlagen. In einem liegenden Großraumkessel befindet sich eine bestimmte Menge eines Destillationsrückstandes, der nicht ganz auf Kracktemperatur durch äußere Hitze erwärmt wird. Die zum Kracken erforderliche zusätzliche Hitze wird erzeugt durch Einleiten leicht flüchtiger Öle, die sich unter Einblasen von Wasserdampf in einem Krackrohr bilden.

Es können zusammen mit den gekrackten leichten Ölen auch Schweröle durch ein perforiertes Rohr auf den Boden des zylindrischen Kessels eingeleitet werden (Abb. 60). Hinter dem Ventil 21

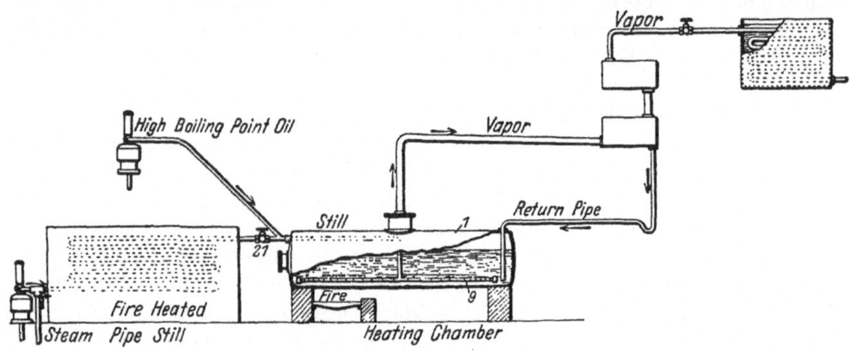

Abb. 60. Am.P. 1388629.

tritt das Schweröl in die Leitung aus der Krackschlange. Der Gesamtinhalt wird durch das perforierte Rohr 9 in das Öl des Druckkessels 1 eingeleitet. (Am.P. 1388629. J. W. Coast jr., Oklahoma. Vom 23. August 1921.)

Um die Hitze möglichst gleichmäßig auf die Krackröhre zu übertragen, wird in dem Am.P. 1394688 der Vorschlag gemacht, das Krackrohr in einen Mantel einzulagern, der Wasser enthält, und dann den Mantel in einen Ofen einzulassen; die Erhitzung der Krackrohre geschieht hier durch überhitzten Dampf. Als Heizüberträger kann man auch Stickstoff oder andere Gase wählen (Am.P. 1394688. R. Seeger, Missouri. Vom 25. Oktober 1921).

Viele bekannte Einrichtungen zum Kracken halten die Temperatur und den Druck für längere Zeit nicht aus. Deshalb wird in dem Am.P. 1413327 ein Apparat vorgeschlagen, der einen oben konischen, sonst zylindrischen Krackkessel besitzt, der in einem von innen beheizten Feuerraum angeordnet ist. Durch Kanäle, die sich in der Wandung des Spaltkessels befinden, ist ein Druckausgleich mit dem Feuerraum geschaffen. Der Feuerraum selbst besteht aus einem drucksicheren Stahlkessel, der innen mit feuersicherem Material ausgekleidet ist (Am.P. 1413327. H. A. Dreffein, Chikago. Vom 18. April 1922).

Die Übertragung der Hitze auf das in Druckkesseln befindliche Öl findet meistens in der Weise statt, daß man die Feuerung über einen möglichst großen Teil der Kesselfläche anordnet. Nach den Angaben des

Am.P. 1418713 wird ein anderer Weg eingeschlagen. Es werden entweder den Kessel radial durchschneidende Heizrohre eingebaut, die von

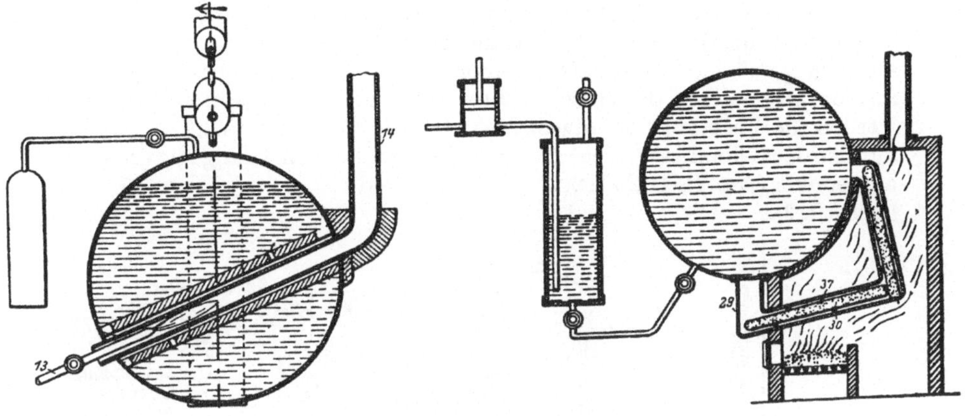

Abb. 61. Am.P. 1418713.

Innen z. B. durch eine Flamme erhitzt werden, oder aber mit dem Kessel kommunizierende, in sich geschlossene Seitenrohre angeordnet, die es gestatten, das in ihnen enthaltene Öl entweder von außen oder auch elektrisch von innen zu erhitzen (Abb. 61). In Abb. 1 ist *14* das Heizrohr und *13* die Heizquelle; in Abb. 2 wird der Seitenschenkel *29* durch die Feuerung *30* erhitzt. *37* sind Widerstandskörper aus Porzellan. (Am.P. 1418713. G. L. Hoxie, New Jersey. Vom 6. Juni 1922.)

In den in diesem Kapitel bereits besprochenen Verfahren von F. W. Rittmann (Am.P. 1352916, 1352917 und 1365602) ist besonderer Wert darauf gelegt, daß bei senkrechten röhrenförmigen Spaltretorten, die von unten beschickt werden, der untere Teil des Krackrohres außerhalb der Feuerung liegt und nicht beheizt wird.

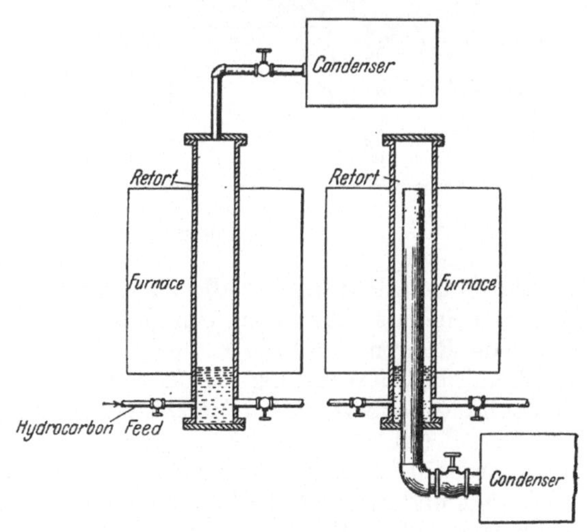

Abb. 62. Am.P. 1419125.

Nach den Angaben des Am.P. 1419125 soll die Einführung des Öles so langsam in die Krackretorte geschehen, daß nur eine geringe Ölsäule zur Beheizung gelangt (Abb. 62). Die Angaben in den Zeichnungen machen jede weitere Erklärung entbehrlich. (Am.P.1419125. F. W. Rittmann, Pennsylvania. Vom 6. Juni 1922.)

Bei den Druckkesseln, die direkt von einer Feuerung erhitzt werden, kommt es leicht zu Durchbrennungen der Kesselwände. Um diesen Übelstand zu vermeiden, sollen die aus mehreren Ringen zusammengesetzten autogen geschweißten Kessel in einer Entfernung über der Feuerstelle angeordnet werden, die etwa $^1/_3$ ihres Durchmessers entspricht. Ferner werden die Feuerzüge so angeordnet, daß die Flammen nicht senkrecht auf den Kesselboden treffen, sondern eine parallele Richtung zum Kessel einnehmen (Am.P. 1425712. C.E.Storkford, New York. Vom 15. August 1922).

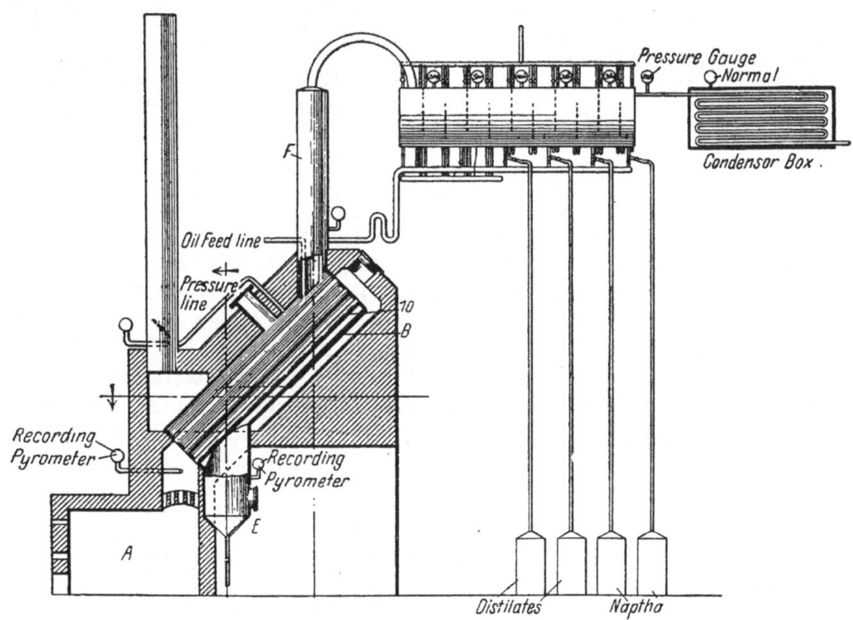

Abb. 63. Am.P. 1 436 526.

Die Heizeinrichtung für die zu spaltenden Kohlenwasserstoffe besteht aus einem schräg nach oben gerichteten Kessel, der von einem System von Röhren durchzogen wird, durch welche Feuergase streichen, um dann zu der Wandung des Kessels zurückgeleitet zu werden. Der Kessel besitzt außerhalb der Heizzone einen Sumpf zur Abscheidung von Kohlenstoff (Abb. 63.) A ist eine Feuerung, deren Heizgase durch die Heizröhren 10 des Kessels B ziehen, der einen Sumpf E für den Kohlenstoff trägt und in einem Kühler F endigt. (Am.P. 1436526. J. C. Pool, Kalifornien. Vom 21. November 1922.)

Zur Ausführung des Am.P. 1439683 wird von den gleichen Erfindern das im Am.P. 1131309 (vgl. dieses Kapitel S. 88) beschriebene Verfahren benutzt. Die Erfinder haben festgestellt, daß die Ausbeute an Krackbenzinen besonders hoch wird, wenn man z. B. aus Oklahomaöl

die Leichtöle und das Solaröl abdestilliert und die schweren Öle, die auf
diesem Wege erhalten werden, krackt (Am.P. 1439683. R. F. Bacon
et Al., Pennsylvania. Vom 26. Dezember 1922).

In dem Am.P. 1484513 ist eine Erhitzerkolonne beschrieben, die aus
übereinanderliegenden konischen Gefäßen mit eingebauten Verteilungskörpern besteht, über welche das zu spaltende Öl in dünner Schicht nach
unten läuft und ohne Druck gespalten wird. Der obere Heizkörper dient
zum Entwässern des Rohöles, der untere zum Spalten. Aus dem unteren
Heizkörper führt ein Gasableitungsrohr zu einem Kondensor. Unter dem
zweiten Heizkörper ist ein Sammelraum für den Teer (Am.P. 1484513.
E. O. Linton, Chikago. Vom 19. Februar 1924).

Nach den Ausführungen des Am.P. 1491518 soll man zum Kracken
die heißen Verbrennungsgase aus einem Ölgebläse anwenden, wobei die

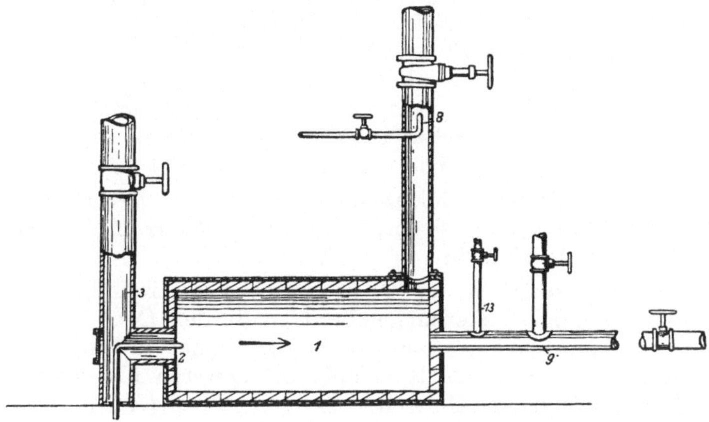

Abb. 64. Am.P. 1491518.

Heizgase gleichzeitig Träger der Krackdestillate werden sollen. Das Ölgebläse befindet sich in einem liegenden, mit feuersicherem Material aus-
gekleideten, zylindrischen Kessel; in der gegenüberliegenden Stirnwand
ist das Ausführungsrohr für das gekrackte Öl. Die Temperatur soll 390
bis 500° C und die Geschwindigkeit der Heizgase 17—2000 m/min betragen (Abb. 64). Durch die Düse 2 wird Brennstoff unter Druck eingeführt und durch 3 beschränkte Mengen Luft. Die Verbrennung findet
in 1 statt. Durch Düse 8 wird Luft oder Dampf eingepreßt. Durch
Rohr 9 wird Petroleum eingeführt. Durch 13 andere Zusatzmittel. (Am.P.
1491518. L. Clark, Kalifornien. Vom 22. April 1924.)

In den Ausführungen des Am.P. 1514040 wird ein Krackapparat
beschrieben, der aus einem zylindrischen, durch eine Scheidewand in
zwei ungleiche Teile getrennten Kessel besteht, auf dem ein Kondensor
montiert ist. Die Heizung des Öles in diesem Primärkessel wird dadurch
bewirkt, daß das Öl im Kreislauf durch einen Vorwärmer gepumpt wird.
Gleichzeitig wird aus dem Primärkessel Öl in einen Sekundärkessel eingepumpt und dort zum Verdampfen gebracht. Die Öldämpfe werden als

Heizmittel in den Primärkessel geleitet (Am. P. 1514040. V. L. Emerson, Pennsylvania. Vom 4. November 1924).

In dem Am. P. 1524818 ist eine Innenheizung für einen Krackapparat beschrieben. Der Krackkessel besteht aus einer liegenden zylindrischen Retorte, die in einer Heizkammer liegt und auf ihrer Oberseite mit einem Dephlegmator verbunden ist, der im Inneren schräge Prellplatten trägt und ein Ablaufrohr für die schweren Kondensate in den Krackkessel besitzt. Durch den unteren Teil der Retorte zieht sich ein durchgehendes, mit Einschnürungen versehenes Heizrohr, das durch die durchziehenden Verbrennungsgase einer Ölfeuerung erwärmt wird, die von dort aus über den Kessel ziehen. Die Einführung des Öles geschieht durch kreisförmig um das Heizrohr angeordnete Einspritzdüsen (Am. P. 1524818. Egloff und Benner, Kansas. Vom 3. Februar 1925).

Zur Ausführung verschiedener Krackprozesse, wie z. B. des Greenstreet-Prozesses (vgl. E. P. 16452/1912, Einleitung S. 21), werden lange schlangenförmig gebogene Heizröhren verwendet. Nach den Angaben des Am. P. 1527811 soll man diesen Heizröhren einen flachen Querschnitt geben und sie derart in Rahmen anordnen, daß man die einzelnen Heizröhrensegmente ohne Schwierigkeiten austauschen kann (Am. P. 1527811. C. Matlock, New York. Vom 24. Februar 1925).

Das Öl soll in einem Autoklaven erhitzt werden, der Drucke von 10000 Pfund/Quadratzoll aushält (Am. P. 1533173. G. Egloff et Al., Kansas. Vom 14. April 1925).

Die Heizeinrichtung für das Öl besteht aus Heizröhren, die nicht glatt, sondern spiralige Einkerbungen besitzen, die dem Öl eine rotierende Bewegung verleihen sollen. Die Heizröhre mündet in eine darüberliegende Expansionskammer. Rücklauf der schweren Kondensate aus dem Dephlegmator in die Heizröhre ist vorgesehen (Am. P. 1535655. G. Egloff et Al., Kansas. Vom 28. April 1925).

Der im Am. P. beschriebene Spaltofen hat einen eiförmigen Durchschnitt und durchgehende, miteinander in Verbindung stehende Röhren, durch welche Heizgase dem eingeführten Öl und Wasserdampf entgegen- und mit ihm vorwärts strömen (Am. P. 1560891. W. L. Bagwill, Kalifornien. Vom 10. Oktober 1925).

Es ist in dieser Seite auf das Am. P. 1524818 und in dem Kap. XX auf das Am. P. 1550892 hingewiesen, aus denen Krackkessel bekannt geworden sind, welche durch beiderseits offene Heizrohre geheizt werden, durch die heiße Verbrennungsgase hindurchgeleitet werden. Eine ähnliche Einrichtung ist auch im Am. P. 1561169 beschrieben. In einer Heizkammer, die durch Verbrennungsgase von Ölbrennern erhitzt wird, liegt ein über die Hälfte im Mauerwerk eingebetteter Kessel als Vorwärmer und dahinter bis auf einen geringen Spalt eingemauert der zylindrische liegende Krackkessel, der durch eine Reihe beiderseits offene Röhren durchsetzt ist, durch welche die Heizgase streichen. Am Boden des Krackkessels und des Vorwärmers sammelt sich der Teer an (Abb. 65). Das Öl wird aus dem Hauptkessel *4* durch den Vorerhitzer *8* im Kreislauf durch gepumpt. Die Heizgase bestreichen den Vorerhitzer

8 und ziehen dann durch die Heizröhren *19* des Hauptkessels. (Am.P. 1561169. H. G. W. Kittredge, Toledo. Vom 10. Oktober 1925.)

Das Am.P. 1567212 beschreibt eine Großraumretorte in Form eines liegenden Zylinders; unterhalb dieser Retorte ist ein spiraliges Spaltrohr, das in einem Luftmantel liegt, angeordnet, in das ein Gemisch, von Öl und

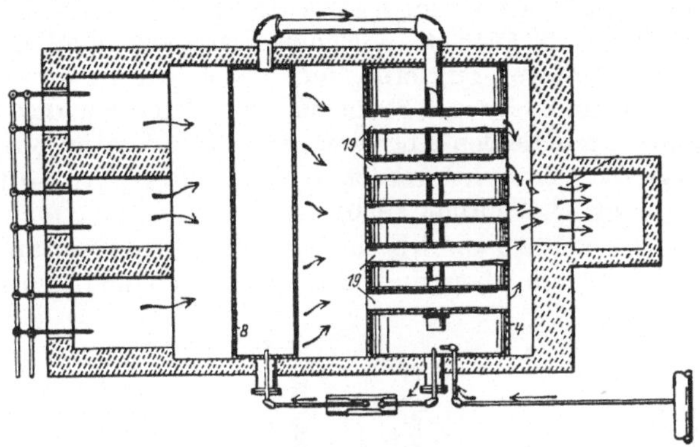

Abb. 65. Am.P. 1561169.

Wasserstoff eingeleitet wird, wobei der Wasserstoff in derselben Heizung aus Eisen und Wasserdampf entwickelt wird. Sämtliche Apparate werden durch eine Heizquelle angewärmt. Aus dem mit Öl gefüllten Kessel gelangen die entwickelten Dämpfe in das Krackrohr und von dort die Destillate in einen Kondensor, dessen Rücklauf in den Kessel führt

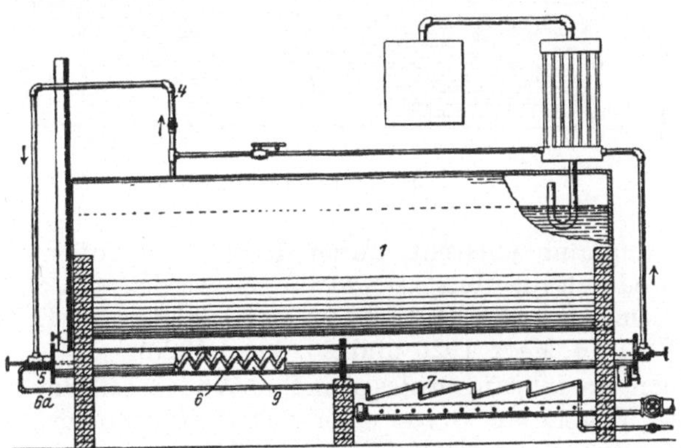

Abb. 66. Am.P. 1567212

(Abb. 66). *1* ist ein Großraumkessel. Die Öldämpfe gehen durch das Rohr *4* in die Krackröhre *6*, durch die Mischzone *5*, in die Wasserstoff, der in *7* entwickelt wird, durch *6a* eintritt. Die spiralige Krackröhre *6* liegt in einem Luftmantel *9*. (Am.P. 1567212. F. C. V. Water et Al. Vom 29. Dezember 1925.)

Das Am.P. 1574546 beschreibt eine Einrichtung, die aus einer großen Anzahl von Heizschlangen besteht, die durch Feuergase einer außenliegenden Feuerstelle beheizt werden. Es befinden sich Feuerzüge zwischen der Heizkammer und der Feuerstelle, wobei eine Abkühlung der Gase durch Einleiten von zurückgeführten Abgasen stattfindet, ehe die Mischung in die Heizkammer eintritt (Am.P. 1574546. J. D. Bell, New York. Vom 23. Februar 1926).

Das Am.P. 1574547 verfolgt etwa den gleichen Zweck wie das zuletzt besprochene 1574546 des gleichen Erfinders, nämlich eine Überhitzung der Spaltröhren zu vermeiden. Es sollen die aus einer Feuerstelle stammenden Heizgase, bevor sie zum Anheizen der Spaltröhren benutzt werden, mit heißen Abgasen, deren Temperatur geringer als die der Heizgase ist, gemischt werden (Am.P. 1574547. John E. Bell, New York. Vom 23. Februar 1926).

Man soll stehende zylindrische Kessel, die ringsum an den Seiten von Mauerwerk so umgeben sind, daß zwischen ihnen und dem Mauer-

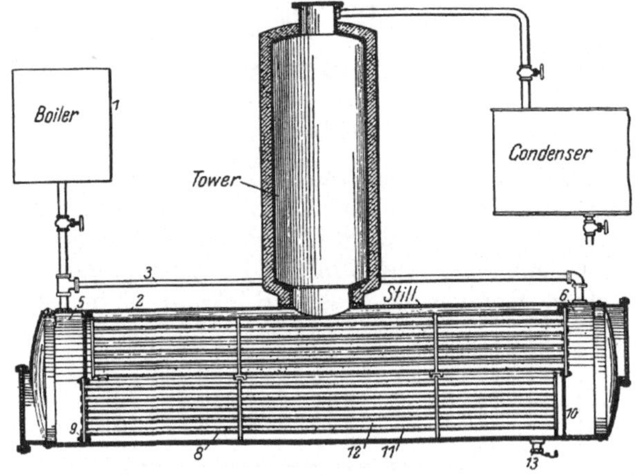

Abb. 67. Am.P. 1576742.

werk ein Ringraum entsteht, unten durch einen rotierenden Brenner anheizen, wodurch die Heizgase gezwungen werden, um den Kessel spiralig herumzuziehen (Am.P. 1576503 und 1581896. F. E. Wellmann, Kansas. Vom 16. März 1926 und 20. April 1926).

Nach den Ausführungen des Am.P. 1576742 soll die Spaltung mit überhitztem Wasserdampf von etwa 450° C vorgenommen werden, der durch zwei zueinander versetzte perforierte Röhrenaggregate, deren Enden in Sammelräumen endigen, eingeleitet wird (Abb. 67). *1* ist ein Dampfentwickler. Der Dampf geht durch Rohr *3* zum Kessel *2*. In dem Kessel *2* liegen die Röhren *8*, die durch Stirnflächen *9*, *10* begrenzt sind. *5* und *6* sind Dampfräume. Die Röhren *8* sind perforiert und entlassen den Dampf in die Ölkammer *12*. Das Öl wird durch *13* eingelassen. (Am.P. 1576742. W. T. Hancock et Al. Vom 16. März 1926).

Die Spalteinrichtung für das Öl besteht aus einer großen Anzahl parallel liegender eingemauerter Heizschlangen, deren Enden durch abdrehbare Krümmer verschlossen sind (Am.P. 1581879. J. M. Sims, Louisiana. Vom 20. April 1926).

Als Heizmittel wird in dem Am.P. 1586994 Quecksilberdampf oder der Dampf eines nicht korrodierend wirkenden Salzes oder einer organischen Verbindung vorgeschlagen. Der Quecksilberdampf entwickelt bei 460⁰ C einen Druck von nur 40 Pfund/Quadratzoll. Er gelangt in einem Dampfmantel zur Anwendung (Am.P. 1586994. T. A. Howard. Vom 1. Juni 1926).

Bei dem Apparat, der in dem Am.P. 1598618 erläutert ist, sind die das Kracken bewirkenden Heizkörper auf einem Großraumkessel angebracht. In dem liegenden zylindrischen Kessel wird das Öl bis auf Siedetemperatur erhitzt und dann durch zwei dornförmige Überhitzer geleitet, die durch eine innenliegende Ölfeuerung erhitzt werden und den Öldämpfen einen schmalen ringförmigen Spalt zum Hindurchtreten lassen. In diesem Erhitzer tritt Spaltung und hinter ihm Expansion der Öldämpfe ein (Abb. 68). An der Decke des Kessels *1* befinden sich zwei Heizkörper *23*, in denen die Öldämpfe auf Kracktemperatur erhitzt und dann sofort in *8* expandiert werden. (Am.P. 1598618. C. M. Page, Illinois. Vom 7. September 1926.)

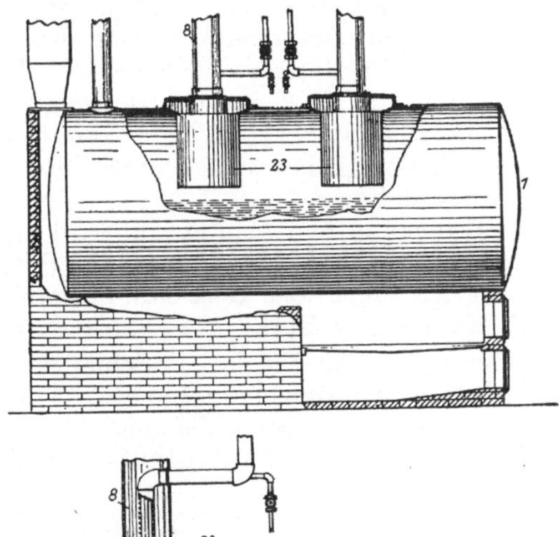

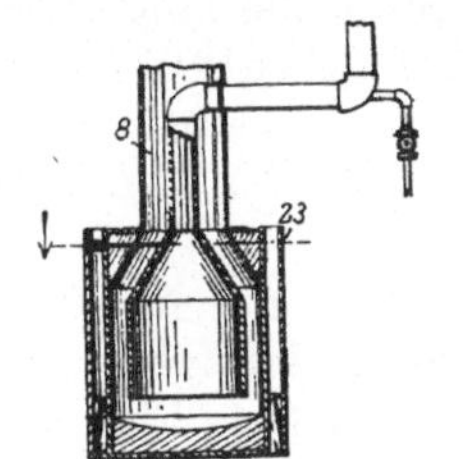

Abb. 68. Am.P. 1598618.

Die Einrichtung nach dem Am.P. 1615779 geht von der Überlegung aus, daß es unzweckmäßig ist, große Mengen von Öl bis auf die Kracktemperatur zu erhitzen. Deshalb wird aus einem großen Vorratskessel das Öl durch Zweigleitungen in ein kreisförmig angelegtes System von senkrecht stehenden Krackröhren geleitet, die unten in einen Sammelraum endigen, aus dem schwere Öle u. dgl. abgezogen werden können. Die Heizung wird durch rotierende Brenner bewirkt (Am.P. 1615779 und 1639622. F. E. Wellmann, Kansas. Vom 25. Januar 1927 und 16. August 1927).

Um die Heizung senkrecht stehender Krackröhren möglichst vorteilhaft und ohne Überhitzung auszuführen, werden die Heizgase einer Feuerung von oben nach unten über die Heizröhren, und zwar entgegengesetzt zur Strömungsrichtung des Öles geleitet (Am.P. 1615583. E. C. Herthel, Indiana. Vom 25. Januar 1927).

Das Am.P. 1616521 betrifft eine Abänderung des Am.P. 1615779 desselben Erfinders. An Stelle eines einzigen senkrecht stehenden zylindrischen Kessels ist ein ringförmiger Vorratskessel vorgesehen, durch gleichfalls ringförmig angeordnete Heizröhren, die aus zwei miteinander verbundenen auf- und absteigenden Schenkeln bestehen und demnach ein in sich geschlossenes Heizsystem darstellen, das oben mit einer Vorrichtung gegen Überschäumen ausgestattet ist. Die Heizung ist gleichfalls rotierend, wobei Verteilungseinsätze für die Heizgase vorgesehen sind (Am.P. 1616521. F. E. Wellmann, Kansas. Vom 8. Februar 1927).

Um die Heiztemperaturen möglichst auf einer bestimmten Höhe zu halten, werden nach dem Vorschlag des Am.P. 1617297 die Heizgase, bevor sie in den Heizraum eintreten, mit Heißluft temperiert, die durch Ausnutzung der Abwärme der Heizung hergestellt worden ist (Am.P. 1617297. J. E. Bell, New York. Vom 8. Februar 1927).

Um eine möglichst wirtschaftliche Ausnutzung der Heizgase herbeizuführen, sind dem Am.P. 1619929 ummantelte Heizröhren angegeben. Das Öl fließt in den Mantel und wird zuerst durch die Heizgase von außen erwärmt und dann von innen erhitzt, indem die gleichen Heizgase in das Innere der Heizrohre eingeführt werden (Am.P. 1619929. H. J. Halle, New York. Vom 8. März 1927).

Wenn man das Kracken in Schlangenrohren von großer Länge mit seitlich liegender Heizung vornimmt, so ergeben sich häufig sehr starke Drucke, um das Öl durch die lange Schlange hindurchzupressen. Deshalb wird in dem Am.P. 1619977 der Vorschlag gemacht, die Windungen der Schlange nicht sämtlich hintereinander, sondern teilweise nebeneinander zu schalten (Am.P. 1619977. L. C. Huff, Illinois. Vom 8. März 1927).

Nach den Ausführungen des Am.P. 1621298 findet die Heizung insbesondere senkrecht stehender zylinderförmiger Retorten durch Brenner in der Weise statt, daß die freie Flamme die Retorte nicht berührt. Die Retorten liegen im übrigen mit dem Boden und der Decke außerhalb der Heizung (Am.P. 1621298. G. D. White, Texas. Vom 18. März 1927).

Bei einer Heizvorrichtung zum Anheizen einer Krackschlange ist die Einrichtung getroffen, daß lediglich heiße Gase und nicht die freie Flamme die Rohre trifft. Dabei werden keine Abgase von erniedrigter Temperatur den Heizgasen zugemischt, um sie zu temperieren und Luft, die durch die heißen Abgase vorgewärmt ist, den Brennern zugeführt (Am.P. 1623773. J. E. Bell, New York. Vom 5. April 1927).

Auch bei dem Am.P. 1626874 wird die Heizung mit Hilfe von Heizgasen ausgeführt, die zunächst parallel zu den Heizröhren und dann im Gegenstrom zu der Richtung des Öles über die Heizröhren geleitet werden. Es sind drei Zonen von Heizröhren vorhanden, von denen die unterste am kältesten ist. In diese wird unten das Öl eingeleitet und dann oben abgeleitet. Es werden Rippenheizrohre auch mit verengtem Innenraum verwendet (Am.P. 1626874. J. Primrose, New York. Vom 3. Mai 1927).

Es handelt sich um eine Heizeinrichtung für wagerecht liegende Krackröhren, die in einem Sammler parallel geschaltet sind. Das in den Röhren laufende Öl wird entgegengesetzt den Feuergasen geführt, so daß das Öl bei seinem Austritt aus den Röhren die höchste Erhitzung erfährt, weil dort die Eintrittsstelle der Feuergase liegt (Am.P. 1670122. R. T. Pollock, Boston. Vom 15. März 1928).

Es ist in diesem Kapitel bereits auf die Am.P. 1639622 und 1615779 des gleichen Erfinders Wellmann hingewiesen worden. Auch das Am.P. 1672668 betrifft eine ähnliche Einrichtung wie die bereits beschriebenen. Über dem rotierenden Brenner sind Verteilungssteller für die Heizgase angeordnet (Am.P. 1672668. F. E. Wellmann, Kansas. Vom 5. Juni 1928).

Nach den Angaben des Am.P. 1672978 durchläuft das Öl zunächst eine Kolonne übereinander angeordneter Heizstellen, wobei es durch die Krackdestillate progressiv angewärmt wird, und wird dann in einen unter der Kolonne liegenden Spaltkessel einlaufen gelassen, über dem sich eine Prellplatte und ein Skrubber zur Ausscheidung der Schweröle befindet. In den Spaltkessel werden zur Beförderung der Destillation permanente Gase, wie z. B. Erdgas, eingeleitet (Am.P. 1672978. J. P. Fisher, Oklahoma. Vom 12. Juni 1928).

5. Kracken unter Verwendung von Metallbädern, insbesondere Bleibädern und geschmolzenen Salzen.

Bei Anwendung von Metallbädern müßte man ihrer besonderen Wirkung nach die Bäder in direkte und indirekte Bäder einteilen, denn es ist ohne weiteres verständlich, daß ein indirektes Metallbad lediglich als Wärmeüberträger wirken kann, während die direkt angewendeten Bäder in einer großen Mehrzahl von Fällen auch noch katalytische Wirkungen ausüben werden, insbesondere in denjenigen Verfahren, die bei Gegenwart von Wasserstoff zur Ausführung kommen. Bei dieser anscheinend naheliegenden Unterteilung hätten die direkten Metallbäder in dem Kapitel „katalytische Verfahren" abgehandelt werden müssen. Es erschien insbesondere aus rein praktischen und technologischen Überlegungen nicht ratsam, die direkten Metallbäder unter den katalytischen Verfahren zu besprechen, denn zunächst setzt der Begriff katalytisches Verfahren als selbstverständlich voraus, daß der Katalysator nur in sehr geringer Menge, d. h. also nicht als Bad vorhanden sein soll, andererseits hat man auch schon direkt angewendeten Metallbädern katalytisch wirkende Substanzen in kleinen Mengen zugesetzt, was nicht gerade auf eine ausgesprochen katalytische Wirkung der direkten Metallbäder schließen läßt, und schließlich bietet die technische Anwendung von indirekten und direkten Metallbädern soviel technologische Vergleichspunkte, daß von einer gesonderten Besprechung dieser beiden Anwendungsformen in verschiedenen Kapiteln Abstand genommen wurde. Es wurden demnach in dem folgenden Kapitel sowohl die direkten als auch die indirekten Metallbäder nebeneinander behandelt, sofern nicht eine besondere katalytische Wirkung des Metallbades in Frage kommt.

D.R.P. 94846. Compagnie Internationale des Procédés Adolphe Seigle in Paris. Apparat zur Umwandlung schwerer Kohlenwasserstoffe. Vom 7. Dezember 1895.

Patentanspruch: Eine zur Umwandlung schwerer Kohlenwasserstoffe bestimmte, zum ununterbrochenen Betriebe geeignete Vorrichtung, bestehend aus folgenden Teilen in Verbindung miteinander:

a) den hintereinandergeschalteten Verdampf- und Destillierapparaten (I, J) mit dem diese umspülenden Metallbade, welche mittels eines von brennenden Gasen durchzogenen, allmählich sich erweiternden Feuerkanals (X) mit querliegenden Luftkanälen sowie dem Feuerungskanal Z erhitzt wird;

b) dem mit diesen Elementen verbundenen und höher als diese angeordneten Klassifizierungs- und Kondensationsapparate (B), in dem die umzuwandelnden flüssigen Kohlenwasserstoffe die Kondensation der Destillationsprodukte herbeiführen und dabei vor ihrem Eintritt in die Verdampferelemente vorgewärmt werden (Abb. 69).

Der Betrieb des Apparates ist folgender:

Nachdem der Vergaser oder Zerstäuber Y, der als Brenner für den flüssigen Brennstoff dient, entzündet und das Metall geschmolzen bzw. auf die gewünschte Temperatur gebracht worden ist, öffnet man den Hahn am Vorratsbehälter A und setzt den Apparat H zur Regelung des Abflusses des flüssigen Kohlenwasserstoffes in Tätigkeit. Durch einen am Behälter B gleitend angeordneten Stab kann man vom Boden her das Ventil C dergestalt einstellen, daß diesem Behälter immer dieselbe Menge wie dem Regler H zufließt.

Die zu destillierende Flüssigkeit zerteilt sich bei ihrem Durchgang durch die Schicht E. Ist der Apparat nur erst wenige Augenblicke in Tätigkeit, so trifft die Flüssigkeit gegen die in ihm schon gebildeten destillierten Dämpfe, die durch Rohr N in den als Kondensator, Gruppierer und Austauscher für die Temperatur dienenden Behälter B übertreten.

Die niederrieselnde, zu destillierende Flüssigkeit wird also allmählich erhitzt, während sie gleichzeitig die Kondensation der am leichtesten zu kondensierenden Dämpfe bewirkt; diese Dämpfe gehen, da sie keiner oder nur einer unvollkommenen Destillation unterworfen wurden, gleichzeitig mit der Flüssigkeit wieder nach abwärts, die unmittelbar aus dem Vorratsbehälter A nach dem Boden des Behälters B sickert.

Von hier aus geht die schon heiße Flüssigkeit im Rohre G nach abwärts, durchströmt den Regler H und gelangt in die zu einer Gruppe vereinigten Verdampferelemente J.

D.R.P. 226958. Auguste Testelin und Georges Renard in Brüssel. Verfahren zur Umwandlung von Petroleum und anderen Kohlenwasserstoffen in leichter siedende Produkte. Vom 13. Mai 1909.

Patentanspruch: Verfahren zur Umwandlung von Petroleum und anderen Kohlenwasserstoffen in leichter siedende Produkte, darin bestehend, daß diese Flüssigkeiten unter einem Druck überhitzt werden, der die der angewandten Erhitzung von ungefähr $400{-}450^0$ C ent-

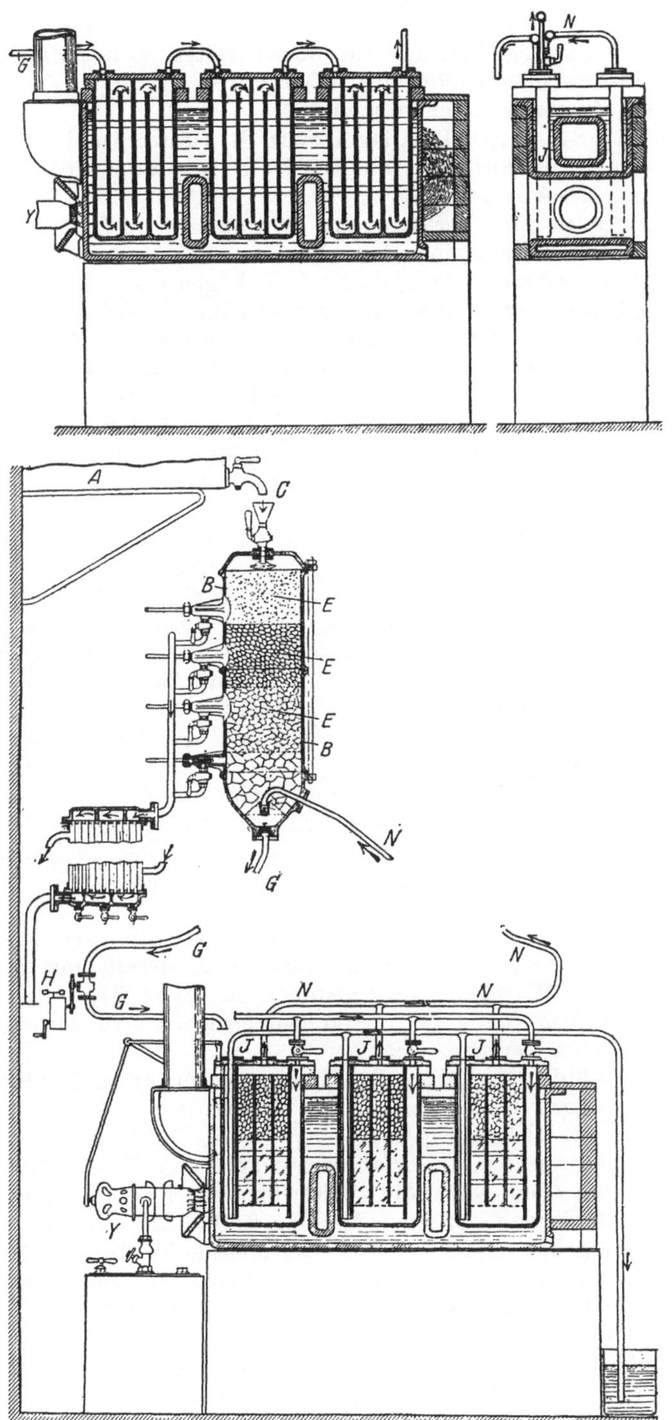

Abb. 69. D.R.P. 94846.

sprechende Spannung ihrer Dämpfe überschreitet, so daß die Kohlenwasserstoffe die zur Ausführung des Verfahrens benutzte Vorrichtung in flüssigem Zustande durchströmen.

D.R.P. 338846. Dipl.-Ing. Dr. Erwin Blümner in Berlin. Verfahren zur kontinuierlichen Destillation von Teeren oder Ölen. Vom 23. April 1920.

Patentanspruch: Verfahren zur kontinuierlichen Destillation von Teeren oder Ölen bei Atmoshären-, Über- oder Unterdruck unter Anwendung von geschmolzenen Metallen bzw. Legierungen als Heizmittel, dadurch gekennzeichnet, daß die zu destillierende Flüssigkeit in gegebenenfalls vorgewärmtem Zustande vermittels Spritzdüsen oder anderen Vorrichtungen, welche dieselbe fein zu verteilen vermögen, vom Boden her in eine Blase gespritzt wird, welche zum Teil mit einem geschmolzenen Metall (oder Legierung) gefüllt ist, dessen Schmelzpunkt bei der gewünschten Destillationstemperatur liegt, wobei bei Verwendung schwefelbindender Metalle gleichzeitig eine Entschwefelung des Teeres bewirkt wird.

Im Gegensatz zu diesen und anderen bekannt gewordenen älteren Verfahren zur kontinuierlichen Destillation von Teeren oder Öl wird bei dem vorliegenden neuen Verfahren mit den einfachsten, in der Praxis bewährten Mitteln unter Vermeidung bewegter erhitzter Metallmassen eine wirklich gleichmäßige Erhitzung der dem Druckbehälter zugeführten Öl- oder Teermengen dadurch erreicht, daß die im unteren Teile des Druckbehälters eingespritzten, im Verhältnis zur Metallschmelze jeweils kleinen Teer- oder Ölmengen gezwungen sind, die darüber befindliche Metallschmelze in Gestalt feinster Tröpfchen zu durchwandern und dabei die Temperatur der Schmelze anzunehmen, ohne mit den beheizten Wandungen des Druckbehälters in Berührung zu kommen. Eine Verdampfung der zu destillierenden Flüssigkeit innerhalb des Druckbehälters wird dabei ebenso wie eine Verkohlung an den beheizten Wandungen zielbewußt vermieden. Da das jeweils im Druckbehälter befindliche Teer- oder Ölquantum, welches auf die hohe Destillationstemperatur zu bringen ist, der großen Masse des geschmolzenen Metalls und der darin aufgespeicherten Wärmemenge gegenüber nur klein ist, treten unzulässige Temperaturabfälle bei der kontinuierlichen Arbeitsweise nach dem vorliegenden Verfahren nicht ein.

D.R.P. 340991. Dipl.-Ing. Dr. Erwin Blümner in Berlin. Verfahren zur kontinuierlichen Destillation von Teeren oder Ölen. Vom 19. Oktober 1920.

Patentansprüche: 1. Verfahren zur kontinuierlichen Destillation von Teeren oder Ölen, wobei die zu destillierende Flüssigkeit am Boden eines zum Teil mit geschmolzenem Metall gefüllten Behälters eingespritzt wird, dadurch gekennzeichnet, daß in der Metallschmelze, durch welche hindurch die zu destillierende Flüssigkeit treten muß, Raschigringe oder ähnlich verteilend wirkende Füllkörper vorgesehen sind.

2. Verfahren nach Anspruch 1, dadurch gekennzeichnet, daß die aufsteigende Destillationsflüssigkeit gezwungen wird, nur einen Teil des Querschnittes der Metallschmelze zu durchlaufen.

3. Einrichtung zur Ausübung des Verfahrens nach Anspruch 1 bzw. Anspruch 2, dadurch gekennzeichnet, daß die Füllkörper in einem mit Sieben oder Netzen verschlossenen, seitlich mit Abstand von den beheizten Wandungen abstehenden Behälter angeordnet sind, dessen Wandungen der aufsteigenden Flüssigkeit den Austritt verwehren, in ihm herabfließender Flüssigkeit aber den Austritt und damit die Berührung mit den beheizten Wandungen des Autoklaven gestatten (Abb. 70).

Die Erfindung betrifft ein Verfahren zur kontinuierlichen Destillation von Teeren oder Ölen, wobei die zu destillierende Flüssigkeit am Boden eines geheizten Behälters (Autoklaven), welcher in bekannter Weise mit einem geschmolzenen Metall (oder Legierung) zum größten Teil gefüllt ist, eingespritzt wird. Infolge des Unterschiedes der spezifischen Gewichte steigen dabei die Teer- oder Öltropfen in der Metallschmelze sofort nach oben, nehmen in ihrem Auftriebsweg die Temperatur der Schmelze an und sammeln sich, auf der Metallschmelze schwimmend, zur Flüssigkeit von der gewünschten Temperatur. Durch ein Ventil gelangt das so erhitzte Öl zur Verdampfung und fraktionierten Kondensation.

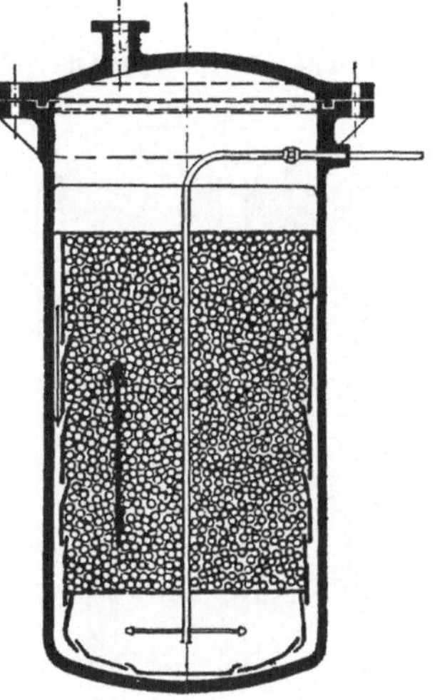

Um den Weg der Öltröpfchen in der Metallschmelze zu vergrößern, hat es sich als notwendig herausgestellt, den Druckbehälter mit verteilend wirkenden Füllkörpern, z. B. Raschigschen Ringen, auszufüllen.

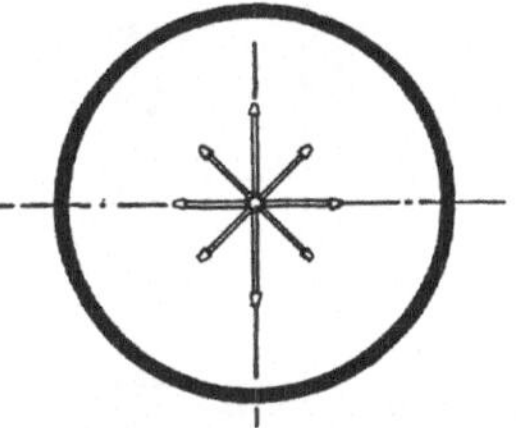

Ist die ganze Metallschmelze mit Raschigschen Ringen angefüllt, so findet die gewünschte und zur glatten Erwärmung erforderliche kleinste Zerteilung der in dünnen Strahlen eingespritzten Öle statt.

Abb. 70. D.R.P. 340991.

Der ununterbrochen eintretende Teer- oder Ölstrahl löst sich in Tröpfchen auf, die sich einzeln ihren Auftriebsweg durch die Schmelze stets abgelenkt durch die Ringe, suchen. Es finden dabei aber Wärmestauungen statt, indem die Schmelze sich nach der Mitte des Autoklaven zu stärker abkühlt als an den geheizten Wandungen.

Um diesen Mangel zu beheben, wird folgende Einrichtung angebracht, welche in dem Autoklaven eine regelmäßige und ununterbrochene Zirkulation der Schmelze bewirkt, ohne durch Rührwerke, Pumpen o. dgl. angetrieben zu werden. Ein zweckmäßig eiserner Blechzylinder etwas niedriger als die Höhe der Schmelze im Autoklaven, im Durchmesser etwas geringer als letzterer, ist zentrisch in diesen hineingesteckt, ruhend

auf dem Rande eines tellerförmigen Bleches, welches auf dem Boden
des Autoklaven steht. Dieser Teller ist mit einem Sieb oder Drahtnetz derartig versehen, daß unter dem Sieb ein Hohlraum vorhanden ist, in welchen die Einspritzdüsen des Ölzuführungsrohres
hineinragen.

D.R.P. 431516. Dipl.-Ing. Dr. Erwin Blümner in Charlottenburg. Verfahren zur Zersetzungsdestillation von
Teeren und Ölen. Vom 14. Januar 1922. Zusatz zum Patent 340991.

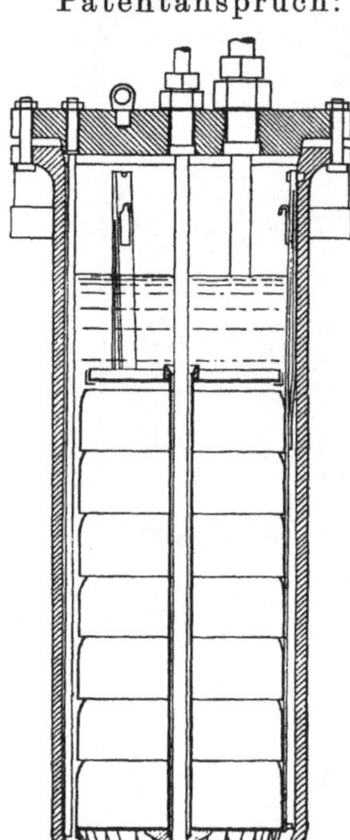

Abb. 71. D.R.P. 431516.

Patentanspruch: Abänderung des Verfahrens gemäß Patent
340991 zur Zersetzungsdestillation von Teeren
und Ölen, dadurch gekennzeichnet, daß die
Ableitung der sich im Raum oberhalb der
Metallschmelze im Druckbehälter sammeln-
den, aus der Metallschmelze aufsteigenden
zu destillierenden Flüssigkeit aus dem Druckbehälter mittels eines in das Innere des
Druckbehälters ein beträchtliches Stück hin-
einragenden, zweckmäßig in seiner inneren
freien Länge von außen verstellbaren Ableitungsrohres ermöglicht wird, dessen Länge
innerhalb des Druckbehälters die Abmessungen des Flüssigkeitsraumes und des
Dampf- oder Gasraumes oberhalb der Metallschmelze zueinander bestimmt.

Die Erfindung bezieht sich auf ein Verfahren nach Patent 340991, bei dem die
zu destillierenden Flüssigkeiten, insbesondere Kohlenteere, Mineralöle und deren
Destillationsprodukte, durch eine flüssige
Metallschmelze innerhalb eines Druckbehälters auf die verlangte Destillationstemperatur gebracht werden. Durch ein am
Deckel angebrachtes Druckentlastungsventil wird die Flüssigkeit abgeleitet; sie verdampft dabei, wenn sie auf Atmosphären-
druck kommt, und wird fraktioniert kondensiert (Abb. 71).

Die Metallschmelze, in welche die zu destillierende Flüssigkeit vom
Boden des Druckbehälters hereingeführt wird, füllt dabei nicht die ganze
Höhe des Behälters, vielmehr bleibt oberhalb der Schmelze im Druckbehälter ein Raum frei, in dem sich die zu destillierende Flüssigkeit,
sowie etwa sich bildende Gase und Dämpfe ansammeln, die bei Auftreten
des dem Druckentlastungsventil entsprechenden Druckes entweichen.

D.R.P. 432728. Dr. Erwin Blümner in Charlottenburg. Vorrichtung zur kontinuierlichen Destillation von Teeren und
Ölen. Vom 6. Mai 1925. Zusatz zum Patent 340991.

Patentansprüche: 1. Vorrichtung zur kontinuierlichen Destillation von Teeren und Ölen nach Patent 340991, dadurch gekennzeichnet

daß am Mündungsende des Zuführungsrohres für die zu erhitzende Flüssigkeit innerhalb des beheizten Druckbehälters ein Verteilungsteller vorgesehen ist, durch den die zweckmäßig in feinen Strählen austretende Flüssigkeit möglichst über den ganzen Nutzquerschnitt des Einsatzes verteilt wird.

2. Vorrichtung nach Anspruch 1, dadurch gekennzeichnet, daß der obere Rand des Verteilungstellers bis etwa zur Mitte des Radius des Einsatzes reicht (Abb. 72.)

Der Erfindung gemäß ist am Mündungsende des Zuführungsrohres für die zu erhitzende Flüssigkeit innerhalb des beheizten Druckbehälters ein Verteilungsteller vorgesehen, welcher die zweckmäßig in feinen Strahlen ausbrechende Flüssigkeit vor dem Eintritt in den erwähnten Einsatz so leitet, daß die zu erhitzende Flüssigkeit innerhalb des Einsatzes mög-lichst den ganzen freien Querschnitt durchsprudelt, so daß die ganze Heizmasse der Metallschmelze voll ausgenutzt werden kann. Zu diesem Zwecke reicht der obere Rand des zweckmäßig konischen Verteilungstellers vorteilhaft bis etwa zur Mitte des Radius des Einsatzes des Druckbehälters.

D.R.P. 439044. Dr. Rudolf Blümner in Berlin-Charlottenburg. Verfahren zur kontinuierlichen Destillation von Teer und Ölen. Vom 4. Februar 1925.

Patentansprüche: 1. Verfahren zur kontinuierlichen Destillation, insbesondere Zersetzungsdestillation, von Teeren und Ölen, bei dem der zu zersetzende Rohstoff durch eine Schmelze von Metall oder Metalllegierung in einen Autoklaven geleitet wird, dadurch gekennzeichnet, daß die erwärmte

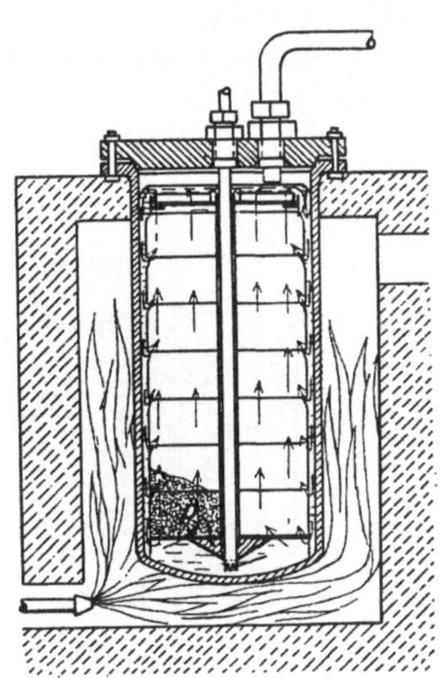

Abb. 72. D.R.P. 432728.

Destillationsflüssigkeit einem mit dem Autoklaven verbundenen und gut wärmeisolierten Druckbehälter zugeführt und erst beim Austritt in diesem in bekannter Weise durch Druckentlastung verdampft und fraktioniert kondensiert wird.

2. Abänderung des Verfahrens nach Anspruch 1, dadurch gekennzeichnet, daß das Metallbad zur Erzielung einer hohen Leistung bis nahe an den Autoklavendeckel heranreicht (Abb. 73.)

Eine Ausführungsform der Anlage nach der Erfindung ist in der Zeichnung schematisch, und zwar im Schnitt, dargestellt.

Das zweckmäßig vorgewärmte Öl wird durch die Rohrleitung a mittels Flüssigkeiten fein verteilender Vorrichtungen dem unteren Teil einer unter Druck stehenden Blase b zugeführt. Dieser Autoklav b besitzt einen Ofen m, der zweckmäßig mit dem bei der Zersetzungsdestillation abfallenden Gasen beheizt wird, und enthält eine Füllung von leicht schmelzendem Metall bzw. Legierung und einem Einsatz nach Patent 340991, durch den eine Berührung des Öles mit den beheizten Wandflächen des Autoklaven verhindert wird. Im Metallbad befinden sich zweckmäßig regellos eingefüllte Füllkörper, z. B. Raschig-Ringe, um die aufsteigenden Öltropfen aufzuteilen und ihren Weg in der Schmelze zu vergrößern. Das Metallbad füllt den Autoklaven ganz an, und das erwärmte Öl wird durch die Rohrleitung in den unter demselben Druck stehenden Hilfsdruckbehälter d abgeleitet. Dieser muß gut wärmeisoliert sein, um das erwärmte Öl auf seiner Temperatur zu halten, und wird zweckmäßig so angeordnet, daß seine Mauerumkleidung von den Abgasen des Ofens m bestrichen wird. Das Öl hält sich nun eine bestimmte Zeit in dem Hilfsdruckbehälter d und wird aus diesem durch das einstellbare Steigrohr f abgeleitet und durch das Druckentlastungsventil g der Spritzblase h zugeführt. Hier verdampft es und die Dämpfe werden durch k abgeführt und fraktioniert kondensiert. Die Spritzblase h wird

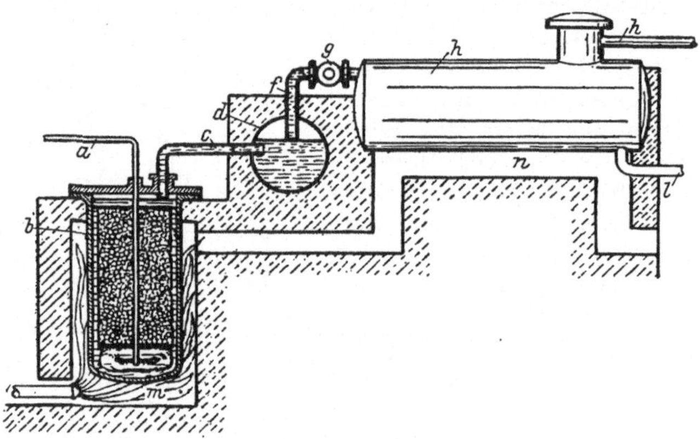

Abb. 73. D.R.P. 439044.

ebenfalls von den Abgasen des Ofens bei n bestrichen und ist am Boden mit einem Ableitungsrohr l versehen, um die nicht verdampften Fraktionen mit hohem Siedepunkt abzuleiten.

D.R.P. 426881. Fred Gerald Niece in Cleveland, U.S.A. Vorrichtung zur Umwandlung schwerer Kohlenwasserstoffe in leichte. Vom 15. Juli 1924 (vgl. auch F.P. 540721, 585071, E.P. 185632, 230339, A.P. 1565326/7, 1566416, 1566341).

Patentansprüche: 1. Vorrichtung zur Behandlung von Kohlenwasserstoffen durch ein aus geschmolzenem Metall bestehendes Bad, dadurch gekennzeichnet, daß zwei konzentrisch zueinander angeordnete, in der Längsrichtung verschiebbare Zuleitungsröhren in das Bleibad eintauchen, wobei infolge der durch die durchgeleiteten Kohlenwasserstoffe eintretenden Wärmeisolation eine Abscheidung von Kohlenstoff in den Röhren vermieden wird.

2. Vorrichtung nach Anspruch 1, dadurch gekennzeichnet, daß das zu behandelnde Rohmaterial in die innere der beiden Röhren eingeleitet wird, während durch die äußere, gleichfalls in das Bad mündende Röhre

Material zugeführt wird, das die innere Röhre abkühlt, um den Ansatz von Rückständen an diesen Röhren zu verhindern und um diese Zuleitungsröhren gegen Beschädigung bei Erkältung des Bades zu schützen.

3. Vorrichtung nach Anspruch 1 und 2, dadurch gekennzeichnet, daß die beiden Röhren mit Bezug aufeinander in dem Bad in Längsrichtung beweglich sind.

4. Vorrichtung nach Anspruch 1 und 3, dadurch gekennzeichnet, daß die beiden Röhren mit Bezug aufeinander so angeordnet sind, daß bei Anhub der inneren Röhre die äußere Röhre mit angehoben wird, während bei Senkung der äußeren Röhre die innere Röhre mit gesenkt wird.

5. Vorrichtung nach Anspruch 1, dadurch gekennzeichnet, daß am Fußende der Zuleitungsröhre für die schwereren Kohlenwasserstoffe ein Verteilungsglied angeordnet ist, das sich unter der Außenröhre hinweg erstreckt und die Zuführung der Kohlenwasserstoffe unmittelbar in die Masse des geschmolzenen Bades bewirkt.

6. Vorrichtung nach Anspruch 1 und 2, dadurch gekennzeichnet, daß die Zuleitungsröhre für das Rohmaterial mit ihrem oberen Ende in beweglicher Verbindung mit einem Stutzen steht, der in der Abschlußplatte für die Vorrichtung befestigt ist.

D.R.P. 439712. Dipl.-Ing. Dr. Erwin Blümner in München. Verfahren zur kontinuierlichen Destillation von Mineralölen u. dgl. Vom 31. Juli 1921. Zusatz zum Patent 338846.

Patentanspruch: Verfahren zur stetigen Destillation und gleichzeitigen chemischen Umsetzung von Mineralölen und ähnlichen Flüssigkeiten, dadurch gekennzeichnet, daß die zu destillierenden Flüssigkeiten im Gemisch mit Gasen, z. B. Wasserstoff, durch eine von außen beheizte Metallschmelze in fein verteiltem Zustande hindurchgeleitet und dabei mit Katalysatoren in Berührung gebracht werden, die in der Metallschmelze als verteilend wirkende Füllkörper oder als Einsatz enthalten sind.

Der Einsatz und die Füllkörper können auch aus anderem katalysierenden Material, z. B. Kobalt, Platin, Palladium, hergestellt oder mit Überzügen dieser Metalle versehen sein. Durch Anwendung der Katalysatoren in dieser Form ist außerdem eine Selbstüberhitzung der Katalysatoren infolge auftretender Reaktionswärme in wirksamster Weise verhindert. Der große Vorteil des neuen Verfahrens besteht hierbei darin, daß das in der Hauptmenge vorhandene Badmetall die Verunreinigung (Schwefelverbindungen) aufnimmt und hiermit eine Vergiftung des Katalysators ausschließt. Hierin liegt ein bedeutender technischer Fortschritt. Die technische Ausführung aller seither vorgeschlagenen katalytischen Verfahren, welche an sich infolge ihrer günstigeren Reaktionsbedingungen (relativ niedrigere Temperatur und geringerer Druck) den Vorrang verdienen, scheiterten an den eben erwähnten Vergiftungserscheinungen (siehe hierzu: Fischer, Gesammelte Abhandl. zur Kenntnis der Kohle, Bd. 4 und 5, S. 487 und 466 und Bd. 1, S. 156 und 237, und andere, die aus gleichem Grunde auf einen Katalysator verzichten).

D.R.P. 443463. Sigbert Seelig in Berlin. Verfahren und Einrichtung zur Spaltung von Ölen. Vom 26. März 1926 (vgl. auch F.P. 622973, E.P. 268323).

Patentansprüche: 1. Verfahren zur Spaltung von Ölgemischen mittels ununterbrochener Destillation, bei welchem die zu zerlegende Flüssigkeit in ein mit geschmolzenem Metall gefülltes Gefäß eingeführt wird, dadurch gekennzeichnet, daß der Reaktionsraum gegen das Eintreten überschüssiger Wärme von den Gefäßwandungen her durch ein zwischengeschaltetes Kühlmedium geschützt wird.

2. Einrichtung zur Ausführung des Verfahrens nach Anspruch 1, dadurch gekennzeichnet, daß in das Reaktionsgefäß eine Rohrspirale (c) mit rundem oder elliptischem Querschnitt eingesetzt wird.

3. Einrichtung nach Anspruch 2, dadurch gekennzeichnet, daß die Rohrspirale (c) nach dem Dampfraum zu offen ist.

4. Einrichtung nach Anspruch 2, dadurch gekennzeichnet, daß die Rohrspirale (c) luftleer gemacht ist.

5. Verfahren und Einrichtung nach Ansprüchen 1 und 2, dadurch

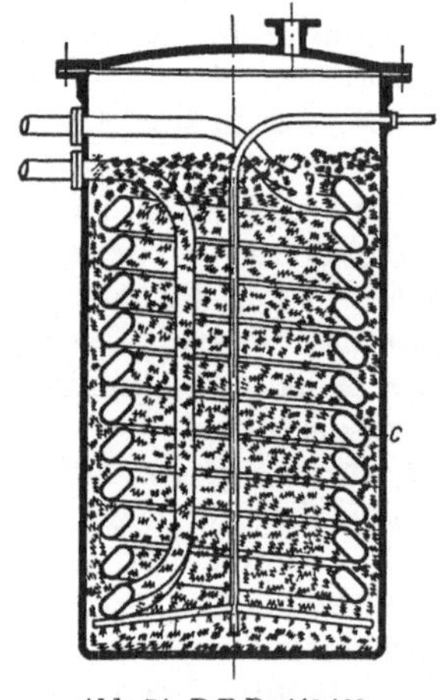

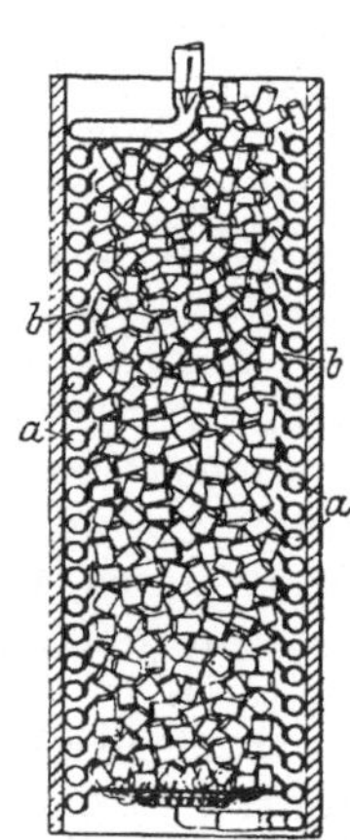

Abb. 74. D.R.P. 443463.   Abb. 75. D.R.P. 444986.

gekennzeichnet, daß durch die Rohrspirale Wasserdampf, Luft oder ein anderes gas- oder dampfförmiges Medium geleitet wird (Abb. 74).

D.R.P. 444986. Siegbert Seelig in Berlin. Verfahren und Einrichtung zur Spaltung von Ölen. Vom 17. April 1926. Zusatz zum Patent 443463 (vgl. auch E. P. 269499).

Patentansprüche: 1. Verfahren zur Spaltung von Ölen durch ununterbrochene Destillation gemäß Patent 443463, dadurch gekennzeichnet, daß durch die Rohrspirale (a) Öl geleitet wird.

2. Ausführungsform des Verfahrens nach Anspruch 1, dadurch gekennzeichnet, daß man als Kühlmedium das Ölgemisch verwendet, welches nachher in der Apparatur zur Destillation gelangt.

3. Einrichtung zur Ausführung des Verfahrens nach den Ansprüchen 1—5 des Hauptpatentes und 1 und 2 des Zusatzpatentes, dadurch gekennzeichnet, daß die Rohrspirale (a) zur Erhöhung der Wirksamkeit mit einem Abschirmungsblech (b) versehen ist (Abb. 75).

Ö.P. 61081. **Herbert Arnold Kittle in London. Verfahren und Vorrichtung zur Verdampfung von Öl ohne Fraktionierung.** Vom 10. September 1913 (vgl. auch F.P. 417532).

Patentansprüche: 1. Verfahren, um schwere Kohlenwasserstoffe durch Verdampfung und ohne Fraktionierung in leichte umzuwandeln, dadurch gekennzeichnet, daß das Öl ununterbrochen mit einer und derselben, mindestens der Schnelligkeit des Ausbreitens des auf eine heiße Metallfläche gebrachten Öles gleichen Geschwindigkeit durch einen Heizkessel unter einer gleichmäßig erhaltenen Temperatur geführt wird, die höher ist als der Siedepunkt des zuletzt sich verflüchtigenden Bestandteiles des Kohlenwasserstoffes.

2. Eine Vorrichtung zur Durchführung des Verfahrens nach Anspruch 1, dadurch gekennzeichnet, daß der in einem Behälter durch eine Vorrichtung und einen Windkessel unter konstantem Druck erhaltene Kohlenwasserstoff in einen in dem Heizkessel befindlichen, auf konstantem Flüssigkeitsniveau arbeitenden Separator geleitet wird.

Ö.P. 101484. **Fred Gerald Niece in Cleveland, Ohio, U.S.A. Verfahren und Vorrichtung zur Spaltung von Kohlenwasserstoffen.** Vom 10. November 1925.

Patentansprüche: 1. Verfahren zur Spaltung von Kohlenwasserstoffen, durch Einleitung derselben in eine geschmolzene Masse, beispielsweise Blei, dadurch gekennzeichnet, daß gleichzeitig mit dem frischen, flüssigen Kohelnwasserstoffen, die durch die geschmolzene Masse hindurchgeleitet werden, Gase oder Dämpfe eingebracht werden, durch welche während der Spaltung ein bestimmter Druck im Inneren der Spaltungskammer aufrecht erhalten wird.

2. Verfahren nach Anspruch 1, dadurch gekennzeichnet, daß die bei der Spaltung erzeugten, nicht kondensierbaren Gase oder auch andere Kohlenwasserstoffdämpfe in die geschmolzene Masse geleitet und zusammen mit den frischen Kohlenwasserstoffen der Behandlung unterzogen werden.

3. Verfahren nach Anspruch 1 und 2, dadurch gekennzeichnet, daß die Behandlung der flüssigen Kohlenwasserstoffe und der zurückgeleiteten Gase und Dämpfe in der geschmolzenen Masse derart stattfindet, daß diese Gase und Dämpfe, sowie die frisch eingeführten Kohlenwasserstoffe gzwungen werden, dicht nebeneinander durch die geschmolzene Masse zu fließen, wobei deren Bewegung zweckmäßig durch Einschaltung von Prallplatten verzögert wird.

4. Vorrichtung zur Durchführung des Verfahrens nach Anspruch 1—3, bestehend aus einem Behälter mit den erforderlichen Zu- und Ableitungsrohren, dadurch gekennzeichnet, daß im unteren Teil des Behälters ein Raum zur Einführung der flüssigen Kohlenwasserstoffe angeordnet ist und daß das von oben eingeführte Zuführungsrohr für die unkondensierbaren Gase sich bis nahe an die unterste Prallplatte ersteckt.

Nach den Ausführungen des F.P. 390558 sollen schwere Öle, Gasoder Holzteer, Harze, Weinschlempe, Melasse o. dgl. mit Hilfe eines, je nach den Eigenschaften des zu krackenden Materials ausreichend erhitzten Bleibades gekrackt werden. Das Bleibad soll eine Temperatur von 450—500⁰ C aufweisen. Sofern flüssige Produkte vorliegen, werden sie mit Hilfe einer an ihrer Unterseite mit Schlitzen versehenen Glocke am Boden des Bleikessels unter Druck eingepreßt. Die Verwendung von Blei als Wärmeüberträger soll die Innehaltung bestimmter Temperaturen ermöglichen. Der ausgeschiedene Kohlenstoff schwimmt auf dem Blei. An Stelle des Bleis kann man auch leichter schmelzende Legierungen des Bleis mit Zinn wählen (F.P. 390558. Barbet, France. Vom 31. Juli 1907).

Das zuletzt beschriebene Verfahren ist in dem Zusatzpatent 9431 insofern weiter ausgebildet worden, als man an Stelle des Bleis oder seiner Legierungen neutrale geschmolzene Salze anwenden soll, wie schmelzbare Sulfate oder Chloride der Alkalien oder ihre Doppelsalze und die Spaltkessel an die Läuterungskessel anschließen soll (F.P. 9431. Zusatzpatent zum F.P. 390558. Barbet, France. Vom 20. August 1907).

Auch das F.P. 399722 stammt von dem gleichen Erfinder der vorstehend genannten Patente. Er hat erkannt, daß die Natur der Spaltprodukte nicht lediglich von der Temperatur, sondern auch von der Dauer der Temperatureinwirkung abhängig ist. Um nun diese Einwirkung des Bleibades möglichst lange andauern zu lassen, verwendet man einen horizontalen Kessel, der an einer Seite ein am Boden einmündendes Einführungsrohr für die Öle trägt, über dem eine gewellte, den ganzen Kesselboden überdachende Prellplatte für die Öldämpfe angeordnet ist, deren bremsende Wirkung von außen durch Senkung beliebig abgeändert werden kann. Es sind außerdem Vorkehrungen getroffen, um die entstehenden, schwer flüchtigen Spaltprodukte im Kreislauf in den Spaltkessel zurückzuführen und dem zu spaltenden Öl geringe Mengen Wasser zuzusetzen (F.P. 399722. Barbet, France. Vom 29. April 1908).

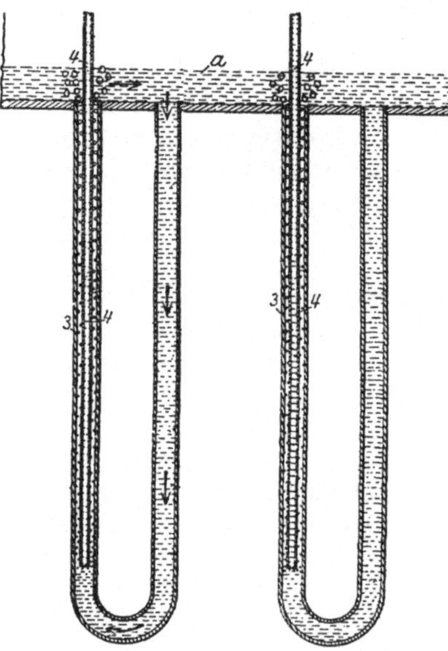

Abb. 76. F.P. 500377.

Um dem Öl eine möglichst innige Berührung mit dem geschmolzenen Blei zu ermöglichen, hat man auch derart gearbeitet, daß man das Blei in U-röhrenförmige Retorten, die sämtlich in einem Sammelrohr endigen, einfüllte und den Kohlenwasserstoff mit Hilfe von Einfüllröhren, die gleichfalls in einem Sammelrohr endigen, bis etwa auf den Boden der Röhrenretorten einpreßte, wobei die Öldämpfe eine hohe Bleisäule durchlaufen mußten. Man kann bei gewöhnlichem Druck arbeiten. Empfohlen wird eine Temperatur von 500⁰ C bei einem Druck von 35 kg (Abb. 76). In der vorstehenden Zeichnung bedeutet *a* das Bleibad, das in den

Röhren *3* zirkuliert. Durch die Röhren *4* werden die zu spaltenden Öle eingeführt. (F.P. 500377. Andrews und Averill, U. S. A. Vom 10. März 1920, siehe auch E.P. 141223 und Am.P. 1312467, 1319828 und 1329739.)

Es ist bereits in dem F.P. 399722 darauf hingewiesen worden, daß man bei Spaltungen mit Hilfe geschmolzener Metalle dem Öl etwas Wasser zusetzen soll. Eine ähnliche Arbeitsweise liegt auch dem F.P. 610448 zugrunde. Dort wird Öldampf mit überhitztem Wasserdampf auf den Boden von Kesseln geleitet, die mit solchen geschmolzenen Metallen gefüllt, die den Wasserdampf unter Bildung von Wasserstoff und Metalloxyd zersetzen. Es ist dafür gesorgt, daß das ausgeschiedene Metalloxyd vom geschmolzenen Metall getrennt wird (F.P. 610448. Abderhalden, Frankreich. Vom 6. September 1926).

Nach den Ausführungen des bereits besprochenen F.P. 399722 (siehe dieses Kapitel) hängt der Grad der Spaltung auch von der Dauer der Einwirkung der Hitze ab. Man hat nun folgendes Verfahren angewendet, um die Hitzeeinwirkung ausreichend zu gestalten, wobei die Durchflußgeschwindigkeit der auch vorher von leichten Bestandteilen befreiten

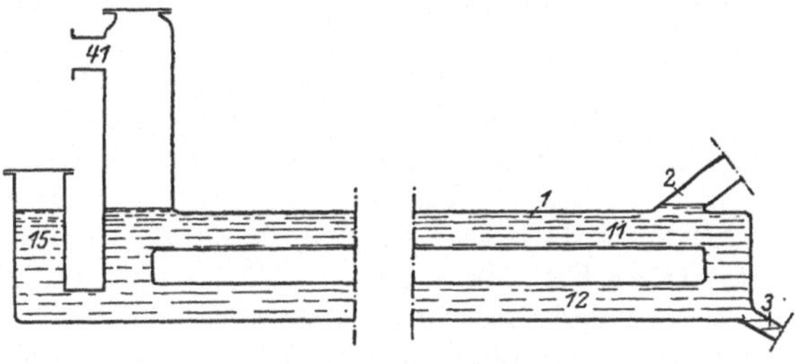

Abb. 77. F.P. 630878.

Kohlenwasserstoffe derart geregelt wird, daß sich keine merklichen Mengen von festen Rückständen abscheiden. Man verwendet horizontal liegende, lange Retorten, die mit geschmolzenem Blei oder Chlorzink oder mit beiden gefüllt sind. Die Retorten sind vollkommen mit dem geschmolzenen Metall gefüllt, so daß sich der verdampfte Kohlenwasserstoff zwischen der Retortenwandung und der Füllung hindurchpressen muß (Abb. 77). In der vorstehenden Zeichnung ist *1* das Bleibad, welches aus zwei kommunizierenden Schenkeln *11* und *12* besteht. Der Eintritt des gegeschmolzenen Bleies erfolgt bei *15*, sein Austritt bei *3*. Die zu spaltenden Kohlenwasserstoffe werden bei *41* eingeführt und verlassen die Krackkammer durch die enge Öffnung *2*. (F.P. 630878. Jansen, Niederlande. Vom 10. Dezember 1927, siehe auch E.P. 278235.)

Während in den besprochenen Vorschlägen in erster Linie geschmolzenes Blei bzw. dessen Legierungen oder geschmolzene Metallsalze genannt worden sind, werden gleichfalls für die Zwecke der Spaltung von Ölschiefer Bäder nicht nur von geschmolzenem Blei, sondern auch von Zink, Zinn oder ähnlichen leicht schmelzbaren Metallen oder ihren Mischungen empfohlen. Der zerkleinerte Ölschiefer wird mit Hilfe eines geeigneten Transportbandes in das geschmolzene Metall eingebracht bzw. hindurchbewegt (E.P. 14617/1895. Alexander und Beveridge, Sydney. Vom April 1896).

In dem E.P. 134567 ist ein Verfahren beschrieben, bei welchem das Blei sowohl als direkter, als auch als indirekter Wärmeüberträger wirkt. Der benutzte Apparat besteht im wesentlichen aus einem horizontalen, zum Teil mit geschmolzenem Blei gefüllten Kessel, in den von oben die zu spaltenden Öle eingefüllt und zunächst ohne Druck von den leicht siedenden Bestandteilen befreit werden. Dann wird das Druckventil geschlossen. Die leicht kondensierbaren Krackprodukte werden in ein auf der Unterseite des Spaltkessels im geschmolzenen Blei liegendes Röhrenaggregat, dessen Ausführungsrohr oben im Kessel mündet, im Kreislauf eingeführt und mehrmals gespalten (E.P. 134567. Marks, London. Vom November 1919, siehe auch Am.P. 1260584).

In dem F.P. 500377 (vgl. dieses Kapitel) ist bereits ein Verfahren beschrieben worden, bei dem das zu spaltende Öl in röhrenförmig ausgebildete, mit geschmolzenem Blei gefüllte Retorten eingeführt wurde. Ähnliche Einrichtungen beschreibt das E.P. 200732. Auch hier werden röhrenförmig ausgebildete, aus zwei konzentrisch angeordneten Röhren bestehende Spaltretorten angewendet, die aber vorzugsweise mit geschmolzenem Zinn (vgl. auch dieses Kapitel, E.P. 14617, 1895) gefüllt sind. Das Öl wird in die innere Röhre von unten eingeleitet. Die Temperatur soll 400^0 C betragen, der Druck 600 Pfund auf den Quadratzoll. Durch die besondere Anordnung der Röhren soll eine Zirkulation des geschmolzenen Zinns stattfinden. Es kann Wasserstoff mitverwendet werden (E.P. 220732. Davidson und Lewis, England. Vom August 1924).

Es ist bereits in dem F.P. 500377 und in dem E.P. 220732 (vgl. dieses Kapitel), erwähnt worden, daß das geschmolzene Metall sich in kontinuierlicher Zirkulation befindet. Diese Zirkulation wird aber in erster Linie durch die Verdampfung der zu spaltenden Öle bewirkt. Dagegen zeigt das Am.P. 1141529 eine Einrichtung, bei der das geschmolzene Blei durch eine Pumpe auf eiserne, hoch erhitzte Roste im Kreislauf aufgesprüht wird. Über der Zuführungsdüse des Bleies befindet sich die Düse für das zu spaltende Öl. Als Heizmittel ist außer Blei o. dgl. Natriumnitrit oder Natriumhydrat genannt. Es kann auch Kohlensäure als Druckgas mit verwendet werden (Am.P. 1141529. P. Danckwardt, Vom 1. Juni 1915).

Während in dem zuletzt besprochenen Am.P. 1141529 eine Bewegung des geschmolzenen Bleies durch Versprühen im Kreislauf durchgeführt wurde, hat man bereits auch andere einfache, mechanische Mittel zur Bewegung des Bleibades angewendet. So ist z. B. im Am.P. 1187874 ein Apparat beschrieben, der aus einem aufrecht stehenden, zylindrischen mit geschmolzenem Blei zum Teil gefüllten Kessel besteht, in den von unten die vorgewärmten Kohlenwasserstoffe eingeführt werden. Im Inneren trägt der Kessel ein von außen zu betätigendes Rührwerk zum Umrühren des Bleibades und außerdem einen Heizkörper, der zum Verbrennen der permanenten, bei der Spaltung entstehenden Gase eingerichtet ist und der die Temperatur des Bleibades aufrecht erhalten soll (Am.P. 1187874. A. A. Wells, New Yersey. Vom 20. Juni 1916).

Das Am.P. 1212620 erläutert einen Apparat, der aus einem, zum Teil mit geschmolzenem Blei gefüllten, mit einem nach außen gewölbten Boden versehenen Spaltkessel besteht, bei dem die dampfförmigen Kohlenwasserstoffe mit Hilfe eines weiten Rohres in das geschmolzene Blei eingeleitet werden. Ähnliche Einrichtungen sind bereits in diesem Kapitel, dem D.R.P. 345477, sowie im F.P. 390558 beschrieben (Am.P. 1212620. H. A. Frasch. Vom 16. Juni 1917).

Es ist bereits in früher besprochenen Patentschriften (vgl. dieses Kapitel, z. B. F.P. 390558) darauf hingewiesen worden, daß die Verwendung von geschmolzenem Blei als Wärmeüberträger die Abscheidung des Kohlenstoffs auf die Oberfläche des geschmolzenen Metalles verlegt. Um aber auch diese Heizfläche möglichst frei von Kohlenstoff zu halten, ist nach dem Am.P. 1258190 folgende Einrichtung getroffen. Ein wagerecht liegender Kessel ist am Boden mit geschmolzenem Blei gefüllt, auf dessen Oberfläche ein Schaber hin und her bewegt wird. In dem geschmolzenen Blei liegt zur Volumenvergrößerung ein geschlossenes Röhrenaggregat. Es soll eine Temperatur von 333—444⁰ C bei einem Druck von 50 Pfund auf den Quadratzoll innegehalten werden (Am.P. 1258190 und 1258191. J. W. Coast jr. Vom 5. März 1918).

Man hat bereits durch mechanisch bewegte Rührwerke für eine Bewegung des geschmolzenen Bleies gesorgt (vgl. dieses Kapitel, Am.P. 1187874). Zu dem gleichen Zweck verwendet das Am.P. 1296244 die bei der Spaltung entstehenden permanenten Gase. Sie werden in den horizontal liegenden, zum Teil mit geschmolzenem Blei o. dgl. gefüllten Kessel mit Hilfe einer Pumpe in ein am Boden liegendes, mit Austrittsöffnungen versehenes Röhrenaggregat hindurchgepreßt. Sie treten dann durch das Blei und die Kohlenwasserstoffe in den Kondensor und werden dann im Kreislauf wieder zurückgeleitet. Einen ähnlichen Kreislauf beschreibt das D.R.P. 39949 (Am.P. 1296244. W. C. und F. E. Wells, Ohio. Vom 4. März 1919).

Nach den Ausführungen des Am.P. 1367828 soll man Öle auch unter Zusatz von Erdgas kracken, indem man sie in gemischtem Zustand in geschmolzenes Blei einleitet. Sowohl das Öl als auch das Naturgas werden vor ihrer Mischung vorgewärmt. Es ist außerdem ein Rohr zur Einführung von Luft vorgesehen, um den abgeschiedenen Kohlenstoff zu verbrennen. Der Apparat besteht aus einem aufrecht stehenden, zylindrischen, zu zwei Drittel mit Blei gefüllten Kessel, der Einführungsrohre für die Mischung von Naturgas mit Öl in das Blei, sowie zur Einführung von Öl und Gas getrennt über dem Blei aufweist (Am.P. 1367828. A. J. Paris jr., Pennsylvania. Vom 8. Februar 1921, vgl. auch dieses Kapitel, Am.P. 1392788).

Während die meisten der besprochenen Vorschläge das Blei als direktes Heizmittel anwenden, ist in dem Am.P. 1382727 ein indirektes Bleibad als Wärmeüberträger empfohlen, wie das z. B. auch bereits in den D.R.P. 94846, Kl. 12, 226958, Kl. 23 und in dem Ö.P. 61081 erläutert ist. Zur Ausführung des Verfahrens verwendet man getoppte Öle, die zunächst in einem Kessel verdampft werden und von dort durch eine in einem Bleibad liegende Rohrschlange geleitet und dabei gespalten werden. Die Spaltprodukte werden in Rohpetroleum als Kühlflüssigkeit eingeleitet und das hieraus verdampfte Naturgasolin mit den Krackbenzinen abgeleitet und kondensiert, während das so getoppte Öl im Kreislauf zum Verdampfer geleitet wird (Am.P. 1382727. D. W. Hoge, Chikago. Vom 28. Juni 1921, vgl. auch Am.P. 1418375).

Die Einrichtungen, welche in dem Am.P. 1392788 beschrieben sind, ähneln sehr denen des Am.P. 1367828 und rühren auch von dem gleichen Erfinder (A. J. Paris jr.) her. Das wesentlich neue des Verfahrens gegenüber dem des vorerwähnten Patents scheint darin zu bestehen, daß man die Mischung von Ölen mit Erdgasen unter Druck in das geschmolzene Blei einleitet, während über dem Blei kein Druck, sondern sogar ein Vakuum vorhanden sein kann. Das Verfahren wird für Erdöle, Destillate aus Kohle, Schiefer, Torf, Braunkohle für Kohlengas, Ölgas, Naturgas, Gase aus Holz und Braunkohle und für feste Paraffine, Wachse, Asphalte und Harze empfohlen (Am.P. 1392788. J. Paris, Pennsylvania. Vom 4. Oktober 1921).

In dem vorerwähnten Am.P. 1382727 ist eine wagerecht liegende Spaltschlange beschrieben, welche durch ein Bleibad auf Kracktemperatur erhitzt wird. In dem Am.P. 1418375 hat der gleiche Erfinder dieses Verfahren insofern abgeändert, als die Heizschlange durch einen stehend angeordneten Röhrenerhitzer ersetzt worden ist, welcher von dem zu spaltenden Öl im Zickzackwege durchströmt und durch ein Bleibad von außen erhitzt wird. Die Temperatur des Bleibades soll zwischen 410—667⁰ C liegen und der Druck nicht über 400 g. Das zur Spaltung kommende Öl soll vorher von den Naturgasolinen befreit, d. h. also getoppt sein (Am.P. 1418375. D. W. Hoge, Illinois. Vom 6. Juni 1922).

Das Am.P. 1435652 benutzt auch geschmolzenes Blei als Spaltmittel. Durch eine besondere Ausführung des Spaltprozesses ist aber Sorge dafür getragen, daß keine Anhäufung des ausgeschiedenen Kohlenstoffs stattfindet. Zur Spaltung gelangt getopptes Öl zusammen mit den schwer flüchtigen kondensierten Krackdestillaten und mit den unverdampften Krackrückständen, die auf dem geschmolzenen Blei lagern und den ausgeschiedenen Kohlenstoff enthalten, von dem sie getrennt werden können. Außerdem wird der zur Spaltung gelangenden Mischung noch Naturgas zugesetzt. Der Spaltkessel ist liegend horizontal angeordnet und trägt auf der Unterseite konisch geformte, unten geschlossene Röhren, in die durch schräg zur Mittelachse angeordnete Einleitungsröhren die vorerwähnte Mischung eingeführt wird. Man arbeitet derart, daß sich auf dem geschmolzenen Blei eine Ölschicht befindet, die mit dem in ihr enthaltenen Kohlenstoff entfernt und von diesem getrennt werden kann (Am.P. 1435652. J. L. Murrie, New York. Vom 14. November 1922).

Bereits in dem D. R. P. 439712 ist darauf hingewiesen worden, daß die Behandlung von Ölen mit geschmolzenem Blei gleichzeitig zur Entschwefelung der Öle führt. Gleiche Angaben sind auch in dem Am.P. 1474147 enthalten, in dem das Kracken mit direktem Bleibad für sehr stark schwefelhaltige, mexikanische Rohöle empfohlen wird, um sie gleichzeitig von Schwefel zu befreien. Es wird ein Apparat vorgeschlagen, der ein Aggregat von aufrecht stehenden Heizröhren, die oben durch ein

Sammelrohr verbunden sind, enthält. Das Sammelrohr führt zu einem zylindrischen Absetzkessel, der senkrecht stehend angeordnet ist und in dem sich die schweren Krackrückstände und der Kohlenstoff sammeln. Die Heizröhren wurden von oben mit flüssigem Blei gefüllt, das an ihrem unteren aus dem Ofen ragenden Ende erstarrt und als Abschluß dient. Dieser Bleiverschluß wird lokal durch eine Stichflamme geschmolzen, sofern man in die Röhren von unten Kohlenwasserstoffe einbringen will. (Am.P. 1474147. J. L. Gray, New Jersey. Vom 13. November 1923.)

Es ist bereits in dem Am.P. 1141529 ein Verfahren beschrieben worden, bei dem das Blei mit Hilfe einer Pumpe im Kreislauf umgewälzt und dann mit einer Düse auf einen hoch erhitzten eisernen Rost versprüht wird, während das Öl gleichfalls mit einer über dem Auslauf des Bleies liegenden Düse auf den Rost versprüht wird. Nach den Angaben des Am.P. 1474395 wird ein ähnlicher Arbeitsgang innegehalten, indem das Blei und der Kohlenwasserstoff in eine Mischdüse gepreßt werden und von da aus in einen Raum gelangen, in dem sie voneinander getrennt werden (Am.P. 1474395. C.B. Watson, Ohio. Vom 20. November 1923).

Auch im Verfahren des Am.P. 1474475 wird ein Bleibad als Hitzeüberträger verwendet. Das Bleibad ist in einer flachen, mit einer Lage von Asbest bedeckten Schale angeordnet. In dem Bad liegen parallel zueinander die Heizrohre, welche durch abnehmbare Krümmer so verbunden sind, daß sie sich leicht reinigen lassen. Die Schale liegt in einem, aus feuerfestem Mauerwerk bestehenden Ofen (Am.P. 1474475. D. W. Hoge. Vom 20. November 1923).

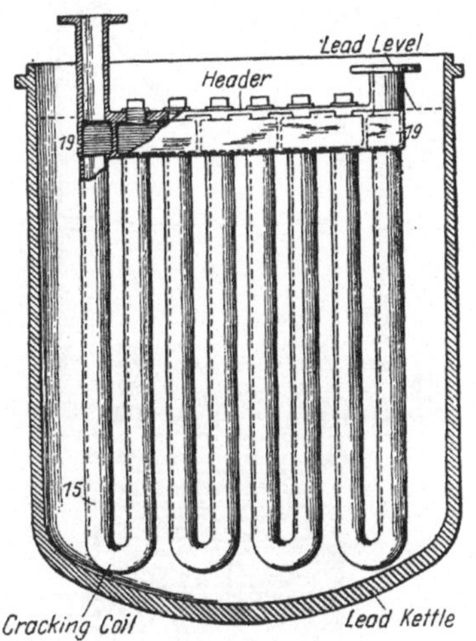

Abb. 78. Am.P. 1474476.

Es ist bereits in den Am.P. 1382727 und 1418375 ein Verfahren beschrieben, bei welchem das Blei als indirekter Wärmeüberträger verwendet wird, indem es die Heizung von Krackröhren übernimmt. Eine gleiche Anordnung findet sich auch in dem Am.P. 1474476. Der Apparat besteht aus einem Destillationskessel für die Öle, einem Krackkessel und einem Kondensator. Der Krackkessel ist mit geschmolzenem Blei gefüllt und enthält einen Röhrenerhitzer, in welchem die Öldämpfe im Zickzack auf und absteigen (Abb. 78.) Der Kessel 19 ist mit geschmolzenem Blei gefüllt. Die Öle treten auf der linken Seite in das Krackrohr 15 ein, das sie von oben nach unten im Zickzackweg durchlaufen, um an der rechten Seite auszutreten. (Am.P. 1474476. D. W. Hoge, Chikago. Vom 20. November 1923.)

Es ist bereits in dem F.P. 500377 (vgl. auch die dort genannten Am.P. ein Apparat erläutert, in welchem eine Anzahl von U-förmigen und ge- geschmolzenem Blei gefüllten Röhren als Krackretorten vorhanden sind.

In diese röhrenförmigen Retorten wird mit tiefreichenden Einleitungsröhren der Kohlenwasserstoff eingeführt. Ähnliche Einrichtungen sind
auch in dem Am.P. 1635519 beschrieben. Die Spaltretorte hat im Querschnitt die Gestalt eines liegenden Rechtecks, in dessen Boden sich
U-förmige Röhren befinden. Sowohl diese Röhren als auch der Boden
der Retorte enthält flüssiges Blei. In die einzelnen Röhren wird von oben
bis beinahe auf den Boden der Röhrenretorte der zu spaltende Kohlenwasserstoff unter Druck eingeführt (Am.P. 1635519. M. C. Wells et Al.,
Ohio. Vom 12. Juli 1927).

Nach den Ausführungen des Am.P. 1652563 soll man unter Verwendung von geschmolzenen Metallen, wie Blei oder Kupfer, und von
Erzen so arbeiten, daß auf dem zu spaltenden Kohlenwasserstoff zunächst ein Höchstdruck ruht, der sich automatisch verringert, so daß
schließlich die Krackprodukte etwa unter Atmosphärendruck stehen.
Zur Ausführung benutzt man eine aufrecht stehende Retorte, die mit
geschmolzenem Metall gefüllt ist und in der sich gegeneinander versetzte
Prellplatten befinden, die das Öl zwingen, im Zickzack durch das
Metall hindurchzustreichen, wodurch ein langer Weg gewährleistet
ist. Naturgemäß wird der auf den Öldämpfen lastende Druck um so
geringer, je mehr sich die Dämpfe der Oberfläche des Metallbades
nähern (Abb. 79.) *1* ist die Spaltkammer, die mit einer Füllung *2*
von geschmolzenem Metall und Erzen angefüllt ist und Prellplatten *9* aufweist. Die zu spaltenden Öle werden durch Rohr *3* eingeleitet und steigen

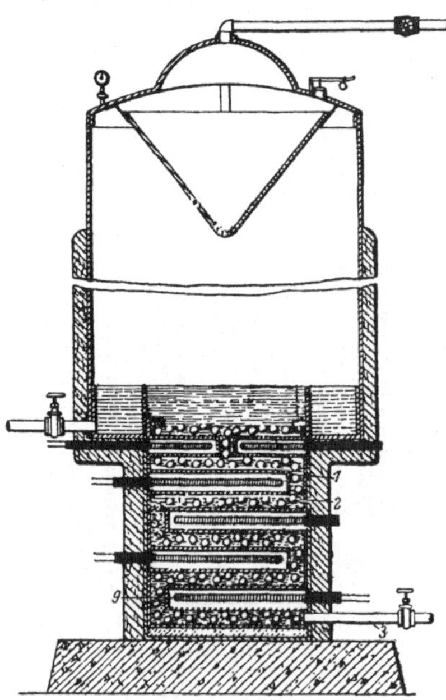

Abb. 79. Am.P. 1652563.

in dem Metallbad aufwärts. (Am.P. 1652563. D. J. de Lope, Kalifornien.
Vom 13. Dezember 1927.)

In dem Am.P. 1661827 ist ein mit geschmolzenem Zinn oder einer
Legierung gefüllter Kessel beschrieben, von dem durch eine Scheidewand
ein kleiner Teil abgetrennt ist, in den ein Strom von Wasserdampf und
Öl eingestäubt wird und der horizontale Prallsiebe im Metall besitzt.
Der Hauptkessel steht durch zwei Röhren mit einem Nebenkessel in
Verbindung, in den die ausgeschiedene Kohle und dergleichen eingeleitet
und von da abgeleitet werden kann (Am.P. 1661827. E. T. Hessle et
Al., Illinois. Vom 6. März 1928).

6. Heizeinrichtungen mit Umlauf außerhalb.

D.R.P. 166723, Kl. 12. De Clercos Patentgesellschaft zur Fabrikation von Teer- und Dachpappenmaschinen m. b. H. in Berlin. Feuer- und überschäumsicherer Destillationsapparat für Teer und andere entzündliche Stoffe. Vom 27. Januar 1904.

Patentanspruch: Feuer- und überschäumsicherer Destillierapparat für Teer und andere entzündliche Stoffe, dadurch gekennzeichnet, daß ein Heizschlangensystem, ein geschlossener Behälter und eine Pumpe so durch Leitungen verbunden sind, daß nicht das ganze zu destillierende Flüssigkeitsquantum, sondern nur die Füllung der Heizschlange mit der Feuerstelle in direkte Berührung kommen kann und die zu destillierende Flüssigkeit durch die Pumpe in eine zirkulierende Bewegung gebracht wird, welche bei Erhitzung des Heizsystems eine Destillation des Teers zur Folge hat (Abb. 80).

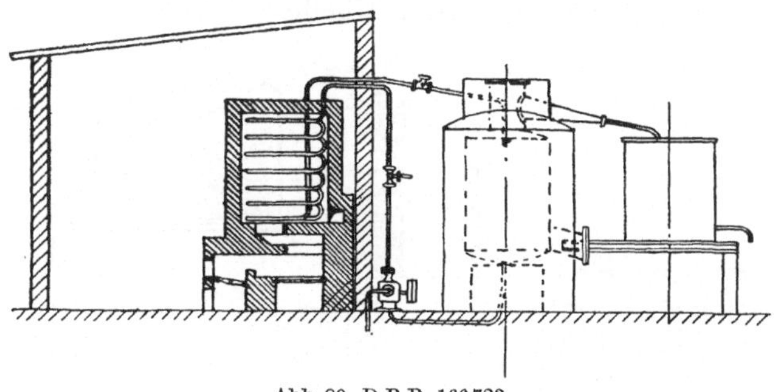

Abb. 80. D.R.P. 166723.

D.R.P. 380332, Kl. 23. Standard Oil Company in Whiting, Indiana, U. S. A. Verfahren zur Druckwärmespaltung von hochsiedenden Ölen. Vom 1. September 1921 (vgl. auch Ö.P. 74470, Am.P. 1119496).

Patentansprüche: 1. Verfahren zur Druckwärmespaltung von hochsiedenden Ölen, bei welchen das schwersiedende Ausgangsöl unter einem Druck von 3 Atm. und mehr bei einer Temperatur von 340—450° C. (Kracktemperatur) destilliert und kondensiert wird und wobei das Ausgangsöl ständig durch eine beheizte Rohrschlange und einen unbeheizten, mit einem Kondensator verbundenen Behälter in Umlauf gesetzt wird, dadurch gekennzeichnet, daß dieser Behälter eine Destillierblase ist, in der das in der Rohrschlange gespaltene Öl destilliert wird, um durch eine nach aufwärts gerichtete Fraktionierungsleitung nach dem Kondensator zu gehen, so daß die niedrig siedenden Bestandteile in den unter Druck stehenden Kondensator gelangen, während die höher siedenden in die Destillationsblase zurückfließen, um wiederum durch die beheizte Rohrschlange zu zirkulieren.

2. Petroleumdestillationsverfahren nach Anspruch 1, dadurch gekennzeichnet, daß der auf die zu behandelnde Flüssigkeit einwirkende Druck von ungefähr 3—7 Atm. sowohl in der beheizten Rohrschlange

für die Spaltung wie auch in Destillierblase und Kondensator aufrechterhalten wird (Abb. 81).

Bei der dargestellten Anlage wird die zu destillierende Flüssigkeit in
den Behälter *1* eingefüllt, der mehrere tausend Liter fassen kann. Befindet sich die Pumpe *3* und die Feuerung *5* im Betrieb, dann wird bei
geschlossenen Ventilen *9* und *12* der Inhalt des Behälters *1* in Umlauf
gesetzt, indem derselbe von dem Behälter *1* durch die Leitung *2* in
die Pumpe *3* gelangt, welche die Flüssigkeit in Form eines verhältnismäßig feinen Stromes durch die Schlange *4* drückt, von wo aus sie in
einem erhitzten Zustand durch die Leitung *6* in den Behälter *1*
zurückkehrt. Durch Fortsetzung dieser Zirkulation erhitzt die von der
Schlange *4* in den Behälter *1* zurückkehrende und sich in einem erhitzten
Zustand befindende Flüssigkeit den Inhalt dieses Behälters *1*, während
die sich entwickelnden Dämpfe durch die ansteigende Fraktionierungsleitung *7* in die Kühlschlange *8* entweichen, die höhersiedende Flüssigkeit aber in die Destillierblase zurückfließt.

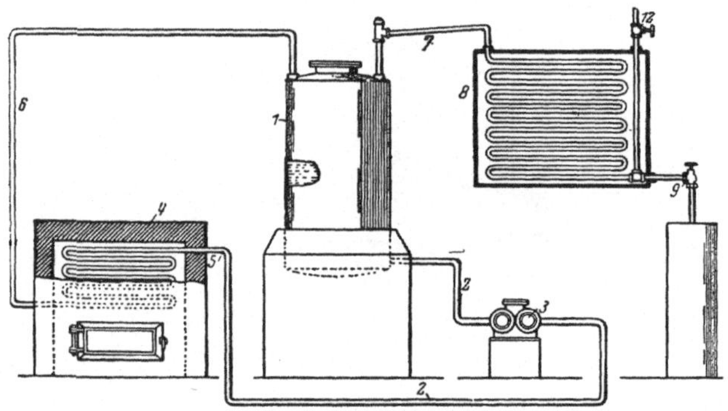

Abb. 81. D.R.P. 380332.

D.R.P. 428392, Kl. 23. Sinclair Refining Company in Chikago, U.S.A. Verfahren zum Spalten von Kohlenwasserstoffen. Vom 20. April 1922 (vgl. auch Am.P. 1285200).

Patentansprüche: 1. Verfahren zum Zersetzen von Kohlenwasserstoffen, wobei diese rasch durch auf Spaltungstemperatur erhitzte, aufwärts gerichtete Röhren geschickt und zu einem Speisebehälter zurückgeführt werden, dadurch gekennzeichnet, daß Kohlenstoffablagerungen
o. dgl. dadurch verhindert werden, daß die Kohlenwasserstoffe durch
enge Rohre rasch aufwärts hindurchgeschickt werden, welche in an
sich bekannter Art senkrecht oder annähernd senkrecht sind.

2. Vorrichtung für das Verfahren nach Anspruch 1, gekennzeichnet
durch eine relativ große Zahl wesentlich senkrechter Zersetzungsrohre.

3. Vorrichtung nach Anspruch 2, dadurch gekennzeichnet, daß der
Kreislauf des Öles durch eine in ihn eingeschaltete Pumpe beschleu-
nigt wird.

4. Vorrichtung nach Anspruch 2, dadurch gekennzeichnet, daß die
Zu- und Abführungen mit den Zersetzungsrohren außerhalb der Heizzüge
des die Rohre heizenden Ofens verbunden sind.

5. Vorrichtung nach Anspruch 3, dadurch gekennzeichnet, daß der in den Kreislauf eingeschaltete Hauptzufuhrbehälter vom Ofen entfernt angeordnet ist.

6. Vorrichtung nach Anspruch 2, dadurch gekennzeichnet, daß die engen Rohre (*22*) ununterbrochen durch Decke und Boden der Heizzüge hindurchlaufen.

7. Vorrichtung nach Anspruch 6, dadurch gekennzeichnet, daß an jedem Ende jeden Zersetzungsrohres je eine durch einen Deckel verschlossene Zugangsöffnung vorgesehen ist.

8. Vorrichtung nach Anspruch 2 und 3, dadurch gekennzeichnet, daß die Druckvorrichtung am unteren Teil eines Fallrohres liegt, das vom Hauptzufuhrbehälter vorzugsweise in seiner Mitte abführt und sich nach den Enden des Hauptrohres des unteren Rohranschlußkopfes gabelt, während das Öl zum Behälter durch zwei Rohre zurückgeführt wird,

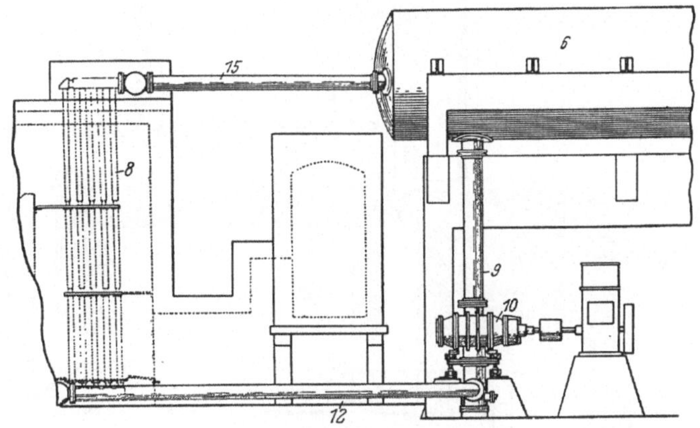

Abb. 82. Am.P. 1 432 067.

die mit den Enden des Hauptrohres des oberen Rohranschlußkopfes verbunden sind und zu den Enden des Behälters führen.

9. Vorrichtung nach Anspruch 2, 3, 4, 5, 6, 7 oder 8, dadurch gekennzeichnet, daß außer den senkrechten oder annähernd senkrechten Rohren nebst Hilfsmitteln zum Hindurchtreiben von Öl ein Behälter oder eine Kanmmer vorgesehen ist, die von solcher Größe ist, daß eine relativ ruhende Zone vorhanden ist, in welcher der Kohlenstoff sich abscheiden kann, so daß eine Rückkehr in die erhitzte Zone verhindert wird.

Eine typische Heizeinrichtung, die aus einem Röhrenüberhitzer und einem mit diesem in Verbindung stehenden Druckkessel steht, wobei das Öl durch eine Pumpe im Kreislauf von dem Überhitzer durch den Kessel strömt, ist in dem Am.P. 1203312 (vgl. S. 28) beschrieben (Am.P. 1203312. W. M. Cross, Kansas. Vom 31. Oktober 1916).

Auch in dem Am.P. 1285200 ist ein Kessel mit Umlauf außerhalb beschrieben. Dieses Am.P. ist eingehend auf S. 35 besprochen (Am.P. 1285200. E. W. Isom, Chikago. Vom 19. November 1918).

Auch das Am.P. 1432067 des vorstehend genannten Erfinders E. W. Isom und J. E. Bell betrifft im wesentlichen einen ähnlichen Spaltapparat mit Umlauf, wie er bereits in dem Am.P. 1285200 (vgl. S. 35) eingehend erläutert ist. Das Merkmal, auf welches die Anmelder scheinbar besonderen Wert legen, ist eine besondere Konstruktion der Umwälzpumpe (Abb. 82). Das Öl wird durch Pumpe *10* durch den Erhitzer *8*, von da durch *15* in den Kessel *6* und von da durch *9* und *12* im Kreislauf zurückgepumpt. (Am.P. 1432067. E. W. Isom.)

Das Verfahren des Am.P. 1449227 des Erfinders R. W. Hanna stützt sich auf die beiden älteren Patente des gleichen Erfinders 1408968 und 1449226, die in dem Kap. XX abgehandelt sind und auf die hier verwiesen werden muß. Das neue Merkmal, insbesondere gegenüber dem Am.P. 1449226, ist anscheinend darin zu sehen, daß das zu spaltende Material im Kreislauf durch die Heizschlangen und den Spaltkessel ge-

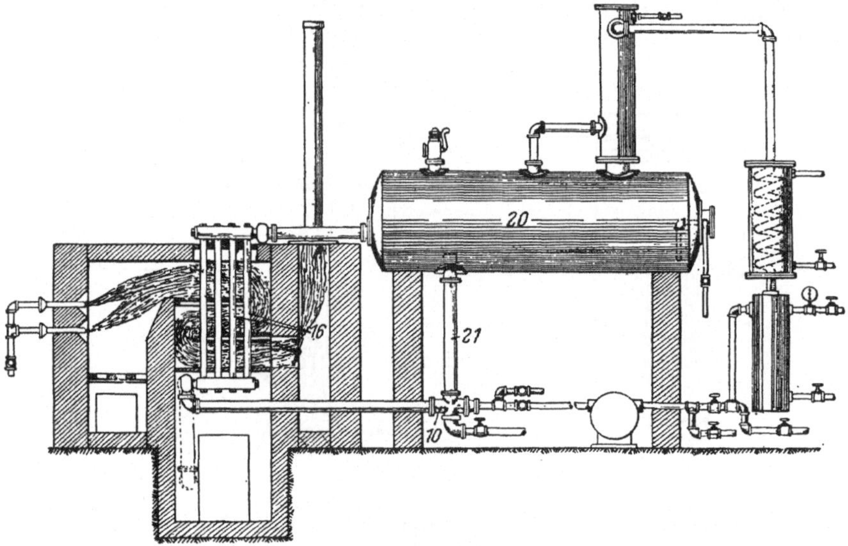

Abb. 83. Am.P. 1533839.

schickt wird, weil der Erfinder erkannt hat, daß die Innehaltung einer möglichst gleichmäßigen Spalttemperatur von Bedeutung für das Endprodukt ist (Am.P. 1449227. Hanna, Mason und Hamilton, Kalifornien. Vom 20. März 1923).

Zur Ausführung des Verfahrens nach Am.P. 1533839 wird gleichfalls ein Heizapparat mit Umlauf außerhalb angewendet, wie er in den vorstehenden Am.P. vielfach beschrieben ist und der im wesentlichen aus einem Röhrenerhitzer, der hier senkrecht angeordnet ist und Sammelräumen für die Röhren besteht und einem daran anschließenden großen Spaltkessel, durch welchen das Öl zirkuliert. Wesentlich für das neue Verfahren ist die Zirkulation des Rohöls durch permanente Gase, wie Methangas o. dgl., und zwar durch Einleiten, bevor das Rohöl in die Überhitzerschlange eintritt. Die schweren Rückstände aus dem Spaltkessel, sowie die Rückstromkondensate und das Gas durchziehen den Apparat im Kreislauf (Abb. 83). In der Zeichnung ist *10* der Injektor zum Einleiten des Gemisches von Gasen mit Rohöl. *16* ist der Röhrenüberhitzer und *20* der Expansionskessel, aus dem die Leitung *21* nach dem Injektor *10* zurückführt (Am.P. 1533839. R. Egeland, Chikago: Vom 14. April 1925).

Das Am.P. 1553168 stammt auch wie das eingangs dieses Kapitels erwähnte Am.P. 1285200 von Isom (vgl. auch Einleitung, S. 35). Die in beiden Patenten enthaltenen Zeichnungen sind zum Teil identisch. Wesentlich für den verwendeten Apparat scheint die besondere Anbringung einer zur Zirkulation des Öles eingebauten Pumpe zu sein, die von relativ kaltem Öl umspült wird, so daß beim Undichtwerden der Stopfbüchsen kaltes Öl nach innen und nicht Krackdestillate nach außen

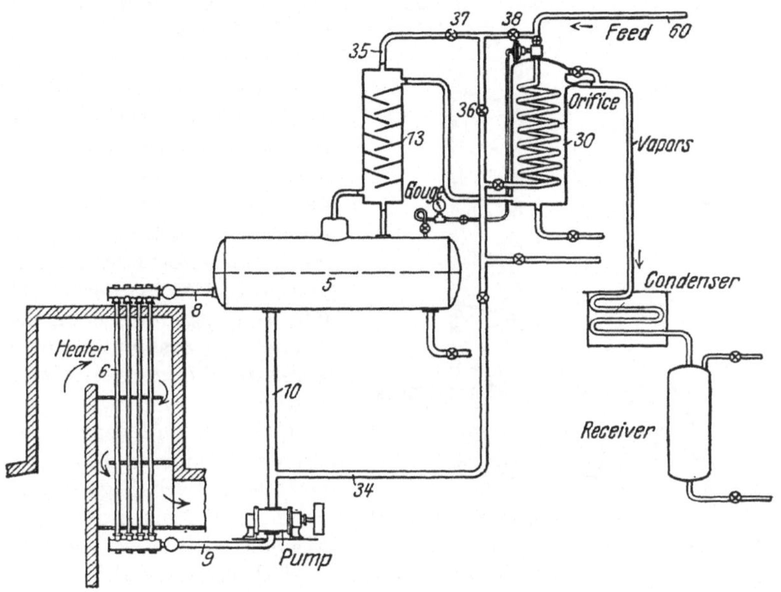

Abb. 84. Am.P. 1575031.

treten (Am.P. 1553168. E. W. Isom, New York. Vom 8. September 1925).

Nach den Angaben des Am.P. 1575031 zirkuliert das zu spaltende Öl von einem liegenden zylindrischen Kessel durch eine Überhitzerschlange. In die Zirkulationsleitung mündet auch die Leitung für das Rückstromkondensat. Auf dem Kessel befindet sich ein Dephlegmator, an den sich ein Kondensator anschließt. Zwischen diesen beiden sind Druckventile vorgesehen, um den erforderlichen Druck vor dem Kondensator aufrecht zu erhalten, während die Kondensation unter geringerem bzw. ohne Überdruck stattfindet (Abb. 84). *5, 10, 9, 6, 8* bilden eine Krackeinrichtung mit Umlauf, bei der die Heizeinrichtung *6* räumlich vom Kessel *5* getrennt ist. Durch Rohr *60* kann man das Frischöl entweder als Kühlöl in der Schlange *30* verwenden und angewärmt in die Leitung *34* oder als Kühlöl durch *37, 35* in den Dephlegmator *13* laufen lassen. Das Frischöl kann aber auch durch *60, 38, 36, 34* direkt in die Heizschlange geleitet werden. (Am.P. 1575031. John E. Bell, Illinois. Vom 2. März 1926.)

Der Spaltapparat des Am.P. 1581895 besteht im wesentlichen aus zwei etwas schräg zueinander, wenig von der Horizontalen abweichenden Krackröhren, die zu Beginn der Spaltung etwa zur Hälfte mit Öl gefüllt werden. Die Röhren werden in einem Ofen überhitzt und das Öl zirkuliert durch die verbundenen Röhren mit Hilfe einer außenliegenden Pumpe. Man kann den Kohlenstoff sich absetzen lassen und das Öl dann trennen. Der Kohlenstoff wird mit Wasserdampf abgeblasen (Am.P. 1581895. F. E. Wellmann, Kansas. Vom 20. April 1926).

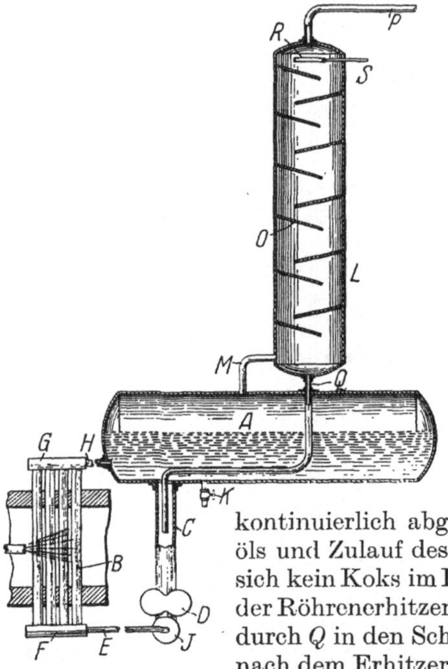

Das Am.P. 1598136 betrifft eine Verbesserung der Arbeitsweise, die in dem Am.P. 1285200 (vgl. dieses Kapitel, S.127 u.35) beschrieben ist. Das Öl befindet sich in einem geräumigen, liegenden, zylindrischen Kessel und wird im Kreislauf durch einen außerhalb des Kessels angeordneten Röhrenerhitzer hindurchgepumpt. Das Frischöl wird in den Dephlegmator eingeleitet und gelangt zusammen mit dem Rückstromkondensat in den Verbindungsschenkel zwischen dem Hauptkessel und dem Überhitzer. Vom Boden des Kessels wird das stark teerhaltige Schweröl kontinuierlich abgelassen. Der Ablauf des Schweröls und Zulauf des Frischöls wird so bemessen, daß sich kein Koks im Kessel abscheidet (Abb.85). *B* ist der Röhrenerhitzer. Das Rückstromkondensat läuft durch *Q* in den Schenkel *C* und von da im Kreislauf nach dem Erhitzer *B*. (Am.P. 1598136. E.C.Herthel, Chikago. Vom 31. August 1926.)

Abb. 85. Am.P. 1598136.

Im Eingang dieses Kapitels ist auf das Am.P. 1285200 hingewiesen (vgl. auch Einleitung, S.35). Das Am.P. 1613718 soll eine Verbesserung der älteren Heizeinrichtung mit äußerem Umlauf betreffen. Bei diesen Apparaten zirkuliert das Spaltgut durch eine Spaltschlange, durch einen Expansionskessel und von da zur Spaltschlange zurück, d. h. es werden auch die entstehenden, schweren, teerartigen Rückstände, welche zur Verschmutzung der Krackröhren neigen, in den Kessel zurückgeführt. Bei der neuen Anordnung ist dieser Mißstand vermieden. Der Expansionskessel ist ein stehender Zylinder, der in seiner unteren Hälfte durch eine senkrechte Scheidewand in zwei Teile geteilt ist. In die der Krackschlange zugewandte linke Abteilung treten die Krackdestillate. Die schweren Destillate sammeln sich in der linken Abteilung, wobei die teerartigen Stoffe zu Boden fallen und gesondert abgezogen werden. Die geklärten Öle treten als Überlauf in die rechte Abteilung des Kessels, welcher den Rücklauf der leichteren Destillatdämpfe enthält, die durch Einleiten von Frischöl in den Deckel des Kessels zurückgekühlt werden. Nur die klaren teerfreien Kondensate von der rechten Seite des Kessels zirkulieren. Frischöl kann nach Bedarf auch unten in die Krackschlange eingeleitet werden (Abb. 86). *10* ist ein Röhrenerhitzer. *17* ein Expansionsraum mit dephlegmierend wirkenden Einrichtungen. *18* ist eine Scheidewand, um die teerhaltigen Produkte (links) von den teerfreien (rechts) zu scheiden, die in die Speiseleitung zurückgehen. (Am.P. 1613718. C. L. Parmelle, Chikago. Vom 11. Januar 1927.)

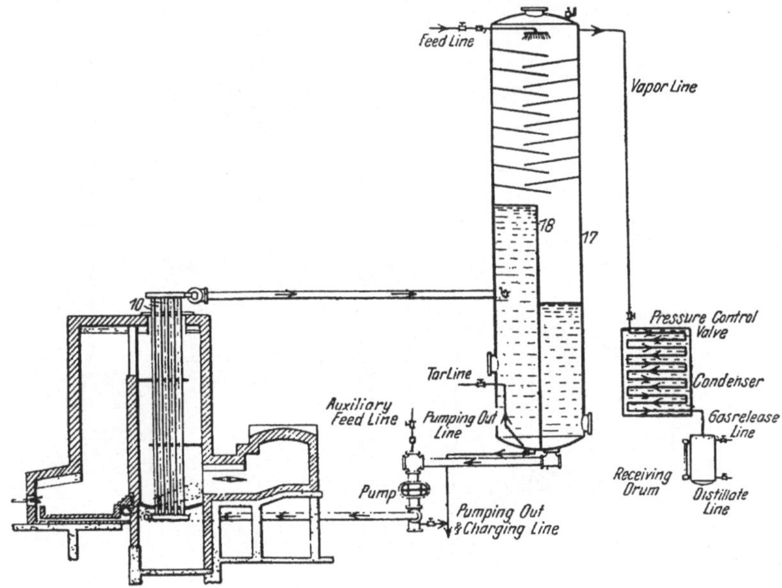

Abb. 86. Am.P. 1613718.

Die automatische Ausscheidung der teerartigen Produkte aus dem Rücklaufkondensator ist auch in dem D.R.P. 370470 und in den Am.P. 1543831 und 1543832 beschrieben (vgl. Kap. II).

In der Einleitung zu diesem Kapitel und auf S. 28 ist auf das Am.P. 1203312, das einen Spaltkessel mit Umlaufheizung besitzt, hingewiesen. Auch in dem Am.P. 1624889 desselben Erfinders Cross wird eine ähnliche Krackeinrichtung benutzt. Es ist aber Vorsorge dafür getroffen, daß die unterhalb 70⁰ C kondensierbaren Dämpfe intermittierend oder kontinuierlich abgeleitet und den Brennern zugeführt werden, wodurch die Ausbeute an Leichtölen größer werden soll. Es werden Temperaturen von 410—555⁰ C vorgeschlagen (Am.P. 1624889. W. M. Cross. Vom 12. April 1927).

Im Eingang dieses Kapitels ist das Am.P. 1285200 besprochen worden. Das Am.P. 1632967 soll eine Verbesserung des älteren Am.P. betreffen. Auch hier zirkuliert das Öl aus einem liegenden zylindrischen Kessel durch einen Röhrenerhitzer. Auf dem Kessel befindet sich ein direkt durch Rohöl gekühlter Dephlegmator. Die Speise- und Rücklaufleitung aus dem Dephlegmator tritt durch den Kessel in die Zirkulationsleitung, der auch nun an einer tieferen Stelle Frischöl zugeführt werden kann. Wesentlich für die Arbeitsweise soll die Maßnahme sein, so viel Frischöl in den Dephlegmator zu leiten, daß in den Druckkessel auch leichtere Öle aus dem Dephlegmator zurückgelangen (Abb. 87). Das Frischöl tritt bei *20* ein und wird mit den Kondensaten aus Dephlegmator *8* in den Schenkel *5* eingeleitet. Der Teer wird durch *23* abgezogen. Durch Pumpe *4* zirkuliert das Öl aus Hauptkessel *1* durch

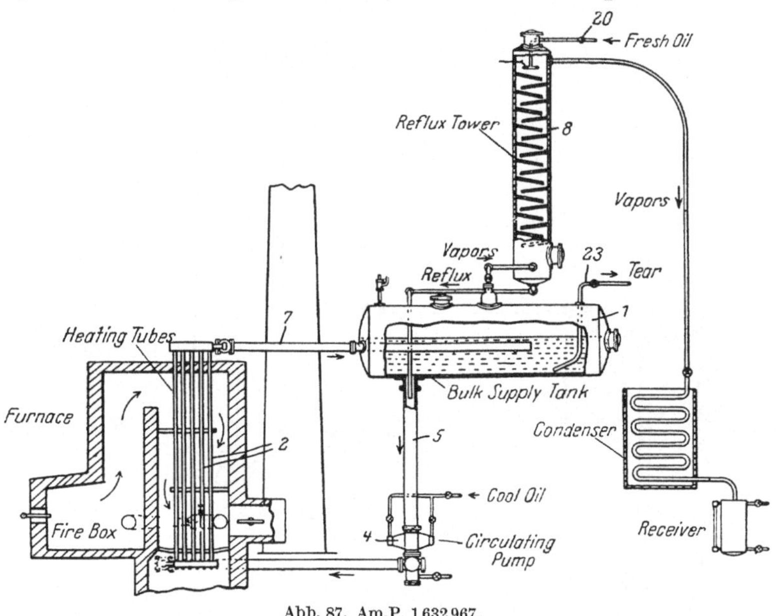

Abb. 87. Am.P. 1632967.

Rohr *5*, Röhrenerhitzer *2* und Rohr *7*. (Am.P. 1632967. E. C. Herthel, Chikago. Vom 21. Juni 1927.)

7. Röhrenkessel mit Umlauf.

Eine typische Umlaufretorte, die aus einem wagerecht liegenden Hauptkessel und einem damit verbundenen schrägliegenden Heizröhrenaggregat besteht, ist in den bereits besprochenen Am.P. 1226526 und 1388514 von Burton-Clark und von Jenkins (vgl. S. 31 u. 16) beschrieben. Die Retorte des Am.P. 1170884 bietet im allgemeinen die gleiche Anordnung, hingegen fehlt in dem einen Sammelrohr für die Heizröhren der Propeller. Dafür ist die Anordnung getroffen, daß neben dem Sammelrohr ein zweites Rohr aus dem Kessel nach unten abzweigt, und daß sich diese beiden Rohre in einem mit einem Diaphragma versehenen unteren kleinen röhrenförmigen Kessel treffen. Der Hauptkessel ist gleichfalls mit einem wagerechten Diaphragma versehen. Ein in die Mitte des Kessels ragender Überlauf sorgt für die Abführung der teerartigen Massen (Abb. 88). Die im vorstehenden erläuterte Anordnung ist mit den Buchstaben *5, 3, 7, 10* bezeichnet. (Am.P. 1170884. S. H. Edwards, New Jersey. Vom 8. November 1916.)

Die Umlaufretorte des Am.P. 1247883 ist im wesentlichen der des Am.P. 1226526 sehr ähnlich. Der Umlauf wird auch hier durch einen Propeller bewirkt. Neu an der Retorte ist eine nahe dem Dache angebrachte doppelwandige, perforierte, durch Wasser gekühlte Röhre, die sowohl eine lokale Abkühlung der Dämpfe bewirken soll und außerdem zur Ableitung der Destillate und Gase in einen Kondensator dient (Am.P 1247883. S. Schwartz, Milwaukee. Vom 27. November 1917).

Die Umlaufretorte nach dem Am.P. 1321749 stammt auch von U. S. Jenkins (vgl. Am.P. 1226526, s. S. 31). Abweichend von der früheren Konstruktion ist die Anordnung der Heizröhren direkt in dem Kesselboden ohne Zwischenschaltung eines Sammelrohres. Außerdem besitzt der Spaltkessel ein Schauglas für das Ölniveau und ein in der Nähe der Decke befindliches perforiertes Rohr zum Herausleiten der leichten Krackdestillate (Am.P. 1321749. U.S. Jenkins, Chikago. Vom 11. November 1919). Ein ähnliches Abzugsrohr ist auch in dem Am.P. 1247883 beschrieben (siehe dieses Kapitel).

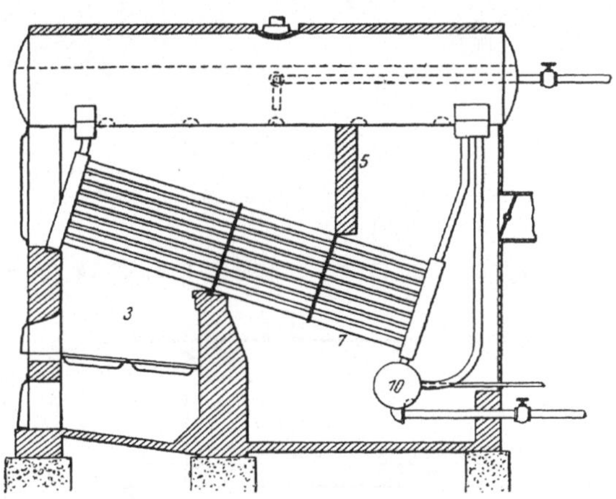

Abb. 88. Am.P. 1170884.

In dem Am.P. 1358174 ist eine Umlaufretorte beschrieben, die im wesentlichen aus einem wagerecht liegenden Sammelrohr besteht, aus dem nach unten senkrechte röhrenförmige Retorten in die Feuerung abzweigen. Diese senkrechten Retorten besitzen besonders konstruierte Innenrohre, durch die eine Zirkulation des Öles bewirkt wird. Die senkrechten Retorten besitzen unten Ableitungen für den Koks (Abb. 89). Wesentlich für die vorliegende Anordnung sind die Zirkulationsröhren *13*, deren Ausgestaltung ohne weitere Angaben verständlich ist. (Am.P. 1358174. F. Puening, Illinois. Vom 9. November 1920.)

Die durch das Am.P. 1388514 von F. M. Clark geschützte Umlaufretorte ist auf S. 16 eingehend beschrieben.

Sie hat in dem Am.P. 1405286 desselben Erfinders E. M. Clark eine Abänderung erfahren. Über der Spaltretorte befindet sich ein zum Teil mit Rohöl gefüllter, als Kondensator dienender Kessel, der so durch eine Scheidewand in zwei Abteilungen getrennt ist, daß mit Hilfe eines

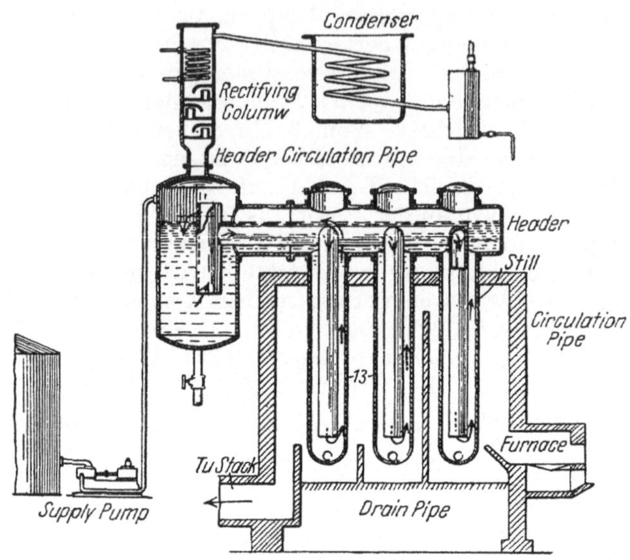

Abb. 89. Am.P. 1 358 174.

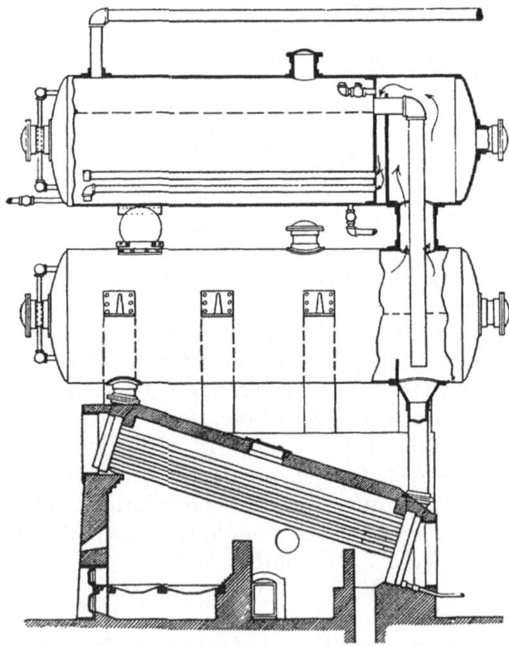

Abb. 90. Am.P. 1 405 286.

Verbindungsrohres die Krackdestillate aus dem Umlaufkessel durch Siebrohre unten in den Kondensatorkessel eintreten können, während das Öl aus dem oberen Kessel durch einen Überlauf in den unteren Kessel eintreten kann. Die beiden Kessel stehen unter dem gleichen Drucke. Aus dem oberen Kessel entweichen nur leichtflüchtige Destillate (Abb. 90). Die bauliche Anordnung der Kessel geht aus der Zeichnung klar hervor. Die Wirkungsweise ist aus der Beschreibung klar ersichtlich. (Am.P. 1405286. E. M. Clark, New York. Vom 21. Januar 1922.)

Die Verwendung von Ölen zum Auffangen von Krackdestillaten ist auch in dem Kap. XIV beschrieben.

Die Umlaufretorte des Am.P. 1414400 besteht aus einem schräg-liegenden Oberkessel und dem darunter parallel zum Oberkessel ange-ordneten Bündel von Heizröhren, die durch zwei flache Sammelräume untereinander und mit dem Hauptkessel in Verbindung stehen. Im Hauptkessel ist ein Propeller zur Bewegung des Öles. Zur Einführung von Kondensaten ist in den hinteren Sammelraum ein Verteiler eingebaut (Am.P. 1414400. V. L. Emerson, Pennsylvania. Vom 2. März 1922).

Die Einrichtungen des Am.P. 1440996 schließen sich an die Umlauf-retorten an, die in diesem Kapitel in den Am.P. 1226526 und 1247883 von den gleichen Erfindern beschrieben worden sind. Die Umlaufretor-ten sind in Form einer Kolonne durch Röhren miteinander verbunden, so daß in die erste Retorte das Frischöl eingeführt wird, während die nächsten Retorten mit den Rückständen der vorhergehenden beschickt werden (Am.P. 1440996. U. S. Jenkins & Schwartz, Kansas. Vom 2. Januar 1923).

Es ist bereits in der Einleitung S. 1 eingehend das Am.P. 1388514 von E. M. Clark besprochen, das sich zum Spalten einer Umlaufretorte be-dient, die aus einem obenliegenden wagerechten zylindrischen Röhren-kessel und den schräg darunter angeordneten Heizröhren, die durch Sammelschenkel mit dem Hauptkessel verbunden sind, besteht. Auch in dem Am.P. 1448254 von Burton & Clark ist ein im wesentlichen gleicher Apparat beschrieben, der aber zum gesonderten Ablauf der schweren Rückstromkondensate unter dem Kühler ein Sammelrohr für den Rücklauf besitzt (Am.P. 1448254. Burton & Clark, Chikago. Vom 13. März 1923).

Es sind in diesem Kapitel bereits mehrere Umlaufkessel mit darunter-liegendem Röhrenerhitzer beschrieben. Auch das Am.P. 1514098 be-trifft eine gleiche Konstruktion, deren Hauptmerkmal darin besteht, daß die Verbindungsschenkel zwischen dem Hauptkessel und dem Röhren-erhitzer ausnahmsweise lang gewählt werden. Bei einer Länge von 21 m herrscht in dem Röhrenaggregat ein Druck von etwa 2 Atm., wodurch die Anlage auch ohne Anwendung eines besonderen Druckes arbeiten kann. Man kann in dieser Anordnung das Röhrenaggregat durch einen Zylinderkessel und die hohen Verbindungsschenkel durch ein langes, oben schleifenförmiges Kühlrohr ersetzen (Am.P. 1514098. C. S. Palmer, Pennsylvania. Vom 4. November 1924).

Die in dem Am.P. 1526010 erläuterte Umlaufretorte ist in ihrem Aufbau den der Am.P. 1226526 und 1388514 sehr ähnlich. Als wesent-lich neu erscheint die Einrichtung, durch ein, den hinteren Verbindungs-schenkel durchlaufendes, Rohr in die Heizrohre in schräger Richtung nach oben inerte permanente Gase, wie Ofengase, Rauchgase, Kohlen-säure o. dgl. unter Druck einzuleiten, um die Umlaufgeschwindigkeit des Öles zu erhöhen (Am.P. 1526010. M. G. Paulus, Indiana. Vom 10. Fe-bruar 1925).

Während die meisten der vorstehend beschriebenen Umlaufretorten aus einem Hauptkessel und einem Aggregat von schrägen, unter dem Heizkessel angeordneten Röhren bestehen (vgl. z. B. Am.P. 1226526 und 1388514, Einleitung S. 31 u. 16), sind bei dem Am.P. 1555761 die Heizröhren nicht parallel zum Hauptkessel, sondern senkrecht in Form von zwei durch Sammelräume auf- und absteigender Röhrenbündel ausgebildet (Am.P. 1555761. W. F. Schanzlin, Ohio. Vom 29. September 1925).

Im Anfang dieses Kapitels ist u. a. auch auf die Umlaufretorte des Am.P. 1388514 von E. M. Clark hingewiesen, die in der Einleitung S. 16 eingehend beschrieben ist. Das Am.P. 1566828 des gleichen Erfinders verwendet auch die im wesentlichen vorerwähnte Konstruktion. Nur erscheint die Anordnung eines Rücklaufrohres aus dem Kessel etwa im

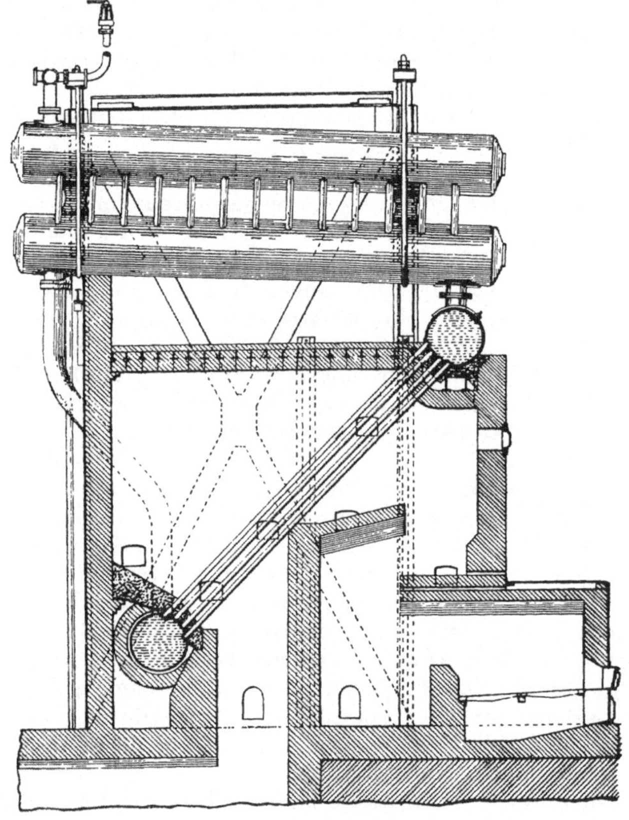

Abb. 91. Am.P. 1582929.

Winkel von 45⁰ und die Einführung eines Dampfrohres in den linken Verbindungsschenkel der Retorte, sowie zwei unterhalb des Kondensors angebrachte Sammler neu. Durch die Einführung von Dampf sollen die noch heißen Rückstände nach dem Kracken einer Wasserdampfdestillation unterworfen werden, wobei die Kondensate in den Sammlern aufgefangen werden (Am.P. 1566828. E. M. Clark, New York. Vom 22. Dezember 1925).

Auch der Apparat nach dem Am.P. 1582929 ist den bereits in diesem Kapitel beschriebenen sehr ähnlich, indessen sind an Stelle einer Hauptretorte eine Kolonne in zwei Reihen übereinanderliegender wagerechter zylindrischer geneigter Kessel vorgesehen, die untereinander durch zahlreiche seitliche Krümmer in Verbindung stehen. Aus der unteren Kesselkolonne führen Verbindungsschenkel zu zwei diese Schenkel verbindenden Sammelkesseln, die so angeordnet sind, daß die sie verbindenden Heizrohre etwa einen Winkel von 45⁰ bilden. Das Rohöl kann auch in diese obere Kesselkolonne eingeführt werden (Abb. 91). (Am. P. 1582929. R. E. Humphreys, Illinois. Vom 4. März 1926.)

In dem Am. P. 1606248 ist eine Spalteinrichtung beschrieben, die aus zwei übereinanderliegenden röhrenförmigen Kesseln besteht, die durch eine große Anzahl schwach gekrümmter dünner Rohre miteinander verbunden, die einen Umlauf des Öles von dem oberen zum unteren Rohr bewirken sollen. Das obere Rohr steht mit einem senkrecht angeordneten Großraumkessel in Verbindung. Die Umlaufretorte liegt in einer Heizung. Der Betrieb erfolgt nicht kontinuierlich (Am. P. 1606248. J. W. Lewis, Pennsylvania. Vom 9. November 1926).

In dem Am. P. 1615384 ist eine Umlaufretorte besonderer Bauart beschrieben, die aus zwei parallel nebeneinander angeordneten Röhren besteht, die paarweise übereinanderliegen und sowohl über Kreuz, als auch durch Seitenschenkel miteinander verbunden sind, so daß das zu

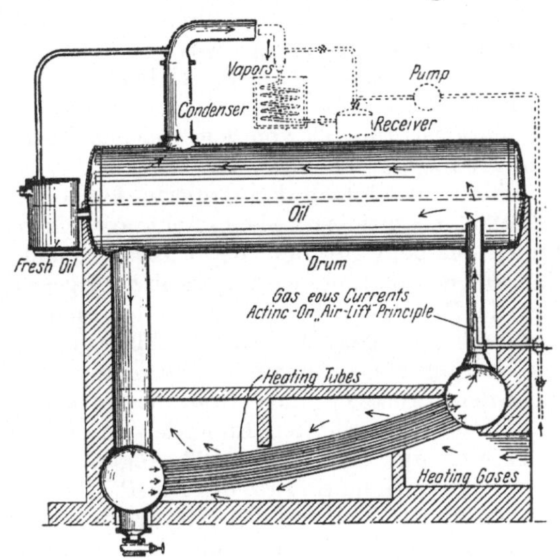

Abb. 92. Am. P. 1629908.

spaltende Öl ständig in starker Zirkulation bleibt. Über dem oberen Paar der Röhren liegt noch eine mit ihnen verbundene röhrenförmige Sammelretorte. Es sollen Temperaturen bis 555⁰ C und Druck zwischen 250—300 Pfund/Quadratzoll angewendet werden (Am. P. 1615384. F. A. Howard et Al. Vom 25. Januar 1927).

Die Retorte des Am. P. 1627436 hat im wesentlichen die gleiche Ausgestaltung, wie die in diesem Kapitel bereits erwähnte des Am. P. 1388514. Neu ist dagegen die Anbringung eines geschlossenen Kessels in dem Hauptkessel, der mit einem schrägen Kühlrohr und einem Dephlegmator verbunden ist. Die Verbindung zwischen dem Außen- und dem Innenkessel wird durch ein halbkreisförmiges, über dem Ölspiegel mündendes Rohr bewirkt. Der Inhalt der Innenkessel kann durch ein Überlaufrohr abgeführt oder in den Röhrenkessel zurückgeführt werden (Am. P. 1627436. W. R. Howard, Washington. Vom 3. Mai 1927).

In den Umlaufretorten, die nach dem System der bekannten Heine-Kessel gebaut sind, hat man vielfach Rührer, Propeller u. dgl. angebracht um eine gleichmäßge Zirkulation des Öles sicherzustellen. Nach den Angaben des Am.P. 1629908 soll dieser Zweck dadurch erreicht werden, daß man in dem kürzeren Verbindungsschenkel eine nach oben gerichtete Gasdüse anordnet, durch die unter Druck und im Kreislauf zweckmäßig die beim Kracken entstehenden permanenten Gase eingeleitet werden (Abb. 92). (Am.P. 1629908. W. F. Taragher et Al., Pennsylvania. Vom 24. Mai 1927.)

Das Am.P. 1638112 betrifft eine Abänderung der im vorstehenden beschriebenen Umlaufretorten, bei denen ein schräger Röhrenerhitzer durch zwei Hohlschenkel mit einem zylindrischen Kessel verbunden ist. Bei dem neuen Kessel ist der rechte Verbindungsschenkel durch eine Zirkulationsleitung ersetzt, durch die das Rückstromkondensat in den Röhrenerhitzer eingepumpt wird. Von dem Boden wird kontinuierlich der Teer abgezogen (Am.P. 1638112. C. P. Dubbs, Illinois. Vom 9. August 1927). Das Ausscheiden der schweren Rückstände aus der Zirkulationsleitung ist von dem gleichen Erfinder bereits in dem D.R.P. 370470, Kap. II beschrieben.

Eine sehr einfach konstruierte Umlaufretorte ist in dem Am.P. 1640202 beschrieben. Sie besteht aus einem liegenden Rohr, dessen Enden aus dem Heizofen herausreichen, und dessen obere Seite durch eine Wärmeisolation gegen Überhitzung geschützt ist. An der hinteren Seite der Retorte wird Rohöl eingeleitet, an der vorderen Seite die Dämpfe und der Teer abgezogen. Die Destillate gelangen in einen über der Mitte der Heizung angeordneten Dephlegmator, an dem ein doppelwinkliges unter der Retorte liegendes Rohr die Verbindung zwischen dem Dephlegmator und dem hinteren Ende der Retorte herstellt (Am.P. 1640202. F. T. Manley, Texas. Vom 23. August 1927).

Auch die Umlaufretorte des Am.P. 1641941 beruht in ihrem Prinzip auf den in diesem Kapitel bereits erwähnten Konstruktionen. Dagegen besitzt sie Einrichtungen, um das zu krackende Öl je nach seinem wachsenden Gehalt an Teer beim Umlauf abnehmenden Temperaturen auszusetzen. Der liegende zylindrische Hauptkessel ist durch nicht bis an die Decke des Kessels reichende Scheidewände, die mit Überlauf versehen sind, in einzelne Abteilungen unterteilt. Jede Abteilung besitzt einen durch Heizröhren betätigten Umlauf. Die Heizröhren werden nach dem Ende des Kessels zu einer fallenden Erhitzung ausgesetzt. Das Frischöl tritt entweder in den Dephlegmator oder direkt in die erste Abteilung des Kessels (Am.P. 1641941. J. E. Bell et Al., Neuyork. Vom 6. September 1927).

Der Umlauf des Öles in der Umlaufretorte des Am.P. 1649532, die hinsichtlich ihrer wichtigsten Konstruktionsmerkmale der des in diesem Kapitel besprochenen Am.P. 1226526 ähnelt, soll durch Einleiten von Gasen oder Wasserdampf in den kürzeren Verbindungsschenkel begünstigt werden (Am.P. 1649532. F. A. Howard, Neuyork. Vom 15. November 1927). Das Einleiten von Gasen in den kürzeren Verbindungsschenkel ist bereits in diesem Kapitel in dem Am.P. 1629908 beschrieben.

8. Spalten in Generatoren oder dergleichen.

Man soll schwere bituminöse Öle mit Koks oder einem ähnlichen brennbaren Material mischen und dieses Gemisch mit heißen Gasen, die nicht oxydierend wirken, erhitzen, und die dabei entstehenden Destillate kondensieren. Mit Vorteil erzeugt man die zur Spaltdestillation des Öles erforderliche Wärme dadurch, daß man einen Teil des mit dem Öl imprägnierten Kokses verbrennt und die Destillation in einer Zone vor sich gehen läßt, wo die Verbrennungsgase keine oxydierende Wirkung entwickeln. Die innezuhaltende Temperatur soll 490—500° C betragen. Man kann die heißen Verbrennungsgase auch in einem Hilfsofen erzeugen, entweder durch Verbrennen von Koks oder von Öl oder Gas (Abb. 93). Durch den Brenner *18* wird die Füllung *10* erhitzt. Das Öl tritt bei *12* ein. Die Destillatdämpfe werden durch *14* abgesaugt. (Am.P. 1247671. W. A. Hall, New York. Vom 27. November 1917 [siehe auch F.P. 488873. Hall. Vom 21. November 1918].)

Das Am.P. 1490862 benutzt zum Verdampfen und zum Kracken des Öles als Heizquelle die direkten Heizgase von verbrennendem Koks, d. h. das Öl wird auf den Koks selbst aufgebracht. Die verwendete Einrichtung sieht zwei miteinander verbundene Koksöfen vor, von denen der eine zum Verdampfen des Öles, der andere zum Kracken der Öldämpfe bestimmt ist. Die beim Kracken ausgeschiedene Kohle setzt sich auf dem Koks ab und wird gelegentlich mitverbrannt (Am.P. 1490862. V. T. Smith, Kalifornien. Vom 15. April 1924).

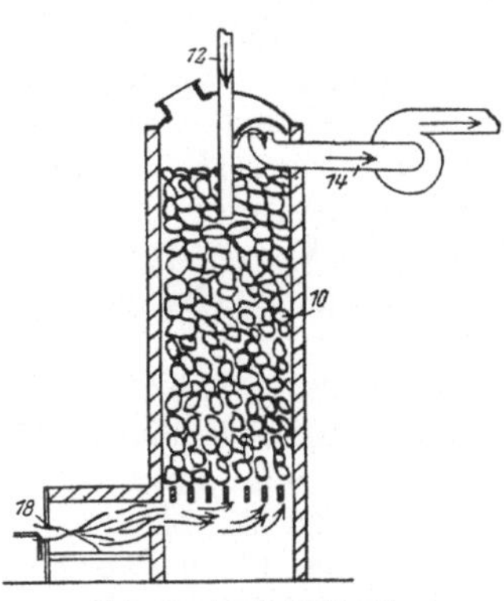

Abb. 93. Am.P. 1247671.

Auch das Am.P. 1505870 verwendet glühenden Koks, der aber in einer Retorte von außen erhitzt wird, als Heizmittel. Bei der Verwendung von dickflüssigem Rohöl muß man das Rohöl durch Erwärmen dünnflüssig machen. Der Koks befindet sich in zylindrischen, senkrecht stehenden Retorten. Das Öl wird von oben mit Düsen eingespritzt, entweder allein oder zusammen mit überhitztem Wasserdampf. Ein bis auf den Boden reichendes Siebrohr dient zum Abführen der Destillate. Die Temperatur soll 400—722° C betragen. Die Mitverwendung von Wasserstoff ist vorgesehen (Am.P. 1505870. H. H. Culmer, Chikago. Vom 19. August 1924).

Nach den Ausführungen des Am.P. 1541697, in denen u. a. auf das Am.P. 1440286 hingewiesen ist, soll man Öle in der Dampfphase zusammen mit Wasserdämpfen über glühende Kohlen (auch Kohlen aus Holz, Torf und animalischen Ursprungs) leiten, die in einer schräg nach oben liegenden zylindrischen Retorte angeordnet sind. Für Paraffinöle sind Temperaturen von 600—700° C angegeben, für Anthrazenöl von 750—800° C und für Heizöle solche von 850—950° C. Durch Düsen wird Wasserdampf und Öldampf fein gemischt. Das Austrittsrohr für die

Krackdämpfe ist durch einen Flüssigkeitsverschluß geschlossen (Am.P. 1541697. G. F. Forwood et Al., London. Vom 9. Juni 1925).

Nach den Ausführungen des Am.P. 1568018 verwendet man zum Kracken von Ölen oder bituminösen Rohstoffen eine Retorte mit Wasserverschluß, wie sie z. B. zur Herstellung von Leuchtgas benutzt wird. Die Öle werden mit Verteilungskörpern, wie Ölschiefer, Kohle oder Koks gemischt und durch eine Paternosterung in die Retorte eingebracht, in der unten ein Aschenrohr sich befindet, das von einem Rost überdeckt ist. In der Retorte kann man etwa drei Zonen mit steigender Temperatur unterscheiden. Zu Beginn wird die Retorte mit Holz oder Kohle angefeuert. Die Zonen in der Retorte steigen von 390—1111⁰ C. Unten in der Retorte wird der Koks durch Einführung von Luft restlos verbrannt. Die Verbrennungsgase dienen zum Anheizen der oberen Schichten (Am.P. 1568018. C. N. Forest et Al., New Jersey. Vom 29. Dezember 1925).

Das E.P. 135197 verwendet eine zylindrische, etwa 2 m hohe eiserne, mit Koks gefüllte Retorte, die von außen erhitzt wird, um den Koks zum Glühen zu bringen. Von unten wird eine Mischung von Öldämpfen mit überhitztem Wasserdampf von etwa 555⁰ C in die am höchsten erhitzte Zone eingeleitet. Unterhalb und oberhalb dieser Heizzone ist die Temperatur niedriger (E.P. 135197. Namlooze Venootshap Maatsshapig, Holperatur niedriger (E.P. 135197. Namlooze Venootshap Maatschapiy Holland. Vom Februar 1921).

Ähnliche Verfahren sind auch noch in folgenden Patentschriften besprochen:

E.P. 233395 (Kap. XI). Wallace, San Francisco. Vom Mai 1925.
E.P. 168335 (Kap. XII). Dalley, London. Vom August 1924.
F.P. 488242/3. Day et Day, U.S.A. Vom 14. September 1918.
F.P. 520822. Dalley, London. Vom 2. Juli 1921.
Ö.P. 84643. Porges und Strache, Wien. Vom 11. Juli 1924.
R.R.P. 99254. Meffert (Kap. XI).

9. Rotierende Krackretorten.

Die Erhitzung großer unbewegter Ölmassen in Spaltretorten führt leicht zur Abscheidung von Kohlenstoff und zu den damit verbundenen schweren Übelständen. Man hat infolgedessen dort, wo man von der Verwendung großer Spaltkessel aus irgendwelchen technischen Gründen nicht absehen wollte, dem Öl dadurch eine Bewegung während des Spaltvorganges erteilt, daß man die Retorten drehbar anordnete.

So ist z. B. in dem E.P. 173242 von Hutchison Brownlee, U.S.A. ein zylindrischer, um eine horizontale Achs drehbarer Spaltkessel beschrieben, in dem sich am Boden Festkörper, vorzugsweise hohle Kugeln befinden. Der Kessel kann etwa auf seinem Umfang gelagert sein oder axial gestützt sein. Die am Boden befindlichen, z. B. kugelförmigen Verteilungskörper können aus Eisen, Stahl oder einem stark katalytisch wirksamen Material, z. B. Nickel, sein. Die Verwendung hohler Metallkugeln als Verteilungsmittel am Boden des Kessels soll eine möglichst gleichmäßige Wärmeverteilung bewirken. Für einen Kessel von 5 m Länge werden u. a. 700 Kugeln von 3 Zoll Durchmesser vorgeschlagen.

An Stelle von Kugeln kann man auch Körper von zylindrischer, konischer oder polygonaler Form anwenden. Hermann Plauson, Hamburg hat in dem E.P. 193071 eine horizontal drehbare zylindrische Retorte beschrieben, die zum Teil mit einem katalytisch wirkenden Gemisch gefüllt ist, das durch einen Siebeinsatz fixiert wird und durch Trennplatten in mehrere Abteilungen so unterteilt ist, daß die aus einem Verdampfer kommenden Öldämpfe zickzackförmig durch die Füllung des Kessels streichen müssen. Der Kessel selbst ist durch eine äußere Wärmeisolierung gegen Abgabe der Wärme geschützt. Als katalytisch wirkende Füllung wird ein Gemisch von 10 Tl. wasserfreiem Chlorzink, 5 Tl. Magnesiumchlorid und 40 Tl. gebranntem Kalk vorgeschlagen. Die benutzten Kessel sollen bei der Verarbeitung phenolhaltiger Materialien innen verzinnt sein. Zweckmäßig soll man die Öle vorher entwässern. Dieses Verfahren wird insbesondere für schwefelhaltige Öle empfohlen.

Auch bei der drehbaren Retorte des Am.P. 1183457 (Samuel M. Herber, U.S.A.) wird das Krackgut bei Gegenwart von katalytisch wirkenden Mitteln, wie Kalk, und auch noch unter Einleiten von Luft, Luft und Dampf, oder Dampf allein, gespalten. Der Bewegungsmechanismus greift an der Peripherie der zylindrischen, wagerecht liegenden Retorte an. Die Bewegung soll dauernd oder intermittierend sein. Die Nachfüllung der Retorte erfolgt kontinuierlich. Zur Zuführung des Öles dient eine siebförmig ausgebildete Hohlwelle, wodurch eine feine Verteilung des Öles bewirkt werden soll. An der Kesselwandung entlang laufen Spitzröhren parallel zur Längsachse, die zur Einführung von Dampf dienen sollen.

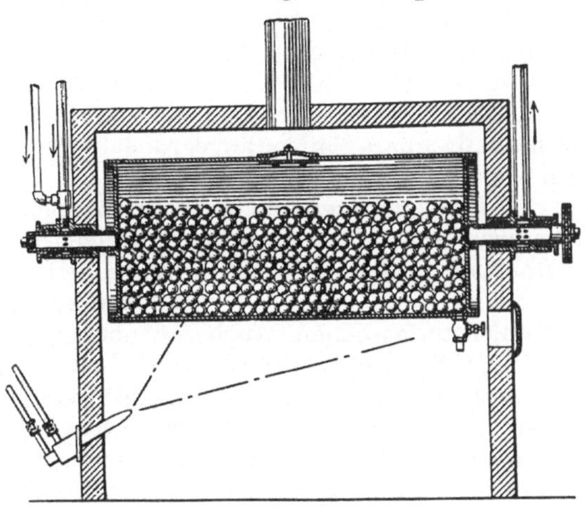

Abb. 94. Am.P. 1296367.

Es ist bereits in dem E.P. 173242 eine insbesondere mit Metallkugeln gefüllte zylindrische, um die horizontale Längsachse drehbare Spaltretorte beschrieben worden. Eine im wesentlichen gleiche Konstruktion beschreibt auch das Am.P. 1296367 von A. Cochran, U.S.A. (vgl. die folgende Abbildung). Es sind Vorkehrungen getroffen, daß Öl und Wasser gleichzeitig durch einen hohlen Zapfen in die Retorte eingespritzt werden. Die Füllung mit den Metallkugeln soll die Retorte ganz oder zum größten Teil ausfüllen. Es können Kugeln aus Nickel oder Kobalt angewendet werden, oder auch noch daneben katalysierend wirkende Metalle, Oxyde, Salze und Wasser. Man kann auch Nickelkörner benutzen sowie an Stelle der Eisenkugeln kleinstückigen Bimsstein, Koks, Nickel, sowie Oxyde und Salze in Kristall- oder Körnerform (Abb. 94).

In dem Am.P. 1351266 (E. V. Stone, Los Angeles) ist eine wagerechte zylindrische Retorte beschrieben, die um eine horizontale Achse drehbar angeordnet ist, und derart ausgestattet ist, daß in ihr gleichzeitig eine feine Zerteilung des abgeschiedenen Kohlenstoffes erfolgen soll. Die Bewegungsorgane greifen an der äußeren Wand des Kessels an. Die Achse der Retorte ist leicht nach dem Auslaßende zu geneigt. In der Retorte liegen eine größere Anzahl von eisernen Stäben, die bei der Rotation der Retorte in dem gleichen Sinne, wie die im Vorstehenden beschriebenen Metallkugeln, die Oberfläche der Retorte mechanisch von der abgesetzten Kohle reinigen. Am Auslaßende der Retorte befinden sich in der Wandung Löcher, durch welche der Kohlenstoff mechanisch entfernt wird. Es ist eine besondere Abdichtung der Entladungslöcher vorgesehen. Die Retorte soll auf 555^0 F erhitzt werden und die Spaltung unter einem Minderdruck vorgenommen werden.

Von dem gleichen Erfinder, E. V. Stone, Los Angeles, wie das zuletzt besprochene Patent, stammt auch das Am.P. 1403457. An Stelle der im Am.P. 1351266 benutzten, zum Zerkleinern des Kokses dienenden Eisenstäbe wird hier in der drehbaren Retorte eine röhrenförmige, gleichfalls drehbare Einlage angeordnet, welche die Form eines schiefwinkligen abgestumpften Kegels aufweist. Die Drehrichtungen der Retorte und des Kegeleinsatzes sind einander entgegengesetzt. Infolge der asymmetrischen Ausbildung des röhrenförmigen Kegeleinsatzes wechseln bei der Rotation die Schleifflächen zwischen der Retorten- und der Kegelwand. Das Schleifen dieser beiden Oberflächen aufeinander soll zum Entfernen des Kohlenstoffes dienen. Auch die Anordnung nach dem Am.P. 1398587 (Dean, U.S.A.) besteht im wesentlichen aus einer um ihre horizontale Achse drehbaren wagerechten Trommel mit außen liegendem Zackenkranz. Die Retorte durchziehen zwei konzentrisch zueinander gelagerte Hohlachsen, die von außen verstellbar sind und Beschickungs- bzw. Entleerungsvorrichtungen in der Form von hohlen Armen tragen. Der Boden der Retorte ist bedeckt mit einer katalytisch wirksamen Schicht, die z. B. aus eisernen Einzelkörpern bestehen kann, deren Ecken als Schneiden ausgebildet sein können. Die Körper weisen die Form von Würfeln oder Pyramiden auf. Wenn die Füllkörper zu stark mit Kohlenstoff verunreinigt sind, werden sie aus dem Kessel entfernt. Man kann auch katalytisch wirkende Körper in flüssiger Form anwenden.

Das Prinzip der Rotation hat man auch schon auf doppelwandige Retorten ausgedehnt. Die Retorte soll durch eine Heizflüssigkeit beheizt werden, die in den Hohlraum zwischen die beiden Retortenwandungen eingeführt wird. Als besonderer Vorteil für die Konstruktion ist angegeben, daß sich diese Retorte ebenso schnell anheizen wie abkühlen läßt, was bei der Anwendung der üblichen gemauerten Heizöfen nicht ausführbar ist. Als Heizmittel wird geschmolzenes Blei angegeben, das man vorher auf 430^0 C anwärmen soll. Die innezuhaltende Temperatur soll 400^0 C betragen und der Druck 100 Atm. Die Dauer der Erhitzung ist mit 3 Stunden angegeben. Als Ausgangsmaterialien für die Destillation sind in erster Linie Torf, Braunkohle, Sägespäne und bituminöse Kohlen angegeben (Am.P. 1449875. Titus Ulke, U.S.A.).

Man hat auch schon einen nicht drehbaren Dampfkessel mit einem rotierenden Destillierkessel zusammen zu einer Heizeinrichtung vereinigt. Der auf der Wandung mit einem Zahnkranz versehene Kessel ist unten angeordnet; der stationäre Kessel liegt darüber. Die beiden Kessel sind durch ein Verbindungsrohr miteinander verbunden. In den beiden Kesseln sind innenliegende Brenner vorgesehen. Unter den in einem gemauerten Ofen liegenden Kesseln befindet sich eine direkte Feuerung. Der untenliegende drehbare Kessel ist mit luftdicht schließenden Kappen abgedeckt, die an der Drehung nicht teilnehmen. Durch diese Anordnung ist es möglich gemacht Einführungs- und Heizorgane in dem Kessel anzuordnen, die nicht zentrisch zu der Mittelachse orientiert sind. Die im oberen Teil der Kessel unter der Decke liegenden Brenner gestatten eine besondere Erhitzung der Oberseite (Am.P. 1595179. Egloff und Benner, Chikago).

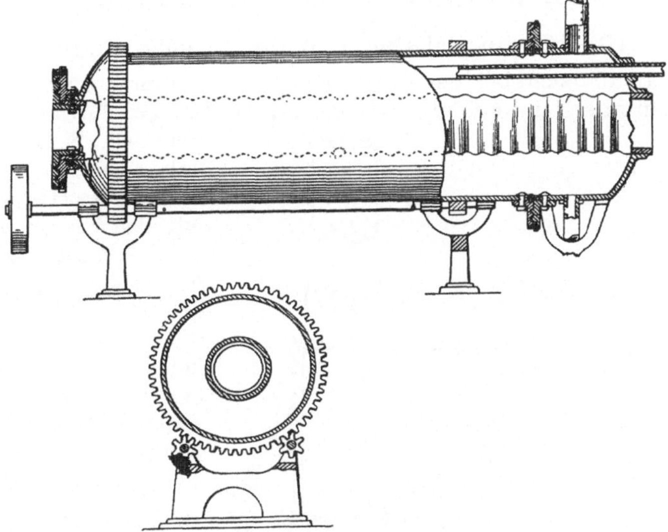

Abb. 95. Am.P. 1618645.

Die zuletzt beschriebene Konstruktion hat in dem Am.P. 1619922 eine weitere Ausbildung erfahren, indem nämlich die beiden übereinanderliegenden Kessel, von denen der untere als Destillierkessel, der obere als Dampfkessel dient, drehbar angeordnet sind. Die Verbindungsorgane zwischen den beiden Kesseln sind teilweise exzentrisch gelagert, was durch die von Am.P. 1595179 erläuterte Anordnung der Verschlußkappen ermöglicht wird (Am.P. 1619922. Egloff und Benner, Chikago).

Von den gleichen Erfindern stammt auch das Am.P. 1618645, in dem gleichfalls ein drehbarer röhrenförmiger und wagerecht liegender Spaltkessel beschrieben ist. Die Spaltretorte trägt, wie die zuletzt beschriebenen Apparate, auf dem Retortenmantel einen Zahnkranz. Die eine Verschlußkappe ist stationär angeordnet, wie dies bereits im Am.P. 1595179 beschrieben ist. Zur Heizung der Retorte dient ein im Inneren derselben liegendes, nicht mit rotierendes Heizrohr, das mit Einschnürungen versehen ist. An dem einen Ende des Heizrohres befindet sich ein Brenner, durch den es geheizt wird (Abb. 95).

In der Zeichnung ist *1* der Kessel, der sich aus dem rotierenden Teil *2* und dem stationären Teil zusammensetzt. *16* ist das innenliegende, fest angeordnete, auf der Oberfläche mit Einschnürungen versehene Heizrohr (Am.P. 1618645. Egloff und Benner, Chikago).

Man hat auch schon eine aus Einzelröhren, die miteinander in Verbindung standen, bestehende Retorte, bei der das kalte Öl in ein im Innern der Röhren liegendes Rohr von größerem Durchmesser als die Spaltröhren eingeleitet und das heiße Öl durch ein an der Peripherie liegendes Rohr abgeleitet. Bei dieser Röhrenretorte findet die Erhitzung in der Weise statt, daß die an der Peripherie liegenden Röhren höher erhitzt werden als die, welche der Drehachse näher liegen (Am.P. 1541140. A. H. Heller, Kalifornien. Vom 9. Juni 1925).

10. Rührer, Schaber und Förderschnecken.

Es handelt sich bei der Anbringung von Rührern, Schabern und Schnecken in erster Linie um Bewegungsvorrichtungen für das zu spaltende Öl, die den Zweck haben, die lokale Überhitzung des Öles und damit das Festsetzen von Kohlenstoff zu verhüten. Soweit diese Vorrichtungen als Schaber ausgebildet sind, lösen sie daneben die Aufgabe, den bereits an den Kesselwänden abgeschiedenen Kohlenstoff mechanisch zu entfernen. Die Förderschnecken können je nach ihrer Ausbildung im Sinne der ersten oder aber der zweiten der genannten Vorrichtungen wirksam sein.

D.R.P.110709, Kl.23. Alexander Adiassewich in London. Apparat zur Destillation von Petroleum und ähnlichen Flüssigkeiten. Vom 31.März1899.

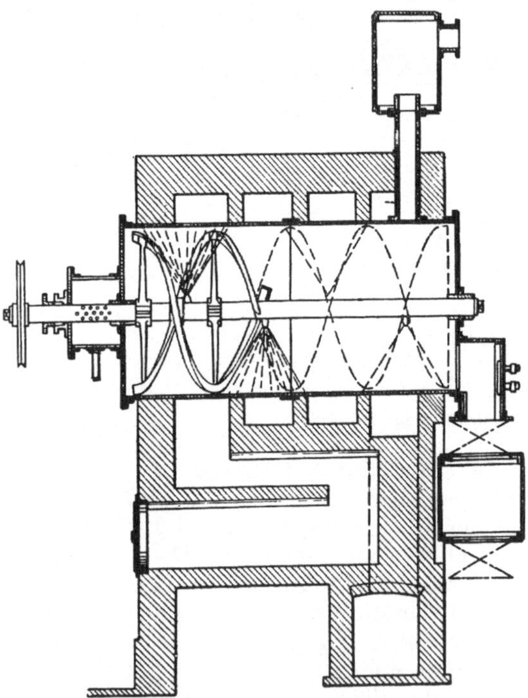

Abb. 96. D.R.P. 110709.

Patentanspruch: Apparat zur Destillation von Petroleum und ähnlichen Flüssigkeiten, dadurch gekennzeichnet, daß in einem feststehenden Zylinder mit Heizvorrichtung eine horizontale Hohlwelle mit an ihr entlang versetzten Verteilungsdüsen und Abstreichschnecken angeordnet ist, zu dem Zwecke, die zu destillierende Flüssigkeit über der Innenwandung des Zylinders zu verteilen und gleichzeitig die festen Abscheidungen zu entfernen (Abb. 96).

D.R.P. 385762, Kl. 23. Joseph Henry Adams in Brooklyn, U.S.A. Verfahren und Apparat zum Spalten von Kohlenwasserstoffen. Vom 25. April 1920.

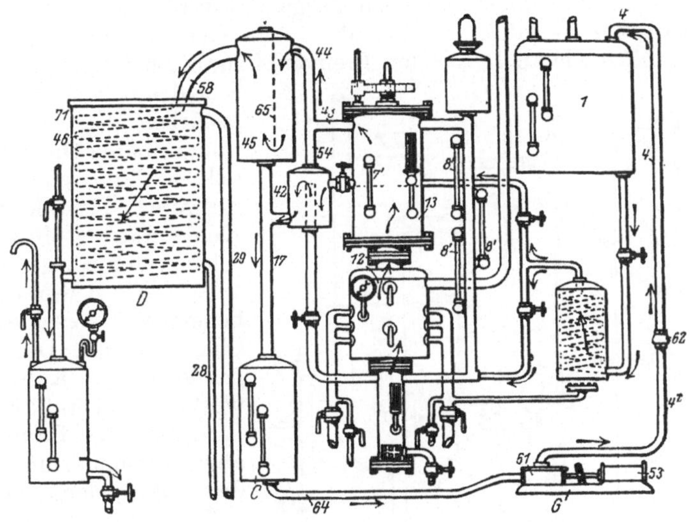

Abb. 97a. D.R.P. 385762.

Patentansprüche: 1. Verfahren zum Spalten von Kohlenwasserstoffen beliebiger Art durch Erhitzen unter Druck in einem geschlossenen Raum, wobei ständig in diesem Raum während des Arbeitens flüssiger Kohlenwasserstoff zugeführt und die Öldämpfe kondensiert werden, dadurch gekennzeichnet, daß das flüssige Öl vorzugsweise in Form einer dünnen Schicht gegen die erhitzten Wände der stehend angeordneten Zersetzungsretorte getrieben und der an sich an den heißen Wänden des Arbeitsraumes absetzende Kohlenstoff während des Arbeitens kontinuierlich entfernt wird.

2. Apparat zur Ausübung des Verfahrens nach Anspruch 1, mit senkrechter zylindrischer Arbeitskammer, deren einer Teil dazu dient, ein Quantum flüssigen Öles zum Erhitzen auf die Spaltungstemperatur aufzunehmen, dadurch gekennzeichnet, daß die Arbeitskammer mit einer umlaufenden Vorrichtung versehen ist, die den Kohlenstoff von den

erhitzten Wänden entfernt und gleichzeitig eine Trennung der
Flüssigkeit und des gespaltenen Dampfes durch Schleuderwirkung
herbeiführt.

3. Apparat nach Anspruch 2, dadurch gekennzeichnet, daß die zylindrische Arbeitskammer einen zylindrischen Körper enthält, der den
größten Teil des Innenraumes der Arbeitskammer in derjenigen Zone
ausfüllt, wo die Erhitzung stattfindet, so daß nur ein dünner ringförmiger
Ölkörper der Spaltungstemperatur ausgesetzt wird (Abb. 97a und b).

Bei diesem Verfahren werden die rohen Öle von einem Teil ihres
Kohlenstoffes wie auch von den Fremdstoffen, die man gut tut auszuscheiden, befreit. Das ändert natürlich den chemischen Charakter der Öle und wandelt sie aus einem oder mehreren Produkten der Kohlenwasserstoffreihe in
solche von niedrigerem spezifischen Gewichte und möglicherweise verschiedenem
Charakter um. Der so abgeschiedene Kohlenstoff wird zum Teil auf die heiße
Wandung des Raumes *12* abgesetzt und zum Teil in dem Öl niedergeschlagen,
bleibt zum Teil darin schweben und sinkt im übrigen in den unteren Bodenraum
nieder. Offenbar kommt nur ein Teil der schließlich verdampften Flüssigkeit in unmittelbare
Berührung mit der hocherhitzten Wandung des Raumes *12*, da die Hitze
hinreicht, um einen bestimmten, etwas entfernten

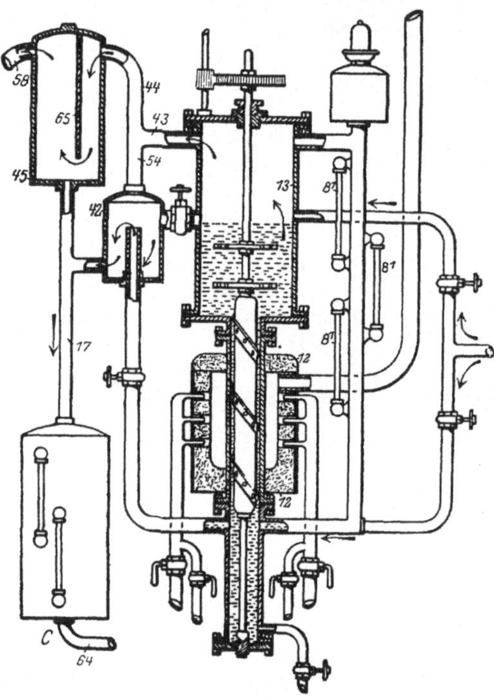

Abb. 97b. D.R.P. 385762.

Teil des Öles bei einer niedrigeren Temperatur als zum Zerlegen nötig
ist, zu verdampfen.

Demgemäß bestehen die in den Dom *13* gehenden Dämpfe nicht nur
aus dem Öl, das eine Zerspaltung seiner Moleküle und ein Niederschlagen
eines Teiles seines Kohlenstoffes infolge der starken Hitzewirkung erfahren hat, sondern enthalten auch einen bestimmten Teil unveränderten
Rohöles in Dampfform. Dieses Dampfgemisch entwickelt sich sehr
schnell bei der hohen Temperatur des Raumes *12*, und deshalb muß ganz
besonders darauf geachtet werden, daß das Ölniveau in Dom *13* beständig
in der richtigen Höhe gehalten wird und niemals dem Raum *12* zu nahe
kommen darf. Geschieht dies doch, so verbrennt das Öl und wird für
den Markt unbrauchbar.

Die gemischten Dämpfe ziehen aus dem Dom durch das Rohr *43* und *44* in den Zylinder *45*, gehen hier vor der Scheidewand *65* zu Boden und steigen dahinter wieder auf, um durch das Abführrohr *58* in den Kondensator *D* geleitet zu werden. Die schwereren Dämpfe, die im Rohr *44* nicht aufsteigen können, gehen in das Überlaufgefäß *42* durch Rohr *54* und ebenso gehen die Dämpfe, die in dem Gefäß *45* nicht aufsteigen können, als Kondensat durch das Rohr *17* in den Sammelzylinder *C*, der mit Standgläsern *7'*, *8'* ausgestattet ist, und von dem das Kondensat durch die Rohrleitung *64* und Pumpe *61* der Anlage *G* in das Rohölgefäß *1* zurückgeführt werden kann.

Mittels des Pumpenantriebes *53* wird das Öl durch die Rücklaufrohre *4'* und *4* in den Rohölbehälter oben eingeführt. In die Rohrleitung ist ein Ventil *62* eingesetzt, das den Rückdruck aufnimmt. Die leichteren Mischdämpfe gehen vom Zylinder *45* durch das Rohr *58* in ein Schlangenrohr *46*, das in einem Zylinder *71* durch Wasser gekühlt wird. Der Wasserzuschuß zu dieser Kondensatoranlage *D* erfolgt durch ein Rohr *28* und der Ablauf durch ein Rohr *29*, so daß zum Zwecke der Verdichtung der Gase in der Rohrschlange ein ununterbrochener Kaltwasserstrom durch den Zylinder *71* geleitet werden kann.

D.R.P. 395972, Kl. 23. Russel D. George in Boulder, Kolorado, U.S.A. Verfahren und Vorrichtung zum Spalten von schweren Ölen. Vom 26. September 1920.

Patentansprüche: 1. Verfahren, um schwere Kohlenwasserstoffe beliebiger Herkunft, wie beispielsweise Rückstände der Erdöldestillation, durch Erhitzen im Umlauf in leichtere Öle zu spalten, darin bestehend, daß man das schwere Öl bei Spaltungstemperatur unter Druck durch einen Zersetzungsbehälter (Blase) führt, wobei die Blase vorzugsweise stehend angeordnet und mit Schabern ausgerüstet ist, und das Öl der Blase von unten zugeführt wird, daß man in der Blase abgeschiedenen Kohlenstoff daraus entfernt und das übergehende Dampfgemisch in eine niedriger als die Blase temperierte Kammer leitet, in welcher Dämpfe und flüssiges Öl voneinander geschieden werden, worauf das Öl, nachdem es einer Kohlenstoffabscheidung vorzugsweise durch Absetzenlassen und Filtern unterworfen worden, in die Zersetzungsblase zurückgeführt wird, in welch letztere zugleich frisches schweres Öl eingeleitet wird.

2. Verfahren nach Anspruch 1, dadurch gekennzeichnet, daß das Ölniveau in der Kammer, in welcher das aus der Blase kommende Dampfgemisch in flüssiges Öl und Dampf getrennt wird, dauernd oberhalb der Zersetzungsblase und oberhalb derjenigen Kammer gehalten wird, in welcher die Kohlenstoffabscheidung aus dem Öl vor der Rückführung in die Blase erfolgt, um die ordnungsgemäße Füllung der Zersetzungsblase durch Schwerewirkung sicherzustellen.

3. Verfahren nach Anspruch 1, dadurch gekennzeichnet, daß das aus der Zersetzungsblase abgetriebene Öl nach Abscheidung der der Kondensation zuzuführenden Dämpfe einem Kohlenstoffabscheider zugeführt wird, worin es so weit von abgeschiedenem Kohlenstoff gereinigt wird, daß das der Zersetzungsblase wieder zugeführte Öl weniger als 1 vH freien Kohlenstoff enthält.

4. Vorrichtung zur ununterbrochenen Spaltung schwerer Kohlenwasserstoffe, bestehend aus einer aufrechten Blase mit Heizvorrichtung, einer oberhalb der Blase gelegenen Abscheidekammer, welche mit dem oberen Teil der Blase in Verbindung steht, einer mit der Abscheidekammer verbundenen Kondensatoranlage, einen Kohlenstoffabscheider, der an dem unteren Teil der Abscheidekammer angeschlossen ist und der so mit dem unteren Teil der Blase verbunden ist, daß das Öl nach Abscheidung des Kohlenwasserstoffes wieder in die Blase einzutreten vermag, und einer Einrichtung, um Rohöl in das System einzuführen.

5. Zersetzungsblase für schwere Kohlenwasserstoffe, dadurch gekennzeichnet, daß sie stehend angeordnet und mit einer Kratzvorrichtung zum Abschaben von Kohlenstoff von den Wänden und mit einem Absetzraum für den abgeschabten Kohlenstoff versehen ist, aus dem derselbe abgeleitet werden kann.

6. Einrichtung nach Anspruch 4, dadurch gekennzeichnet, daß das Einlaßrohr, durch welches das Öl in den Kohlenstoffabscheider eintritt, sich in dem letzteren nach abwärts erstreckt, und daß sich das Auslaßrohr nahe dem oberen Ende der Kammer ansetzt, zum Zweck der Erzielung einer Umkehrung der Bewegungsrichtung des Ölstromes und der Abscheidung des Kohlenstoffes in dem freien Raum unterhalb der Mündung des Einlaßrohres.

Die Erfindung beruht auf der Erkenntnis, daß ein Dauerbetrieb mit befriedigender Ausbeute an Leuchtöl aus unter Druck in Umlauf erhaltenem Schweröl nur durchführbar ist, wenn man dafür sorgt, daß aus dem Öl der sich bei der Behandlung abscheidende Kohlenstoff entfernt wird. Diese Erkenntnis wird gemäß der Erfindung dadurch nutzbar gemacht, daß man das Öl bzw. die Öldämpfe aus der vorzugsweise stehend angeordneten und mit Schabern zur Entfernung des an den Wänden der Blase sich absetzenden Kohlenstoffes ausgerüsteten Blase in eine niedriger als die Blase temperierte Kammer überführt, worin sich leichtere Dämpfe von schwererem flüssigem Öl scheiden, und daß man dieses schwere Öl, bevor man es wieder zugleich mit frischem Öl in die Blase eintreten läßt, um es erneut der Spaltungsbehandlung auszusetzen, einer Kohlenstoffabscheidung vorzugsweise durch Absitzenlassen und Filtrieren unterwirft. Zur Erzielung günstiger Betriebsergebnisse ist es praktisch erforderlich, den Kohlenstoffgehalt des zu behandelnden Öles unter 1 vH zu halten.

D. R. P. 420192, Kl. 23. Cornelius Kroll in Tulsa, U. S. A. Verfahren zur Druckwärmespaltung von Kohlenwasserstoffen. Vom 9. Februar 1923.

Patentansprüche: 1. Verfahren zur Druckwärmespaltung von Kohlenwasserstoffen unter Anwendung indirekter Innenbeheizung vorteilhaft in Form eines die Spaltkammer durchziehenden wagerechten Heizrohres, dadurch gekennzeichnet, daß die sich auf dem Heizrohr absetzenden festen Spaltungsprodukte (Kohle o. dgl.) kontinuierlich durch rotierende Schaber entfernt werden.

2. Verfahren nach Anspruch 1, dadurch gekennzeichnet, daß die Erhitzung des Ausgangsmaterials durch einen von diesem Ausgangsmaterial

umgebenen Wärmeleiter stattfindet, wobei die infolge der Reaktion auf der Außenseite des Leiters angesammelten Rückstände beständig entfernt werden, so daß andauernd neues Ausgangsmaterial in Berührung mit der Außenseite des Leiters gelangen kann.

3. Verfahren nach Anspruch 1, dadurch gekennzeichnet, daß die Entfernung der Rückstände aus der Zone der Erhitzung und Spaltung bis zu einer Stelle fortgesetzt wird, in welcher der Rückstand sich in einem Teil der Reaktionskammer befindet, der an der Reaktion nicht teilnimmt, um dadurch den Reaktionsvorgang nicht zu beeinträchtigen.

4. Verfahren nach Anspruch 1, dadurch gekennzeichnet, daß die Entfernung der Rückstände von der Außenfläche der Erhitzungsquelle aus, mit welcher sich die Ausgangsflüssigkeit in Berührung befindet, unter Vermittlung von Kratzvorrichtungen erfolgt, die auf diese Außenseite eingreifen, worauf die abgekratzten Rückstände, ihrer Schwerkraft folgend, in einen weniger erhitzten Teil der Flüssigkeitsmasse einfallen, in welchem die Spaltungsreaktion nicht in demselben Maß stattfindet wie in der Außenfläche der Wärmequelle selbst (Abb. 98).

Die Entfernung des Rückstandsmaterials oder Ansatzes von der Außenfläche der Röhre 4 kann auf beliebige Weise stattfinden. In der dargestellten Ausführungsform ist ein Gestell angeordnet, das an beiden Enden Zahnkränze 11 besitzt. Die innere Kante dieser Kränze

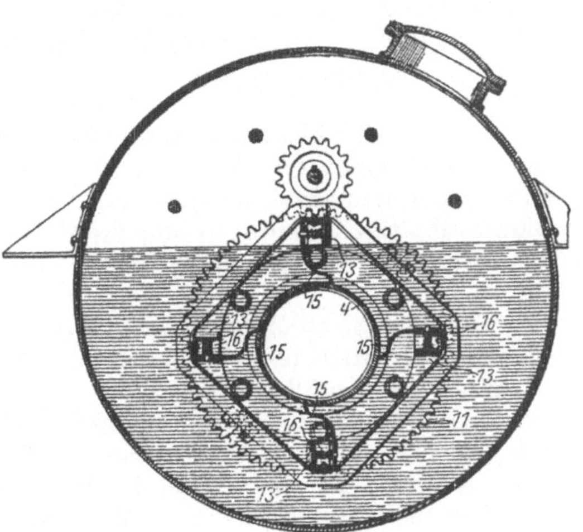

Abb. 98. D.R.P. 420192.

ruht auf Rollen 12, welche vorzugsweise in dem gegossenen Ring 5 durch entsprechend ausgebildete Zapfen getragen werden. Die beiden Zahnringe 11 werden miteinander durch lange Stäbe 13 verbunden, und diese Stäbe wiederum sind durch schräg verlaufende Streben 14 versteift. Die Schabe- oder Kratzvorrichtungen 15 mögen als Blechflügel ausgebildet sein, die an ihren Außenrändern mit den Stangen 13 verbunden sind und mit ihren inneren Kanten auf der Außenfläche der Röhre 4 aufruhen (Abb. 3). Um den Eingriff dieser Schabekanten auf die Röhre 4 zu verbürgen, sind Federn 16 zwischen die Bleche 15 und die Stangen 13 eingeschaltet, und die Kratzbleche greifen also nachgiebig auf die Röhre 4 ein. Die verzahnten Ringe 11 sind konzentrisch zur Röhre 4, und da die Stangen 13 und Kratzen 15 von den Ringen unterstützt werden, so werden bei einer drehenden Bewegung der Ringe die Kratzen in einem Kreispfad um die Außenfläche der Röhre 4 herumbewegt. Nach Abb. 3 sind vier solcher Kratzenansätze angeordnet, und auf den verschiedenen Stangen *13* sind diese Kratzen zueinander versetzt, so daß bei der Drehung des Gestelles die ganze Oberfläche der Röhre *4* bearbeitet wird.

In dem D.R.P. 110709 ist eine liegende zylindrische Retorte mit Schabern beschrieben, die sich an einer horizontalen Hohlwelle befinden. Es ist aber auch schon der Vorschlag gemacht worden, in den üblichen Blasen, d. h. senkrechten Destillationsretorten ein Rührwerk einzulassen, das aus zwei oder mehreren in kleinem Abstand vom Boden befindlichen Flügeln besteht, an denen Schleifketten befestigt sind (Ö.P. 36421. Dr. Stransky in Kralup).

Um das Krackgut in möglichst dünner Schicht zur Zersetzung zu bringen, hat man in der Blase einen dem Boden angepaßten rotierenden Destillationseinsatz (Doppelboden) angeordnet, der es gestattet, durch Einstellung die Schichtdicke des zu destillierenden Öles einzustellen (Ö.P. 54081. Emil Efran, Brünn).

Ö.P. 95706. The Kansas City Gasoline Company in Kansas (V.St.A.). Verfahren und Vorrichtung zum Spalten von schweren Kohlenwasserstoffölen. Vom 25. Januar 1924.

Patentansprüche: 1. Verfahren zum Spalten von schweren Kohlenwasserstoffölen durch Erhitzung derselben in Berührung mit kohlenstoffhaltigem, feinverteiltem Material, dadurch gekennzeichnet, daß das kohlenstoffhaltige Material in einem auf Temperatur zwischen 300 und 500° C erhitztem Ölüberschuß durch Umrühren in Bewegung erhalten wird.

2. Verfahren nach Anspruch 1, dadurch gekennzeichnet, daß nach Maßgabe des Abziehens aufgespaltener Öldämpfe die Ausgangskohlenwasserstoffe nachgefüllt werden.

3. Vorrichtung zur Ausführung des Verfahrens nach Anspruch 1, dadurch gekennzeichnet, daß in dem Spaltgefäß eine Querwand vorgesehen ist, welche, ohne die Zirkulation des Öles zu hindern, das Anlegen des suspendierten kohlenstoffhaltigen Materials an die unterhalb desselben liegende Heizfläche hintanhält.

Es ist bereits in dem D.R.P. 420192 ein Spaltkessel mit innenliegendem Heizrohr beschrieben, das durch rotierende Schaber von dem angesetzten Kohlenstoff befreit wird. Eine ähnliche Ausbildung weist auch der Apparat nach dem Schweiz.P. 121575 auf. Er besteht aus einem wagerechten Kessel, den unten im Öl sowie im Dampfraum drei wagerechte Heizrohre durchziehen, die mit Hilfe rotierender Schaber vom angesetzten Kohlenstoff befreit werden. Der Kessel und die Heizröhren können sich unabhängig voneinander ausdehnen (Schweiz.P. 121575. Société Luxembourgeoise des Hydrocarbons, S. A. Luxemburg).

Beim Spalten von Ölen in der Dampfphase, wo es sich häufig um höhere Temperaturen handelt, wenn man aus aliphatischen zu aromatischen Kohlenwasserstoffen gelangen will, soll man eine senkrechte röhrenförmige Retorte von geringem Durchmesser benutzen, in deren Innerem eine Hohlwelle rotiert, an deren Umfang sich Rührflügel befinden, die zur Bewegung der Öldämpfe, d. h. zum Ausgleich der Temperatur dienen. Gleichzeitig trägt diese drehbare Hohlwelle schabend wirkende

Organe in der Form kurzer Ketten, welche die Retortenwandung vom abgeschiedenen Kohlenstoff befreien (F.P. 486761. Synthetic Hydro-Carbon Co., U.S.A.). Die Verwendung von Ketten für diesen Zweck ist bereits in dem Ö.P. 36421 erwähnt.

In dem E.P. 160161 ist eine einfache zylindrische Krackblase mit gewölbtem Boden gezeichnet, die einen Rührapparat besitzt, der aus einer senkrechten Achse besteht, an der senkrecht zueinander versetzte Rührarme befestigt sind. Der unterste Rührarm ist der geschweiften Form des Bodens angepaßt. Der Kessel ist durch einen Rückflußkühler mit einem Kondensator verbunden (E.P. 160161. The Kansas City Gasoline Co., U.S.A. Vom 22. Mai 1922).

Man hat aber auch schon dem Kohlenstoff, dessen Abscheiden an den Kesselwandungen unbedingt zu vermeiden ist, die Möglichkeit geboten, sich an Metallflächen abzusetzen, die der direkten Erhitzung nicht unterliegen. So zeigt z. B. das Am.P. 1122002 doppelte, in der Mitte geteilte und nach oben ausschwenkbare, die gesamte Retortenwandung schützende Blecheinsätze, die sich infolge ihrer eigenartigen Ausbildung auch auf der Unterseite von Kohlenstoff reinigen lassen und ein Zirkulieren des Öles innerhalb des Kessels bewirken (Am.P. 1122002. E. Humphreys, U.S.A. Vom 22. Dezember 1914).

In dem D.R.P. 385762 ist eine Spaltretorte gezeigt, die aus einem Rohr von engem Durchmesser besteht und in der ein die Rohrwandung beinahe be-

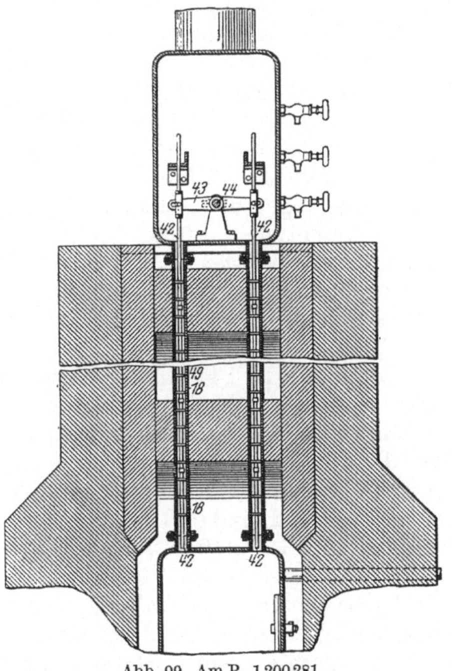

Abb. 99. Am.P. 1200281.

rührender rotierender Schaber eingebaut ist. In solchen engen senkrecht stehenden Spaltretorten hat man aber auch eine größere Anzahl scheibenförmiger Schaber mit einer senkrechten Bewegungsrichtung angeordnet, die durch eine gemeinsame Welle bewegt werden können. Bei dieser Anordnung durchläuft das Öl die Kolonne der senkrecht angeordneten röhrenförmigen Spaltretorten (Abb. 99). In der vorstehenden Zeichnung sind zwei Spaltretorten *18* mit Schabern *49*, die an den Stangen *42* angebracht sind. Diese Stangen werden durch Hebel *43*, der um den Dorn *44* beweglich ist, hin- und herbewegt. (Am.P. 1200281. A. Waxler & E. Sapp, Illinois. Vom 3. Oktober 1916.)

Zum Entfernen des ausgeschiedenen Kohlenstoffes von den Retortenwänden hat man schon vorgeschlagen, nach dem Abtrieb Luft einzuleiten, um den Kohlenstoff zu verbrennen. Auch sind als mechanische Mittel an den Wänden schleifende Ketten angeordnet worden (vgl. z. B. Ö.P. 36421). Nach dem Vorschlage des Am.P. 1231695 ist die geneigte Retorte drehbar um eine Achse gelagert, während die nicht rotierenden Schaber durch Spiralfedern gegen die Kesselwand gepreßt werden (Am.P. 1231695. L. Bell, San Francisco. Vom 3. Juli 1917).

Es sind bereits in dem Am.P. 1200281 senkrechte röhrenförmige Spaltretorten beschrieben, in denen eine große Anzahl tellerförmiger Schaber übereinander angeordnet sind. Während aber bei dieser Anordnung die Bewegung der Schaber parallel zu der Längsachse erfolgt, erläutert das Am.P. 1274913 eine ähnliche Anordnung, bei der aber die Schaber rotierend angeordnet sind. Die Schaberplatten sollen aus einem katalytisch wirksamen Material, wie Nickel o. dgl. bestehen, da das Kracken bei Gegenwart von Wasserstoff erfolgt. Unter dem Schaber befindet sich ein rotierendes Schaufelrad, durch das eine mechanische Bearbeitung der zurückfließenden Schweröle und des Kohlenstoffes erfolgt, für die ein besonders seitlich gelagertes Auffanggefäß angeordnet ist (Am.P. 1274913. M. McCarty, Baltimore. Vom 6. August 1918).

Spiralig angeordnete Bänder als Schaber sind bereits in dem D.R.P. 110709 beschrieben. Eine ähnliche Einrichtung beschreibt auch das Am.P. 1292966. Der Spaltkessel ist horizontal gelagert und wird von einer drehbaren Längsachse durchzogen, auf der sich spiralförmig angeordnete Schaber befinden (Am.P. 1292966. Setzler, Ohio. Vom 28. Januar 1919).

Der im Am.P. 1449452 beschriebene Apparat ist von dem gleichen Erfinder insoweit abgeändert worden, als auf dem Spaltkessel ein Rücklaufkühler für die Destillate und ein Wärmeaustauscher angeordnet wurden, die durch das Rohöl im Gegenstrom gekühlt werden. Es ist auch noch die Angabe gemacht, daß die Achse des Schabers leicht exzentrisch gelagert sein soll, und daß sich an den Bändern der Schaber kurze Ketten befinden (Am.P. 1449452. Setzler, Ohio. Vom 27. März 1923).

In dem Am.P. 1494191 des gleichen Erfinders sind im wesentlichen die gleichen Angaben enthalten, wie in dem Am.P. 1292966, nur mit dem Unterschied, daß sich die Angaben der Patentschrift nicht auf einen Apparat, sondern auf ein Verfahren richten.

Von dem gleichen Erfinder stammt auch das Am.P. 1629810. Der benutzte Apparat ist den in den Am.P. 1292966 und 1494191 beschriebenen sehr ähnlich. Das Ausführungsrohr für die Destillate ist schräg angeordnet und nicht als Kühler ausgebildet und besitzt mehrere hintereinanderliegende Abzapfstellen für die Destillate. Auch hier sind die Ränder der Schaber mit Ketten besetzt. Die sich hoch erhitzenden Schaber sollen für eine gute Wärmeverteilung und zur Bildung neuer Verbindungen zwischen dem ausgeschiedenen kolloidalen Kohlenstoff und den permanenten Gasen führen. Die Schaber sollen aus Kupfer oder Kupferlegierungen bestehen (Am.P. 1629810. Setzler, Ohio. Vom 24. Mai 1927).

Die Form der aufrechtstehenden röhrenförmigen Retorte, wie in dem Am.P. 1200281 und 1274913 ist auch in dem Am.P. 1298602 beibehalten. Während aber in dem Am.P. 1274913 die an der Achse befindlichen Schaber tellerförmig ausgebildet sind, bilden die Schaber schmale, an den Wänden der Spaltretorte langlaufende Platten, die mit Hilfe von Armen an eine innere Hohlwelle befestigt sind. An dieser Welle sind im Oberteil des Spaltrohres auch noch kegelförmige Verteilungskörper, über die das Öl nach den Retortenwandungen geleitet wird. Im unteren Teil des Spaltapparates befindet sich ein spiralförmig ausgebildeter Schaber (Am.P. 1298602. W. Thompson, Oakland. Vom 25. März 1919).

In dem F.P. 486761 ist bereits eine röhrenförmige, aufrechtstehende Krackkammer beschrieben, die im Inneren eine Achse trägt, auf deren Oberfläche kurze Ketten angeordnet sind, die beim Rotieren an den Wänden der Retorte schleifen. Die im Am.P. 1304211 erläuterte Konstruktion ist der des F.P. 486761 sehr ähnlich. Es ist unter der Retorte noch ein Vorheizraum vorgesehen, der mit der eigentlichen Spaltretorte in vollkommen freier Verbindung steht (Am.P. 1304211. Slocum and Stutz, Pittsburgh. Vom 20. Mai 1919).

In dem Am.P. 1231695 ist bereits ein liegender zylindrischer Spaltkessel beschrieben, der in seinem Inneren eine Längsachse trägt, auf der Arme mit Schabern befestigt sind. Während bei dieser Anordnung die Achse feststeht und der Kessel rotiert, ist in dem Am.P. 1300547 ein ähnlich gebauter Apparat beschrieben, bei dem aber die Achse mit den Schabern drehbar angeordnet ist. Die Schaber bilden ein fortlaufendes Band, das die Länge der Kesselwandung besitzt (Am.P. 1300547. A. Ashworth, Kansas. Vom 15. April 1919).

Der gleiche Erfinder hat dann in dem Am.P. 1300548 die rührend wirkenden Schaber auch auf röhrenförmige liegende Retorten übertragen, so ist u. a. ein Heizsystem aus drei übereinanderliegenden Rohren beschrieben, von denen die beiden oberen Rohre als Vorwärmer dienen, während das unterste der Ölfeuerung am nächsten liegende und deshalb heißeste Rohr als Spaltretorte dient und in seinem Inneren an einer Längsachse parallel zu dieser Schaber- bzw. Bewegungsorgane für das Öl trägt. Die Schaber sind V-förmig ausgebildet (Am.P. 1300548. A. Ashworth, Kansas. Vom 15. April 1919).

Alle bisher beschriebenen Schaber und Bewegungseinrichtungen für das Öl sind in der Weise zur Auswirkung gelangt, daß sie sich um die Längsachse der Spaltkessel bewegten. Es ist aber in dem Am.P. 1307724 der Vorschlag gemacht worden, die Bewegungsvorrichtungen für das Öl senkrecht zur Längsachse rotieren zu lassen. Zu diesem Zwecke sind die Verteiler oder Schaber, die das Öl ständig von der heißesten direkt beheizten Stelle des Spaltkessels fortbewegen sollen, an einer Kette, und zwar senkrecht zu ihrer Umlaufbewegung, befestigt und bewegen sich demnach zwangläufig von einem Stirnende zum anderen (Am.P. 1307724. Coast jr., Oklahoma. Vom 24. Juni 1919).

Die Bewegungsrichtung der Schaber ist meistens eine rotierende. Es ist schon in dem Am.P. 1200281 eine Einrichtung beschrieben, in der tellerförmig ausgebildete Schaber in einer aufrechtstehenden Röhrenretorte eine hin- und hergehende Bewegung ausführen. Eine derartige Bewegung der Schaber hat man auch schon bei liegenden zylindrischen

Retorten in Anwendung gebracht, bei denen die Schaber in Form einer Kette an den Armen einer horizontalen drehbaren Welle sitzen. Dieser Vorschlag stammt auch von dem Erfinder des zuletzt besprochenen Patentes (Am.P. 1349816. John W. Coast jr., Oklahoma. Vom 17. August 1920).

Das Am.P. 1349817 ist inhaltlich im wesentlichen gleich dem des Am.P. 1349816. John W. Coast jr., Oklahoma. Vom 17. August 1920.

Von dem gleichen Erfinder rührt der folgende Vorschlag her. Um den angesetzten Koks zu entfernen, wird nach dem Abtrieb der flüssige Inhalt des Kessels ausgepumpt, wobei eine harte Masse am Boden des Kessels haften bleibt. Man kann den angebackenen Koks durch die restierende Hitze des Ofens trocknen, wobei er nicht antrocknet, sondern in leicht entfernbare lose Stücke zerfällt, sofern er hierbei bewegt wird. Zu diesem Zwecke befindet sich in der Unterseite des Kessels an einer den Kessel durchziehenden Längsachse eine Anzahl nahe aneinanderliegender rechteckiger schmaler Metallplatten von besonderer Anordnung, die mit Hilfe der Achse intermittierend hin- und herbewegt werden, wenn der Trockenprozeß des Kokses eingeleitet wird (Am.P. 1372937. J. W. Coast jr., Oklahoma. Vom 29. März 1921).

Das Am.P. 1379333 des gleichen Anmelders vom 24. Mai 1921 enthält im wesentlichen die gleichen Angaben wie das Am.P. 1372937.

Der gleiche Anmelder (Coast jr.) hat dann in dem Am.P. 1639327 eine Anordnung beschrieben, die Abänderungen des Am.P. 1307724 betrifft. Es ist bereits bei Besprechung des Am.P. 1307724 darauf hingewiesen worden, daß dort Bewegungsvorrichtungen für das Öl bzw. Schaber beschrieben sind, die senkrecht an eine Kette angebracht sind, deren Bewegungen parallel zur Längswandung des Kessels verläuft. Sie bewegen sich also von einem Stirnende des Kessels zum anderen. Gleichwirkende Einrichtungen, auf deren Einzelheiten nicht eingegangen werden soll, sind auch in dem Am.P. 1639327 beschrieben (Am.P. 1639327. J. W. Coast jr., Oklahoma. Vom 16. August 1927).

Es ist bereits in dem Am. P. 1298602 eine aufrechtstehende zylindrische Krackretorte beschrieben, in der sich an einer rotierenden Welle konische Verteiler für das Öl und daneben Schaber befinden. Ferner sind auch in dem Am.P. 1200281 röhrenförmige senkrecht angeordnete Retorten beschrieben, bei denen die Schaber hin- und hergehend angeordnet sind. Die Einrichtung gemäß Am.P. 1329852 weist diese beiden Merkmale auf, nämlich konische Verteiler, die eine auf- und abgehende Bewegung in der röhrenförmigen senkrecht stehenden Retorte ausführen (Am.P. 1329852. Rittmann and Dutton. Vom 3. Februar 1920).

Die meisten der vorbeschriebenen Bewegungseinrichtungen für das Öl bzw. Schaber sind an Achsen befestigt gewesen, die zentrisch zu den Stirnwandungen des Kessels verliefen. Eine Ausnahme machten die Anordnungen der Am.P. 1307724 und 1639327 von Coast jr., in denen bereits Achsen angeordnet sind, die parallel zu den Stirnflächen und exzentrisch angeordnet sind. Gleiche Einrichtungen sind auch in dem Am.P. 1374402 beschrieben. Über dem Boden des zylindrischen, geneigt liegenden Kessels rotieren Stahlbürsten o. dgl. und entfernen die festen Rückstände nach dem Ablaufrohr der am Umlaufkessel ausgebildeten Heizeinrichtung. Unten an dem Ablaufrohr befindet sich ein Filter zur Abscheidung des Kohlenstoffes, so daß der kohlenstofffreie Rücklauf mit Frischöl vermengt wieder zur Spaltung kommt (Am.P. 1374402. A. D. Smith, Kansas City. Vom 12. April 1921).

Man hat auch schon bei Spaltkesseln, bei denen ein Kreislauf des Krackgutes dadurch zustande kam, daß das Schweröl vom Boden der wagerecht liegenden zylindrischen Retorte durch eine Pumpe angesaugt und von oben durch mit Löchern versehene Röhren wieder möglichst gleichmäßig in dem Kessel verteilt wurde, dadurch für eine Entfernung des Kohlenstoffes gesorgt, daß ein Teil dieser Rohre so zu einer starren Verbindung zusammengefügt wurde, daß sie bei ihrer Bewegung mit Hilfe von Ketten, die zu ihrer Befestigung dienten, den Kohlenstoff entfernten (Am.P. 1390386. D. Rial, Oklahoma. Vom 13. September 1921).

Es sind im vorstehenden bereits mehrfach aufrechtstehende rohrförmige Spaltretorten beschrieben worden, bei denen durch Schaber für eine mechanische Entfernung des Kohlenstoffes von der Spaltfläche gesorgt wurde (vgl. z. B. Am.P. 1298602 und D.R.P. 385762). Diesen Anordnungen ähnlich ist auch die im Am.P. 1395075 beschriebene. Sie besteht aus zwei konzentrisch mit einem kleinen Zwischenraum angeordneten Kesseln, die durch geeignete Öffnungen miteinander kommunizieren. Der innere Kessel rotiert und trägt auf seiner Oberseite gegeneinander versetzte Schaber, die bei seiner Rotation die Innenseite des Außenkessels vom Kohlenstoff befreien. Der im Innenkessel sich bildende Dampf soll ähnlich wie beim D.R.P. 385762 eine dünne Schicht Öl zwischen der Heizwand und dem Schaber sich ausbreiten lassen (Am.P. 1395075. Yates, New Jersey. Vom 25. Oktober 1921).

Zu den Bewegungseinrichtungen für das Öl selbst, die nicht die Rolle eines Schabers spielen, gehört auch der Apparat nach Am.P. 1403145. Er besteht aus einer schwach geneigten zylindrischen Retorte, die am Boden ein Rohr zum Einfüllen des Rohöles und zum Entleeren der Rückstände besitzt. In geringer Entfernung über dem Boden ist ein Siebrohr zum Einleiten von überhitztem Wasserdampf angeordnet. Über diesem Rohr liegt ein rotierender Rührer, der kreuzweise zueinander versetzte Schaufelräder trägt (Am.P. 1403145. Bryant, Louisiana. Vom 10. Januar 1922).

Es ist bereits in dem Am.P. 1395075 ein kesselförmig ausgestalteter Schaber beschrieben, dessen Wandungen parallel zu denen des Spaltkessels liefen. In dem Am.P. 1403458 sind die Schaber gleichfalls in der Form von zylindrischen oder konischen Einsätzen ausgebildet. Die zylindrischen Schaber wurden aber in konischen Spaltkesseln angebracht und umgekehrt die konischen in zylindrischen Kesseln. Damit nun beim Rotieren der Einsätze eine Berührung des Schabers mit denen des Kessels gewährleistet ist, sind die Rührer exzentrisch angeordnet. Das Öl wird mit Hilfe eines als Träger wirkenden Mediums verteilt (Am.P. 1403458. Victor Stone, Kalifornien. Vom 10. Januar 1922).

Für das Kracken von schweren Kohlenwasserstoffen, Ölschiefer u. dgl. wird ein Apparat vorgeschlagen, bei dem in einer Feuerung nebeneinander eine größere Anzahl von wagerecht liegenden Röhren, die im Inneren Förderschnecken besitzen, durchzogen sind. Dieser Apparat soll kontinuierlich arbeiten und nicht durch Abscheidung von Kohle zum Stillstand kommen (Am.P. 1405704. Aims, Philadelphia. Vom 7. Februar 1922).

In den Am.P. 1298602 und 1395075 sind bereits senkrechte rohrförmige Spaltretorten beschrieben, in denen Schaber im Inneren rotieren, die röhrenförmig o. ä. ausgebildet sind. Das Am.P. 1428338 zeigt eine ähnliche Einrichtung. Der Spaltapparat besteht aus einem zylindrischen, aufrechtstehenden Rohr, in dessen Innerem sich eine Welle befindet, an der gegeneinander versetzte Stahlbürsten angeordnet sind. Das Verfahren ist ein Kreislaufverfahren. Das aus dem Separator ablaufende Kondensat wird wieder unten in die Krackretorte zurückgeleitet (Am.P. 1428338. F. T. Manley, Texas. Vom 5. September 1922).

Das Am.P. 1462143 des gleichen Erfinders betrifft das mit dem Apparat des Am.P. 1428338 ausführbare Verfahren. Es enthält im wesentlichen nur die bereits besprochenen Angaben.

In dem Am.P. 1428339 hat der gleiche Erfinder insofern eine Abänderung des im Am.P. 1428338 beschriebenen Apparates vorgenommen, als die rohrförmige Retorte nicht senkrecht, sondern wagerecht angeordnet ist. Dagegen ist die Anordnung der Drahtbürsten, wie auch der Kreislaufprozeß des Öles der gleiche (Am.P. 1428339. F. T. Manley. Vom 5. September 1922).

Auch das Am.P. 1437932 bedient sich beim Kracken der Förderschnecken, wobei gleichzeitig leicht bewegliche Elemente wie Metallkugeln von den Schnecken mit fortbewegt werden. In einer Feuerung sind drei wagerecht liegende, mit Schnecken ausgerüstete rohrförmige Retorten übereinander angeordnet, die unter sich durch kurze senkrechte Rohre in Verbindung stehen. Ein schräges, in gleicher Weise ausgestaltetes Förderrohr beschickt die oberste Retorte. Mit der obersten Retorte in Verbindung, jedoch außerhalb der Feuerung, befindet sich die Expansionskammer, aus der die schweren Kondensate im Kreislauf wieder in die oberste Retorte zurücklaufen (Am.P. 1437932. R. B. Day, Pennsylvania. Vom 5. Dezember 1922).

Das Am.P. 1437933 des gleichen Erfinders ist inhaltlich im wesentlichen gleich mit dem Am.P. 1437932.

In dem in dem Am.P. 1447297 beschriebenen Apparat desselben Erfinders soll sowohl eine Extraktion des Öles aus Ölschiefer oder aus Ölsanden stattfinden, als auch eine destruktive Destillation der bereits extrahierten Materialien. Der dazu benutzte Apparat enthält einen Extraktor, in dem der Ölschiefer o. dgl. mit Hilfe von Ölen extrahiert wird; er gelangt dann in ein mit einer Förderschnecke versehenes, nach oben geneigtes Förderrohr, aus dem die Extrakte abfließen, wahrend das extrahierte Gut in eine Kolonne von drei übereinander liegenden, untereinander in Verbindung stehenden und gleichfalls mit Fördereinrichtungen versehene rohrförmige wagerechte Retorten eintritt, die in einer Heinzanlage liegen. Das extrahierte Öl wird gewonnen und in den Betrieb zurückgeführt (Am.P. 1447297. David T. Day, Washington. Vom 6. März 1923).

Das von dem gleichen Erfinder in dem Am.P. 1467758 erläuterte Verfahren betrifft eine Abänderung des Verfahrens gemäß Am.P. 1447297. Während aber dort zunächst eine Extraktion von Ölschiefer u. dgl. stattfand und hierauf das extrahierte Öl und der Extraktionsrückstand gesondert behandelt bzw. gekrackt wurden, wird nach dem vorliegenden Verfahren aus dem Schiefer und Öldestillationsrückständen eine nicht backende plastische Masse hergestellt, die in eine Kolonne von drei untereinander liegenden röhrenförmigen Retorten mit Hilfe eines Zubringergefäßes eingefüllt werden. Die Anwendung der Retorten, die mit Transportschnecken versehen sind, ist ähnlich derjenigen, wie sie bereits in den Am.P. 1437933 und 1447297 beschrieben worden ist (Am.P. 1467758. P. T. Day, Washington. Vom 11. September 1923).

Konstruktiv bestehen auch große Ähnlichkeiten zwischen dem bereits besprochenen Apparat des Am.P. 1437933 und des Am.P. 1570131 des gleichen Erfinders. Auch hier sind drei übereinander liegende, miteinander durch Rohrstutzen in Verbindung stehende rohrförmige Retorten in einem Heizofen angeordnet. Diese Krackretorten enthalten aber nicht wie früher Transportschnecken, sondern Schaufelräder. Sie sollen sich etwa 70 mal in der Minute umdrehen und dadurch eine Abscheidung von Kohlenstoff unmöglich machen. Außerhalb der Feuerung liegt eine mit Öl gefüllte Expansionskammer, welche die Dämpfe aus der untersten Retorte erhält und ihren Rücklauf in die oberste der drei Retorten sendet (Am.P. 1570131. B.T. Day, Pennsylvania. Vom 19. Januar 1926).

Zur Entfernung des Kohlenstoffes und Ermöglichung einer kontinuierlichen Arbeitsweise hat man bereits Schaber auch neben Filtern verwendet. So ist in dem Am.P. 1444128 ein Apparat zum Kracken beschrieben, in dem das Öl einen senkrecht stehenden Röhrenerhitzer von unten durchströmt, um auf Kracktemperatur zu kommen. Dann gelangt das Öl in einen wagerecht liegenden zylindrischen, auf Kracktemperatur befindlichen Druckkessel, der gleichzeitig zum Absetzen für den ausgeschiedenen Kohlenstoff dient. Der Kohlenstoff sammelt sich zum größten Teil am Boden an und wird in einen Sumpf abgelassen. Der Boden des Absetzkessels wird von einem Schaber bestrichen, der mit einer Kette hin- und hergezogen werden kann. Auf der Oberfläche des Öles in dem Absetzkessel befindet sich ein die ganze Öloberfläche bedeckendes siebartiges Filter, durch das die sich nicht absetzenden Unreinlichkeiten zurückgehalten werden (Am.P. 1444128 und 1444129. F. Muehl, Kansas City. Vom 6. Februar 1923).

Von dem gleichen Erfinder stammt auch das Am.P. 1485565, in dem der den vorbeschriebenen Verfahren zugrunde liegende Gedanke des Vorerhitzens und Absetzenlassens anscheinend verlassen ist, denn es wird ein Apparat beschrieben, in dem ein horizontaler zylindrischer Druckkessel, der eine Mittelachse besitzt, an der schaufelförmige Schaber, im rechten Winkel gegeneinander versetzt, angeordnet sind. Aus diesem Kessel gelangen die Destillate in einen Kühlraum und von hier aus in einen darunter liegenden Kondensator, wobei ein Rücklauf der Kondensate vorgesehen ist (Am.P. 1485565. W.F.Muehl. Vom 4. März 1924).

Eine ähnliche Einrichtung ist z. B. in den vorher besprochenen Am.P. 1231695, 1300547 und 1300548 beschrieben.

Es sind im vorstehenden insbesondere senkrechte röhrenförmige Spaltretorten mit hin- und hergehenden Schabern beschrieben. In dem Am.P. 1444128 ist ein an einer Kette befestigter Laufschaber für wagerechte zylindrische Druckkessel beschrieben, der erforderlichenfalls auch in zwei Bewegungsrichtungen zur Einwirkung gebracht werden kann. Hin- und hergehende Schaber für die zuletzt genannten Retorten zeigt das Am.P. 1441058. Die dem Boden des Kessels angepaßten Schaber sind mit Winkelhebeln an rotierenden Zahnrädern befestigt (Am.P. 1441058. S. Brown, Oklahoma. Vom 2. Januar 1923).

Um das Fließen schwerer Öle in engen Röhren zu ermöglichen und das Öl zu spalten wird das Öl direkt von der Quelle oder aus einem Behälter in eine röhrenförmige Kammer geleitet, in deren Innerem eine Achse rotiert, auf der schaufelförmige Flügel angebracht sind. Gleichzeitig wird überhitzte Luft unter Druck eingeleitet, so daß aus dem Schweröl und der Heißluft eine leicht bewegliche Ölemulsion entsteht (Am.P. 1454485. P. Persch, Texas. Vom 8. Mai 1923).

Ein ähnlicher Gedanke, wie in dem zuletzt beschriebenen Am.P. kommt auch in dem Am.P. 1458443 zum Ausdruck. In diesem ist u. a. ein Apparat beschrieben, bei dem das Öl in einem geschlossenen senkrechten Druckkessel über freiem Feuer erhitzt wird. Am Boden des Öl enthaltenden Gefäßes befindet sich ein schaufelförmiger Rührer, gegen den Dampf eingeblasen wird, um eine Öl-Wasseremulsion zu erzielen. Auf die weiteren Angaben dieser Patentschrift soll nicht eingegangen werden (Am.P. 1458443. A. Schwarz. Vom 12. Juni 1923).

Es ist bereits in dem Am.P. 1122002 eine Einrichtung erläutert, die aus leicht ausschwenkbaren, den Retortenboden überdeckenden Einsätzen besteht, an denen sich der Kohlenstoff absetzen soll. Ein ähnlicher Gedanke liegt auch der Anordnung nach dem F.P. 599169 zugrunde. Auch dort bietet man dem Kohlenstoff Absetzflächen in Gestalt von Ketten oder Kabeln dar, die in geeigneter Weise entweder spiralig oder im Zickzack in der Spaltretorte angeordnet sind. Nach Beendigung der Spaltung wird das Kabel mit dem an ihm haftenden Kohlenstoff durch eine am Boden der Spaltretorte befindliche Öffnung mechanisch aufgerollt und dadurch der Kohlenstoff entfernt. Der Apparat ist außerdem mit einer Rücklaufvorrichtung für die schweren Kondensate versehen (Abb. 100). In der Abb. 1 stellt *2* einen Druckkessel dar, an dessen innerer Wandung sich Haken *23* befinden. Mit Hilfe von Hilfsdrähten, die radial gespannt sind, wird die Kette *27*, die eine Schlaufe *28* besitzt und durch die Klappe *16* mechanisch aufgerollt werden kann, in verschiedenen Höhenlagen spiralig angeordnet. (F.P. 599169. Universal Oil Products Co., U.S.A. Vom 6. Januar 1926.)

In dem Am.P. 1437932 ist bereits ein Apparat erläutert, der mit dem des Am.P. 1462068 gewisse Ähnlichkeiten aufweist. So bestehen die Spaltelemente aus übereinander gelagerten und miteinander durch Stutzen verbundenen Röhrenretorten. Sie sind über einer Feuerung gelagert. Außerhalb der Feuerung, aber in Verbindung mit den Spaltretorten liegt ein größerer Absetzkessel. Innerhalb der Spaltretorten sind rotierende Schaber gelagert, deren Achse zentrisch und parallel zur Rohrwandung verläuft. Die Schaber besitzen die Form von schräg angeordneten Platten, zwischen denen Metallkugeln eingelagert sind. Der Apparat arbeitet im Kreislaufsystem (Am.P. 1462068 und 1462069. H. Manning, Arizona. Vom 17. Juli 1923).

Während die bisher beschriebenen Schaber in röhrenförmigen oder zylindrischen Retorten angeordnet waren, wo sie die Hauptheizfläche,

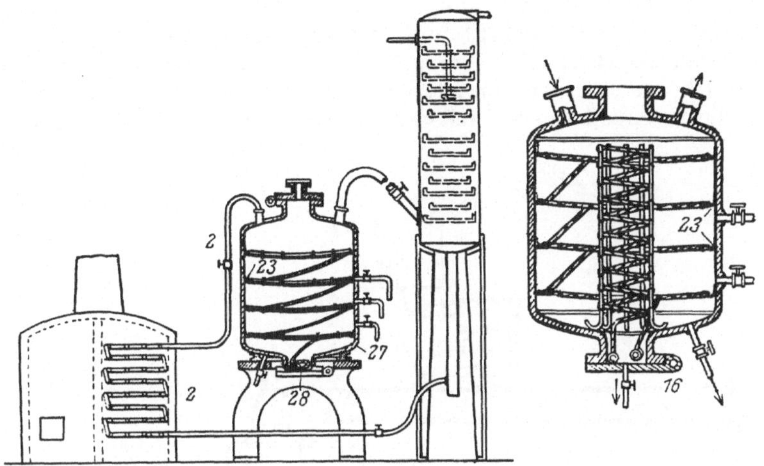

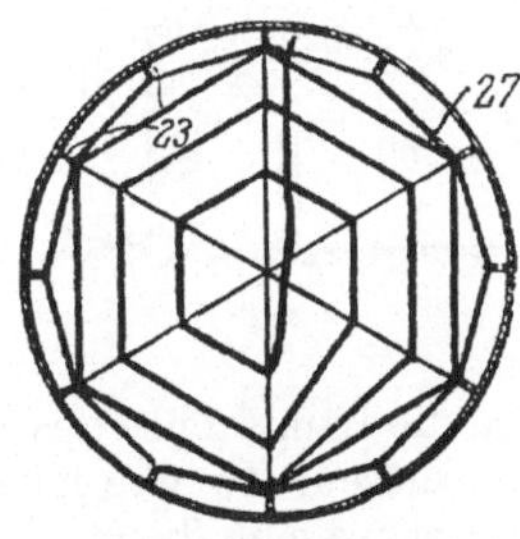

Abb. 100. F.P. 599169.

d. h. die Zylinderwandung, bestrichen, hat man auch schon konische Retorten zum Spalten angewendet, bei denen der flache Boden derart erhitzt wird, daß die peripheren Teile wärmer sind, als die zentralen. Durch eine zentralliegende Einfüllöffnung wird z. B. ein Gemisch von Öl mit Tonschiefer oder Kieselgur in die Retorte eingefüllt und durch einen rührend wirkenden Schaber langsam nach der Peripherie verschoben und schließlich die Reste von der Spaltung durch eine Förderschnecke entfernt (Am.P. 1480045. P. Bowie und J. Gavin, U.S.A. Vom 8. Januar 1924).

In liegenden röhrenförmigen Spaltretorten mit sukzessive steigender Temperatur hat man die Retorte nach dem heißen Ende zu sich konisch erweiternd angeordnet und den inliegenden Rührer gleichfalls dem Retortendurchmesser angepaßt. Diese Einrichtung soll dazu dienen, die Verarbeitung von stückigem Material, das bei der Erwärmung eine Vergrößerung des Volumens zeigt, zu erleichtern (Am.P. 1475901. W. Thompson, Kolorado. Vom 27. November 1923).

Es ist bereits in dem D.R.P. 110709 eine wagerecht liegende Spaltretorte beschrieben, die einen axial angeordneten schneckenförmigen Schaber trägt. Eine ähnliche Einrichtung ist auch in dem Am.P. 1515552 beschrieben. Auch dort ist in einer liegend angeordneten zylindrischen Retorte an einer Längsachse mit Hilfe von Speichen ein spiralförmiges eisernes Band befestigt, an dessen Oberseite kammförmige Schaber beweglich angebracht sind, so daß sie nur auf die erhitzte Seite des Kessels einwirken (Am.P. 1515552. Gravens, Oklahoma. Vom 11. November 1924). Schaber von spiralförmiger Ausgestaltung sind auch in den Am.P. 1292966, 1449452, 1494491 und 1629810 beschrieben.

In dem Am.P. 1307724 und Am.P. 1639327, das im vorstehenden Kapitel besprochen worden ist, wird eine Schabereinrichtung beschrieben, die in einem wagerechtliegenden zylindrischen Kessel angeordnet

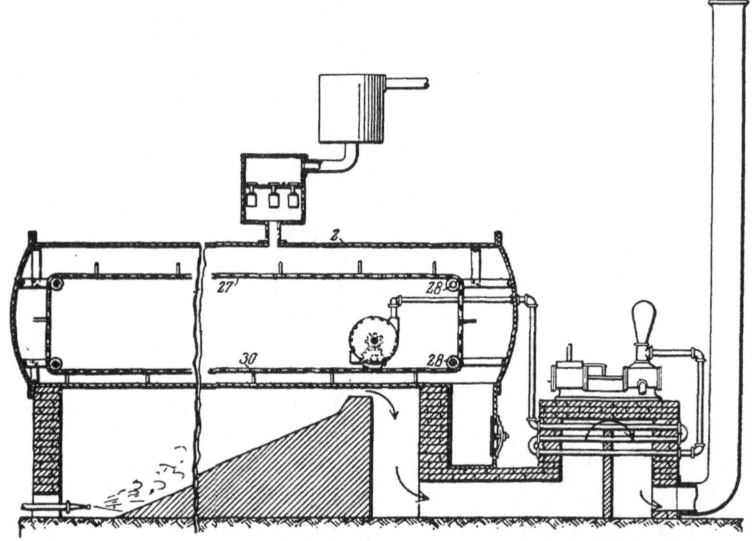

Abb. 101. Am.P. 1561428.

ist und, entgegen den meist benutzten, nicht um die Längsachse des Kessels, sondern senkrecht zu ihr bewegt wird. Zu diesem Zwecke ist eine endlose Kette auf Querachsen des Kessels montiert, welche die einzelnen Schaberglieder trägt. Eine sehr ähnliche Konstruktion ist auch in dem Am.P. 1561428 von W. M. Fraser, Oklahoma, vom 10. November 1925 erläutert (Abb. 101). In der vorstehenden Zeichnung sind an der Kette 27, die um die Zahnräder 38 bewegt wird, die Schaber 30 angeordnet, welche auf dem Boden des Kessels 2 schabend einwirken.

Zu berücksichtigen sind ferner die Am.P. 1374402 und 1441058.

Es sind u. a. in dem Am.P. 1200281 röhrenförmige aufrechtstehende Retorten beschrieben, in denen eine kontinuierliche Reinigung der Retortenwandungen in der Weise bewirkt wurde, daß in der Richtung der Längsachse Schaber hin- und hergehend angeordnet waren. Ketten als Schaber sind auch in dem Ö.P. 36421 erwähnt. Nach den Angaben des

Am.P. 1561758 werden auch dort Ketten als Schaber verwendet, und zwar in Retorten, die aus zwei miteinander parallel verbundenen Röhren bestehen. Die Schaber können demnach kontinuierlich durch die Röhrenretorte hindurchgezogen werden. Es ist besonders darauf hingewiesen, daß der Dephlegmator mit kleinen Stücken von Porzellan, Ziegeln, Koks o. dgl. gefüllt sein soll (Am.P. 1561758. W. Wallace, Illinois. Vom 17. November 1925).

Um die Abscheidung des Kohlenstoffes aus dem Öl möglichst restlos zu bewerkstelligen, hat man bereits einen wagerecht liegenden, durch eine Scheidewand in zwei Teile getrennten Spaltkessel angeordnet. In dem einen Teil des Kessels ist ein oszyllierender Schaber angeordnet, der durch seine Bewegung den ausgeschiedenen Kohlenstoff in der Schwebe hält. Aus dem den Schaber enthaltenden Teil des Kessels gelangt dann das Öl in den anderen Teil, wo es nicht bewegt wird, so daß der suspendierte Kohlenstoff sich in dem unbewegten Öl nunmehr in einem Sumpf absetzen kann (Am.P. 1563818).

Es ist bereits in dem Am.P. 1444129 (siehe dieses Kapitel) ein Schaber beschrieben, der an einer Laufkette angebracht ist und mit ihrer Hilfe auf dem Boden des wagerechten Kessels entlang gezogen wird. Man hat dieses Prinzip des Laufschabers auch bei senkrecht stehenden zylindrischen Kesseln zur Anwendung gebracht. An einem tellerförmigen Traggestell sind die Schaber angeordnet und an einem Kabel aufgehängt, das durch die Decke des Kessels geht und mit einer Winde aufgewickelt werden kann. Die Funktion dieses Schabers ergibt sich ohne weitere Erklärung (Am.P. 1569203. W. P. Rice et Al., Oklahoma. Vom 12. Januar 1926).

Wie bereits z. B. aus dem Am.P. 1298602 (vgl. dieses Kapitel) zu ersehen ist, hat man bereits in senkrechtstehenden röhrenförmigen Spaltretorten Schaber angeordnet, welche im wesentlichen die gesamte Mantelfläche der Retorte bestreichen. Auch in dem Am.P. 1583973 liegt eine gleiche Anordnung vor. Die Schaber sind in der Form von Schaufeln ausgebildet. Die röhrenförmigen Retorten sind in größerer Anzahl nebeneinander angeordnet (Am.P. 1583973. R. C. Holmes et Al., Neuyork. Vom 11. Mai 1926).

Auch in dem Am.P. 1598805 handelt es sich um Schaber für senkrecht stehende zylindrische Retorten. Die Schaber sind an einer vertikalen Welle zueinander versetzt angeordnet und schaufelförmig ausgebildet. Durch die Anbringung von Ausgleichgewichten ist eine innige Berührung der Schaber mit der Kesselfläche gewährleistet (Am.P. 1598805. L. B. Caddy, New Jersey. Vom 7. September 1926).

In dem Am.P. 1595332 ist eine Schaberetorte beschrieben, die hinsichtlich ihrer wesentlichen Merkmale derjenigen des D.R.P. 385762 entspricht. Daneben ist noch eine Ausführungsform beschrieben, in der das Prinzip des Schabers verlassen worden ist. Denn dort werden die Öle in einem Röhrenüberhitzer mit parallel geschalteten Röhren gespalten (Am.P. 1595332. J. H. Adams, Neuyork. Vom 10. August 1926).

In dem Am.P. 1605063 ist ein schabendes wirkendes Rührwerk für einen senkrecht stehenden zylindrischen Kessel erläutert, dessen Boden nach innen gewölbt ist. Das Rührwerk ist so ausgebildet, daß es den Boden des Kessels bestreicht, neben dem ein Sumpf für den abgestrichenen Kohlenstoff angebaut ist. Die anderen Rührarme tragen Ketten, wie das u. a. auch schon im Am.P. 1304211 (siehe dieses Kapitel) erläutert ist (Am.P. 1605063. G. L. Prichard, Texas. Vom 2. November 1926).

Es ist bereits im vorstehenden darauf hingewiesen worden (vgl. Am.P. 1598805), daß die innige und gleitende Berührung der Schaber mit den Kesselwänden durch die Anordnung von Ausgleichgewichten gewährleistet werden kann. Die gleiche Lösung dieser Aufgabe liegt auch dem in dem Am.P. 1608767 gezeichneten Schaber zugrunde. Die Verbindung der Schaber mit der Welle und dem Gewicht geschieht durch Ketten. Der Spaltkessel ist zylindrisch und aufrechtstehend (Am.P. 1608767. J. H. Burlingham, Texas. Vom 20. November 1926).

Auch in dem Am.P. 1609135 ist ein Schaber für liegende Spaltretorten beschrieben, bei dem besonderer Wert darauf gelegt ist, daß die Schaberplatten ausreichend wirken, aber trotzdem bei stärkeren Unebenheiten auch ausweichen können. Die Anordnung bietet gegenüber den zuletzt besprochenen gleichfalls mit Ausgleichgewichten versehenen Anordnungen scheinbar keine wesentlich neuen Merkmale dar, sofern man von Einzelheiten in der Konstruktion absieht (Am.P. 1609135. W. F. Statham, Oklahoma. Vom 30. November 1926).

In dem Am.P. 1618427 ist eine Krackeinrichtung beschrieben, die aus fünf horizontalen zylindrischen Kesseln besteht, von denen je zwei in gleicher Höhe liegen und eine gleiche Ausbildung tragen. Die paarweisen Kessel *1* und *2* stehen je mit *3* und *4* in Verbindung und diese wieder mit dem Kessel *5*. Die untersten Kessel *1* und *2* sind mit einem rahmenartigen Schaber ausgerüstet, während die Kessel *3* und *4* schneckenförmig ausgebildete, sich kreuzende Schaber aufweisen. Der oberste Kessel besitzt keine Schaberanordnung. Das unterste Paar Kessel ist mit einem Sumpf zur Aufnahme des Kohlenstoffes ausgestattet (Am.P. 1618427. E. W. Hartmann, Kalifornien. Vom 22. Februar 1927).

Die Anwendung hin- und hergehender, d. h. also nicht rotierender Schaber zur Entfernung des Kohlenstoffes von der Heizfläche liegender zylindrischer Retorten ist bereits in dem Am.P. 1563818 (siehe dieses Kapitel) beschrieben. Eine gleiche Einrichtung ist auch aus dem Am.P. 1621417 erkennbar. An einer den Kessel durchziehenden Spindel ist ein eiserner Rahmen befestigt, an dem sich unten Ketten befinden. Die hin- und hergehende Bewegung wird durch einen Kniehebel bewirkt. Die Verwendung von Ketten ist vielfach in diesem Kapitel beschrieben (siehe z. B. auch Ö.P. 36421, Am.P. 1349816 u. a. m.) (Am.P. 1621417. W. Knapp, Kansas. Vom 15. März 1927).

Die Mehrzahl der bekannten in wagerechten Kesseln angebrachten Schaber arbeiten in der Weise, daß sie mechanisch den Kohlenstoff entfernen und dann in einen Sumpf o. dgl. entleeren. Jedenfalls verbleibt der abgeschabte Kohlenstoff zunächst auf der unteren Kesselfläche. Im Gegensatz hierzu wird nach den Angaben des Am.P. 1622573 der abgeschabte Kohlenstoff in einen über der eigentlichen Kesselwandung hängenden doppelten Boden abgeschabt. Die mit Heizrippen und einer

Isolierheizwand versehene Spaltretorte ist rotierend angeordnet. An der Drehachse im Inneren ist ein zweiter nicht mit rotierender Boden eingehängt, in den der durch einen Schaber abgeschabte Kohlenstoff fällt. Dieser Doppelboden kann leicht durch Abschrauben einer Stirnwand entfernt werden (Abb. 102). In der folgenden Fig. 2 ist ein senkrechter Querschnitt durch den doppelwandigen Kessel *22 1* erläutert. Dieser Kessel rotiert um die Achse *3*, an der ein doppelter Boden *6* lose befestigt ist, in den der an der Wandung *1* schleifende Schaber *21* den Kohlenstoff befördert. (Am.P. 1622573. R. Cross, Kansas City. Vom 29. März 1927).

Zum Betreiben der Schaber hat man auch schon Schaufelräder benutzt, die durch das ausströmende Öl selbst betrieben wurden. So zeigt das Am.P. 1624778 folgendes Verfahren. Das Öl wird in einen mit par-

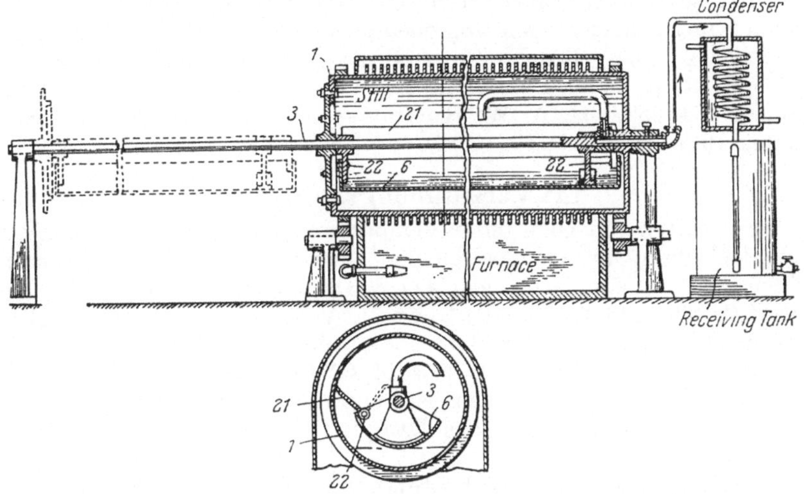

Abb. 102. Am. 1622573.

allel angeordneten Prellplatten versehenen, als wagerecht liegender zylindrischer Kessel ausgebildeten Erhitzer gedrückt, der mit zwei übereinander liegenden Rohren mit einem gleichfalls wagerechten zylindrischen Spaltkessel in Verbindung steht. Das Öl wird durch den Erhitzer gepumpt, gelangt von dort hinter der Stirnfläche des Spaltkessels an eine Scheidewand, die es zwingt eine Heizschlange schnell zu durchströmen, von da gelangt es unter starker Entspannung und Bewegung hinter die Scheidewand, die einen Schaber trägt, der durch die bewegten Ölmassen angetrieben wird (Am.P. 1624778. R. Cross, Kansas City. Vom 12. April 1927).

Es sind bereits Schaber für liegende zylindrische Spaltkessel beschrieben, die durch ein Kettengetriebe parallel zur Heizfläche betrieben werden (vgl. dieses Kapitel Am.P. 1561428).

Eine gleiche Anordnung liegt auch dem im Am.P. 1624083 erläuterten Schaber zugrunde, der auf zwei Querachsen montiert ist (Am.P. 1624083. J. M. Wadsworth, Texas. Vom 12. April 1927).

Es ist schon im Am.P. 1475901 (siehe dieses Kapitel) ein Verfahren beschrieben, das eine plastische Masse, bestehend aus granulierter Kohle o. dgl., mit Ölen als Ausgangmaterial für den Krackprozeß benutzt, und das zu diesem Zweck einen Apparat mit Zubringerschnecke und Förderschnecke benutzt. Eine ähnliche Apparatur beschreibt auch das Am.P. 1641305. Die Heizung ist indirekt und wird mit Feuergasen ausgeführt (Am.P. 1641305. W. E. Trent, Washington. Vom 6. November 1927).

Zur Vermeidung der Stagnation des Öles, die stets zur Abscheidung von Kohlenstoff führt, wird in dem Am.P. 1641852 folgende Einrichtung vorgeschlagen. Der Spaltapparat ist aus einer Kolonne von Einheiten zusammengesetzt. Jede Einheit enthält zwei senkrechte Krackzylinder, an deren Seiten je ein wagerechter Zylinder als Vorerhitzer angeordnet ist. In den Vorerhitzern rotiert ein horizontales Rührwerk und in den Krackapparaten eine von oben nach unten sich bewegende Rührvorrichtung. Diese Rührwerke werden von einer Welle, die zum Teil gekröpft ist, bedient. Das Öl in den Vorerhitzern steht unter Druck (Am.P. 1641852. H. A. W. Howcott, New Orleans. Vom 6. September 1927).

11. Verstäubungsapparate.

Das Spalten von Ölen unter Verstäubung ist bereits in den ältesten Patentschriften, die das Spalten von Ölen überhaupt betreffen, empfohlen worden, nämlich in dem Am.P. 311543 von Strain und in den Am.P. 342564 und 342565 von Benton. Vielfach wird hierbei mit Hilfe von hochgespanntem Wasserdampf gearbeitet. Wie z. B. auch aus den Ausführungen der F.P. 531436, 533314, 627017 und D.R.P. 444985 (vgl. dieses Kapitel) zu entnehmen ist, erhoffen viele Erfinder von der mechanischen Stoßwirkung des Dampfes eine Erleichterung der Ölspaltung.

D.R.P. 99254. Friedrich Meffert in Berlin. Verfahren zur Herstellung von aromatischen Kohlenwasserstoffen und von Ammoniak. Vom 13. März 1897.

Patentansprüche: 1. Verfahren zur Herstellung von aromatischen Kohlenwasserstoffen, dadurch gekennzeichnet, daß ein inniges Gemisch von Mineralölen irgendwelcher Herkunft und überhitztem Wasserdampf in feuerfesten Retorten auf starke Hellrotglut erhitzt wird.

2. Verfahren nach Anspruch 1 unter gleichzeitiger Gewinnung von Ammoniak, dadurch gekennzeichnet, daß ein inniges Gemisch von Mineralölen irgendwelcher Herkunft und überhitztem Wasserdampf in feuerfeste, stark hellrot glühende Koksöfen während oder nach Schluß des eigentlichen Verkokungsprozesses eingeführt wird.

3. Verfahren nach Anspruch 1 und 2, dadurch gekennzeichnet, daß behufs Erhöhung der Ausbeute an Ammoniak bei der Umsetzung des Gemisches der Mineralöle und des überhitzten Wasserdampfes Verbrennungsgase zugeführt werden.

Auch läßt sich das vorliegende Verfahren noch weiterhin dadurch erfolgreicher gestalten, daß man behufs Erzielung einer bedeutend erhöhten Ausbeute von Ammoniak dem Dampfgemisch von Ölen und überhitztem Wasserdampf gewöhnliche Verbrennungsgase zumischt und diese gemeinsam der gegenseitigen Einwirkung und der Einwirkung auf den Koks in den hellrotglühenden Retorten unterwirft. Hierdurch wird, wie bemerkt, die Ausbeute an Ammoniak wesentlich erhöht, ohne daß dadurch die Gewinnung von Kohlenwasserstoffen Schaden erleidet.

In der Praxis wird das vorliegende Verfahren folgendermaßen ausgeführt:

a) Mineralöle geeigneter Zusammensetzung werden vermittels eines eine feine Verteilung hervorbringenden Strahldüsenapparates durch überhitzten Wasserdampf in feuerfeste Retorten eingeblasen, welche mit Schamotte oder sonstigem, eine große Oberfläche bietenden feuerfestem Material gefüllt sind und sich in hellrotglühendem Zustande befinden. Die hierbei entstehenden dampf- bzw. gasförmigen Produkte werden durch ein Abzugsrohr fortgeführt und entweder auf die übliche Art kondensiert oder durch Absorptionsgefäße geleitet, welche die kondensierbaren Bestandteile zurückhalten, wogegen die nicht kondensierbaren Gase in einem Gasometer gesammelt und zur Heizung oder nach stattgehabter Karburierung zur Beleuchtung benutzt werden.

b) Mineralöle geeigneter Zusammensetzung werden in gleicher Weise vermittels überhitzten Wasserdampfes derartig auf hellrotglühenden Koks während des Betriebes der Koksöfen eingeblasen, daß beide ein inniges, fein verteiltes Dampfgemisch bilden, welches in diesem Zustande auf den glühenden Koks einwirkt. Die hierbei entstehenden und abdestillierenden Produkte werden wie oben behandelt.

D.R.P. 224070. Alexander Nikiforoff in Moskau. Verfahren und Vorrichtung zur Gewinnung von aromatischen Kohlenwasserstoffen aus Naphtha. Vom 24. März 1908.

Patentanspruch: Verfahren zur Gewinnung von aromatischen Kohlenwasserstoffen aus Naphtha, dadurch gekennzeichnet, daß die aus Naphtha in bekannter Weise bei der Verkokung gewonnenen Kohlenwasserstoffe vorzugsweise nach dem Passieren einer Waschvorrichtung, in welcher die Absonderung der mitgerissenen Nebenprodukte erfolgt, durch bis auf etwa 800—1000° erhitztes, die Oxydation der Kohlenwasserstoffe nicht förderndes Gas, vorzugsweise Wassergas, zerstäubt werden und der zerstäubten Mischung zwecks durchgreifender Zersetzung weiteres erhitztes Wassergas zugeführt wird, um in der Retorte die hierbei erforderliche hohe Temperatur durchweg aufrecht zu erhalten, worauf das entstandene Produkt gekühlt und destilliert wird.

D.R.P. 444985. Karl Zimmermann in Berlin. Verfahren zum Destillieren von Ölen und ähnlichen Produkten. Vom 19. September 1924.

Patentanspruch: Verfahren zur kontinuierlichen Destillation von Ölen u. dgl., dadurch gekennzeichnet, daß das Ausgangsmaterial durch sehr energisch wirkende mechanische Mittel, wie beispielsweise drehbare Scheiben, mechanisch fein zerstäubt, zweckmäßig mit Hilfe von Wasserdampf oder anderen Gasen oder Dämpfen in eine erhitzte Destillationsvorrichtung, die gegebenenfalls mit Füllmitteln ganz oder teilweise gefüllt ist, eingeführt und der entstehende Dampf fraktioniert gekühlt oder sonstwie verarbeitet wird.

Ö.P. 74542. Louis Georg Leffer in Wevelinghoven bei Grevenbroich. Verfahren und Vorrichtung zur Umwandlung höhersiedender Kohlenwasserstoffe in niedrigersiedende. Vom 26. August 1918 (vgl. auch F.P. 454580 und E.P. 4140/1913).

Patentansprüche: 1. Verfahren zur Umwandlung höhersiedender Kohlenwasserstoffe in niedrigersiedende unter Verwendung eines nach Druck und Geschwindigkeit regelbaren, ständig durchlaufenden Druckmittels, Einhaltung einer Temperatur von etwa 400⁰ C unter Aufrechterhaltung eines bestimmten Druckes, sowie Anwendung eines auf die gewünschte Spalttemperatur geheizten besonderen Spaltgefäßes, dadurch gekennzeichnet, daß die Kohlenwasserstoffe fein verteilt, z. B. als Nebel oder Dampf, von dem umlaufenden Druckmittel mitgenommen und gegebenenfalls durch dieses selbst zerstäubt in die Spaltkolonne geführt werden.

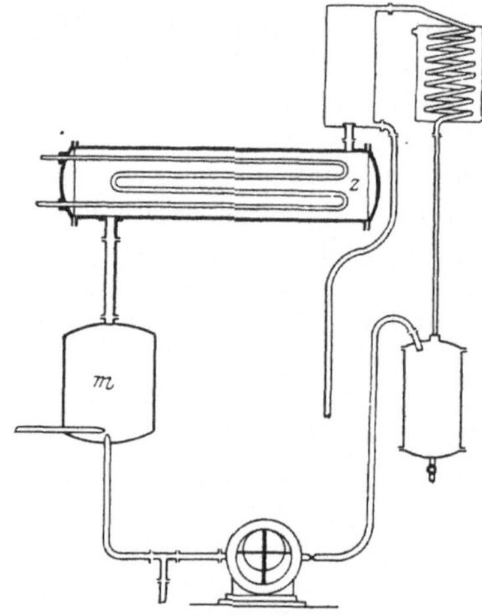

2. Vorrichtung zur Ausführung des Verfahrens nach Anspruch 1, dadurch gekennzeichnet, daß die auf regelbare Temperatur heizbare Spaltkolonne mit einer Vorrichtung für den Umlauf des Druckmittels und mit einer Zerstäuberanordnung für das Rohmaterial in Verbindung steht.

3. Vorrichtung nach Anspruch 2, gekennzeichnet durch die Anordnung eines Mischgefäßes (m) vor der Spaltkolonne (z), in dem sich die Kohlenwasserstoffdämpfe mit dem durchlaufenden Druckmittel vereinigen und von wo sie gemischt und fein verteilt in die Spaltkolonne gelangen, wobei das

Abb. 103. Ö.P. 74542.

Mischgefäß gleichzeitig auch zur Abscheidung von Verunreinigungen (z. B. von Asphalt infolge seiner geringen Verdampfungsfähigkeit) dient (Abb. 103).

Ö.P. 79714. Gustav Kroupa in Wien. Kontinuierliches Verfahren und Apparatur zur vollständigen destruktiven Destillation von Erdölkohlenwasserstoffen und Kohlenteer. Vom 10. Januar 1920.

Patentansprüche: 1. Verfahren zur kontinuierlichen und vollständigen destruktiven Destillation von Erdölkohlenwasserstoffen und Kohlenteer, dadurch gekennzeichnet, daß diese in eine aus Schamotte oder anderem feuerfesten Materiale bestehende, vertikal oder schief angeordnete, enge, leere (ohne Ausfüllungsmaterial) und unten mit einem Wasserabschluß versehene Muffel von eckigem oder ringförmigem Querschnitt, bei gleichzeitiger Zufuhr von überhitztem Wasserdampf am Muffelboden in an sich bekannter Weise durch Brausen oder Streudüsen in entspre-

chend vorgewärmtem Zustande ununterbrochen oder periodisch eingeführt werden.

2. Vorrichtung zur Ausführung des Verfahrens nach Anspruch 1, dadurch gekennzeichnet, daß die Muffel unten mit einem Wasserabschluß versehen ist, welcher das Ablöschen und das manuelle oder maschinelle Austragen des Kokses ermöglicht.

Ö. P. 89618. Chaungey B. Forward in Urbana, Ohio (U.S.A.). Verfahren zur Umwandlung von rohem Petroleum und seiner Rückstände in leichtflüssige Öle. Vom 10. Oktober 1922 (vgl. auch F.P. 481494, E.P. 103572, Am.P. 1189083, 1202823 und 1274405).

Patentanspruch: Verfahren zur Umwandlung von rohem Petroleum und seiner Rückstände in leichtflüssige Öle durch Erhitzen unter Druck, dadurch gekennzeichnet, daß das Rohöl zunächst überhitzt und dann zusammen mit unter hohem Druck stehendem überhitztem Dampf in den Innenraum einer Kammer zerstäubt wird, worauf die Öldämpfe und die unverdampften Produkte aus der Kammer durch getrennte Kanäle ausgetrieben werden, die zwecks Erhaltung eines gleichmäßigen Druckes in der Kammer gedrosselt werden können, wobei die in der ersten Kammer sich ergebenden Rückstände nacheinander in einer Reihe von Kammern zerstäubt werden können, die von derselben Stelle aus unter Druck gehalten werden.

In der beiliegenden Zeichnung ist eine zur Ausführung des vorliegenden Verfahrens dienende Vorrichtung in schematischer Weise veranschaulicht (Abb. 104).

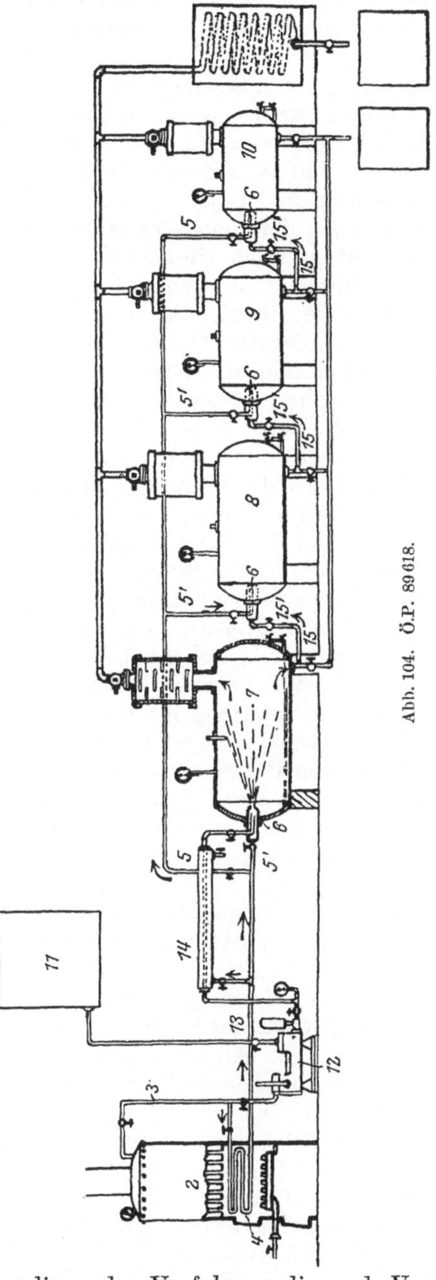

Abb. 104. Ö.P. 89618.

Die Vorrichtung besitzt einen Dampfkessel *2* mit Dampfleitungsrohr *3*, welches zu einem Dampfüberhitzer *4* führt. Aus letzterem wird der überhitzte Dampf unter hohem Druck durch verschiedene Zweigrohre *5*, *5¹* in die Ölzerstäuber *6* übergeführt, die am vorderen Ende einer Reihe von Separatoren *7*, *8*, *9* und *10* angeordnet sind. Das rohe Petroleum wird von einem Vorratsbehälter *11* entnommen und durch eine Dampfpumpe *12* unter hohem Druck in den ersten Separator *7* gepreßt, und zwar durch das Rohr *13*, welches nach dem Zerstäuber *6* des Separators *7* führt. Von der den überhitzten Dampf aus dem Überhitzer nach der ersten Zerstäuberdüse *6* führenden Leitung *5* zweigt eine Leitung nach einem das Ölleitungsrohr *13* teilweise umgebenden Heizmantel *14* ab. Jeder Separator besitzt ein Auslaßrohr *15* für die Rückstände, die sich in ersterem während der verschiedenen Arbeitsvorgänge ablagern. Das Auslaßrohr *15* des ersten Separators *7* befördert die Rückstände aus letzterem zum Zerstäuber *6* des zweiten Separators *8*, während das Auslaßrohr *15* des letzteren die in demselben sich ansammelnden Rückstände nach dem Zerstäuber *6* des nächsten Separators *9* leitet, und so weiter.

Zum Zweck der Reinigung und Spaltung von Ölen wird in dem F. P. 448658 vorgeschlagen, das Öl so hoch zu erhitzen, bis sich Dämpfe daraus entwickeln, dann Wasserdampf einzuleiten und das Gemisch von Öldampf und Wasserdampf zu überhitzen. Dann passiert dieses Gemisch eine Kolonne von Expansionskammern fallender Temperatur, bis schließlich nur noch Wasserdampf und verdampftes Öl von den gewünschten Eigenschaften übrigbleibt (F.P. 448658. Raymund Auguste Dornès, U.S.A. Vom 7. Februar 1913).

Vor der Spaltung des Rohpetroleums soll man zunächst die leichtsiedenden benzinartigen Kohlenwasserstoffe ausscheiden, dann in einer Kolonne von Retorten die schwersiedenden Rückstände von den destillierbaren Ölen trennen und dann die Öle auf die hocherhitzten Destillationsrückstände, wie Asphalte u. dgl., in möglichst feiner Verteilung aufstäuben mit Hilfe einer Pumpe oder eines Kompressors, der einen Druck von 7 kg auf den Quadratzentimeter liefert (F.P. 486675. Boyden Deakin, England. Vom 30. April 1918) (vgl. auch Am.P. 1208214 und 1208378. Roth und Venturino, Buenos Aires. Vom 12. Dezember 1916).

Um Explosionen bei der Spaltung von Ölen zu vermeiden, soll man sie zunächst vor der Spaltung von allen Unreinlichkeiten, wie Schwefel, Wasser u. dgl., befreien. Das Verfahren bezweckt vor allem mit Hilfe einer mechanischen Stoßwirkung die Dissoziation der großen Ölmoleküle zu erreichen. Das Öl wird in einen schräg nach oben gerichteten Röhrenkessel gebracht, der zur Erhöhung des Ölumlaufes mit einem Propeller versehen ist. Die entstehenden Öldämpfe gelangen dann in einen Dampfinjektor und werden mit einer Sekundengeschwindigkeit von 875 m gegeneinander geblasen. Aus dem Injektor gelangen sie in ein Bad von Frischöl (Abb. 105).

Wie aus der Abb. ersichtlich, werden die Öldämpfe durch Ventil *4* in den Injektorapparat *3* eingeleitet. Die Ableitung erfolgt durch *6*

(F.P. 531436. Leo Emerson, U.S.A. Vom 12. Januar 1922; Am.P. 1367806).

Von dem gleichen Erfinder ist auch das F.P. 533314. Nach den dort gemachten Angaben werden gleichfalls die Öldämpfe unter Ausnutzung einer hohen mechanischen Stoßwirkung gespalten. Die Ausführungsweise und die apparativen Einrichtungen sind sehr ähnlich wie die im vorstehenden F.P. 531436 bereits beschriebenen. Die apparative Ausbildung hat insofern eine Abänderung erfahren, als der Ölinjektor und der Vorratsbehälter für das Frischöl, in das die Öldämpfe eintreten sollen, in einen Apparat verlegt sind (F.P. 533314. Leo Emerson, U.S.A. Vom 27. Februar 1922; Am. P. 1346797, 1346798, 1367807 und 1484014).

Während in den beiden zuletzt besprochenen F.P. und auch im D. R.P. 444985 die mechanische feine Verteilung bzw. Stoßwirkung nur als förderndes Moment für die Druckwärmespaltung vorgeschlagen wurde, hat man in dem F.P. 627017 den Vorschlag gemacht, lediglich durch mechanische feine Zerstäubung, und zwar ohne Anwendung von Hitze Öle zu kracken. Es wird dort vorgeschlagen, unter Anwendung von Druckluft mit rotierenden Verteilungsvorrichtungen, die ähnlich wie Schlagmühlen angeordnet sind, eine staubfeine Verteilung und damit Spaltung des Öles ohne Anwendung von Wärme zu bewirken (F.P. 627017. Oskar Kay, U.S.A. Vom 24. September 1927).

Nach den Angaben des E.P. 113264 soll man das Öl in einem aus zwei miteinander verbundenen

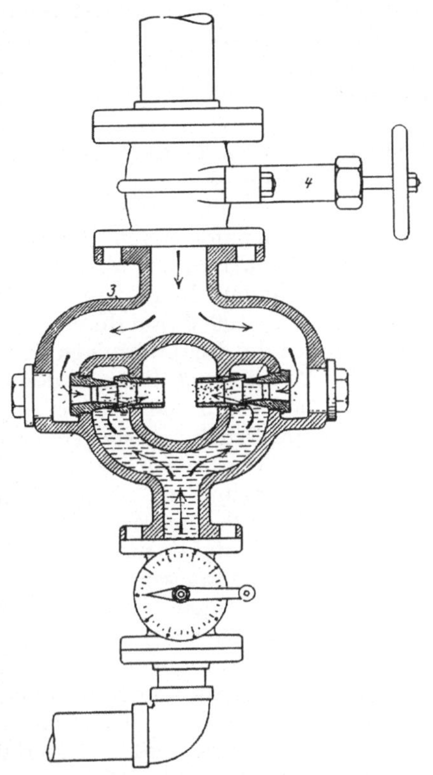

Abb. 105. F.P. 531436.

Druckapparaten kracken. Der erste Apparat ist eine mit gebrannten Ziegeln ausgekleidete horizontale Verbrennungskammer, in die Öl oder Öl mit Dampf eingeleitet werden, sowie falls erforderlich auch Luft. Die heißen Verbrennungsgase treten dann in eine senkrecht angeordnete, mit gebrannten Ziegeln ausgekleidete Krackkammer, in die von unten her mit Hilfe einer Düse unter Druck Öl oder Öl mit Dampf eingestäubt wird. Die Krackkammer besitzt einen Auslaß für schwere Kondensate. E.P. 113264. David Talbot, Washington. Vom 7. November 1918).

Nach den Angaben des E.P. 119284 soll man Schweröl verdampfen und den Öldampf bei einem Druck bis 600 Pfund pro Quadratzentimeter und bei Temperaturen von 250—675⁰ C mit hydrierend wirkenden Mitteln bei Gegenwart von Katalysatoren spalten. Das zu spaltende Öl wird mit Wasser gemischt und durch einen hydraulisch betriebenen Injektor in ein Krackrohr verstäubt, das die dem zu verarbeitenden Öl angemessenen Dimensionen aufweist. Der Katalysator, der am heißesten Ende, d. h. am Auslaßende des Spaltrohres, angeordnet ist, besteht zweckmäßig aus Nickelchromstahl (E.P. 119284. Hayman Mandle, New York. Vom 27. September 1918 [siehe auch E.P. 106042]).

In dem F.P. 486675 ist ein Verfahren beschrieben, nach dem die zu spaltenden Öle in eine mit erhitztem Asphalt o. dgl. zum Teil gefüllte Retorte eingestäubt werden. Nach den Angaben des E.P. 123151 soll das beschriebene Verfahren dahin verbessert werden, daß man den als Heizmittel dienenden Asphalt während der Einführung des Öles langsam von etwa 360—420⁰ C erhitzt (E.P. 123151. Frank Boyden Deakin, London. Vom 12. Februar 1919).

Um Kohlenwasserstoffe zu kracken, soll man sie zunächst einer Vereinigung mit rauchender Schwefelsäure, und zwar 2,25 vH für Öl von 45⁰ Bé unter nachfolgendem Waschen unterziehen. Das so gereinigte Öl wird durch Einblasen von überhitzten Gasolindämpfen auf Kracktemperatur gebracht und hierauf in ein Ölbad von 278—390⁰ C unter einem Druck von 75—100 Pfund durch ein eingetauchtes Siebrohr eingeblasen. Dann werden die dampfförmigen Produkte abgezogen bis der Rückstand unter 58⁰ Bé fällt und dieser in der gleichen Weise der Behandlung mit überhitztem Gasolin und Wasserdampf unterworfen. Es wird sukzessive mit fallendem Druck und steigender Temperatur gekrackt (E.P. 165167. Wilson Trotter, U.S.A. Vom 17. Juni 1921; Am.P. 1339167).

Es ist bereits in dem E.P. 113264 ein zweiteiliger Apparat beschrieben, von dem der erste wagerechte Kessel zur Erzeugung von Verbrennungsgasen als Heizmittel dient, während in den damit verbundenen zweiten Kessel die Kohlenwasserstoffe zusammen mit Wasser eingestäubt werden. Der Apparat nach dem E.P. 165863 betrifft eine ähnliche Anordnung, wobei diese beiden Apparate zu einer Einheit zusammengelegt sind. Er besteht aus einem doppelwandigen aufrechtstehenden Zylinder, der innen aus feuerfestem Material besteht. Durch eine in der Decke des Zylinders befindliche Düse wird das Öl in den Apparat eingebracht. Am Boden befindet sich poröses Material auf einem Siebe zum Festhalten der bei der Spaltung des Öles entstehenden Rückstände. Diese Rückstände werden unter Einleiten von Luft und Dampf am Boden des Kessels verbrannt (E.P. 165863. Sydney Knibbs, London. Vom 11. Juli 1921; Am.P. 1459156).

Nach den Angaben des E.P. 180719 wird das zu spaltende Öl mit Preßluft in eine am Boden der Spaltretorte befindliche Düse eingeblasen, der gegenüber eine Auslaßdüse für Dampf angeordnet ist, so daß eine sehr feine Verteilung der Öldämpfe stattfindet. Die Spaltretorte stellt einen sich nach unten verjüngenden Konus dar, der an der Austrittsstelle des Öles von außen erhitzt wird. In der Retorte ist ein rotierender konischer Schaber angeordnet, der den Kohlenstoff entfernen soll. Es ist dafür Sorge getragen, daß ein Teil der Spaltprodukte im Kreislauf wieder in den Spaltapparat zurückgelangt (E.P. 180719. Schuyler Davis, U.S.A. Vom 26. Mai 1922; Am.P. 1369787/8).

Es sind bereits Verfahren beschrieben, bei denen die feine Vernebelung des Öles als förderndes Moment für die Spaltung des Öles verwendet wurde (vgl. dieses Kapitel F.P. 531436 und 533314). Ein ähnlicher Gedankengang liegt anscheinend auch dem E.P. 196306 zugrunde. Dort wird erwärmtes Öl mit z. B. unter hohem Druck stehendem Naturgas oder Dampf bei unter seinem Siedepunkt liegenden Temperaturen in einen Expansionskessel, der vorteilhaft unter Vakuum steht, verstäubt, und die dabei entstehenden Produkte in eine Kolonne von Kondensatoren geleitet. Es ist eine Vereinigung des Rücklaufes der schweren Kondensate aus dem Expansionsraum und dem ersten Kondensor vorgeschlagen (E.P. 196306. Houston French, U.S.A. Vom 17. April 1923).

Nach den Angaben des Am.P. 311543 aus dem Februar 1885 wird folgendermaßen gearbeitet. Das Öl befindet sich in einem erhöht angeordneten, unter Druck stehenden Vorratskessel. Aus diesem Kessel führt ein mit Dampfmantel umgebenes Rohr in den oberen Teil eines Expansionsraumes, in den das Öl von oben nach unten durch eine Düse strömt. Dem fein verteilten Öl wird überhitzter Wasserdampf entgegengeblasen. Das Gemisch der Öl- und Wasserdämpfe geht aus der senkrecht stehenden Expansionskammer durch ein Knierohr in einen wagerechten Teil über, in dem sich Fraktioniereinrichtungen zur Gewinnung der einzelnen Fraktionen innerhalb geringer Siedegrenzen befinden. In die Destillatdämpfe kann noch Wasserdampf eingeleitet werden (Am.P. 311543. E. W. Strain, Pennsylvania. Vom Februar 1885).

Auch im Jahre 1886 wurde der Vorschlag gemacht, das zu spaltende Öl zwecks Spaltung in eine Expansionskammer zu versprühen. So beschreibt das Am.P. 342564 vom 25. Mai 1886 einen Apparat, der aus einem Überhitzerrohr besteht, in dem eine Temperatur von 371⁰ C oder höher und ein Druck von 500 Pfund pro Quadratzoll herrscht. Aus diesem Überhitzerrohr führt eine Düse in eine Expansionskammer, aus der die Dämpfe von der Decke aus abgeleitet werden (Am.P. 342564 und 342565. G. L. Benton, Pennsylvania. Vom 25. Mai 1886).

Zur Spaltung von Petroleum wird im Am.P. 619593 ein Druckkessel vorgeschlagen, der die Gestalt von zwei aufeinandersitzenden Konussen hat. Das Öl wird vor dem Eintritt in den Spaltapparat in einer Mischkammer mit überhitztem Dampf gemischt und tritt dann fein zerstäubt von unten in den Druckkessel, über dessen Boden ein falscher Boden als Prellplatte angeordnet ist. Auch vor dem spitz konischen Aufsatz des Kessels ist eine Prellplatte angeordnet. Die Destillate gelangen dann nach erfolgter Entspannung in einen Kondensator, in dem sie von oben mit Wasser berieselt werden (Am.P. 619593. William Mann, Pennsylvania. Vom 14. Februar 1899).

Das Am.P. 958820 will ein Maximum an leichten Kohlenwasserstoffen dadurch herstellen, daß es den Spaltprozeß bei hohem Druck und niedriger Temperatur unter plötzlicher Kondensation ausführt. Zur Ausführung preßt man Öl mit Dampf unter Innehaltung einer hohen Geschwindigkeit und vollkommener Vernebelung in eine Spaltkammer, wo es bei der Spaltung über große erhitzte Flächen verteilt wird. Die dampfförmigen Bestandteile werden abgezogen und kondensiert, die flüssigen der vorbeschriebenen Behandlung bei sukzessive steigenden Temperaturen häufiger unterworfen. Besonderer Wert ist auf eine möglichst feine mechanische Zerstäubung (Atomisation) gelegt, worauf bereits in den F.P. 531436 und 533314 und E.P. 196306 eingehend hingewiesen worden ist (Am.P. 958820. Joseph A. Parker, Kalifornia. Vom 24. Mai 1910).

Wenn man in erster Linie die Gewinnung von Asphalt aus Rohölen beabsichtigt, so preßt man das Rohöl mit einer Düse durch ein System schräg gegeneinander versetzter Röhrenretorten. Gleichzeitig wird zur Vernebelung des Öles Dampf oder Luft in die Düse eingeblasen. In der Retorte soll die Temperatur 360⁰ C betragen, wobei noch keine Verkokung stattfindet. Der ausgeschiedene Asphalt bleibt flüssig und kann aus den schrägen Retorten abfließen. Die Destillate werden fraktioniert kondensiert (Am.P. 1088692 und 1088693. C. B. Forward, Ohio. Vom 3. März 1914).

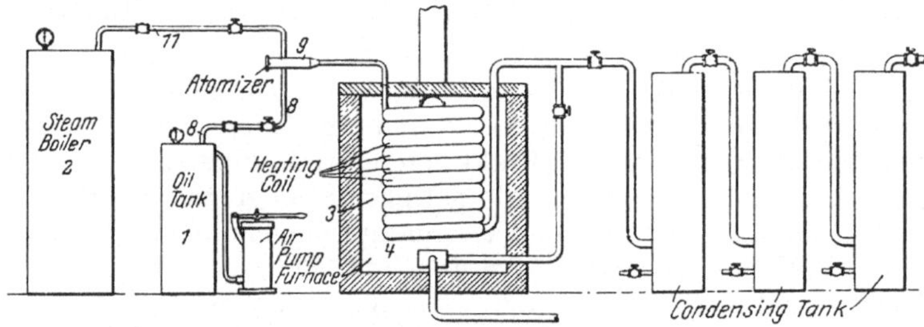

Abb. 106. Am.P. 1110923.

In dem Am.P. 1110923 ist ein Verfahren beschrieben, das folgendermaßen ausgeführt wird. Aus einem unter Preßluft stehenden Öltank und aus einem Dampfkessel wird Öl und Dampf in eine Mischdüse geleitet, welche das Gemisch in ein auf 555⁰ C erhitztes Schlangenrohr leitet. Durch eine Nebenleitung kann durch Verbrennen des Reaktionsproduktes festgestellt werden, ob die innegehaltenen Arbeitsbedingungen richtig sind. Die Spaltdestillate werden zusammen oder fraktioniert kondensiert (Abb. 106). In der vorstehenden Zeichnung ist *1* der Öltank, *2* der Dampfkessel. Das Öl gelangt mit Hilfe einer Luftpumpe durch Rohr *8* in den Verstäuber *9*. Der Wasserdampf strömt aus dem Kessel *2* durch Rohr *11* gleichfalls in den Zerstäuber *9*. Die Krackschlange *4* wird in der Feuerung *3* erhitzt (Am.P. 1110923. C. J. Greenstreet, Kolorado. Vom 15. September 1914; vgl. auch dieses Kapitel Am.P. 1613124).

Es ist bereits in dem E.P. 165863 (vgl. dieses Kapitel) ein Krackapparat beschrieben worden, bei dem in den senkrechten Spaltzylinder von oben mit einer Düse das zu spaltende Öl eingeblasen wird, während unten durch Verbrennung heiße Feuergase entwickelt werden. Eine ähnliche Anordnung ist auch in dem Am.P. 1135506 beschrieben. In den senkrechten, auf 333⁰ C erhitzten Spaltzylinder wird von oben mit einer Düse ein Gemisch von Dampf und hocherhitztem Öl fein eingestäubt und hierbei entspannt. Am Boden des Spaltkessels kann überhitzter Dampf oder heiße Druckluft eingepreßt werden. Durch eine Klapptür können die Verbrennungsgase einer Feuerung direkt in den Spaltkessel geleitet werden (Am.P. 1135506. J. A. Dubbs, Kalifornia. Vom 13. April 1915).

Das Verstäuben von Ölen mit Hilfe geeigneter Düsen erfolgt für gewöhnlich in Spalträume von gleichmäßiger Erwärmung. Man hat aber schon das Öl gegen Prellflächen verstäubt, die infolge vornehmlich elektrischer Erhitzung eine besonders hohe Temperatur von 278—666⁰ C besaßen. Wo auch noch katalytische Wirkungen erzielt werden sollen, wird die Prellfläche aus gebranntem Ton, Bimsstein, Eisen, Stahl, Nickel oder Kupfer hergestellt und bei Gegenwart von Wasserstoff gearbeitet. Es ist ein Kreislauf des Krackgutes vorgesehen (Abb. 107). Das Öl tritt durch Rohr *13* und Düse *12* in den Spaltkessel *2* und wird gegen eine elektrisch erhitzte, vorteilhaft aus katalytisch wirkendem Material bestehende Prellplatte *5* versprüht. Durch Rohr *10* wird Wasserstoff eingeleitet (Am.P. 1192653. Frank S. Low, New York. Vom 25. Juli 1916).

Das Am.P. 1252401 beschreibt einen Krackapparat, der sich lediglich aus folgenden wenigen Teilen zusammensetzt: 1. Eine Heizschlange, durch die ein Gemisch von Öl mit Dampf hindurchgepreßt wird. 2. Ein zylindrischer, unten konisch verlaufender Krackkessel, in den die Heizschlange mündet, und der einen Ablauf für die Kondensate, ein Ausführungsrohr für die Destillate und am Dache eine Brause zum Einführen von kaltem Öl trägt. 3. Ein Kondensator (Am.P. 1252401. J. W. Coast jr. Vom 8. Januar 1918).

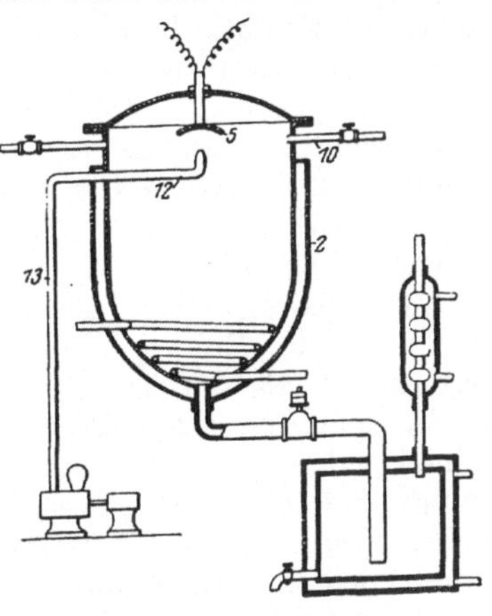

Abb. 107. Am. 1 192 653.

Nach den Angaben des Am.P. 1257199 bedient man sich zum Spalten des Öles einer Kolonne nebeneinander liegender Blasen, die in ihrem Inneren einen konischen, unten offenen und oben geschlossenen Mantel tragen der mit der nächstliegenden Retorte in Verbindung steht. Das zu spaltende Öl wird mit überhitztem Dampf in die konischen Einsätze verstäubt, an deren Außenseite Auffangrinnen für die Kondensate angebracht sind. Die Heizung wird durch heiße Verbrennungsgase bewirkt (Am.P. 1257199. Roy C. Dundas, Kalifornia. Vom 19. Februar 1918).

Um bei der Ausführung der Spaltung möglichst geringe Wärmeverluste zu erleiden ehe das Öl in die Heizschlange gelangt, ist vorgeschlagen worden, sowohl das Öl, als auch den Dampf in einem gesonderten Überhitzer auf Kracktemperatur zu bringen und mit Hilfe einer Mischdüse in das eigentliche Krackrohr einzuleiten. Die Mischdüse zeigt an ihrer Öffnung schräge Einschnitte, die dem eintretenden Gemisch aus Öl und Dampf eine rotierende Wirkung verleihen (Am.P. 1335769. F. E. Wellmann, Kansas City. Vom 6. April 1920).

Nach den Angaben des Am.P. 1349794 wird das Öl von oben her in eine mit konischen Einsätzen versehene Spaltretorte eingestäubt, die sowohl indirekt, als auch direkt durch Verbrennungsgase einer danebenliegenden Feuerstelle angeheizt wird. Neben dem ersten senkrecht stehenden Spaltkessel sind drei gleichartig mit Einsätzen versehene Separatoren angeordnet. Die Beförderung der Krackdämpfe geschieht durch Zentrifugalgebläse o. dgl. Das Einleiten von Dampf in die Separatoren ist vorgesehen (Am.P. 1349794. M. J. Trumble, Kalifornien. Vom 17. August 1920).

Um bei katalytisch verlaufenden Spaltprozessen, die Nickel oder Eisen in Form von Röhren o. dgl. anwenden, die Abscheidung von Kohle so zu gestalten, daß sie den Prozeß nicht stört, ist vorgeschlagen worden, neben einem Überhitzer zwei abwechselnd in Betrieb zu nehmende Spaltkammern anzuordnen. Diese Spaltkammern sind mit Tragrosten ausgestattet, auf denen gegeneinander versetzte aus Ziegeln o. dgl. bestehende prismatische Kontaktkörper angeordnet sind. Der vorerhitzte Kohlenwasserstoff wird von oben durch eine Düse auf die Kontaktkörper aufgebracht. Falls die Abscheidung des Kohlenstoffes zu groß wird, schaltet man auf die zweite Krackkammer und verbrennt den Kohlenstoff in der ersten Krackkammer durch Einleiten von Luft (Am.P. 1351859. Leon P. Lowe and F. C. Ruff, San Francisco. Vom 7. September 1920).

Zur Spaltung von Ölen, die aromatische Verbindungen enthalten, wie Kreosote, Rohnaphthalin u. dgl., zwecks Herstellung von Benzol, hat es sich als notwendig erwiesen, den Ölteilchen durch überhitzten hochgespannten Wasserdampf eine hohe Eigengeschwindigkeit zu verleihen (vgl. auch dieses Kapitel F.P. 531436 und 533314). Auf diese sich schnell bewegende Mischung läßt man in einer zweiten Phase nochmals hochgespannten überhitzten Wasserdampf einwirken. Es soll keine Kohle abgeschieden werden und eine Trennung der niedriger siedenden Bestandteile von den Rückständen erfolgen (Am.P. 1394481. J. T. Fenton, Utah. Vom 18. Oktober 1921).

Nach den Angaben des Am.P. 1428311 wird Rohöl und Dampf miteinander gemischt, nachdem sie in zwei gesonderten Heizschlangen erhitzt worden sind. Die Mischung aus Öl und Dampf wird in einen senkrechten Expansionskessel in wagerechter Richtung eingestäubt und trifft dort auf eine schräggestellte Prellplatte aus Hartstahl, Nickel, harten Legierungen o. dgl., wodurch den Dämpfen eine nach aufwärts gerichtete Tendenz verliehen wird. Dann passieren die Dämpfe eine Anzahl von Sieben, ehe sie in den Kondensator eintreten. Am Boden des Expansionsraumes ist eine elektrische Heizeinrichtung vorgesehen, um die Kracktemperatur aufrecht zu erhalten (Am.P. 1428311 und 1428312. Joseph H. Adams, New York. Vom 5. September 1922). Die gesonderte Überhitzung von Öl und Dampf, ehe sie in einer Düse gemischt werden, ist bereits in dem Am.P. 1335769 beschrieben.

Nach den Angaben des Am.P. 1429992 wird das zu spaltende Öl zusammen mit einem Katalysator, wie z. B. einer Mischung von Wasser und Kalk behandelt. Diese Mischkammer (Atomiser) ist derart angeordnet, daß das Öl, welches aus einer dünnen Öffnung ausgesprüht wird, auf einen Strom aus Wasser und Kalk trifft, wodurch eine äußerst feine Verteilung stattfindet. Die Erhitzung und Fortbewegung der Mischung wird mit überhitztem Wasserdampf bewirkt (Am.P. 1429992. C. V. Woegerer, New York. Vom 26. September 1922).

Nach den Angaben des Am.P. 1442935 sind in einem Ofen eine gewisse Anzahl von mit mehreren Verbindungsröhren untereinander versehene Längskessel sowie einige damit in Verbindung stehende Überhitzer für den Wasserdampf angeordnet, durch die ein Druck von 100 bis 300 Pfund und eine Temperatur von 278⁰ C erzeugt wird. Dann tritt ein Teil des überhitzten Dampfes in die Ölerhitzer ein, die aus zwei in besonderen Kesseln liegenden Röhreneinheiten bestehen, während der andere Teil des überhitzten Dampfes an die Auslaßstelle des Öles aus dem Überhitzer angeschlossen ist und dort durch eine Streudüse das Öl in einen mit einem Kondensor versehenen Expansionsraum verteilt (Am.P. 1442935. C. B. Forward, Ohio. Vom 23. Januar 1923).

Eine Spaltung des Öles zunächst in der Flüssigkeitsphase beschreibt das Am.P. 1462677. Das Öl wird unter so hohem Druck erhitzt, daß es noch flüssig bleibt und dann in einen auf Kracktemperatur erhitzten Expansionsraum gebracht, wo es in der Dampfphase gespalten wird, dann kommt es in einen Kondensor, der gleichfalls noch unter Druck steht. Der Expansionsraum besteht aus einer röhrenförmigen senkrechten Retorte, in die das Öl von oben in dünnen Strahlen eintritt. Er ist mit einem Schaber zur Entfernung des Kohlenstoffes versehen. Ein Kreislauf des Krackgutes ist vorgesehen (Am.P. 1462677 und 1462678. J. H. Adams, New York. Vom 24. Juli 1923).

Es ist bereits z. B. in den F.P. 531436 und 533314 (vgl. dieses Kapitel) auf die Wichtigkeit hingewiesen, die der hohen Eigengeschwindigkeit des zerstäubten Öles bei der Spaltung zukommt. Zu diesem Zweck sollen zwei Ströme, bestehend aus einer Mischung von Öl und überhitztem Wasser, mit hoher Geschwindigkeit aufeinanderprallen. Dieser Verstäuber (Atomiser) besteht aus einer achteckigen Kammer, von der vier Flächen nach innen gewölbt sind. Das überhitzte Öl und der überhitzte Wasserdampf werden in zweiarmige Zuleitungsrohre und von dort in die beiden Arme einer Mischdüse geleitet, welche die beiden Dampfstrahlen unter hohem Druck gegeneinander leitet (Am.P. 1492305. J. L. Murrie, New York. Vom 29. April 1924).

In dem Am.P. 1501371 ist ein Krackapparat beschrieben, der aus einem System von parallel gelagerten Krackröhren, die mit Krümmern versehen sind, besteht und aus einem horizontalen zylindrischen Spaltkessel. Der Krackkessel ist etwa drei Viertel mit Öl gefüllt. Die Krackröhren liegen zum Teil außerhalb in der Heizkammer des Kessels, zum Teil innerhalb des Öles und enden in einem über dem Öl liegenden Venturiezerstäuber. Außer dem Dampfdruck steht das Öl unter dem Druck einer stark wirkenden Pumpe, die für eine Zirkulation des Öles zwischen dem Röhrensystem und dem Kessel sorgt (Am.P. 1501371. E.A.Reilly et Al., Texas. Vom 15. Juli 1924).

Es ist bereits in dem Am.P. 1429 992 (vgl. dieses Kapitel) ein Verfahren beschrieben, nach welchem das zu spaltende Öl mit einer emulgierend wirkenden Mischung, d. h. mit Wasser und Kalk, zur Verstäubung kommt. Eine ähnliche Einrichtung zeigt auch das Am.P. 1528 327. Als Mischkammer dient ein aufrechtstehender zylindrischer Kessel. Über seinem Boden befindet sich eine radial wirkende Streudüse für das Öl; über dieser Streudüse ist eine zweite zur Verstäubung einer Lösung von Natron oder Kali angeordnet, während von dem Boden des Kessels überhitzter Wasserdampf eingeblasen wird, wobei sich über dem Zerstäuber ein Siebeinsatz, ähnlich wie im Am.P. 428 311, befindet (Am.P. 1528 327. J. Hancock, Missouri. Vom 3. März 1925).

Um die Abscheidung von Kohle beim Kracken zu vermeiden, wird die Mitverwendung von Wasser empfohlen. Beim Durchlaufen der Kohlenwasserstoffe durch eine Krackschlange wird für eine plötzliche Verdampfung des eingeleiteten Wassers Sorge getragen, so daß durch die hohe Strömungsgeschwindigkeit des Dampfes ein Fortführen der leicht siedenden und leicht zersetzlichen bzw. Kohle abspaltenden Kohlenwasserstoffe bewirkt wird. Das Öl und das Wasser gelangen unter Druck in ein in einer Heizvorrichtung liegendes Sammelrohr, aus dem vier Krackschlangen austreten und über dem sich der Dampfüberhitzer befindet, so daß eine Überschichtung des Öles mit dem Wasser stattfindet. Beim Übertritt in die Spaltschlangen tritt durch Entspannung eine plötzliche Verdampfung des Wassers ein. Die Mitverwendung von Chromnickel als Katalysator ist vorgesehen (Am.P. 1530 587. H. C. Wade, New York. Vom 24. März 1925).

Die Abscheidung des Kohlenstoffes bei Spaltungen vollzieht sich vornehmlich an den heißen Wandungen der Spaltgefäße. Es soll nun gelingen diese Abscheidung zu vermeiden, wenn man die zu spaltenden Öle und Teere mit überhitzten, im wesentlichen aus einem Gemisch von Kohlenoxyd und Stickstoff bestehenden Generatorgasen zusammenbringt, deren Eigentemperatur 556—667⁰ C beträgt, d. h. höher liegt, als die Temperatur der Wandung des Spaltgefäßes. Der Gaserzeuger liegt neben einer Spaltkammer und ist durch ein Abflußrohr für die heißen Gase mit ihr verbunden. In die mit den überhitzten Gasen gefüllte Spaltkammer werden die zu spaltenden Produkte von oben eingeblasen (Abb. 108). In der Abbildung bedeutet *1* den Gasgenerator. Das stark überhitzte Gas strömt durch die Öffnung *6* in den Spaltraum *8*, in den von oben durch Düse *6* das zu spaltende Öl verstäubt wird (Am.P. 1547 191. L. S. Abbott, New Jersey. Vom 28. Juli 1925; vgl. auch dieses Kapitel D.R.P. 224 070).

Als Heizmittel zur Ausführung von Spaltungen hat man auch schon hocherhitzte Schweröle bzw. Destillationsrückstände von Ölen benutzt. So ist z. B. im F.P. 486 675 (vgl. dieses Kapitel) ein Verfahren beschrieben, nach welchem das zu spaltende Öl auf hocherhitzte Ölrückstände aufgesprüht wird. Auch das Am.P. 1573 532 benutzt ein gleiches Heizmittel, wobei das Heizmittel zur Abscheidung des Kohlenstoffes im Kreislauf durch einen Absetzkessel fließt, während die Einführung des zu spaltenden Frischöles durch Spritzdüsen unterhalb der Oberfläche des

Heizmediums erfolgt (Am.P. 1573532. C. M. Alexander, New York. Vom 16. Februar 1926).

Nach dem Am.P. 1582764 sind in der Stirnwand eines liegenden beheizten Kessels, der aber nur mit 167⁰ C beheizt werden soll, und dessen Innentemperatur etwa 120⁰ C beträgt, übereinander zwei. Reihen von Düsen angeordnet, durch welche Öl mit Hilfe von überhitztem Wasserdampf eingebracht wird. Unterhalb dieser beiden Düsenreihen befindet sich eine dritte Reihe von Düsen zur Einführung von Naturgas. Am Boden des Expansionskessels soll sich der Teer abscheiden (Am.P. 1582764. W. Landes, Kalifornien. Vom 27. April 1926).

Es ist bereits im Am.P. 1110923 vom 15. September 1924 (vgl. dieses Kapitel) ein Verfahren beschrieben, bei welchem Wasserdampf aus einem Dampfkessel unter Druck und gleichzeitig Öl, gleichfalls unter Druck, in eine Mischdüse (Atomiser) eingeleitet werden, und von dort in fein verteiltem Zustand in eine in einer Heizvorrichtung befindliche Spalt-

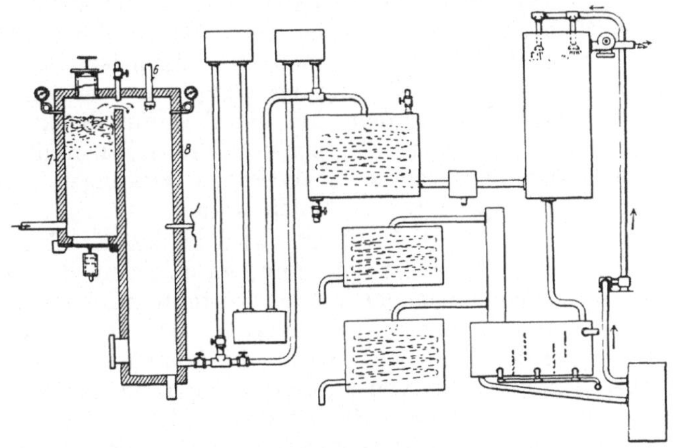

Abb. 108. Am.P. 1547191.

schlange eingestäubt werden. Eine im wesentlichen gleiche Arbeitsweise ist auch in dem Am.P. 1613124 beschrieben. Für die Regelung des Öl-zutrittes in die Mischdüse ist ein Nadelventil vorgesehen, während als Mischdüse die bekannte Venturidüse dient (Am.P. 1613124. C.Owens, Tennessee. Vom 4. Januar 1927).

Nach den Ausführungen des in diesem Kapitel früher besprochenen Am.P. 1547191 soll man die Abscheidung des Kohlenstoffes dadurch vermeiden, daß man die zu spaltenden Öle in hocherhitzes Generatorgas einstäubt, dessen Eigentemperatur höher liegt, als die der Wandungen des Spaltkessels. Nach den Angaben des Am.P. 1628143 soll die Abscheidung des Kohlenstoffes auch dadurch vermieden werden, wenn man das Öl in einer Spaltschlange auf Kracktemperatur erhitzt und mit Hilfe einer größeren Anzahl übereinander liegender rotierender Streudüsen in einen senkrecht stehenden röhrenförmigen Kessel versprüht, der ohne besondere Außenerhitzung lediglich gegen Wärmeausstrahlung isoliert ist (Am.P.1628143. W.S.Hadawayjr., NewYork. Vom 10.Mai 1927).

12. Anwendung von Filtern während oder nach dem Kracken.

Die Anwendung von Filtern beim Kracken geschieht entweder während der Spaltung oder nachdem der Spaltprozeß bereits beendigt worden ist. Die Filter dienen als Waffe in dem bekannten Kampf gegen den Kohlenstoff. Sofern die Filter während des Spaltungsprozesses Anwendung finden, können sie katalytisch und mechanisch zurückhaltend wirken. Bei ihrer Anwendung nach dem Kracken kommt wohl nur ihre mechanische Reinigungskraft zur Geltung.

Man müßte also je nach ihrer spezifischen Wirkung die Filter in zwei große Gruppen einteilen, nämlich in solche, die während des Krackens zur Anwendung kommen und neben einer rein mechanisch auftretenden den Kohlenstoff zurückhaltenden Wirkung auch noch eine katalytische Wirkung bei der Spaltung der Kohlenwasserstoffe entwickeln, und in solche, bei denen die katalytische Wirkung als ausgeschlossen gelten kann, weil sie in einer Phase des Arbeitsvorganges zur Anwendung gelangen, die zeitlich hinter der Spaltung liegt. Da die Filter, abgesehen von ihrer Wirkung, aber konstruktiv vielfach Vergleichsmomente untereinander bieten, ist von einer Teilung der Materie in dem angedeuteten Sinne Abstand genommen worden. Im Hinblick auf die katalytische Wirkung vieler als Filter dienender poröser Materialien muß für diese Verfahren, insbesondere sofern die katalytischen Wirkungen in Betracht kommen, auch das Kapitel 19 verglichen werden.

Nach den Angaben des E.P. 162269 wird in den Krackkessel, der aufrecht oder liegend angeordnet sein kann, ein über dem Boden befindlicher Siebeinsatz eingebracht, der mit fein verteilter Kohle bedeckt ist. Die Kohle soll zwar von dem zu spaltenden Öl bedeckt sein, aber nicht mit der Heizfläche des Kessels in Berührung kommen. Das beim Erwärmen aufsteigende Öl tritt von unten durch den Siebeinsatz und zirkuliert so durch die Kohle. Der Spaltkessel ist durch einen Rückflußkühler mit einem Kondensator verbunden, so daß die schweren Kondensate in den Spaltkessel zurückfließen (E.P. 162269. The Kansas City Gasoline Co., U.S.A.).

Das Verfahren des E.P. 166989 (Frederic Engelke, U.S.A.) erhitzt das zu spaltende Öl zunächst in einer Rohrschlange und versprüht es dann von oben in einen Turm, der mit katalytisch wirkenden Mitteln, wie Steinkohle oder Koks, bzw. Hohlzylindern aus Eisen, Kupfer oder Nickel angefüllt ist, in diesen Zylinder wird von unten hocherhitztes wasserstoffhaltiges Gas eingeleitet, um durch Hydrierung die Bildung von Olefinen und damit die Abscheidung von Kohlenstoff zu vermeiden. Es ist Vorsorge dafür getroffen, daß man die schweren Destillate im Kreislauf wieder in die Spaltapparatur zurückschicken kann oder wahlweise aus dem Kreislauf ausscheiden kann.

Bei Anwendung von Filtermaterial, das z. B. aus gebrochenem Schiefer, gebrannten Ziegeln, Koks oder Ölschiefer bestehen kann, soll man so verfahren, daß man das zu spaltende Öl auf die Oberfläche der als Säule angeordneten erhitzten Filtersubstanz aufleitet. Die Koksfilter z. B. können nun entweder nur von außen oder von innen z. B. durch Einleiten von heißen Verbrennungsgasen aus einer Feuerung oder schließlich in der Weise erhitzt werden, daß man den Koks im unteren Teil der Kokssäule selbst unter Einleiten beschränkter Luftmengen verbrennt und so als Heizmittel benutzt (E.P. 168335. John Greenway, Australien).

Die Einrichtung nach dem E.P. 204458 (Erdöl- und Kohle-Verwertung A.-G. Berlin) ähnelt sehr der des E.P. 162269. In einem aufrechtstehenden Kessel ist innerhalb des Öles auf einem Sieb eine Katalysatorsubstanz aufgeschichtet, durch die das Öl unter Mitverwendung einer Pumpe von oben im Kreislauf hindurchgeleitet wird. Als Katalysatoren sind folgende genannt: Metalle wie Nickel oder Eisen, Alkalien, z. B. gebrannter Kalk, Metallchloride wie Aluminiumchlorid, Verbindungen der Kieselsäuren wie Bimsstein, Kieselgur, Hydrosilikate, fein gepulverter Koks oder aktive Kohle.

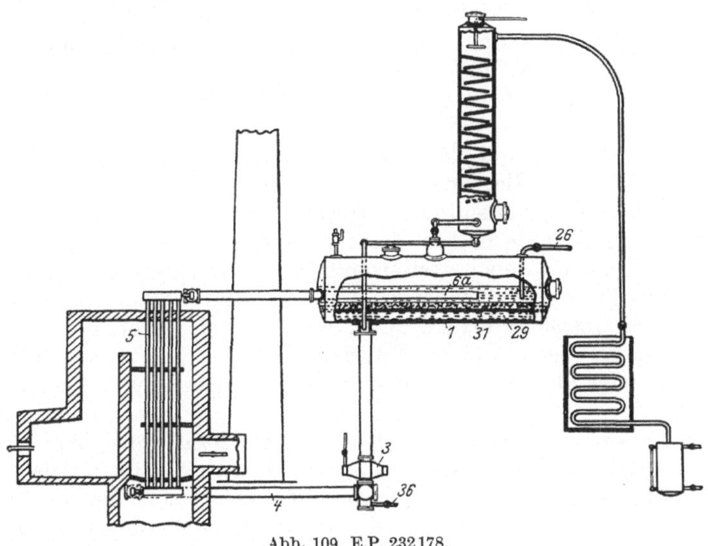

Abb. 109. E.P. 232178.

Auch das Verfahren des E.P. 213295 (Pearce Lewis, England) verwendet Filter mit katalytischer Wirkung, durch welche das Öl hindurchgeleitet wird. Flüssige Kohlenwasserstoffe, auch in Mischung mit festen Beimengungen, wie fein gemahlene Kohle o. dgl., sowie auch mit Alkalien, alkalischen Erden, Borax, Bauxit, Tonerde, Metallchloriden o. ä., gelangen durch einen Vorerhitzer in eine Kolonne von mit katalytisch, wirkendem Filtermaterial gefüllten Reaktionskammer, in die Wasserstoff eingepreßt wird. Diese Reaktionskammern sind untereinander angeordnet und mit Bauxit gefüllt. Das Öl tritt von oben ein. Die anfänglich angewendete Temperatur soll 350—550⁰ C betragen bei einem Druck von 100—300 Pfund, dann sollen Temperaturen und Druck ermäßigt werden.

Es ist bereits in dem E.P. 204458 eine Vorrichtung beschrieben, die im wesentlichen aus einem im Öl befindlichen Filter, das eine katalytische Wirkung ausübt und durch das Öl von oben nach unten mit Hilfe einer Pumpe durchgewälzt wird. Eine im wesentlichen gleiche Einrichtung ist auch in dem E.P. 232178 (Sinclair Refining Co., U.S.A.) beschrieben (Abb. 109).

Das Öl tritt durch die Rohre *36* und *4* in den Röhrenerhitzer *5* ein und gelangt unter Einwirkung der Pumpe *3* in das Rohr *6* und von dort durch *6 a* in den Spaltkessel *1*. In diesem befindet sich ein Filtereinsatz *31, 29*, der mit Walkerde gefüllt ist und durch den das durch *6a* eintretende Öl ständig hindurchgepumpt wird. Das Entfernen der teerartigen Massen soll durch *26* oder *36* erfolgen. Es wird dieser Arbeitsweise nachgerühmt, daß bei ständigem Einführen von Frischöl und Entfernen der Rückstände der Betrieb sehr lange aufrecht erhalten werden könne, ohne daß sich Kohlenstoff absetze (vgl. auch Am.P. 1592489 und 1634666. E. C. Herthel et Al. Vom 13. Juli 1926 und 5. Juli 1927).

Von der gleichen Erfinderin ist auch das E.P. 241866 genommen worden. Sie hat gefunden, daß die Betriebsdauer noch erhöht werden könne, wenn man an Stelle der Walkerde als Filtermaterial folgende Körper verwendet, die im wesentlichen nur rein mechanisch wirken sollen. Empfohlen wird Asbestfaser oder Asbestflocken, stückige Kieselsäuren oder Ziegel, Sand, Kieselgur, Diatomeenerde, Bimsstein, Glaswolle oder Mineralwolle, Späne aus Eisen oder Eisenerze, Eisenoxyd, kalz. Bauxit in fein verteiltem Zustand (vgl. auch E.P. 204458).

Die gleiche Erfinderin hat dann in dem E.P. 246116 das Verfahren des E.P. 232178 noch weiter ausgebaut, indem sie an Stelle der im E.P. 241866 bereits vorgeschlagenen Metalloxyde, wie z. B. Eisenoxyd, andere Metalloxyde, wie z. B. Kupferoxyd, empfiehlt, das man entweder allein oder auf einer Unterlage der im E.P. 241866 genannten Filterstoffe oder aber auf diesen Filterstoffen niedergeschlagen anwenden soll.

Während der jüngste der in den E.P. gemachten Vorschläge erst aus dem Jahre 1922 ist, ist die Anwendung von Filtern bereits in dem Am.P. 968088 (Shermann, Cleveland) vorgeschlagen worden. Bei der dort beschriebenen Anordnung befindet sich das Filter nicht in, sondern über dem Spaltkessel und wird von den Öldämpfen durchzogen. Als Füllmaterial für das Filter sollen inerte Körper, wie z. B. Kieselsteine, angewendet werden. Durch das Filter soll die Destillation unter Druck stattfinden. In der Seitenwand des Filterturmes sind in verschiedenen Höhen Ableitungsröhren für die Destillate je nach ihrem Siedepunkte vorgesehen.

Während in einzelnen der im vorstehenden besprochenen E.P. das Filter in das Öl verlegt und die zu spaltende Ölmenge durch das Filter im Kreislauf hindurchgepumpt wurde, hat man auch schon die Filter außerhalb des Spaltkessels angebracht, wo sie auch nicht wie bei dem E.P. 213295 noch katalytisch, sondern nur rein mechanisch wirken sollen. So beschreibt das Am.P. 1239423 (Arthur D. Smith, Oklahoma) einen Apparat, der im wesentlichen aus einem Umlaufkessel besteht, der unten einen Röhrenerhitzer, oben eine zylindrische Retorte trägt, an deren Boden Drahtbürsten zur mechanischen Entfernung des Kohlenstoffes rotieren. Der Rücklauf aus dem oberen Spaltkessel wird durch Filter geleitet, die mit Walkerde, Knochenkohle o. dgl. gefüllt sind, und gelangt nach der Filtration zusammen mit Frischöl wieder in die obere Spaltkammer. Es findet hier also ein Kreislauf im Umlaufkessel und auch außerhalb mit dem Rückstandsöl und Frischöl statt.

Das Am.P. 1324075 des gleichen Erfinders betrifft eine weitere Ausbildung des vorerwähnten Am.P. 1239423. Danach soll man die Verluste an Leichtölen aus dem Kondensat vermeiden, indem man nicht nur die Krackdämpfe auch während der Kondensation unter Druck hält, sondern auch im Vorratsbehälter einen Druck von 150 Pfund aufrecht erhält. Beim Austreten der Füllung aus dem Tank soll eine Mischung mit leichter Naphtha stattfinden zur Bindung der leichtsiedenden Teile des Kondensats.

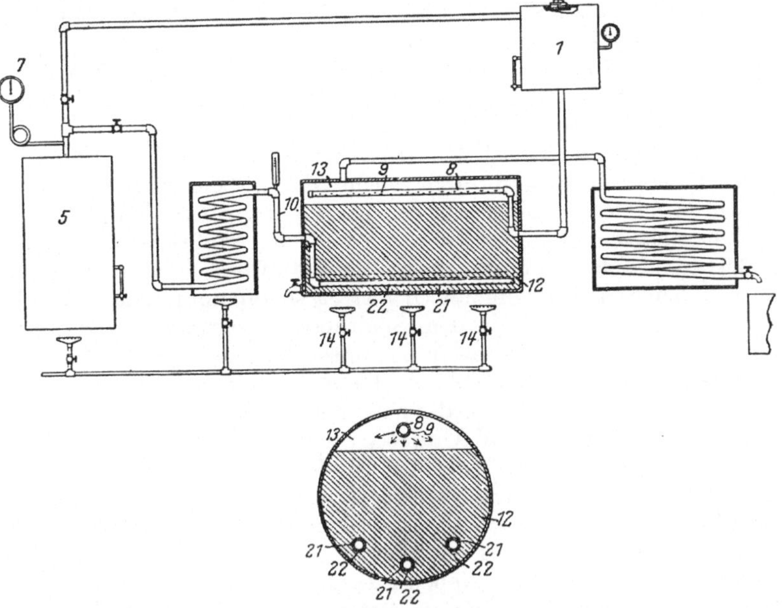

Abb. 110. Am.P. 1332849.

Auch das von dem gleichen Erfinder Smith stammende Am.P. 1550115 betrifft eine Erweiterung des Am.P. 1239423. Als wesentlich wird geltend gemacht, daß die durch einen Umlaufkessel zirkulierende Flüssigkeit durch eine Zentrifugierwirkung von einem Teil der ausgeschiedenen kolloidalen Kohle aus dem Öl befreit wird, wobei durch Filter vor dem Zentrifugieren die größeren Kohlenstücke ausgeschieden werden. Zu diesem Zweck sind an der Unterseite des Hauptkessels rotierende, mit Stahlwolle, Walkerde o. dgl. gefüllte Filterscheiben angeordnet, welche die gröberen Stücke der ausgeschiedenen Kohle zurückhalten, während die Ausscheidung der kolloidalen Kohle durch neben dem Kessel angeordnete Zentrifugen erfolgt.

Man hat zur Spaltung auch schon poröse Stoffe genommen, die den Spaltkessel bis auf einen kleinen Dampfraum ausfüllten und durch die

Kontraktion des Füllmittels bei der Beschickung besondere Wirkungen entfalten sollten. Die Arbeitsweise soll an Hand der folgenden Zeichnung erläutert werden (Abb. 110).

Das im Kessel *1* befindliche Öl wird mit Hilfe von Dampf aus Kessel *5* durch Rohr *7* in das mit Öffnungen versehene Verteilungsrohr *8, 9* gepreßt und auf die absorbierend wirkende Füllung *10* des Kessels *12* aufgebracht.

Diese Füllung besteht aus Schieferton, Knochenkohle oder Weidenkohle, die in Ziegelform gepreßt und gebrannt ist. Bevor das Öl auf den Absorptionskörper aufgesprüht wird, wird der Kessel *13* durch die Brenner *14* angeheizt, wodurch die Luft aus der porösen Füllung entweicht. Wenn das Absorptionsmaterial mit Öl gesättigt ist wird durch die Röhren *21, 22* überhitzter Wasserdampf eingeblasen (Am.P. 1 332 849. Kormann, New York). Ähnliche Einrichtungen sind auch in dem F.P. 502 465 und 513 709 von Fontanelle Hull, U.S.A. vom 15. Mai 1920 und vom 22. Februar 1921 beschrieben. Ebenso auch in dem F.P. 543 648 von Dana W. Hovey vom 6. September 1922.

Im vorstehenden ist im E.P. 232 178 ein Spaltkessel beschrieben, der im Inneren ein Filter trägt, durch welches das Öl beim Spalten von oben nach unten mit einer außerhalb des Kessels liegenden Pumpe aus dem Kessel herausgesaugt und wieder von oben eingeführt wird (vgl. auch E.P. 204 458). Man hat nun dieses Kreislauffilter zusammen mit der Pumpe in den Spaltkessel in das Öl verlegt, so daß der gesamte Kreislauf des Öles durch das Filter in dem Spaltkessel stattfindet, wobei das Öl von der Unterseite des Kessels in das unter dem Öl liegende, aus Sieben und Walkerde oder Asbestwolle bestehende, vollkommen geschlossene Filter gelangt und von dort wieder nach dem Boden des Kessels gedrückt wird (Am.P. 1 349 815. J. W. Coast jr., Oklahoma).

Von dem gleichen Erfinder ist in dem Am.P. 1 353 316 das vorstehende Verfahren insofern verbessert worden, als der Spaltkessel in Verbindung mit einer außerhalb angeordneten Heizschlange steht, deren Inhalt durch ein im Öl des Spaltkessels liegendes geschlossenes Filter in den Spaltkessel eintritt. Neben diesem Eintrittsfilter für das Öl befindet sich ein gleich konstruiertes Austrittsfilter, durch welches das am Boden des Spaltkessels befindliche Schweröl angesaugt und hindurchgepreßt wird und dann entweder zurück in die Heizschlange oder in eine besondere Leitung gelangt, wo Frischöl zugeführt werden kann. Es findet also hier ein Kreislaufprozeß des Öles unter Anwendung von zwei Filtern statt, die den Kohlenstoff zurückhalten sollen. Das Am.P. 1 355 312 des gleichen Erfinders betrifft das Verfahren, das mit der Apparatur des Am.P. 1 353 316 ausgeführt werden soll. Es muß also auf das Am.P. 1 353 316 verwiesen werden.

In dem Am.P. 1 370 881 hat der gleiche Erfinder Coast jr. anscheinend nur das Verfahren beschrieben, das mit dem in dem Am.P. 1 349 815 beschriebenen Apparat ausgeführt werden soll. Es muß also auf das Am.P. 1 349 815 verwiesen werden.

Die Einrichtung, das gekrackte Öl vor dem Wiedereinleiten in den Kreislauf zu filtrieren, ist auch in dem Am.P. 1 420 832 enthalten. Das

Kracken findet dort in einer senkrechten röhrenförmigen Krackkammer statt, in deren Innerem ein spiraliger Schaber angeordnet ist. Von dort aus gelangt das Krackgut in den sogenannten Separator, d. h. einen unten mit Öl, oben mit Dämpfen gefüllten, mit einer Wärmeisolierschicht versehenen, senkrecht stehenden zylindrischen Absetzkessel, in den oben eine Leitung für Frischöl führt, während unten im Auslauf des Kessels ein Filter angeordnet ist, durch welches die Schweröle mechanisch vom Kohlenstoff befreit werden, ehe man sie wieder in das Kreislaufsystem zurücksendet. Weitere Einzelheiten des Verfahrens sollen hier nicht berücksichtigt werden (Am.P. 1420832. D. George, Kolorado).

Auch das Am.P. 1535211 bedient sich der Maßnahme den Kohlenstoff abzuscheiden, und zwar mit Hilfe einer Filterpresse. Der abgepreßte Kohlenstoff wird durch organische Lösungsmittel gereinigt. Die Filterpresse wird durch ein am Boden der Expansionskammer angeordnetes Rohr mit den schweren Rückständen beschickt. Transportbänder führen den Preßkuchen einem Extraktionsapparat zu, wo er durch organische Lösungsmittel, wie Benzin oder Schwefelkohlenstoff, ausgelaugt wird. Die so gewonnene reine Kohle soll technische Verwendung finden (Am.P. 1535211. Egloff and Benner, Chikago. Vom 28. April 1925).

Auch in dem Am.P. 1569855, das von den gleichen Erfindern wie das Am.P. 1535211 stammt, ist in dem Krackkessel ein Filter angeordnet. Von den bereits besprochenen ähnlichen Einrichtungen unterscheidet sich die vorliegende dadurch, daß zwei übereinanderliegende horizontale zylindrische, durch Röhren verbundene Kessel angewendet werden, von denen der untere Kessel als Destillierkessel, der obere als Spaltkessel für das Öl in der Dampfphase dient. Die Öldämpfe durchstreichen das in dem oberen Teile befindliche Filter, das aus einer Siebplatte mit Drahtgewebe besteht und mit Walkerde, Beinschwarz, Tierkohle, verkohlter Kokosnuß o. dgl. besteht. Der Rücklauf aus dem Kondensator wird in die obere Spaltkammer eingepumpt (Am.P. 1569855. Egloff and Benner, Chikago. Vom 19. Januar 1926).

Um aus dem schweren Krackrückstand ein zu Heizzwecken geeignetes pastenartiges Produkt herzustellen, läßt man ihn vom Boden des Kondensators durch eine Kühlschlange in einen Homogenisierungsapparat einlaufen, der die öligen Bestandteile nach oben, den pastenartigen Brennstoff nach unten abscheidet (Am.P. 1618669).

Das Am.P. 1628532 beschreibt ein Krackverfahren, nach welchem das Öl progressiv in übereinander liegenden Heizschlangen von 280 bis 780° C erhitzt wird, wobei man Wasserstoff einleitet, so daß nun leichtflüchtige Kohlenwasserstoffe gebildet werden. Die Dämpfe werden zur Reinigung durch Filter von Walkerde geleitet und dann fraktioniert destilliert. Die Schweröle werden dem Verfahren wiederum unterworfen (Am.P. 1628532. W. L. Coultas jr., New York. Vom 10. Mai 1927).

13. Krackapparate mit anderen besonderen Merkmalen.

Es ist bereits in der Einleitung zum Kap. IV darauf hingewiesen, daß vielfach die Heizeinrichtungen die Neuheit einer Anordnung begründen. Es gibt aber naturgemäß bei der sehr komplizierten Apparatur der Spaltapparate unzählige Teile, die im Einzelfall die neue Erfindung in sich schließen.

Um einen ungefähren Anhalt darüber zu geben, was in diesem Kapitel enthalten ist, sollen die ersten drei referierten Am. Patente kurz besprochen werden.

Die beiden ersten betreffen einen Apparat zum Einleiten von Wasserdampf in den Dom eines Druckkessels, das dritte einen verschiebbaren Feuerschutz gegen das Durchbrennen der Kesselböden.

D.R.P. 85884, Kl. 23. Alexander Nikitoroff in Moskau. Apparat zum Zerlegen der flüssigen Kohlenwasserstoffe zwecks Benzolgewinnung. Vom 12. März 1895.

Patentanspruch: Apparat zum Zerlegen der flüssigen Kohlenwasserstoffe zwecks Benzolgewinnung unter einem höheren Druck als der atmosphärische, gekennzeichnet durch das Getrennthalten der Retorten vom Sammelgefäß mittels eines mit einer kleinen Öffnung versehenen Vollflantsches.

Die Reinigung dieser Öffnung, welche sich leicht durch Ruß usw. verstopft, geschieht durch den in der Stopfbüchse beweglichen Stift; der in der Retorte sich ansetzende Ruß wird durch Öffnen des Flantsches entfernt.

D.R.P. 94856, Kl. 23. Walter Ralph Herring in Huddersfield (Grfsch. York, England). Apparat zur Herstellung von Ölgas. Vom 22. Dezember 1894.

Patentanspruch: Ein Apparat zur Gewinnung permanenten Gases durch kontinuierliche destruktive Destillation von Mineralölen, Steinkohlenteer oder anderen flüssigen Kohlenwasserstoffen, dadurch gekennzeichnet, daß das Öl nacheinander und jedesmal im Gegenstrom zu den Heizgasen zwei Retorten, eine obere schwächer beheizte und eine untere stärker beheizte durchfließt, welche durch ein mit einem Ölabschluß versehenes Ablaufrohr verbunden sind und selbständige Verbindungen mit dem Kondensator zur Ableitung der gasförmigen Destillationsprodukte besitzen, wobei die Gasableitungen so angeordnet sein können, daß das Kondensat nur in die untere, zur Destillation der schwersiedenden Bestandteile des Öles dienende Retorte gelangt.

Vermöge des Gegenstromes kommen in beiden Abteilungen des Ofens die Heizgase, während sie, ihre Wärme an die Retorten abgebend, immer kühler werden, nacheinander mit Retortenteilen in Berührung, welche immer höher liegen als die vorhergehenden, in denen sich also Öl befindet, welches einen immer kürzeren Weg erst zurückgelegt hat und dabei zu einem immer geringeren Teile erst vergast worden ist, selbst also noch immer leichter siedend ist. Die Regelung der Temperaturen in den aufeinanderfolgenden Querschnitten der Retorten derart, daß sie den Siedepunkten bzw. der Zusammensetzung des hindurchfließenden Öles noch besser entsprechen, als es durch die bloße Gegenströmung der Heizgase und des Öles erreichbar ist, wird durch den Zutritt kalter Luft ermöglicht, für welche die verschließbaren Öffnungen an der einen Seite des Apparates und im oberen Teile desselben und an der anderen Seite desselben angeordnet sind.

D.R.P. 382431, Kl. 23. Frank Tinker in Westfield, Feley Road, Sutton Coldfield. Verfahren und Vorrichtung zur Herstellung von Petroleum. Vom 10. Dezember 1922.

Patentanspruch: Verfahren zur Herstellung von Petroleum und ähnlichen Brennstoffen durch ein System, das die Elemente einer gewöhnlichen Toppinganlage oder eines ähnlichen Systems enthält, dadurch gekennzeichnet, daß außerdem ein besonderes, aus einer Destillationsanlage und einer Überhitzervorrichtung bestehendes System verwendet wird, welches die höher siedenden Destillate aus der Fraktioniersäule aufnimmt und die entstandenen Dämpfe der Fraktioniersäule oder einem anderen geeigneten Teil des Hauptsystems zuführt.

In der folgenden Zeichnung ist eine Ausführungsform der Erfindung schematisch dargestellt (Abb. 111).

a ist die vorgeheizte Rohrdestillationsanlage, *b* die Trenntrommel, *c* die Fraktionierkolonne und *d* der Kondensator einer gewöhnlichen Toppinganlage. In Verbindung mit diesem Apparat kann ein Wärmeübertrager *e* verwendet werden, wodurch die in den heißen, aus der Trenntrommel *b* abgezogenen Rückständen enthaltene Wärme zur Vorheizung des Rohöles, das zu der Anlage *a* geht, benutzt werden kann.

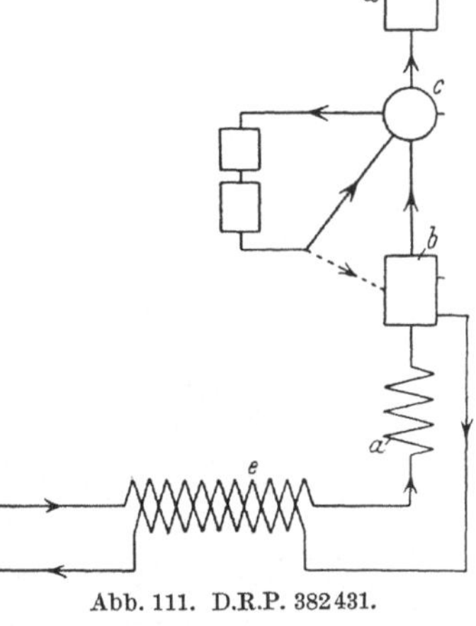
Abb. 111. D.R.P. 382431.

D.R.P. 405685, Kl. 23. Frank Tinker in Birmingham. Verfahren und Vorrichtung zur Herstellung von Petroleum. Vom 20. Juli 1922 (vgl. auch Am.P. 1535507).

Patentansprüche: 1. Verfahren zur Herstellung von Petroleum aus rohen Mineralölen, wobei überhitzter Öldampf mit einem Rohölstrom gemischt wird, dadurch gekennzeichnet, daß die bei diesem Mischen entstehenden Rückstände abgezogen und entfernt werden, so daß nur die Dämpfe in die Fraktionierkolonne eintreten und lediglich das in der Fraktionierkolonne entstehende Dephlegmat zur Erzeugung des erforderlichen überhitzten Öldampfes in die Destillationsvorrichtung gelangt.

2. Vorrichtung zur Ausführung des Verfahrens nach Anspruch 1, bestehend aus einer Einrichtung zur Vorerhitzung des Ölstromes, einer Destillationsvorrichtung und einem Überhitzer zur Erzeugung von überhitzten Öldämpfen, einer Kammer, in welcher der vorerhitzte Rohölstrom und der überhitzte Dampf gemischt werden, einer Fraktionierkolonne, Einrichtungen zum Entfernen von Rückständen, bevor die Dämpfe in die Fraktionierkolonne eintreten, und Einrichtungen zur Rückführung der Destillate aus der Fraktionierkolonne zur Destillationsvorrichtung.

Ö.P. 87280. The Parker Prozess Co. in Oklahoma City (U.S.A.). Verfahren zur Umwandlung von Öl. Vom 10. Februar 1922.

Patentanspruch: Verfahren zur Umwandlung von Öl, welches vorgewärmt und in Dampfform einer Zersetzungstemperatur von etwa 500⁰ C ausgesetzt wird, dadurch gekennzeichnet, daß die bei der Zersetzung sich ergebenden Dämpfe bei 550⁰ C in einer stark beheizten Expansionstrommel durch eine sich schnell drehende Schnecke bei fortschreitender geradliniger Bewegung gleichzeitig einer starken Zentrifugalbewegung unterworfen werden, wodurch eine zeitweise Scheidung der leichteren und schwereren Teilchen bewirkt wird und die schwereren Teilchen in die Zone größerer Hitze und damit besser zur Verdunstung gebracht werden.

Als besonderes Merkmal eines im wesentlichen aus einem Druckkessel und einem Kondensator bestehenden Krackapparates ist die Einrichtung zu erwähnen, daß sich auf dem Spaltkessel ein Dom befindet, in dem ein perforiertes Rohr zum Einblasen von Wasserdampf in die Krackdestillate

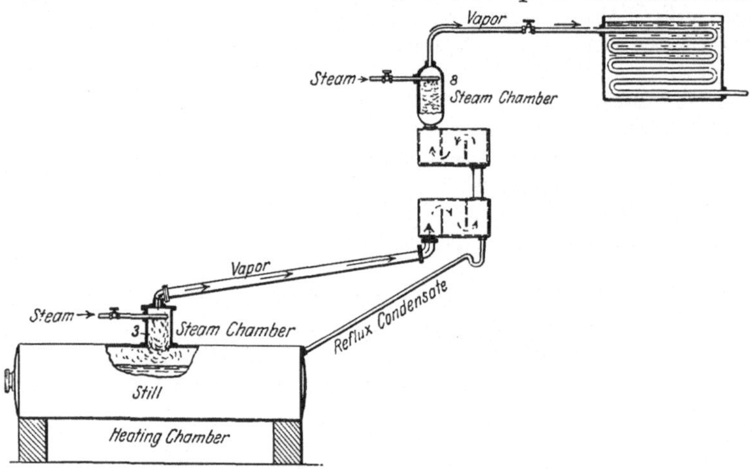

Abb. 112. Am.P. 1250801.

vor ihrem Austritt aus dem Krackkessel angeordnet ist (Am.P. 1250798. J. W. Coast jr., Oklahoma. Vom 18. November 1917; siehe auch S. 33).

In dem Am.P. 1250801 desselben Erfinders J. W. Coast jr. ist eine Verbesserung des Apparates nach dem Am.P. 1250798 vorgesehen. Während nämlich in dem älteren Apparat die Behandlung der Destillatdämpfe mit kaltem Dampf zwecks Ausscheidung der schweren Destillate nur in einem Dom des Druckkessels selbst stattfand, ist in dem neuen Apparat auch eine zweite Behandlung der Destillate mit kaltem Dampf im Kondensator selbst vorgesehen. Der Apparat hat eine Rücklaufleitung, die den Kondensator mit dem Druckkessel verbindet und ein schräges Kühlrohr (Abb. 112). In der Zeichnung ist nur auf die beiden Dampfkammern 3 und 8 besonders hinzuweisen. (Am.P. 1250801. J. W. Coast jr., Oklahoma. Vom 18. Dezember 1917.)

Beim Kracken von Ölen in großen Kesseln lassen sich lokale Abscheidungen von Kohlenstoff kaum vermeiden, die dann direkt zu Durchbrennungen der Kessel führen. Das Am.P. 1252999 will diesen Übel-

stand durch Anbringung eines an den gefährdeten, d. h. an den rot-
glühenden Stellen des Kessels zwischen die Kesselwandung und die Heizung einschaltbaren, beliebig verschiebbaren Wärmeschutzschildes, das
aus einem metallischen Hohlkörper besteht, durch den Wasser fließt, beseitigen (Am.P. 1252999 und 1253000. J. W. Coast jr., Oklahoma. Vom
8. Januar 1918).

Die Hauptaufgabe jedes Krackverfahrens ist möglichst ohne Abscheidung von Kohlenstoff zu arbeiten. Wie bekannt, sinkt der Kohlenstoff
langsam auf den Boden der Druckkessel. Das Am.P. 1291414 sucht diese
Aufgabe in der Weise zu lösen, daß es die Spaltung in einer Kolonne
wagerechter zylindrischer Retorten vornimmt, die miteinander durch Abläufe verbunden sind. An jedem Ablauf befindet sich ein Sumpf für den
abgeschiedenen Kohlenstoff.
Das Öl wird also bei dem Durchgang von einer Spaltretorte in
die nächste mechanisch durch
Absetzen von dem ausgeschiedenen Kohlenstoff befreit (Am.
P. 1291414 und 1348266. J.
W. Coast jr., Oklahoma. Vom
14. Januar 1919 und 3. August
1920).

Nach dem Verfahren von
Rittmann, Am.P. 1352916
(vgl. auch S. 25) werden Öle
vergast und verdampft und dann
die Dämpfe einer so hohen Temperatur ausgesetzt, daß sie gekrackt werden. Die Herstellung
von Benzol, Toluol und aromatischen Kohlenwasserstoffen ist
mit einer starken Abscheidung
von Kohlenstoff verbunden. Zur

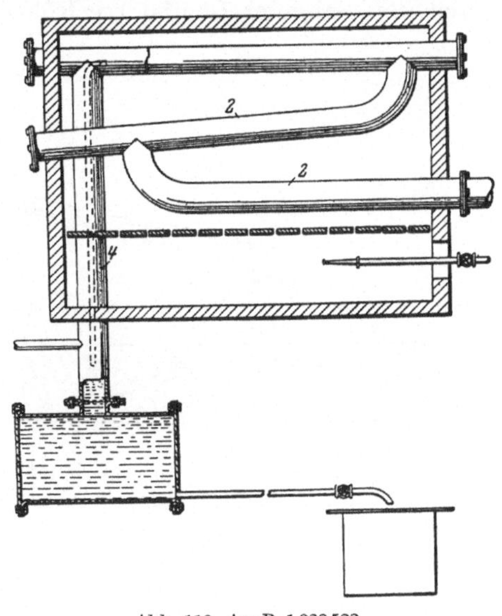

Abb. 113. Am.P. 1328522.

Entfernung dieser Kohlenstoffschicht ist in dem Am.P. 1304212 ein
Schaber angegeben, der im Bedarfsfalle von oben nach unten in dem
Spaltzylinder bewegt wird und den abgesetzten Kohlenstoff mechanisch
entfernt (Am.P. 1304212. F. L. Slocum & C. L. Stutz, Pittsburgh.
Vom 20. Mai 1919).

Das Absetzen des Kohlenstoffes beim Kracken soll durch folgende
Einrichtung gefördert werden. Die Krackretorte besteht aus einem
senkrechten Rohr, das unten mit einem Absetzkessel für den Kohlenstoff
versehen ist. Das senkrechte Krackrohr setzt sich im Ofen in eine wagerecht liegende W-förmige Röhrenretorte fort. Das wesentliche Merkmal
der Arbeitsweise besteht darin, daß das Öl unter hohem Druck unten in
das erhitzte Krackrohr eingepreßt wird, wobei es etwas expandiert und
dadurch teerartige Bestandteile zum Absetzen bringt. Beim Spalten
sollen Temperaturen von etwa 500° C und Druck von 4—20 Atm. an-
gewandt werden (Abb. 113). Die Anordnung der Röhrenretorte 4, 2 ist

aus der Abbildung ohne weiteres zu ersehen (Am.P. 1328522. A. R. Jones, Kansas. Vom 20. Januar 1920).

Es ist eine bekannte Tatsache, daß die Rückstromkondensate sehr leicht zur Abscheidung von Koks neigen, wenn man sie unter gewöhnlichen Bedingungen einer erneuten Krackung unterwirft. Zur Verhütung dieses Mißstandes ist in dem Am.P. 1348264 eine Einrichtung getroffen, die im wesentlichen aus einem mit Auffangschale versehenen zweischenkligen Rohr besteht, dessen Schenkel in zwei unbeheizte Kammern, die sich an den Stirnseiten einer liegenden zylindrischen Retorte befinden, führten. Das Kondensat wird in der Schale aufgefangen und gelangt in eine Zone gemäßigter Temperatur, bei der eine Abscheidung von Koks vermieden werden soll (Abb. 114). Die schweren Kondensate laufen durch den Sammler *13* und die Röhren *12* in die unbeheizten Seiten-

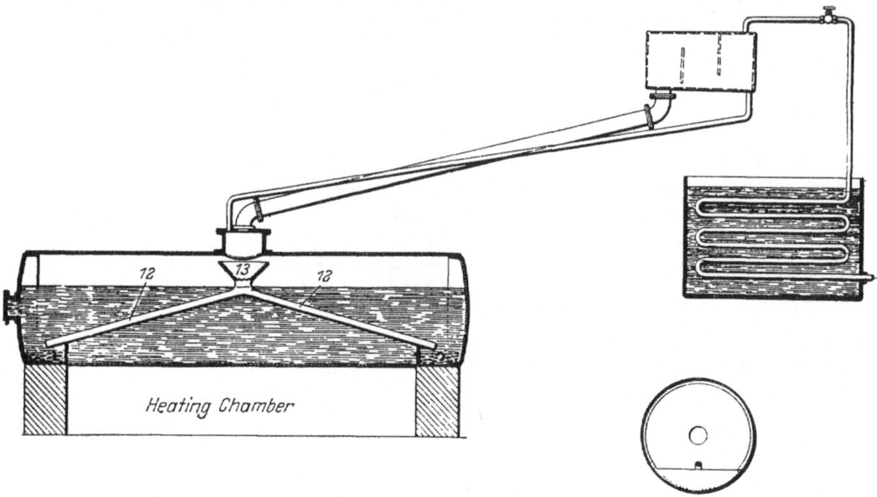

Abb. 114. Am.P. 1348264.

kammern *17* (Am.P. 1348264 und 1348265. J.W. Coast jr., Oklahoma. Vom 3. August 1920).

Das Am.P. 1348267 stellt in gewisser Hinsicht eine Abänderung des zuletzt besprochenen Am.P. 1348264 und 1348265 dar, denn es soll auch hier durch konstruktive Abänderungen eine Abscheidung von Koks vermieden werden. Der Erfinder benutzt zwei verschiedene Mittel, nämlich: 1. Anordnungen, um die Rückstromkondensate an die unbeheizten Stirnseiten des Kessels zu leiten und 2. Kondensationseinrichtungen, die direkt mit dem Krackkessel in Verbindung stehen und infolgedessen besondere Kondenser ersparen sollen. Die Vorrichtungen für den zwangläufigen Rücklauf der Kondensate an die unbeheizten Stirnflächen bestehen in einem bis zur Decke reichenden Einsatz in den Kessel, der die Kondensate zur Seite ableitet. Zur Erhöhung der Kondensation werden die Destillatdämpfe zwangsweise zwischen diesen Einsatz und die durch kalte Luft gekühlte Decke des Kessels in einen Dom geführt, wobei die Dämpfe mit eingeführtem Frischöl in Berührung kommen. In den als

Kondensor wirkenden Dom wird kalter Dampf eingeblasen (Abb. 115). Um den Kessel *17* ist ein Mantel *16* angeordnet zum Einleiten von kalter Luft. Der Einsatz *7* dient als Verteiler für die Dämpfe. Durch *23* wird kalter Dampf in den Dampfdom *12* eingeleitet (Am.P. 1348267. J. W. Coast jr., Oklahoma. Vom 3. August 1920).

Um das Kracken mit sukzessive fallender Temperatur auszuführen, schlägt das Am.P. 1366642 einen wagerecht liegenden zylindrischen Kessel vor, der durch Querwände, die nicht bis zur Decke reichen, in einzelne Abteilungen unterteilt ist. Diese Querwände sind durch Überläufe miteinander verbunden. Zwischen ihnen befinden sich Pfannen für die Kondensate, die durch gesonderte Abläufe nach außen befördert werden. Es ist nur unter der ersten Abteilung eine Heizung vorgesehen. Die Beheizung des in den anderen Abteilungen des Kessels befindlichen Öles vollzieht sich durch die Öldämpfe, die über der Heizung entwickelt werden (Am.P. 1366642. J. G. P. Evans, Texas. Vom 25. Januar 1921).

Zur Ausführung des Krackverfahrens wird in dem Am.P. 1371268 vorgeschlagen, erhitztes Öl mit einer beschränkten Menge seines Dampfes

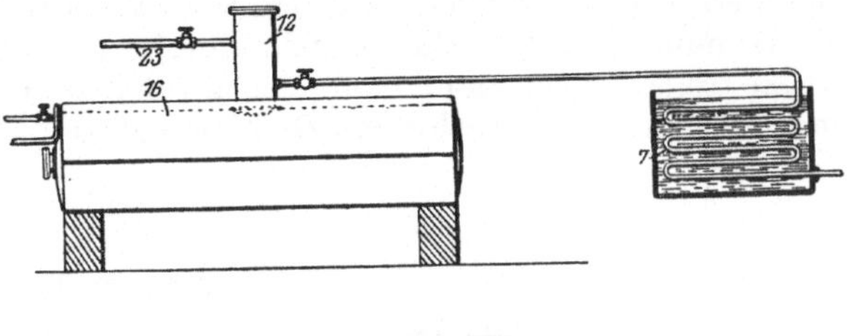

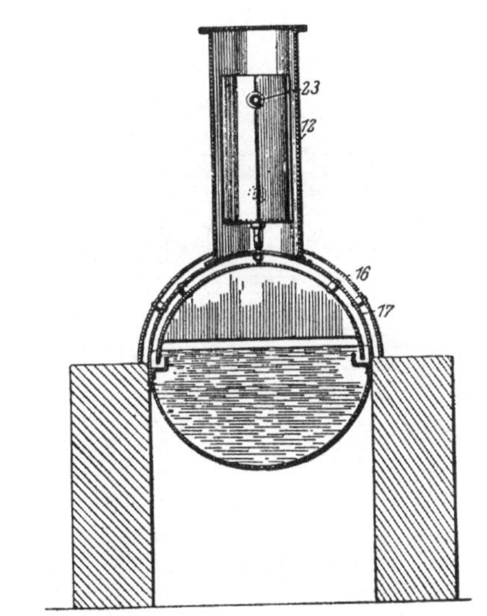

Abb. 115. Am.P. 1348267.

in freiem Kontakt zu halten. Man läßt aber den Dampf nicht entweichen und kühlt auch nicht, sondern man stellt ein Gleichgewicht zwischen der Flüssigkeits- und Dampfphase entsprechend Druck und Temperatur her. Der Dampf wird abwechselnd komprimiert und dann expandieren gelassen. Der Apparat besteht aus einem Druckkessel, der ähnlich wie ein Motorzylinder konstruiert ist und einen beweglichen Stempel besitzt, der durch geeignete Kraft auf und abbewegt wird. Man kann auch zwei Zylinder und Stempel miteinander kuppeln, um in einem Zylinder den Dampf zu komprimieren und in dem anderen zu expandieren (Am.P. 1371268. W. O. Snelling, Pennsylvania. Vom 15. März 1921).

Um das Abscheiden von Kohlenstoff am Boden eines direkt beheizten
Druckkessels zu vermeiden, werden über dem Boden einige herausnehm-
bare falsche Böden angeordnet und zwischen diese das zu krackende Öl
eingeleitet. Der Kohlenstoff soll sich auf den herausnehmbaren falschen
Böden absetzen (Am.P. 1425712. C. E. Storkford, New York. Vom
15. August 1922).

Das Am.P. 1445281 enthält hintereinander eine sehr eingehende Beschreibung der Einzelteile, aus denen sich der Krackapparat zusammensetzt. Nach dem Anspruch 1 soll eine Kolonne von horizontalen Krack-
kammern benutzt werden, in denen je drei Spaltröhren liegen, die durch
die Wandung der Feuerkammer hindurchgehen und abnehmbare Kopf-
stücke tragen, sowie Sammelpfannen am Boden. Die perforierten Röhren
zum Einführen des überhitzten Dampfes sollen über den Sammelpfannen

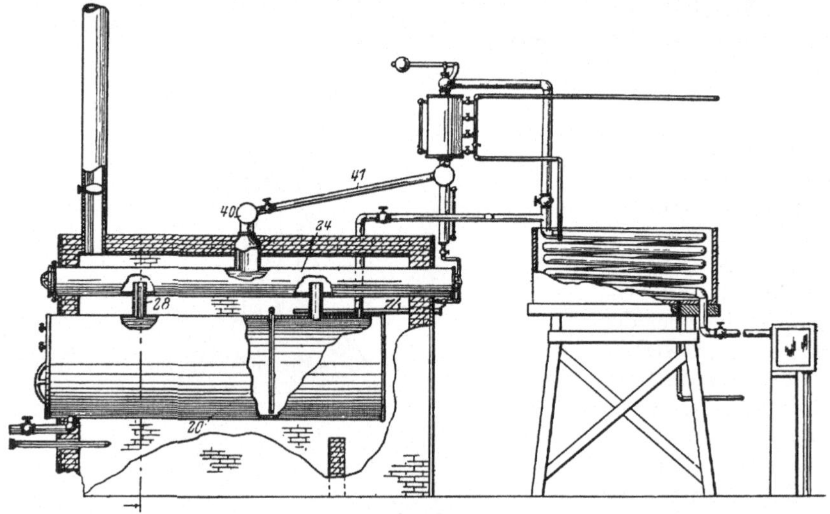

Abb. 116. Am.P. 1454142.

angeordnet sein (Am.P. 1445281. J. H. Adams, New York. Vom
13. Februar 1923).

Nach den Ausführungen des Am.P. 1454142 besteht der Krackapparat aus zwei miteinander durch Überläufe verbundenen und in einer
Feuerung beheizten Kesseln. Der Hauptkessel ist zylindrisch und liegt
wagerecht in dem Feuerungsraum; darüber ist durch Überlaufröhren ein
zylindrischer Kessel von kleinem Durchmesser angeordnet, dessen aus
der Feuerung ragender Dom in einen Kondensator führt. Die Rückläufe können wegen der Überlaufröhren des Hilfskessels zunächst nicht
in den Hauptkessel zurückgelangen (Abb. 116). *30* ist der Hauptkessel,
der durch Stutzen *28* mit dem Nebenkessel *24* in Verbindung steht.
Durch den Kühler *41* und Dom *40* fließen die schweren Kondensate
in den Nebenkessel *24* (Am.P. 1454142. Wier, Texas. Vom 8. Mai 1923).

Die zum Kracken benutzte Einrichtung enthält eine Kolonne von
Krackröhren, die mit einer Kolonne von Absetzröhren in Verbindung

steht. Die Krackröhren besitzen einen geringeren Durchmesser als die
Absetzröhren, so daß die Ölgeschwindigkeit in den schräg liegenden
Krackröhren viel höher ist als in den weiteren Absetzröhren, in denen
sich insbesondere Koks absetzen soll. Die Reinigung der Röhren wird
durch Einblasen von überhitztem Wasserdampf vorgenommen (Am.P.
1478413. F. E. Wellmann, Kansas. Vom 25. Dezember 1923).

Das wesentliche Merkmal des im Am.P. 1518555 beschriebenen
Krackapparates liegt nicht in der besonderen Ausgestaltung der verwen-

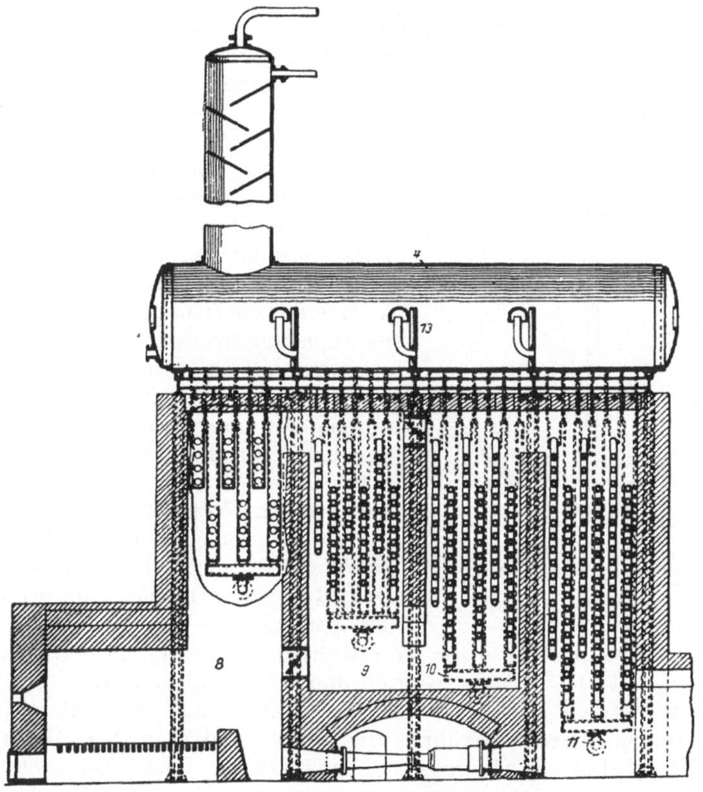

Abb. 117. Am.P. 1547993.

deten Einzelkonstruktionen, sondern vielmehr in der Maßnahme, daß sowohl die Spaltapparate als auch die Kondensatortürme gruppenweise und
derart angeordnet sind, daß man wahlweise einen Teil der Apparatur aus
dem Betrieb ausschalten kann (Am.P. 1518555. E. C. Blasdell. Vom
9. Dezember 1924).

Bei der Ausführung des Krackverfahrens ist die Beobachtung gemacht
worden, daß nachdem ein Teil des Öles gespalten worden ist eine zu
große Hitze zur Abscheidung von großen Mengen Kohlenstoff führt, ohne
daß die Ausbeuten an Leichtbenzinen erhöht werden. Von dieser Überlegung ausgehend schlägt das Am.P. 1547993 einen zylindrischen, liegen-

den Spaltkessel vor, der durch Querwände in mehrere Abteilungen geteilt ist, wobei jede Abteilung ein gesondertes, außerhalb liegendes Heizröhrensystem besitzt. Das Öl gelangt hintereinander durch die einzelnen Abteilungen des Kessels, wobei die ihnen zugehörigen Heizsysteme durchlaufen werden, die eine fallende Temperatur aufweisen (Abb. 117). Der Kessel *4* enthält senkrechte Querwände *13*. Unter den Abteilungen des Kessels liegen die einzelnen Heizröhrensysteme *8, 9, 10, 11*, die fallende Temperatur aufweisen (Am.P. 1547993. Bell and Isom, Illinois. Vom 28. Juli 1925).

Das Am.P. 1547994 desselben Erfinders bringt einige Sonderkonstruktionen, die den im älteren Patente 1547993 erläuterten Bedingungen entsprechen (Am.P. 1547994. Bell and Isom, Illinois. Vom 28. Juli 1925).

In dem Am.P. 1585355 wird das Öl zunächst in einem Vorerhitzer unter Druck in der Flüssigkeitsphase bis zur beginnenden Verdampfung

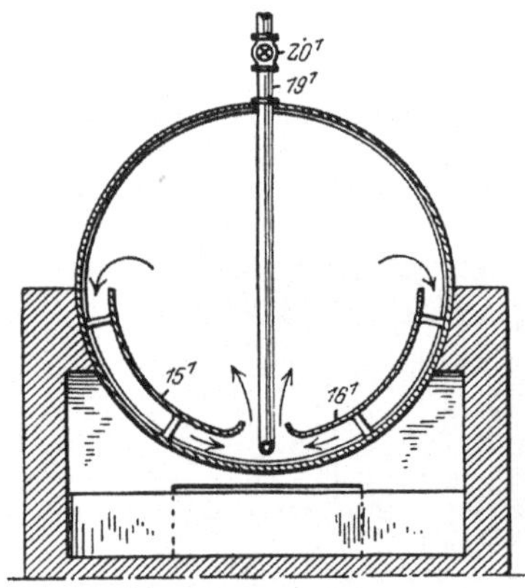

Abb. 118. Am.P. 1601730.

erhitzt. Es tritt dann in einen Konverter von bestimmter Konstruktion ein. Dieser besteht aus einem engen Schlangenrohr, dessen Windungen von unten in eine dazwischenliegende größere Expansionskammer führen, so daß das zu spaltende Öl aus dem Vorerhitzer zunächst in dem engen Rohr bei Kracktemperatur unter hohem Druck zirkuliert und dann in der weiteren Kammer expandiert (Am.P. 1585355. J. H. Adams, New York. Vom 18. Mai 1926).

Um die großen Ölmassen, die in den gewöhnlichen liegenden zylindrischen Druckkesseln vorhanden sind, während der Spaltung in Bewegung zu halten und hierdurch das Absetzen von Kohlenstoff zu vermeiden, wird in dem Am.P. 1601727 eine Einrichtung vorgeschlagen, die in Längsbzw. Querwänden besteht, welche die Kesselwandung nicht berühren und zwischen denen Luftrährer angebracht sind (Am.P. 1601727 und 1601728. W. F. Faragher et Al., Pennsylvania. Vom 5. Oktober 1926).

In dem Am.P. 1601730 suchen die zuletzt genannten Erfinder den in den Am.P. 1601727 und 1601728 angestrebten Zweck dadurch zu erreichen, daß sie einen falschen, in der Mitte gespaltenen Boden in dem Druckkessel anordnen und die Luftführung nach zwei Seiten von der Mitte aus unter dem falschen Boden anwenden (Abb. 118). *15¹* und *16¹* sind der Kesselwandung entsprechend gewölbte Bleche. Durch *20* und *19¹* werden Gase unter Druck eingeleitet (Am.P. 1601730. W. F. Faragher et Al., Pennsylvania. Vom 5. Oktober 1926).

Bei der Konstruktion des Apparates nach dem Am.P. 1610523 ist der Gedanke leitend gewesen, jede lokale Überhitzung bei größter Wärmeökonomie zu vermeiden und die Abscheidung von Kohlenstoff möglichst zu verhüten. Der Apparat besteht aus einem Kessel, aus dem die Krackdämpfe in einen nebeneinander geschalteten Dephlegmator und Kondensator eintreten. Es ist auf möglichst guten Wärmeaustausch zwischen den Dämpfen und Rückständen der Spaltung mit dem Frischöl wert gelegt. Die Spaltung erfolgt auf Heizplatten, die mit Heizflüssigkeiten erwärmt werden und die zickzackförmig zueinander angeordnet sind (Am.P. 1610523. F. M. Hess, Indiana. Vom 14. Dezember 1926).

Um bei Einphasenapparaten, wie sie in ihrer einfachen Form z. B. im Am.P. 1049667 (vgl. S. 15) erläutert sind, die Abscheidung von Kohlenstoff am Boden zu vermeiden, ist der Spaltkessel mit einem Knierohrkühler versehen, der in einen mit Frischöl beschickten Dephlegmator führt. Das getoppte Frischöl und das Rückstromkondensat werden am Boden des Kessels unterhalb einer schrägen, den Kessel nicht ganz durchziehenden Platte eingeleitet. Durch diese mechanische Strö-

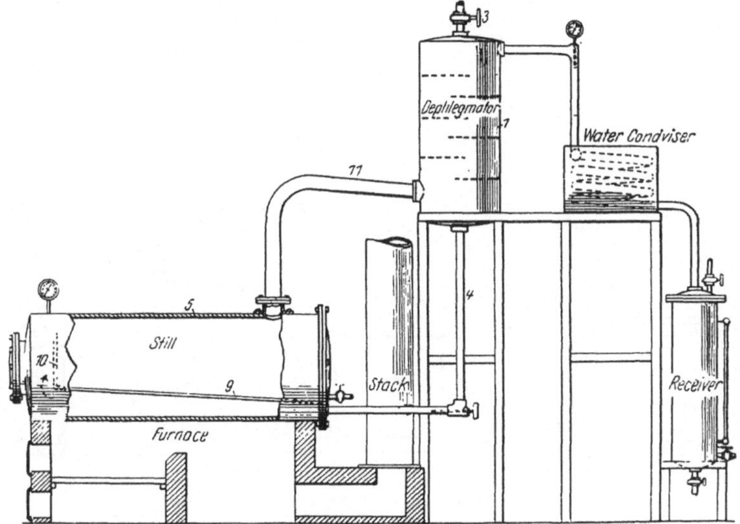

Abb. 119. Am.P. 1638113.

mung wird der Kohlenstoff mitgerissen und lagert sich auf der Platte ab, von der er durch einen Auslauf abgezogen werden kann (Abb. 119). Aus dem Druckkessel 5 treten die Dämpfe durch Rohr 11 in einen Dephlegmator 1, in den durch Rohr 3 Rohöl eintritt. Durch 4 gelangen die Kondensate mit dem Frischöl unter die Prellplatte 9, 10 (Am.P. 1638113. C. P. Dubbs, Illinois. Vom 9. August 1927).

Der stehende zylindrische Krackkessel, in dem das Rohöl bei 390 bis 475° C unter einem Druck von 50—200 Pfund/Quadratzoll eingepreßt wird, ist durch zwei senkrechte Wände in drei Kammern geteilt. Die erste Wand, vor der das Öl eingeleitet wird, reicht von der Decke bis an den Boden und besitzt oben Prellplatten und unterhalb deren Dampfauslaßöffnungen in die rechte Kammer des Kessels; am Boden der Wand ist eine Öffnung zum Übertritt des Öles in die zweite Kammer, die rechts nur von einer niedrigen Trennwand begrenzt ist. In der zweiten Kammer

steigt das Öl zwischen Prellplatten hoch und setzt den Kohlenstoff ab.
Es gelangt dann durch Überlauf über die zweite Trennwand frei von
Kohlenstoff in die dritte Kammer (Am.P. 1646929. A. Z. Phelan, Kali-
fornien. Vom 25. Oktober 1927).

Nach den Angaben des Am.P. 1649105 soll das aus einer Heizschlange austretende Öl durch eine Düse in die Expansionskammer, und
zwar gegen eine Prellplatte verstäubt werden. Ähnliche Einrichtungen
finden sich auch in dem Kap. XI (Abb. 120). Wesentlich ist die in der
Expansionskammer 9 befindliche Prellplatte 29, gegen die durch Düse
25, 26, 27 die Destillatdämpfe geschleudert werden (Am.P. 1649105.
G. Egloff et Al., Chikago. Vom 15. November 1927).

In dem Am.P. 1654577 ist eine Expansionskammer bestimmter
Bauart beschrieben. Sie besteht aus einem zylindrischen, stehenden,
von senkrechten Heizröhren, die mit durchziehenden Feuergasen be-

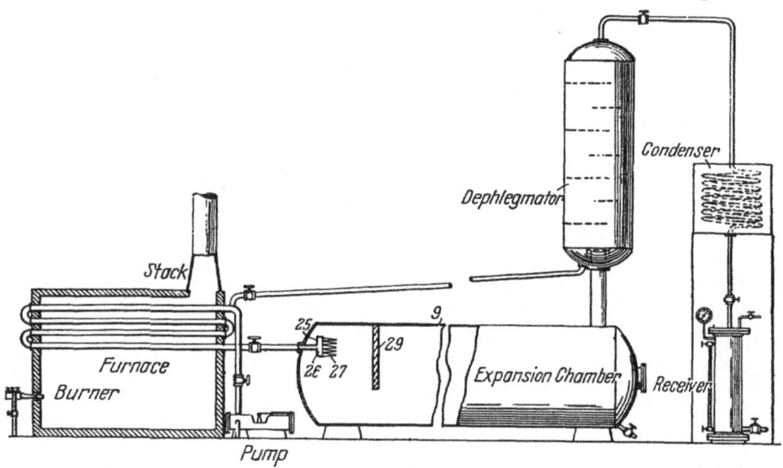

Abb. 120. Am.P. 1649105.

heizt werden, durchsetzten Kessel, der durch wagerechte Nickelsiebe in verschiedene Abteilungen eingeteilt ist. Unter der Expansionskammer und mit ihr in Verbindung stehend ist ein torpedo-
förmiger Kessel, der von unten beheizt wird, an der einen Seite ein Einführungsrohr für den Rücklauf und im Inneren Siebwände aus Nickelblech trägt, und in den überhitzter Dampf und permanente Gase eingeleitet werden (Am.P. 1654577. R. K. Collins, Texas. Vom 3. Januar 1928).

Aus dem Am.P. 1654578, das von dem gleichen Erfinder wie das vorstehende Am.P. stammt, soll der torpedoartige Kessel mit Rücklauf aus
dem Dephlegmator gefüllt werden, so daß also die leichten Bestandteile
des Rückstromkondensats beim Aufarbeiten sich mit den in der darüber-
liegenden Expansionskammer befindlichen Dämpfen mischen (Am.P.
1654578. R. K. Collins, Texas. Vom 3. Januar 1928).

Das Am.P. 1654579, gleichfalls von R.K. Collins, betrifft bestimmte
Konstruktion des in den beiden vorhergehenden Am.P. 1654577 und

1654578 beschriebenen Expansionskessels mit darunterliegendem Konverter (Am.P. 1654579. R. K. Collins, Texas. Vom 3. Januar 1928).

Das wesentliche Merkmal des Am.P. 1654580, das sich an die zuletzt genannten drei Am.P. anschließt, sind gewisse konstruktive Einzelheiten für den Aufbau des Expansionskessels, wobei aber die Röhrenerhitzung und die aus Sieben bestehenden Prellplatten beibehalten sind (Am.P. 1654580. R. K. Collins, Texas. Vom 3. Januar 1928).

Um stark wachshaltige Öle in leichtsiedende Verbindungen umzuwandeln muß man sie möglichst lange hohen Temperaturen aussetzen. Zu diesem Zwecke werden fünf Kessel, von denen zwei paarweise übereinanderliegen und der fünfte in der Mitte darüber gelagert ist und die miteinander verbunden sind, in einer Feuerung beheizt. Man kann zweckmäßig nur das unterste Kesselpaar beschicken, wobei die anderen Kessel als Überhitzer dienen. Der Rücklauf aus dem Dephlegmator wird in die untersten Kessel zurückgeleitet (Am.P. 1670105. G. Egloff et Al., Chikago. Vom 15. Mai 1928).

Um die nicht ausreichend gekrackten schweren Öle wieder in den Betrieb zurückzuführen, müssen sie gekühlt werden, wobei eine große Menge Hitze zwecklos verloren geht. Deshalb ist nach dem Am.P. 1670106 in dem Krackkessel über dem Öl ein beiderseits offenes Kühlrohr angeordnet, welches einen Mantel trägt, der von Frischöl durchflossen wird, das dann durch ein perforiertes Rohr am Boden des Kessels austritt. In diesem Kühlrohr werden die Schweröldämpfe kondensiert und das Frischöl vorerhitzt (Am.P. 1670106. G. Egloff, Illinois. Vom 15. Mai 1928).

In dem Am.P. 1671423 sind liegende zylindrische Spaltkessel mit einer Anzahl konzentrisch angeordneter Einsätze beschrieben, die zellenartig ausgebildet sind, wobei die einzelnen Zellen untereinander in Verbindung stehen, das zweckmäßig in einer Heizschlange erhitzte Öl wird in den obersten Einsatz eingeleitet und läuft von da nach unten (Am.P. 1671423. E. R. Hamilton, Indiana. Vom 29. Mai 1928).

14. Kondensatoren besonderer Bauart oder ähnliche.

D.R.P. 357692, Kl. 23. Frank Tinker in Birmingham, England. Verfahren zur Herstellung von Petroleum. Vom 6. März 1920 (vgl. auch Am.P. 357692).

Patentanspruch: Verfahren zur Herstellung von Petroleum aus rohen Mineralölen unter Verwendung einer Destillierblase und einer Überhitzungs- oder Krackkammer, bei welchen die verdampften Spaltungsprodukte des Öles mit Rohöl gemischt werden, dadurch gekennzeichnet, daß die überhitzten Spaltungsprodukte des Öles und das Rohöl in einem Rohr oder einer Kammer gemischt werden, während letzteres zur Fraktionierkolonne fließt, so daß der Wärmeaustausch vollständig wird, bevor das Endprodukt einer Fraktionierkolonne zugeführt und der Rückstand in die Destillierblase übergeführt wird. — Zur Ausführung des Verfahrens wird, wie unten angegeben, Öl der Destillierblase zugeführt und das abgetriebene Kerosin- oder Solardestillat durch ein Rohr g der Krack- oder Überhitzungskammer zugeführt. Von dieser wird der Dampf

durch ein Rohr h abgezogen, welches zu der Fraktionierkolonne führt
und bei d die Hauptzuführung des Rohöles trifft. Die Mischung von
überhitztem Dampf und Rohöl fließt in der gleichen Richtung, und infolge des Wärmeaustausches werden die leichteren Bestandteile des Röh-
öles verdampft. Die Endprodukte, bestehend aus den leichteren Bestandteilen, den leichten Kohlenwasserstoffen, die bei dem Krackverfahren erzeugt werden, und den schweren Bestandteilen, werden in der
Fraktionierkolonne gesammelt, von wo sie in irgendeiner geeigneten
Weise abgezogen werden. Die in dem unteren Teile der Kolonne ablaufende Flüssigkeit geht durch das Rohr f zur Destillierblase, wo die flüchtigen Teile abgetrieben und, wie oben beschrieben, verwendet werden.
Der Rückstand in der Destillierblase kann periodisch oder kontinuierlich durch ein Rohr i abgezogen werden (Abb. 121).

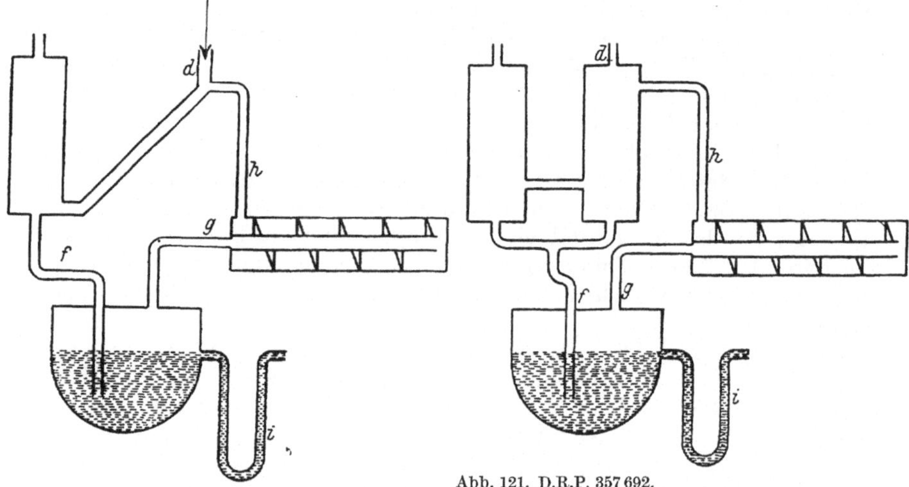

Abb. 121. D.R.P. 357 692.

D.R.P. 430 633, Kl. 23. Firma Chemische Industrie A.-G. in
Zürich, Schweiz. Kühler für Destillationsanlagen, insbesondere für Ölspaltanlagen. Vom 19. September 1925.

Patentansprüche: 1. Kühler für Destillationsanlagen, insbesondere für Ölspaltanlagen, gekennzeichnet durch eine ein Füllmaterial enthaltende und eine innere Luftleitung aufweisende Kammer für den Eintritt bzw. für den Durchgang der hierbei einer starken Abkühlung unter-
worfenen Dämpfe.

2. Kühler nach Anspruch 1, dadurch gekennzeichnet, daß in die
Luftleitung ein Absperrorgan zur Regelung des entstehenden Kühlluft-
stromes eingebaut ist.

3. Kühler nach Anspruch 1, dadurch gekennzeichnet, daß die Luftleitung in der Kammer aufwärts und quer gerichtet ist.

4. Kühler nach Ansprüchen 1 und 3, dadurch gekennzeichnet, daß die
Kammer zylindrisch ist, wobei der aufwärts gerichtete Teil der Luftleitung zentral und der quergerichtete Teil derselben im oberen Drittel
der Höhe der Kammer liegt.

Schweiz. P. 117360. Universal Oil Products Co., Chikago (Illinois, U. S. A.). Verfahren zur Umwandlung von schweren Kohlenwasserstoffen. Vom 1. November 1926.

Patentanspruch: Verfahren zur Umwandlung von schwereren Kohlenwasserstoffen in leichtere, durch thermische Spaltung der schwereren Kohlenwasserstoffe und Beförderung der Spaltprodukte in erhitztem Zustand nach einer Kammer, in welcher die Verdampfung eines großen Teiles der Kohlenwasserstoffe stattfindet, worauf die Dämpfe zu mindestens einem Dephlegmator geführt werden, dadurch gekennzeichnet, daß dem Dephlegmator Frischöl zugeführt wird, welches die Kondensation der noch nicht genügend gespaltenen Dämpfe im Dephlegmator begünstigt.

Unteransprüche: 1. Verfahren nach Patentanspruch, dadurch gekennzeichnet, daß das in dem Dephlegmator erzeugte Kondensat aus den teilweise gespaltenen Dämpfen und dem zugeleiteten Frischöl in jenen Röhrensatz eingeschickt wird, in welchem das Frischöl zu seiner Spaltung in einem Ofen erhitzt wird, und gezwungen wird, die Länge dieses Röhrensatzes zu durchwandern.

2. Verfahren nach Patentanspruch, dadurch gekennzeichnet, daß ein Druck, höher als atmosphärischer Druck, auf das zu behandelnde Öl während der Umwandlung ausgeübt wird.

3. Verfahren nach Patentanspruch, dadurch gekennzeichnet, daß im Dephlegmator eine innige Mischung des zu behandelnden Öles mit den teilweise gespaltenen Dämpfen stattfindet, worauf das Kondensat aus dieser Mischung in die Spaltungsröhren in Mischung mit frischem Öl zugeleitet wird.

4. Verfahren nach Patentanspruch und Unteranspruch 2, dadurch gekennzeichnet, daß ein Druckunterschied zwischen den Drucken im Spaltungsofen und der Verdampfungskammer und ein Druckunterschied zwischen den Drucken in der Kammer und dem Dephlegmator aufrecht erhalten wird.

5. Verfahren nach Patentanspruch und Unteranspruch 4, dadurch gekennzeichnet, daß der Druck im Dephlegmator geringer ist, als der Druck in der Verdampfungskammer und geringer als der Druck in dem Ofen, dabei jedoch auch in dem Dephlegmator höher ist als atmosphärischer Druck.

6. Verfahren nach Patentanspruch, dadurch gekennzeichnet, daß die Temperatur des Öles bei seinem Übergang in die Kammer derartig geregelt wird, daß in dieser Kammer sich Dämpfe bilden, die beständig nach dem Dephlegmator geleitet werden, worin die nicht genügend gespaltenen Dämpfe kondensiert, die leichteren Dämpfe jedoch ohne weiteres entnommen werden.

7. Verfahren nach Patentanspruch und Unteranspruch 4, dadurch gekennzeichnet, daß das Rückstromkondensat durch einen mechanisch erzeugten Druck in die Spaltungsröhren geleitet wird.

8. Verfahren nach Patentanspruch und Unteranspruch 4, dadurch gekennzeichnet, daß die Rückführung des Rückstromkondensates aus dem Dephlegmator unter Benutzung einer Pumpe zur Spaltungsröhre zurückgeleitet wird.

⌐ 9. Verfahren nach Patentanspruch, dadurch gekennzeichnet, daß die
Mischung des Kondensates aus dem Dephlegmator mit dem in denselben
eingeschickten Frischöl erst in die heißeste Zone des Ofens für die Spaltung des Öles eingeleitet wird, um darin vorerwärmt zu werden, worauf
das vorerwärmte Öl von unten in die Heizschlange eingeleitet wird
und durch diese Heizschlange nach oben hin fließt, während ein Druck,
höher als atmosphärischer Druck, aufrecht erhalten wird.

10. Verfahren nach Patentanspruch, dadurch gekennzeichnet, daß
wahlweise veränderliche Mengen beständiger, nicht kondensierbarer
Gase in jene Zone zurückgeführt werden, in welcher die Verdampfung
und Weiterführung der Spaltung stattfindet, so daß diese Gase in der
Umwandlung der Kohlenwasserstoffe auf leichtere Kohlenwasserstoffe
mithelfen.

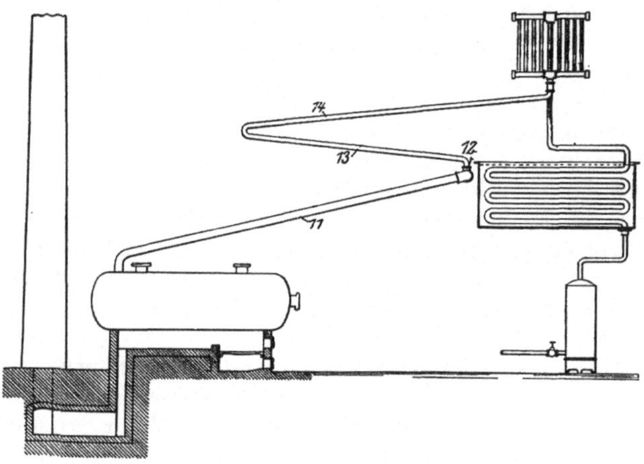

Abb. 122. Am.P. 1130318.

11. Verfahren nach Patentanspruch und Unteranspruch 10, dadurch
gekennzeichnet, daß die beständigen Gase vor ihrer Einführung in die
Verdampfungs- und Spaltungszone erhitzt werden.

12. Verfahren nach Patentanspruch, dadurch gekennzeichnet, daß die
Beschickung der Spaltungsröhre mit Frischöl und mit dem Gemisch aus
Rückstromkondensat und dem in den Dephlegmator eingeschickten
Frischöl eine beständige ist, und daß die Wanderung dieser Mischung
durch die Spaltungsschlange beständig stattfindet.

Die Wirkungen der Kondensatoren zwecks Zurückleitung der schweren Öle und Trennung von den Krackbenzinen hat man bereits zeitig erkannt. So beschreibt das Am.P. 1130318 eine Verbesserung der in dem
Standardpatent von Burton, Am.P. 1049667 (vgl. S.15) beschriebenen
Apparatur. Der Erfinder Moore gibt an, daß nach dem älteren Am.P.
eine Trennung der schweren und leichten Destillate nicht eintrete. Deshalb schlägt er in dem Am.P. 1130318 vor, auf dem Spaltkessel ein
dreischenkliges Rohr in der Form eines W als Kondensator anzuordnen
und die Dämpfe durch dieses Rohr in einen durch Luft gekühlten und
dann in einen durch Wasser gekühlten Kondensator zu leiten (Abb. 122).

In der vorstehenden Abbildung ist der Kühler mit den Ziffern *11*, *12*, *13*, *14* bezeichnet (Am.P. 1130318. Moore, Chikago. Vom 2. März 1915).

In dem Kap. I ist auf S. 49 das Am.P. 1095438 besprochen worden, das in einem Einphasenverfahren einen besonders ausgebauten Kondensator benutzt. Ein Kondensator der gleichen Bauart wie bereits beschrieben, wird auch in dem Verfahren des Am.P. 1143466 benutzt, d. h. also ein in seiner unteren Hälfte mit Kieselsteinen gefüllter Kessel, über dem sich ein Bündel senkrecht nach unten gerichteter Kondensationsröhren befindet, die oben in einen Ringraum einmünden. Der Kondensator ist in seiner Mitte mit schließbaren Luftklappen versehen. Man kann die Steinfüllung und die Röhren in gesonderten Räumen anordnen (Am.P. 1143466. J. W. van Dyke und W. M. Irish, Pennsylvania. Vom 15. Juni 1915).

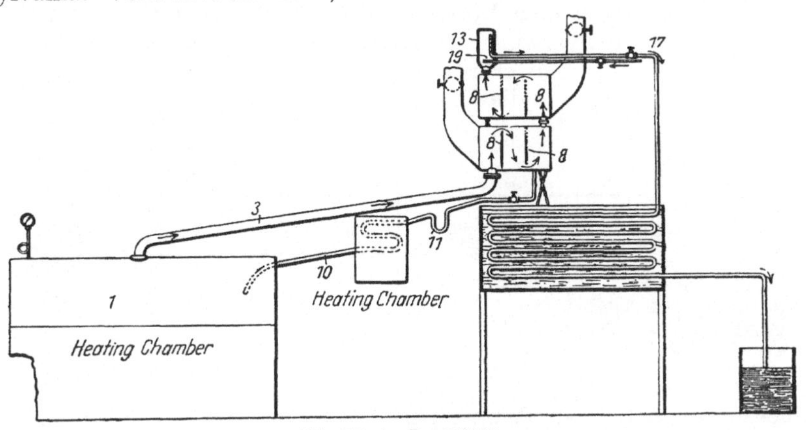

Abb. 123. Am.P. 1250799.

Es ist bereits in diesem Kapitel darauf hingewiesen worden, daß das Standardverfahren von Burton (Am.P. 1049667) durch das Am.P. 1130318 durch den Erfinder Moore hinsichtlich der Anbringung eines Rücklaufkühlers u. a. eine Verbesserung erfahren hat. Auch das Am.P. 1199463 verfolgt eine gleiche Aufgabe. Auf einem Druckkessel, wie er auch aus dem Am.P. 1049667 bekannt geworden ist, ist ein schräg nach oben gerichteter Rücklaufkühler zur Kondensation der schweren Destillate vorgesehen. Die Dämpfe gelangen dann in einen Rückflußkühler, der mit Frischöl als Kühlflüssigkeit beschickt ist. Das so vorgewärmte Frischöl wird dann mit Rücklaufkondensat gemischt, durch das Kühlrohr in den Kessel eintreten gelassen, und die entstehenden Dämpfe kondensiert und gesondert aufgefangen (Am.P. 1199463 und 1199464. A. S. Hopkins, Kansas. Vom 26. September 1916).

Es ist bereits in diesem Kapitel in dem Am.P. 1130318 auf die Wichtigkeit eines schräg nach oben gerichteten, aus dem Druckkessel führenden Dampfrohres hingewiesen, um den Rücklauf der schweren Krackdestillate bereits in diesem Rückflußkühler zu bewirken. Auch in dem Am.P. 1250799 ist auf die wichtige Funktion dieses Kühlrohres hin-

gewiesen, die noch durch einen besonderen Kondensator unterstützt
wird, der die Behandlung der leichten Destillate mit Wasserdampf unter
Aufrechterhaltung des Druckes ermöglicht. Es ist aus diesem Kondensator ein zweiter Rücklauf für die schweren Destillate, der durch eine
Heizkammer führt, vorgesehen (Abb. 123). Die aus dem Druckkessel *1*
entweichenden Dämpfe gelangen durch den Rückflußkühler *3* in den
luftgekühlten Kondensator und zwischen den Prellplatten *8* nach der
Kammer *13*, in die durch Rohr *19* Dampf einströmt. Die leichten
Destillate werden durch Rohr *17* abgeleitet. Die Kondensate laufen
durch *11*, passieren die Heizkammer und gelangen durch *10* in den
Druckkessel zurück (Am.P. 1250799 und 1250800. J. W. Coast jr.,
Oklahoma. Vom 18. Dezember 1917; vgl. auch Am.P. 1250801 (Kap. 13).

Die Kondensation der Krackdämpfe, wie sie aus dem Spaltkessel
kommen, findet für gewöhnlich in luft- oder wassergekühlten Kondensatoren statt. Nach dem Vorschlag des Am.P. 1255138 soll man die
Krackdestillate, die bei einem Druck von 400—1000 Pfund/Quadratzoll
erzeugt worden sind, in erhitztes Schweröl leiten, und zwar bei dem
gleichen Druck, bei dem die Krackdestillate gewonnen wurden, aber bei

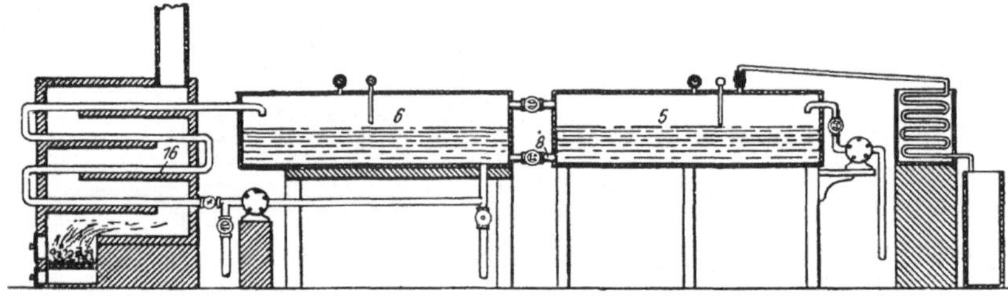

Abb. 124. Am.P. 1255138.

einer etwas niedrigeren Temperatur. Hierdurch tritt eine Trennung der
leichten von den schweren Destillaten ein. Zu dem Kühlöl wird laufend
Frischöl zugesetzt und die Mischung dem Spaltofen zugeleitet [Abb. 124]).
Das Öl wird durch eine Pumpe aus dem Kessel *6* durch die Überhitzerschlange *16* gepumpt. Durch die Röhren *7* und *8* findet ein Austausch
zwischen dem Öl des Kessels *6* und dem Frischöl aus *5* statt (Am.P.
1255138. R. Cross, Kansas City. Vom 15. Februar 1918).

Die aus einem Druckkessel entweichenden Krackdestillate werden in
einen Kondensator, der als Dampffilter bezeichnet wird, eingeleitet. Aus
dem Kondensator führen drei übereinanderliegende Dampfrohre und ein
Rücklauf für die schweren Destillate. Die aus den beiden oberen Röhren
tretenden Dämpfe gelangen zusammen in einen Agitator, in dem sie mit
Wasser gemischt werden, und von dort in einen Vakuumseparator. Die
aus der unteren Röhre austretenden Destillate werden in gleicher Weise
behandelt (Am.P. 1264668. H. D. Lorch, Louisville. Vom 30. April
1918).

In diesem Kapitel ist das Am.P. 1199463 von Hopkins besprochen,
in dem u. a. der Vorschlag enthalten ist, Frischöl als Kühlmittel für die
Destillatdämpfe zu verwenden und die sich hierbei bildende Mischung
von schwerem Rückstromkondensat und getopptem Frischöl wieder in

die Krackretorte einlaufen zu lassen. In dem Am.P. 1333964 ist ein ähnlicher Vorschlag enthalten. Die aus dem Krackkessel entweichenden Dämpfe werden mit Hilfe eines Siebrohres in einen Kessel geleitet, der ein Gemisch von Rücklaufkondensat und einen stetigen Zufluß von Frischöl enthält. Ein Überlauf führt dieses Gemisch in einen Krackkessel. Die leichten Destillate gehen in einen Kondensator (Abb. 125). Die aus dem Druckkessel *1* entweichenden Dämpfe werden nach *A* in eine Mischung aus schwerem Rückstromkondensat und Frischöl, das aus *14* zuströmt, eingeleitet. Durch Überlauf *12* gelangt die Mischung aus *A* in den Druckkessel *1* zurück (Am.P. 1333964 und 1355311. J. W. Coast jr. Vom 16. März 1920 und 12. Oktober 1920).

Bei einer großen Anzahl von Verfahren arbeitet man derart, daß man Kracken und Kondensieren unter einem sich gleichbleibenden Druck von

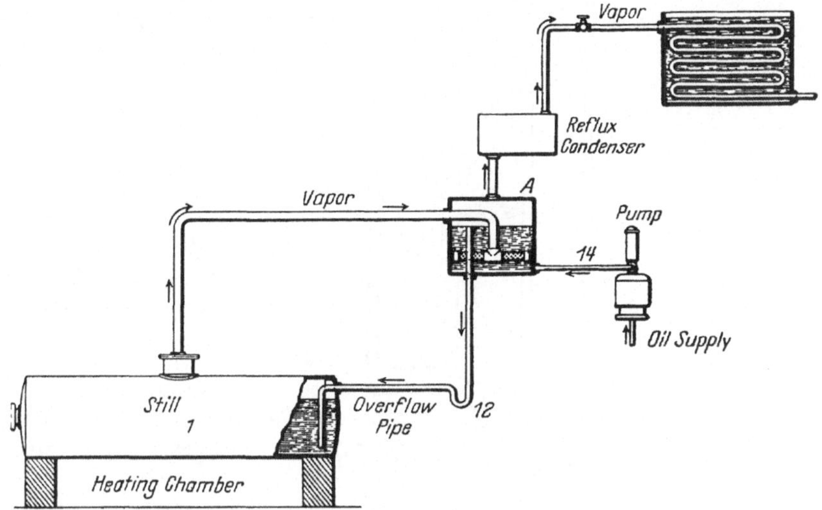

Abb. 125. Am.P. 1333964.

4—6 Atm. vornimmt. Bei anderen Verfahren wird nur im Spaltkessel mit sehr hohen Drucken gearbeitet. Nach den Feststellungen der Erfinder soll man geringe Drucke im Spaltkessel und hohe Drucke bei der Kondensation der Krackdestillate anwenden (Am.P. 1345452. L. W. McOmber, Wisconsin. Vom 6. Juli 1920).

In diesem Kapitel ist in dem Am.P. 1333964 auf ein Verfahren von J. W. Coast jr. hingewiesen, nach welchem man als Kühlflüssigkeit für die Krackdämpfe ein Gemisch von Rücklaufkondensat mit Frischöl verwendet. Auch in dem Am.P. 1365605 von W. F. Rittman und C. B. Dutton wird als direktes Kühlmittel für die Krackdestillate Naphtha, d. h. ein Öl vorgeschlagen, das wegen seines hohen Siedepunktes als Motortreibmittel unverwendbar ist. Die Naphtha löst die Krackgasoline aus den Destillaten und wird nunmehr als Treibmittel geeignet (Am.P. 1365605. W. F. Rittman und C. B. Dutton. Vom 11. Januar 1921).

Zur Kondensation der Krackdämpfe, insbesondere der Gasoline, wird ein luftgekühlter Röhrenkondensator vorgeschlagen (Am.P. 1374357. J. W. Coast jr., Oklahoma. Vom 12. April 1921).

Es ist in diesem Kapitel an mehreren Stellen der Vorschlag besprochen worden, als Kühlflüssigkeit für die Krackdestillate Öle zu verwenden. Auch das Am.P. 1392584 arbeitet in gleicher Weise. An den Spaltkessel ist eine Absorptionskolonne angeschlossen, die mit Petroleum von einer bestimmten Temperatur beschickt wird. Beim Durchleiten der Krackdämpfe werden nur die schweren oder noch nicht ausreichend gekrackten Destillate durch das Öl zurückgehalten, während die Gasoline die Waschvorrichtung durchstreichen und in einen Kondensator gelangen. Der Inhalt der Absorptionskolonne läuft in den Krackkessel zurück (Am.P. 1392584. F. B. Lewis & T. S. Cooke, Indiana. Vom 4. Oktober 1921).

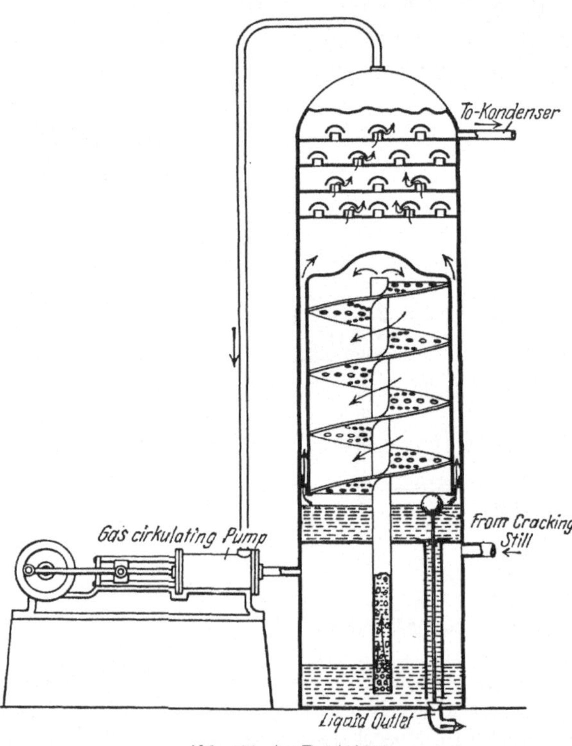

Abb. 126. Am.P. 1464918.

Zur Kondensation der Krackdestillate ist auch schon Wasser oder die wässerige Lösung eines Reinigungsmittels als direktes Kühlmittel vorgeschlagen worden. Die Destillatdämpfe, die etwa 390° C warm sind, werden in einem Teerabscheider unter 300° C heruntergekühlt. Sie gelangen dann unter Druck in eine Mischkammer, in der sie sich mit Wasser mischen und in einen gleichfalls noch unter Druck stehenden Scheidungsapparat zur Abtrennung des Wassers vom Öl (Am.P. 1394987. R. Fleming, Delaware. Vom 25. Oktober 1921).

Von besonderer Bedeutung scheinen in dem Am.P. 1437712 die verwendeten Kondensatoren zu sein. Der Krackkessel besteht aus einem liegenden Zylinder. Auf seiner Oberseite ist ein mit Steinen und Prellplatten gefüllter Kessel als Kondensator angebracht. Die zum Kracken erforderliche Temperatur und der Druck werden durch Einpressen heißer Gase erzielt. Aus der Oberseite des ersten Kondensators werden die

Krackdestillate nach erfolgter Spaltung und Öffnung des Druckventils abwärts in einen zweiten Kondensator geführt, der wie der erste Kondensator ausgebildet ist. Aus diesem werden die Leichtöle und Gase abgeführt, während die Schweröle in den Kessel zurückfließen (Am.P. 1437712. E. C. Blasdelt, Wyoming. Vom 5. Dezember 1922).

Das Am.P. 1464918 benutzt einen besonders ausgebildeten Kondensor, der den Zweck haben soll, den Gehalt der Krackdestillate an gasförmigen Produkten möglichst zu verringern. Der Kondensor besteht aus einem Turm, der etwa zu einem Drittel mit Öl gefüllt ist und perforierte Prellplatten besitzt. Die Krackdämpfe werden kurz über dem Öl eingeleitet. Mit Hilfe einer Pumpe und eines Ableitungsrohres werden die oben in dem Kondensor enthaltenen Gase und Dämpfe abgesaugt, durch

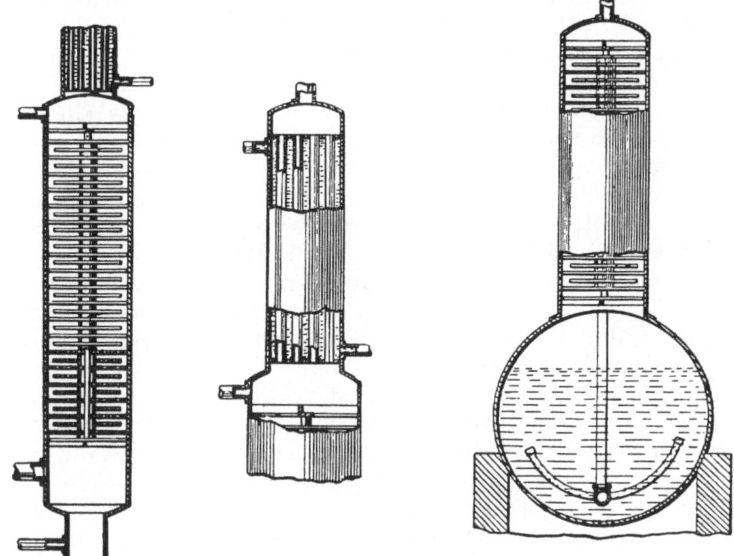

Abb. 127. Am.P. 1484958.

das Öl gepreßt und mit Hilfe eines Verteilungsrohres bis hoch auf die perforierten Prellplatten geschleudert. Hierdurch wird eine sehr innige Durchmischung zwischen Ölen und den Krackprodukten erzielt (Abb. 126). Die Angaben der Zeichnung machen weitere Erläuterungen entbehrlich (Am.P: 1464918. B. Andrews, Texas. Vom 14. August 1923).

In dem Am.P. 1470353 ist der Kondensator derart angeordnet, daß das Rückstromkondensat nicht in den Krackapparat zurückläuft, sondern aus dem Betrieb ausgeschieden wird. Außerdem werden in dem Kondensator die einzelnen Fraktionen nach Siedepunkten voneinander geschieden. Der Spaltapparat besteht aus einem in einer Feuerung liegenden Röhrensystem und einem damit in Verbindung stehenden, aber außerhalb der Feuerung liegenden Absetzkessel (Am.P. 1470353. Egloff and Benner, Kansas. Vom 9. Oktober 1923).

Im Verfahren des Am.P. 1484958 dienen die Rohöle als indirektes und direktes Kühlmittel für die Krackdestillate. Die Kondensatoren bestehen aus zwei übereinanderliegenden Türmen. In dem oberen Turm laufen die Rohöle durch einen Röhrenkühler und werden hierdurch angewärmt, aus dem Röhrenkühler werden sie in einem Erhitzer auf etwa 222⁰ C angewärmt und dann in den unteren Kondensator eingepumpt, wo sie über perforierte Verteilerplatten nach unten strömen und dadurch direkt als Kühlmittel für die Krackdestillate dienen. Nach dem Verlassen des Turmes treten die Rohöle in Krackapparate (Abb. 127). Die in den Zeichnungen erläuterten Rücklaufkondensatoren bedürfen keiner weiteren Erläuterung (Am.P. 1484958. W. F. Muehl, Kansas. Vom 26. Februar 1924).

In dem D.R.P. 424250 des gleichen Erfinders ist ein Krackapparat beschrieben, der auf dem Spaltkessel einen zweiten als Vorlage dienenden kesselartigen Kondensator trägt, der etwa das gleiche Volumen aufweist wie der Spaltkessel. Die zylindrischen und aufrecht stehenden Kessel sind durch ein Rohr verbunden, das zeitweise als Flüssigkeitsverschluß für die Kondensate dient. In dem Am.P. 1487438 hat der Erfinder diesen Apparat dahin abgeändert, daß die Böden der beiden Kessel durch ein Knierohr mit Pumpe verbunden sind, und daß eine Vorlage gleichzeitig mit drei Unterkesseln verbunden ist (Am.P. 1487438. C. R. Burke, Oklahoma. Vom 18. März 1924).

Um aus den Krackdestillaten direkt zu handelsfähigen Produkten innerhalb bestimmter Siedegrade zu gelangen, wird ein Kondensatorturm vorgeschlagen, in dem man fraktioniert kondensieren kann. Der Turm besteht aus mehreren übereinander liegenden Abteilungen, die durch hohle Zwischenböden abgegrenzt sind, welche durch Kühlröhren verbunden sind. Die einzelnen Abteilungen sind außen durch Knierohre verbunden. Als Kühlflüssigkeit verwendet man Schweröl. Es wird in den oberen Zwischenboden eingeleitet und strömt von da durch die Kühlröhren. Man kann es nach Abkühlung im Kreislauf wieder verwenden (Am.P. 1489420. J. D. Bell, New York. Vom 2. April 1924).

Nach den Angaben des Am.P. 1530091 soll man die in den Krackdestillaten aufgespeicherte Wärme benutzen, um abgekühlte Krackdestillate zu destillieren. Das Rohöl wird in der Flüssigkeitsphase gekrackt und die Umwandlungsprodukte werden in dieser Phase erhalten, bis sie auf normale Temperatur heruntergekühlt sind. Beim Aufheben des Druckes entweichen dann aus dem Produkt die Gase. Die gekühlten Umwandlungsprodukte durchlaufen unter normalem Druck ein System von Wärmeaustauschern, wobei als Heizmedium die heißen Krackprodukte benutzt werden. Es kann aber auch noch Wasserdampf als Heizmittel benutzt werden (Am.P. 1530091. C. F. Richey et Al., Pennsylvania. Vom 7. März 1925).

Die Krackdestillate sollen nach dem Durchströmen einer Kolonne von Kondensatoren in einen mit Ziegelstückchen, Koks o. dgl. gefüllten Skrubber von unten geleitet werden, während ihnen als Kühlflüssigkeit schweres Öl entgegenströmt (Am.P. 1541697. C. G. Forwood et Al., London. Vom 9. Juni 1925).

Als Kühlflüssigkeit für die Krackdestillate wird Rohöl vorgeschlagen, das sich in einem aus mehreren Abteilungen bestehenden Kolonnenkühler befindet, wobei die Krackdämpfe hohe Ölsäulen durchstreichen müssen und bei fallenden Temperaturen kondensiert werden (Am.P. 1488325 und 1546634. C. P. Dubbs, Illinois. Vom 25. März 1924 und 21. Juli 1925).

Zur Ausführung der Kondensation wird in dem Am.P. 1573167 vorgeschlagen, die Krackdämpfe in einer großen Menge von Krackkondensat zu kühlen, indem man sie direkt einleitet. Das Rohöl wird dadurch gekühlt, daß man es durch Kühler pumpt. Man arbeitet zweckmäßig so, daß man das gekühlte Öl mit den Krackdämpfen mischt und in die Hauptmenge des Kühlöles einleitet (Am.P. 1573167. E. W. Isom et Al., New York. Vom 16. Februar 1926).

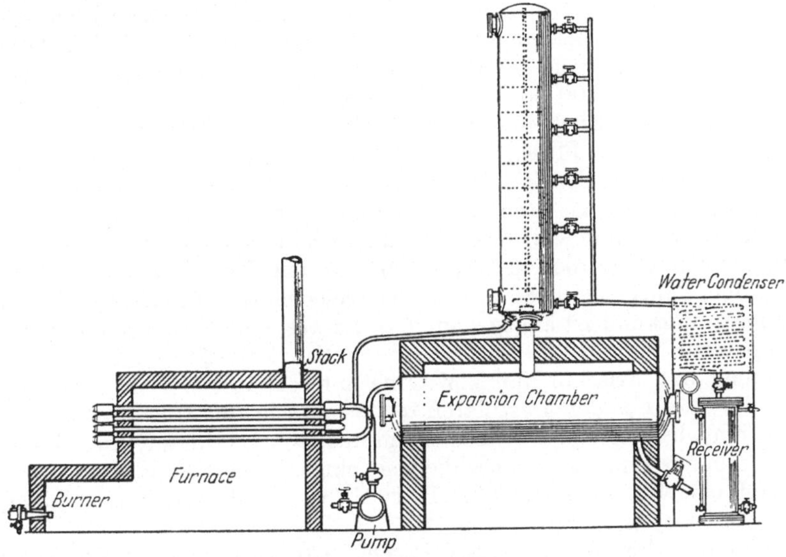

Abb. 128. Am.P. 1582588.

Bei einer großen Anzahl der Krackverfahren treten die entwickelten Dämpfe und Gase in einen Dephlegmator und von da in einen luft- oder wassergekühlten Kondensator, während der Rücklauf im Kreislauf zurückgeführt wird. Nach den Angaben des Am.P. 1576564 ist eine Einrichtung getroffen, bei der die Krackdestillate zunächst in einen Dephlegmator treten, der unten mit einem heizbaren Kessel verbunden ist, so daß die Rückstromkondensate einer erneuten Destillation unterzogen werden. Dieser Kessel steht durch ein Überlaufrohr mit dem Krackkessel in Verbindung. Das Frischöl läuft von oben in den Dephlegmator (Am.P. 1576564. F. E. Wellmann, Kansas. Vom 16. März 1926).

Das zu spaltende Öl läuft in die in einer Kolonne liegenden zylindrischen Spaltkessel von denen jeder mit zwei Kondensatoren versehen ist, von einem Spaltkessel zum anderen. Das Rohöl wirkt zunächst als Kühlöl hinter den genannten Kondensatoren und wird von da aus um die Kondensatoren herumgeleitet die eine steigende Temperatur aufweisen, dann tritt es in die Krackblasen ein. (Am.P. 1582585. C. P. Dubbs, Illinois. Vom 27. April 1926).

In dem Am.P. 1582588 ist ein auf einer Expansionskammer senkrecht montierter zylindrischer Dephlegmator beschrieben, der durch eine Reihe von Siebplatten in verschiedene Abteilungen getrennt ist, aus denen die Kondensate nach ihrem Siedepunkt abgezogen werden können. Das Rohöl wird durch ein Rohr in die Heizschlange eingeführt und gelangt dann in den Expansionskessel, unten ist das Abzugsrohr für den Teer. Der Dephlegmator ist durch Platten in Einzelräume geteilt, die eine Fraktionierung der Destillate gestatten (Abb. 128). (Am.P. 1582588. G. Egloff et Al., Chikago. Vom 27. April. 1926).

Bisher hatte man vielfach so gearbeitet, daß man die Kondensate unter dem gleichen Druck sammelte, der in dem Druckkessel herrschte und sie dann in einen anderen Behälter unter atmosphärischen Druck brachte, wobei die gelösten Gase unter Aufschäumen entweichen. Nach dem Am.P. 1599100 soll man die unter Druck stehenden Kondensate gleichfalls unter Druck in andere Behälter bringen, und zwar so daß ein Gasraum über der Flüssigkeit verbleibt und dann durch Öffnung von Ventilen den Überdruck ablassen (Am.P. 1599100. F. M. Rogers und G. Paulus, Indiana. Vom 7. September 1926).

Die Verwendung von Frischöl zum Herunterkühlen der Krackdestillate ist vielfach in diesem Kapitel und in dem Kap. II erwähnt. Auch nach dem Am.P. 1601786 wird in der gleichen Weise gearbeitet. Als besonderes Merkmal ist angegeben, daß die aus dem Konverter mit einer Temperatur von 611° C entweichenden Krackdestillate durch direkte Kühlung mit Frischöl auf 333° C heruntergekühlt werden soll, wobei sich der Teer aus den Destillaten restlos ausscheiden soll. Benutzt zum Kracken wird ein Apparat, bestehend aus Röhrenerhitzer, einer Expansionskammer und daran anschließend einen Konverter in den Wasserdampf eingeblasen wird (Am.P. 1601786. I. B. Weaver, Chikago. Vom 5. Oktober 1926).

Bei dem Verfahren des Am.P. 1602990 wird zunächst Frischöl als direktes Kühlmittel in den Dephlegmator eingeleitet. Es gelangt dann zusammen mit dem Rückstromkondensat in die Krackschlange zurück. Durch Einschaltung eines Zwischengefäßes in die Rückleitung ist es möglich, einen Teil der Mischung aus getopptem Frischöl und Rückstromkondensat so auszuscheiden, daß er nicht in die Krackschlange gelangt, sondern wiederum als Kühlöl unter Zusatz von Frischöl Verwendung findet (Abb. 129). Das Öl wird durch Pumpe *20* und Rohr *21, 22* in den Dephlegmator *9* gepumpt. Der Rücklauf aus dem Dephlegmator zusammen mit dem Frischöl kann durch *25* nach dem Krackrohr *2* gelangen oder durch *26* in den Tank *27*, aus dem es durch Pumpe *31* nach Rohr *33* gedrückt werden kann (Am.P. 1602990. A. P. Pollock, Boston. Vom 12. Oktober 1926).

Zur Kondensation der Krackdestillate soll man sie in eine große Menge von bereits früher hergestelltem gekühlten Druckdestillat einleiten. Das Druckdestillat befindet sich in einem aufrecht stehenden zylindrischen, mit Kühlschlangen o. dgl. versehenen Kessel, an dessen Boden sich zur Einführung der Destillatdämpfe Mischdüsen befinden (Am.P. 1623790. E. W. Isom, Illinois. Vom 5. April 1927).

Die Kondensatoren des A.P. 1627544 sind in Kolonnen übereinander angeordnet. Sie bestehen aus einem mit Kühlschlangen, die mit Wasser oder Öl gekühlt werden, versehenen geräumigen, liegenden zylindrischen Kessel, der durch zwei Hohlschenkel mit einem darunter liegenden Rohr verbunden ist. Ein Teil des Kessels und das darunterliegende Rohr ist mit Öl gefüllt. In das Rohr werden durch eine Düse die Krackdestillate eingeblasen, wodurch eine Zirkulation des Kühlöles eintritt (Am.P. 1627544. E. W. Isom et Al., Illinois. Vom 3. Mai 1927).

In dem Am.P. 1648967 werden die aus einem Krackapparat austretenden Dämpfe einer fraktionierten Kühlung unterworfen, so daß

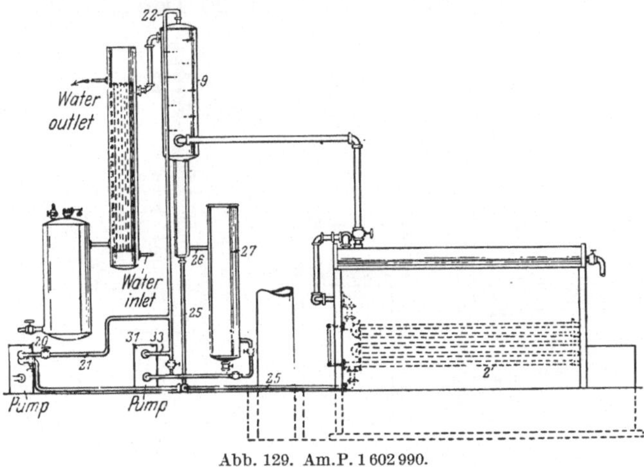

Abb. 129. Am.P. 1602990.

aus dem ersten Kondensator Gasöl und schwerere Öle gewonnen werden, aus dem mittleren Kerosin und aus dem dritten Naphtha (Am.P. 1648967. A. C. Spencer, Kanada. Vom 15. November 1927).

Das Am.P. 1650519 beschreibt einen Krackapparat, der aus einem Druckkessel besteht auf dem ein Dephlegmator angeordnet ist, der von oben mit Frischöl beschickt wird. Der Rücklauf wird mit Hilfe eines Rohres durch den Druckkessel hindurchgeführt. Die Destillatdämpfe werden im Dephlegmator durch Einleiten von z. B. permanenten Krackgasen abgeblasen (Am.P. 1650519. E. W. Isom, Illinois. Vom 22. November 1927).

Die Einführung des als Kühlöl verwendeten Rohöles findet meistens in der Weise statt, daß man die Destillatdämpfe direkt mit dem Frischöl in einem Kondensator mischt. Nach den Angaben des A.P. 1652166 findet das Frischöl in dem Kondensator als indirektes Mittel in einer Kühlschlange Verwendung. Es wird dann in einen Kessel zur Abgabe der Wasserdämpfe geleitet und gelangt dann zusammen mit dem Rückstromkondensat von dem Dephlegmator in die Krackschlange (Abb. 130). Das Öl wird durch Rohr *1* in den Dephlegmator *4* eingeführt und gelangt durch Rohr *5* in den Kessel *6*, wo das Wasser durch *7* verdampft. Das so entwässerte Öl wird in den Rücklauf des Kondensators *12* eingeführt und gelangt mit den Kondensaten in die Heizschlange *15* (Am. P. 1 652 166. C. P. Dubbs, Illinois. Vom 13. Dezember 1927).

Es sind in diesem Kapitel Zweiphasenapparate (vgl. auch Kap. II) beschrieben worden, in denen das Rohöl von oben den Krackdestillatdämpfen entgegen in einen Dephlegmator eingeleitet wurde und nach Abtreiben der leichteren Fraktionen zusammen mit dem Rückstromkondensat in die Krackschlange gepumpt wurde. Bei dem Dephlegmator des Am. P. 1 653 431 befindet sich über dem Turm noch eine Kammer für den Temperaturausgleich, wodurch es gelingt aus dem Dephlegmator Destillate von ganz bestimmtem Siedepunkt zu gewinnen (Am. P. 1 653 431. R. W. Hanna et Al., Kalifornien. Vom 20. Dezember 1927).

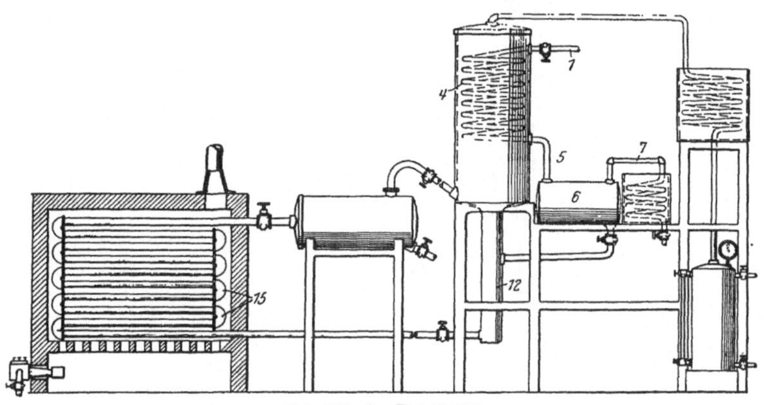

Abb. 130. Am.P. 1 652 166.

15. Hilfsapparate für das Kracken.

Als Hilfsapparate kommen in erster Linie Sicherheitsventile gegen zu hohen Druck und zum Abschluß des Öles beim Eintreten von Kessel oder Rohrbrüchen sowie automatische Regler für die Ölzuleitung, Feuerung oder ähnliches in Betracht.

D.R.P. 391 234, Kl. 23 (vgl. auch Am.P. 1 343 674). Standard Oil Company in Indiana, eingetragene Gesellschaft mit dem Sitz in Chikago, Ill. Verfahren zur Druckdestillation. Vom 31. März 1920.

Patentansprüche: 1. Verfahren zur Druckdestillation schwerer Petroleumöle, um daraus leichtere Öle zu gewinnen, bei dem die entwickelten Dämpfe in einen durch ein Ventil abgeschlossenen Rückflußfraktionskondensator übergehen, der in freier Verbindung mit der Destillierblase steht, wobei in der Blase und dem Rückflußkondensator ein Druck von über 4 Atm. aufrechterhalten wird, dadurch gekennzeichnet, daß außer dem beliebig einstellbaren Ventil noch eine durch den im

Destillationskanal herrschenden Dampfdruck sich automatisch betätigende Regelungsvorrichtung für die Heizung vorgesehen wird.

2. Einrichtung zur Ausführung des Verfahrens nach Anspruch 1, dadurch gekennzeichnet, daß die Regelung des Dampfdruckes in Destillierblase und Rückflußkondensator durch Drosselung des Dampfauslasses aus dem Rückflußkondensator nach dem endgültigen Kondensator mittels eines von Hand einstellbaren Nadelventiles erfolgt, das hinter dem am oberen Ende des schrägen Übergangsrohres angeschlossenen Rückflußkondensator eingeschaltet ist.

3. Einrichtung nach Anspruch 2, dadurch gekennzeichnet, daß der in der Destillierblase und in dem Rückflußkondensator herrschende Dampfdruck auf eine Membran wirkt, welche mittels regelbar belasteten Gewichtshebels das Steuerventil für einen Servomotor verstellt, der auf das Steuerorgan der, einen mechanischen Schürer der Feuerung antreibenden, Kraftmaschine einwirkt.

4. Einrichtung nach Anspruch 3, dadurch gekennzeichnet, daß von dem Servomotor, der das Steuerorgan der Schürmaschine beeinflußt, gleichzeitig auch das Regelungsorgan für die Zuführung der Verbrennungsluft zur Feuerung verstellt wird.

Bei der Ausführung der Druckwärmespaltung ist es von besonderer Bedeutung den Druck im Spaltkessel zu kontrollieren, und konstant unter sich gleichbleibenden Arbeitsbedingungen zu operieren. Zu diesem Zwecke werden die sich beim Spalten entwickelnden permanenten Gase in eine sich verzweigende Leitung zum Ausströmen gebracht, von der der eine Schenkel, der zum Teil durch ein Ventil abgedrosselt wird, einen Teil des Gases entweichen läßt während der andere Teil unter Mitverwendung eines Elektromotors und eines Elektromagneten eine Registriervorrichtung betätigt. (Am.P. 1122220. F.M. Rogers & T.S. Cooke, Indiana. Vom 22. Dezember 1924.)

Bei allen Druckwärmespaltungen bei denen Druckkessel mit großem Inhalt angewendet wurden läßt es sich schwer vermeiden, daß gelegentlich der Kesselboden durchbrennt und der Kesselinhalt in die Feuerung läuft. Aber auch die über dem Kessel befindlichen Rohre lassen bei einem Bruch die Dämpfe unter hohem Druck ins Freie strömen und geben zu gefährlichen Bränden Veranlassung. Deshalb bringt man an den Druckkesseln entweder automatisch oder halbautomatisch wirkende Sicherheitsventile zur plötzlichen Aufhebung des Druckes an, die entweder von selbst beim Nachlassen des Druckes in Funktion treten oder leicht durch einen Arbeiter entsichert werden können. (Am.P. 1277884. I. B. Edwards, New Jersey. Vom 3. September 1918.)

Bei Druckschlangen die unter hohem Druck arbeiten ist die Betätigung von Entspannungs- und Druckventilen für den Ausübenden nicht gefahrlos. Deshalb schlägt das Am.P. 1335773 Ventile vor, die sich mit Hilfe eines Zugorganes aus der Ferne bedienen lassen. (Am.P. 1335773. F. E. Wellmann, Kansas. Vom 6. April 1920.)

Um das Anhaften des Kohlenstoffes an der unteren, d. h. beheizten Stelle der Kesselwandung zu verhüten, wird in dem Am.P. 1345133 folgender Vorschlag gemacht. Über dem eigentlichen Kesselboden ist in geringer Entfernung ein falscher Boden angebracht. In dem dadurch entstandenen Zwischenraum liegen längs der Kesselwandung zwei perforierte Röhren, durch die von oben kaltes Öl oder ein Gas unter hohem Druck eingepreßt wird. Hierdurch wird eine starke Strömung des Öles bewirkt und das Ansetzen von Koks vermieden (Abb. 131). Die Einleitungsröhren für das Öl sind *15*[1] und *17*[1], deren Wirkung vorstehend erläutert ist (Am.P. 1345133. I. W. Coast, Oklahoma. Vom 29. Juni 1920).

Die Anwendung von sich automatisch schließenden Sicherheitsventilen an Druckkesseln ist bereits in dem Am.P. 1277884 erläutert. Der gleiche Erfinder hat auch in dem Am.P. 1410175 derartige Einrichtungen beschrieben. Es handelt sich um automatisch oder von Hand betätigte Sicherheitseinrichtungen, welche das Ausströmen der

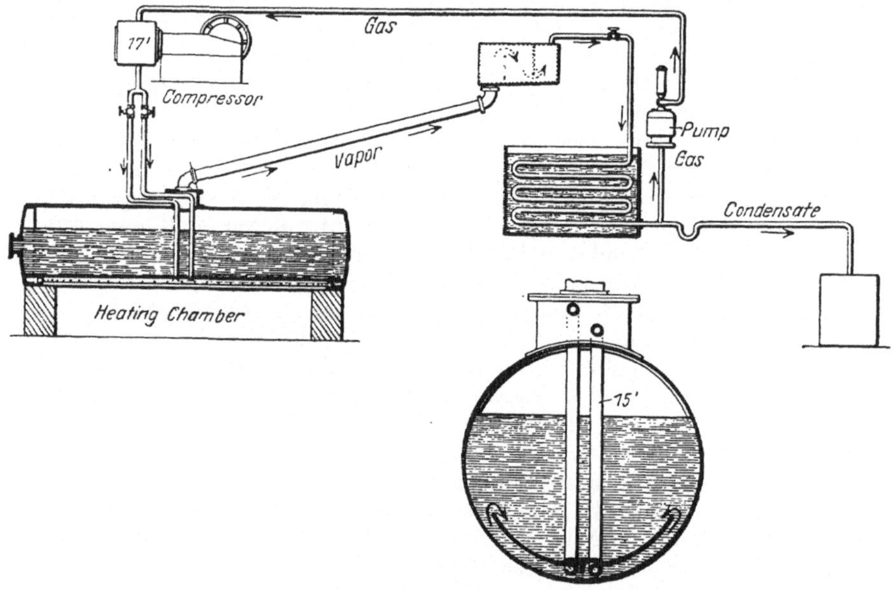

Abb. 131. Am.P. 1345133.

Dämpfe verhindern, wenn ein Bruch in der aus dem Kessel führenden Dampfeinleitung eintreten sollte. (Am.P. 1410175. I. B. Edwards, New Jersey. Vom 21. März 1922.)

Um den Ölzufluß zu Druckkesseln zu regulieren wird von dem Am.P. 1525762 eine Schwimmereinrichtung vorgeschlagen, die aus einer Hohlkugel besteht, die sich in dem Kessel befindet. Die Kugel sitzt auf einem drehbaren röhrenförmigen Schaft, der durch eine Stopfbüchse, die sich in der Kesselwandung befindet, geht und auf außerhalb des Kessels befindliche Steuerorgane zur Beeinflussung des Ölzuflusses o. dgl. einwirkt (Am.P. 1525762. F. E. Wellmann, Kansas. Vom 10. Februar 1925).

Das Am.P. 1535178 beschreibt einen Expansionskessel für Krackapparate. Der Kessel besteht aus einem zylindrischen, etwas schräg nach oben gerichteten Kessel mit Einlaß für die Krackdestillate von oben und Ausführungsrohr für die Gase und Dämpfe gleichfalls auf der Oberseite sowie Auslaß für die schweren Restbestände an der Unterseite. Die abnehmbaren Stirnplatten ermöglichen eine leichte Reinigung von angesetztem Kohlenstoff (Am.P. 1535178. R. T. Pollock, Boston. Vom 28. April 1925).

Wie aus den Angaben des Am.P. 1585381 zu entnehmen ist, soll es bei Ausführung des Krackverfahrens nach Greenstreet (vgl. Am.P. 1110924, E. P. 16452/1912, S. 21) erforderlich sein, sowohl den Zufluß des Dampfes als auch des Öles durch geeignete Meßeinrichtungen zu regulieren (Am.P. 1585381. C. I. Greenstreet, Chikago. Vom 18. Mai 1926).

Das Am.P. 1593905 benutzt Umlaufretorten ähnlicher Bauart, wie sie in dem Kap. VII beschrieben sind. Diese Umlaufretorten werden durch einen Vorsatzkessel gespeist. Es sind nun Sicherheitsventile vorgesehen, die den Einlauf des Öles beim Bruch und die Krackapparatur selbsttätig absperren, und dadurch den Druck im System aufheben. (Am.P. 1593905 I. W. Lewin, Pennsylvania. Vom 27. Juli 1926.)

Bei allen Zweiphasenverfahren setzt sich im Laufe des Betriebes in der Expansionskammern, die im vorliegenden Falle aus einem zylindrischen stehenden Kessel besteht, Kohlenstoff in gewissen Mengen ab. Zur Entfernung des Kohlenstoffes befinden sich in dem Boden der Expansionskammer Einleitungsröhren, die während des Betriebes oben und unten verschlossen sind. Zur Reinigung des Apparates werden die Enden dieser Röhren freigemacht und Wasserdampf in den festen Kohlenstoff eingeblasen. Die Einführung von Wasserdampf erfolgt auch von der Oberseite (Am.P. 1603541. L. C. Huff, Chikago. Vom 19. Oktober 1926).

Zum innigen Durchmischen von Gasen und Dämpfen werden Röhren vorgeschlagen, die in ihrem Inneren einen durchgehenden spiralförmigen Einsatz tragen (Am.P. 1610523 und 1625467. F. M. Heß, Indiana. Vom 14. Dezember 1926 und vom 19. April 1927).

Um bei hohen Drucken von 600—700 Pfund/Quadratzoll höhere Drucke auszuschließen, werden nach dem Vorschlag des Am. P. 1619440 automatisch wirkende Sicherheitsventile in eine zwischen dem Druckkessel und dem Dephlegmator angeordneten vollkommen geschlossene Nebenleitung eingebaut. (Am.P. 1619440. A. J. Sloan, Kansas. Vom 1. März 1927).

Das Am.P. 1619533 beschreibt eine Anzeigervorrichtung für den Stand des Öles in einem Druckkessel. Die Anzeigervorrichtung wird durch einen an einem beweglichen Arm befestigten Schwimmer betätigt. Der Arm geht durch eine Stopfbüchse zu dem Anzeiger (Am.P. 1619553. F. E. Wellmann, Kansas. Vom 1. März 1927).

In dem Am.P. 1624294 sind automatisch sich betätigende Vorrichtungen für den Zufluß des Öles u. a. beschrieben, deren Funktion von dem Niveau des Öles und dem herrschenden Druck abhängt (Am.P. 1624294. G. W. Wallace, San Franzisko. Vom 12. April 1927).

Die Krackrohre sollen im Innern schneckenförmige Einsätze tragen um den Durchlauf der Öldämpfe zu verlangsamen (Am.P. 1636520.

I. W. Lewis jr., Pennsylvania. Vom 19. Juli 1927 und Am. P. 1646543. W. C. Kirkpatrick, Kalifornien. Vom 25. Oktober 1927).

Um das Niveau des Öles im Krackkessel zu kontrollieren bedient man sich zweier Thermoelemente, deren Wirkungen auf der bekannten Tatsache beruhen, daß die Temperatur im Öl 70—80⁰ höher liegt als im Öldampf (Am. P. 1650986. E. C. Herthel et Al., Chikago. Vom 29. November 1927.)

Zur automatischen Einstellung eines bestimmten Druckes in dem Spaltapparat wird eine durch ein Schwimmerventil betätigte Regulierungseinrichtung benutzt (Am. P. 1652171. L. C. Huff, Chikago. Vom 13. Dezember 1927).

In dem Am. P. 1667055 ist ein automatisch wirkendes Entspannungsventil beschrieben, das in einer Nebenleitung für das Hauptventil zum reduzieren oder regulieren des Druckes dient, und beim überschreiten eines bestimmten Druckes automatisch betätigt wird (Am. P. 1667055. A. I. Sloan, Kansas. Vom 24. April 1929).

16. Verfahren der Druckwärmespaltung.

Es soll nicht in Abrede gestellt werden, daß die apparative Ausgestaltung dieser Technik gegenüber den physikalischen oder chemischen wissenschaftlichen Feststellungen sehr im Vordergrunde steht. Es sind aber wie auch aus dem Umfang dieses Kapitels zu ersehen ist, eine große Menge Vorschläge gemacht worden, bei denen die Merkmale eines Verfahrens überwiegen, während die zur Ausführung des Verfahrens empfohlene Apparatur nicht als unerläßliche Bedingung, sondern vielmehr als eine der vielen Ausführungsmöglichkeiten erscheint.

Deshalb ist für die Besprechung von Verfahren ein besonderes Kapitel gewählt worden.

D. R. P. 39949, Kl. 23. Gabriel Alexiejew in St. Petersburg (Rußland). Destillationsverfahren für Mineralöle vermittels leichter, bei mittlerer Temperatur flüchtiger Kohlenwasserstoffe. Vom 23. September 1886.

Patentansprüche: 1. Das Verfahren der Destillation von Naphtha oder ihrer Rückstände vermittels leichter Kohlenwasserstoffe, welche sich bei der Destillation selbst bilden und im Kühler nicht kondensierbar und bei mittlerer Temperatur flüchtig sind, und welche mittels einer Pumpe oder eines Ventilators in den Destillationskessel zurückgeführt bzw. gepreßt werden.

2. Zum unter 1. bezeichneten Verfahren die Anwendung eines kontinuierlich wirkenden Destillationskessels, charakterisiert durch die Kombination eines gewöhnlichen Kessels und einer Reihe von Dephlegmatoren, welche durch die aus der Feuerung des Kessels abgehende Hitze derart erwärmt werden, daß deren Temperatur den aus genannten Dephlegmatoren zu bekommenden Destillaten entspricht, mit einem Reservoir, aus welchem ein kontinuierlicher Strom geeignet vorgewärmter Naphtha dem Kessel zufließt, und mit einer Gaspumpe, welche die im Kühler sich nicht kondensierenden Kohlenwasserstoffe nach dem Kessel zurückführt.

Man sieht hieraus, daß sich das vorgeschlagene Verfahren dadurch charakterisiert, daß die sich in der Destillationsflüssigkeit bildenden leichten Hydrocarbüre in die Flüssigkeit des Kessels eingeführt werden, anstatt des überhitzten Dampfes, und daß sich dieselben im Kondensator nicht verdichten. Diese Art des Verfahrens hat den Zweck: a) die Verdunstung zu erleichtern, b) die Temperatur der Flüssigkeit zu erniedrigen.

In dem beschriebenen Apparat kann man einfach die Naphtha mit ihren Rückständen destillieren, oder man kann auch durch sukzessive Destillation alle Naphtha oder alle Rückstände in Petroleum (Kerosin) (verwandeln. In letzterem Falle verwandeln sich die schweren Öle in leichtere.

D.R.P. 53552, Kl. 23 (vgl. auch Schweiz. P. 1339). James Dewar in Cambridge und Reverton in Finchley (England). Verfahren und Apparat zum Destillieren von Mineralöl und ähnlichen Stoffen. Vom 31. August 1889.

Patentansprüche: 1. Das Verfahren, Mineralöle und andere bituminöse Stoffe unter hohem Druck zu destillieren und dann zu kondensieren, dadurch gekennzeichnet, daß Luft oder ein anderes Gas mittels einer Pumpe in den Destillierapparat gepreßt wird, und zwar ehe die Verdampfung vor sich geht, während die mit der Retorte in freier Verbindung stehende Kühlvorrichtung am Abflußende mit einem geschlossenen Raum verbunden ist, in welchem sich die kondensierte Flüssigkeit unter Druck ansammelt, um von Zeit zu Zeit abgezogen zu werden.

2. Zur Ausführung des im Anspruch 1 angegebenen Verfahrens Apparate, gekennzeichnet durch die Verbindung einer oder mehrerer Retorten und Kühlvorrichtungen mit Ölpumpen, Luftpumpen und druckwiderstehenden Behältern zur Aufnahme der kondensierten Flüssigkeit.

D.R.P. 64330, Kl. 23. The Kerosene Company Limited und The Tank Storage & Carriage Company Limited, beide in London. Verfahren und Apparat zum Raffinieren von Rohpetroleum. Vom 15. August 1891.

Patentanspruch: Verfahren zum Raffinieren von Rohpetroleum, darin bestehend, daß die (auf 230—270⁰) überhitzten Dämpfe des letzteren mit noch stärker überhitztem Wasserdampf gemischt werden, welcher die in den Rohprodukten enthaltenen Beimengungen niederschlägt, die reinen Kohlenwasserstoffdämpfe aber unter Vermeidung frühzeitiger Kondensation in einen Kondensator überführt, worauf das Kondensat behufs vollständiger Entziehung der Kohlenwasserstoffe nochmals (auf 270—300⁰) überhitzt und der Einwirkung von Wasserdampf ausgesetzt wird.

Die zu destillierenden flüssigen Kohlenwasserstoffe (z. B. Rohpetroleum, Naphtha) werden zunächst in einen geeigneten Vorwärmer geleitet, in welchem sie bis zu einer hohen Temperatur erhitzt werden. Aus dem Vorwärmer für das Mineralöl, welcher in der Folge mit „Ölüberhitzer" bezeichnet werden soll, gelangt das erhitzte Rohpetroleum in eine Retorte („Ölretorte"), in welcher es mit überhitztem Dampf zusammentrifft. Letzterer bewirkt eine Absonderung des Teeres und anderer Beimengungen und entführt die Öl- bzw. Petroleumdämpfe durch einen Dampfdom oder ein Rohr von großem Querschnitt nach einem geeigneten Kondensator. Die in der Ölretorte niedergefällten Teerbestandteile usw., „leichter Teer" genannt, werden nach einem Reservoir abgeführt und gelangen aus diesem durch einen Überhitzer (Teerüberhitzer) in eine zweite Retorte (Teerretorte), in der nochmals eine Mischung mit überhitztem Dampf vor sich geht, durch welche der letzte Rest von Öl bzw. Öldämpfen abgeschieden und nach einem zweiten Kondensator geführt wird. Der in der Teerretorte zurückbleibende Teer wird in passender Weise abgezogen.

Die Einführung des überhitzten Rohöls bzw. des leichten Teeres und des Dampfes in die Öl- bzw. Teerretorte geschieht mittels siebartig durchlochter Röhren, so daß eine innige Mischung des betreffenden Kohlenwasserstoffes und des Dampfes erzielt wird, ohne daß eine Kondensation der Kohlenwasserstoffdämpfe stattfindet.

D.R.P. 295594, Kl. 23. Hermann Zerning in Berlin-Halensee. Verfahren zur Erzeugung von chemisch sehr reaktionsfähigen Produkten aus Paraffin-Kohlenwasserstoffen. Vom 5. Mai 1915.

Patentanspruch: Verfahren zur Erzeugung von chemisch sehr reaktionsfähigen Produkten aus Paraffinkohlenwasserstoffen, dadurch gekennzeichnet, daß sie zusammen mit Wasser zu flüssiger Form in den auf etwa 300^0 erhitzten Anfangsabschnitt eines Rohrsystems von geeigneten Abmessungen gespritzt werden, dessen folgender Abschnitt auf etwa 500^0, und dessen Ende auf etwa 700^0 erhitzt ist, wobei durch einen entgegengeschalteten Flüssigkeitswiderstand ein Arbeitsüberdruck am besten von 2,0 Atm. aufrechterhalten wird.

D.R.P. 302585, Kl. 23 (vgl. auch Ö.P. 85325). Deutsche Erdöl-Akt.-Ges. in Berlin, Dipl.-Ing. Fritz Seidenschnur in Charlottenburg und Dr. Curt Koettnitz in Berlin-Lichterfelde. Verfahren zur Umwandlung von Mineralölkohlenwasserstoffen in niedriger siedende und höher siedende Produkte. Vom 29. Januar 1916.

Patentanspruch: Verfahren zur Umwandlung von Mineralölkohlenwasserstoffen in niedriger siedende und höher siedende Produkte, dadurch gekennzeichnet, daß aus dem bei der Spaltung der Kohlenwasserstoffe nach einem der bekannten Ölspaltungsverfahren entstehenden Reaktionsprodukt nach der Entfernung des Benzins eine dem Ausgangsmaterial in bezug auf Siedepunkt und spez. Gew. nahestehende Fraktion abdestilliert und diese dann, für sich oder mit dem ursprünglichen Ausgangsmaterial vermischt, von neuem der Spaltung unterworfen wird, während der höher siedende Destillationsrückstand als Schmieröl, gegebenenfalls nach entsprechender Raffination, Verwendung finden kann.

D.R.P. 303235, Kl. 23. Zeller & Gmelin in Eislingen a. Fils, Württemberg. Verfahren zur ununterbrochenen Gewinnung von leichten Kohlenwasserstoffen aus schweren Kohlenwasserstoffen und deren Abfallprodukten durch Destillation unter Druck (vgl. auch Am.P. 1431246). Vom 29. Oktober 1915.

Patentansprüche: 1. Verfahren zur ununterbrochenen Gewinnung von leichten Kohlenwasserstoffen aus schweren Kohlenwasserstoffen und deren Abfallprodukten durch Destillation unter Druck, dadurch gekennzeichnet, daß die Ausgangsstoffe zunächst einem Krackverfahren unter geringem Überdruck, zwecks Befreiung von den zur Koks- und Pechbildung neigenden Stoffen, und alsdann in einem Autoklaven einer kontinuierlichen Druckdestillation unter hohem Überdruck unterworfen werden.

2. Verfahren nach Anspruch 1, dadurch gekennzeichnet, daß die Ausgangsstoffe unter eigenem Überdruck von etwa 1 Atm. zwei wechselweise in Benutzung kommenden Krackkesseln zulaufen, die dem Autoklaven abwechselnd und kontinuierlich die von den zur Koks- und Pechbildung neigenden Stoffen befreiten Kohlenwasserstoffe zuführen.

Das Verfahren wird in der Weise ausgeführt, daß man zunächst die zu behandelnden Rohstoffe unter Verwendung eines geringen Überdruckes einem kontinuierlichen Krackverfahren unterwirft. Hierbei hat es sich gezeigt, daß schon bei Verwendung eines geringen Überdruckes von etwa 1 Atm. ein asphalt- und wasserfreies Produkt erzeugt wird, das auch schon fast schwefelfrei ist, weil beim Zersetzen der Schwefelverbindungen diese in Form von Schwefelwasserstoff entweichen, während alle asphalthaltigen Körper in Form von Koks in dem Reaktionsgefäß zurückbleiben.

Das durch diese erste Behandlung erzeugte Produkt, welches zuweilen noch kleine Schwefelmengen enthält, wird in dem Maße, wie es in die Krackvorlage eintritt, dieser durch die Pumpe entnommen und dem Autoklaven zugeführt, so daß der Prozeß vom Rohprodukt bis zum Endprodukt ein kontinuierlicher ist. In diesem liegenden Autoklaven wird das Produkt zwecks weiterer Spaltung der schon erhaltenen leichten Kohlenwasserstoffe in ganz leichte Kohlenwasserstoffe und zwecks Entfernung der letzten Schwefelverbindungen zweckmäßig auf 15 Atm. Druck erhitzt und sodann durch selbsttätiges Öffnen des auf 15 Atm. eingestellten Ventiles bei gleichbleibendem Druck langsam und kontinuierlich abdestilliert. Die Temperatur wird hierbei zweckmäßig zwischen 360° C bis 400° C gehalten. Die letzten Schwefelverbindungen werden dadurch gespalten und entweichen als Schwefelwasserstoff. Die Ausbeute an leichten schwefel-, asphalt- und wasserfreien Kohlenwasserstoffen beträgt etwa 90 vH des Ausgangsmaterials, von denen der größte Teil zwischen 40° C bis 200° C siedet, der Rest zwischen 200° C bis 280° C.

D.R.P. 319049, Kl. 23. Dr. Paul Schwarz in Berlin. Verfahren zur Gewinnung von niedrigsiedenden Kohlenwasserstoffen aus hochsiedenden Kohlenwasserstoffen, Teeren o. dgl. Vom 3. Oktober 1914.

Patentanspruch: Verfahren zur Gewinnung von niedrigsiedenden Kohlenwasserstoffen aus hochsiedenden Kohlenwasserstoffen, Teeren o. dgl. bei höherer Temperatur und höherem Druck, gegebenenfalls in kontinuierlichem Betriebe, dadurch gekennzeichnet, daß die Zersetzung in einem besonderen, völlig gefüllten Druckbehälter (Blase) vorgenommen wird, aus dem die gesamte Flüssigkeit mit allen Zersetzungsprodukten durch ein am tiefsten Punkte befindliches Ableitungsrohr zur Destillation in ein zweites, räumlich getrenntes Gefäß unter dem im Druckbehälter herrschenden Eigendruck gedrückt wird.

Bei dem neuen Verfahren ist es durch die Anwendung der besonders vereinten Mittel, Blase, volle Füllung, getrennte Destillation, Bodenableitung, möglich, mit niederem Druck zu arbeiten, was einen sicheren und bequemen Betrieb ergibt, wodurch auch verhältnismäßig wenig Kohlenstoffausscheidung eintritt. Die Zersetzung ist zunächst keine tiefgreifende, jedoch eine wirtschaftlich ausreichende. Dadurch wird eben gerade einer starken Bildung von Kohlenstoffausscheidungen und Gas vorgebeugt. Zur Steigerung der Ausbeute an Leichtöl ist die Druckerhitzung längere Zeit durchzuführen und werden mehrere Blasen batterieartig zusammengeschaltet. In dem Fall wird das zu zersetzende Öl nach der Destillation erneut unter Druck behandelt. Die Druckblasen können dann abwechselnd an die Destillationsblase geschaltet werden.

Das Verfahren läßt sich auch ununterbrochen ausführen. In dem Fall wird das Abflußventil so eingestellt, daß der erforderliche Druck dauernd vorhanden ist und nur zersetzte Flüssigkeit an der tiefsten Stelle der Blase austritt. Die Rohflüssigkeit wird so eingeführt, daß sie sich in unzersetztem Zustande nicht mit dem umgewandelten Gut vermischen kann.

D.R.P. 326323, Kl. 23. Hall Motor Fuel Ltd. in London. Verfahren zur Umwandlung von höhersiedenden Kohlenwasserstoffen in niedrigsiedende. Vom 12. Mai 1914.

Patentanspruch: Verfahren zur Umwandlung von höhersiedenden Kohlenwasserstoffen in niedrigsiedende, dadurch gekennzeichnet, daß man die Gase und Dämpfe, welche aus der Spaltung und Vergasung von Kohlenwasserstoffölen herrühren, einem erhöhten Druck unter im wesentlichen adiabatischen Bedingungen aussetzt, und zwar während die Gase und Dämpfe sich noch im erhitzten Zustande befinden, worauf man die so erhaltenen Produkte kondensiert.

D.R.P. 382430, Kl. 23. Colonial Oil & Asphalt Company Limited in London. Verfahren und Vorrichtung zur Verarbeitung von Kohlenwasserstoffen. Vom 19. November 1920 (vgl. auch Ö.P. 95237).

Patentansprüche: 1. Verfahren zur Verarbeitung von Kohlenwasserstoffölen, bei dem das Öl zuerst unter Druck erhitzt wird und alsdann unter einem geringeren Druck expandiert, worauf das sich ergebende Dämpfegemisch der fraktionierten Kondensation unterworfen wird, dadurch gekennzeichnet, daß die Expansion des unter Druck erhitzten Öles bei einem unterhalb der Atmosphärenspannung liegenden Druck erfolgt, so daß Schwer- und Leichtöle zugleich verdampft werden und die Destillation ohne Zersetzung der hochsiedenden Bestandteile erfolgt.

2. Verfahren nach Anspruch 1, bei dem das Öl in dünnen Schichten in einer Verdampfungskammer der Wärmewirkung unterworfen wird, da-

durch gekennzeichnet, daß das durch die Expansion bei einem unterhalb der Atmosphärenspannung liegenden Druck nicht verdampfte Öl in der Verdampfungskammer über eine oder mehrere geneigt liegende Platten geleitet wird, die die Abscheidung etwa noch im Öl enthaltener, verdampfbarer Bestandteile erleichtern und so die größtmögliche Ausbeute an diesen ergeben.

3. Verfahren nach Anspruch 1, dadurch gekennzeichnet, daß das Dämpfegemisch aus der Verdampfungskammer durch eine Reihe von Kondensatoren gesaugt wird, die durch einen in entgegengesetzter Richtung durch Kühlröhren fließenden Strom von Rohöl auf entsprechend abgestuften Temperaturen erhalten wird.

4. Verfahren nach Anspruch 1, dadurch gekennzeichnet, daß zwei Expansionskammern vorgesehen und der Rückstand aus der ersten von ihnen nach weiterer Erhitzung unter Druck in der zweiten Kammer wieder zur Expansion gelangt.

D. R.P. 385763, Kl. 23. Standard Oil Company in Whiting, Indiana, U. S. A. Verfahren und Anlage zur Druckdestillation von Brennölen. Vom 1. September 1921 (vgl. auch Ö.P. 81016, Schweiz.P. 72729, Am.P. 1132163).

Patentansprüche: 1. Verfahren zur Druckdestillation von Brennölen oder anderen Kohlenwasserstoffen der Paraffinreihe bei einem durch die entwickelten Gase erzeugten Überdruck von über 4 Atm., dadurch gekennzeichnet, daß behufs Vermeidung der Destillation der schwerer siedenden Kohlenwasserstoffe vor Erreichung der Spaltungstemperatur die frischbeschickte Blase einer Gruppe mehrerer Blasen nach dem Anheizen mit den anderen unter sich verbundenen Blasen verbunden wird, in denen die Druckdestillation unter Spaltungstemperatur (340—450° C) und dem hierfür nötigen Druck (4 Atm. und darüber) im Gange ist, so daß dieser Druck der nicht kondensierbaren Gase aus den anderen Blasen in der frischbeschickten Blase bereits herrscht, ehe die Spaltungstemperatur erreicht wird.

2. Verfahren nach Anspruch 1, dadurch gekennzeichnet, daß der Anschluß der frischbeschickten Blase an die anderen Blasen erfolgt, sobald die Temperatur die Verdampfungstemperatur des Wassers und der am leichtesten siedenden Kohlenwasserstoffe (etwa 120° C) überschreitet.

3. Destillationsanlage zur Ausübung des Verfahrens nach Anspruch 1 und 2 mit einer Batterie von Destillationsapparaten, dadurch gekennzeichnet, daß jede Blase (*1*) mit der Gasauslaßleitung (*14*) ihres Kondensators (*6, 7, 8*) mittels besonderer, mit Ventil versehener Verbindungen (*14 a* und *14 b*) an eine zweifache Druckausgleichleitung (*16* und *17*) für das nicht kondensierbare Gas angeschlossen ist, von denen die eine (*16*) unter Außenluftdruck, die andere unter dem gewünschten Destillationsdruck steht und durch ihr einziges Reglerventil (*18¹*) die Regelung des Gasdruckes in sämtlichen Blasen gestattet.

4. Destillationsanlage nach Anspruch 3, dadurch gekennzeichnet, daß jede Blase (*1*) zwei getrennte, mit Ventilen versehene Verbindungen (*10a* und *10b*) zwischen dem Destillatauslaß (*9*) ihres Kondensators (*6, 7, 8*) und zwei Destillatsammelleitungen (*11* und *12*) hat, um das

minderwertige bei Ende des Destilliervorganges in jeder Blase gewonnene Destillat getrennt von dem hochwertigen sammeln zu können, wobei das einzige in der Sammelleitung für letzteres vorgesehene Ventil (13[1]) den Abfluß aller Blasen in Übereinstimmung mit der Einstellung des Druckregelungsventils (18) der Sammelleitung (17) zu regeln gestattet (Abb. 132).

D.R.P. 447755, Kl. 23. Carburol A. G. in Schaffhausen, Schweiz. Verfahren zur Überführung von Kohlenwasserstoffen von hohem Siedepunkt in solche von niedrigem. Siedepunkt. Vom 2. Mai 1923 (vgl. auch Schweiz. P. 111568).

Patentanspruch: Verfahren zur Überführung von Kohlenwasserstoffen von hohem Siedepunkt in solche von niedrigem Siedepunkt, bei welchem die zur Spaltung gelangenden hochsiedenden Kohlenwasserstoffe mittels einer Druckpumpe durch eine direkt oder indirekt beheizte Leitung gepumpt werden, dadurch gekennzeichnet, daß die Kohlenwasserstoffe, nachdem sie in dieser beheizten Leitung bei Geschwindigkeiten über 1 m/sek. auf die zwischen 400 bis 500° C liegenden günstigsten Reaktionstemperaturen erhitzt wurden, noch während 30—80 Sekunden bei dieser Höchsttemperatur unter Aufrechterhaltung der Strömungsgeschwindigkeit und bei Reaktionsdrücken über 20 Atm. erhalten werden und dann sofort zur Expansion gebracht werden.

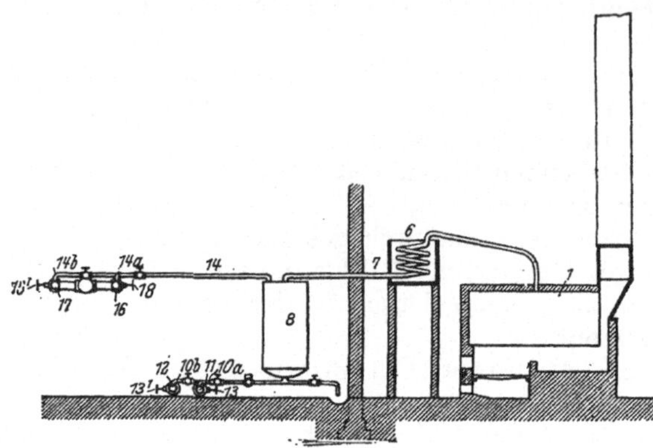

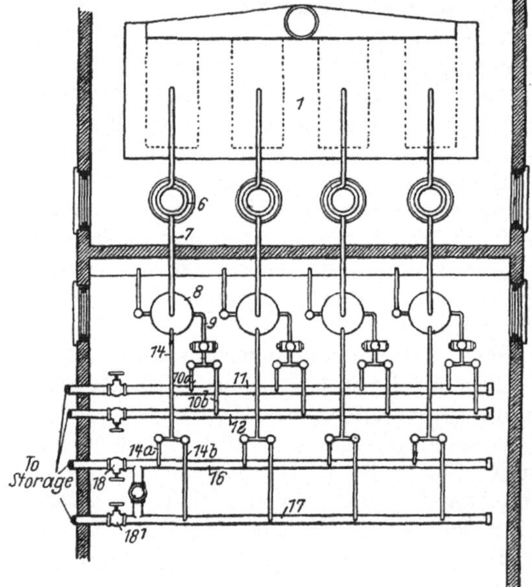

Abb. 132. D.R.P. 385763.

Ö.P. 97925. Stephen Louis Gartlan und Albert Edward Gooderham in Toronto (Kanada). Verfahren und Vorrichtung zur Spaltung von Kohlenwasserstoffen. Vom 25. September 1924 (vgl. auch Am. P. 1430978).

Patentansprüche: 1. Verfahren zur Spaltung von Kohlenwasserstoffen durch Kondensation ihrer Dämpfe unter Druck, dadurch gekennzeichnet, daß die ohne Zersetzung des Ausgangsmaterials, durch Fraktionierung erhaltenen Dämpfe einem, im Verhältnis zur Destillationstemperatur jeweils gesteigerten Druck unterworfen werden, so daß ein im wesentlichen gleichförmiges Kondensat erhalten wird.

2. Verfahren nach Anspruch 1, dadurch gekennzeichnet, daß die zur Fraktionierung erforderliche Verdampfungstemperatur solange bei jeder Stufe erhalten wird, bis im Verdampfungsgefäß ein Druckabfall eintritt.

3. Einrichtung zur Ausführung des Verfahrens nach Anspruch 1, bestehend aus Vorwärmer, Retorte, Kompressor und Kühler, dadurch gekennzeichnet, daß der Vorwärmer durch die Einführung eines Rohres mit gekrümmten Armen, durch welche überhitzter Wasserdampf in das Ausgangsmaterial einströmt, als Mischvorrichtung ausgebildet ist.

Ö. P. 99010. Stephan Louis Gartlan und Albert Edward Gooderham in Toronto (Kanada). Verfahren zum Spalten von Kohlenwasserstoffen. Vom 10. Januar 1925 (vgl. auch Am. P. 1445433).

Patentansprüche: 1. Verfahren zum Spalten von Kohlenwasserstoffen durch Kompression der durch Verdampfung und Überhitzung gewonnenen Dämpfe, dadurch gekennzeichnet, daß die Kompression unter gleichzeitiger Weiterheizung erfolgt und daß die so komprimierten Dämpfe in an sich bekannter Weise zur Expansion gebracht werden.

2. Ausführungsform des Verfahrens nach Anspruch 1, dadurch gekennzeichnet, daß den Kohlenwasserstoffen während der Kompression überhitzter Wasserdampf zugeführt wird.

Die Erfindung betrifft ein Verfahren zum Spalten von Kohlenwasserstoffen durch Kompression der durch Verdampfung und Überhitzung gewonnenen Dämpfe. Ein derartiges Verfahren ist beispielsweise in der deutschen Patentschrift Nr. 326323 beschrieben (vgl. S. 216). Allein während dort die Gase und Dämpfe unter, im wesentlichen adiabatischen Bedingungen komprimiert werden, werden sie gemäß der Erfindung während der Kompression durch Wärmezufuhr von außen erhitzt. Die so erhitzten und komprimierten Dämpfe läßt man dann in an sich bekannter Weise expandieren. In vielen Fällen ist es empfehlenswert, den Kohlenwasserstoffdämpfen während der Kompression überhitzten Wasserdampf zuzuführen. Bei einer Reihe von gemäß vorliegender Erfindung durchgeführten Versuchen wurde Leuchtpetroleum durch Sieden bei Temperaturen zwischen 180° und 300° C verdampft, desgleichen mexikanisches Rohpetroleum bei Temperaturen von 90—415° C. Die entwickelten Dämpfe wurden in einem von außen bis auf 550° erhitzten Kompressor während der Entwicklung der Dämpfe der niedriger siedenden Fraktionen, auf 33 Atm. komprimiert und sodann plötzlich expandieren gelassen.

Bei diesen Versuchen wurde festgestellt, daß bei einem Druck von 33 Atm. eine größere Ausbeute und ein wertvolleres Produkt erhalten wurde als beim Arbeiten bei 14 Atm. Man konnte auch feststellen, daß die Geschwindigkeit des Zusammenpressens eine wichtige Rolle spielte und die besten Ergebnisse bei den größeren Verdichtungsgeschwindigkeiten erzielt wurden.

Die Druckwärmespaltung erfolgt, wie auch bereits aus dem Namen zu ersehen ist, im wesentlichen in der Weise, daß man das Öl in flüssiger oder dampfförmiger Phase unter Druck erhitzt, wobei also die zur Spaltung erforderliche Wärmemenge direkt dem Öl zugeführt werden muß. Einen anderen Weg beschreibt das Am.P. 1100717. Man soll das Öl entweder durch von außen zugeführte Wärme, durch eine inliegende Dampfschlange oder durch Durchblasen von heißer Luft bis etwa auf 333⁰ C erhitzen, wobei die Spaltung des Öles unter Abscheidung von Wasserstoff beginnt. Leitet man dann eventuell auch nicht erwärmte Luft von unten in das Öl, so genügt die durch die Verbindung von Sauerstoff mit Wasserstoff freiwerdende Wärme, um die Spaltung des Öles zu bewirken. (Am.P. 1100717. I. A. Dubbs, Pennsylvania. Vom 23. Juni 1914.)

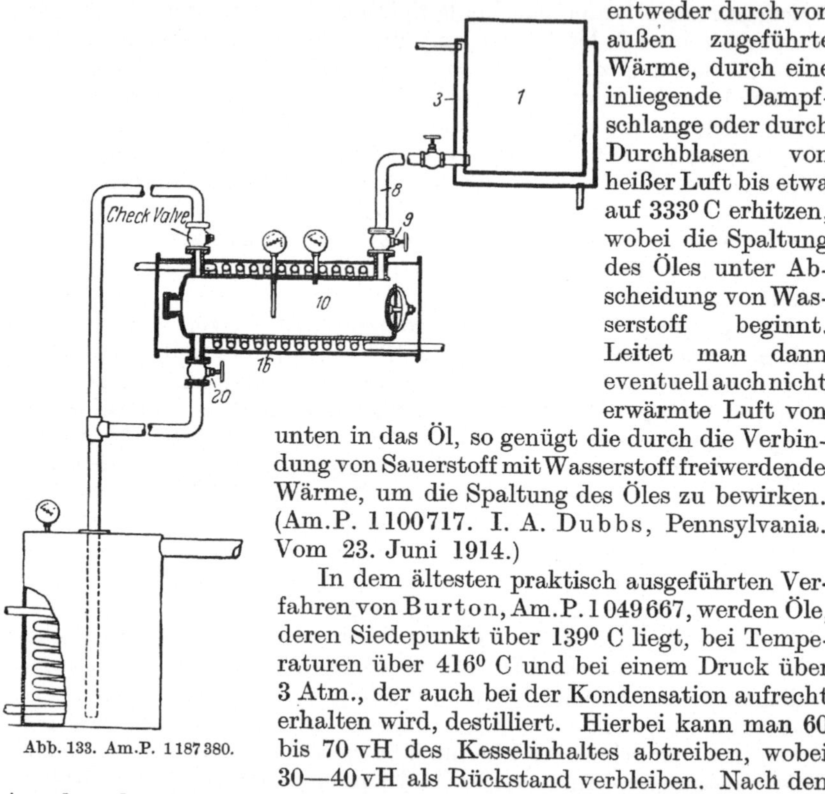

Abb. 133. Am.P. 1187380.

In dem ältesten praktisch ausgeführten Verfahren von Burton, Am.P. 1049667, werden Öle, deren Siedepunkt über 139⁰ C liegt, bei Temperaturen über 416⁰ C und bei einem Druck über 3 Atm., der auch bei der Kondensation aufrecht erhalten wird, destilliert. Hierbei kann man 60 bis 70 vH des Kesselinhaltes abtreiben, wobei 30—40 vH als Rückstand verbleiben. Nach den Angaben des Am.P. 1105961 soll man diesen Rückstand entweder für sich oder unter Mischung mit Frischöl dem Verfahren des Am.P. 1049667 unterwerfen. Nach den Angaben des Am.P. 1167884 des gleichen Erfinders Burton soll man diesen Rückstand gewöhnlich destillieren und die Destillate technisch verwerten. (Am.P. 1167884. W. M. Burton, Illinois. Vom 11. Januar 1916.)

Um insbesondere in schweren, wachsartigen, teerartigen oder pechartigen Rückständen den Gehalt an leichten Kohlenwasserstoffen zu erhöhen, soll man sie schmelzen, und in einen Autoklaven einbringen. Die angewandten Drucke sollen höher als 4 Atm. sein, aber 400 Pfund/Quadratzoll nicht übersteigen und zwar bei Temperaturen zwischen

200—300⁰ C (Abb. 133). *1* ist das in einem Dampfmantel *3* liegende Vorratsgefäß für die zu spaltenden dickflüssigen Massen. Diese gelangen durch Rohr *8* in den Kessel *10*, der durch die Ventile *9* und *20* abschließbar ist. Der Kessel wird durch Heizröhren *16* mit überhitztem

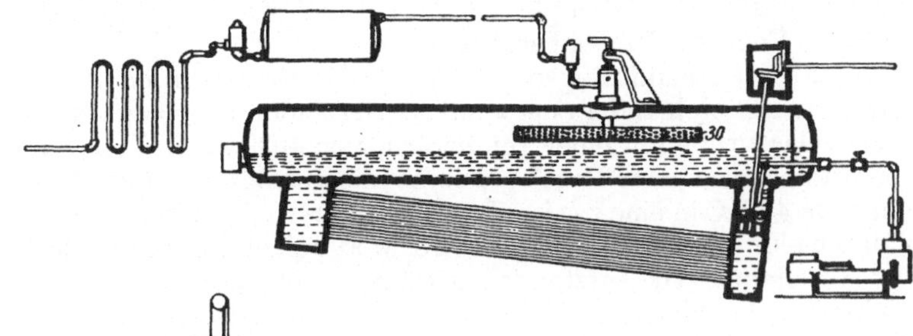

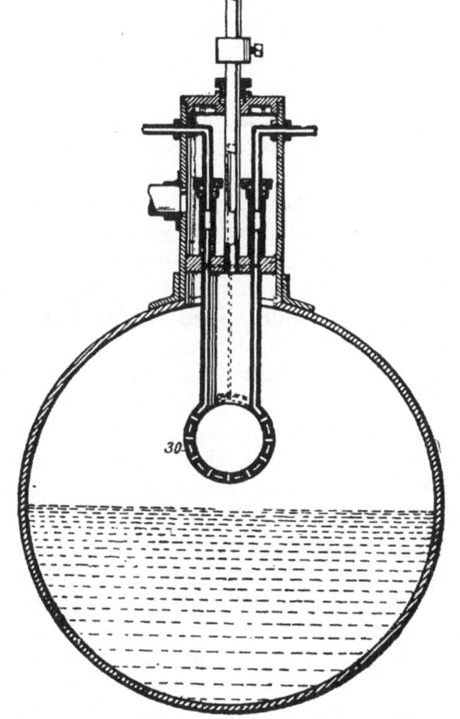

Abb. 134. Am.P. 1 247 883.

Dampf erhitzt (Am. P. 1 187 380. C. S. Palmer, New Jersey. Vom 13. Juni 1916).

Um die Menge der Leichtöle beim Kracken möglichst zu erhöhen, sollen folgende Gesichtspunkte Berücksichtigung finden. Beim Kracken in der Flüssigkeits- und Dampfphase soll man auf 305—556⁰ C erhitzen um den zum Spalten der schweren Öldämpfe erforderlichen Druck zu erhalten. Die Temperatur, welche die höchste Ausbeute aus Schwer(öl-)dämpfen liefert, ist niedriger als die Siedetemperatur der Schweröle. Kühlt man die Dämpfe von Schweröl vor dem Kracken unter die Spalttemperatur, so tritt Kondensation ein. Man kann also kühlen, wenn das Kracken schon eingetreten ist. Nahe der Oberfläche des Öles ist in dem Kessel die Temperatur niedriger als in dem Öl darunter oder in der Nähe der Oberfläche des Kessels. Der Temperaturabfall deutet auf einen endothermischen Vorgang, d. h. das Kracken der Schweröldämpfe hin. Der Temperaturabfall kann 111—139⁰ C betragen. Man kann durch lokale Kühlung in der Krackzone einen weitergehenden Zerfall der Kohlenwasserstoffe vermeiden. Die lokale Kühlung kann in der oberen Kesselwandung oder im Kessel durch ein Kühlrohr vorgenommen werden. Das Schweröl muß

ferner in einer Umlaufretorte schnell bewegt werden (Abb. 134).
Der Umlauf des Umlaufkessels, wie solche im Kap. VII beschrieben
sind, bedarf keiner weiteren Erklärung. Dagegen ist beachtenswert der im
oberen Teil des Kessels liegende doppelwandige wassergekühlte Ab-
nehmer *30* für die Öldämpfe. (Am. P. 1247883. S. Schwartz, Milwaukee. Vom 27. November 1917.)

Nach den Ausführungen des Am.P. 1258196 werden zwei Krackverfahren hintereinander angewendet. Der Öldampf gelangt unter Druck
in eine Gasleitung mit einer Temperatur von 403⁰ C, wird mit auf 500⁰ C
überhitztem Gas unter Druck gemischt und gelangt mit einer Temperatur
von etwa 445⁰ C in eine zweite Krackkammer, in die relativ kaltes Frischöl durch eine Brause eingebracht wird, wodurch eine Spaltung des Frischöles stattfindet. Die entstandenen Dämpfe und Gase gelangen dann mit
sukzessive abnehmender Temperatur in Kondensatoren, in denen sie mit
Wasserdampf behandelt werden (Am.P. 1258196 und 1261215.
I. S. Cosden und I. W. Coast jr., Oklahoma. Vom 5. März 1918 und
vom 2. April 1918).

Das Am.P. 1259786 will den Krackprozeß in der Weise zur Ausführung bringen, daß zwei Heizkammern angeordnet sind um ein Verfahren auszuführen, bei dem Öl zum Zwecke des Krackens mit sich
gleichbleibenden Mengen von Wasser oder Dampf gemischt wird. Wesentlich ist, daß zur Beheizung der zweiten Kammer, in welcher der zur
Ausführung des Krackens erforderliche Wasserstoff erzeugt wird, die Gase
verwendet werden, welche bei der Ölspaltung in der ersten Heizkammer
entstehen (Am.P. 1259786. R. Seeger, Missouri. Vom 19. März 1918).

Wenn man sowohl Gasoline, als auch Maschinenöle der fraktionierten Destillation unterwirft, so kann man feststellen, daß in beiden
Kohlenwasserstoffen identische Produkte mit dem gleichen Siedepunkt
enthalten sind, d. h. die höher siedenden Anteile des Gasolins finden sich
auch in den niedriger siedenden Bestandteilen des Maschinenöles.
Man kann nun diese Bestandteile gleichfalls in Gasoline umwandeln,
wenn man das Maschinenöl unter hohem Druck mit Naturgas behandelt, wobei man eine niedrigere Temperatur anwendet. Nach einiger
Zeit spindelt das Öl nach Bé höher. Dann wird mit Dampf destilliert.
Eine Fraktion der so gewonnenen Produkte besitzt ein spez. Gew. von
60⁰ Bé und zeigt alle Eigenschaften des natürlichen Gasolins (Am.P.
1275648. John C. Black, Los Angeles. Vom 13. August 1918).

In dem Am. P. 1187380 von C. S. Palmer (vgl. dieses Kap. S. 221)
ist ein Verfahren beschrieben, nach welchem schwere Rückstände durch
Erhitzen im Autoklaven gekrackt werden. Das Am.P. 1313009 desselben Erfinders betrifft ein ähnliches Verfahren. Es sollen schwere
Rückstände in einem geschlossenen Kessel unter einem Druck von mehr
als 4 Atm. und bei Temperaturen über 200⁰ C genügend lange erhitzt
werden, um eine möglichst große Menge von Leichtölen zu erzeugen. Die
Temperatur soll unter der Ausscheidungstemperatur des Kohlenwasserstoffes bleiben. Man soll abwechselnd hohen und niedrigen Druck anwenden. Der Druck soll durch die Verdampfung erzeugt werden (Am.P.
1313009. C. S. Palmer, Pennsylvania. Vom 12. August 1919).

Es sind in diesem Kapitel Verfahren zum Kracken von Ölen im Autoklaven beschrieben (vgl. Am.P. 1187380 und 1313009). Auch das Am.P. 1326056 verfolgt im wesentlichen eine gleiche Arbeitsweise. Danach soll man getoppte Öle in einen Druckkessel bringen, der aus einer liegenden Röhrenretorte besteht, die parallel zu den Stirnflächen 3 Trennwände besitzt, die nicht bis auf den Boden reichen. Die Retorte wird etwa zu 13,4 vH mit Öl gefüllt. Dann wird unter einem Druck von 320 Pfund/Quadratzoll auf 468° C erhitzt. Während der folgenden 13 Minuten fiel die Temperatur auf 445° C. Der Druck stieg auf 391 Pfund/Quadratzoll. Dann wird daß Ablaufventil geöffnet und der Retorteninhalt tritt in die geschlossene Kühlleitung ein. Nach 2 Minuten war der Druck 190 Pfund. Dann werden die Ausströmungsventile zur Gewinnung der Leichtöle geöffnet. Der flüssige Rückstand gelangt wieder in den Betrieb zurück (Am.P. 1326056. P. Hubbard, Washington. Vom 23. Dezember 1919).

Das Verfahren des Am.P. 1330008 verfolgt die Absicht, die in den Krackdestillaten enthaltene Wärmemenge zum Destillieren der Destillate, d. h. also zur Trennung in Leichtöle und Schweröle zu verwenden. Zu diesem Zwecke werden die bei dem Kracken unter hohem Druck in der Dampfphase entstehenden Dämpfe unter Abtrennung eines Teiles der Leichtöle und der Gase in einen besonderen Kessel einlaufen gelassen, der durch ein Ventil abgesperrt ist. Ist der Kessel zum großen Teil mit Krackdestillaten gefüllt, so wird die Leitung zu den Retorten geschlossen bzw. auf einen ebenso konstruierten zweiten Kessel umgestellt, und der Kesselinhalt unter Vakuum gesetzt. Die in den Krackdestillaten enthaltene Wärme genügt bei Anwendung des Vakuums zur Destillation der Leichtöle. Die zurückbleibenden schweren Rückstände werden wie üblich aufgearbeitet (Am.P. 1330008. W. F. Rittmann, Pennsylvania. Vom 3. Februar 1920).

Bei der Ausführung des Krackens unter Anwendung eines Apparates der einen Erhitzer, einen Verdampfer, einen Kompressor, einen Überhitzer zum Spalten, Fraktioniereinrichtungen für die Destillate und Rücklaufeinrichtungen für das Rückstromkondensat aufweist, sollen folgende Merkmale von Bedeutung sein. Der Kohlenwasserstoff soll bei niedrigem Druck erhitzt und verdampft werden, während er bei hohem Druck überhitzt und gekrackt werden soll. Das Verfahren wird dadurch kontinuierlich, daß man Frischöl in die Zone des geringen Druckes einleitet (Am.P. 1335768. F. E. Wellmann, Kansas. Vom 6. April 1920).

Es wurde von dem Erfinder festgestellt, daß bei bestimmten Drucken ein Steigen der Temperatur und des Druckes erst dann zu bemerken ist, wenn die Spaltung der Kohlenwasserstoffe ihr Ende erreicht hat. Von diesem Punkt ab schadet aber ein weiteres Erhitzen, da es zum vollkommenen Zerfall der Kohlenwasserstoffe führt. Es sind deshalb Anordnungen getroffen, daß das Druckventil der Überhitzerschlange sich bei einem Überdruck selbsttätig öffnet, wodurch eine Expansion und vollkommene Verdampfung des Inhaltes in den Krackröhren stattfinden soll (Am.P. 1335771. F. E. Wellmann, Kansas. Vom 6. April 1920).

Zur Ausführung des zuletzt beschriebenen Verfahrens ist in dem Am.P. 1335772 ein besonderer Apparat angegeben. Für den vom Erfinder besondere Merkmale hervorgehoben werden. Man soll in einer Röhrenretorte intermittierend mit bestimmten Beschickungen arbeiten. Entspannen und Kondensieren soll nach bestimmten Zeiten und bei bestimmten Drucken erfolgen. Nach dem Kracken wird die Retorte mit überhitztem Wasserdampf gereinigt. Hitze, Druck, Beschickung und Entspannung werden automatisch kontrolliert (Am.P. 1335772. F. E. Wellmann, Kansas. Vom 6. April 1920).

Wie aus den Ausführungen des Am.P. 1347568 zu entnehmen ist, soll das Optimum der Ausbeute an Krackbenzinen von der Beschickung der Spaltenretorte abhängig sein. Bei Verwendung einer Röhrenretorte soll man zum Kracken nur 10 vH des Retorteninhalts als Krackgut verwenden. Nachdem der erforderliche Druck und die notwendige Temperatur lange genug eingewirkt haben, wird der Inhalt der Retorte mit Gas abgeblasen, das im übrigen in die Retorte zurückgeleitet wird (Am.P. 1347568. F. E. Wellmann, Kansas. Vom 27. Juli 1920).

In den vorstehend besprochenen Am.P. 1335771 und 1335772 sind Verfahren des Erfinders Wellmann besprochen. Das Am.P. 1347664 betrifft eine weitere Ausbildung der früheren Arbeitsmethoden. Das wesentliche aller dieser Arbeitsvorgänge ist ein intermittierendes Arbeiten, indem man das zu spaltende Öl in dünner Schicht auf den Boden einer röhrenförmigen, liegenden Retorte einbringt, wo es einem hohen Druck unter dauernder Erwärmung ausgesetzt wird. Die Destillate werden unten aus dem Kessel abgezogen, wobei die permanenten Gase u. dgl. im Kessel verbleiben. Dann wird frisches Öl in die Druckretorte eingebracht. Das Kondensieren der Krackdestillate findet gleichfalls unter Druck statt (Am.P. 1347664. F. E. Wellmann, Kansas. Vom 27. Juli 1920).

Nach den Ausführungen des Am.P. 1349294 soll man Öle in der Weise kracken, daß man sie bei stetig wachsenden Temperaturen und Drucken behandelt, wobei man die leichten Destillate sofort nach ihrer Entstehung abzieht. Zur Ausführung leitet man das Krackgut in eine Reihe hintereinander geschalteter Spaltretorten, bei denen jede Retorte für sich bei konstantem Druck und konstanter Temperatur arbeitet, während die Drucke und Temperaturen von Retorte zu Retorte zunehmen (Am.P. 1349294. W. B. Price & E. Dietz, Kalifornien. Vom 10. August 1920).

In diesem Kapitel ist auf S. 223 das Verfahren des Am.P. 1330008 von F. W. Rittmann besprochen, das darin besteht, die entstehenden Krackdestillate gesondert aufzufangen und den Auffangkessel unter Vakuum zu setzen, wobei durch Erniedrigung des Druckes die Destillation der aufgefangenen Produkte ohne Zuführung von Wärme erfolgt. Einen ähnlichen Gedankengang verfolgt auch das Am.P. 1353638 von A. A. Daughterry. Das zu krackende Kerosin wird in einer Heizschlange auf Temperaturen von 445—667° C bei Drucken von 300—1000 Pfund/Quadratzoll erhitzt und die entstehenden Dämpfe durch ein Siebrohr an die Decke eines Großraumkessels geleitet, wo eine plötzliche Entspannung stattfindet, da der Kessel durch eine Entlüftungspumpe evakuiert wird. Die Pumpe leitet die Dämpfe in einen Kondenser. Durch die Entspannung tritt eine Verdampfung insbesondere der leichten Destillate ein, während die schweren Destillate im Kessel verbleiben und dort weiter erhitzt oder abgezogen werden können (Abb. 135). *1* ist der Erhitzer, aus dem das Öl durch *2* und Strahlrohr *4, 5* in die hocherhitzten Öle *8* eingestäubt wird. (Am.P. 1353638. A. A. Daughterry, New York. Vom 21. September 1920).

In diesem Kapitel ist auf S. 220 das Am.P. 1187380 von C. S. Palmer besprochen, nach welchem das Kracken in einem geschlossenen Autoklaven ausgeführt wird. In dem Am.P. 1360973 desselben Erfinders wird die gleiche Arbeitsweise benutzt. Wesentlich neu scheint die Verwendung von Ölen, die man bei der Destillation bituminöser Kohlen erhalten hat als Ausgangsmaterial (Am.P. 1360973. C. S. Palmer, Pennsylvania. Vom 30. November 1920).

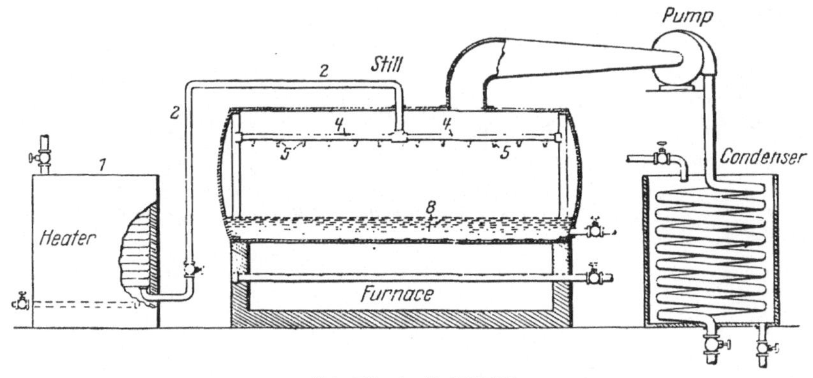

Abb. 135. Am.P. 1353638.

Nach den Ausführungen des Am.P. 1362160 von F. E. Wellmann soll man eine liegende, zylinderförmige Krackretorte anwenden, die an der einen Stirnwand mit einem Ablaufhahn versehen ist und in der Nähe der anderen Stirnwand ein sehr weites, schräges Kühlrohr trägt, das sich in ein Ableitungsrohr für die leichten Destillate und in einen Kondenser fortsetzt. Hinter dem Kondensor ist ein Regulierungsventil eingeschaltet. Zur Ausführung wird die Krackretorte mit Öl vollgefüllt. Dann wird auf Temperaturen über 475° C erhitzt, wobei automatisch Drucke von 100—150 Pfund entstehen, bei denen die Schweröle noch nicht verdampfen. Die Leichtöle entweichen durch das Reduzierventil. Als Kühlmittel dient lediglich die Luft. Wenn $2/3$ des Retorteninhaltes abdestilliert sind, wird der Rest in einen Vorratskessel abgeblasen und der Apparat durch einströmenden hochgespannten Wasserdampf gereinigt (Abb. 136). Die Angaben der Zeichnung machen ein Eingehen auf die Einzelheiten überflüssig (Am.P. 1362160. F. E. Wellmann, Kansas. Vom 14. Dezember 1920).

Das Am.P. 1364443 krackt unter erhöhtem Druck bei erhöhten Temperaturen, erniedrigt dann den Druck für die entstehenden leichten Destillate, die bei dem gleichen erniedrigten Druck kondensiert werden. Nach dem schematisch aufgezeichneten Arbeitsverfahren sollen die schweren Rückstände durch erneute Destillation auf Schweröl und Koks verarbeitet werden, während die leichten Destillate durch erneute Destillation in einer Batterie von Heizkesseln und durch wiederholte Reinigung mit Säuren und Dampfdestillation im wesentlichen in Gasoline und Lampenöle zerlegt werden (Am.P. 1364443. I. W. Lewis, Pennsylvania. Vom 14. Januar 1921).

In dem Am.P. 1365604 geben die Erfinder W. F. Rittmann und C. B. Dutton an, daß man das Kracken in der Weise ausführen solle, daß man in die Spaltapparate ein labiles System einführt, das in ein

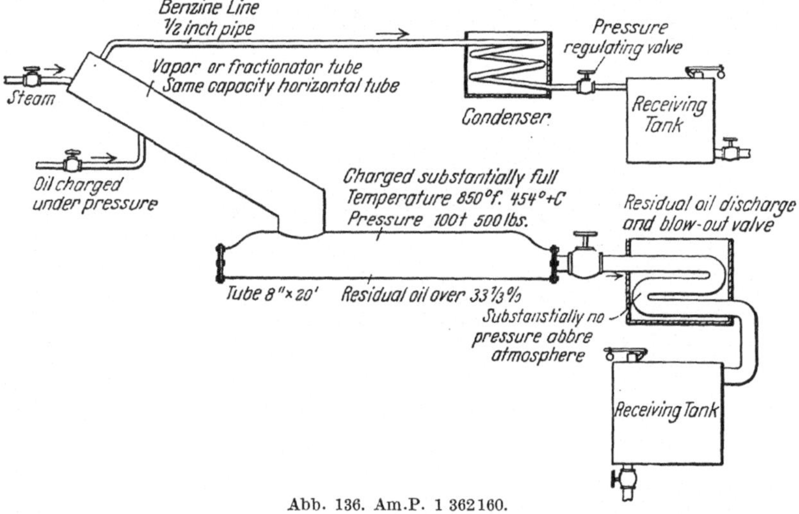

Abb. 136. Am.P. 1 362160.

annähernd stabiles System übergeführt wird, aus dem die labilen Anteile getrennt und in gleicher Weise weiterverarbeitet werden. Das Verfahren soll folgendermaßen ausgeführt werden. Die Krackdestillate gehen in einen Raffinationskondensator, die Gase in einen Skrubber und einen Gasometer. Die Kondensate werden einer fraktionierten Destillation unterworfen. Die über 200° C siedenden Fraktionen werden wiederum gekrackt und der Prozeß in dieser Weise wiederholt (Am.P. 1365604. W. F. Rittmann und C. B. Dutton. Vom 11. Januar 1921). Hierzu ist das etwa gleichaltrige D.R.P. 302585 ausgeg. 26. Februar 1921 von der Deutschen Erdöl Ges. und Seidenschnur zu vergleichen.

Wenn man Säureteer oder Säureschlamm kracken will, um daraus Gasoline oder aromatische Kohlenwasserstoffe, wie Benzol oder Toluol herzustellen, so soll man folgendermaßen verfahren. Der Säureteer läßt sich leichter spalten als die flüssigen Rückstände, die man beim Kracken von Erdöl erhält. Man verfährt so, daß man diese noch heißen Rückstände als Lösungsöl für den Säureteer insbesondere von der Reinigung von Teerölen verwendet. Das Lösungsöl kann häufiger angewendet werden (Am.P. 1373391. D. T. Day, Washington. Vom 29. März 1921).

Zur Erzielung gleichmäßiger Ergebnisse beim Kracken soll man die Öle nur in der Dampfphase anwenden. Zu diesem Zweck soll man bei Gegenwart eines Stromes von Wasserdampf arbeiten, in dem das Öl fein verteilt wird. Man verwendet möglichst wenig Dampf, und Temperaturen von etwa 444⁰ C. Zur Ausführung des Verfahrens werden miteinander verbundene gerade Heizröhren vorgeschlagen, die progressiv wachsenden Temperaturen ausgesetzt werden. Die Heizröhren tragen im Innern einen konzentrischen hohlen Dorn um den die Dämpfe als dünne Schicht vorbeistreichen (Am.P. 1378424. A. Rogers, New York. Vom 17. Mai 1921).

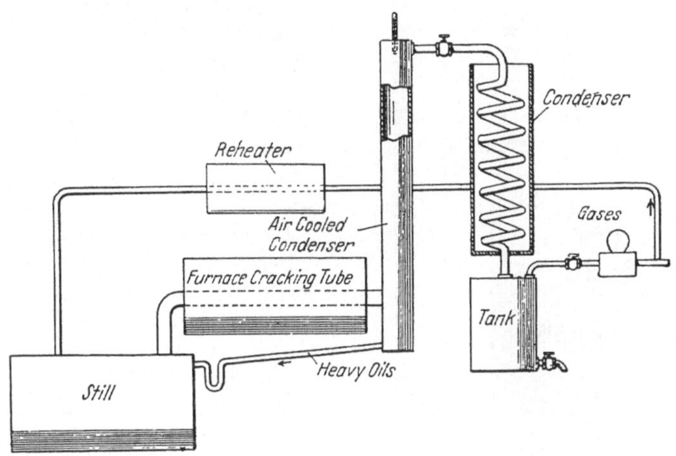

Abb. 137. Am.P. 1404725.

Man soll nach den Ausführungen des Am.P. 1390002 das Kracken in folgender Weise ausführen. Das zu krackende Öl wird in einem Destillationskessel der Destillation bei niedrigem oder gewöhnlichem Druck unterworfen. Die Dämpfe werden dann kondensiert und unter einem Druck von 100 Pfund/Quadratzoll und bei einer Temperatur von 500 bis 550⁰ C durch eine Heizschlange gepreßt, in der das Kracken in der Flüssigkeitsphase stattfindet. Die Destillate gelangen dann in einen Kondensator, der die Rückstromkondensate in den ersten Destillationskessel leitet in dem sie gekrackt werden sollen. (Am.P. 1390002. F. E. Wellmann, Kansas. Vom 6. September 1921.)

Für die Ausführung des Krackens sind im Am.P. 1396999 folgende Verfahren angegeben. Das zu krackende Öl gelangt zunächst in eine Spaltschlange, in der es in der Dampfphase auf 400—600⁰ C erhitzt und dabei gespalten wird. Das Spalten findet unter Einleiten von Wasserdampf statt, wobei die Heizschlange mit metallischen Füllkörpern, z. B. aus Kupfer oder Eisen gefüllt sein kann. Aus der Spaltschlange treten die Spaltprodukte in einen Reaktionsraum, in dem sich die Bildung neuer

Kohlenwasserstoffe vollzieht. Dann werden die Destillate kondensiert und fraktioniert. Die Schweröle gehen in den Betrieb zurück. Die Leicht-öle werden mit Kupfer oder Kupferoxyd desulfuriert und die in ihnen enthaltenen Olefine unter Anwendung von Nickel oder Kobalt bei 200—300⁰ C hydriert (Am.P. 1396999. C. Ellis, New Jersey. Vom 15. November 1921).

Zur Ausführung der Spaltung soll man bei einer Temperatur von 450—500⁰ C das Krackgut durch eine Heizzone leiten und zwar zusammen mit erhitzten, beim Kracken gebildeten Gasen (Abb. 137). (Am.P. 1404725. C.M.Alexander, Texas. Vom 31. Januar 1922.) Die Verwendung von Krackgasen als Heizmittel bzw. als Träger ist in dem D.R.P. 39949 erwähnt.

Nach den Ausführungen des Am.P. 1410797 werden schwere Petroleumrückstände in einen Druckkessel eingebracht. Das Frischöl wird in einen über dem Druckkessel angeordneten Kondensatorkessel eingeleitet. Aus dem Druckkessel werden die schweren Rückstände in dem gleichen Maße abgezogen als Frischöl eintritt. Die abgezogenen Rückstände werden in Teerkessel geführt, in denen sie unter Ausnutzung der restierenden Wärme redestilliert werden. Die aus dem Teer entstehenden Destillate sind frei von Koks und trocken. Sie werden in den Spaltkessel zurückgeführt (Am.P. 1410797. E. M. Clark, New York. Vom 28. März 1922).

Das Verfahren arbeitet im übrigen nach den Angaben des Am. P. 1132163 desselben Erfinders (vgl. D.R.P. 385763).

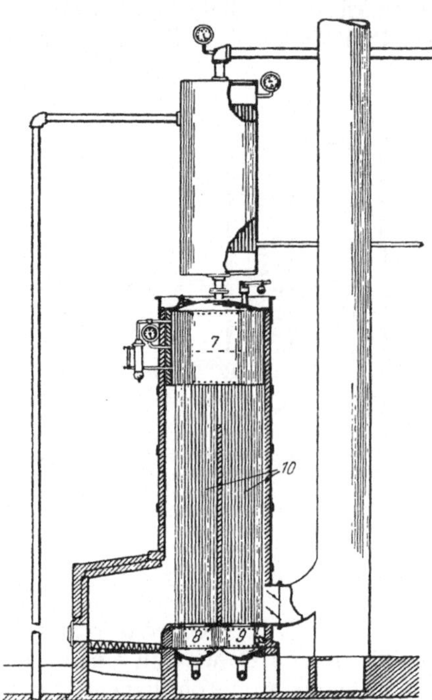

Abb. 138. Am.P. 1411961.

Auch bei dem nachstehend beschriebenen Verfahren findet der Druck nicht nur beim Kracken, sondern auch bei der Kondensation Anwendung. Das zu verarbeitende Rohmaterial befindet sich in einem vertikal gelagerten Kessel und wird entweder vom Boden oder von der Decke aus entnommen. Es wird dann unter Druck in einen durch eine Scheidewand in zwei Abteilungen geteilten Kessel geleitet, der sowohl links, als auch rechts ein Röhrenaggregat besitzt, das unten in zwei getrennte, oben in einen gemeinsamen Sammelraum mündet. In dem linken Röhrenaggregat steigt das Öl·nach oben und sinkt in dem rechten nach unten, wobei es gespalten wird, dann gelangt es in den Vorratskessel zurück. Das Verfahren kann kontinuierlich ausgeführt werden (Abb. 138). Das

Öl zirkuliert aus den Vorratstanks durch den Sammler *8* das linke Röhrenbündel *10* aufwärts in den Sammler *7*; von da durch das rechte Röhrenbündel *10* abwärts in den Sammler *9* und von dort in den Kessel (Am.P. 1411961. C. P. Dubbs, Illinois. Vom 4. April 1922).

Nach den Ausführungen des Am.P. 1414400 wird in einem Umlaufkessel, der aus einem schrägen Hauptkessel und ihm parallelen darunter liegenden Heizröhren besteht, die durch flache Sammelräume untereinander und mit dem Heizkessel in Verbindung stehen, und der einen Propeller im Hauptkessel zur Bewegung des Öles besitzt, Schweröl unter einem Druck von 75—100 Pfund bei etwa 450° C gekrackt. Die Gase und Dämpfe werden dann in einen aus drei Teilen bestehenden Kondensatorturm mit sukzessiv fallenden Temperaturen und zwar in Frischöl eingeleitet. Eine bestimmte Fraktion der Kondensate wird dann in den Krackkessel und zwar in einen Sammelraum unter Druck eingeführt. Da die Kondensate viel leichtsiedende Produkte aufweisen, tritt im

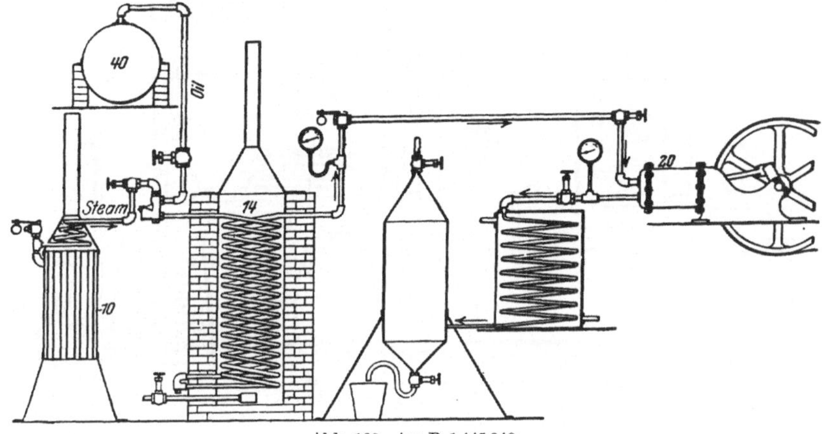

Abb. 139. Am.P. 1445040.

Spaltkessel eine starke Bewegung des Öles ein, die ein Abscheiden von Kohle verhindert (Am.P. 1414400. V. L. Emerson, Pennsylvania. Vom 2. Mai 1922).

Nach den Ausführungen des Am.P. 1445040 soll man das Kracken in folgender Weise ausführen. Man arbeitet zunächst bei hoher Temperatur unter geringem Überdruck, wobei eine Spaltung eintritt, dann kühlt man ab und komprimiert, wobei eine Umwandlung der Spaltprodukte stattfindet. Es sind u. a. folgende Angaben gemacht. Wenn man kalifornische Öle verarbeitet, soll der Spaltofen 1100° C warm sein. Es wird bei Gegenwart von überhitztem Wasserdampf gearbeitet, wodurch eine Umsetzung der ausgeschiedenen Kohle in Wassergas und eine Hydrierung der Olefine stattfindet. Die Öldämpfe bleiben nur solange in der Spaltschlange, bis das Kracken vollbracht ist, dann werden sie sofort gekühlt und gelangen in einen Kompressor. In der Spaltschlange soll ein Unterdruck herrschen (Abb. 139). *10* ist ein Dampferzeuger, *40* ein Öltank. *14* ist die Krackschlange. *20* der Kompressor und *25* der Kondensator (Am.P. 1445040. Read and Genevieve, Kalifornien. Vom 13. Februar 1923).

Das Am.P. 1456419 legt besonderen Wert darauf, die Öle in der Flüssigkeitsphase zu spalten, wobei sie eine Kolonne von Heizschlangen steigender Temperatur durchlaufen und dann durch einen Absetzkessel für die auszuscheidende Kohle gehen. Der Druck soll etwa 70 Atm. betragen. Die Temperatur soll zwischen 400 und 555° C liegen. Die Ausbeute an Krackprodukten ist um so größer, je mehr die Temperatur hoch genug gehalten wird und die Einwirkung der Hitze lange genug dauert. Da aber damit auch die Ausscheidung der Kohle sich erhöht, müssen die Arbeitsbedingungen unter Berücksichtigung dieser Tatsache gewählt werden (Am.P. 1456419. I. C. Black, Louisiana. Vom 22. Mai 1923).

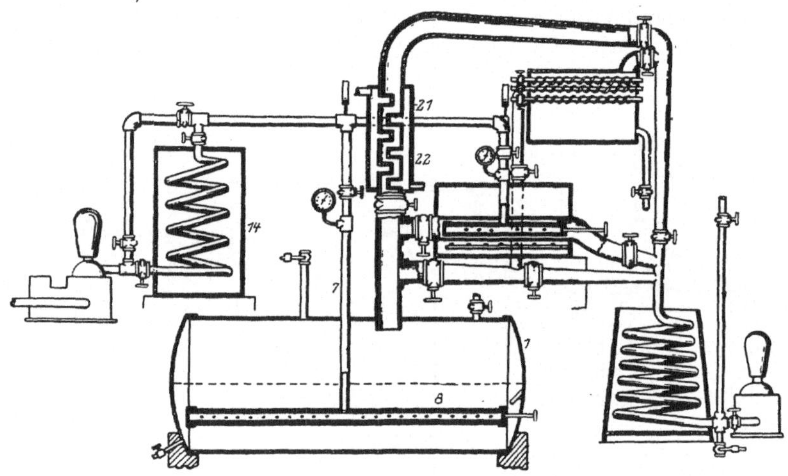

Abb. 140. Am.P. 1484445.

Nach den Ausführungen des Am.P. 1477860 wird das Öl aus einem Vorratsbehälter in einen Röhrenerhitzer gepumpt. Die Öldämpfe werden mit Hilfe einer Pumpe von unten in eine unter Druck stehende Krackschlange gepreßt und dort gespalten. Beim Austritt aus der Krackschlange kondensieren die schweren Destillate in einem Rücklaufrohr und gelangen wiederum in das Krackrohr zurück. Die leichten Destillate werden nach Durchgang durch das Druckventil in einen Kondenser geleitet. Das Verfahren kann kontinuierlich ausgeführt werden. (Am.P. 1477860. I. H. Adams, New York. Vom 18. Dezember 1923.)

Nach den Angaben des Am.P. 1484445 scheint das wesentliche Merkmal der benutzten Arbeitsweise in der Anwendung eines Kondensors zu bestehen, der die aus dem Druckkessel entweichenden Destillate sowohl in vertikaler, als auch in horizontaler Richtung leitet und dafür sorgt, daß die schweren Destillate in den Spaltkessel zurückfließen, während die Gasoline einer Trennung in bestimmte Fraktionen unterliegen. Sowohl in den Kondensor, als auch in den Spaltkessel kann Wasserdampf eingeleitet werden (Abb. 140). 14 ist ein Überhitzer für

Wasserdampf, der durch *7* und das perforierte Rohr *8* in das Öl des Kessels *1* geleitet wird. Als wesentlich ist der Kühler *22* mit Mantel *21* angegeben, der durch eine eingeleitete Kühlflüssigkeit auf einer bestimmten Temperatur gehalten werden kann (Am.P. 1484445. C. P. Dubbs, Illinois. Vom 19. Februar 1924).

Die üblichen Krackapparate, welche mit einem großräumigen Druckkessel arbeiten, besitzen häufig eine Einrichtung zum Abblasen der koksartigen Produkte. In dem Am.P. 1506444 ist gleichfalls eine der üblichen Druckkesselanlagen beschrieben, die aber dadurch ein kontinuierliches Arbeiten ermöglicht, daß man stetig Rohöl in den Spaltkessel einführt, und gleichfalls ohne Unterbrechung oben die Destillate und unten den Teer abzieht. Der Teer wird in einem Dampfdestillierapparat, der mit konischen Verteilungskörpern versehen ist, auf flüch-

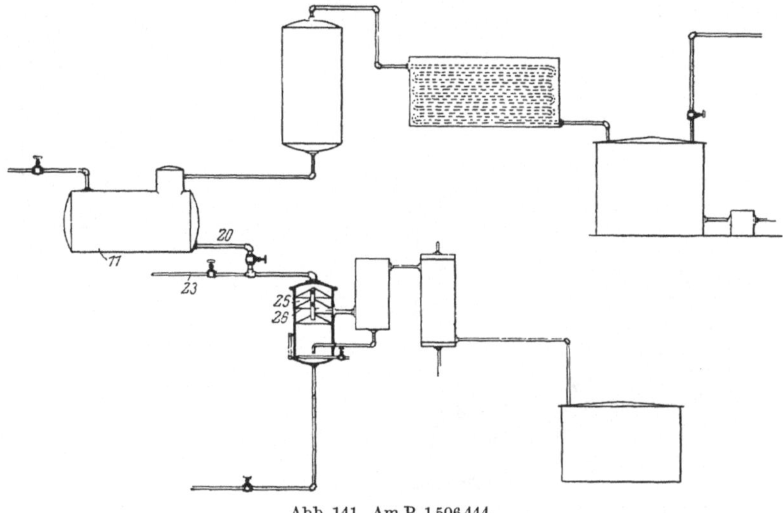

Abb. 141. Am.P. 1 506 444.

tige Produkte und asphaltartige weiter verarbeitet (Abb. 141). Bei dem Druckkessel *11* werden die schweren Rückstände durch Rohr *20* abgezogen. Durch *23* wird überhitzter Dampf eingeleitet. Diese Mischung wird durch *25, 26* getrennt (Am.P. 1506444. D. Pyzel, Kalifornien. Vom 26. August 1924).

Beim Kracken von Ölen in Zweiphasenapparaten, die aus einer Heizschlange und einem Expansionskessel bestehen, soll es von Bedeutung sein, derart zu arbeiten, daß in der Heizschlange eine Temperatur von 390—420⁰ C und ein Druck von etwa 150 Pfund/Quadratzoll innegehalten wird, während im Expansionskessel die Temperatur 222 bis 278⁰ C und der Druck 100 Pfund/Quadratzoll betragen soll. Die Öldämpfe werden in den Kessel durch Düsen eingeleitet. In die Leitung von der Heizschlange zum Kessel ist ein Teerabscheider eingeschaltet (Am.P. 1593275. B. V. Stoll, Louisville. Vom 20. Juli 1926).

Der Erfinder sieht die neuen Merkmale des Am.P. 1611615 darin, den Krackprozeß derart zu leiten, daß die Öle zunächst unter hohem Druck verdampft und dann unter geringerem Druck, aber bei hohen Temperaturen gekrackt werden. Die so erhaltenen Krackprodukte werden hierauf stark komprimiert um die Bildung neuer Verbindungen zu begünstigen. Zur Ausführung des Verfahrens bedient sich der Erfinder u. a. eines Venturi-Rohres (Am.P. 1611615. D. S. Thomas, New York. Vom 21. Dezember 1926).

Nach den Ausführungen des Am.P. 1612289 soll man die Spaltung von z. B. Rohpetroleum zweckmäßig in einer Umlaufretorte (vgl. Kap. VII) vornehmen und in den Dampfraum des Hauptkessels Erdgas einpressen. Das Gas mischt sich mit den Krackdestillaten, wobei seine

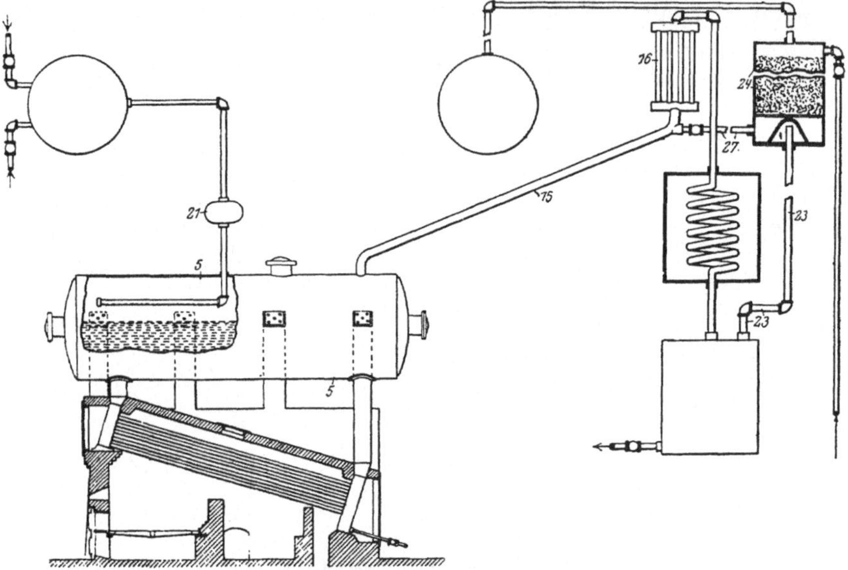

Abb. 142a. Am.P. 1612289.

gasolinartigen Bestandteile gebunden werden. Die entweichenden Gase werden in einem Skrubber mit leichten Destillaten des Gasöles behandelt (Abb. 142a). In den Dampfraum des Umlaufkessels *5* wird durch *21* Erdgas eingeleitet. Die Destillate mit dem Gas gehen in den Kondensator *16*. Das Gas steigt durch *23* in den Skrubber *24*, wo es leichtem Gasöl entgegenströmt. Das Leichtöl wird durch *27* und *15* in den Kessel *5* zurückgeleitet (Am.P. 1612289. F. A. Howard, New Jersey. Vom 28. Dezember 1926).

Um aus Rohprodukten, die sowohl sehr hoch als auch sehr tief siedende Öle enthalten, Treibmittel zu gewinnen, soll man die Öle unter ihrer Kracktemperatur mit Wasserdampf durch Entspannungsdüsen in ein System hintereinander geschalteter Krackröhren einblasen, die dabei entstehenden leichten Öle mit überhitztem Wasserdampf auf etwa 720° C überhitzen und durch Entspannungsdüsen in die Heizschlangen einblasen, wobei die Kracktemperatur durch die überhitzten Gase hergestellt wird, während im Kracksystem ein Minderdruck herrscht (Am.P. 1613010. H. H. Armstrong, Kalifornien. Vom 4. Januar 1927).

Um die Ausbeute an Gasolin zu erhöhen, wird in dem Am.P. 1647629 vorgeschlagen, ein Öl von einer Siedegrenze zwischen 355 und 444⁰ C bei einem Überdruck von 4—6 Atm. zu spalten, aus dem gewonnenen Produkt die Destillate unter 220⁰ C abzudestillieren und die höher siedenden Destillate bei einem Druck über 300 Pfund/Quadratzoll nochmals zu spalten (Am.P. 1647629. R. E. Humphreys, Indiana. Vom 1. November 1927). Hierzu ist auch das D.R.P. 302585 zu vergleichen, das am 29. Januar 1916 angemeldet worden ist.

Nach den Ausführungen des Am.P. 1670037 soll man das Öl unter Einleiten von Wasserdampf, Wasser oder Gas als Träger für das Öl in einer Krackschlange und von da ohne Druckabfall in zwei liegende zylindrische geräumige Kessel leiten, in denen die Spaltung des Öles bewirkt wird und in denen das Öl $1^{1}/_{2}$—2 Stunden bleiben soll. In dem

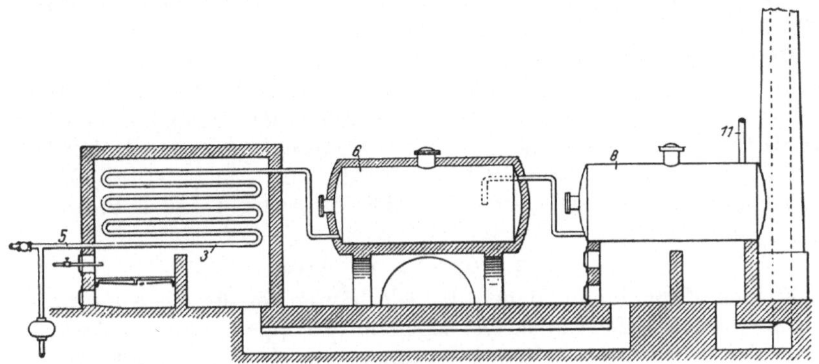

Abb. 142b. Am.P. 1670037.

ersten Kessel soll das Öl einen Temperaturabfall von etwa 30⁰ gegenüber der Temperatur der Heizschlange erleiden und ebenso auch in dem zweiten Kessel, in dem sich die Hauptmenge des Kohlenstoffes ausscheiden soll (Abb. 142b). Das Öl wird durch Pumpe 1 in die Heizschlange 3 gedrückt. 5 ist ein Einleitungsrohr für Dampf oder Gas. Das Öl gelangt dann in den gegen Wärmeausstrahlung geschützten Kessel 6 und die Destillate nach Kessel 8 mit Dampfrohr 11 (Am.P. 1670037. F. A. Howard, New Jersey. Vom 15. März 1928).

Die Dauer der Hitzeinwirkung.

Wie aus den insbesondere in dem Kap. 2 besprochenen Vorschlägen zu ersehen ist, werden bei der Ausführung des Krackens vielfach Zweiphasenapparate benutzt, bei denen das Öl in einer Heizschlange bis auf oder beinahe bis auf die Spalttemperatur erhitzt wird und dann in einem Reaktionsraum zur endgültigen Spaltung unter Ausscheidung von Kohlenstoff kommt.

Bei diesem Verfahren ist es erforderlich, daß die Überhitzerschlange frei von Kohlenstoff bleibt, deshalb ist die Strömungsgeschwindigkeit des Öles in diesen Schlangen von der höchsten Bedeutung, da sie so groß sein muß, daß sich merkliche Mengen von Kohlenstoff in den Röhren nicht absetzen. Es ist durch die Veringerung der lichten Weite der Röhre theoretisch die Möglichkeit gegeben, mit so dünnen Ölsäulen zu arbeiten, daß trotz der innegehaltenen Geschwindigkeit die Hitzeeinwirkung zur teilweisen Durchführung der Spaltung ausreichend ist, und daß hierbei eine Ablagerung von Kohlenstoff in den Röhren vermieden wird.

Über die Strömungsgeschwindigkeit sind u. a. in folgenden Patentschriften nähere Angaben gemacht. D.R.P. 380332 S. 1, Z. 19ff., D.R.P. 417138, D.R.P. 428392 S. 3, Z. 14ff., D.R.P. 447755, F.P. 488832 S. 3, Z. 18ff., F.P. 496264 S. 2, Z. 53, F.P. 558739, Am.P. 1478413, Am.P. 1619977, Am.P. 1636520, Am.P. 1444128 S. 3, Z. 40, Am.P. 1624778 S. 1, Z. 85ff., F.P. 599169 S. 2, Z. 35ff., F.P. 488832 Anspr. 3. Man hat zur Begünstigung des Krackens auch schon eine Wirbelströmung in den Krackrohren durch schneckenförmige Einsätze erzeugt (Am.P. 1337144, S. 1, Z. 55ff.).

Wenn man auf der einen Seite die Strömungsgeschwindigkeit möglichst erhöht hat, so ist es andererseits verständlich, daß die Höhe der Ausbeute eine Funktion der Zeit ist. Deshalb wird eine lange Einwirkung der Hitze u. a. an folgenden Stellen vorgeschlagen: Am.P. 1288711 S. 1, Z. 35ff., Am.P. 1456419 S. 2, Z. 15ff. und Am.P. 1615482 S. 1, Z. 20ff. (30—45 min) siehe auch F.P. 390558 Anspr. 1 und F.P. 399722.

Das Toppen der Öle.

Zu den Maßnahmen, denen die Öle häufig vor der Spaltung unterworfen werden, gehört auch das sogenannte Toppen, d. h. das Abdestillieren der in ihnen enthaltenen benzinartigen Kohlenwasserstoffe. Bei denjenigen Verfahren, bei denen das Frischöl entweder direkt oder indirekt als Kühlöl für die Krachdestillate benutzt wird, findet dieser Vorgang im Dephlegmator bzw. in den Kondensatoren oder aber in den Wärmeaustauschern statt.

Es ist im übrigen von Interesse, daß man das Toppen auch schon in dem D.R.P. 37728 S. 2, Sp. 2, Abs. 2, d. h. also schon vor dem Jahre 1890 vorgeschlagen hat. Angaben über das Toppen vor dem Kracken enthalten u. a. folgende Patentschriften: D.R.P. 94846, F.P. 477771, Am.P. 1260731, Am.P. 1324212, Am.P. 1474475, F.P. 486675 S.1, Z. 54ff., E.P. 134567 S. 3, Z. 11ff., Am.P. 1382727 Anspr. 1, Am.P. 1418375 S. 2, Z. 7ff.

Das Toppen unter Vakuum ist in dem Am.P. 1419378 beschrieben.

17. Kracken unter Verwendung von elektrischem Strom.

Bei den Krackverfahren die sich des elektrischen Stromes bedienen müßte man eigentlich scharf zwischen denjenigen unterscheiden, bei denen der elektrische Strom lediglich die Rolle einer Heizquelle spielt, wobei er auch durch andere Heizquellen ersetzt werden kann, ohne daß an dem Verfahren, sowie an den damit erzielten Produkten etwas wesentliches geändert wurde und jenen davon grundsätzlich verschiedenen Verfahren, bei denen der elektrische Strom unter direkter Einwirkung nicht lediglich als Heizquelle benutzt wird, sondern spezielle Wirkungen ausübt, die durch ein anderes Einwirkungsmittel nicht erzielt werden können. Es erschien aber aus Gründen der leichteren Übersichtlichkeit geraten, diese beiden Verfahren zusammen in einem Kapitel zu behandeln.

D.R.P. 430902, Kl. 23. Société Anonyme des Petroles, Houilles et Derives in Paris. Verfahren und Apparat zur Spaltung von Schwerölen. Vom 29. Juni 1926.

Patentansprüche: 1. Verfahren ·zur Spaltung von Schwerölen unter Erhitzung der Öle in Form eines Schleiers, dadurch gekennzeichnet, daß ein frei herabfallender Schwerölschleier durch Wärmestrahlung erhitzt wird, wobei die Strahlenwärme durch in parabolischen Reflektoren angeordneten, vorzugsweise elektrischen Heizkörpern erzeugt wird.

2. Vorrichtung nach Anspruch 1, dadurch gekennzeichnet, daß Anordnungen getroffen sind, die gleichzeitig die Erhitzung, die Destillation und die Wasserabscheidung der Schweröle sowie die Reinigung der destillierten Erzeugnisse ermöglichen.

3. Vorrichtung nach Anspruch 1 und 2, dadurch gekennzeichnet, daß die innerhalb der parabolischen Reflektoren angeordneten Wärmequellen am inneren Umfange der Vorrichtung derart verteilt sind, daß die Wärmestrahlen ihre Wärmewirkung auf die in fein verteiltem Zustande herabsinkenden Schweröle vereinigen.

4. Vorrichtung nach Anspruch 1—3, dadurch gekennzeichnet, daß eine Pumpe vorgesehen ist, die eine Zirkulation der Schweröle durch ein durch die innere Wärmestrahlung der Vorrichtung beheiztes Rohr hindurch bewirkt und sie derart über einen im Oberteil der Vorrichtung gelegenen Konus leitet, daß sie fein zerteilt in Form eines dünnen Schleiers herunterfallen.

5. Vorrichtung nach Anspruch 1—4, dadurch gekennzeichnet, daß sie Einrichtungen enthält, welche die im unteren Teil des Behälters enthaltene Flüssigkeit dauernd und automatisch mittels zweier in einem Gehäuse befindlicher Schaufelräder durcheinander rührt, die durch die zirkulierenden, das Gehäuse durchströmenden Kohlenwasserstoffe gedreht werden.

6. Vorrichtung nach Anspruch 1—5, dadurch gekennzeichnet, daß im oberen Teil der Vorrichtung als Katalysatoren dienende metallische Siebe angeordnet sind, welche Filtriermasse tragen, während im unteren Teil der Vorrichtung ein gewöhnliches Sieb angeordnet ist, um die feinen Koksteilchen zurückzuhalten.

Schweiz.P. 75654. Synthetic Hydro-Carbon Company, Pittsburgh (Pennsylvania, U. S. A.). Verfahren zur Herstellung eines Gemisches von aromatischen Kohlenwasserstoffen. Vom 1. September 1917 (vgl. F.P. 479210 und Am.P. 1419123).

Das Rohöl gelangt aus dem Behälter C in die Kammer A über die Kugeln g und wird beim Lauf über die Kugeln sehr rasch verdampft. Die Dämpfe gelangen in den unteren Teil der Kammer A und werden hier weiter erhitzt. Es findet hier eine Drucksteigerung statt, und dabei tritt auch das Spalten „der Dämpfe ein. Es entstehen z. B. Wasserstoff, Methan, Acetylen, Äthan, gasförmige Stoffe, deren Siedepunkt unter etwa 30⁰ C liegt und hauptsächlich ein Gemisch aromatischer Kohlenwasserstoffe (Abb. 143).

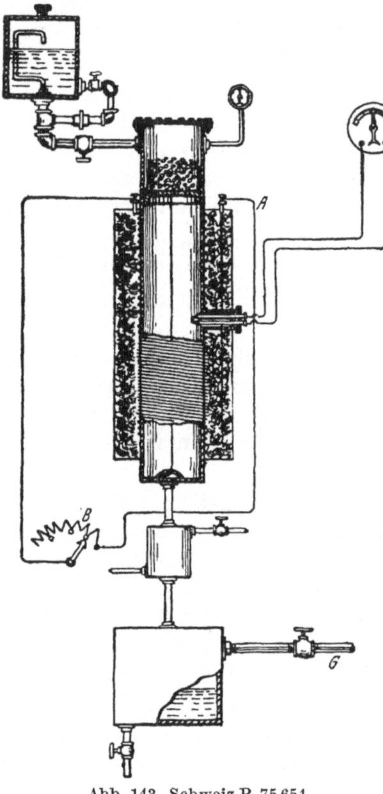

Abb. 143. Schweiz.P. 75 654.

Die Temperatur in der Kammer läßt sich mittels des Widerstandes B leicht regeln, der Druck in der Kammer A kann durch Öffnen und Schließen des Ventils G variiert werden. Da in der Kammer A keine nennenswerte Flüssigkeitsmenge vorhanden ist, da die jeweils eintretende Flüssigkeit fast momentan verdampft wird, so können Druck und Temperatur beliebig gewählt werden.

Patentanspruch: Verfahren zur Herstellung eines Gemisches von aromatischen Kohlenwasserstoffen aus Rohöl, dadurch gekennzeichnet, daß Rohöl verdampft und der Dampf möglichst von flüssigem Rohöl getrennt in einen Spaltungsraum einem Druck von mindestens $4^{1}/_{2}$ Atm. und einer Temperatur von mindestens 600⁰ C ausgesetzt wird.

Unteranspruch: Verfahren nach Patentanspruch, dadurch gekennzeichnet, daß die Spaltung bei einer Temperatur von 560—800⁰ C und bei einem Druck von $17^{1}/_{2}$ Atm. vorgenommen wird.

Schweiz.P. 75773. Synthetic Hydro-Carbon Company, Pittsburgh (Pennsylvania, U. S. A.). Verfahren und Einrichtung zur Herstellung von Gasolin. Vom 17. September 1917 (vgl. Am.P. 1419121).

Die Spaltung geht in einer Kammer (vgl. Abbildung zum Schweiz. P. 75654) vor sich, welche genügend stark ausgebildet ist, um einen Druck von etwa 21 Atm. sicher zu widerstehen. Die Kammer wird von Windungen eines Widerstandsdrahtes umschlossen, der zur Erhitzung der Kammer dient, während die Kammer selbst eine Schutzumkleidung aus Asbest oder anderem Material erhält. Klemmen sind an eine Quelle elektrischer Energie angeschlossen. Die Verbindung der einen Klemme mit dem einen Ende der Widerstandswicklung erfolgt durch eine Leitungsschiene, die Stromzufuhr kann durch den Schaltwiderstand B geregelt werden. In einer Röhre, die mit dem Innern der Kammer in Verbindung steht, ist ein Pyrometer eingeführt. Im Innern der Kammer befindet sich eine Stange, an deren oberen Ende eine gelochte Scheibe Füllmaterial trägt, das in den oberen Teil A der Kammer eingebracht ist. Metallkugeln oder irgendein anderes Material, das eine große Ausbreitung des zur Verdampfung bestimmten Öles bietet und das zu gleicher Zeit einen guten Wärmeleiter bildet, wird vorzugsweise benutzt. Das Rohöl fließt aus einem Behälter C in die Kammer A dem Füllmaterial zu, der Druck in dem oberen Teil der Kammer C ist dem Druck im Innern der Kammer A gleich. Unter der Kammer ist ein Kondensator angeordnet, von welchem eine Röhre nach einem Behälter führt, in dem das flüssige Kondensat gesammelt wird. Die gasförmigen Produkte können aus dem Behälter durch eine Röhre entfernt werden, ohne daß der Betriebsvorgang selbst unterbrochen wird. In dieser Röhre ist ein Ventil vorgesehen. Sollte ein Fraktionisierungskondensator erwünscht sein, so kann eine andere Vorrichtung Verwendung finden. Bei Benutzung dieser Vorrichtung werden in dem Behälter nur die verhältnismäßig schweren Kohlenwasserstoffe kondensiert, während die leichtflüchtigen Dämpfe in eine Kühlschlange übergeleitet werden, um schließlich in einem anderen Behälter gesammelt zu werden.

Patentansprüche: 1. Verfahren zur Herstellung von Gasolin aus Rohölen, dadurch gekennzeichnet, daß das Rohöl in einer Verdampfungszone rasch vergast und der Dampf in eine Spaltungszone überführt und hier unter Druck auf eine höhere Temperatur, als sie in der Verdampfungszone herrscht, erhitzt wird, worauf nach Spaltung des Dampfes die gasförmigen Stoffe abgeleitet und kondensiert werden.

2. Einrichtung zum Ausführen des Verfahrens nach Patentanspruch 1, dadurch gekennzeichnet, daß zwischen einer Verdampfungszone und einer Kondensationszone eine mit Heizvorrichtung versehene Spaltungszone vorgesehen ist.

Unteranspruch: Verfahren nach Patentanspruch 1, dadurch gekennzeichnet, daß die Spaltung bei einer Temperatur von 500—700° C und einem Druck von 21 Atm. durchgeführt wird.

Schweiz. P. 96669, Chemical Fuel Company of Amerika, incorporated, Louisville (Kentucky, U.S.A.). Verfahren zum Katalysieren von Kohlenstoffverbindungen in gas- oder dampfförmigem Zustande mittels heißer, metallischer Katalyte. Vom 1. November 1922.

Man läßt das Gemenge von Gas- und Öldämpfen durch ein aus passendem Material, z. B. Eisen, bestehendes Rohr streichen, welches mit einem oder mehreren elektrisch geheizten Nickeldrahtgeflechten ausgestattet ist. Das Drahtgeflecht des Katalyten kann mäßig feinmaschig sein, z. B. 100 oder eine annähernde Zahl Maschen aufweisen. Es können mehrere solcher Drahtgeflechte vorhanden sein. Jedes wird durch einen geeigneten Heizstrom von beispielsweise 110 Volt und 200 Ampère auf etwa 370° C erhitzt. Vor und hinter jedem dieser geheizten katalytischen

Drahtgeflechte ist je ein weiteres als Funkenelektrode dienendes Drahtgeflecht angebracht, welches ebenfalls aus Nickel bestehen oder aus
Aluminium gefertigt sein kann. Die Natur des Metalles dieser Funkenelektroden ist nicht von großem Belang. Sie können selbstverständlich,
wie das katalytische Drahtgeflecht, mittels eines Heizstromes erhitzt
werden; in der Regel ist es jedoch vorteilhaft, nur das mittlere Drahtgeflecht zu erhitzen und die anderen lediglich als Elektroden des Funken-
stromes zu benutzen. Diese Anordnung benachbarter Elektroden in
unmittelbarer Nähe eines mittelständigen, erhitzten Katalyten besitzt
den Vorteil der Energieersparnis, da die Funkenelektroden viel Wärme,
welche sonst durch Strahlung verloren ginge, auffangen und auf das
mittelständige Drahtgeflecht zurückwerfen. Die Funkenelektroden sind
mit den Polen eines Hochspannungstransformators, der einen Strom von
10000—20000 Volt mit einer Frequenzzahl von ungefähr 100000 liefert,
verbunden. Die zur Funkenerzeugung erforderliche Strommenge ist sehr
gering. Unter solchen Bedingungen verschwindet der größte Teil des
Wasserstoffes oder Methans. Das den Katalyten durchstreichende Ge-

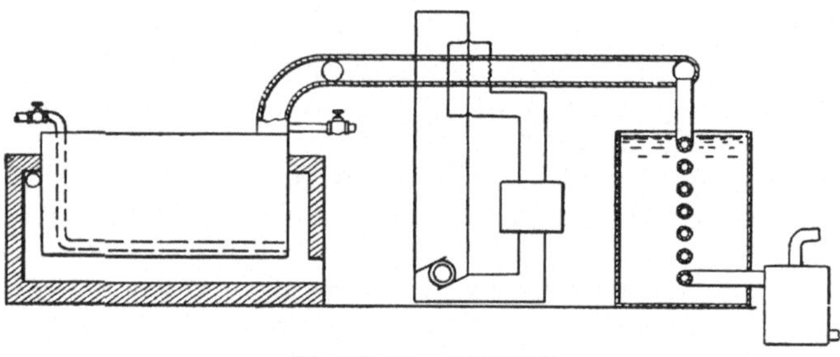

Abb. 144. Schweiz.P. 96 669.

misch der Dämpfe und Gase liefert, im Kondensator abgekühlt, ein
Kondensat, welches große Anteile an flüssigen, leichtflüchtigen, zu Motor-
zwecken geeigneten Kohlenwasserstoffen enthält (Abb. 144).

Patentanspruch: Verfahren zum Katalysieren von Kohlenstoffverbindungen in gas- oder dampfförmigem Zustande, mit Hilfe heißer,
metallischer Katalyte, bei Temperaturen und unter Bedingungen, unter
welchen normalerweise sich Kohle niederschlagen würde, dadurch gekennzeichnet, daß man den Katalyten während der Arbeitsdauer der
Funkenentladung eines elektrischen Stromes hoher Spannung aussetzt.

Unteransprüche: 1. Verfahren gemäß Patentanspruch, dadurch
gekennzeichnet, daß man den Katalyten in Gestalt eines Drahtgeflechtes
zur Anwendung bringt.

2. Verfahren gemäß Patentanspruch und Unteranspruch 1, dadurch
gekennzeichnet, daß man die zu behandelnden Gase bzw. Dämpfe das
katalytische Drahtgeflecht durchstreichen läßt.

3. Verfahren gemäß Patentanspruch und Unteranspruch 1, dadurch
gekennzeichnet, daß das als Katalyt wirkende Drahtgeflecht in einem
Reaktionsrohre normal zu dessen Achse angebracht wird.

4. Verfahren gemäß Patentanspruch und Unteranspruch 1, dadurch gekennzeichnet, daß gegenüber der katalysierenden Oberfläche des Drahtgeflechtes ein weiteres, als Funkenelektrode wirkendes Drahtgeflecht angebracht wird.

5. Verfahren gemäß Patentanspruch, dadurch gekennzeichnet, daß zu beiden Seiten gegenüber dem als Katalyt wirkenden Drahtgeflecht je ein weiteres, als Funkenelektrode wirkendes Drahtgeflecht angebracht wird.

6. Verfahren gemäß Patentanspruch, dadurch gekennzeichnet, daß man die Gase bzw. Dämpfe durch mehrere katalysierende Drahtgeflechte streichen läßt.

Schweiz.P. 107995. Leonhard Heis und Dr. Ing. Hubert Jezler, Zürich (Schweiz). Verfahren und Vorrichtung zur chemischen Umwandlung von Stoffen. Zusatz zum Patent 107194. Vom 1. Dezember 1924.

Bei der Hydrierung von Erdöl z. B., für welchen Fall die dargestellte Vorrichtung bestimmt ist, wird der aktivierte Wasserstoff am besten unter hohem Druck in das Erdöl eingeleitet, an welches er sich binden soll, indem der Aktivierungsapparat in das Erdöl eingetaucht ist, wobei gleichzeitig die ganze Vorrichtung einer erhöhten Temperatur ausgesetzt werden kann.

Auf einen allseitig geschlossenen starkwandigen Druckbehälter *18* mit einem Zulaufstutzen *17a* und einem Auslaufstutzen *17b* ist ein zentral durchbohrter Deckel *19* aufgesetzt, durch welchen der den Aktivierungsapparat tragende Isolator *21* hindurchgeht. Der Aktivierungsapparat ist an

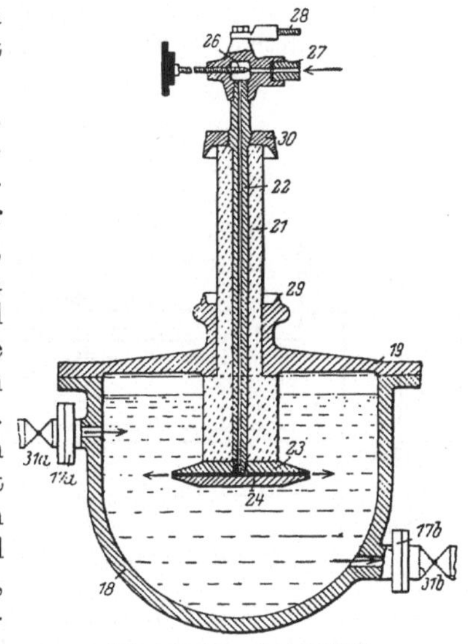

Abb. 145. Schweiz.P. 107995.

dem zur Strom- und Gaszuführung dienenden Rohr *22* angeschlossen; er umfaßt die an dessen unterem Ende sitzenden metallischen Scheiben *23* und *24*, welche zwischen sich nur einen sehr kleinen Zwischenraum lassen, und einen scharfkantigen Rand besitzen, an welchem das elektrische Kraftfeld entsteht, und zwar ist der Aktivierungsapparat vollständig in die Flüssigkeit im Behälter *18*, in diesem Falle Erdöl, eingetaucht. Am oberen Ende des Rohres *22* sitzt ein Ventil *26* zum Regeln der Wasserstoffzufuhr, sowie die Stromzuführung *28*, die Gasleitung ist mittels eines Nippels *27* angeschlossen. Der andere Pol der Hochspannungsquelle ist mit dem Behälter *18* verbunden, bzw. ebenso wie dieser Behälter selbst geerdet. Der obere Rand des Deckelkragens ist zu einer spitzen Kante *29* ausgebildet, und eine ebensolche sitzt dieser genau gegenüber an der auf das Rohr *22* aufgeschraubten Metallscheibe *30*, so daß zwischen diesen beiden eine Sicherheitsfunken-

strecke gebildet ist. Im Zulauf, sowie im Ablauf für die Flüssigkeit ist
je ein Ventil *31a* und *31b* vorgesehen, so daß die Hydrierung des Erdöles
entweder im Durchlauf oder chargenweise erfolgen kann (Abb. 145).

Patentansprüche: 1. Verfahren zur chemischen Umwandlung
von Stoffen gemäß dem Patenanspruch 1 des Hauptpatentes, dadurch
gekennzeichnet, daß die das starke elektrische Kraftfeld in aktiviertem
Zustande verlassenden Stoffe mit Flüssigkeiten zur Reaktion gebracht
werden, indem sie in diese Flüssigkeiten eingeleitet werden.

2. Vorrichtung zur Ausübung des Verfahrens gemäß Patentanspruch 1
des vorliegenden Patentes und gemäß dem Patentanspruch 2 des Hauptpatentes, dadurch gekennzeichnet, daß dieselbe einen drucksicheren
Flüssigkeitsbehälter aufweist, in welchem der in die Flüssigkeit ein-
getauchte Aktivierungsapparat eingebaut ist.

Nach den Angaben des Schweiz.P. 79656 soll man aus hochsiedenden
Ölen benzinartige Kohlenwasserstoffe gewinnen, wenn man sie in der

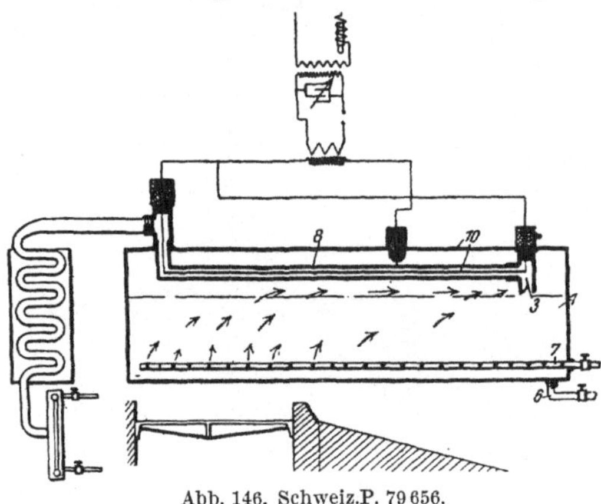

Abb. 146. Schweiz.P. 79656.

Dampfphase dunklen elek-
trischen Ladungen von
hoher Frequenz aussetzt.
Zur Ausführung des Ver-
fahrens benutzt man einen
liegenden Heizkessel über
dessen Boden ein gelochtes
Rohr das Öl einführt, wo
es verdampft. In dem obe-
ren Teil des Heizkessels ist
ein Reaktionsrohr ange-
ordnet, das als Elektrode
dient und in dessen Inne-
rem ein Draht als zweite
Elektrode angeordnet ist.
Zwischen diesen beiden
Elektroden finden die dunklen elektrischen Entladungen von hoher Frequenz statt. Nach Passieren des Reaktionsrohres gelangen die Gase in einen
Kondensator. Den Ölen kann Wasserstoff oder Erdgas zugesetzt werden
(Abb. 146). *1* ist eine liegende, von unten beheizte Retorte, in die durch
Rohr *6* Petroleum eingeführt wird. Durch das Siebrohr *7* wird Wasserstoff oder Erdgas eingeführt. Das Gemisch von Öldampf und Wasserstoff gelangt durch Rohr *3* in die Reaktionskammer *8*, die von der Elektrode *10*, die isoliert angeordnet ist, durchzogen wird. Auf die lediglich
schematisch angedeutete Einrichtung zur Errichtung der dunklen elektrischen Entladungen braucht nicht näher eingegangen zu werden
(Schweiz.P. 79656. Louis Bondy, Cherry, Kansas City. Vom 2. Januar 1919. F.P. 484084, E.P. 104330; vgl. auch Am.P. 1229886).

Wenn man im Öl einen elektrischen Flammenbogen erzeugt, so entsteht dabei Kohlenstoff wie auch Azetylen und Wasserstoff. Zur Ausführung bedient man sich einer aufrecht stehenden zylindrischen Retorte, die einen mit einem kleinen oberen Kessel versehenen röhrenförmigen Aufsatz trägt. Sowohl die Retorte als auch der Aufsatz ist mit

Öl gefüllt, für dessen Zirkulation eine Pumpe Sorge trägt. In dem Deckel der Retorte befinden sich gut isoliert die vorzugsweise aus Kohle bestehenden Elektroden zur Erzeugung des Flammenbogens (Schweiz. P. 115704. Carlo Longhi, Italien. Vom 1. Juli 1926 [vgl. auch E.P. 275281]).

Nach den Ausführungen des F.P. 475303 soll man niedrig siedende Kohlenwasserstoffe aus hochsiedenden erhalten, wenn man ihre Dämpfe über Metallspiralen leitet, die durch einen elektrischen Strom zur Rotglut d. h. etwa auf 500⁰ C erhitzt worden sind. Man kann den Kohlenwasserstoffen auch Wasserstoff zusetzen. Man verwendet Drähte aus Platin oder seinen Legierungen, oder aus Nickel bzw. aus seiner Gruppe. Man kann auch Drähte aus Eisen, Kupfer, Kobalt oder Tantal nehmen. Man kann auch andere Drähte, die mit den genannten Metallen bedeckt sind, oder mit katalytisch wirkenden Oxyden wie denen des Thoriums, Zirkons, Urans bzw. Titansäure oder Mischungen. Die erzielten leichten Kohlenwasserstoffe enthalten viele Olefine, die man mit Hilfe von Nickel und Wasserstoff (vgl. F.P. 400141) in Paraffine umwandeln kann. Hierzu kann man auch eine elektrisch auf 300⁰ C erhitzte Nickelspirale verwenden oder eine solche aus Kobalt, Eisen oder Kupfer (F.P. 475303. Sabatier et Mailke, Frankreich. Vom 4. Mai 1915 [siehe auch Am.P. 1124333]).

Wechselstromentladungen, d. h. sogenannte stille Entladungen, bewirken bei Kohlenwasserstoffen eine Polymerisation und gleichzeitig eine Erhöhung der Viskosität. Man arbeitet zweckmäßig unter vermindertem Druck, indem man den Kohlenwasserstoff durch Einblasen eines nicht reagierenden Gases, wie Stickstoff oder Wasserstoff, zum Schäumen bringt. Das zum Aufschäumen benötigte Gas (Wasserstoff) soll man nicht von außen zuführen, sondern aus dem Kohlenwasserstoff durch Behandlung mit elektrischem Strom bei erniedrigtem Druck entwickeln (F.P. 615581. Siemens & Halske A.-G. Deutschland, vom 11. Januar 1927).

Man soll Ruß aus Kohlenwasserstoffen in der Weise gewinnen, daß man sie mit elektrischen Strömen oder Entladungen von sehr hoher Spannung behandelt. Der Kohlenwasserstoff wird hierbei zwischen zwei nahe nebeneinander liegenden Elektroden hindurchgeschickt (E.P. 21343/1892. William Wisse, Holland. Dezember 1893).

Nach den Ausführungen des E.P. 20470/1913 soll man Schweröle, um sie zu spalten, mit einer bestimmten Menge Wasser mischen, und dann in fein zerstäubtem Zustand oder als Dampf über eine mit Hilfe des elektrischen Stromes hoch erhitzte Drahtspirale ein Drahtnetz oder aber durch ein Rohr leiten. Die Spaltung soll bei normalem Druck vor sich gehen. Die Verwendung hoch erhitzter Drahtspiralen als Mittel zum Spalten ist bereits in dem F.P. 475303 beschrieben, wobei jedoch katalytisch wirksame Metalle benutzt wurden (E.P. 20470/1913. Valpy & Lukas, London. Dezember 1914).

Nach dem E.P. 118122 soll man in einem röhrenförmigen, um seine Querachse drehbaren, innen verkupferten Druckzylinder ein Gemisch aus Öl, Kochsalz, verdünnter Schwefelsäure oder Blutlaugensalz und Zinkstückchen bringen und unter Einleiten von Wasserstoff auf hohe Temperatur und hohen Druck unter Rotieren erhitzen (E.P. 118122. Hiram Maxim, London. August 1918).

Zur Ausführung der Spaltung hat man auch schon elektrisch erhitzte Heizkörper, z. B. aus Eisen, angewendet, die mit einem katalytisch wirkenden Überzug, bestehend aus Kalcium- und Magnesiumoxyd, dem Wasserglas zugesetzt wird, überzogen werden. Das Verfahren wird in der Weise ausgeführt, daß man die elektrischen Heizkörper auf 361° C bis 472° C erhitzt. Mit Hilfe einer Druckpumpe wird ein Gemisch von 80 vH Öl und 20 vH Wasser in eine auf 444—556° C erhitzte Überhitzerschlange eingepreßt.

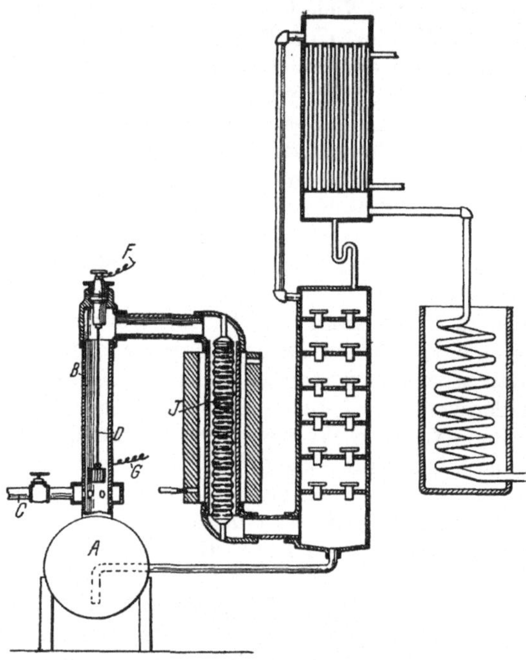

Abb. 147. E.P. 275120.

Dieses Gemisch wird durch gegeneinander gerichtete Streudüsen verstäubt und verteilt sich unter Entspannung über die vorerwähnten elektrisch erhitzten Heizkörper, wo die Spaltung bei relativ niedriger Temperatur stattfindet. Um die entstehenden Produkte zu hydrieren, wird noch Wasserstoff mit eingeleitet. Die unteren elektrisch erhitzten Heizkörper kann man auch auf eine Temperatur von 1000—1111° C erhitzen, wenn man unter Mitverwendung von Kohle das mit dem Öl eingeleitete Wasser unter Bildung von Wasserstoff zersetzen will (E.P. 198071 von Steenbergh, U.S.A. Vom Mai 1923 [siehe auch Am.P. 1407339, 1407340]).

Auf Grund rein theoretischer Erwägungen muß bei der Spaltung von Ölen stets etwas Wasserstoff vorhanden sein, weil die niedrig siedenden Öle einen größeren Gehalt an Wasserstoff aufweisen, als die höher siedenden. An Stelle von Wasserstoff kann man auch Erdgas anwenden. Zunächst wird der zu spaltende Kohlenwasserstoff zusammen mit Wasserstoff, Methan oder Erdgas durch ein elektrisches Kraftfeld von hoher Spannung (2000—8000 Volt) geleitet, wodurch eine Spaltung und Ionisierung sowohl der Öle, als auch des Wasserstoffs oder der wasserstoffhaltigen Gase stattfinden soll. In der zweiten Phase des Verfahrens gelangt die ionisierte Gasmischung über einen erhitzten Katalysator, der eine Oberfläche aus Nickel, Kobalt, Palladium, Aluminium oder Eisen trägt, auf der sich die Bildung neuer gesättigter Kohlenwasserstoffe vollzieht (Abb. 147). In der Zeichnung ist A ein Kessel zur Verdampfung des Öles. Durch C werden Wasserstoff, Methan, Naturgas o. dgl. eingeleitet. Bei G und F liegen die elektrischen Zuleitungen, wodurch zwischen B und D ein starkes elektrisches Kraftfeld erzeugt wird, durch das die Öldämpfe und Gase hindurchstreichen. I ist die Katalysatorkammer und J der Katalysator (E.P. 275120. V. W. Northrup, U.S.A. Vom August 1927).

In dem Schweiz.P. 115704 ist ein Verfahren beschrieben, um Ruß neben leichten Kohlenwasserstoffen zu gewinnen, indem man in dem Öl, das im Kreislauf den Spaltapparat durchströmt, einen elektrischen Flammenbogen erzeugt. Dieses Verfahren ist von dem gleichen Anmelder in dem E.P. 275281 dadurch verbessert, daß man eine größere Anzahl von Elektroden in der Wandung des Kessels und eine Vielzahl gegenpoliger Elektroden drehbar in dem Spaltkessel anordnet, so daß eine permanente Erzeugung von elektrischen Lichtbögen an einer Vielzahl von Stellen im Öl stattfindet. Die verwendete elektrische Spannung kann im Bedarfsfalle höher als 50000 Volt sein (E.P. 275281. Longhi, Italien. Vom August 1927 [siehe auch Schweiz.P. 115704]).

Das Am.P. 976975 gehört zu den wenigen Verfahren, bei denen die Spaltung der Kohlenwasserstoffe zwar bei hoher Temperatur, aber unter Vakuum stattfindet. Der Spaltraum ist ein hoher Zylinder, in den das Öl von einem höher liegenden Tank unter eigenem Druck eingeleitet wird. Er besteht in seinem unteren Teil aus zwei konzentrisch angeordneten Zylindern, zwischen die das Öl von oben nach unten eintritt. In dem inneren Spaltraum ist ein vorteilhaft aus parallel angeordneten Metallstäben bestehender Heizkörper angeordnet, der von Rot- bis Weißglut erhitzt werden kann. Der elektrische Heizkörper arbeitet mit geringer Voltspannung, aber hohem Ampèreverbrauch (Am.P. 976975. J. H. Adams, New York. Vom 29. November 1910).

Der gleiche Anmelder hat dann in dem Am.P. 1320354 nach etwa 9 Jahren das vorstehende Verfahren noch verbessert. Es gelangen auch die bereits beschriebenen Heizkörper zur Anwendung. Die Heizkörper können auch drehbar angeordnet werden. Es ist eine automatische Ölzuführung vorgesehen, und die Ausscheidung der ungekrackt zurückbleibenden Öle. Der elektrische Heizkörper soll vornehmlich aus graphitischer Kohle angefertigt werden. Für die drehbaren Heizkörper ist Kupfer als Material für die Heizstäbe angeführt. Die Strömungsgeschwindigkeit des Öles über dem Erhitzer soll durch eine Pumpe gefördert werden (Am.P. 1320354. J. H. Adams, New York. Vom 28. Oktober 1919 [vgl. auch Am.P. 1433519, 1506877, 1506878, 1568016]).

Zur Erzeugung der zum Spalten erforderlichen hohen Temperaturen hat man auch schon elektrisch erhitztes körniges Widerstandsmaterial angewendet, wie z. B. Koks, der mit dem elektrischen Strom bis zur Rotglut erhitzt wird.

Hierbei wirkt neben der Hitze die katalytische Wirkung der Oberfläche. Der zur Ausführung des Verfahrens benutzte Apparat enthält u. a. eine röhrenförmige, mit elektrisch erhitztem Koks gefüllte Spaltkammer, in die die Öle von unten eintreten und die sie gespalten oben verlassen, wobei ihre Abhitze zum Vorwärmen Verwendung findet (Am. P. 1216971. E. Ellis, New Jersey. Vom 20. Februar 1917).

Es sind bereits in dem Schweiz. P. 115704 und in dem E. P. 275281 Verfahren beschrieben worden, wo im Öl ein bzw. mehrere elektrische Flammenbögen erzeugt werden, um Ruß und Acetylen o. ä. zu gewinnen. Eine ähnliche Arbeitsweise liegt auch dem Am. P. 1222402 zugrunde. Nach dem Am. P. 1222402 wird das Öl mit trockenem Dampf in einen Expansionsraum verstäubt, unter dem sich in einer Einschnürung des Spaltapparates zwei Elektroden befinden, zwischen denen ein elektrischer Flammenbogen erzeugt wird. Der eingeleitete Wasserdampf wird unter Bildung von Wasserstoff dissoziiert. Man kann aber auch Wasserstoff verwenden oder aber ganz ohne Wasserdampf arbeiten (Abb. 148). In der Zeichnung ist *10* eine Pumpe, durch welche mittels Leitung *12* Öl in die Zerstäuberdüse *13* gedrückt wird, in welche die Dampfleitung *15* mündet. Das Öl-Dampfgemisch wird durch den zwischen den Kohlenelektroden *6* sich bildenden elektrischen Flammenbogen im Raum *4* gespalten (Am. P. 1222402. L. E. Hirt, U. S. A. Vom 10. April 1917 [vgl. auch Am. P. 1250879]).

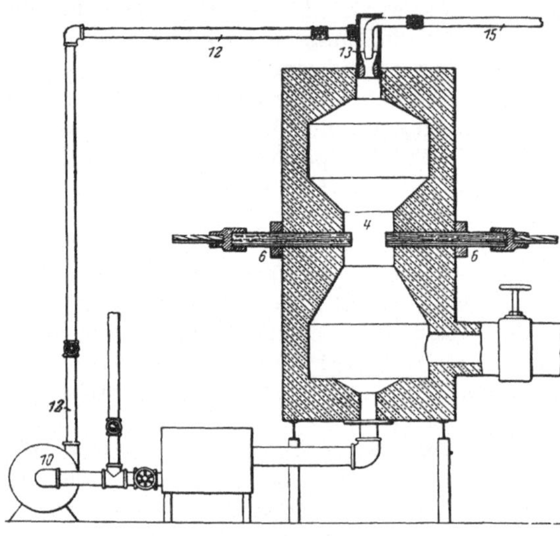

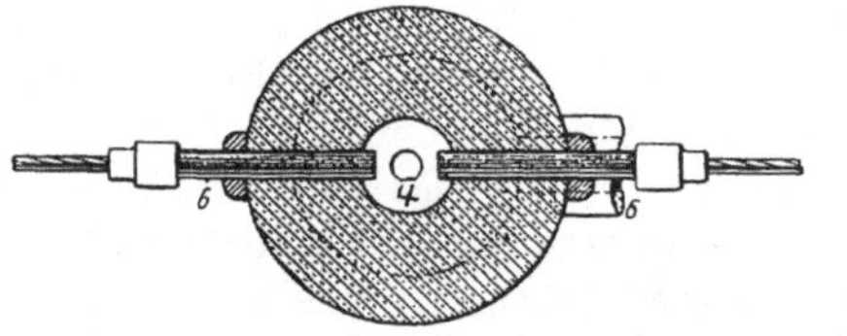

Abb. 148. Am. P. 1222402.

Nach den Ausführungen des Am. P. 1238339 soll man Öle in der Dampfphase der Einwirkung eines elektrischen Gleich- oder Wechselstromes aussetzen, dessen Spannung so hoch ist, daß er spaltend auf die Kohlenwasserstoffe einwirkt. Die Elektroden sind so angeordnet, daß die Öldämpfe gezwungen sind zwischen ihnen entlang zu streichen, wenn sie vom Verdampfer zum Kondensator gehen. Die Spaltretorten können eine zylindrische Ausgestaltung haben mit winkliger oder gerader Durchleitung der Öldämpfe zwischen den Elektroden (Am. P. 1238339. J. H. Robertson, New York. Vom 28. August 1917 [siehe auch Schweiz. P. 79656; E. P. 20470/1913; E. P. 275120]).

Es ist bereits in dem E. P. 198071 ein Verfahren beschrieben worden, in dem Öl in der Dampfphase mit einer größeren Anzahl von elektrisch erhitzten Spaltkörpern in Berührung gebracht werden. Eine auf ähnlichen Überlegungen beruhende Arbeitsweise ist auch in dem Am.P. 1245930 beschrieben. In einem liegenden zylindrischen Kessel befindet sich ein nach außen isolierter, den Kessel zylindrisch durchziehender, elektrisch erhitzter Heizkörper, durch den die Öldämpfe unter Druck in feiner Verteilung hindurchgetrieben werden. Es sind zum Betrieb des Heizkörpers nur Ströme von geringer Spannung erforderlich (Am.P. 1245930. C. G. Lambert, Louisiana. Vom 6. November 1917).

Das Am.P. 1250879 betrifft eine Abänderung des Am.P. 1222402 desselben Erfinders (vgl. dieses Kapitel). Das Verfahren benutzt gleichfalls einen aus feuerfestem Material gebauten Spaltofen, in dessen Mitte zwischen zwei Kohlenelektroden ein elektrischer Flammenbogen gebildet wird. Die Verstäubung des Öles mit Dampf wird durch eine Düse über dem Flammenbogen bewirkt. Während aber der Apparat des älteren Patentes in der Mitte eingeschnürt ist und sich nach oben und unten konisch verbreitert, ist der Apparat des Am.P. 1250879 als stehender Konus ausgebildet. Die Abhitze der Spaltprodukte wird zum Anwärmen des Rohöles und des Wasserdampfes benutzt (Am.P. 1250879. L. E. Hirt, Kalifornien. Vom 18. Dezember 1917).

Zur Ausführung von Spaltverfahren unter hohem Druck wird in dem Am.P. 1286135 ein Apparat vorgeschlagen, der aus einer rechteckigen, aus Stahl bestehenden Außenkammer (Druckkammer) und aus einer konzentrisch darin angeordneten Innenkammer (Reaktionskammer) besteht, deren Wandung aus feuerfestem Material besteht, das außen mit einer druckfesten, aus Metallplatten bestehenden Armierung versehen ist. Die Heizung der Reaktionskammer wird durch eine schlangenförmig angeordnete, elektrisch erhitzte Drahtspirale ausgeführt. Die Zu- und Abführungsleitungen für die Reaktionskammer sind gegen die Druckkammer abgeschlossen (Am.P. 1286135. E. D. Sommermeier. Vom 26. November 1918).

Bereits in dem besprochenen Schweiz.P. 79656 (vgl. dieses Kapitel) ist darauf hingewiesen worden, daß stille elektrische Glimmentladungen von hoher Frequenz geeignet sind, insbesondere bei Gegenwart von Wasserstoff, Krackbenzine aus Ölen zu bilden. In dem E.P. 275120 ist ein Verfahren beschrieben, wo zu dem gleichen Zweck Öldämpfe mit Wasserstoff gemischt durch ein elektrostatisches Kraftfeld von hoher Spannung hindurchgehen, wobei eine Ionisierung des Öles stattfinden soll. Auch in dem Am.P. 1238339 beschriebenen Verfahren werden hochgespannte Gleich- oder Wechselströme zur Ausführung derartiger Spaltverfahren benutzt. Ähnliche Angaben enthält auch das Am.P. 1307931, in dem zur Spaltung dunkle elektrische Glimmentladungen benutzt werden. Zur Erzielung der hohen Spannungen ist ein Transformator zur Umformung auf Hochspannung eingeschaltet, der für die erforderliche Ionisierung des Öles notwendig ist. Die elektrische Behandlungskammer ist röhrenförmig ausgebildet (Am.P. 1307931. Schmidt & Wolcott, Los Angeles. Vom 24. Juni 1919).

In dem im vorstehenden bereits besprochenen Am.P. 1307931 und in den dort erwähnten Verfahren ist darauf hingewiesen worden, daß man dunkle elektrische Glimmentladungen anwenden kann, um Öldämpfe zu spalten. Ein gleiches Ziel verfolgt auch das Am.P. 1327023. Dort werden Mischungen, die aus Öldampf und wasserstoffhaltigen Gasen bestehen, der Einwirkung von oszillierenden bipolaren hochfrequenten elektrischen Strömen ausgesetzt. Bei dem beschriebenen Verfahren soll man das Gas (Erdgas o. dgl.) in das Öl einpressen, und dann die entstandene Mischung mit Hilfe elektrischer Heizkörper verdampfen, ohne daß eine merkliche Spaltung eintritt. Erst nach dem Verlassen des Verdampfers werden die Dämpfe der Einwirkung der stillen elektrischen Entladung unterworfen (Am.P. 1327023. L. B. Cherry, U.S.A. Vom 6. Januar 1920).

Von dem Erfinder des Am.P. 1327023 (siehe auch Schweiz.P. 79656) stammt auch das Am.P. 1345431, in dem gleichfalls stille elektrische oszillierende Glimmentladungen von hoher Frequenz zur Spaltung der Kohlenwasserstoffe benutzt werden. Die Öle werden in einem Vorratskessel mit wasserstoffhaltigen Gasen und Wasserdampf gemischt und gelangen in nebeneinander geschaltete röhrenförmige Spaltungsapparate, die außen elektrische Heizeinrichtung besitzen und im Innern mit Einrichtungen zur Erzeugung oszillierender dunkler elektrischer Entladungen von hoher Frequenz versehen sind (Am.P. 1345431. L. B. Cherry, U.S.A. Vom 16. Juli 1920).

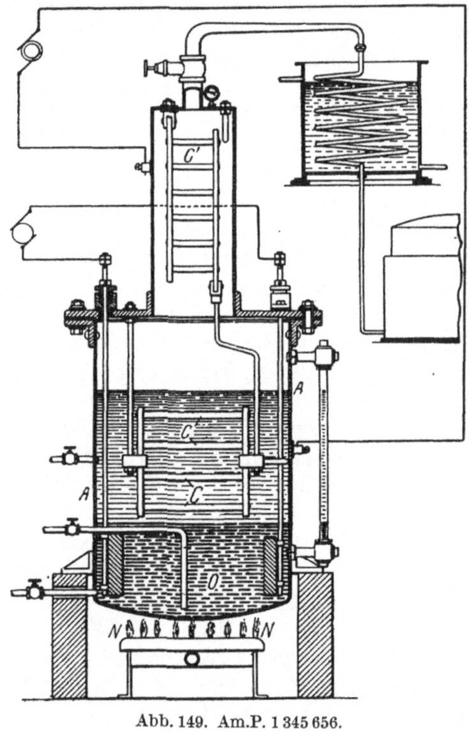

Abb. 149. Am.P. 1345656.

Um beim Spalten von Ölen die Bildung bestimmter Produkte zu erzielen, hat man häufig bei Gegenwart von Wasserstoff gearbeitet. Der molekular eingeleitete Wasserstoff ist aber für viele synthetische Zwecke ungeeignet, deshalb schlägt das Am.P. 1345656 vor, Wasserstoff im Status nascendi anzuwenden. Das Öl wird unter Druck und unter Berührung mit aus fester Kohle bestehenden Körpern gespalten. Der Wasserstoff wird gleichzeitig, d. h. in demselben Druckkessel oder in einem daran angeordneten Kessel durch die Einwirkung des elektrischen Stromes auf Wasser oder auf Emulsionen aus Öl und Wasser entwickelt. Der untere Teil eines Druckkessels wird mit einer Lösung von Soda gefüllt, in die zwei Elektroden hineinreichen, durch welche der Strom zur Zersetzung dieser Lösung, d. h. zur Entwicklung von Wasserstoff, fließt. Die Sodalösung ist mit Öl bedeckt. In sowie über dem Öl sind zwei elektrische Heizkörper, welche die zur Spaltung erforderliche Hitze lie-

fern und durch die ein Strom von 500 Amp. und 5 Volt fließt (Abb. 149).
In der Zeichnung bedeutet A einen Druckkessel, der durch die Heizung N erhitzt wird. O ist eine alkalische Lösung, die durch einen zwischen den Elektroden D hindurchgehenden Strom zersetzt wird. C ist die Ölschicht. c und c^1 sind zwei elektrische Heizkörper (Am.P. 1345656. J. A. Yunck, New Jersey. Vom 6. Juli 1920).

Auch nach den Ausführungen des Am.P. 1351458 werden stille elektrische Entladungen als spaltendes Agenz für Öle benutzt, wie sie z. B. auch in dem Am.P. 1307931 und in den dort genannten Patenten erwähnt sind. Das besondere Verfahren besteht aber darin, daß man Rohöl in einem besonderen Kessel erhitzt, dann mit Hilfe eines Dampfstromes oder mit überhitzter Luft nach oben vernebelt. Hierbei wird ozonisierte Luft mit eingeleitet und mit dem Öldampf, dem Wasserdampf oder der atmosphärischen Luft durch Aufeinanderprallen gemischt. Beim Zurückfließen der Mischung wird sie an mehreren Stellen der Einwirkung von stillen elektrischen Entladungen unterworfen (Am.P. 1351458. E. W. Wynne, England. Vom 31. August 1920).

Auch nach den Angaben des Am.P. 1354257 soll die elektrische Energie, die zwischen zwei voneinander getrennten Elektroden übertritt, dazu benutzt werden, um Spaltungen auszuführen. Die Angaben der Beschreibung lassen es frei, welcher Art die elektrische Energiequelle sein soll. Der benutzte Apparat besteht aus einem Verdampfer, über dem sich ein enger Kanal befindet, in den die Elektroden so eingebaut sind, daß die Öldämpfe dazwischen hindurchgehen müssen (Am.P. 1354257. W. Johnson, U.S.A. Vom 28. September 1920).

Um Treibmittel aus Kohlenwasserstoffen geeigneter für ihre motorische Verwendung zu machen, d. h. um ihre Siedepunkte zu erniedrigen, soll man sie der Einwirkung elektrischer Funkenentladungen aussetzen. Der Apparat zur Ausführung dieses Verfahrens besteht aus einer Kolonne kleiner übereinander liegender Zylinder, die mit zwei Elektroden ausgestattet sind, zwischen denen Funken überschlagen. Er ist vorteilhaft in die Treibmittelzuleitung des Motors direkt eingebaut (Am.P. 1376180. E. E. Wichersham, Kalifornien. Vom 26. April 1921).

Nach den Ausführungen des Am.P. 1402455 wird das Öl tropfenweise oder in einem langsamen Strom oder unter Vernebelung in eine unter Kracktemperatur liegende Verdampferkammer gebracht, und von da in eine hoch erhitzte Spaltkammer, die unter regelbarem Druck steht. Von dort aus gelangen die Produkte in einen Kondensor. In der Spaltkammer können Katalysatoren, wie Eisenspäne, oder Mineralien getränkt mit Kupfersulfat sein. Die Temperatur soll zwischen 300—800⁰ C liegen. Der Verdampfapparat kann auch Verteilungsmaterial, wie Stahlwolle oder körnige Materialien, enthalten und die Spaltkammer unter Anwendung von granulierter Kohle als Widerstandsmaterial von außen elektrisch angeheizt werden (Am.P. 1402455. W. O. Snelling, New York. Vom 3. Januar 1922). Ähnliche Apparate sind auch in dem Schweiz.P. 75654 und 75773 beschrieben.

Nach dem Am.P. 1417585 soll die Spaltung von Ölen in vorzugsweise U-förmigen Röhren, die einen hohen elektrischen Leitwiderstand besitzen und mit Hilfe des elektrischen Stromes erhitzt sind, ausgeführt werden. Diese Spaltröhren, die in einer größeren Anzahl hintereinander angeordnet sind, werden in weiteren Röhren, die sie allseitig umschließen, untergebracht. Diese Schutzröhren sind mit inerten Gasen von einer hohen Dielektrizitätskonstante angefüllt, und enthalten außerdem noch als Wärmeisolator Asbestwolle o. dgl., um die in den Spaltröhren erzeugte Hitze nicht nach außen ausstrahlen zu lassen. Die Spaltröhren sind aus Eisen oder Stahl. Sie können auch in gerader Ausführung angeordnet werden (Am.P. 1417585. **Stuart and Middelton**. Vom 30. Mai 1922).

Der in dem Am.P. 1419124 zum Spalten benutzte Apparat besteht im wesentlichen aus einer röhrenförmigen, elektrisch erhitzten Spaltkammer, in die von oben die Öle unter hohem Druck eintreten. Er ist bereits in den Schweiz.P. 75654 und 75773 sowie in den Am.P. 1419123 und 1419121 beschrieben. Während aber bei den bekannten Verfahren durch Einhaltung bestimmter Temperaturen aus Rohölen Gasolin oder nichtaromatische Kohlenwasserstoffe gewonnen werden sollen, dient das vorgenannte Verfahren dazu, aus Xylol und Cumol, Toluol und Benzol herzustellen. Zur Verwendung der Abscheidung zu Kohlenstoff soll man etwa bei 800⁰ C und einem Druck von $1/2$ Atm. arbeiten (Am.P. 1419124. **W. F. Rittman**, Pittsburgh. Vom 6. Juni 1922).

Wie aus der Einleitung des Am.P. 1433519 zu ersehen ist, handelt es sich um eine Ausführungsform, die nach den Ausführungen des Erfinders bereits in seinem Am.P. 1320354 besprochen worden, aber dort nicht beansprucht worden ist. Das Wesentliche des beschriebenen Verfahrens scheint darin zu bestehen, daß man zur Spaltung eine größere Anzahl von röhrenförmigen Spaltapparaten benutzt, in denen das Öl mit elektrisch beheizten stabförmigen Widerständen beheizt und unter Druck gespalten wird (Am.P. 1433519. **J. H. Adams**. Vom 24. Oktober 1922).

Das Verfahren des Am.P. 1454567 bezweckt aus Methan und einem schweren Kohlenwasserstoff wie $C_{15}H_{32}$ durch Spaltung einen Kohlenwasserstoff C_8H_{18} herzustellen. Zu diesem Zwecke bringt man in einen Kompressionszylinder Methangas und führt eine bestimmte Menge eines schweren Kohlenwasserstoffes hinzu. Diese Mischung wird dann unter so hohem Druck komprimiert, daß das Methangas sich verflüssigt, wobei eine gewisse Temperaturerhöhung auftritt. Wenn dieser Zustand erreicht ist, so läßt man durch das Gemisch der Kohlenwasserstoffe einen elektrischen Funken von hoher Spannung schlagen, wodurch die gewünschte Spaltung erreicht werden soll. Die zur Erzeugung des Funkens dienenden Elektroden gehen durch die Stirnwand des Kompressionszylinders (Am.P. 1454567. **H. B. Snyder**, Kalifornien. Vom 8. Mai 1923).

Es ist bereits in dem E.P. 275120 und später auf ein Verfahren hingewiesen, nach dem man Mischungen aus Öldämpfen mit leichten Kohlenwasserstoffen oder wasserstoffhaltigen Gasen der Einwirkung elektrischer Entladungen ausgesetzt hat. In ähnlicher Weise arbeitet auch das Am.P. 1455088. Auf einem Verdampfungskessel zur Erzeugung der Öldämpfe befindet sich eine Spaltröhre, die aus nicht leitendem Material besteht und als Elektrode ausgebildet ist, während sich im Innern der Röhre eine von ihr isolierte zweite Elektrode befindet, die noch einen elektrischen Heizkörper trägt, der bis auf helle Rotglut erhitzt ist. Zwischen den beiden Elektroden geht eine Entladung in Form von Funken vor sich. Die Anwendung von Strömen höherer Spannung als sie die Erzeugung der Funken erfordert, ist zwecklos (Am.P. 1455088. J. L. Mc Cale, Kansas. Vom 15. Mai 1923).

Die Behandlung von Kohlenwasserstoffen mit Funkenentladungen ist bereits in dem Am.P. 1376180 beschrieben.

Elektrisch erhitzten Koks hat bereits in dem Am.P. 1216971 (siehe dieses Kapitel) als Spaltmittel für Öle Verwendung gefunden. Man hat aber dieses Heiz- bzw. Spaltmittel auch schon mit indirekter Hitze kombiniert. So ist in dem Am.P. 1478559 ein Spaltapparat beschrieben, der aus einem von außen heizbaren liegenden zylindrischen Kessel besteht, der außerdem noch an seinem Boden einen aus Kohle, Chromnickel o. dgl. bestehenden Heizkörper besitzt. Es wird bei Ausführung des Verfahrens das im Spaltkessel befindliche Öl zunächst von außen angeheizt und dann in geeignetem Zeitpunkt der elektrische Widerstand erhitzt. Die Spaltung wird unter Druck vorgenommen. Die Temperaturen schwanken zwischen 222—556° C, die Drucke zwischen 20—200 Pfund (Am.P. 1478559. Egloff, New York. Vom 25. Dezember 1923).

Nach den Verfahren des Am.P. 1479653 sollen in erster Linie die Spaltkessel geschont werden, die für gewöhnlich durch äußere Erhitzung stark angegriffen werden. Zu diesem Zwecke wird die zur Erzeugung der Spaltung erforderliche Wärme durch elektrische Heizkörper, die von starken Strömen niedriger Spannung durchflossen werden, erzeugt. Es sind Ströme von 20000 Ampere und höher angegeben. Die plattenförmigen Heizkörper sollen aus Graphit oder aus amorpher Kohle bestehen. Die Heizkörper sind zur Schonung des Kesselmaterials nicht auf dem Boden, sondern im Innern in einer Entfernung vom Kesselboden angeordnet. Durch diese Anordnung bleibt der Kessel selbst relativ kühl. Es sollen Temperaturen von 390—500° C angewendet werden (Am.P. 1479653 und 1479776. J. G. Davidson, Pennsylvania. Vom 1. Januar 1924). Die Anwendung von stabförmigen Heizelementen ist im Am.P. 1345656 und in den Am.P. 976975 und 1320359 beschrieben.

In den zuletzt erwähnten Am.P. 1479653 und 1479776 sind Vorrichtungen besprochen worden, die aus elektrischen Heizkörpern über dem Kesselboden bestanden. In dem Am.P. 1478559 ist neben einer Heizung von außen ein elektrischer Heizkörper auf dem Boden eines Spaltkessels angeordnet. Auch das Am.P. 1494125 zeigt eine Kombination von Außenheizung mit innerer elektrischer Heizung. Bei dieser Anordnung befinden sich die Heizkörper auf der Decke des horizontalen zylindrischen Kessels. Die elektrischen Heizkörper werden eingeschaltet, wenn die Kracktemperatur in dem Spaltkessel erreicht ist (Am.P. 1494125. C. M. Page, Illinois. Vom 13. Mai 1924).

In dem Am.P. 1506877 weist der Erfinder Adams auf sein früheres P. 1320354 (vgl. S. 243 dieses Kapitels) hin. Einen ähnlichen Gegenstand betrifft auch das Am.P. 1433519 des gleichen Erfinders (vgl. dieses

Kapitel S. 248). Auch in dem neuen Patent wird als wesentliches Merkmal wie bei den früheren Veröffentlichungen auf die Verwendung von stabförmigen elektrischen Heizkörpern hingewiesen. Man soll in erster Linie darauf achten, daß die angewendeten Temperaturen weit über der Destillationstemperatur der Öle liegen, und daß ausreichend hohe Drucke zur Anwendung kommen, um den Prozeß wirtschaftlich zu gestalten. Der elektrische Heizkörper soll für hohe Ampèrezahlen und niedrige Voltspannungen gebaut sein (Am.P. 1506877 und 1506878. J. H. Adams, Texas. Vom 2. September 1924).

Innere elektrische Heizkörper, welche die Spaltung der Öle ausführen sollen, sind in den zuletzt erwähnten P. 976975, 1320354, 1433519 und 1506877/8 von Adams sowie in den bereits besprochenen Am.P. 1479776, 1479653 und 1345656 beschrieben. Besonders in den Am.P. 1479776 und 1479653 ist darauf hingewiesen, daß die Lagerung der elektrischen Heizkörper über dem Kesselboden eine Schonung des Kesselmaterials bedeutet. Von ähnlichen Gesichtspunkten geht auch das Am.P. 1512263 aus, das gleichfalls über dem Kesselboden angeordnete elektrische Heizkörper in der Form von Röhren aus graphitischer Kohle aufweist. Die Anwendung von Druck ist besonders betont, um die Öle mit dem Heizkörper in innige Berührung zu bringen, sowie die Anordnung der Heizkörper, daß sie zum Teil das Öl überragen. Es sollen Drucke zwischen 6—10 Atm. in Anwendung kommen und elektrische Ströme von 2000 Watt (Am.P. 1512263. O.P. Amend, New York. Vom 21. Oktober 1924). In dem Am.P. 1512264 desselben Erfinders ist noch besonders darauf hingewiesen, daß die Behandlung mit den elektrischen Heizkörpern nicht nur in der Flüssigkeits-, sondern auch noch in der Dampfphase stattfinden müsse, daß der Druck unter 500 Pfund auf den Quadratzoll betragen müsse, und daß der Druck nicht nur während der Spaltung, sondern auch während der Kühlung und Kondensation der Krackdestillate aufrecht erhalten werden müsse. Es sind noch bestimmte Beispiele gegeben und auch auf die Verwendbarkeit des elektrischen Flammenbogens zur Spaltung hingewiesen (Am.P. 1512264. Otto P. Amend, New York. Vom 21. Oktober 1924).

Man hat auch schon die Destillationsprodukte in erhitzter Form und auch nach erfolgter Oxydation oder Reduktion auch in Mischung mit anderen Gasen mit elektrischen Strömen von hoher Tension behandelt. Zur Ausführung des Verfahrens wird zunächst Kohle einem Schwelprozeß in einem Etagenofen unterworfen, der am Boden noch eine elektrische Heizquelle trägt. Die entstandenen flüchtigen Produkte gelangen nach der vorerwähnten Behandlung bzw. Mischung in einen Reaktionsraum, der an den Wandungen und axial rotierende, zum Teil mit Armen ausgestattete Elektroden trägt, durch die ein Strom von sehr hoher Spannung geleitet wird. Die Rotationsgeschwindigkeit der Elektroden soll 3000—7000 Touren pro Minute betragen (Am.P. 1528623. N. G. Lindenborg, New York. Vom 3. März 1925).

Nach den Ausführungen des Am.P. 1541905 will man die Schwierigkeiten beheben, die dadurch entstehen, daß sich auf den elektrischen Heizkörpern, namentlich solchen von großen Dimensionen, Niederschläge ablagern, die ihm Widerstand und damit die Heizkraft verringern. Da man diesen Vorgang nicht vermeiden kann, so schlägt der Anmelder vor, zunächst Heizkörper von kleinem Durchschnitt, wie Stäbe o. dgl., als Kern anzuwenden, auf denen sich im Laufe des Spaltverfahrens erhebliche Mengen von Kohle abscheiden, so daß sie schließlich zwangläufig die erwünschten Dimensionen von Heizkörpern annehmen. Es ist notwendig, die Spannung diesem Vorgang anzupassen (Am.P. 1541905. J. G. Davidson, New York. Vom 6. Juni 1925).

Bei dem Am.P. 1553300 handelt es sich um Abänderungen der Am.P. 1512263 und 1512264 desselben Erfinders. Soweit aus den Zeichnungen zu entnehmen ist, wird auf eine elektrische Erhitzung der Öle in der Dampfphase verzichtet, außerdem wird im Anspruch 1 darauf hingewiesen, daß die beim Spaltprozeß entstehenden Gase zum Betrieb eines Vorerhitzers für das Rohöl dienen sollen. (Am.P. 1553300. Otto P. Amend, New York. Vom 15. September 1925.)

Das Am.P. 1568016 (Adams) bezieht sich auf die Vorgänge der Am.P. 1320354 und 1433519, die in diesem Kapitel (vgl. S. 243 u. 248) bereits besprochen sind. Das wesentliche Merkmal auch dieses Verfahrens ist die Anwendung eines elektrischen Heizkörpers, der aus einem stabförmigen Aggregat aus Kohlenstäben besteht und von hohem Druck während der Spaltung. Besonders hervorgehoben wird noch die Einführung des Kreisprozesses und die Aufrechterhaltung des Druckes auch während der Zurückführung der schweren Destillate, sowie während der Kondensation und Gewinnung der leichten Destillate. (Am.P. 1568016. J. H. Adams, New York. Vom 29. Dezember 1925.)

Bei Spaltschlangen die von unten mit Feuer beheizt werden und bei denen das Öl von oben nach unten hindurchläuft, werden die Kohlenwasserstoffe naturgemäß einer steigenden Temperatur ausgesetzt, je näher sie der Feuerstelle kommen. Man hat dieses Prinzip der progressiven Erhitzung auch bei elektrisch beheizten Heizschlangen zur Anwendung gebracht. Die Spaltung findet bei Gegenwart von Wasserdämpfen statt. Das schlangenförmige Heizrohr ist zunächst in Glimmer eingehüllt, dann folgt der Heizdraht, der wieder mit Glimmer überdeckt ist. Das Schlangenrohr wird in einer Schicht von Asbest angeordnet. (Am.P. 1579554. M. W. Mc Comb, New York. Vom 6. April 1926.)

Die Verwendung elektrischer Lichtbogen, die im Öl erzeugt werden, und zwar zwecks Spaltung des Öles ist bereits im Schweiz. P. 115704 zur Herstellung von Ruß und Azetylen beschrieben; ähnliche Einrichtungen sind auch im E.P. 275281, im Am.P. 1222402, 1250879, 1354257 erläutert. Auch das Am.P. 1579601 betrifft ein solches Verfahren, das entweder im Vakuum, oder bei normalen oder erhöhtem Druck ausgeführt werden soll. Der benutzte Apparat ist ein liegender, zylindrischer Kessel mit Dom und Rückflußkühler, der etwa zur Hälfte mit Öl gefüllt ist, und der in der Nähe der einen Stirnseite zwei senkrechte Kohlenelektroden trägt (Am.P. 1579601. G. Egloff, Chikago. Vom 6. April 1926).

In dem vorerwähnten Am.P. 1417585 (vgl. dieses Kapitel) werden Öle in vorzugsweise U-förmigen Röhren gespalten, die eine geringe elektrische Leitfähigkeit besitzen, und elektrisch erhitzt werden. Diese Heizröhren sind allseitig von Schutzröhren umgeben. Der Zwischenraum ist mit nichtleitenden Gasen als Isolationsmittel ausgefüllt. Auch das Am.P. 1584048, das von denselben Erfinder stammt, beschreibt ein Spaltverfahren, das sich der gleichen Mittel bedient. Hier soll die Spaltung der Öle unter hohem Druck (8—10 Atm.) und nur bei Gegenwart von Wasserstoff stattfinden. Um die Spaltröhren gegen den Überdruck zu schützen wird vorgeschlagen, den die Spaltröhren umgebenden Schutzraum gleichfalls unter Druck zu setzen (Am.P. 1584048. A. T. Stuart et Al., Ontario. Vom 11. Mai 1926).

Das Am.P. 1585573 betrifft ein Krackverfahren, bei dem stille elektrische Entladungen, d. h. sogenannte Glimmentladungen erst in einer sekundären Phase des Verfahrens, d. h. nach der eigentlichen Druckwärmespaltung auf die Krackdestillate bei ihrer Kondensation zur Einwirkung kommen, wobei Neubildung von Kohlenwasserstoffen und Polymerisation stattfinden soll. Man soll zunächst die Öle bei 400—500° C erhitzen, dann unter geringem Druck auf 500 bis 800° C erhitzen um zu spalten, hierauf die Krackdestillate stark zusammenpressen und hierbei einer stillen elektrischen Entladung aussetzen. Zur Spaltung der Öle werden die bekannten Verfahren von Burton, Rittmann und Hall empfohlen (Am.P. 1585573. Donald L. Thomas, New York. Vom 18. Mai 1926).

Als Heizkörper zum Spalten von Kohlenwasserstoffen hat man auch schon elektrisch erhitzte rotierende Walzen aus weichem Stahl angewendet. Der Heizstrom soll 10000 Amp. mit einer Spannung von 10 bis 30 Volt betragen. Auf den in einem größeren, geschlossenen, wagerechten, zylindrischen Kessel befindlichen Heizkörper, der mit einem Abstreicher versehen ist, werden die eventuell schwer fließenden und daher angeheizten Kohlenwasserstoffe durch ein Verteilungsrohr in einem dünnen Film aufgebracht (Am.P. 1586132. M. T. Trumble, Kalifornien. Vom 25. Mai 1926).

Es ist bereits vorgeschlagen worden, Öle dadurch zu spalten, daß man den elektrischen Strom durch das Öl leitet. Auch nach dem Am. P. 1588308 soll im wesentlichen in dieser Weise gearbeitet werden. Es wird ein wagerechter, zylindrischer Spaltkessel benutzt der selbst als Kathode dient. Ein über dem Boden isoliert aufgehängter doppelter Boden dient als Anode. Durch den Durchgang des Öles wird ein starker Umlauf des Öles erreicht. Auf dem Kessel befinden sich kondensorartig ausgebildete doppelwandige Röhrenaggregate, die miteinander verbunden sind und in denen die Kohlenwasserstoffe gleichfalls der Einwirkung des elektrischen Stromes ausgesetzt werden (Am.P. 1588308. L. B. Cherry, Kansas City. Vom 8. Juni 1926).

Man hat schon die Verwendung von Hochfrequenzströmen zur Ausführung der Spaltung vorgeschlagen (vgl. dieses Kapitel, z. B. Am.P. 1327023). Nach den Angaben des Am.P. 1597476 sollen hochgespannte Hochfrequenzströme (Foucault-Ströme) von geringer Dichte zur Bildung eines oszillierenden magnetischen Feldes benutzt werden. Die Apparate zur Erzeugung dieser Ströme befinden sich am Boden eines heizbaren, liegenden, zylindrischen Kessels und zwar etwa je zwei in einem Kessel. Sie dienen gleichfalls als Vorwärmer für das in sie eingeleitete Rohöl. Der Spaltkessel entspricht sonst im wesentlichen demjenigen, der in dem bekannten Burtonprozeß angewendet wird. Es soll durch die Schaffung dieser elektrischen Kraftfelder neben der heißen Kesselwandung die Abscheidung des Kohlenstoffes auf ein Minimum reduziert werden (Am.P. 1597476. C. M. Page, Illinois. Vom 24. August 1926.)

Elektrisch erhitzte Drähte sind vielfach als Spaltkörper vorgeschlagen worden (vgl. dieses Kapitel z. B. F.P. 475303 und Am.P. 1124333 sowie Am.P.1286135). Auch in dem Am.P. 1599629 sind elektrische Spiralen zur Spaltung einer Mischung aus Öl und Wasser, der Naturgas zugesetzt wird, vorgeschlagen worden. Das Spaltgut wird in einen zylindrischen, wagerechten Kessel eingeleitet, der eine horizontale Welle trägt, mit Hilfe deren scheibenförmig ausgebildete elektrisch erhitzte Widerstände im Öl rotieren. In der Decke des Kessels ist ein Rückflußkühler angebracht, in dem sich gleichfalls ein spiraliger Heizdraht befindet. Die Heizdrähte sollen aus Chromnickel sein, das außer der Heizwirkung auch katalytisch wirkt (Am.P. 1599629. E. L. Anderson, Kalifornien. Vom 14. September 1926.)

Elektrisch erhitzte Heizkörper hat man schon vielfach im Öl angeordnet (vgl. dieses Kapitel z. B. die Am.P. von Davidson, Am.P. 1479653, 1479776 und Am.P. 1541905 sowie die Patente von Amend, Am.P. 1512263 und 1512264). Von dem zuletzt genannten Erfinder stammt auch das Am.P. 1613375. In diesem Patent ist ein liegender zylindrischer Spaltapparat beschrieben, der über dem Boden zwei parallel zu einander angeordnete, aus Kohle bestehende elektrische, röhrenförmige Heizkörper besitzt, die auf eine Temperatur von 444—556° C angeheizt werden sollen. Es soll bei einem geringen Druck von 75 Pfund gearbeitet werden. Die erzielten Wirkungen sind etwa die gleichen wie sie in den früheren Patenten des gleichen Erfinders angegeben worden sind (Am.P. 1613735, Otto P. Amend, New York; vom 11. Januar 1927).

Es sind bereits in den Am.P. 1417585, 1584048 und 1579554 Spaltverfahren beschrieben, bei denen die Spaltrohre selbst als elektrische Widerstände und demnach als Heizkörper dienen. Ein gleicher Gedanke liegt auch dem Am.P. 1616515 zugrunde. Bei der dort beschriebenen Einrichtung ist auch dafür Sorge getragen, daß möglichst für eine gute Ausnutzung der Wärme gesorgt wird. Das Öl wird tropfenweise mit Hilfe eines starken Dampfstromes in den Spaltapparat eingeblasen, wodurch ein Ansetzen von fester Kohle vermieden wird. Die Wärmeregulierung wird mit Hilfe elektrischer Hilfsapparate automatisch betätigt. Das Gemisch von Öl und Wasserdampf gelangt zuerst in eine Heizröhre und dann in eine mit einem Katalysator wie Molybdän oder Vanadium versehene elektrisch erhitzte Krackröhre (Am.P. 1616515. H. O. Swoboda et Al., Pittsburg. Vom 8. Februar 1927).

Es ist bereits in dem Am.P. 1586132 (vgl. dieses Kapitel) ein Krackapparat erwähnt, bei dem das Öl mit Hilfe eines Verteilers auf eine elektrisch erhitzte Heizwalze aufgesprüht wird. Eine gleiche Einrichtung zeigt auch das Am.P. 1661196. Der benutzte Apparat besteht aus einem liegenden, zylindrischen Kessel an dessen Decke nebeneinander zwei Spritzröhren angeordnet sind, welche das Öl auf einen zylindrischen, etwa in der Mitte des Kessels horizontal angebrachten elektrischen Heizkörper aufsprühen, der durch eine Stirnwand entfernt werden kann. Die Füllung des Kessels soll $^1/_3$ nicht überschreiten. Eine Außenheizung soll nicht stattfinden, ebenso auch kein hoher Druck (Am.P. 1661196. R. S. Pershing, Texas. Vom 6. März 1928.)

18. Die Spaltung unter Verwendung von Aluminiumchlorid oder dergleichen.

Die Spaltung von Kohlenwasserstoffen mit Hilfe von Aluminiumchlorid hat heute technisch eine große Bedeutung, was bereits aus der Tatsache zu ersehen ist, daß diese Arbeitsweise zu den wenigen Verfahren gehört, die auch noch im Jahre 1924 technisch ausgeführt wurden (vgl. z. B. das Am.P. 1127465 von McAfee, vom 9. Februar 1915). Trotzdem ist die Kenntnis über die Einwirkung des Aluminiumchlorids schon recht alt und von den Forschern, welche diese Beobachtung gemacht haben, nämlich von Friedel und Crafts in dem E.P. 4769/1877 vom 17. Dezember 1877 niedergelegt.

Diese Veröffentlichung betrifft ein Verfahren zum Reinigen und Umwandeln von Kohlenwasserstoffen. Man soll nach den dort gemachten Angaben Kohlenwasserstoffe mit wasserfreiem oder teilweise hydrolysiertem Aluminiumchlorid oder mit dem Oxychlorid des Aluminiums oder einer Mischung von diesen beiden oder einem dieser beiden mit Metalloxyden, wie denen des Zink, Eisen, Blei o. dgl. behandeln. Bei dieser Behandlung und bei Anwendung von Temperaturen von 100—600⁰ C erhält man in wenigen Stunden andere Kohlenwasserstoffe oder Oxydationsprodukte derselben. Bei Mitverwendung von Luft erhält man aus einem minderwertigen Petroleum hochwertige Leuchtöle und schwere Öle. Schwefelhaltige Öle werden vom Schwefel befreit; Naphthalin wird in Benzol, Toluol o. dgl. übergeführt. Man kann auch für diese Umwandlungen Ferrichlorid oder Chlorzink verwenden. Die Menge des zugesetzten Aluminiumchlorids soll 5—20 vH betragen.

Die Veröffentlichungen des E.P. 4769/1877 haben anscheinend für die Technik kein besonderes Interesse gehabt, jedenfalls ist in der Patentliteratur erst vom Jahre 1913 ein Arbeiten auf diesem Gebiet festzustellen, wie aus den nachstehenden Ausführungen zu ersehen ist. Diese Fortentwicklung stützt sich, wie z. B. aus dem D.R.P. 292387 zu ersehen ist, insbesondere auf die Reaktion von Gustavson, der Bromwasserstoff und Aluminiumbromid auf Alkylhalogenide, Äthylen und Paraffinkörper einwirken ließ und hierbei beobachtete, daß das Aluminiumbromid sich unter gewissen Bedingungen in ein dickes Öl, d. h. in Kohlenwasserstoffbromaluminium (vgl. Meyer-Jacobson, Lehrbuch der organ. Chemie I, 1. 1907, S. 836) verwandelte, das sich mit Wasser zersetzte, wobei sich auch teilweise ungesättigte, gasförmige Verbindungen bildeten. Grundlegend war die Beobachtung, daß die von

Gustavson beschriebenen öligen Reaktionsprodukte aus Halogenaluminium und Kohlenwasserstoffen, die er Kohlenwasserstoffhalogenaluminium nennt (vgl. Chem. Centralblatt 1903, II. S. 1113) allein ohne freies Aluminiumhalogenid, ohne Halogenwasserstoff und ohne Halogenalkyl imstande sind, Mineralöl und dessen Fraktionen fermentartig in kontinuierlichen, katalytischem Prozeß aufzuspalten, während sie selbst dabei kaum eine Veränderung erleiden. Man kann mittelst geringer Mengen dieser Öle sowohl bei gewöhnlichem, wie erhöhtem, ja sogar vermindertem Druck und bei relativ niedriger Temperatur beliebige Mengen Mineralöl in benzinähnliche Stoffe umwandeln. Die katalytische Zersetzung der Öle mit Hilfe von Kohlenwasserstoffhalogenaluminium verläuft ohne Bildung von Gasen und liefert lediglich gesättigte benzinähnliche Produkte vom Siedepunkt 45—140° C mit dem spez. Gew. 0,700 bis 0,750. Gegenüber der Druckwärmespaltung erhält man Leichtöle von angenehmen Geruch. Auch ist hoher Druck nicht erforderlich, da das Verfahren auch unter Vakuum verläuft. Man kann diese Doppelverbindungen des Chloraluminiums auch hinzufügen, nachdem sie von porösen Massen aufgesaugt worden sind. Man erhält die Doppelverbindungen des Chloraluminiums u. a. auch durch Einwirkung von Halogenaluminium auf aliphatische Kohlenwasserstoffe oder deren Halogenide. Man leitet z. B. nach Gustavson die Dämpfe von Alkylhalogeniden, gesättigten Kohlenwasserstoffen, wie Hexan oder Petroleum oder ungesättigten Kohlenwasserstoffen, wie Äthylen mit Halogenwasserstoff bei etwa 100° C über Halogenaluminium oder seine bloßen Additionsprodukte, in denen es selbst noch reaktionsfähig ist (z. B. $AlCl_3$—$3C_6H_6$). Das allmählich gebildete, orangefarbige Öl ist ein sehr brauchbares katalytisches Spaltmittel. Die Bereitung des Katalysators kann in allen Fällen bei erhöhtem oder vermindertem Druck erfolgen.

D.R.P. 292387, Kl. 23. Continental-Caoutchouc- & GuttaPercha-Compagnie in Hannover. Verfahren zur Umwandlung von höher siedenden Mineralölen in niedriger siedende Produkte. Vom 23. März 1913 (vgl. auch Schweiz.P. 69342, E.P. 7112/1914, Am.P. 1325299).

Patentansprüche: 1. Verfahren zur Umwandlung von höhersiedenden Mineralölen in niedrigersiedende Produkte, dadurch gekennzeichnet, daß man rohes Mineralöl, seine Destillate oder Destillationsrückstände der Einwirkung von Kohlenwasserstoffhalogenaluminium als Katalysator vorzugsweise unter Erhitzen unterwirft und die sich bildenden niedrigersiedenden Produkte abdestilliert, wobei man in dem Maße, wie das Leichtöl übergeht, das Schweröl nachfließen lassen kann, zwecks Erzielung eines ununterbrochenen Betriebes.

2. Ausführungsform des Verfahrens nach Anspruch 1, dadurch gekennzeichnet, daß man die Dämpfe des Ausgangsmaterials über oder durch den Katalysator leitet.

3. Ausführungsform des Verfahrens nach Anspruch 1 und 2, dadurch gekennzeichnet, daß man das als Katalysator dienende Kohlenwasserstoffhalogenaluminium von porösen Massen, wie Kieselgur o. dgl. aufsaugen läßt.

D.R.P. 333168, Kl. 23. Allgemeine Gesellschaft für Chemische Industrie m. b. H. in Berlin. Verfahren zur Gewinnung von leichten Kohlenwasserstoffen der Benzinreihe. Vom 5. Dezember 1917 (vgl. auch E.P. 244697).

Patentanspruch: Verfahren zur Gewinnung von leichten Kohlenwasserstoffen der Benzinreihe, darin bestehend, daß man die nach dem Schwefligsäureverfahren gereinigten Destillate des Erdöls oder des Braunkohlenteers mit Aluminiumchlorid einer Destillation unterwirft.

D.R.P. 356595, Kl. 23. The Texas Company G. m. b. H in Houston, Texas, U. S. A. Verfahren zur Spaltung von hochsiedenden Petroleumkohlenwasserstoffen in niedrigsiedende Petroleumkohlenwasserstoffe. Vom 9. August 1913 (vgl. auch Ö.P. 94222, E.P. 17839/13, E.P. 17838/13).

Patentansprüche: 1. Verfahren zur Spaltung von hochsiedenden Petroleumkohlenwasserstoffen in niedrigersiedende Petroleumkohlenwasserstoffe, mittels wasserfreiem Aluminiumchlorid, Eisenchlorid o. dgl. dadurch gekennzeichnet, daß man, abgesehen von den unvermeidlichen gasförmigen und festen Nebenprodukten, zwecks vollständiger Umwandlung der hochsiedenden Kohlenwasserstoffe in niedrigsiedende die Kohlenwasserstoffe mit als Katalysatoren wirkenden Chloriden auf etwa 163°—175° C erhitzt.

2. Verfahren nach Anspruch 1, dadurch gekennzeichnet, daß man zur Gewinnung eines Gemenges von niedrigsiedenden Kohlenwasserstoffen und von Leuchtölen die Einwirkung der Chloride bei 200—300° C stattfinden läßt.

Die Erfindung besteht also darin, daß man möglichst vom Schwefel befreite hochsiedende Petroleumkohlenwasserstoffe mit wasserfreiem Aluminiumchlorid oder wasserfreiem Eisenchlorid auf etwa 163—175° C erhitzt, wobei die als Katalysatoren wirkenden Chloride eine Spaltung herbeiführen, so daß niedrigsiedende Kohlenwasserstoffe entstehen und abdestilliert werden können. Steigert man die Temperatur auf 200—300° C, so bilden sich die sogenannten Leuchtöle.

D.R.P. 391379, Kl. 23. Gulf Refining Company in Pittsburg, U. S. A. Verfahren zur katalytischen Umwandlung von hochsiedenden Ölen in niedrigsiedende. Vom 22. Dezember 1914 (vgl. auch E.P. 22294/14, Am.P. 1235523).

Patentansprüche: 1. Verfahren zur katalytischen Umwandlung von hochsiedenden Ölen, wie Petroleum, in niedrigsiedende, wie Gasolin, Lösungsöle, Kerosin u. dgl., dadurch gekennzeichnet, daß das Öl in Gegenwart eines fein verteilten Metalles, wie vorzugsweise Aluminium, unter Einleiten von Chlor oder Salzsäure zum Sieden, d. h. auf etwa 175° C gebracht wird, wobei die Ölmenge während des Verfahrens auf annähernd konstantem Volumen gehalten wird und die entstehenden Dämpfe während des Siedens ständig abgezogen und in entsprechendem Maße die Ölmenge durch Hinzufügung von frischem Öl wieder ergänzt wird.

2. Verfahren nach Anspruch 1, dadurch gekennzeichnet, daß die Ölmenge und das darin enthaltene Metall während des Verfahrens einem

kräftigen Rühren unterworfen wird, wobei das katalytische Metall im Öl im schwebenden Zustand erhalten wird.

3. Verfahren nach Anspruch 1, dadurch gekennzeichnet, daß die Behandlung solange fortgesetzt wird, bis der metallische Katalysator sich in Gestalt einer koksartigen Masse absetzt, die entfernt und unter Konstanthaltung der bisherigen Ölmenge durch Hinzufügung einer neuen Beschickung mit katalytischem Metall ersetzt wird.

D.R.P. 394443, Kl. 23. Gulf Refining Company in Pittsburg, Penns., V. St. A. Verfahren zur Umwandlung von hochsiedenden Ölen in niedrigsiedende. Vom 16. Dezember 1914 (vgl. auch Am.P. 1424574, E.P. 22243/14, E.P. 22922/1914).

Patentanspruch: Verfahren zur Umwandlung von hochsiedenden Ölen in niedrigsiedende unter Anwendung eines Katalysators, wie Aluminiumchlorid, dadurch gekennzeichnet, daß die Mischung der Öle mit dem Katalysator zum Sieden erhitzt wird, und daß die Destillation so geleitet wird, daß die Temperatur der Dämpfe, die zur Gewinnung das System verlassen, 175^0 C nicht überschreitet, wodurch alles höhersiedende Material kondensiert wird und in das Reaktionsgefäß zurückfließt.

Nach dem Verfahren erhält man ein Destillat, das frei von Chlor und Aluminiumchlorid ist, fast vollständig aus gesättigten Verbindungen besteht und ohne weiteres marktfähig ist.

Das vorliegende Verfahren ist auch anwendbar auf schwefelhaltige Öle ohne vorgängige Reinigung, da unter der katalytischen Wirkung des Aluminiumchlorides der Schwefel ganz oder zum größten Teil unschädlich als Schwefelwasserstoff abgespalten wird. Bei Ölen jedoch mit hohem Schwefelgehalt empfiehlt es sich, das in Gasolin umzuwandelnde Öl vorher mit Schwefelsäure zu behandeln, um einen Teil der Schwefelverbindungen zu entfernen und dadurch die Dauer der Wirksamkeit des Aluminiumchlorids zu verlängern. Diese Vorbehandlung mit Säure dient auch zur Entfernung von Feuchtigkeit.

D.R.P. 411228, Kl. 23. Aktiengesellschaft für Petroleum-Industrie und Dipl.-Ing. Ludwig Rosner in Berlin und Dr.-Ing. Max Herrmann in Nürnberg. Verfahren zum Spalten von Kohlenwasserstoffen. Vom 11. August 1923 (vgl. auch E.P. 4769/77).

Patentanspruch: Verfahren zur Umwandlung von Mineralölen und daraus gewinnbaren Kohlenwasserstoffen in solche von niedrigerer Siedetemperatur, dadurch gekennzeichnet, daß die Ausgangsstoffe mit Aluminiumchlorid bei Gegenwart metallischen Aluminiums oder gleichwirkender Metalle, wie Eisen, erhitzt werden.

D.R.P. 455526, Kl. 23. Gulf Refining Company in Port Arthur, Texas, U. S. A. Verfahren zur Entfernung von Aluminiumchloridrückständen aus Arbeitsgefäßen. Vom 13. Dezember 1924 (vgl. auch Am.P. 1476744, Am.P. 1578053, E.P. 250102, F.P. 606337).

Patentansprüche: 1. Verfahren zur Entfernung der aluminiumchloridhaltigen, kokigen Rückstände aus Destillatoren oder Gefäßen, in denen Petroleumkohlenwasserstoffe mit Aluminiumchlorid katalytisch behandelt worden sind, dadurch gekennzeichnet, daß die Rückstände durch Benetzen mit Wasser zum Zerfall gebracht werden.

2. Verfahren nach Anspruch 1, dadurch gekennzeichnet, daß die in kleine Trümmerstücke zerfallenen Rückstände mit dem den Zerfall bewirkenden Wasser ausgeschwemmt werden.

3. Verfahren nach Anspruch 1, dadurch gekennzeichnet, daß die Rückstände außer durch Wasser auch zugleich noch durch eine Rührvorrichtung mechanisch zertrümmert werden.

4. Verfahren nach Anspruch 1 oder 3, dadurch gekennzeichnet, daß vor der Einwirkung des Wassers auf den Rückstand das Rückstandöl durch Kühlöl entfernt wird.

5. Verfahren nach Anspruch 4, dadurch gekennzeichnet, daß zweckmäßig vor der Einführung des Kühlöls Wasserdampf zwecks Austreibens der entzündlichen Dämpfe in den Destillator eingeleitet wird.

6. Verfahren nach Anspruch 1—5, dadurch gekennzeichnet, daß das Wasser unter Druck in Strahlenform eingetrieben wird, um die in den Raum vorspringenden Rückstandgebilde abzubrechen.

Schweiz.P. 111354. Dr. Gustav Grisard, Basel (Schweiz). Verfahren zur Herstellung eines Katalysators zur Gewinnung leichter Kohlenwasserstoffe aus schweren Mineralölen und Schieferölen. Vom 1. September 1925.

Patentanspruch: Verfahren zur Herstellung eines Katalysators zur Gewinnung leichter Kohlenwasserstoffe aus schweren Mineralölen und Schieferölen, dadurch gekennzeichnet, daß man Aluminiumchlorid mit einem Alkali, einem Erdalkali, einem Silikat und einem Mineralöl von hohem Gehalt an Schwefel und ungesättigten Kohlenwasserstoffen bis zur Bildung einer pechartigen, wenig hygroskopischen, zum Transport und zur Lagerung geeigneten Masse innig vermischt und diese dann sich absetzen läßt.

Ö.P. 94222. The Texas Company in Port Arthur, U. S. A. Verfahren zur Umwandlung von hochsiedenden Petroleumkohlenwasserstoffen in niedrigersiedende Petroleumkohlenwasserstoffe. Vom 10. September 1923 (vgl. auch E.P. 17839/13, D.R.P. 356595, Am.P. 1193540 und 1193541).

Patentansprüche: 1. Verfahren zur Umwandlung von hochsiedenden Petroleumkohlenwasserstoffen in niedrigersiedende Petroleumkohlenwasserstoffe in Gegenwart von Katalysatoren, z. B. von wasserfreiem Aluminiumchlorid o. dgl., dadurch gekennzeichnet, daß die Kohlenwasserstoffe mit den Katalysatoren auf eine Temperatur erhitzt werden, die zwischen dem Endsiedepunkt der niedrigsiedenden Produkte (Leichtöle) und dem Endsiedepunkt des Leuchtöles gelegen ist, wobei das Leuchtöl in eine Kühlkammer geleitet und kondensiert wird, während die niedrigsiedenden Produkte (Leichtöle) zu einer gesonderten Kondensationseinrichtung weitergeleitet werden.

2. Verfahren nach Anspruch 1, dadurch gekennzeichnet, daß das Leuchtöl aus der Kühlkammer in die Retorte zurückgeleitet wird, um

neuerlich der Einwirkung des Katalysators behufs Umwandlung in niedrigsiedende Produkte (Leichtöle) unterworfen zu werden (Abb. 150).

Auf der Zeichnung ist eine beispielsweise Ausführungsform des Kessels zur Durchführung des vorliegenden Verfahrens dargestellt. Der Kessel steht mit einer Kammer durch eine Rohrleitung in Verbindung. Von dieser Kammer welche schematisch eine Kühlkammer gebräuchlicher Bauart darstellt, führt ein Dampfrohr zu der Kondensationseinrichtung.

Der Kessel wird zweckmäßig mit Rührvorrichtung geeigneter Art ausgestattet, wie beispielsweise die durch das Vorgelege angetriebene Welle mit aufsitzenden Rührarmen und Ketten um das Spaltmittel suspendiert und in inniger Berührung mit dem zu behandelnden Öl zu erhalten und eine Überhitzung zu vermeiden. Um eine innige Mischung zu gewährleisten, ragen von der Kesselwand Arme in das Innere.

Das E.P. 22922/1914 betrifft ein Verfahren zum Reinigen von Ölen. Es ist in der Einleitung auf das eingangs dieses Kapitels besprochene E.P. 4769/77 hingewiesen und auf die bekannte Einwirkung von Zinkchlorid und Aluminiumchlorid auf die Destillate des Torfteers bei 50 bis 320⁰ C, wobei 5 vH der Metallchloride zugesetzt werden und dadurch Harze und Phenole abgeschieden werden. Die Erfindung soll darin bestehen, daß man hochsiedende Mineralöle bei Temperaturen zwischen 65,5 und 100⁰ C mit Chloraluminium behandelt, wobei man wertvollere gereinigte Produkte erhält. Der dabei entstehende Rückstand soll weiter auf frisches Öl zur Einwirkung gebracht werden, und zwar solange, bis eine koksähnliche Masse entsteht. Nach der Behandlung des Öles mit dem Rückstand soll man frisches Aluminiumchlorid bei 65,8⁰ C zusetzen. Nach der Reinigung in der vorbeschriebenen Weise soll man noch Schwefelsäure und Walkerde anwenden. Man soll den Reinigungsprozeß auch solange und in der Hitze ausführen, bis ein Teil des Öles in Benzin gespalten ist. Aus dem sich dabei ergebenden Rückstand kann man mit Wasserdampf hochsiedende Öle gewinnen (E.P. 22922/1914. McAfee, New Jersey. Vom Januar 1916 [vgl. auch Am.P. 1127465 und D.R.P. 394443]).

Auch das E.P. 22924/1914 (gleichfalls von McAfee) enthält nähere Angaben über die Anwendung des Chloraluminiums zum Spalten von Ölen. Man soll bei der Behandlung von Ölen mit Chloraluminium oder Aluminium und Chlor bei Temperaturen von etwa 260—333⁰ C, wenn noch eine größere Menge Schweröl im Kessel ist, abkühlen und das Schweröl vom Rückstand trennen. Vor der Behandlung mit Chlor-

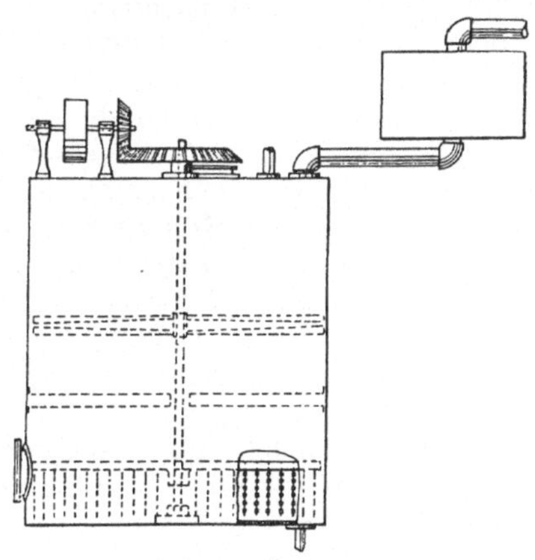

Abb. 150. Ö.P. 94222.

aluminium u. dgl. sollen die Naturgasoline und das Wasser abdestilliert werden. Die Spaltung soll solange fortgesetzt werden, bis 30 vH Ölrückstand bleibt. Bei Anwendung von Asphaltölen soll die Behandlung solange fortgesetzt werden, bis die hochsiedenden Öle in gesättigte Verbindungen umgewandelt und die Asphaltstoffe niedergeschlagen sind. Die Dauer der Einwirkung soll 36—48 Stunden dauern. Aus dem Rückstand soll man das Chloraluminium durch Behandeln mit Schwefelsäure abscheiden. Die zurückbleibenden Schweröle soll man zur Herstellung von Schmierölen noch besonders reinigen (E.P. 22924/1914. McAfee, New Jersey. Vom Januar 1916.)

Um die Spaltung von Ölen durch die Doppelverbindung Kohlenwasserstoffhalogenaluminium (vgl. dieses Kapitel D.R.P. 292387) möglichst durchgreifend zu gestalten, soll man nach den Angaben des E.P. 189200 die heiße Mischung von Öl und Katalysator in Kreislauf über erhitzte Flächen versprühen. Während dieser Einwirkung soll man einen Teil des behandelten Öles mit dem Katalysator abziehen, das Aluminiumchlorid regenerieren und wieder in den Kreisprozeß zurückführen. Die Destillate von Öl und Aluminiumchlorid können dampfförmig, z. B. unter einem feinen Ölstrom eingeleitet werden. Es ist eine umlaufende Ölheizung für das zu spaltende Öl vorgesehen. Zur Ausführung ist ein Röhrenerhitzer vorgesehen, über den die Einflußröhren für den Katalysator münden, während darüber unter einer Haube das Rohöl durch eine Düse fein verteilt eingeführt wird (E.P. 189200. The Hoover Co., Chikago. Vom November 1922 [siehe auch F.P. 540102]).

Für die wirtschaftliche Ausführung der Ölspaltung mit Chloraluminium ist die Zurückgewinnung dieses Salzes eine unbedingte Notwendigkeit. Man hat bisher diese Aufgabe derart gelöst, daß man das Gemisch aus Rückstandsöl und Chloraluminium bei dem Siedepunkt des Öles destillierte, dann auf Verkokungstemperatur brachte (etwa 425⁰ C) und hierauf Chlor oder Salzsäure einwirken ließ. Nach den Angaben des E.P. 191582 soll man ohne Anwendung von Chlor so hoch erhitzen, daß die Doppelverbindung des Chloraluminiums gespalten wird, wobei dieses Salz sublimiert. Die Temperatur der Spaltung liegt etwa zwischen 510 bis 982⁰ C (vorzugsweise bei 787⁰ C). Der dabei entstehende Rückstand kann zur Gewinnung auch der Reste des Chloraluminiums bei der vorgenannten Temperatur mit Chlor oder Salzsäure behandelt werden. Die Verwendung der entweichenden Salzsäure oder des Chlors zur Bildung von Aluminiumchlorid und der Zusatz von z. B. Aluminiumcarbid zum Destillationsrückstand ist vorgesehen (E.P. 191582. Gulf Refining Co., U.S.A. Vom Januar 1923 [vgl. auch Am.P. 1401113]).

Auch das E.P. 192106 (The Hoover Co.) beschäftigt sich mit der Aufgabe, aus den bereits verbrauchtes Aluminiumchlorid enthaltenden Schwerölen durch Destillation dieses Salz zurückzugewinnen, d. h. also die Kohlenwasserstoffchloraluminiumverbindung durch Hitze zu spalten (vgl. auch dieses Kapitel E.P. 191582). Die Erhitzung wird in einem Röhrenerhitzer der gleichen Ausbildung vorgenommen, wie ihn das E.P. 189200 zeigt (E.P. 192106. The Hoover Co., U.S.A. Vom Januar 1923.)

Um zu einem möglichst wirksamen Katalysator zu gelangen, soll man aus warmem Schweröl bei etwa 65,5⁰ C durch Mischen mit Aluminiumchlorid eine Paste herstellen, und diese dann dem zu spaltenden heißen Öl zusetzen. Wenn man Schweröl unter Zusatz von etwa 5 vH Chloraluminium bei etwa 300⁰ C destilliert, so enthalten die Destillate auch Chloraluminium. Dieses Salz destilliert aber nicht mehr über, wenn man bei Temperaturen zwischen 166—194⁰ C (vgl. auch D.R.P. 356595 und 394443) und unter Rückfluß arbeitet. In dem vorliegenden Fall wird unter Verwendung des pastenartigen Katalysators mit einer Kolonne von Spaltkesseln gearbeitet, die neben einanderliegen und wahlweise eingeschaltet werden können (E.P. 193188. Gulf Refining Co., Texas. Vom Februar 1923 [vgl. F.P. 546175 und Am.P. 1405054]).

Während man zur Herstellung des aus Ölen und Chloraluminium bestehenden Katalysators Schweröle im allgemeinen benutzte, wird in dem E.P. 244697 der Vorschlag gemacht, zur Herstellung des Katalysators Edeleanu-Raffinate zu verwenden.. Zur Herstellung des Katalysators sind vorgeschlagen 100 Tl. Edeleanu-Raffinate aus kalifornischem Gasöl mit 10 Tl. wasserfreiem Chloraluminium zu versetzen und auf 30—90⁰ C unter Rühren zu erwärmen. Das Salz geht in Lösung, wobei ein gelbbraunes Öl entsteht. Zur Spaltung von Ölen verwendet man 10 vH des gelbbraunen Öles und erhitzt etwa auf 200⁰ C. Man soll zur Spaltung auch Edeleanu-Raffinate verwenden, die etwa 80 vH Benzine bei der Spaltung liefern. Der sukzessive Zusatz des Katalysators zum Öl ist vorgesehen (E.P. 244697. Allgemeine Gesellschaft für Chemische Industrie, Berlin. Vom März 1926 [F.P. 606173, Am.P. 1586357, vgl. auch D.R.P. 333168].)

Es läßt sich nicht vermeiden, daß sich bei der Spaltung mit Aluminiumchlorid harte Krusten am Boden der Spaltkessel absetzen, die aus Koks bestehen, der noch Aluminiumchlorid enthält und die sich nur durch eine langwierige Operation von der Kesselwandung entfernen lassen. Diese Krusten gehen aber in ein zerfallbares und demnach leicht entfernbares Produkt über, wenn man sie mit Wasser anfeuchtet. Die Kessel werden zunächst durch Einblasen von Dampf von den Leichtölen befreit um Explosionen zu verhüten (E.P. 250101. Gulf Refining Co., U. S. A. Vom April 1926).

Es ist bereits von der gleichen Erfinderin (vgl. z. B. D.R.P. 394443) darauf hingewiesen worden, daß man zur Erzielung möglichst guter Ausbeuten unter Rückfluß bei bestimmten Temperaturen z. B. bei 175⁰ C spalten solle. Nach den Feststellungen des E.P. 267386 ist die Anwendung von Rückfluß nicht erforderlich, wenn man den zu spaltenden Ölen nicht über 3 vH Chloraluminium und vorteilhaft nur 1 vH zusetzt und zweckmäßig unter Rühren solange destilliert, bis 75 vH der Charge übergegangen sind. Bei der Spaltung von Ölen erhitzte man zunächst auf 150⁰ C und setzte 1,8 vH Chloraluminium zu. Bei der darauffolgender kontinuierlichen Destillation war die Temperatur im Öldampf 237,8⁰ C. Die höchste Temperatur im Dampfrohr betrug 199,5⁰ C (E.P. 267386. Gulf Refining Co., U.S.A. Vom März 1927 [F.P. 619518]).

In dem D.R.P. 333168 ist die Spaltung von Edeleanu-Raffinaten beschrieben, während im E.P. 267386 eine Ölspaltung beschrieben ist, bei der nur 1—3 vH Chloraluminium zugesetzt wird. Wie aus den Angaben des E.P. 271042 zu ersehen ist, soll man die Spaltung der Edeleanu-Raffinate nach D.R.P. 333168 zweckmäßig derart ausführen, daß man nur etwa 2 vH Chloraluminium anwendet, wodurch die leicht spaltbaren Anteile des Raffinates, d. h. etwa 50 vH gespalten werden. Den Rest kann man durch weiteren Zusatz von Aluminiumchlorid weiter spalten oder zu Schmierölen verarbeiten (E.P. 271042. Allgemeine Gesellschaft für Chemische Industrie m.b.H., Berlin. Vom Juni 1927 [vgl. Am.P. 1601636]).

Wie aus der vorstehenden Patentschrift zu ersehen ist, lassen sich beim Spalten von Edeleanu-Raffinaten nur etwa 50 vH spalten, worauf der Spaltprozeß nur noch unter Verwendung erheblicher Mengen von Aluminiumchlorid durchzuführen ist. Man kann aber eine glatte Spaltung mit kleinen Mengen Chloraluminium durchführen, wenn man beim Aufhören der Spaltung den Rest wiederum nach Eddeann raffiniert und die Raffinate weiterbehandelt, was mehrmals geschehen kann (E.P. 272433. Allgemeine Gesellschaft für Chemische Industrie. Vom Juni 1927).

Das F.P. 469948 ist im wesentlichen gleich mit dem D.R.P. 292387. Es enthält aber noch andere Angaben, die in dem D.R.P. nicht enthalten sind. So soll man als Katalysator Chloraluminium zusammen mit metallischem Aluminium anwenden. Zur Herstellung des Katalysators wird Öl mit Aluminiumpulver und Merkurichlorid empfohlen. Beim Kochen des Öles mit Chloraluminium soll man Eisenchlorid und Vanadiumchlorid zusetzen. Die Spaltung soll außer mit dem Aluminiumkatalysator in einer Quarzröhre mit ultravioletten Lichtstrahlen stattfinden. Auch soll man das mit Katalysator versetzte Öl gegen heiße (200⁰ C) metallische Prellplatten spritzen (F.P. 469948 Continental-Cautschuk- und Guttapercha Co., Deutschland. Vom 14. August 1914. — Am.P. 1325299).

Es ist bereits in dem Schweiz.P. 111354 (vgl. dieses Kapitel) ein Katalysator beschrieben, der aus Aluminiumchlorid, gebranntem Kalk, Aluminiumhydrosilikat und Schieferöl besteht. Auch das F.P. betrifft ein ähnliches Produkt, das sich aus $NaAlCl_4$ oder Chloraluminium zusammen mit Aluminiumoxyd und z. B. Quarz zusammensetzt (F.P. 606233. Loukinsky und Rebikoff, Frankreich. Vom 9. Juni 1926).

Während das Chloraluminium im vorstehenden nur zur Herstellung leichter Kohlenwasserstoffe empfohlen worden ist, kann man es umgekehrt auch zur Herstellung viskoser Öle aus Leichtölen verwenden. Wenn man z. B. 1000 g Krackbenzine vom Siedepunkt bis 150⁰ C mit 50 g Chloraluminium behandelt, tritt eine Temperaturerhöhung ein, und man erhält u. a. Produkte, die über 360⁰ C sieden (F.P. 608425. Braunkohlen-Produkte A.-G., Deutschland. Vom 27. Juli 1926).

Während in den früheren Verfahren Wert darauf gelegt wurde, zunächst aus dem Chloraluminium und Öl einen ölartigen Katalysator herzustellen, der zum Spalten benutzt wurde, empfiehlt das F.P. 618896 zu diesem Zweck 7—12 vH eines festen granulierten Chloraluminiums zuzusetzen und dann zwischen Temperaturen von 150—200⁰ C zu arbeiten (F.P. 618896. Société anonyme Hydrocarbures et Dérivés, Frankreich. Vom 22. März 1927).

Nach den Ausführungen des Am.P. 1322762 soll man die Spaltung von Ölen mit Chloraluminium derart ausführen, daß man zunächst durch Lösen des Salzes in Öl in bekannter Weise den Spaltungskatalysator darstellt. Dann wird erhitzt. Die Erhitzung wird dann unterbrochen, wenn der Rückstand noch eine beträchtliche Menge an flüssigen Kohlenwasserstoffen enthält. Diese werden von dem Rückstand getrennt und destilliert. Das so gewonnene Destillat wird wiederum mit Chloraluminium weiter gespalten (Am.P. 1322762. Cobb, New Jersey. Vom 25. November 1919).

Während nach dem zuletzt besprochenen Verfahren eine sukzessive Behandlung von Ölen mit einem Chloraluminiumkatalysator und nur unter nochmaliger Destillation des Rückstandes empfohlen wird, soll man nach den Angaben des Am.P. 1322878 im Gegensatz hierzu so verfahren, daß man in einer Operation solange destilliert, bis ein koksartiger Rückstand zurück bleibt (Am.P. 1322878. E. B. Cobb, New Jersey. Vom 25. November 1919). Die Aufarbeitung der Schweröle, die bei der Chloraluminiumspaltung übrig bleiben durch Erhitzen auf höhere Temperaturen ist bereits in dem E.P. 192106 besprochen worden.

Wie aus dem im Vorstehenden beschriebenen Verfahren hervorgeht, hat man das Aluminiumchlorid in erster Linie zum Spalten hochsiedender Öle vorgeschlagen. Man soll aber auch mit diesem Salz sowohl Naturgasolin, als auch Krackgasolin homogenisieren bzw. raffinieren, als auch die Siedegrenzen einander nähern, und ungesättigte in gesättigte Produkte überführen. Um den Siedepunkt herabzudrücken, soll man die Behandlung bei 83—193⁰ C ausführen. Die Umwandlung ungesättigter in gesättigte Produkte geschieht schon durch Erwärmen mit Chloraluminium bei 66—83⁰ C unter Anwendung eines Rückflußkühlers. Das Gasolin soll, wie das auch bei der Behandlung der Öle erforderlich ist, frei von Schwefel und Feuchtigkeit sein (Am.P. 1326072. McAfee, Texas. Vom 23. Dezember 1919).

Man kann das zuletzt erwähnte Verfahren auch in der Weise ausführen, daß man Öle in bekannter Weise, d. h. z. B. der Druckwärmespaltung unterwirft und die dabei entstehenden Dämpfe der Einwirkung von Aluminiumchlorid unterwirft. Bei der Einwirkung treten die dampfförmigen Krackdestillate in einen Kessel, dessen Boden mit einer Mischung von hochsiedendem Öl und Chloraluminium bedeckt ist, der auf 167—195⁰ C erhitzt ist und an dem sich ein Rückflußkühler befindet (Am.P. 1326073. McAfee, Texas. Vom 23. Dezember 1919).

Mit Hilfe des Aluminiumchlorids kann man nicht nur aliphatische, sondern auch aromatische Kohlenwasserstoffe in niedriger siedende Produkte überführen. So gelingt es z. B. aus Xylol, das man mit etwa 5 bis 20 vH Aluminiumchlorid mischt und dann zunächst am Rückflußkühler und später mit absteigendem Kühler erhitzt, Toluol herzustellen. Es bildet sich aus dem Xylol mit dem Aluminiumchlorid ein rötliches Öl, das in dem Kohlenwasserstoff unlöslich ist (Am.P. 1334033. Houlehan, Delaware. Vom 16. März 1920).

Das Am.P. 1337317 betrifft eine weitere Ausbildung des zuletzt beschriebenen Verfahrens, die im wesentlichen darin besteht, daß man nach eingetretener Reaktion das Reaktionsprodukt unter vermindertem Druck abdestilliert (Am.P. 1337317. Houlehan, Delaware. Vom 20. April 1920).

Man hat auch schon das zur Spaltung erforderliche Chloraluminium aus seinen Komponenten, d. h. aus Mischungen von Bauxit, Kohlenstoff, Metallchloriden, unter Zusatz von Metallen oder Metalloxyden (Eisen, Nickel, Zink, Blei, Antimon, Titan, Calcium oder Magnesium), deren Chloride leicht bei Gegenwart von Wasserstoff oder Wasser zersetzbar sind, im elektrischen Flammenbogen hergestellt und in diese Aluminiumchlorid enthaltende Beschickung das zu spaltende Öl eingeleitet. Zur Ausführung bedient man sich eines zweischenkligen Apparates, bei dem der eine Schenkel als Elevator ausgebildet ist, um in den anderen, den elektrischen Flammenbogen enthaltenden Teil des Apparates die Beschickung zur Herstellung des Chloraluminiums einzubringen. In diese Beschickung des elektrischen Ofens wird von unten das zu spaltende Öl eingeleitet. Es sind Vorkehrungen getroffen, um die Spaltung in Form eines Kreisprozesses auszuführen (Am.P. 1317077 und 1373653. Danckwardt, Colorado. Vom 23. September 1919 und 5. April 1921).

Obwohl bereits in vielen Vorveröffentlichungen darauf hingewiesen ist, daß in den bei der Spaltung mit Aluminiumchlorid entstehenden Dämpfen auch dieses Salz in Dampfform enthalten ist (vgl. D.R.P. 394443; vgl. auch Am.P. 1317077 und 1373653), ist auch in dem Am.P. 1381098 darauf hingewiesen, daß man bei der Spaltung die Öldämpfe mit den Dämpfen des Aluminiumchlorids mischen muß. Als Chloride sind an erster Stelle angegeben diejenigen des Aluminiums und Eisens, ferner die des Zinks, Antimons, Titans, Arsens, Quecksilbers, des Zinns, Siliciums, Zirkons und Kadmiums. Außer den Chloriden soll man auch die Bromide und Jodide anwenden können. Es wird ein Apparat vorgeschlagen, der aus drei unten mit einem Querrohr verbundenen, senkrecht stehenden, von außen beheizten Röhrenretorten besteht, die im Innern rotierende Wellen mit Schabern tragen. Das mittlere Rohr dient zur Ausbringung des verdampften Chlorids. Es wurden Temperaturen zwischen 200—800° C in Anwendung gebracht (Am.P. 1381098. Alexander und Taber, Texas. Vom 14. Juni 1921).

Es ist in dem bereits besprochenen E.P. 191582 (vgl. dieses Kapitel) darauf hingewiesen worden, daß man die Rückstände der Spaltung von Ölen mit Chloraluminium auf höhere Temperaturen erhitzen muß, um sie technisch zu verwerten. Man hat dies bereits in der Weise ausgeführt, daß man aus dem Rückstand durch mäßiges Erwärmen die Rückstandsöle austrieb und dann weiter bis zur Verkokungstemperatur (425° C) erhitzte. Bei dieser Temperatur ließ man Chlor oder Salzsäure auf den Rückstand einwirken, um Chloraluminium herzustellen. Man kann aber auch die Rückstände auf höhere Temperaturen zwischen 510° und 982° C (zweckmäßig auf 782⁰ C) erhitzen, um die Doppelverbindung des Aluminiumchlorids mit den Kohlenwasserstoffen zu zerstören. Bei dieser Zersetzung entweicht u. a. auch Salzsäure, aus dem im Rückstand befindlichen Chloraluminium, die man zur Herstellung von neuem Chloraluminium verwenden kann, indem man sie z. B. über Aluminiumkarbid leitet. (Am. P. 1401113. Burgess, New York. Vom 20. Dezember 1921).

In dem bereits besprochenen Am. P. 1401113 wird u. a. auf S. 1, Z. 62 ff. vorgeschlagen, den Rückstand der Spaltung von Ölen durch Aluminiumchlorid mit organischen Lösungsmitteln wie Alkohol, Tetrachlorkohlenstoff u. a. m. zwecks Gewinnung des Chloraluminiums zu behandeln. Auch in dem Am. P. 1426081 finden organische Lösungsmittel Verwendung. Sie sollen aber dazu dienen, den schwer flüssigen Rückstand der Ölspaltung in eine leichter flüssige Form zu bringen. Man drückt ihn dann mit Hilfe eines überhitzten permanenten Gases mit Hilfe einer Düse in fein vernebelter Form in einen erhitzten Kessel, in dem das Chloraluminium sublimiert (Am. P. 1426081. Hoover, Chikago. Vom 15. August 1922).

Nach den Angaben des Am. P. 1427626 soll als Spaltungskatalysator wie auch schon z. B. im D.R.P. 292387 näher beschrieben worden ist, eine Doppelverbindung zwischen Öl und Chloraluminium angewendet werden. Das wesentliche Merkmal der dort beschriebenen Arbeitsweise soll darin bestehen, daß man das zu spaltende Öl und den Katalysator auf zwei verschiedenen Wegen führt, bevor sie aufeinander einwirken, so daß es möglich ist, nur das Öl kontinuierlich anzuwärmen. Es wird ein Apparat bestehend aus einem senkrechten zylindrischen, außen beheizten Kessel mit Inneneinsatz und axial angeordnetem Einführungsrohr bzw. Verteilungskörper für den Katalysator angewendet, der oben eine besondere Einrichtung zur Regenerierung des Katalysators trägt (Am. P. 1427626. E. V. Owen, Chicago. Vom 29. August 1922).

Es sind bereits z. B. in dem E. P. 191582 und in dem Am. P. 1401113 und 1426081 Verfahren zur Regenerierung des Aluminiumchlorids besprochen. Auch das Am. P. 1430109 verfolgt einen gleichen Zweck. Man soll diesen Zweck dadurch erreichen, daß man den verbrauchten Kohlenwasserstoffchloraluminium-Katalysator auf ein erhitztes Bad aus geschmolzenem Material aufsprüht, das vorzugsweise aus Destillaten des Paraffins besteht, deren niedrigster Siedepunkt bei etwa 300⁰ C liegt. Bei Berührung des verbrauchten Katalysators mit der Oberfläche des ständig durch eine Heiz- und Filtereinrichtung umlaufenden Bades wird der Katalysator gespalten, wobei nur das Chloraluminium oben abdestilliert und in einem Sättigungsturm durch herablaufendes Frischöl in neuen gebrauchsfertigen Katalysator übergeführt wird (Abb. 151). In der nachstehenden Zeichnung bedeutet *1* den Spaltkessel, der am Boden mit der geschmolzenen Masse bedeckt ist, die mit Hilfe der Pumpe *6* durch das Filter *7* und die Heizschlange *8* zirkuliert. Durch das Rohr *3* wird das mit dem Katalysator gemischte Öl auf die geschmolzene Masse aufgesprüht. Die Dämpfe entweichen durch Rohr *13* in den Kondensor *14* (Am. P. 1430109. E. V. Owen, Chikago. Vom 26. September 1922).

Es ist bereits in dem D.R.P. 394443, den E.P. 22922/1914 und 22243/1914, dem Am.P. 1424574, in dem Ö.P. 94222, dem E.P. 17839/ 1913, dem Am.P. 1193540 u. a. m. auf die Notwendigkeit hingewiesen worden, die Spaltung von Ölen mit Kohlenwasserstoffhalogenaluminium unter Anwendung von Rührwerken auszuführen, weil sich bei dieser Spaltung von einem gewissen Zeitpunkt ab gummiartige Massen absetzen, die einen gleichmäßigen Kontakt mit dem Spaltmittel ausschließen. Während die meisten·dieser Spaltapparate senkrechte Kessel darstellen, deren Boden von einem Rührwerk bestrichen wird, ist in dem Am.P. 1476091 ein wagrecht liegender röhrenförmiger Kessel beschrieben, der eine zur Wandung parallel rotierende Mittelachse trägt, an der sich die, die gesamte Kesselwandung bestreichenden, Schaber und von ihnen be-

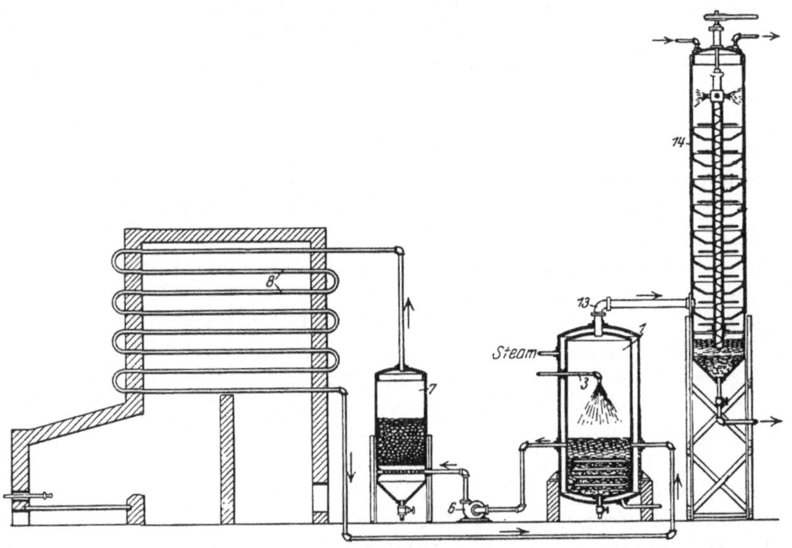

Abb. 151. Am.P. 1430109.

wegte Metallkugeln befinden, die einen knetenden Einfluß auf die gummiartigen Rückstände ausüben sollen (Abb. 152). In dem Kessel *12* ist ein um die horizontale Achse *30* rotierender rahmenartiger Rührer *38, 39* angeordnet, durch den die Kugeln *41* mitbewegt werden. Die Destillate gehen in die Kondensatoren *13, 15, 17*. Die schwer flüchtigen Produkte laufen durch Rohr *21* und *14* zurück (Am.P. 1476091. A. M. McAfee. Vom 4. Dezember 1923).

Wie auch aus den Ausführungen des zuletzt besprochenen Am.P. 1476091 zu ersehen ist, hat sich eine mechanische Rührung bei der Spaltung von Ölen mit Chloraluminium als unbedingt notwendig erwiesen, weil die spaltende Wirkung sonst zu schnell nachläßt. Den gleichen Weg beschreitet auch das Am.P. 1476219. Die Doppelverbindung des Aluminiumchlorids mit Ölen stellt einen schweren ölartigen Körper dar, der sich z. B. in Petroleum nicht ohne weiteres löst. Deshalb wird nach den Angaben des Am.P. 1476219 so verfahren, daß man eine größere Menge des zu spaltenden Öles mit dem Katalysator in einem Spaltkessel durch ein vielarmiges, mit Ketten versehenes Rührwerk in stetiger Bewegung hält und kontinuierlich einen Teil der Füllung des Spaltkessels abführt, durch eine abzweigende Erhitzungsleitung sendet und dem Spaltkessel im Kreislauf wieder zuführt, wodurch eine sehr feine Verteilung des Katalysators im Öl erfolgen soll (Am.P. 1476219. G. L. Prichard et Al., Pittsburg. Vom 4. Dezember 1923).

Bei der Ausführung der Spaltung mit Hilfe von Chloraluminium ergibt sich, selbst wenn man stetig neue Mengen des Katalysators hinzufügt, schließlich die Notwendigkeit, wenn der Inhalt im Spaltkessel teerig und koksartig geworden ist, ihn zu kühlen, wenn man die Spaltung beenden will. Auch beim Einblasen von Dampf, der stets von einer starken Bildung von Salzsäure begleitet ist, würde eine solche Abkühlung etwa 1 Woche dauern. Zu diesem Zweck wird vorgeschlagen, aus den

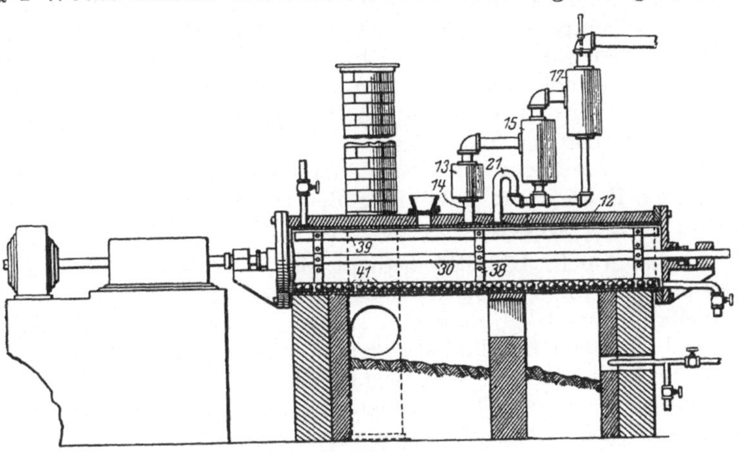

Abb. 152. Am.P. 1476091.

Spaltkesseln zunächst die Spaltrückstände zu entfernen und hierauf die Apparate unter den nötigen Vorsichtsmaßregeln mit kaltem Öl, das im Kreislauf zurückgekühlt wird, abzukühlen (Am.P. 1476744. T. L. Watkeys, Texas. Vom 11. Dezember 1923).

Es ist bereits in dem E.P. 193188 bzw. den entsprechenden F.P. 546175 und Am.P. 1405054 darauf hingewiesen, daß man als Katalysator eine Paste aus Öl und Chloraluminium anwenden soll. Eine gleiche Paste wird auch in dem Am.P. 1478438 benutzt. Zur Ausführung bedient man sich eines liegenden, röhrenförmigen Kessels, in dem eine Schnecke rotiert, die den Kesselinhalt nach der einen Stirnwand befördert. Das zu spaltende Öl wird im Verhältnis zu dem in dem Spaltkessel befindlichen Katalysator von der einen Stirnseite des Kessels unter Druck, und zwar intermittierend, eingepreßt. Der Katalysator wird entsprechend der Menge des abgeführten Rückstandes ergänzt (Am.P. 1478438. G. H. King, Texas. Vom 25. Dezember 1923).

Bei der Spaltung von Schwerölen mit Hilfe von Chloraluminium verfährt man für gewöhnlich derart, daß man bei einem Zusatz von etwa

5 vH Chloraluminium auf 166—196⁰ C unter Rückfluß erhitzt, und zwar bei normalem Druck. Der Siedepunkt des Gasöles liegt etwa bei 333⁰ C. Bei Zusatz von Chloraluminium entweichen die ersten Destillate bei etwa 250⁰ C. Bei dieser Arbeitsweise entweichen auch höher siedende Öle und Chloraluminium. Man vermeidet diese Mißstände, wenn man das Spaltsystem entweder vor oder hinter dem Kondensor unter einen Druck von 15—50 Pfund stellt. (Am.P. 1478444. McAfee, Texas. Vom 25. Dezember 1923.)

Die Anwendung von Druck bei der Spaltung mit Chloraluminium ist u. a. schon in dem D.R.P. 292387, S. 2, Abs. 2 erwähnt.

Es ist schon in dem D.R.P. 394443 und den entsprechenden Auslandspatenten E.P. 22243/1914 und 22922/1914 und Am.P. 1424574 auf die Notwendigkeit hingewiesen, solche Temperaturen bei der Spaltung von Ölen mit Aluminiumchlorid inne zu halten, daß die übergehenden Dämpfe eine Temperatur von 175⁰ C nicht überschreiten. Es soll dadurch auch einer Sublimation des Chloraluminiums vorgebeugt werden. Man arbeitet bei den erwähnten Temperaturen unter Rückfluß. Einen gleichen Zweck verfolgt auch das Am.P. 1482438. Auf einem wagerecht liegenden zylindrischen Spaltkessel ist ein äußerst voluminöser Rückflußkühler in der Form eines stehenden, mit Prellplatten versehenen zylindrischen Kessels zur Abkühlung der Destillationsdämpfe montiert. (Am.P. 1482438. McAfee, Texas. Vom 5. Februar 1924).

Auch das Am.P. 1501014 bedient sich, wie bereits in dem E.P. 193188 und Am.P. 1478438 näher beschrieben ist, einer Paste aus Aluminiumchlorid und Ölen als Katalysator. Der benutzte Spaltkessel ist ein aufrecht stehender Zylinder, der nur in seinem unteren Teil beheizt wird. Denn in der Mitte des Kessels ist die Einführung für den Katalysator. Die zu spaltenden Öle werden von oben in den Kessel, der eine große Anzahl von mit Durchlässen versehenen Prellplatten oder Füllmaterial wie Koks, Tonstücke o. dgl. besitzt, eingeleitet. Bei dieser Anordnung werden die Öle getoppt, ehe sie mit dem Katalysator in Berührung kommen. Am Boden des Spaltkessels werden die Rückstände intermittierend abgezogen. Bei dieser Arbeitsweise soll der Katalysator seine aktiven Eigenschaften möglichst lange bewahren (Am.P. 1501014. McAfee, Texas. Vom 8. Juli 1924).

Zum Spalten hochsiedender Öle pflegt man ein Gemisch dieser mit wasserfreiem Aluminiumchlorid oder einem anderen Metallchlorid zu destillieren, wobei schließlich ein teerartiger Rückstand zurückbleibt. Nach den Angaben des Am.P. 1568812 soll man Öldämpfe durch filterartige Massen schicken, deren Temperatur unter dem Sublimationspunkt des Chloraluminiums liegt. Dieses Verfahren soll in erster Linie den Gehalt an ungesättigten Produkten vermindern. Die Behandlung von Ölen in der Dampfphase mit porösen Materialien, die Chloraluminiumkatalysatoren enthalten, ist schon in dem D.R.P. 292387 (vgl. dieses Kapitel) beschrieben. Auf das Reinigen von Ölen mit Chloraluminium ist schon in dem E.P. 22922/1914 (vgl. dieses Kapitel) hingewiesen (Am.P. 1568812. W. F. Downs, New Jersey. Vom 5. Januar 1926).

Die Spaltung von Ölen wird nach den Angaben des Am.P. 1577871 für gewöhnlich derart ausgeführt, daß man ein Gemisch von Aluminiumchlorid mit z. B. Ölen bei etwa 278—306⁰ C destilliert und die entstehenden Destillate in einen Rückflußkühler bei etwa 195⁰ C leitet, der das sublimierende Salz sowie Schweröle kondensieren und zurücklaufen lassen soll. Nach den Angaben des Am.P. 1577871 sollen hierbei Verluste an Chloraluminium auftreten sowie Kondensationen von Leichtölen, die bei erneuter Einwirkung von Chloraluminium polymerisieren. Man soll diese Mißstände dadurch vermeiden, daß man zur Ausführung der Spaltung eine Destillationskolonne anwendet, bei der unter Innehaltung bestimmter Arbeitsvorschriften die Kondensate nicht in den Spaltkessel, sondern in einen darauffolgenden Kessel ablaufen (Am.P. 1577871. G. L. Prichard et Al., Texas. Vom 23. März 1926).

Durch Innehaltung bestimmter Temperaturen kann man wie in dem Am.P. 1577871 und auch schon in den D.R.P. 356595 und 394443 u. a. gezeigt worden ist, bei der Spaltung mit Chloraluminium zu benzinartigen Destillaten (und zwar ohne Verlust an Chloraluminium) gelangen, wenn man dafür sorgt, daß der letzte wassergekühlte Kondensator alle unter 195⁰ C siedenden Produkte kondensiert. Diese Arbeitsweise versagt aber, wenn man aus Schwerölen zu Kerosinen oder Spindelölen von einem hohen Reinheitsgrad gelangen will, da wegen des hohen Siedepunktes dieser Produkte Verluste an Chloraluminium eintreten. Man kann diese dadurch vermeiden, wenn man aus den Destillatdämpfen vor ihrer Kondensation das in ihnen enthaltene Chloraluminium durch einen feinen Strom von Rohöl auswäscht. An Stelle von Chloraluminium wird auch Eisenchlorid, Zinkchlorid, Zinnchlorid, Antimonpentachlorid und Selenoxychlorid empfohlen (Am.P. 1578049. McAfee, Texas. Vom 23. März 1926). Die Behandlung der bei der Spaltung entstehenden Chloraluminium enthaltenden Destillatdämpfe mit fein verteiltem Rohöl ist bereits in dem E.P. 189200 beschrieben.

Die Destillate, welche man bei der Spaltung mit Chloraluminium erhält, bestehen im wesentlichen aus den gewünschten leichten Benzinen, Chloraluminium und höher siedenden Ölen. Für gewöhnlich wurde derart gearbeitet, daß man aus dem Destillat alles bis auf die Benzine kondensierte und in den Spaltkessel zurücklaufen ließ. Die Destillate enthalten aber neben den Benzinen auch höher siedende reine Öle, die ein wertvolles technisches Erzeugnis darstellen. Deshalb hat es sich nach den Angaben des Am.P. 1578050 als zweckmäßig herausgestellt, diese hoch siedenden wertvollen Produkte nicht wieder in den Spaltkessel zurückzuleiten, sondern zusammen mit dem Chloraluminium zu kondensieren und getrennt von diesem zu gewinnen (Am.P. 1578050. McAfee, Texas. Vom 23. März 1926).

In dem Am.P. 1127465 (siehe auch E.P. 22922/1914) ist ein Verfahren von dem gleichen Erfinder beschrieben, nach dem man Rohöle, nachdem sie getoppt worden sind, unter einem Zusatz von 1—10 vH Chloraluminium bzw. 278—333⁰ C destilliert, bis nur ein Teil des Öles gespalten ist. Der Rest ergibt nach Reinigung und Trennung von Chloraluminium ein gutes Schmieröl.

Das Am.P. 1578051 betrifft einen weiteren Ausbau dieses Verfahrens, indem man zunächst einen Teil des Öles bei Temperaturen von 167—195⁰ C der Spaltung unter Rücklauf unterzieht und dann das restliche Öl in einen anderen Kessel bringt, in dem die Spaltung ohne Kondensation des Chloraluminiums usw. fortgesetzt wird. Das Chloraluminium wird durch Sublimation reaktiviert. Nebenprodukte sind wertvolle Schmieröle (Am.P. 1578051. McAfee, Texas. Vom 23. März 1926).

Wenn man einer bestimmten Menge Öl eine gewisse Menge Chloraluminium als Spaltungskatalysator in einem Kessel zusetzt und hierauf erhitzt, so ändern sich kontinuierlich in dem Verhältnis wie leicht siedende Produkte abgetrieben werden die Mengenverhältnisse zwischen dem Öl und dem Katalysator. Um diese Verhältnisse bei der Spaltung konstant zu erhalten, soll man eine Mischung dieser beiden Komponenten herstellen und sie hierauf durch eine auf die erforderliche Temperatur erhitzte Heizröhre leiten und von dort in eine Expansionskammer, in der die flüchtigen Bestandteile in Dampf übergehen. Das zurückbleibende Schweröl wird von dem verbrauchten Chloraluminium getrennt. Die Beförderung des Öles wird durch einen zirkulierenden Gasstrom erleichtert. Die Spaltröhre wird durch ein Bleibad erhitzt (Am.P. 1585263. G. L. Prichard et Al., Texas. Vom 18. Mai 1926).

In früher besprochenen Vorschlägen (vgl. z. B. auch E.P. 22922/1914 u. a.) ist bereits darauf hingewiesen, daß das Aluminiumchlorid bei der Spaltung nach einer gewissen Zeit unwirksam wird und infolgedessen die Rückstände abgezogen und durch neue Spaltmittel ersetzt werden müssen. Das Am.P. 1601421 verwendet zur Lösung dieser Aufgabe eine Kolonne von Kesseln, die durch Überlaufröhren und an der Decke durch ein Abführrohr für die Destillate in Verbindung stehen. Es wird so gearbeitet, daß die Mischung von Öl und Katalysator kontinuierlich von einem Kessel in den nächsten unter abwechselnder Erwärmung und Kühlung, sowie Abtrennung von verbrauchtem und Einführung von neuem Katalysator fließt (Am.P. 1601421. E. R. Wolcott, Texas. Vom 28. September 1926).

Bei der Mehrzahl der im vorstehenden beschriebenen Verfahren werden bei der Spaltung mit Chloraluminium die Spaltkessel von außen angeheizt. Bei dieser Ausführung tritt wohl ein großer Verlust an Wärme ein und andererseits es läßt sich nicht vermeiden, daß sich an den Heizflächen unerwünschte Überhitzungserscheinungen zeigen. Man vermeidet diese Mißstände, wenn man die Heizung nicht mehr von außen vornimmt, sondern vielmehr im Innern des Spaltkessels Heizschlangen anordnet, die von einer zirkulierenden Heizflüssigkeit, der dauernd Wärme zugeführt wird, durchströmt werden (Abb. 153). In der nachstehenden Zeichnung ist *13* der Spaltkessel, auf dem die Kondenser *36* und *33* angeordnet sind. Die Temperatur in dem Spaltkessel wird durch die mit heißem Öl gespeiste Heizschlange *12* aufrecht erhalten, die mit dem Erhitzer *4* verbunden ist (Am.P. 1607966. G. L. Prichard et Al., Texas. Vom 23. November 1926). Die Anwendung von Heizschlangen bei dieser Spaltung ist u. a. bereits im Am.P. 1601421 und die Anordnung eines mit zirkulierendem Öl erhitzten Röhrenerhitzers in dem E.P. 189 200 erwähnt.

Nach den Angaben des Am.P. 1 608 328 soll man mit Hilfe von Chloraluminium zu synthetischen Ölen gelangen, wenn man solche Öle, die eine große Menge ungesättigter Kohlenwasserstoffe enthalten, bei Gegenwart von Gasen, die reich an Wasserstoff sind, wie z. B. Naturgas, Gase vom Ölgasprozeß, Koksofen- oder Kohlengase, Wasserstoff selbst mit Chloraluminium unter Druck behandelt. Arm an Wasserstoff sind z. B. Asphalte, Teere, Peche, Asphaltöle, Heizöle u. dgl. Man soll auf diese Weise zu gesättigten, leichter siedenden Spaltölen gelangen (Am.P. 1 608 328. McAfee, Texas. Vom 23. November 1926).

Auch das Am.P. 1 608 329 beschäftigt sich mit dem gleichen Problem, das in dem zuletzt besprochenen Am.P. 1 608 328 näher erläutert ist.

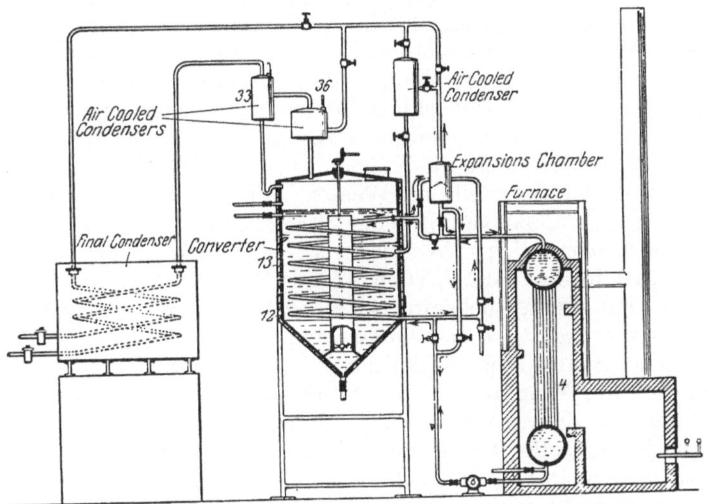

Abb. 153. Am.P. 1 607 966.

Der Erfinder geht hierbei auf sein älteres Am.P. 1 277 329 zurück, in dem eine Verbesserung von Ölen durch Behandeln mit Chloraluminium bei Temperaturen von 65,55° C erfolgt, wobei die ungesättigten Kohlenwasserstoffe in gesättigte übergehen. Man soll hier dieses Verfahren etwa unter den gleichen Bedingungen wie im Am.P. 1 608 328, d. h. also bei Gegenwart von wasserstoffreichen Gasen oder auch Wasserstoff auch unter Druck ausführen. Als Gas kann auch das genommen werden, welches beim Kracken entsteht. Die beste Arbeitstemperatur liegt zwischen 65—100° C. Bei höheren Temperaturen läßt sich der Verlauf der Reaktion schwer beeinflussen. (Am.P. 1 608 329. McAfee, Texas. Vom 23. November 1926.)

Bei der üblichen Spaltung von Ölen mit Chloraluminium durch gemeinsames Erhitzen läßt sich es nicht vermeiden, daß sich nach einer gewissen Zeit Kohle und gummiartige Massen abscheiden, durch welche die Aktivität des Katalysators aufgehoben wird, so daß man entweder die Rückstände vom Öl trennen und das Aluminiumchlorid regenerieren, oder aber neuen Katalysator zusetzen muß. Man soll die unerwünschten Abscheidungen vollkommen vermeiden, wenn man die Einwirkung des Chloraluminiums bei Gegenwart einer geschmolzenen Mischung von Chlorzink und Chlornatrium vornimmt. Es wird ein Spaltkessel benutzt, welcher mit Nickelstücken gefüllt ist über welche die geschmolzene Salzmischung herabläuft. Das Öl und das Chloraluminium befindet sich in der Dampfphase und wird mit den Dämpfen abgeleitet und kondensiert. Die ablaufende Salzmasse enthält die Hauptmenge des Kohlenstoffes. Es wird bei Gegenwart von Wasserstoff gespalten (Am.P. 1620075. I. C. Clancy, New Jersey. Vom 8. März 1927). Die Verwendung geschmolzener Salzmassen als Hitzeüberträger bei der Spaltung von Ölen mit Chloraluminium ist bereits in dem Am.P. 1430109 beschrieben.

Bei der Spaltung von Chloraluminium hat man vielfach zur Kondensierung eine besondere Kühlvorrichtung zwischen dem Spaltkessel und dem letzten Wasserkühler angebracht. Dort wo kein Rücklauf angewendet wird, weil nur geringe Mengen von Chloraluminium Anwendung finden, gehen manchesmal merkliche Mengen von Chlorid und Salzsäure in den Kühler über und führen dort zu Korrosionen. Man soll diese Übelstände umgehen, wenn man die Kondensation der Dämpfe durch direkte Kühlung mit fein verteiltem Wasser vornimmt (Am.P. 1623025. C. B. Buerger, Pennsylvania. Vom 29. März 1927).

Um Öle in der üblichen Weise durch Erhitzen mit Chloraluminium zu spalten, ist in dem Am.P. 1636144 der Vorschlag gemacht worden, sie zunächst mit einem Rückstand der sich bei der Spaltung von Ölen mit Chloraluminium ergibt, zu destillieren, und hierauf das dabei gewonnene Destillat einer Spaltung mit Chloraluminium in der gewöhnlichen Weise zu unterwerfen. Wenn auch in den bereits besprochenen Verfahren der intermittierende Zusatz von Chloraluminium erwähnt ist, so geht doch daraus das vorliegende Verfahren in seiner bestimmten Ausführungsweise nicht hervor (Am.P. 1636144. McAfee, Texas. Vom 19. Juli 1927).

Man hat das Chloraluminium auch schon in einer zweiten Phase der Spaltung, nämlich nach der Druckwärmespaltung, und zwar dampfförmig in einem nach dem Prinzip der Skrubber gebauten Apparat zur Anwendung gebracht. Der vorgeschlagene Apparat (vgl. a. Am.P. 1610523 Kap. XIII) besteht aus einem unter Druck stehenden Spaltapparat mit zickzackförmig angeordneten Heizplatten, über die das Öl in dünner Schicht rieselt. Die entstehenden Dämpfe werden in darüber angeordneten Dephlegmatoren der Einwirkung von dampfförmigem Chloraluminium ausgesetzt (Am.P. 1625467. F. M. Hess, Indiana. Vom 19. April 1927).

19. Kracken unter Anwendung von Katalysatoren mit Ausnahme von Chloraluminium.

In dem vorliegenden Kapitel sollen in erster Linie diejenigen Verfahren abgehandelt werden, bei denen auf die katalytische Wirkung irgendeines Zusatzes Wert gelegt wird, dessen Anwendungsweise keine besonderen Merkmale aufweist. Deshalb sind z. B. Filter, die aus katalytisch wirksamen Substanzen bestehen, in dem Kapitel Nr. 12 abgehandelt worden, ebenso finden sich katalytisch wirksame durch den elektrischen Strom erhitzte Materialien in dem Kapitel Nr. 17. Aus den gleichen Gründen wird man katalytische Spaltverfahren auch in dem Kapitel Nr. 5 (Metallbäder, insbesondere Bleibäder) suchen müssen. Diese Unterteilung erschien deshalb erforderlich, weil in den besprochenen Einzelfällen die Wirkung des benutzten Katalysators nicht in erster Linie das Merkmal der Erfindung bildete, sondern vielmehr seine besondere Anwendungsweise in dem Spaltapparat.

Als Katalysatoren werden vornehmlich Metalle angewendet, deren Schmelzpunkt über oder unter der Arbeitstemperatur liegen kann, aber auch Metalloxyde, Metallsalze, Kohle, Koks und poröse inerte Materialien, bei denen es in erster Linie auf eine Oberflächenwirkung anzukommen scheint, sind zu dem genannten Zweck verwendet worden. Die Übersichtlichkeit über dieses Arbeitsgebiet wäre fraglos gefördert worden, wenn man die verwendeten Katalysatoren nach chemischen Gesichtspunkten eingeordnet hätte. Von dieser Absicht mußte aber Abstand genommen werden, weil die Natur des benutzten Katalysators für den Endeffekt anscheinend nicht immer eine ausschlaggebende Rolle zu spielen scheint. Es ist charakteristisch für viele dieser Verfahren, daß sie meistens bei Gegenwart von Wasserstoff o. ä. oder aber unter Verwendung von Wasserdampf und unter solchen Bedingungen ausgeführt werden, daß sich aus dem Dampf Wasserstoff oder wasserstoffhaltige Gasgemische bilden. Es sollen im folgenden die einzelnen Vorschläge besprochen werden.

Katalyse.

D.R.P. 14924, Kl. 23. François Ferdinand Rohart in Paris. Verfahren, Erdpeche, Rohpetroleum, schwere Öle, Teer usw. in Brennöl zu verwandeln. Vom 29. Januar 1881.

Patentanspruch: Verfahren zur Gewinnung von Brennöl aus Erdpech, Rohpetroleum, schweren Ölen und Teer dadurch, daß man diese Stoffe mit zerstoßenem gebrannten Kalk oder mit einem anderen Alkali destilliert, wobei der Kalk durch Einsenken eines damit gefüllten Korbes in die Destillierblase eingeführt werden kann.

D.R.P. 34315, Kl. 23. Heinrich Hirzel in Plagwitz-Leipzig. Verfahren und Apparat zur Destillation und gleichzeitigen Reinigung von Petroleum, Teer und Teerölen, Harz und Harzölen u. dgl., eventuell auch zur Zersetzung derselben und gleichzeitigen Reinigung der Zersetzungsprodukte. Vom 21. April 1885.

Patentansprüche: 1. Das Verfahren in Verbindung mit der Destillation unter Anwendung eines zerstäubend oder mischend wirkenden Apparates die abgehenden Destillate von Petroleum, Teer und Teerölen verschiedenster Art, Harz und Harzölen u. dgl., gleich im dampfförmigen Zustande, d. h. bevor sie aus der Destillierblase in den Kühler treten, mit Chemikalien (Natronlauge, Schwefelsäure usw.) zu reinigen, so daß Destillation und Reinigung der Destillate eine Operation bilden.

2. Das Verfahren, die abgehenden Destillate behufs einer noch vollkommeneren Reinigung oder Zersetzung und eventuellen Umwandlung in sogenannte aromatische Kohlenwasserstoffe zuerst in einen Rektifizierkessel oder in einen Zersetzungsapparat zu leiten und sogleich ohne Unterbrechung der Operation die unter 1 bezeichnete Reinigung und Waschung der dampfförmigen Produkte vorzunehmen.

Verwendet wird ein Zylinder, der, falls man mit der Destillation gleichzeitig eine weitergehende Zersetzung einzelner Destillate, besonders die Bildung aromatischer Kohlenwasserstoffe verbinden will, durch eigene Feuerung beliebig erhitzt werden kann. Derselbe wird mit Holzkohlen oder anderen porösen Materialien angefüllt, bis zur Glühhitze gebracht, und die sich entwickelnden Dämpfe werden bis auf seinen Boden geleitet. Unter dem ansaugenden Einflusse des Zerstäubungsapparates steigen die Dämpfe durch die glühende Füllung und an den Wandungen des Kessels empor und erleiden hierbei die beabsichtigte Zersetzung, wobei man je nach der Natur des zu zersetzenden Stoffes den Zerstäubungsapparat stärker oder schwächer wirken läßt.

D.R.P. 51553, Kl. 23. **Faustin Hlawaty in Wien. Verfahren zur Gewinnung von Benzol, Toluol, Xylol, Cumol, Naphthalin und Anthracen aus Petroleum, Petroleumrückständen, Steinkohlenteer, Steinkohlenteeröl, Schieferteer, Schieferteeröl, Braunkohlenteer, Braunkohlenteeröl, Paraffin, Vaselin. Vom 11. August 1888.**

Patentansprüche: 1. Verfahren zur Darstellung von Benzol und dessen Homologen, sowie Naphthalin und Anthracen, bestehend in dem Einleiten von überhitztem Wasserdampf in ein auf etwa 400° C erhitztes Gemisch von Petroleumrückständen (oder Steinkohlenteer usw.) mit zellulosehaltigen Substanzen, wie Sägespänen, Seegras, Stroh, unter Zusatz von ätzenden Alkalien.

2. Bei dem durch Anspruch 1 gekennzeichneten Verfahren der Ersatz des überhitzten Wasserdampfes durch die Dämpfe von Methyl- bzw. Äthylalkohol oder Essigsäure.

So gestaltet sich denn die Darstellung von Benzol und dessen Homologen durch Einleiten von überhitzten Methyl- oder Äthylalkoholdämpfe oder Essigsäuredämpfen in ein Gemisch von Petroleum, Petroleumrückständen, Steinkohlenteer, Steinkohlenteeröl, Braunkohlenteer, Braunkohlenteeröl, Schieferteer, Schieferteeröl, Paraffin usw. und Kohlehydraten oder Zellulose jeglicher Art mit oder ohne Zusatz von Ätzalkalien und durchleiten der dabei entwickelten Dämpfe durch rotglühende, mit Eisenspänen und Kohle (oder anderen Kontaktsubstanzen) gefüllte Röhren (oder aber wie beim Verfahren 1 angeführt) etwa folgendermaßen: Man preßt den Petroleumteer usw., vermischt mit fein verteilter Zellulose oder Lignit und Ätzalkali durch Zerstäuber allmählich in ein glühendes Gefäß, während gleichzeitig aus dem Dampfentwickler durch starkglühende, mit Bimsstein gefüllte Röhren der höchst erhitzte Dampf von Alkohol bzw. Essig in das Gefäß strömt und auf das Gemisch von Zellulose und Teer in Gegenwart von Ätzalkali einwirkt. Die aus dem Gefäß entweichenden Dämpfe werden im Kühler aufgefangen und auf bekannte Weise daraus Benzol, Toluol, Xylol, Styrol usw. nebst Anthracen ausgeschieden. Die etwaigen, noch nicht kondensierten Gase werden durch ein Gemisch von Eisenvitriol, gebranntem Kalk und Moos in zerkleinertem Zustande und durch schwachglühende, mit Bimsstein oder Eisen und Kohle gefüllte Röhren langsam geleitet, worauf sie schließlich im Kondensator als Benzol gewonnen werden können.

D.R.P. 226135, Kl. 23. Patent Hydrokarbon Limited in London. Verfahren zur Umwandlung von höhersiedenden Petroleumkohlenwasserstoffen in leicht flüchtige, die insbesondere als Treibmittel für Explosionsmotoren verwendbar sind. Vom 9. Dezember 1908 (Ö.P. 51464 und F.P. 393433).

Patentanspruch: Verfahren zur Umwandlung von höhersiedenden Petroleumkohlenwasserstoffen in leichtflüchtige, die insbesondere als Treibmittel für Explosionsmotoren verwendbar sind, dadurch gekennzeichnet, daß das zu behandelnde Öl zusammen mit Wasser über hoch erhitzte Eisenspäne o. dgl. unter Luftabschluß geleitet wird und die dabei entstehenden Dämpfe kondensiert und fraktioniert destilliert werden.

Das Verfahren besitzt gegenüber den bekannten Verfahren, bei denen die Kohlenwasserstoffe gemeinsam mit überhitztem Wasserdampf über hocherhitztes Eisen geleitet werden, den Vorteil, daß ein bedeutend höherer Prozentsatz, d. h. praktisch die ganze Menge des Öles in flüchtige Produkte von wesentlich niedrigen Siedepunkten umgewandelt wird. Auch verhindert das Verfahren die Bildung von größeren Mengen permanenter Gase sowie von Koks.

D.R.P. 227178, Kl. 23. Dr. Joachim Hausman in Câmpina und Dr. Stanislau Pilat in Ploesti, Rumänien. Verfahren zur Darstellung aromatischer Kohlenwasserstoffe durch Einleiten von Erdöl oder Erdölfraktionen in Dampfform in erhitzte Röhren über Kontaktsubstanzen. Vom 1. April 1909 (vgl. auch Ö.P. 76302 und E.P. 11420/14).

Patentanspruch: Verfahren zur Darstellung aromatischer Kohlenwasserstoffe durch Einleiten von Erdöl oder Erdölfraktionen in Dampfform in erhitzte Röhren über Kontaktsubstanzen, dadurch gekennzeichnet, daß als solche katalytisch wirksame Kontaktsubstanzen Metalloxyde, -superoxyde und -salze, wie z. B. Eisenoxyd, Bleioxyd, Ceriumoxyd, Mangansuperoxyd, Eisenuslfat, Calciummanganit u. dgl. verwendet werden, welche imstande sind, den Sauerstoff der in das Reaktionsrohr eingeblasenen Luft den Erdölkohlenwasserstoffen zuzuführen und die Verwendung von Wasserdampf überflüssig machen.

D.R.P. 262541, Kl. 120. Howard Lane in London, Gustaf Henrik Ryberg und Gottfried Hildnig Kinberg in Hamburg. Verfahren zur Darstellung von wasserstoffreicheren Kohlenwasserstoffen aus ungesättigten Kohlenwasserstoffen, insbesoderen von Äthylen und Äthan aus Acetylen. Vom 11. August 1910.

Patentanspruch: Verfahren zur Darstellung von wasserstoffreicheren Kohlenwasserstoffen aus ungesättigten Kohlenwasserstoffen, insbesondere von Äthylen und Äthan aus Acetylen durch Anlagerung von Wasserstoff in Gegenwart von Katalysatoren, wie Nickel, Kupfer usw., dadurch gekennzeichnet, daß man zur Vermeidung schädlicher Zersetzungen und Nebenreaktionen die zu vereinigenden Gase nicht von vornherein in dem Verhältnis, in dem sie sich vereinigen sollen, miteinander mischt und auf die für die Reaktion nötige Temperatur bringt, sondern daß man das eine dem andern bei dieser Temperatur nach und nach in solchen Mengen zumischt, daß durch die auftretende Reaktionswärme keine schädliche Temperatursteigerung stattfindet bzw. die entstehende überschüssige Wärme durch geeignete Vorkehrungen abgeleitet werden kann, ehe sie eine schädliche Temperatursteigerung hervorzurufen vermag.

D.R.P. 268176, Kl. 23. Auguste Testelin und Georges Renard in Brüssel. Verfahren zur Behandlung von Petroleum zwecks Umwandlung in Produkte anderer Art. Vom 11. August 1908 (vgl. auch Ö.P. 48920, F.P. 383554).

Patentanspruch: Verfahren zur Behandlung von Petroleum zwecks Umwandlung in Produkte anderer Art, gekennzeichnet durch die gleichzeitige Anwendung von überhitztem Wasserdampf und Druck auf das Petroleum, zweckmäßig in der Weise, daß man das Gemenge über eine Schicht rotglühender Tonsubstanz o. dgl. leitet.

Nach dem Verfahren der Erfindung werden, wie festgestellt wurde, im besonderen erhebliche Mengen von Benzin als Umwandlungsprodukt des Petroleums erhalten, während die Bildung von aromatischen Kohlenwasserstoffen nur sehr gering ist. Daß dies wirtschaftlich von großer Bedeutung ist, braucht wohl kaum besonders hervorgehoben zu werden.

D.R.P. 276765, Kl. 12. Dr. Meilich Melamid und Louis Grötzinger in Freiburg i. Br. Verfahren zur Gewinnung von Produkten der Teerdestillation unter Erhitzen mit Phosphorsäure. Vom 19. August 1913. Zusatz zum Patent 264811.

Patentanspruch: Abänderung des Verfahrens zur Behandlung von Teer, Teerölen oder Teerderivaten nach Patent 264811, dadurch gekennzeichnet, daß das Behandeln mit Phosphorsäure bei Gegenwart von indifferenten Gasen oder Dämpfen unter stetiger Bewegung geschieht, wobei die hochsiedenden Kohlenwasserstoffe in niedriger siedende Kohlenwasserstoffe von niedrigerem spezifischen Gewicht umgewandelt werden.

D.R.P. 306282, Kl. 23. Standard Oil Company in Whiting, Indiana, U. S. A. Verfahren zur Umwandlung höhersiedender in niedriger siedende Kohlenwasserstoffe. Vom 18. Dezember 1914 (vgl. auch Am.P. 1122003, F.P. 476782, E.P. 7541/1915, E.P. 21273/1914, Ö.P. 76144, Schweiz.P. 72172).

Patentanspruch: Verfahren zur Umwandlung von Kohlenwasserstoffen von einem über 260⁰ C liegenden Siedepunkt in solche von niedrigerem Siedepunkt, indem nur ein Teil dieser Kohlenwasserstoffe bei einer Temperatur von 343—454⁰ C unter einem Drucke von mindestens 4 Atm. abdestilliert und das Destillat verdichtet wird, dadurch gekennzeichnet, daß die Destillation in Gegenwart von eine große Ausdehnung besitzenden, katalytisch wirkenden Flächenkörpern aus Metall oder Asbest vorgenommen wird, welche entweder in die Flüssigkeit eingetaucht oder oberhalb des Flüssigkeitsspiegels angeordnet sind (Abb. 154).

Diese katalytischen Flächenkörper können aus Metall, z. B. Stahl, Messing oder Kupfer, oder aber aus Asbest in der Form von Platten oder Geweben bestehen.

D.R.P. 314745, Kl. 120. Dr. Ernst Albrecht in Hamburg-Wallhof, Dr. Rudolf Koetschau in Hamburg und Dr. Karl Harries in Berlin-Grunewald. Verfahren zur Gewinnung von Kohlenwasserstoffen und Alkalisalzen hochmolekularer Karbonsäuren. Vom 29. März 1916.

Patentanspruch: Verfahren zur Gewinnung von Kohlenwasserstoffen und Alkalisalzen hochmolekularer Karbonsäuren durch Spaltung von Karbüren oder davon abgeleiteten Estern, dadurch gekennzeichnet, daß man Karbüre, insbesondere Teerprodukte aus Braunkohle, Schiefer, Torf und bituminösem Asphalt oder daraus erzeugte Ester, gegebenenfalls unter Durchmischung mittels Gase, der Alkalischmelze unterwirft.

Beispiel 1. 100 kg Gasöl aus Braunkohlenteer, welches eine Jodzahl nach Hübl = etwa 63 besitzt, wird in einer Destillierblase mit 100 kg Kaliumhydroxyd unter Durchmischung mit Luft auf etwa 170° C erwärmt. Bei einer Temperatur von 60 bis 120° C, gemessen am Blasenrüssel, destillieren außer etwas

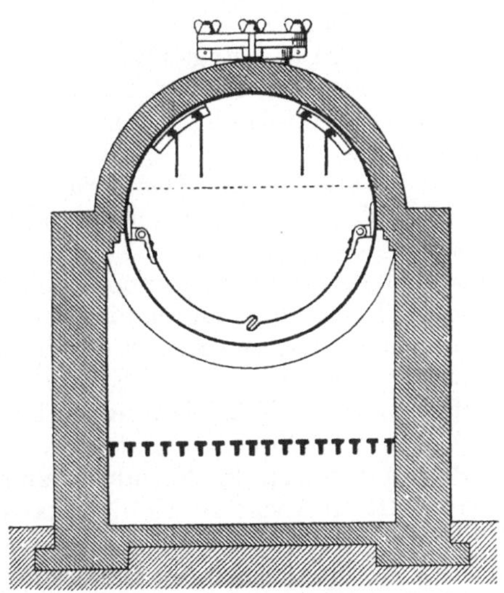

Abb. 154. D.R.P. 306282.

Wasser lebhaft leichte und fast farblose Öle ab, welche ein brauchbares Leuchtpetroleum darstellen. Anfangs entweicht dabei auch etwas Ammoniak. Nach 1—2 Stunden unterbricht man die Mischung und zieht die gebildeten zähflüssigen Seifen ab, die nach dem Erkalten zu einer halbfesten Masse erstarren.

Nach dem Erkalten des übrigen Blaseninhaltes läßt man das über dem auskristallisierten unverbrauchten Kalihydrat befindliche Öl ab. Dieses riecht, ebenso wie die Destillate, sehr angenehm und kann technisch verwertet werden. Man erhält aus 100 kg Gasöl:

ungefähr 45 kg Alkalisalze,
„ 30 „ Leuchtöl Sdp. 150 bis 220°,
„ 35 „ Ölrückstand,
„ 90 „ unveränderte, ROH.

D.R.P. 314746, Kl. 120. Dr. Carl Harries in Berlin-Grunewald, Dr. Rudolf Koetschau in Hamburg und Dr. Ernst Albrecht in Hamburg-Wallhof. Verfahren zur Gewinnung von Kohlenwasserstoffen und Alkalisalzen hochmolekularer Karbonsäuren. Vom 11. Juni 1916. Zusatzpatent zu 314745.

Patentanspruch: Abänderung des durch das Patent 314745 geschützten Verfahrens zur Gewinnung von Kohlenwasserstoffen und Alkalisalzen hochmolekularer Karbonsäuren, dadurch gekennzeichnet, daß man Karbüre, insbesondere Teerprodukte aus Braunkohle, Schiefer, Torf und bituminösem Asphalt, oder davon abgeleitete Ester, gegebenenfalls unter Durchmischung mittels Gase, mit Alkalilaugen in der Weise erwärmt, daß sich, während des Abblasens von Öl und Wasseranteilen hochkonzentriertes oder schmelzendes Alkali in der Reaktionsmasse bildet.

D.R.P. 314747, Kl. 120. Dr. Rudolf Koetschau in Hamburg, Dr. Carl Harries in Berlin-Grunewald und Dr. Ernst Albrecht in Hamburg-Wallhof. Verfahren zur Gewinnung von Kohlenwasserstoffen und Alkalisalzen hochmolekularer Karbonsäuren. Vom 11. Juni 1916. Zusatz zum Patent 314745.

Patentanspruch: Abänderung des durch das Patent 314745 geschützten Verfahrens zur Gewinnung von Kohlenwasserstoffen und Alkalisalzen hochmolekularer Karbonsäuren, dadurch gekennzeichnet, daß man von der Abfallsäure getrenntes Säureharz, oder daß man Petrolpech, gegebenenfalls unter Durchmischung mittels Gase, mit hochkonzentriertem oder geschmolzenem Alkali behandelt.

D.R.P. 326282, Kl. 23. Frederick Lamplough in London. Verfahren zum Überführen schwerer Kohlenwasserstoffe in leichtere Kohlenwasserstoffe. Vom 25. April 1913.

Patentanspruch: Verfahren zum Überführen schwerer Kohlenwasserstoffe in leichtere Kohlenwasserstoffe, bei dem die schwereren Kohlenwasserstoffe zusammen mit Wasser oder Dampf in eine Retorte, die etwa bei dunkler Rotglut gehalten wird, gebracht werden, wobei, falls erforderlich, Druck in der Retorte und in der Kondensiervorrichtung aufrecht erhalten wird, gekennzeichnet durch die Anwesenheit von Nickel in kompakter Form, beispielsweise in Form langer Stangen, die in Röhren enthalten sind, durch welche die Mischung von Öl und Dampf hindurchgeht.

D.R.P. 373060, Kl. 23. Felix Carl Thiele in Oklahoma City, Okla, U.S.A. und Carl Cordes in Magdeburg. Verfahren zur Umwandlung schwerer Kohlenwasserstoffe in niedriger siedende, spezifisch leichtere Produkte. Vom 29. Juli 1914 (vgl. auch Ö.P. 92642, E.P. 147648, F.P. 520322?).

Patentanspruch: Verfahren zur Umwandlung schwerer Kohlenwasserstoffe, wie Roherdöl und Erdölrückstände in niedriger siedende spezifisch leichtere Produkte durch Destillation, dadurch gekennzeichnet, daß man als katalytisch wirkende Substanz solche Hydrosilikate verwendet, die mehr als 5 vH freie Hydrokieselsäure enthalten.

Das vorliegende Verfahren betrifft die ökonomische Umwandlung von minderwertigen schweren Roherdölen und Erdölrückständen in handelsfähige leichter siedende Produkte. Es beruht darauf, daß man als katalytisch wirkende Substanz solche Hydrosilikate verwendet, die einen höheren Gehalt an freier Hydrokieselsäure aufweisen. Während die handelsübliche als Katalysator bereits benutzte pulverförmige Fullererde keine nennenswerte Spaltwirkung ausübt, zeigen die körnigen Hydrosilikate diese bereits in technisch erheblichem Maße bei einem Gehalt an freier Hydrokieselsäure von 5 vH an.

D.R.P. 378004, Kl. 23. Felix Carl Thiele in Oklahoma City, Okla, U. S. A. und Carl Cordes in Magdeburg. Verfahren zur Spaltung und Umwandlung schwerer Kohlenwasserstoffe. Vom 7. Juni 1921.

Patentansprüche: 1. Verfahren zur Spaltung und Umwandlung schwerer Kohlenwasserstoffe, wie Roherdöl oder Erdölrückstände, durch destillieren in Gegenwart von katalytisch wirkenden Substanzen, wie Hydrosilikat, dadurch gekennzeichnet, daß der Katalysator in körniger Form und in Mengen von 25 vH und darüber angewendet wird.

2. Verfahren nach Anspruch 1, dadurch gekennzeichnet, daß das zu spaltende Öl im Kreislauf wiederholt durch die Hydrosilikatschicht bzw. -schichten hindurchgeführt wird, wobei zweckmäßig ein rasches Umlaufen des Öles durch Absaugen mittels einer Pumpe o. dgl. stattfindet.

Es wurde nun zunächst gefunden, daß die Anwendung des Hydrosilikates (Floridaerde, Kieselerde usw.) in körniger Form derjenigem in gepulvertem Zustand weit überlegen ist. Man schichtet es dann auf einen gelochten Zwischenboden, und wendet es in beträchtlich größeren Mengen als gewöhnlich an, etwa in Mengen von 25 vH vom Gewicht des Öles bis zum Verhältnis von 1:1 und darüber. Die Anwendung so hoher Schichten von Hydrosilikat macht ein mechanisches Umrühren unnötig.

Eine weitere Verbesserung besteht dann darin, daß man das zu spaltende Öl im Umlauf wiederholt durch diese Hydrosilikatschicht bzw. -schichten hindurchführt. Man erreicht dadurch ohne nennenswerten Kraftaufwand eine sehr innige Berührung des Öles mit dem Katalysator. Der Kreislauf wird solange fortgesetzt, bis die Spaltung beendet ist.

D.R.P. 379895, Kl. 23. Felix Carl Thiele in Oklahoma City, Okla, U. S. A. und Carl Cordes in Magdeburg. Verfahren zur Umwandlung schwerer Kohlenwasserstoffe in niedriger siedende Produkte. Vom 27. Mai 1921. Zusatz zum Patent 373060.

Patentanspruch: Abänderung des Verfahrens des Hauptpatentes 373060 zur Spaltung und Umwandlung schwerer Kohlenwasserstoffe in niedriger siedende, spezifisch leichtere Produkte bzw. in Zylinderöl, dadurch gekennzeichnet, daß man an Stelle von Erdöl Braunkohlenöl, Schieferöl o. dgl. in Gegenwart von Hydrosilikat als katalytische Substanz destilliert bzw. am Rückflußkühler erhitzt.

Wenn man aus denselben Ausgangsstoffen Schmier- und Zylinderöle herstellen will, so erhitzt man das Braunkohlen- oder Schieferöl o.dgl. gleichfalls in Gegenwart von Hydrosilikat, und zwar am Rückflußkühler, destilliert also in diesem Falle nicht über. Die Anwendung dieses Katalysators erspart fast immer die Behandlung mit Schwefelsäure oder anderen stark wirkenden Agenzien. Auch ohne solche Behandlung werden Schmieröle erhalten, die frei sind von Stoffen, welche zur Harz- und Asphaltbildung neigen.

D.R.P. 395973, Kl. 23. James Austin Stone in Washington, U. S. A. Verfahren und Apparatur zum Kracken von Ölen. Vom 3. September 1921 (vgl. auch E.P. 185624, F.P. 540106, Am.P. 1386768. D. E. Day, Kalifornien, 9. August 1921).

Patentansprüche: 1. Krackverfahren für Mineralöle, bei dem hochsiedende Kohlenwasserstoffe in üblicher Weise über weit ausgebreitetes erhitztes, katalytisch wirkendes Material geleitet werden und die ausgeschiedene Kohle auf bekannte Art durch Verbrennen beseitigt wird, dadurch gekennzeichnet, daß die Beseitigung der Kohle durch Verbrennen in der einen Kammer zum Zwecke ihrer Reinigung zu der Zeit vorgenommen wird, wo in der anderen Kammer der Krackprozeß vor sich geht, wobei die Kammern so angeordnet sind, daß sie miteinander im Wärmeaustausch stehen, derart, daß die beim Ausbrennen der einen Kammer entstehende Wärme für den gleichzeitig in der anderen verlaufenden Krackprozeß nutzbar gemacht wird und umgekehrt.

2. Vorrichtung zur Ausübung des Verfahrens nach Anspruch 1, bestehend aus zwei konzentrisch zueinander angeordneten Kammern, die mit katalytisch wirkendem porösen Material gefüllt und mit Prellplatten versehen sind, welche die Regelung der Wärmeerzeugung in diesen Kammern gestatten.

3. Weitere Ausbildung nach Anspruch 2, bestehend in einem Vierwegeventil und eines mit einem Auslaß desselben verbundenen Rohres, das in einen Schornstein führt, und eines mit einem zweiten Auslaß des Vierwegeventiles verbundenen weiteren Rohres, welches in einen Kondensator führt, welches Vierwegeventil so angebracht ist, daß es gestattet, einerseits die Verbrennungsgase entweder aus der inneren oder aus der äußeren Kammer in den Schornstein, andererseits die Öldämpfe von der äußeren oder inneren Kammer in den Kondensator abzuleiten.

4. Weitere Ausbildung nach Anspruch 2 und 3, dadurch gekennzeichnet, daß in der inneren Kammer Gaszuführungs- und Ölzuführungsrohre unten am Boden und ein Ableitungsrohr, am oberen Ende der Kammer, das in den einen Einlaß eines Vierwegeventils einmündet, angeordnet ist, und daß eine gleiche Einrichtung in der die innere Kammer umgebenden äußeren Kammer getroffen ist, mit dem Unterschiede, daß hier das Ableitungsrohr in einen anderen Teil des Vierwegeventils mündet, wobei eine Verbindung des Vierwegeventils auch mit einem Schornstein und mit einem Kondensator vorgesehen ist, so daß es einerseits Gase aus der inneren Kammer in den Schornstein, andererseits Öldämpfe aus der äußeren Kammer in den Kondensator leiten kann, und umgekehrt Gase aus der äußeren Kammer in den Schornstein und Öldämpfe aus der inneren Kammer in den Kondensator.

5. Weitere Ausbildung nach den Ansprüchen 2—4, gekennzeichnet durch die Anbringung von Vorrichtungen in den Kammern, welche es ermöglichen, das Öl fein zu verteilen (Abb. 155).

Die Abb. 1 stellt einen meist aus Stahl gefertigten Zylinder dar, der aber auch aus Gußeisen, Gußstahl, feuerfesten Steinen oder anderem Material hergestellt sein kann. Diesen inneren Zylinder *1* umgibt ein äußerer Zylinder *2* von gleichem Material, in so großem Abstande, daß der Raum zwischen diesen beiden Zylindern ebenso groß ist, wie der Raum im Inneren des Zylinders *1*. In den inneren Zylinder führen von unten die Rohre *3, 4, 5* und *6*, die dafür bestimmt sind, Gas, Luft, Öl oder Dampf oder ein Gemisch aus ihnen einzulassen. In das obere Ende des Zylinders *1* führt ein Rohr von großem Querschnitt, welches dazu dient, Öldämpfe oder Verbrennungsgase abzulassen. Im unteren Teile des äußeren Zylinders dienen die Rohre *8, 9, 10* und *11* dazu, Öl, Dampf, Gas und Luft u. dgl. in den Raum zwischen Zylinder *1* und *2* einzulassen. Verbunden mit diesen Rohren *3, 4, 5, 6, 8, 9, 10* und *11* sind die Rohre *12* mit den Ventilen *12¹*, um Öl einzulassen, die Rohre *13* mit den Ventilen *13¹*, um überhitzten oder nicht überhitzten Dampf einzulassen, die Rohre *14* mit den Ventilen *14¹*, um Gas einzulassen, und die Rohre *15* mit den Ventilen *15¹*, um Luft einzulassen. Damit die Rohre *3, 4, 5, 6, 8, 9, 10* und *11* sich nicht verstopfen, sind Schutzkappen über den Rohrenden, mit *3¹—10¹* in Abb. 1 bezeichnet, angebracht, um das zerkleinerte Material in der inneren Kammer *1* und in dem Zwischenraum zwischen Zylinder *1* und *2* von den Rohrenden abzuhalten. Diese Schutzkappen können eine konische Form haben oder sonst irgendeine geeignete Form. Von den für die Ölzuführung bestimmten Rohren *12* führen Zweigrohre *16* mit Ventilen *16¹* in den Zwischenraum

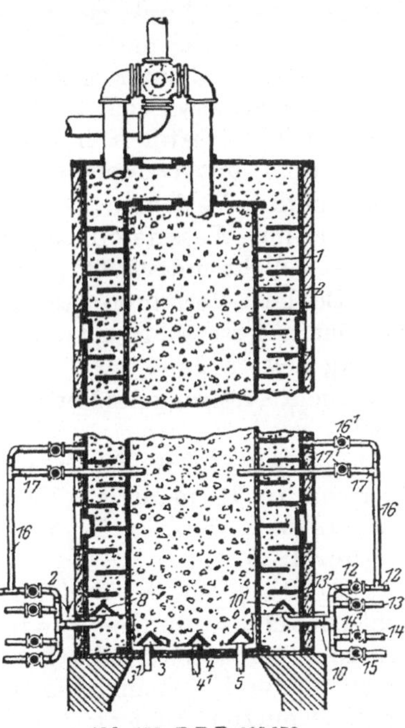

Abb. 155. D.R.P. 395 973.

zwischen Zylinder *1* und *2*. Von den Rohren *16* wiederum zweigen sich die Rohre *17* mit den Ventilen *17¹* ab. Diese Röhren *17* dienen dazu, Öl in die inneren Zylinder *1*, wenn es erforderlich ist, einzulassen.

D.R.P. 398487, Kl. 23. **Chemical Research Syndicate Ltd. in Detroit, Michigan, U. S. A. Verfahren zum Spalten von schweren Kohlenwasserstoffen.** Vom 30. November 1921 (vgl. auch E.P. 174574, F.P. 543824, Am.P. 1403194. S. Ramage, Detroit, 10. Januar 1922).

Patentanspruch: Verfahren zur Umwandlung von schweren Mineralölen, besonders Rohöl, mit hohem Asphaltgehalt in im wesentlichen gesättigte, als Brennstoff für Verbrennungsmaschinen geeignete, niedriger siedende Kohlenwasserstoffe durch Überleiten von Dämpfen der

Schweröle über Eisensauerstoffverbindungen, dadurch gekennzeichnet, daß die Öldämpfe in Mischung mit Wasserdampf der Einwirkung einer im wesentlichen im Oxydulzustand befindlichen Eisensauerstoffverbindung bei einer nicht wesentlich unter 550⁰ C liegenden Temperatur unterworfen werden, und daß das Mischungsverhältnis zwischen Kohlenwasserstoff und Wasserdampf so geregelt wird, daß der Oxydulzustand der Eisenverbindung dauernd erhalten bleibt.

D.R.P. 401355, Kl. 23. Dr. Hans Goldschmidt in Berlin und Oskar Neuß in Charlottenburg. Verfahren zur Gewinnung benzinartiger Flüssigkeiten. Vom 21. April 1920.

Patentansprüche: 1. Verfahren zur Gewinnung benzinartiger Flüssigkeiten, dadurch gekennzeichnet, daß hochmolekulare Kohlenwasserstoffgemische der pyrogenen Zersetzung bei Temperaturen zwischen 550—750⁰ C unterworfen, von dem Destillate die niedrigsiedenden Fraktionen bis etwa 159⁰ Siedepunkt abgetrennt und diese bei Gegenwart von Katalysatoren und bei Temperaturen, die über ihrem Siedepunkt liegen, mit Wasserstoff behandelt werden.

2. Bei dem Verfahren nach Anspruch 1 die Maßnahme, daß die Behandlung mit Wasserstoff bei Gegenwart von Katalysatoren bei Temperaturen nicht unter 200⁰ geschieht.

3. Bei dem Verfahren nach Anspruch 1 die Verdünnung der bei der pyrogenen Zersetzung entstehenden flüchtigen Produkte durch Zuführung inerter Gase.

4. Die Ausführung des Verfahrens nach Anspruch 1—3 unter mäßigem Druck.

D.R.P. 412877, Kl. 23. Hans Miedel in Bern und Herrmann Plauson in Hamburg. Verfahren zum Verhindern des Anhaftens von Kohle in Verkrackungsgefäßen. Vom 14. November 1923.

Patentanspruch: Verfahren zum Verhindern des Anhaftens von Kohle, Koks usw. an den Wandungen von verzinnten Gefäßen, die zum Erhitzen, Verdampfen oder Destillieren usw. von hochsiedenden Ölen dienen, dadurch gekennzeichnet, daß deren Boden mit einer an sich bereits benutzten Schicht von geschmolzenem Zinn oder anderen Metallen oder Metallegierungen, deren Schmelzpunkt niedriger liegt als der Siedepunkt der zu bearbeitenden Öle, bedeckt ist.

D.R.P. 422953, Kl. 23. V. L. Oil Processes Limited in Westminster, England. Verfahren zum Kracken von Mineralölen. Vom 23. Oktober 1923 (vgl. auch Ö.P. 102555). ·

Patentansprüche: 1. Verfahren zum Kracken von Ölen, bei dem die bei der Destillation der Öle entstehenden Öldämpfe in die Spaltretorte durch permanente Gase übergeführt werden, dadurch gekennzeichnet, daß mit den permanenten Gasen auch etwas Ammoniak oder ein Gemisch von Ammoniak und Wasserdampf in die Spaltretorte eingeführt wird.

2. Verfahren nach Anspruch 1, dadurch gekennzeichnet, daß die zum Überführen der Öldämpfe in die Spaltretorte verwendeten permanenten

Gase wenigstens teilweise den in der Spaltretorte sich bildenden und in die Destillationsblase zurückgeleiteten Gasen entstammen.

Gegenstand der Erfindung ist ein Verfahren zum Kracken von Mineralölen zum Zweck der Aufspaltung der schweren Kohlenwasserstoffe in Leichtöle, wobei die Öldämpfe durch permanente Gase aus dem Destillationsgefäß in die Spaltretorte übergetrieben werden, in der ein erhitzter Katalysator angeordnet ist.

Gemäß der Erfindung wird mit den permanenten Gasen auch etwas Ammoniak oder ein Gemisch von Ammoniak und Wasserstoff in die Spaltretorte eingeführt. Zweckmäßig werden die zum Überführen der Dämpfe verwendeten permanenten Gase wenigstens teilweise den in der Spaltretorte sich bildenden und in die Destillationsblase zurückgeleiteten Gasen entnommen.

D.R.P. 432745, Kl. 23. Firma Benzonaftène in Mailand, Ital. Verfahren zur Behandlung von Ölen und Fettkörpern zur Gewinnung von gasförmigen Brennstoffen und von Petroleum und Naphtha ähnlichen flüssigen Produkten. Vom 17. September 1924 (vgl. auch E.P. 231459, E.P. 231460, F.P. 592184).

Patentansprüche: Verfahren zur Behandlung von Masut oder anderen schweren Ölen und von beliebigen flüssigen oder festen Fettkörpern zur Gewinnung eines brennbaren Gases und von Petroleum oder Naphtha ähnlichen flüssigen Produkten, gekennzeichnet durch die Vereinigung nachstehender Einzelverfahren:

1. Das Ausgangsmaterial wird mit Ceroxyd, reduziertem Kupfer, Thoroxyd und reduziertem Nickel, die auf etwa 450—600^0 erhitzt worden sind, in Berührung gebracht.

2. Die dadurch erhaltenen Gase werden in einen auf eine Temperatur von 30^0 gebrachten Kondensator hindurchgeleitet.

3. Die in dem Kondensator nicht verflüssigten Gase werden mit auf ungefähr 200^0 erhitztem Eisenoxyd und reduziertem Nickel in Berührung gebracht.

4. Die zurückbleibenden Gase werden durch einen auf etwa 15^0 erwärmten Kondensator hindurchgeleitet.

5. Die bei der Behandlung nach 4 nicht verflüssigten Gase werden mit auf zwischen 250^0 und 300^0 erhitztem Eisenoxyd und reduziertem Eisen in Berührung gebracht.

6. Das übrigbleibende brennbare Gas wird durch einen Kondensator mit einer Temperatur von 10^0 hindurchgeleitet und dann in einem Gasometer aufgefangen, während die flüssigen Produkte nach jeder einzelnen Kondensation gesammelt werden.

D.R.P. 432581, Kl. 23. Braunkohlen-Produkte-Akt.-Ges. in Berlin. Verfahren zur Spaltung von Kohlenwasserstoffen, insbesondere Braunkohlenteerölen. Vom 22. Juni 1923 (vgl. auch E.P. 265375).

Patentansprüche: 1. Verfahren zur Spaltung von Kohlenwasserstoffen, insbesondere Braunkohlenteerölen, unter gewöhnlichem Druck und Anwendung von Aluminium, Magnesium oder an ihnen reichen Legierungen als Kontaktkörper ohne Wasserstoffatmosphäre, dadurch gekennzeichnet, daß bei einer Temperatur von 500—550⁰ C gearbeitet wird.

2. Verfahren nach Anspruch 1, dadurch gekennzeichnet, daß durch Einschaltung eines Dephlegmators die zurückfließenden Anteile wiederholt der aufspaltenden Kontaktwirkung ausgesetzt werden.

Man arbeitet in der Weise, daß man die Dämpfe der hochsiedenden Kohlenwasserstoffe, z. B. Braunkohlenteeröle, über Aluminium, Magnesium oder an diesen reiche Legierungen bei Temperaturen zwischen 500 und 550⁰ C leitet. Das Destillat kann in seiner Gesamtheit kondensiert werden. Vorteilhaft ist es jedoch, einen Dephlegmator zwischenzuschalten, aus dem die schwersiedenden Anteile in die Destillierblase zurückfließen, um dem Verfahren bis zur vollständigen Zerlegung unterworfen zu werden.

D.R.P. 434420, Kl. 23. The United Kingdom Oil Company Limited in London. Verfahren zur Behandlung von Mineralölen, Teerölen oder ihren Destillaten in Dampfform mit Wasserdampf und Kohle bei Glühtemperaturen. Vom 23. Dezember 1921.

Patentansprüche: 1. Verfahren zur Behandlung von Mineralölen, Teerölen oder ihren Destillaten in Dampfform mit Wasserdampf und Kohle bei Glühtemperaturen, dadurch gekennzeichnet, daß die Kohle bei Temperaturen bis zu 1000⁰ in leichter, poröser Form verwendet wird, wie sie durch Verkohlen von pflanzlichen oder tierischen Stoffen, wie Bitumen, Ölschiefer, Holz, Torf, Lignit oder aus Lampenruß bei Temperaturen gewonnen wird, welche diejenige der jeweiligen Behandlungstemperatur nicht übersteigen, wobei der Wasserdampf an mehreren Stellen und in wechselnder Richtung zu der Strömung der Kohlenwasserstoffdämpfe in die Retorte eingeführt und die nach dem Kondensieren der Reaktionsdämpfe verbleibenden Abgase, nötigenfalls nach Befreien von Schwefelwasserstoff und Kohlensäure, in die Retorte zurückgeführt werden können.

2. Verfahren nach Anspruch 1, dadurch gekennzeichnet, daß in ein und derselben Retorte abwechselnd leichte, Kohlenstoff verzehrende und schwere, Kohlenstoff abgebende Kohlenwasserstofföle der Behandlung unterworfen werden.

Für die Behandlung von Destillaten von vornherein niedrigen Siedepunkts, welche lediglich hydriert und nicht in Kohlenwasserstoffe von niedrigerem Siedepunkt übergeführt werden sollen, wie z. B. ungesättigte Kohlenwasserstoffe enthaltende Destillate, beträgt die zweckmäßige Temperatur etwa 450—600⁰. Ist dagegen eine Überführung von höhersiedenden Kohlenwasserstoffen in solche von niedrigem Siedepunkt beabsichtigt, so steigen die Temperaturen im allgemeinen mit dem jeweiligen Siedepunkt des Ausgangsstoffes. Sie betragen z. B. für Paraffinöl vom Siedepunkt 140—320⁰ etwa 550—600⁰, für Kerosinöl vom Siedepunkt 180—350⁰ etwa 600—630⁰, für Solaröl vom Siedepunkt 230—370⁰ etwa 650—700⁰, für Kreosotöl vom Siedepunkt 180—270⁰ etwa 650—750⁰, für Anthracenöl vom Siedepunkt 270—400⁰ etwa 750—800⁰, während bei gewissen Gattungen von schweren Petroleumölen, wie sie für

Brennzwecke benutzt werden, Temperaturen von bis 1000⁰ benötigt werden. Jedoch empfiehlt es sich auch hierbei, nicht das Öl als Ganzes, sondern getrennte Fraktionen von bestimmten Siedepunktgrenzen der Behandlung zu unterwerfen und für jede einzelne Fraktion die geeignetste Temperatur zu wählen.

D.R.P. 439010, Kl. 23. **Werschen-Weißenfelser Braunkohlen Akt.-Ges. in Halle a. d. S. und Dr. Arthur Fürth in Köpsen b. Webau, Bez. Halle. Vorrichtung zum Spalten von Mineralölen. Vom 12. Dezember 1922.**

Patentanspruch: Vorrichtung zur Umwandlung von Mineralölen und ähnlichen, vorwiegend aus Paraffinkohlenwasserstoffen bestehenden hochsiedenden Ölen in leichtsiedende Benzine oder benzinartige Stoffe durch Druckdestillation in Gegenwart im Dampfraum befindlicher Katalysatoren unter Rücklauf der höhersiedenden Kondensate in den Verdampfer und Vermeidung der Berührung des Rücklaufes mit dem Katalysator, dadurch gekennzeichnet, daß letzterer sich in einem ringförmigen durch konzentrische Zylinder gebildeten Raum in einem auf einen Autoklaven aufgedichteten Zersetzungsaufsatz befindet.

D.R.P. 439520, Kl. 23. **Werschen-Weißenfelser Braunkohlen Akt.-Ges. in Halle a. d. S. und Dr. Arthur Fürth in Köpsen b. Webau, Bez. Halle a. d. S. Vorrichtung zum Spalten von Mineralölen. Vom 12. Januar 1927.**

Patentanspruch: Vorrichtung zum Spalten von Mineralölen und ähnlichen hochsiedenden Kohlenwasserstoffen in leichtsiedende Benzine oder benzinartige Stoffe nach dem Verfahren des Patentes 439010, dadurch gekennzeichnet, daß die Stromzuleitung zu dem körnigen, als Widerstand in einen Stromkreis eingeschalteten und so unmittelbar elektrisch beheizten Spaltkatalysator zur Ermöglichung der elektrischen Isolierung gegen den leitenden Mantel des Druckgefäßes und zur Abdichtung gegen den Innendruck der Vorrichtung zunächst durch ein gekühltes Rohr geführt wird, an dessen kaltem Ende die Druckabdichtung mittels Stopfbüchse oder ähnlicher Abdichtungselemente erfolgt.

D.R.P. 441164, Kl. 23. **Werschen-Weißenfelser Braunkohlen Akt.-Ges. in Halle a. d. S., Dr. Arthur Fürth und Dr. Günther Hildenbrand in Köpsen b. Webau, Prov. Sachsen. Verfahren zur Hydrierung organischer Verbindungen. Vom 18. Januar 1924.**

Patentanspruch: Verfahren zur Hydrierung organischer Verbindungen mittels naszierenden Wasserstoffs, dadurch gekennzeichnet, daß die zu hydrierenden Substanzen mit Wasserdampf über aktive, und zwar nach irgendeinem bekannten Verfahren künstlich aktivierte Kohle geleitet werden, die auf Temperaturen nicht über 400⁰ erhitzt wird.

Ö.P. 41029. **Katherine von Gnatowska in Wien. Verfahren zur Gewinnung spezifisch leichterer Petroleumkohlenwasserstoffe aus spezifisch schwereren. Vom 15. August 1909.**

Patentanspruch: Verfahren zur Gewinnung spezifisch leichterer Petroleumkohlenwasserstoffe aus spezifisch schwereren, dadurch gekennzeichnet, daß die letzteren mit Magnesiumkarbonat destilliert werden.

Ö.P. 48920. **Auguste Testelin** und **Georges Renard**, beide in Brüssel. **Verfahren zur technischen Gewinnung eines Öles durch Isomerisation von Petroleum.** Vom 1. Oktober 1910 (vgl. auch F.P. 393554 und E.P. 16881/1908).

Patentansprüche: 1. Verfahren zur Destillation von Petroleum bei gleichzeitiger Gewinnung eines durch isomere Umsetzung desselben gebildeten Öles, bei welchem Verfahren das der Behandlung unterzogene Gemisch von Petroleum und Wasserdampf mit rotglühender poröser Erde o. dgl. in Berührung gebracht wird, dadurch gekennzeichnet, daß diese Berührung unter höherem als atmosphärischem Druck erfolgt.

2. Verfahren nach Anspruch 1, dadurch gekennzeichnet, daß das Petroleum vor Einführung in die Umwandlungsretorte in einer Heizschlange vergast wird (Abb. 156).

Die zum Erhitzen und Vergasen dienende Einrichtung ist verhältnismäßig wenig umfangreich. Sie besteht aus einem Ofen E, in welchem gerade, wagerecht nebeneinander angeordnete Eisenröhren F sich befinden, deren Abstand vorteilhaft gleich ihrem Durchmesser ist. Die Enden der Röhren sind durch Doppelkniestücke miteinander derart in Verbindung gesetzt, daß sie eine ununterbrochene Leitung bilden. In diese wird unter hohem Druck ein Dampfstrom eingeführt, der zur Mitnahme und Erhitzung der zu behandelnden Flüssigkeit dient. Zu diesem Zweck ist das Eintrittsende des Rohrsystems mit

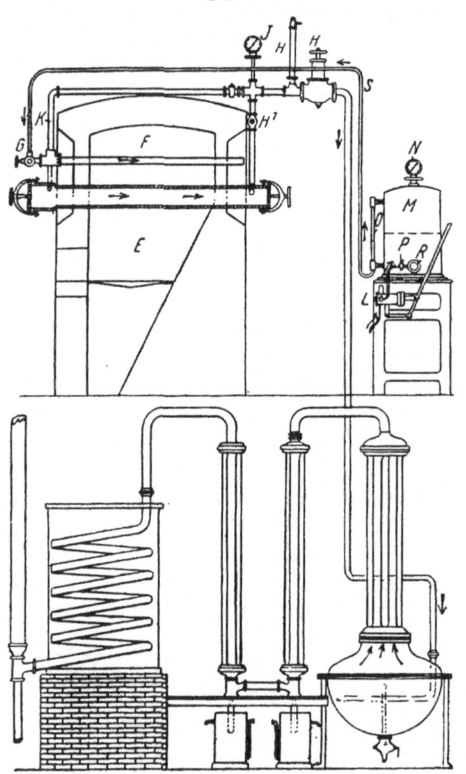

Abb. 156. Ö.P. 48920.

einem Sauginjektor G ausgerüstet, durch welchen der Dampf hindurchgeht und dabei das zu destillierende Petroleum mitnimmt. Hähne und eine Einstellnadel ermöglichen das Verhältnis von Dampf und Petroleum nach Belieben zu regeln. Am Austrittsende des Erhitzers ist ein Luftpuffer H und ein selbsttätiger Druckregler H^1 angeordnet, durch welchen an dieser Stelle der erforderliche Druck aufrecht erhalten wird; zur Kontrolle desselben dient ein Druckmesser I. Die Überhitzungsröhren sind an ihren Enden mit abschraubbaren Verschlußstücken versehen, um die Röhren bei Bedarf reinigen zu können. In demselben Ofen ist unterhalb der Rohrschlange ein wagerechtes Gußeisenrohr J angeordnet, daß größeren Durchmesser besitzt und den Ofen von einem Ende zum anderen durchsetzt. Dieses Rohr spielt die Rolle einer Umwandlungsretorte und steht mit seinem einen Ende mit der Überhitzerschlange in Verbindung, während das andere Ende zu den Kondensationsvorrichtungen führt. Der Ofen ist so gebaut, daß die Retorte dauernd auf Rotglut erhitzt wird, während die darüberliegende Rohrschlange nur von der Flamme beeinflußt wird, die durch ein leichtes durchbrochenes Gewölbe streicht; die Rohrschlange wird derart niemals über eine höhere Temperatur als 400—450⁰ erhitzt. Ein System von Röhren K und Hähnen gestattet die Überhitzungsgase entweder unmittelbar nach dem Fraktionierungskondensator oder sie früher durch die auf Rotglut erhitzte Retorte zu leiten. Die Retorte ist auf eine kurze Strecke mit kleinen gebrannten, porösen Tonstückchen angefüllt, die ein Diaphragma bilden, das für die gasförmigen Kohlenwasserstoffe durchlässig ist. Die Zuführung des Petroleums erfolgt ununterbrochen mit Hilfe einer Pumpe L, welche die Flüssigkeit in einen geschlossenen Behälter M schafft, der mit einem Druckmesser N, einem Wasserstandglas O, Einlaßhahn P und einem in der Zeichnung nicht dargestellten Regulier- und Ablaßhahn versehen ist; ferner ist ein Rückschlagventil R vorgesehen, durch welches man Druckluft von etwa 5 Atm. einströmen läßt. Ein Rohr S von geringem Querschnitt, das mit einem Hahn versehen ist, leitet die Flüssigkeit zu dem Injektor der Heizschlange.

Ö.P. 76302. **Philipp Porges, Dr. Siegmund Stransky und Dr. Hugo Strache, sämtlich in Wien. Verfahren und Apparat zur Umwandlung schwerflüchtiger Kohlenwasserstoffe in leichter flüchtige.** Vom 1. Juni 1915 (vgl. auch D.R.P. 227 178, F.P. 474 588, Am.P. 1 205 578).

Patentansprüche: 1. Verfahren zur Umwandlung schwerflüchtiger Kohlenwasserstoffe in leichter flüchtige durch destruktive Destillation unter Anwendung von Katalysatoren, dadurch gekennzeichnet, daß der Dampf der Kohlenwasserstoffe mit Wasserdampf gemischt bei einer 600⁰ nicht übersteigenden Temperatur über Metalloxyde, vorzugsweise Eisenoxyd, Nickeloxyd oder Oxyde von solchen Metallen als Katalysatoren geleitet werden, welche mehrere Oxydationsstufen besitzen und als Sauerstoffüberträger dienen, wobei ein Teil der Kohlenwasserstoffe zu Kohlensäure oxydiert wird.

2. Bei einem Verfahren nach Anspruch 1, das Regenerieren der verwendeten Katalysatoren, gekennzeichnet durch Überleiten von Luft oder Sauerstoff über den in seiner Wirksamkeit beeinträchtigten Katalysator.

3. Vorrichtung zur Ausführung des unter 1—3 angegebenen Verfahrens, gekennzeichnet durch eine Destillierblase, aus welcher die Dämpfe mit Wasserdampf gemischt, über einen geheizten Katalysator mit Zu- und Ableitung von Luft oder Sauerstoff zur Regenerierung geleitet werden, einem Dephlegmator oder Rückflußkühler zur Kondensation der zu schwer siedenden Anteile mit Rücklauf derselben in die Destillierblase oder in andere Destillierblasen zwecks neuerlicher Verdampfung und Zersetzung, eventuell einem Reiniger zur Beseitigung des Krackgeruches

vor der Kondensation, ferner einem oder mehreren Kühlern zur Kondensation der leichtflüchtigen Kohlenwasserstoffe, derart, daß die Dämpfe,
welche in einem Kühler noch nicht kondensieren, in den nächsten Kühler
mit tieferer Temperatur eingeleitet werden, aus welch letzterem das nicht
mehr kondensierte Gas austritt.

Es sind auch Versuche unternommen worden, die Spaltung in Gegenwart von Katalysatoren durchzuführen, und zwar wurden metallisches
Nickel, Eisen, Kupfer als solche genannt, welche den Zerlegungsprozeß
beschleunigen; auch Metalloxyde fördern den Zerlegungsprozeß und es
wurden Eisenoxyd, Bleioxyd, Ceroxyd, Braunstein als Katalysatoren
vorgeschlagen. In Abwesenheit von Wasserdampf entstehen dabei jedoch
hauptsächlich aromatische Kohlenwasserstoffe, welche sich für den
Automobilbetrieb weniger eignen. Die Temperaturen, welche bisher dabei angewendet wurden, sind entweder sehr niedrige gewesen (z. B.
260^0 bei Nickel, wobei sich viel Wasserstoff abspaltet, 220 bei Kupfer,
wobei sich eine Steigerung des Siedepunktes ergab) oder sehr hohe (700^0
und darüber bei Verwendung von Nickeloxyd oder Mangnaoxyden, wo-

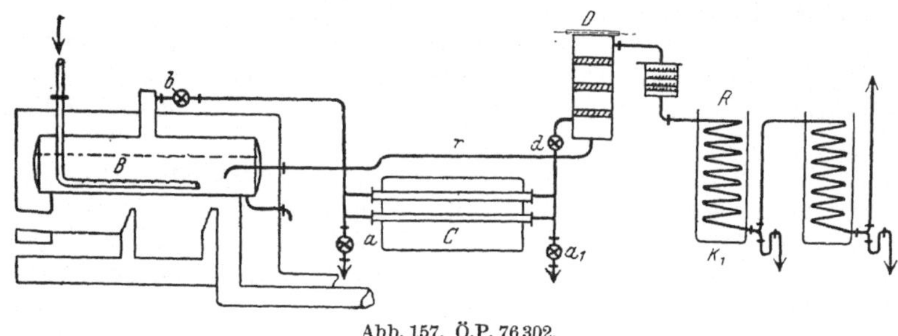

Abb. 157. Ö.P. 76302.

bei weitgehende Spaltung in Wasserstoff eintritt). Schließlich sind auch
Versuche gemacht worden, die Spaltung in Gegenwart von Wasserdampf
und metallischem Eisen (Eisenspänen) als Katalysatoren durchzuführen,
wobei eine größere Ausbeute an Benzin erreicht wird, als bei den vorgenannten Verfahren (Abb. 157).

Der Apparat, welcher beispielsweise zur Durchführung des geschil-
derten Verfahrens verwendet wird, besteht aus einer Destillierblase B,
in welcher die zu zerlegenden Kohlenwasserstoffe unter Zuhilfenahme
von Wasserdampf verdampft werden, ferner aus einem Ofen C, welcher
den Katalysator enthält, der auf die zur Zerlegung günstigste Temperatur erhitzt wird, zweckmäßig eine oder mehrere Rohre, Retorten o. dgl.
enthaltend, durch welche nach Abstellung der Hähne b und d und Öffnen
der Hähne a und a_1 Luft oder Sauerstoff geleitet werden kann, einem
Dephlegmator D zur Kondensation der schwerer flüchtigen Anteile,
einem Rücklaufrohr r, welches diese Anteile in die Destillierblase B
zurückführt, einem mit Horden zur Lagerung der Bleioxydmasse versehenen Reiniger R und einem Wasserkühler K_1 zur Kondensation der
Benzindämpfe.

Ö.P. 78052. **Philipp Porges und Dr. Strache, beide in Wien. Verfahren zur Gewinnung von Benzin und schweren Ölen und Ölgas aus zähflüssigen, asphaltähnlichen oder festen Kohlenwasserstoffen (Teer, Asphalt, Pech o. dgl.)** Vom 15. Januar 1918.

Patentansprüche: 1. Verfahren zur Gewinnung von Benzin und schweren Ölen und Ölgas aus zähflüssigen, asphaltähnlichen oder festen Kohlenwasserstoffen (Teer, Asphalt, Pech o. dgl.), dadurch gekennzeichnet, daß das zu verarbeitende Material im erweichten oder flüssigen Zustande oder auch im festen Zustande nach vorgängigem Zerkleinern mit einem geeigneten Katalysator, z. B. einem als Sauerstoffüberträger wirkenden Körper wie Eisenoxyd oder Raseneisenerz, Gasreinigungsmasse oder auch anderen Metalloxyden oder Metallen, vermischt, und so der destruktiven Destillation unterworfen wird.

2. Ausführungsform des Verfahrens nach Anspruch 1, dadurch gekennzeichnet, daß der Masse beim Erhitzen wasserabgebende Substanz zugemischt wird.

3. Ausführungsform des Verfahrens nach Anspruch 1 und 2, dadurch gekennzeichnet, daß der Katalysator mit gelöschtem Kalk gemischt verwendet wird.

4. Ausführungsform des Verfahrens nach Anspruch 1, dadurch gekennzeichnet, daß die bei der destruktiven Destillation entstehenden, schweren Kohlenwasserstoffe neuerlich der in Anspruch 1 angegebenen Behandlung unterworfen oder in anderer Weise destruktiv destilliert werden.

5. Ausführungsform des Verfahrens nach Anspruch 1 oder 1 und 2, dadurch gekennzeichnet, daß die Destillation unter erhöhtem Druck vorgenommen wird.

Ö.P. 82231. **Frederick Lamplough in London. Verfahren und Vorrichtung zur Überführung schwerer Kohlenwasserstoffe in leichtere Kohlenwasserstoffe.** Vom 15. Dezember 1915 (vgl. auch F.P. 457877, D.R.P. 326282, E.P. 19702/1912, Am.P. 1229098).

Patentansprüche: 1. Verfahren zur Überführung schwerer Kohlenwasserstoffe in leichteres Öl, bei welchem das schwere Öl gemeinsam mit Wasser über ein in einer Retorte befindliches, auf Rotglut erhitztes metallisches Kontaktmittel geleitet wird, dadurch gekennzeichnet, daß als Kontaktmittel Nickel in kompakter Form verwendet wird.

2. Ausführungsform des Verfahrens nach Anspruch 1, dadurch gekennzeichnet, daß die Retorte während des ersten Durchganges der Mischung auf beginnender Rotglut gehalten wird und ihre Temperatur für jeden darauffolgenden Durchgang der von den leichteren Bestandteilen durch Destillation getrennten, mit Wasser gemischten schweren Bestandteile des bereits ein- oder mehremale behandelten Öles nach und nach erhöht wird.

3. Vorrichtung zur Ausführung des Verfahrens nach Anspruch 1 und 2, gekennzeichnet durch mehrere Fördervorrichtungen (z. B. eine Pumpe) für die Zuführung von Öl und Wasser zu der Retorte, die derart mitein-

ander verbunden sind, daß die Flüssigkeiten in demselben Verhältnis zueinander bei jeder Geschwindigkeit der Antriebsvorrichtung zugeführt werden, wobei eine Brennstoffzuführungsvorrichtung mit der Antriebsvorrichtung für die Pumpen verbunden sein kann, um die für die Temperatur nötige Brennstoffmenge zuzuführen.

Die Umwandlung kann zweckmäßig unter eventuell erheblichem Überdruck vorgenommen werden, wodurch die Bildung sehr leichtflüchtiger Destillationsprodukte, welche durch die permanenten Gase zum großen Teile mit fortgerissen werden, quantitativ herabgesetzt wird. Der Druck kann durch Drosseln des Auslasses vom Gas aus der Kühlschlange mittels eines Ablaßventils geregelt werden, das an dem oberen Teil eines Behälters angebracht ist, in welchen die Kühlschlange mündet; es können jedoch auch andere geeignete Mittel angewendet werden. Das permanente Gas kann dazu benutzt werden, um Wärme für irgendeine der Operationen zu liefern.

Es hat sich ferner für die Ausbeute an leichtem Destillat als günstig erwiesen, zuerst die Mischung von schwerem Öl und Wasser bei beginnender Rotglut rasch durch die Retorte hindurchzuführen, um die Bildung von permanenten Gasen soweit als möglich zu vermeiden und dann mit den nach dem Abdestillieren des leichten Destillates aus dem bereits einmal behandelten Öl zurückbleibenden Rückständen die Operation mehrere Male in gleicher Weise, jedoch bei nach und nach höheren Temperaturen zu wiederholen. Wenn das Verfahren mit der richtigen Geschwindigkeit bei geeigneten Mengenverhältnissen und Temperaturen ausgeführt wird, die sich leicht bei einiger Übung herausfinden lassen, so wird nur sehr wenig Kohlenwasserstoff nach dem Durchgehen durch die Retorte unverwandelt bleiben und solche unverwandelte Rückstände können dann noch einmal behandelt werden.

Ö.P. 82442. Carter White in London. Verfahren zur Behandlung von Mineralöl und Destillationsrückständen zur Herstellung niedriger siedender Kohlenwasserstoffe. Vom 15. Januar 1919 (vgl. auch Schweiz.P. 70633, F.P. 477771, Am.P. 1226041).

Patentansprüche: 1. Verfahren zur Behandlung von Mineralölen und Destillationsrückständen nach vorhergehender Destillation zur Entfernung niedriger siedender Kohlenwasserstoffe oder auch ohne eine solche, dadurch gekennzeichnet, daß das Mineralöl oder die Destillationsrückstände im flüssigen Zustande und ohne Zuleitung von Dampf auf gebrannten Kalk geleitet wird, der in einer Retorte oder Kammer auf eine Temperatur zwischen 400 und 650°, vorteilhaft auf 550—575°, erhitzt wird.

2. Ausführungsform des Verfahrens nach Anspruch 1, dadurch gekennzeichnet, daß auf den Inhalt der Retorte oder Kammer eine Saugwirkung ausgeübt wird, um die entstandenen Dämpfe gleich nach ihrer Bildung außer Berührung mit dem heißen Ätzkalk zu bringen, zu dem Zweck, sie der Einwirkung des Kalkes zu entziehen, ehe sie in noch niedriger molekulare Verbindüngen, welche sie entwerten würden, umgewandelt werden.

Ö.P. 82488. Marie Amédée Henry de Dampierre in Paris. Vorrichtung zur Umwandlung von schweren Mineralölfraktionen, wie Roh- und Leuchtpetroleum, Naphtha und Rückständen der Petroleumdestillation, in leichter flüchtige Öle. Vom 15. Dezember 1919 (vgl. auch E.P. 109796, F.P. 478831, und F.P. 20360, 20331; Zusätze zum F.P. 478831, Am.P. 1225569).

Patentanspruch: Vorrichtung zur Umwandlung von schweren Mineralölfraktionen, wie Roh- und Leuchtpetroleum, Naphtha und Rückständen der Petroleumdestillation unter Zuhilfenahme eines katalytisch wirkenden Metalls, bestehend aus einem Verdampfungskessel für das zu behandelnde Schweröl, der unten mit einer Zuleitung für den den Schweröldämpfen zuzusetzenden Wasserstoff und oben mit einem lotrechten Abzugsrohr versehen ist, dadurch gekennzeichnet, daß das Abzugsrohr mit einer Kühlung versehen ist und in Abständen voneinander angeordnete, durchlochte Platten aus einem katalytisch wirkenden Metall enthält.

Ö.P. 83481. Lucas's Low Pressure Oil Cracking Process Ltd. in London. Verfahren zur Behandlung von Mineralölen. Vom 15. Juni 1920 (vgl. auch F.P. 476603, Am.P. 1183091).

Patentanspruch: Verfahren zur Behandlung von Mineralölen, dadurch gekennzeichnet, daß ein Gemenge von Mineralöldämpfen mit indifferenten Gasen oder Dämpfen, durch welche die Mineralöldämpfe in bekannter Weise aus einer Destillierblase fortgeschafft wurden, in an sich bekannter Weise mit einem erhitzten Katalysator in Berührung gebracht wird, worauf durch die Wirkung eines hinter die Katalysatorkammern geschalteten Luftpumpe der auf dem Gemenge lastende Druck beim Austreten des Gemenges aus der Katalysatorkammer plötzlich verringert wird.

Ö.P. 84643. Philipp Porges und Dr. Hugo Strache, beide in Wien. Verfahren zur destruktiven Destillation in Generatoren. Vom 15. Januar 1919.

Patentansprüche: 1. Verfahren zur destruktiven Destillation, dadurch gekennzeichnet, daß die Erhitzung des zu zersetzenden Stoffes in einem mit feuerfesten Stoffen lose gefüllten Raum (Regenerator mit gitterartigem Mauerwerk) ohne Luftzufuhr erfolgt, welcher Raum durch zeitweises Warmblasen erhitzt wird.

2. Verfahren nach Anspruch 1, dadurch gekennzeichnet, daß der durch Warmblasen zu beheizende Raum mit einem die Zersetzung in gewünschtem Sinne beeinflussenden Katalysator (z. B. eisenoxydreiche Steine oder metallisches Eisen) gefüllt ist.

3. Verfahren nach Anspruch 1, dadurch gekennzeichnet, daß durch den zur Zersetzung dienenden Raum gleichzeitig Wassergas, welches karburiert werden soll, geleitet wird.

4. Verfahren nach den Ansprüchen 1—3, dadurch gekennzeichnet, daß der Katalysator während des Warmblasens durch überschüssige Luft regeneriert wird.

5. Verfahren nach Anspruch 1, dadurch gekennzeichnet, daß die Zersetzung unter Druck vorgenommen wird.

Ö.P. 85470. **Marie Amédée Henry de Dampierre in Paris. Vorrichtung zur Umwandlung von schweren Mineralölfraktionen, wie Roh- und Leuchtpetroleum, Naphtha und Rückständen der Petroleumdestillation in leichter flüchtige Öle. Vom Januar 1921. Zusatz zum Patent 82488.**

Patentansprüche: 1. Vorrichtung zur Umwandlung von schweren Mineralölfraktionen, wie Roh- und Leuchtpetroleum, Naphtha und Rückständen der Petroleumdestillation, in leichter flüchtige Öle nach Patent 82488, dadurch gekennzeichnet, daß zwischen Verdampfungskessel und Kondensationsapparat ein Sicherheitsventil vorgesehen ist, welches den Druck im Verdampfungskessel und dem die Nickelscheiben enthaltenden Rohr auf der gewünschten Höhe hält.

2. Vorrichtung nach Anspruch 1, dadurch gekennzeichnet, daß zwischen den durchlochten Nickelscheiben Nickelspäne angeordnet sind.

3. Vorrichtung nach den Ansprüchen 1 und 2, dadurch gekennzeichnet, daß im Inneren des Verdampfungskessels selbst durchlochte Nickelscheiben und gegebenenfalls auch Nickelspäne angeordnet sind.

4. Vorrichtung nach den Ansprüchen 1—3, dadurch gekennzeichnet, daß der im Verdampfungskessel herrschende Druck mittels einer besonderen Ventilvorrichtung regelbar ist.

Ö.P. 97925. **Stephen Louis Gartlan und Albert Edward Gooderham in Toronto (Kanada). Verfahren und Vorrichtung zur Spaltung von Kohlenwasserstoffen. Vom 15. April 1924 (vgl. auch Am.P. 1430978).**

Patentansprüche: 1. Verfahren zur Spaltung von Kohlenwasserstoffen durch Kondensation ihrer Dämpfe unter Druck, dadurch gekennzeichnet, daß die ohne Zersetzung des Ausgangsmaterials, durch Fraktionierung erhaltenen Dämpfe einem, im Verhältnis zur Destillationstemperatur jeweils gesteigerten Druck unterworfen werden, so daß ein im wesentlichen gleichförmiges Kondensat erhalten wird.

2. Verfahren nach Anspruch 1, dadurch gekennzeichnet, daß die zur Fraktionierung erforderliche Verdampfungstemperatur solange bei jeder Stufe erhalten wird, bis im Verdampfungsgefäß ein Druckabfall eintritt.

3. Einrichtung zur Ausführung des Verfahrens nach Anspruch 1, bestehend aus Vorwärmer, Retorte, Kompressor und Kühler, dadurch gekennzeichnet, daß der Vorwärmer durch die Einführung eines Rohres mit gekrümmten Armen, durch welche überhitzter Wasserdampf in das Ausgangsmaterial einströmt, als Mischvorrichtung ausgebildet ist.

Ö.P. 99010. **Stephen Louis Gartlan und Albert Edward Gooderham in Toronto (Kanada). Verfahren zum Spalten von Kohlenwasserstoffen. Vom 15. August 1924 (vgl. auch Am. P. 1445433).**

Patentansprüche: 1. Verfahren zum Spalten von Kohlenwasserstoffen durch Kompression der durch Verdampfung und Überhitzung gewonnenen Dämpfe, dadurch gekennzeichnet, daß die Kompression unter gleichzeitiger Weiterhitzung erfolgt und daß die so komprimierten Dämpfe in an sich bekannter Weise zur Expansion gebracht werden.

2. Ausführungsform des Verfahrens nach Anspruch 1, dadurch gekennzeichnet, daß den Kohlenwasserstoffen während der Kompression überhitzter Wasserdampf zugeführt wird.

Die Erfindung betrifft ein Verfahren zum Spalten von Kohlenwasserstoffen durch Kompression, der durch Verdampfung und Überhitzung gewonnenen Dämpfe. Ein derartiges Verfahren ist beispielsweise in der deutschen Patentschrift 326323 beschrieben. Allein während dort die Gase und Dämpfe unter, im wesentlichen adiabatischen Bedingungen komprimiert werden, werden sie gemäß der Erfindung während der Kompression durch Wärmezufuhr von außen erhitzt. Die so erhitzten und komprimierten Dämpfe läßt man dann in an sich bekannter Weise expandieren. In vielen Fällen ist es empfehlenswert, den Kohlenwasserstoffdämpfen während der Kompression überhitzten Wasserdampf zuzuführen. Bei einer Reihe von gemäß vorliegender Erfindung durchgeführten Versuchen wurde Leuchtpetroleum durch Sieden bei Temperaturen zwischen 180⁰ und 300⁰ C verdampft, desgleichen mexikanisches Rohpetroleum bei Temperaturen von 90—415⁰ C. Die entwickelten Dämpfe wurden in einem von außen bis auf 550⁰ erhitzten Kompressor während der Entwicklung der Dämpfe der niedrigersiedenden Fraktionen, auf 33 Atm. komprimiert und sodann plötzlich expandieren gelassen.

Bei diesen Versuchen wurde festgestellt, daß bei einem Druck von 33 Atm. eine größere Ausbeute und ein wertvolleres Produkt erhalten wurde als beim Arbeiten bei 14 Atm. Man konnte auch feststellen, daß die Geschwindigkeit des Zusammenpressens eine wichtige Rolle spielte und die besten Ergebnisse bei den größeren Verdichtungsgeschwindigkeiten erzielt wurden.

Ö.P. 100209. Dr. Meilach Melamid in Freiburg i. Br. (Deutsches Reich). Verfahren zur Spaltung von Kohlenwasserstoffen. Vom 15. Januar 1925.

1. Patentansprüche: Verfahren zur Spaltung von Kohlenwasserstoffen, wie Mineralölen, Teerölen, Pechen, Teeren u. dgl., unter Anwendung flüssiger Metalle als Spaltmittel und unter Anwendung von Druck und Wasserstoff, dadurch gekennzeichnet, daß an Stelle der bekannten Spaltmittel, metallisches Zinn verwendet wird.

2. Abänderungsform des Verfahrens nach Anspruch 1, dadurch gekennzeichnet, daß an Stelle von Zinn Wismuth, Antimon oder Legierungen von Metallen, die unter etwa 700⁰ C schmelzen, verwendet werden.

Es sind bereits eine ganze Reihe von Verfahren zur Spaltung von Kohlenwasserstoffen, wie Mineralölen, Teerölen, Pechen, Teeren u. dgl. zum Zwecke der Herstellung niedrigsiedender Kohlenwasserstoffe, die als Brennstoffe für Motoren und für andere Zwecke Verwendung finden können, bekannt.

So hat man bereits vorgeschlagen, die Spaltung mit Hilfe metallischer Spaltmittel bzw. Katalysatoren vorzunehmen. Als derartige Spaltmittel sind beispielsweise Eisenspäne, fein verteiltes Nickel oder Nickel in kompakter Form verwendet worden. Diese Verfahren weisen jedoch eine Reihe von technischen Nachteilen auf, so daß keines derselben sich bisher hat technisch durchsetzen können.

Man hat ferner bereits vorgeschlagen, Blei, Quecksilber und Zink als Katalysatoren bei derartigen Verfahren zu verwenden. Es hat sich jedoch gezeigt, daß Quecksilber nicht geeignet ist, weil es zu leicht verdampft, Blei gibt zur Abscheidung von Kohlenstoff Veranlassung; dasselbe gilt von Zink insbesondere bei Abwesenheit von Wasserstoff.

Es hat sich nun gezeigt, daß ganz besonders günstige Ergebnisse erzielt werden, wenn man metallisches Zinn als Katalysator benutzt. Man ist dann in der Lage, bei viel geringeren Temperaturen und Drucken arbeiten zu können, so daß die Verarbeitung in gewöhnlichen Apparaten vorgenommen werden kann. Außerdem aber bietet Zinn den besonderen technischen Vorteil, daß es keine Veranlassung zur Ausscheidung von Kohlenstoff gibt, woran bisher die gewöhnlichen Verfahren dieser Art gescheitert sind. Besonders vorteilhaft gestaltet sich das Verfahren, wenn man in verzinnten Apparaten arbeitet.

Praktisch geht das Verfahren in der Weise vor sich, daß der Ausgangsstoff in ein zweckmäßig verzinntes Druckgefäß gefüllt, metallisches Zinn zugefügt und 10—20 Atm. Wasserstoff darauf gepreßt werden, worauf man einige Stunden auf etwa 250—300° erhitzt. Es zeigt sich dann, daß von dem erhaltenen Produkt der größte Teil, etwa 50—60 vH unter 200° siedet, während ein Rückstand erhalten wird, der zu Schmierzwecken geeignet ist.

Ö.P. 102801. Adolphe Antoine François Marius Seigle in Paris. Verfahren und Vorrichtung zur Umwandlung schwerer Kohlenwasserstoffe in leichte. Vom 15. Oktober 1925 (vgl. auch Schweiz.P. 104104).

Patentansprüche: 1. Verfahren zur Umwandlung von schweren Kohlenwasserstoffen in leichte, sehr leicht entzündliche, das eine Periode der Verdampfung bei einem dem Atmosphärendruck nahekommenden Druck unter Verwendung der katalytischen Wirkung von Metallspänen und einer Periode der fraktionierten Dephlegmation umfaßt, dadurch gekennzeichnet, daß die in der Verdampfungsperiode erzeugten Dämpfe während der Überhitzung einen aufsteigenden und vielfach gewundenen mit Katalysatoren versehenen Weg durch natürlichen Auftrieb durchströmen, worauf die entstehenden Dämpfe einer fraktionierten Dephlegmation durch siedendes Wasser bei verschiedenen, bestimmten Drücken unter neuerlicher katalytischer Einwirkung von Metallspänen unterzogen werden, und die nach dieser Periode verbleibenden Dämpfe der üblichen Kondensation zugeführt werden.

2. Vorrichtung zur Ausführung des Verfahrens nach Anspruch 1, bestehend aus einer oder mehreren stehenden Retorten mit innerem Heizrohr, dadurch gekennzeichnet, daß der Weg für die aufwärtssteigenden Dämpfe aus einer Anzahl von zur Achse des Heizrohres senkrechten, kreisförmigen Kanälen besteht, die untereinander in Verbindung stehen und Scheidewände besitzen, die Gase und Dämpfe zur Änderung der Bewegungsrichtung zwingen.

3. Vorrichtung nach Anspruch 2, dadurch gekennzeichnet, daß die kreisförmigen Kanäle durch gelochte Metallplatten gebildet werden, die am Heizrohr befestigt und in dem Ringraum zwischen diesem und der

Außenwand angeordnet sind und die zur Aufnahme der Metallspäne für die Behandlung der Kohlenwasserstoffe bestimmt sind.

4. Einrichtung nach Anspruch 2, dadurch gekennzeichnet, daß entlang der Retorte gelochte Pfropfen für die Einführung kalter Luft in die Feuerung angeordnet sind.

5. Einrichtung nach Anspruch 2, dadurch gekennzeichnet, daß kleine gegen die Außenluft offene Kanäle vom Oberteil der Retorte in das innere Heizrohr führen und stellenweise in dasselbe ausmünden.

6. Vorrichtung zur Ausführung des Verfahrens nach Anspruch 1, dadurch gekennzeichnet, daß die Dephlegmationsvorrichtungen übereinander angeordnet sind und die unterste derselben über der Retorte liegt.

7. Vorrichtung nach Anspruch 6, dadurch gekennzeichnet, daß in jeder Dephlegmationsvorrichtung der Raum, durch welchen das aus der Retorte kommende Gemisch von Gasen und Dämpfen strömt, mit aushebbaren Platten ausgestattet ist, auf welchen Metallspäne angeordnet sind.

Schweiz.P. 93288. Chemische Fabriken Worms Akt.-Ges., Frankfurt a. M. (Deutschland). Verfahren zur Darstellung niedrigsiedender Öle aus Teerprodukten und Harzarten. Vom 16. Februar 1922.

Patentanspruch: Verfahren zur Darstellung niedrigsiedender Öle aus Teerprodukten und Harzarten, dadurch gekennzeichnet, daß dieselben in Gegenwart von kristallwasserhaltigen Metallhalogeniden erhitzt werden.

Unteransprüche: 1. Verfahren nach Patentanspruch, dadurch gekennzeichnet, daß unter Anwendung von Druck erhitzt wird.

2. Verfahren nach Patentanspruch, dadurch gekennzeichnet, daß indifferente Lösungsmittel für die Teerprodukte und Harzarten angewendet werden.

Beispiel 3: 100 kg Kreosotöl wurden mit 25 vH $CaCl_2$ krist. bei 200⁰ unter Druck destilliert. Man erhielt eine Ausbeute von 34,2 kg Leichtöl.

Es ist angezeigt, stets darauf zu achten, daß die katalytisch wirkenden Mittel mit den zu destillierenden Produkten gründlich vermischt werden, was in bekannter Weise durch Schütteln, Rühren usw. erfolgen kann.

Bei der Gewinnung der niedrigsiedenden Öle aus festen Produkten, wie Teer, Pech oder Harz, unter Anwendung der genannten Katalysatoren arbeitet man vorteilhaft in Gegenwart indifferenter Lösungsmittel für das zu destillierende Rohprodukt, wodurch die Viskosität der an und für sich beim Erhitzen schmelzenden Produkte herabgesetzt und eine innige Berührung mit dem Katalysator ermöglicht wird. Durch diese Arbeitsweise kann die Ausbeute wesentlich gesteigert werden.

Schweiz.P. 97639. Plauson's (Parent Company) Limited, London (Großbritannien). Verfahren zur Herstellung von Kohlenwasserstoffen aus kohlenstoffhaltigen Körpern und Apparat zur Ausübung dieses Arbeitsverfahrens. Vom 1. Februar 1923.

Patentanspruch: Arbeitsverfahren zur Herstellung von Kohlenwasserstoffen aus kohlenstoffhaltigen Körpern, unter Verwendung von erhöhter Temperatur und Druck in Anwesenheit von Wasserstoff, dadurch gekennzeichnet, daß die kohlenstoffhaltigen Körper und der Wasserstoff kontinuierlich und mit geringer Durchströmungsgeschwindigkeit durch einen Reaktionsraum hindurch geführt werden, in welchem man Druck und Temperatur unabhängig voneinander einstellt.

Unteransprüche: 1. Apparat zur Ausübung des Verfahrens nach Anspruch 1, gekennzeichnet durch ein Reaktionsgefäß, welches mit einem Rückschlageinlaßventil versehen ist, zu welchem ein Kompressor die zu behandelnden Substanzen drückt und welches Reaktionsgefäß außerdem ein Auslaßventil hat, welches regelbar belastet ist, derart, daß der Druck im Reaktionsgefäß ein wenig niedriger gehalten werden kann als der Höchstdruck des Kompressors.

2. Arbeitsverfahren nach Patentanspruch 1, dadurch gekennzeichnet, daß man den kohlenstoffhaltigen Körpern, bevor sie in den Reaktionsraum geleitet werden, eine alkalisch reagierende Substanz als Katalysator zusetzt.

Schweiz.P. 114288. E. J. Westermann, Zürich (Schweiz). Verfahren zur Umwandlung hochsiedender Kohlenwasserstoffe in niedrigsiedende. Vom 16. März 1926.

Patentanspruch: Verfahren zur Umwandlung hochsiedender Kohlenwasserstoffe in niedrigsiedende, dadurch gekennzeichnet, daß man die hochsiedenden Kohlenwasserstoffe sehr rasch auf hohe, über ihrem Siedepunkt liegende Temperaturen erhitzt und sofort wieder abkühlt.

Unteransprüche: 1. Verfahren nach Patentanspruch, gekennzeichnet durch Verwendung von Katalysatoren.

2. Verfahren nach Patentanspruch und Unteranspruch 1, gekennzeichnet durch Verwendung von Jod als Katalysator.

3. Verfahren nach Patentanspruch und Unteranspruch 1, gekennzeichnet durch Verwendung von Nickeltetrakarbonyl als Katalysator.

Zunächst soll noch einmal auf das Kapitel Nr. 17 und insbesondere auf die F.P. 400141 und 475303 von Sabatier und Mailke hingewiesen werden.

Zur Herstellung von Ölgas von hoher Leuchtkraft verfährt man bekanntlich derart, daß man eine Mischung von überhitztem Dampf und Kohlenwasserstoffen über hoch erhitzte Metalle leitet. Bei der Anwendung von Eisen entsteht Eisenoxyd und ein Gemisch von Kohlenoxyd und Wasserstoff, die das Oxyd wieder zu Eisen reduzieren, was aber mit Rücksicht auf die Eigenschaften des entstehenden Ölgases vermieden werden soll. Nach der Erfindung wird ein Gemisch von Kohlenwasserstoffen und überhitztem Dampf in feiner Verteilung bei hoher Temperatur über poröses schwammiges Eisenprotoperoxyd als Kontaktmasse hinübergeleitet (E.P. 26666/1905. Dibdin und Woltereck. Vom Oktober 1906).

Die Spaltung von Ölen unter Anwendung von Wasserstoff o. ä. und katalytisch wirkenden Metallen ist an sich längst bekannt. Nach den Angaben des E.P. 23977/1909 soll man diese drei Komponenten in einem Zustand feinster Verteilung mit Hilfe von Düsen o. dgl. durch hoch erhitzte Rohre in der Weise einblasen, daß ihnen außer einer hohen

Geschwindigkeit auch eine rotierende Bewegung verliehen wird (E.P. 23977/1909. Philipps und Bulteel, London. Vom Oktober 1910).

Nach den Ausführungen des D.R.P. 226135 und des E.P. 13675/1908 soll man Öl und Wasser in flüssiger Form in eine luftfreie, mit Eisenspänen gefüllte und auf etwa 500⁰ C erhitzte Retorte einleiten. In dem Verfahren, das in dem E.P. 28460/1911 beschrieben ist, soll das Eisen durch Kupfer, Aluminium oder Legierungen derselben, durch Bauxit, zerkleinerte Ziegel, Koks, durch Aluminiumoxyd oder andere ausreichend feuerbeständige Metalle, Legierungen oder Füllstoffe ersetzt werden, wobei Temperaturen von 556—660⁰ C innegehalten werden sollen. Die Retorte soll aus Eisen, Kupfer, geschmolzenem Quarz oder Ton bestehen (E.P. 28460/1911. New Oil Refining Process Lmtd., London und Neilson, Glasgow. Vom März 1913).

Die Verwendung von Nickel als Katalysator bei der Spaltung von Ölen ist bereits in dem D.R.P. 326282, Ö.P. 82231, E.P. 19702/1912 u. a. m. vorgeschlagen worden. Auch nach den Ausführungen des E.P. 5245/1913 soll man insbesondere ungesättigte Kohlenwasserstoffe, gemischt mit fein verteiltem Nickel oder einem anderen Katalysator und unter Einpressen von Wasserstoff oder Wassergas in der Hitze aufeinander einwirken lassen. Hierbei tritt unter Spaltung der vorhandenen Paraffine eine Hydrierung der Olefine ein, die vorher zweckmäßig entschwefelt

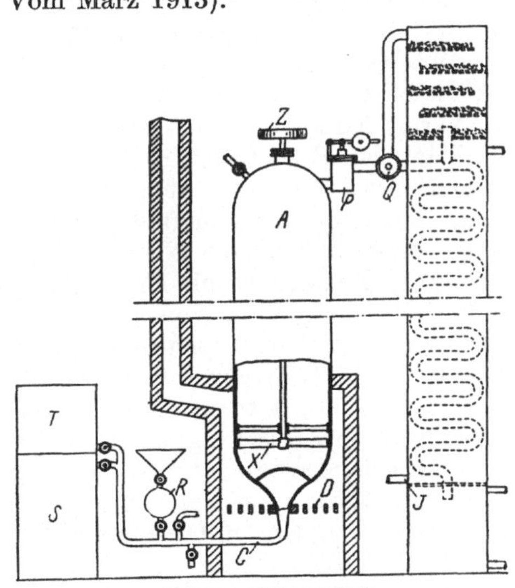

Abb. 158. E.P. 5245/1913.

werden. Benutzt wird als Spalt- und Hydrierapparat ein aufrecht stehender, mit einem zentralen Rührwerk ausgestatteter Zylinder, der mit Hilfe einer unten befindlichen Feuerung nur am Boden beheizt wird, während der obere Teil des Kessels als Kühler dient (Abb. 158). In der vorstehenden Zeichnung ist A der Spaltkessel, welcher mit dem Rührwerk X, Z versehen ist. Der Kessel wird unten durch die Feuerung D erhitzt. T enthält Öl, S Wasserstoff und R den fein verteilten Katalysator. Diese drei Komponenten werden durch das Rohr C und das Sieb I in den Spaltkessel A eingepumpt. Die Ableitung der Destillate erfolgt durch das Druckventil P und den Zweiweghahn Q (E.P. 5245/1913. Planes Ltd. und Thompson, England. Vom April 1914).

Um aus Torfteer ein Motortreibmittel herzustellen, soll man ihn bei 50—300⁰ C fraktioniert destillieren und die dabei erhaltenen nochmals destillierten Leichtöle einer chemischen Reinigung mit oxydierend oder kondensierend wirkenden Mitteln unterwerfen. Die über 170⁰ C siedenden Destillate werden auf über 300⁰ C unter Preßluft von 25 Atm. und unter Zusatz von pyrophoren Metallen, wie Eisen, Nickel, Chrom, Platin o. ä. etwa 5 Stunden erhitzt, wobei eine vollkommene Spaltung eintritt (E.P. 13261/1913. Franke, London. Vom Juni 1914).

Bei der Spaltung von Ölen hat man vielfach Mischungen von Schwerölen und Wasser oder Wasserstoff u. dgl. bei Gegenwart von Nickel aufeinander einwirken lassen. Nach den Angaben des E.P. 17121/1913 soll diese Spaltung ohne Wasser oder Wasserstoff vorgenommen werden. Es wird vorgeschlagen, Schweröle mit Nickel bei einer Temperatur von 600—650⁰ C und unter einem Druck von 50 Pfund auf den Quadratzoll zu erhitzen. Das Nickel soll die entstehenden leichten Kohlenwasserstoffe unter Abspaltung von Wasserstoff zersetzen und hierdurch hydrierend auf die Olefine einwirken (E.P. 17121/1913. Hall, New York. Vom Oktober 1914).

Man soll die Gewinnung leicht siedender Öle aber ohne Anwendung von Wärme lediglich auf chemischem kaltem Wege ausführen können. So schlägt das E.P. 18342/1913 folgendes Arbeitsverfahren vor. Man nimmt Schweröl und verrührt es gut mit 50 vH einer starken Kalklösung. Zu dieser Mischung fügt man eine Lösung von Alaun oder Ferrosulfat. Man filtriert vom Niederschlag. Das zurückbleibende Öl hat einen niedrigeren Siedepunkt als das Ausgangsmaterial (E.P. 18342/1913. Hall, New York. Vom November 1914).

Um zu gesättigten aliphatischen Verbindungen zu gelangen, schlägt das E.P. 19772/1913 vor, zunächst aus schweren Petroleumdestillaten (spez. Gew. 0,850), oder aus Destillationsrückständen (spez. Gew. 0,920) durch pyrogene Zersetzung zu leichteren ungesättigten Kohlenwasserstoffen zu gelangen, die dann auf dem bekannten Wege der Hydrierung wieder in Paraffin umgewandelt werden. Es soll auf diesem Wege gelingen, Polymethylene in Olefine und hierauf in Paraffine überzuführen (E.P. 19772/1913. Sommer, Wien. Vom September 1913).

Es ist bereits in dem E.P. 13261/1913, S. 3, Z. 2 (vgl. dieses Kapitel) pyrophores Chrom als Spaltungskatalysator vorgeschlagen worden. Nach den Angaben des E.P. 4573/1914 soll man als Katalysator schwammförmiges Chromoxyd anwenden, das man durch Erhitzen von Ammoniumsalzen der Chromsäure erhält. Neben diesem Katalysator soll man noch Platinschwarz und andere Metalle, wie Nickel, Kupfer, Palladium, und auch poröse Träger für den Katalysator, wie Asbest, Kieselwolle und Koks, oder Manganoxyd anwenden. Man arbeitet bei Rotglut und leitet die Öldämpfe unter Versprühen oder Vernebeln über den z. B. in einer Eisenröhre erhitzten Katalysator. Die Verwendung von Dampf, Druckluft oder inerten Gasen ist vorgesehen. Man arbeitet unter einem Druck von 55 Pfund. Die Destillate werden in einen Skrubber mit Schweröl geleitet. Bei der Spaltung von Anthracenöl werden dann 88 vH Benzol erhalten (E.P. 4573/1914. Hirschberg, London. Vom Juli 1915).

Es ist bereits in dem D.R.P. 14924 vom Jahre 1881 (vgl. dieses Kapitel) ein Verfahren beschrieben, nach welchem Öle bei höheren Temperaturen mit Kalk behandelt werden. Auch nach dem E.P. 5434/1914 wird Kalk zum Spalten von Ölen oder Ölrückständen, die man verflüssigt hat, empfohlen. Die Öle können vorher getoppt werden und werden dann mit stückigem Kalk, der sich in einer geeigneten Retorte befindet, bei Temperaturen von 400—650⁰ C in Berührung gebracht. Die Einführung des Öles geschieht als Nebel oder als dünner Film, d. h. in der Flüssigkeitsphase (E.P. 5434/1914. Carter Wite, London. Vom Mai 1915).

Das nachstehend beschriebene Verfahren ist kein Spaltverfahren an sich, sondern ein zur Veredelung von Krackbenzinen vielfach benutztes Hydrierverfahren. Man hat bereits früher vorgeschlagen (vgl. dieses Kapitel E.P. 5245/1913 und E.P. 19772/1913 sowie F.P. 475303 Kap. 17), auch die beim Kracken entstehenden Olefine auf dem Wege der Hydrierung in Paraffine überzuführen. Auch das E.P. 11611/1914 betrifft ein gleiches Arbeitsverfahren. Danach sollen die olefinhaltigen Produkte bei einer etwa 200⁰ C betragenden Temperatur mit Wasserstoff bei Gegenwart von Nickel, Eisen, Kobalt, Kupfer oder Mischungen dieser Metalle behandelt werden. Wendet man den Wasserstoff unter einem Druck von 10 Atm. oder mehr an, so vollzieht sich die Hydrierung bereits unter 180⁰ C. Als Beispiele sind angegeben Mineralöl, Krackbenzine und Destillat eines Pechelbronner Öles. Der Druck kann bis 120 Atm. steigen. Die Metalle sollen auf porösen Körpern niedergeschlagen werden (E.P. 11611/1914. Badische Anilin- und Sodafabrik. Vom Juli 1915).

Bei der Spaltung von Ölen mit Katalysatoren ist bereits im E.P. 4573/1914 die Mitverwendung von inerten Gasen vorgesehen. Eine gleiche Arbeitsweise erläutert auch das E.P. 12653/1914. Man soll nach den dort gemachten Angaben einen Strom inerter Gase über die Oberfläche des erhitzten Öles unter Druck hinwegblasen und die Mischung über einen erhitzten Katalysator, d. h. Metalle wie Nickel, ihre Legierungen oder Oxyde leiten. Beim Austritt aus der Katalysatorröhre soll der Druck durch Anwendung von Vakuum plötzlich erniedrigt werden (E.P. 12653/1914. Valpy und Lukas, London. Vom Mai 1915).

In dem F.P. 475303 (vgl. Kap. 17) ist ein Verfahren zum Spalten unter Anwendung von hoch erhitzten Metallen und Hydrierung der Spaltprodukte beschrieben. Das E.P. 16791/1914 soll insofern eine Verbesserung dieses bekannten Verfahrens erzielen, indem nicht in zwei, sondern in einer Phase gearbeitet wird. Bei der Anwendung der üblichen auf Bimsstein, Asbest, Koks, Kieselstein o. dgl. niedergeschlagenen metallischen Katalysatoren soll eine starke die Katalyse verhindernde Abscheidung von Kohlenstoff stattfinden. Dieser Mißstand soll vermieden werden, wenn man die Metalle durch Reduktion auf kieselsäurefreie Materialien, wie Magnesia, Tonerde, Bauxit, Kalk, Baryumoxyd, Strontiumoxyd, deren Karbonaten, auf Graphit o. dgl. niederschlägt, aus denen Briketten hergestellt werden (E.P. 16791/1914. Sabatier und Mailke, Frankreich. Vom Juni 1915 oder F.P. 476876, A.P. 1152765).

Um bei der Spaltung von Ölen unter Anwendung von Hitze und Druck zu gesättigten Produkten zu gelangen, wird in dem E.P. 18419/1914 der Vorschlag gemacht, Druckkessel anzuwenden, die etwa nur zu einem Drittel mit Öl gefüllt sind und dann dieses Öl so hoch zu erhitzen, daß ein Druck von 400—600 Pfund pro Quadratzoll entsteht. Der Druck muß so hoch sein, daß beim Abkühlen des Kessels immer noch ein Überdruck von 120 Pfund herrscht. Die Gegenwart von Katalysatoren soll die Spaltung günstig beeinflussen (E.P. 18419/1914. N. O. Snelling, U.S.A. Vom September 1915).

Es ist bereits in dem D.R.P. 34315 auf die katalytische Wirkung hoch erhitzter poröser Materialien hingewiesen. Auch in dem E.P. 10981/1915 wird vorgeschlagen, Öle oder deren Rückstände in verflüssigtem Zustand mit Bimsstein oder Sandstein in Berührung zu bringen, die auf 500—800⁰ C erhitzt worden sind. Die entstehenden Dämpfe werden mit einer Pumpe abgesaugt und unter einem Überdruck von 16 Atm. kondensiert. Die Verwendung von Ziegeln und Koks zu einem gleichen Zweck wird als bekannt zugegeben (E.P. 10981/1915. Robertson, Nelson und Petrol Patents Lmtd. Vom März 1919).

Auch das E.P. 12188/1915 bedient sich hoch erhitzter poröser Materialien zur Spaltung, wie sie zum Teil auch bereits in den besprochenen E.P. 16791/ 1914 und 10981/1915 erwähnt sind, nämlich entweder blockförmiger oder granulierter Stücke aus Ziegeln, Kalkstein, Bimsstein, auf denen auch noch metallische Katalysatoren, wie Nickel, Kupfer, Eisen, Zink, Aluminium oder deren Oxyde niedergeschlagen sein können. Es wird zur Ausführung eine röhrenförmige senkrechte Retorte benutzt, deren unterer Teil mit Öl gefüllt ist und zum Verdampfen des Öles dient. Im oberen Teil, der gleichfalls von außen und auch von innen beheizt wird, befinden sich die Katalysatoren. Die Mitverwendung von Wasserstoff und von

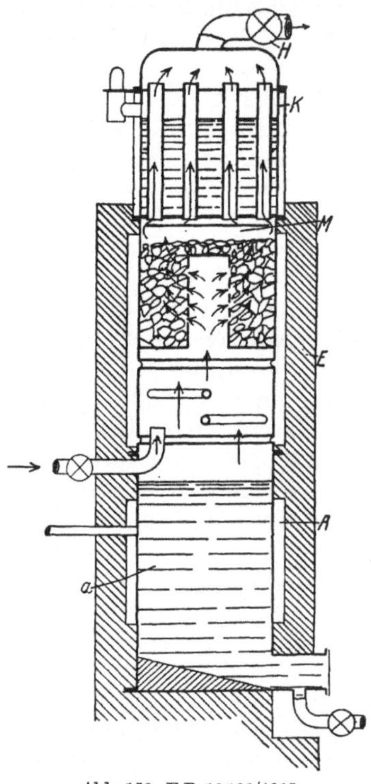

Abb. 159. E.P. 12188/1915.

Krackgasen ist vorgesehen, ebenso der Kreislauf der schweren Kondensate (Abb. 159). Wie aus der vorstehenden Abb. zu ersehen ist, zerfällt der Spaltapparat seiner Wirkung nach in drei Teile. Der Teil A dient zum Verdampfen des Öles, der Teil E zum Erhitzen und Spalten der Öldämpfe und der Teil K als Kondensator. Das Öl a wird von außen beheizt, ebenso wie die in E befindlichen Öldämpfe. Die Öldämpfe gehen von innen in die Kammer M, welche mit dem katalytisch wirksamen Material gefüllt ist und gelangen von dort durch den Kondensator K nach dem Abzugsrohr H (E.P. 12188/1915. G. P. Lewis, London. Vom September 1916).

Man soll nach den Angaben des E.P. 106080 aus gesättigten Kohlenwasserstoffen zu ungesättigten kommen, wenn man unter ganz bestimmten Arbeitsbedingungen den Paraffinen einen Teil ihres Wasserstoffes durch Oxydation entzieht. Man hat schon Dämpfe von Kohlenwasserstoffen mit den Oxyden von Nickel, Chrom, Mangan, Kobalt, Silber und Palladium behandelt, um leichtere Kohlenwasserstoffe zu gewinnen. Auch hat man Öl- und Wasserdämpfe zusammen über Eisenoxyd bei 500—600⁰ C geleitet. Der in den Katalysatoren abgeschiedene Kohlenstoff wurde durch Sauerstoff verbrannt. Als Katalysator hat man auch schon fein verteiltes, auf Trägern niedergeschlagenes Eisen benutzt, das durch Reduktion aus Eisenoxyd hergestellt wurde. Die Reduktion wurde durch Überhitzen von Öldämpfen über die fein verteilten Oxyde bei etwa 400⁰ C ausgeführt. Das reduzierte Metall wirkt spaltend auf Kohlenwasserstoffe. Falls sich Kohle auf dem Katalysator ausscheidet, so kann man sie in der Hitze durch Dampf in Wassergas umwandeln. Das hierbei oxydierte Metall wird durch Kohlenwasserstoff reduziert. Nach der Erfindung führt man die Einwirkung von Kohlenwasserstoffdämpfen, auf Metalloxyde unter Innehaltung bestimmter Einwirkungszeiten, derart aus, daß Paraffine zu Olefinen oxydiert werden (E.P. 106080. Bostaph Engineering Co. and Ramage. Vom Dezember 1917 oder Am.P. 1224787).

Es ist bereits im vorstehenden auf Verfahren hingewiesen worden, nach denen Olefine entweder während oder nach der Spaltung mit Wasserstoff und metallischen Katalysatoren, wie Nickel, Eisen, Kobalt und Kupfer, hydriert und in Paraffine übergeführt wurden (vgl. E.P. 5245/1913, 19772/1913 und 11611/1914). Diese Hydrierung soll man nun nach den Angaben des E.P. 107034 mit Hilfe von Wasserstoff im Status nascendi ausführen. Zu diesem Zwecke leitet man die zu hydrierenden Öldämpfe zusammen mit Schwefelwasserstoff über Kupfer bei etwa 500⁰ C, wobei sich Schwefelkupfer und freier Wasserstoff bildet. Man kann den Schwefelwasserstoff auch durch Überleiten von Wasserstoff über Metallsulfide in der Wärme herstellen (E.P. 107034. Rostin and Forwood, London. Vom Juni 1917 oder Am.P. 1451052).

Es ist auch schon der Vorschlag gemacht worden, den Kohlenwasserstoff mit Wasserdampf zu emulgieren und durch Überleiten über einen aus feinen Drähten, Sieben o. dgl. von Platin, Palladium oder Nickel bestehenden Katalysator zu spalten. Zur Ausführung dienen drei übereinander in einer Heizvorrichtung liegende Heizschlangen. In der obersten wird Wasserdampf erzeugt, der das zu spaltende Öl gegebenenfalls unter Mitverwendung von Druckluft in die mittlere Röhre preßt, von wo er durch einen Vernebelungsapparat in die unterste am höchsten erhitzte Röhre eintritt, an deren Ende sich die Katalysatorröhre befindet, in der unter Zerfall des mitgeführten Wassers Wasserstoff und durch Bindung mit der beim Kracken stets ausgeschiedenen Kohle Kohlenoxyd entsteht. Der Brenner zum Erhitzen der Heizröhren wird aus dem Öltank gespeist (E.P. 119485. Adams, U.S.A. Vom Oktober 1918 und F.P. 486312).

Auf die Wichtigkeit des atomistischen Wasserstoffs für die Zwecke der Hydrierung von Olefinen ist bereits in dem E.P. 107034 (vgl. dieses Kapitel) hingewiesen worden. Eine gleiche Überlegung liegt auch dem

Verfahren des E.P. 128227 zugrunde. Nach den dort gemachten Angaben werden Schweröle unter Druck und zum Teil in der Dampfphase der Einwirkung von naszierendem Wasserstoff ausgesetzt. Man verwendet hierzu einen rotierenden Stahlzylinder, in dem sich ein Gemisch von Öl, fein verteiltem Zink und verdünnter Säure befindet, das in der Hitze Wasserstoff entwickelt und die beim Kracken sich bildenden Olefine hydriert (E.P. 128227. Hiram Maxim, London. Vom Juni 1919).

In mehreren der in diesem Kapitel früher besprochenen Spaltungsverfahren wurde das Rohöl mit Wasserdampf über hoch erhitzte Eisenstückchen, d. h. bei einer Temperatur von etwa 500⁰ C, geleitet. Auch die Verwendung von Zinn in Form eines Überzuges auf der Innenseite der Spaltapparate, und zwar bei Gegenwart von Wasserstoff, ist schon vorgeschlagen worden, um Kresole in aromatische Kohlenwasserstoffe umzuwandeln, oder als Katalysator, um Schmieröle aus Teerölen herzustellen (s. a. Kap. 23). Nach den Ausführungen des E.P. 171367 soll man Zinn unter Anwendung von Wasserstoff unter Druck benutzen, um Benzine aus hochsiedenden Ölen zu gewinnen, wobei man auch innen verzinnte Apparate anwenden kann. Nach den Beispielen soll man Teeröle unter Zusatz von Zinn nach Einleiten von Wasserstoff unter Druck im geschlossenen, zweckmäßig verzinnten Kessel auf 250 bis 320⁰ C erhitzen (E.P. 171367. Melamid, Deutschland. Vom Januar 1923; siehe auch F.P. 539715).

Von dem Erfinder des zuletzt besprochenen Verfahrens stammt auch das E.P. 171390. Es handelt sich insoweit um eine weitere Ausbildung des besprochenen Verfahrens, als an Stelle von Teeröl, Mineralöle und andere Kohlenwasserstoffe, z. B. amerikanisches Gasöl vom Siedepunkt 250—300⁰ C angewendet werden (E.P. 171390. Melamid, Deutschland. Vom Januar 1923).

Auch das E.P. 174321 betrifft eine Verbesserung der Verfahren nach E.P. 171367 und 171390. Man soll auch ohne Anwendung von hohen Drucken zu befriedigenden Ausbeuten gelangen, wenn man dafür Sorge trägt, daß eine sehr feine Verteilung des Öles stattfindet, daß ferner der Wasserstoff im Überschuß vorhanden ist, und daß schließlich das Zinn auf Rotglut erhitzt wird. Die innige Berührung der Öldämpfe mit dem Katalysator soll man durch gegeneinander versetzte Prellplatten erreichen, wodurch die Gase und Dämpfe gezwungen sind, sich in einer Schlangenlinie fortzubewegen (E.P. 174321. Melamid, Deutschland. Vom März 1923).

Wie aus den Angaben des E.P. 180625 hervorgeht, kann man bei Ausführung der Verfahren der E.P. 171367, 171390 und 174321 an Stelle des dort genannten Zinns als Katalysatoren auch andere unter 700⁰ C schmelzende Metalle, mit Ausnahme des Zinks und Bleis, anwenden, die nicht leicht Karbide bilden. Als Beispiel ist Wismuth und seine Legierungen genannt (E.P. 180625. Melamid, Deutschland. Vom Februar 1923).

Es ist bereits in dem E.P. 174321 darauf hingewiesen worden, daß man zweckmäßig das als Katalysator benutzte Zinn auf Rotglut erhitzt. In dem E.P. 193922 wird eine weitere Verbesserung der vorstehend erwähnten vier Verfahren beschrieben. Danach soll die Mitverwendung von Wasserstoff überflüssig sein, wenn man bei Temperaturen arbeitet, die etwa bei 900⁰ C liegen, während die beschriebenen Verfahren unter Anwendung von Wasserstoff besser verlaufen, wenn man bei Temperaturen zwischen 600—800⁰ C arbeitet. Als Katalysatoren werden Zinn und die im E.P. 180625 genannten vorgeschlagen (E.P. 193922. Melamid, Deutschland. Vom März 1923).

Das E.P. 221559 bezieht sich auf die vorstehend besprochenen Patente des gleichen Erfinders Melamid. Die erläuterten Verfahren werden insoweit weiter ausgebildet, als ihnen nicht nur Öle u. dgl., sondern auch Teere, Rohpetroleum, Kohle und ähnliche Materialien unterworfen werden sollen. Hierbei ist eine Ausscheidung von Pech, Koks, Asphalt u. dgl. nicht zu befürchten. Die zu verarbeitenden Materialien müssen in möglichst feiner Verteilung angewendet werden und in innige Berührung mit dem Katalysator kommen (Zinn oder unter 700⁰ C schmelzende Metalle, die nicht leicht Karbide bilden, mit Ausnahme von Blei und Zink). (E.P. 221559. Melamid, Deutschland. Vom September 1924.)

Nach den Ausführungen des E.P. 231190, das gleichfalls von Melamid genommen ist, soll es zweckmäßig sein, bei der Spaltung hochsiedender Produkte (E.P. 231190) nur so hohe Temperaturen anzuwenden, daß nur diejenigen Bestandteile der Öle gespalten werden, die leicht einer Spaltung unterliegen und hierbei benzinartige Kohlenwasserstoffe liefern, während die schwer spaltbaren Bestandteile ungespalten bleiben. Hierdurch soll eine Schonung der zunächst entstehenden Krackbenzine erreicht werden. Es ist eine Spalttemperatur von 400⁰ C angegeben (E.P. 231190. Melamid, Deutschland. Vom Mai 1926). Es soll noch kurz an die Angaben des E.P. 193922 erinnert werden, in dem sehr hohe Temperaturen empfohlen sind.

Es ist schon im vorstehenden (vgl. E.P. 18419/1914) der Vorschlag gemacht worden, die Spaltung von Ölen unter Druck in einem geschlossenen Gefäß vorzunehmen und durch Mitverwendung von Katalysatoren für eine Hydrierung der gebildeten Olefine zu sorgen. Auch das Verfahren des E.P. 206121 geht etwa von den gleichen Erwägungen aus. Dieses Verfahren will aber so hohe Drucke wie bei den Benzinverfahren vermeiden. Der Erfinder will beobachtet haben, daß beim Erhitzen von Rohölen in geschlossenen Kesseln auf 100—300⁰ C, d. h. bei einem Druck von nicht über 10 Atm., der Gehalt der Rohöle an Benzinen zunimmt, wobei die erhitzten Metallwandungen des Druckkessels (Eisen oder Kupfer) katalytisch bei der Hydrierung der gebildeten Olefine einwirken. Der Gehalt an Benzinen soll noch in überraschender Weise gesteigert werden, wenn man vor der Druckbehandlung geringe Mengen von leichter siedenden Ölen zusetzt (E.P. 206121. Gane, Rumänien. Vom März 1925).

Das Verfahren des E.P. 208310 hat gewisse Ähnlichkeit mit dem des bereits besprochenen E.P. 12188/1915, in dem zuerst Öldämpfe erzeugt wurden, die man dann über gleichfalls erhitzte katalytisch wirksame Substanzen in Blockform oder aber granuliert unter Druck hinüberstreichen ließ. Nach dem neuen Verfahren wird Öl in Heizröhren unter einem

Druck von 50—75 Pfund (Quadratzoll) erhitzt und dann in eine zylindrische oder ovale Kammer eingeführt, die mit kleinen Kugeln aus hitzebeständigem Ton ausgefüllt ist. In dieser Kammer tritt eine Expansion und Spaltung des Öles ein (E.P. 208310. Mormot, London. Vom Dezember 1923). Die Verwendung von Tonstückchen als Katalysator ist schon in den D.R.P. 268176 und 395973 (siehe auch E.P. 185624) erwähnt.

Es ist in dem E.P. 174547 (vgl. D.R.P. 398487) ein Verfahren zum Spalten von Mineralölen beschrieben, wobei die Öldämpfe in Mischung mit Wasserdampf über eine Eisenoxydulverbindung geleitet werden, bei einer Temperatur von etwa 550° C, und zwar derart, daß der Oxydulzustand des Eisens erhalten bleibt. Nach dem E.P. 210131 werden aromatische Kohlenwasserstoffe etwa in der gleichen Weise behandelt. Der Erfinder hat festgestellt, daß man hierbei z. B. aus Benzol und aus Toluol u. ä. Hexamethylen erhält. Die Herstellung von Zyklohexan durch Hydrierung von Benzol bei Gegenwart von Nickel bei 200° C ist schon von Sabatier beschrieben worden (E.P. 210131. Marks, London. Vom Januar 1924).

In dem früher besprochenen E. P. 106080 ist auch auf diejenigen Spaltverfahren hingewiesen worden, bei denen Wasserdampf mit Ölen über hoch erhitztes Eisen geleitet wurde, wobei eine Oxydation des Eisens unter Entwicklung von Wasserstoff eintritt. In dem E.P. 214940 wird ein ähnliches Verfahren beschrieben. Auch dort werden Öle über hoch erhitzte Füllkörper aus Eisen geleitet. Dagegen wird das zur Entwicklung des Wasserstoffs aus dem Wasserdampf erforderliche Wasser nicht zusammen mit den Ölen eingeleitet, sondern in eine besondere, mit heißen Plättchen aus Eisen gefüllte Reaktionskammer, in der die Entwicklung des zur Hydrierung benötigten Wasserstoffs sich vollzieht (Abb. 160a). In dem Ofen 1 liegen nebeneinander die drei Retorten 2, 3, 4, die innen glasiert und außen von feuerfestem Material umgeben sind. In der mittleren Retorte 3 befindet sich ein entfernbarer wannenförmiger Einsatz 5 aus katalytisch wirksamem Material, z. B. Eisen, zur Aufnahme des Rohmaterials. Die beiden Seitenretorten 2 und 4 sind mit Eisenspänen gefüllt, die zweckmäßig in entfernbaren Einsätzen angeordnet sind. Es wird zunächst überhitzter Dampf durch Rohr 9 und 10 in die

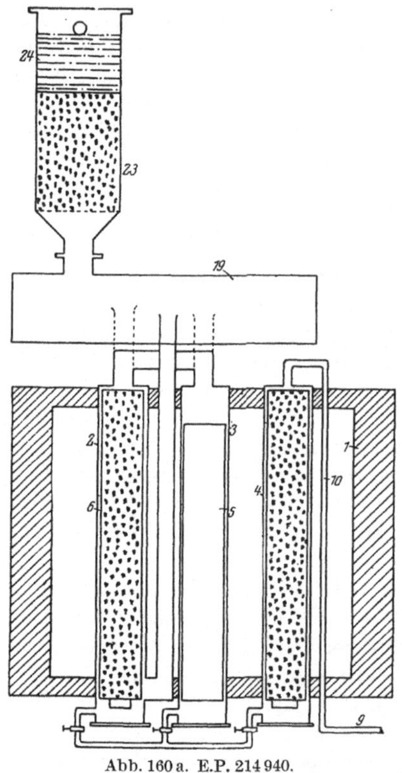

Abb. 160a. E.P. 214940.

Eisenspäne der Retorte *4* eingeleitet. Der dabei entstehende Wasserstoff gelangt zur Einwirkung auf das in der Retorte *3* befindliche Öl. Man kann die entstehenden Reaktionsprodukte entweder direkt nach dem Sammelraum *19* und von dort nach dem Reiniger *23, 24* leiten oder erst zunächst durch die Retorte *6* schicken (E.P. 214940. Linnmann, Hamburg. Vom 31. Juli 1924).

Die Verwendbarkeit von Kohle als Katalysator ist schon in dem D.R.P. 34315 und 51553 u. a. m. beschrieben worden. Auch in dem Verfahren des E.P. 239556 wird Öl zusammen mit Wasserdampf in eine Retorte versprüht, die mit vegetabilischer oder animalischer Kohle oder kohlenstoffhaltigen Rückstände von der Destillation von Ölschiefer oder Ölen beschickt ist. Das wesentliche des neuen Verfahrens soll in der Aktivierung der Kohle bestehen. Als Zusatzkatalysatoren nimmt man kohlensaures Natrium oder Kalium, Eisenoxyd, Nickel oder dessen Oxyde, Silikagel, Ferrohydroxyd, in Gelform, Tonerde, Schwefeleisen und andere Substanzen in Pulverform entweder allein oder gemischt mit Öl und Wasser mit oder ohne Zusatz von atomistischem Wasserstoff, Schwefelwasserstoff, Wassergas, Kohlenoxyd, gewöhnlichem Wasserstoff, Nickelkarbonyl. Die Zusatzkatalysatoren kann man auch der Kohle zusetzen. Die Destillate werden durch Schweröle oder durch aktive Kohle oder Silikagel absorbiert. Die Temperatur soll zwischen 300—1000⁰ C liegen. Es ist eine sukzessive Behandlung zwischen zwei verschiedenen Katalysatorfüllungen in einer Doppel-

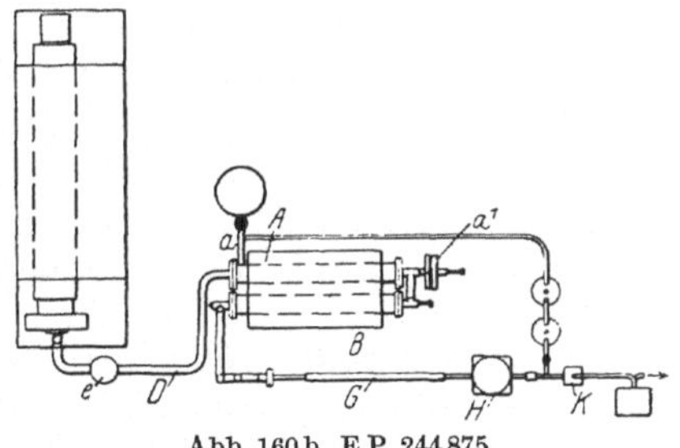

Abb. 160b. E.P. 244875.

retorte vorgesehen und der Kreislauf der Krackgase als Träger für die Destillate (E.P. 239556. Forwood, London. Vom September 1925).

Während in dem zuletzt besprochenen Verfahren die sukzessive Behandlung mit zwei verschiedenen Katalysatoren in einer sich erweiternden Retorte vorgenommen wird, benutzt das E.P. 244875 zu diesem Zweck zwei hintereinander geschaltete röhrenförmige Retorten. Das zu spaltende Öl wird zuerst auf 400⁰ C erhitzt, indem es eine Retorte durchläuft, die mit Koks oder einem anderen kohlenstoffhaltigen Material gefüllt ist. Dann tritt es in die Katalysatorretorte ein, die auf 500—700⁰ C erhitzt ist. Beim Eintritt werden den Öldämpfen permanente Krackgase und etwas Ammoniak zugefügt. Durch die Verschaltung der ersten Koks enthaltenden Kammer soll die Abscheidung des Kohlenstoffs bei der Spaltung sich vornehmlich in der ersten Kammer vollziehen, während die Katalysatorkammer frei von Kohlenstoff bleiben soll (Abb. 160b). In der Retorte *E* wird z. B. Kohle, Schiefer o. dgl. der Tieftemperaturverkokung unterworfen. Die entstehenden Öldämpfe gelangen durch den Staubfänger *e* und das Rohr *D* in die erste Krackretorte *A*, die zwecks Abscheidung von Kohlenstoff mit Koks o. dgl. gefüllt ist, der durch ein Rührwerk *a'* in Bewegung gesetzt wird. Nach Absetzen des Kohlenstoffes gelangen die Öldämpfe in eine zweite mit einem Katalysator gefüllte Retorte *B* und von da aus durch *A'* und *G* in die Kondensatoren *H* und *K* (E.P. 244875. Oil Process Limited, London. Vom Dezember 1925 oder F.P. 604361).

Die durch Spalten von Ölen gewonnenen Krackbenzine enthalten bekanntlich große Mengen ungesättigter Verbindungen, die zur Polymerisation, d. h. zur Bildung harzartiger Verbindungen neigen. Um diese Verbindungen zur Polymerisation zu bringen, schlägt das E.P. 222481 vor, die beim Kracken entstehenden Dämpfe durch einen Turm zu schicken, der mit Fullererde, Beinschwarz, Bauxit, Kieselgur, Infusorienerde o. dgl. gefüllt ist. In diesem Turm tritt eine Polymerisation der Olefine ein, so daß die ihn verlassenden Destillatdämpfe frei von den unerwünschten Verunreinigungen sind (E.P. 222481. Gray, New Jersey. Vom Dezember 1925 oder F.P. 604167 und Am.P. 1340889).

Bei der Ausführung des vorstehend beschriebenen Verfahrens zeigt es sich, daß sich in dem Polymerisationsfilter schnell gummiartige Produkte abscheiden, die das Filter unwirksam machen. Da das neue Beschicken dieses Filters mit großen Schwierigkeiten verknüpft und außerdem unwirtschaftlich ist, wird in dem E.P. 249871 der Vorschlag gemacht, die Filtersubstanz durch Auswaschen zu reaktivieren. Das Waschmittel wird gleichzeitig mit den zu reinigenden Destillatdämpfen angewendet, so daß keine Unterbrechung des Betriebes stattfindet. Man kann als Waschmittel auch ein beim Kracken gewonnenes Kondensat anwenden (E.P. 249871. Gray, Process Corporation, New Jersey. Vom Februar 1927).

Für die Herstellung von benzinartigen Produkten aus rohem Mineralöl oder Schieferöl bzw. Teeröl oder aus Kohle, Braunkohle o. dgl. sind vielfache Vorschläge gemacht worden. So soll man u. a. die Dämpfe des Rohöles in einen Konverter leiten, der eine Mischung von Kalk, einer Zinkverbindung und Magnesiumchlorid und stückigen Koks (vgl. dieses Kapitel F.P. 554494) enthält und in seinem Inneren ein Rührwerk trägt. Oder man soll die Dämpfe des Rohöles durch Fullererde leiten oder über Metalle, die auf Magnesia, Tonerde, Bauxit, Kalk o. dgl. fein verteilt sind, leiten. Auch bei dem Verfahren des E.P. 254011 wird in gleicher Weise gearbeitet. Zur Füllung des Konverters dienen folgende Materialien: 1. Kalk und Zinkoxyd, oder Zinkchlorid, oder Zinkspäne mit Bauxit; 2. Kalk und Zink; 3. Kalk und Aluminiumchlorid; 4. Kalk, Aluminumchlorid und Bauxit; 5. Kalk, Zinkchlorid, Bauxit und Magnesia. Der Konverter soll zweckmäßig innen verzinnt sein (E. P. 254011. Schultz, Australien. Vom Juni 1926).

Das Kracken und Hydrieren kann man auch, wie aus dem E.P. 255159 zu entnehmen ist, in einer horizontalen oder etwas geneigten Kammer vornehmen. Hierbei wird ein kontinuierlicher Strom von stückförmigem, katalytisch wirksamem Material den zu spaltenden Ölen im Gegenstrom entgegen geführt. Der Katalysator gelangt während des Spaltungsprozesses aus dem Spaltgefäß, kann dann von dem darauf ausgeschiedenen Kohlenstoff o. dgl. mit Dampf und Luft in der Hitze gereinigt werden und kehrt dann wieder in den Betrieb zurück, nachdem die Oberfläche des Katalysators reaktiviert worden ist. Die katalytische Beschickung kann aus stückiger, brikettierter oder blockförmiger Kohle, Ziegeln, Tonerde o. dgl. bestehen, die zur Erhöhung der Wirkung mit metallischem Nickel imprägniert worden sind. Die Heizung erfolgt direkt durch Feuergase (E.P. 255159. G. W. Wallace, Kalifornien. Vom Juli 1926).

Sehr umfassende Untersuchungen über die Wirkung metallischer Katalysatoren liegen dem F.P. 400141 von Sabatier zugrunde. Es ist dort ein Zweiphasenverfahren beschrieben. Nach der ersten Phase werden die Dämpfe von Rohpetroleum, das auch getoppt sein kann, bei etwa 400^0 C über fein verteilte Metalle geleitet. Dabei spaltet sich das Rohpetroleum in Wasserstoff und gasförmige Kohlenwasserstoffe sowie in flüssige Produkte, die im Kreisprozeß zurückgeführt werden können. Als fein verteilte Metalle sind folgende genannt: Pyrophorisches Eisen, fein verteiltes Kupfer, ferner gewöhnliches Eisen und Kupfer, Kobalt, das auf dem Wege der Reduktion gewonnen worden ist, Zinkpulver, fein verteiltes Platin, deren Mischungen auch auf dem Wege gemeinsamer Reduktion aus einem Gemisch der Oxyde hergestellt, sowie verkupfertes Eisen

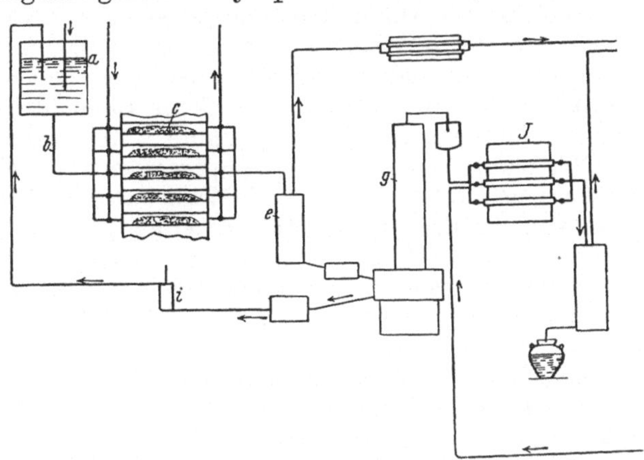

Abb. 161. F.P. 400141.

oder Zink. Man kann die Metalle auch auf Bimsstein, Glimmer oder Koks niederschlagen. Die durch Ablagerung von Kohle unwirksam gewordenen Katalysatoren kann man dadurch reaktivieren, daß man sie bei etwa 500^0 der Einwirkung von Wasserdampf unterwirft, wodurch sich Kohlensäure (? Kohlenoxyd) und Wasserstoff bildet, oder dadurch, daß man den Kohlenstoff durch Luft verbrennt und das oxydierte Metalloxyd reduziert. Die nach dieser ersten Behandlung gewonnenen Krackbenzine bestehen zum Teil aus ungesättigten Kohlenwasserstoffen von unangenehmem Geruch. Diese werden in einer zweiten Phase hydriert, indem man sie gemischt mit Wasserstoff, Wassergas, Riché-Gas oder Siemens-Gas zunächst zur Entfernung des Schwefels durch alkalische Lösungen und dann über heißes Kupfer leitet und dann zwecks Hydrierung bei $150—300^0$ C über Nickel, Kobalt, Kupfer, Eisen oder Platin. Man kann diese beiden Phasen direkt hintereinander auch unter Benutzung des beim Spalten entstehenden Wasserstoffs als Hydrierungsmittel ausführen (Abb. 161). *a* ist ein Behälter für das Öl; durch *b* wird das Öl in den Ofen *c* geleitet, der mit fein verteilten

Metallen beschickt ist, die etwa auf 400⁰ C erhitzt werden. Die hierbei entstehenden, zum Teil unangenehm riechenden und ungesättigten, leicht siedenden Öle werden dann in e und g abgekühlt und gelangen dann in den Hydrierungsapparat J, wo sie bei Temperaturen zwischen 150—300⁰ C einer Hydrierung unterzogen werden (F.P. 400141. Sabatier, Frankreich. Vom 19. Juli 1909). Ein ähnliches Verfahren des gleichen Erfinders ist in dem F.P. 475303 (vgl. Kap. 17) beschrieben.

Es ist in dem D.R.P. 226135 und dem F.P. 393433 ein Spaltverfahren beschrieben, nach welchem Wasser und Öl unter Ausschluß der Luft zusammen über hocherhitzte Eisenspäne geleitet werden, die sich in einer Retorte befinden. Nach den Angaben des F.P. 451471 soll man Retorten verwenden, die aus gegossenem oder geschmiedetem Eisen bestehen, aus Kupfer, geschmolzenem Quarz, Ton oder anderem feuerbeständigem Material. Diese Retorten sollen gefüllt sein mit den Karbiden des Eisens, des Kupfers, des Aluminiums oder einer Legierung dieser Metalle mit Bauxit, Ziegeln, zerkleinerten Chamottesteinen, mit Koks, Kohle, Tonerde oder einem anderen Metall, einer Legierung oder einem anderen feuerbeständigen Material. Aber auch mit Eisen allein, wenn man nur für genügend feine Verteilung des Spaltgutes durch Anwendung von geeigneten Öfen sorgt, kann man bei Temperaturen von 540—650⁰ C arbeiten. Man kann das Gemisch von Öl mit Wasser auch in Dampfform einführen, wobei aber die Ergebnisse geringer werden (F.P. 451471. The New Oil Refining Process. Vom 19. April 1913).

Um dem Petroleum oder einem Teil desselben die Eigenschaften von Benzinen zu verleihen, wird in dem F.P. 452919 empfohlen, es unter Druck mit Erdgas oder mit Krackgasen zu sättigen. Diese Krackgase soll man dadurch herstellen, daß man Schweröle bei Gegenwart katalytisch wirkender Körper, wie Metalle, Oxyde, Peroxyde, auch Wasserstoffperoxyd, ozonisiertes Wasser oder Wasser allein bei 300—400⁰ C einer Spaltung unterwirft. Diese Gase kann man direkt einleiten oder erst in einen Gasometer einfüllen. Zur Spaltung werden Röhren aus Chamotte vorgeschlagen (F.P. 452919. Zerning, Deutschland. Vom 27. Mai 1913).

Das F. Zusatzpatent 17078 betrifft eine weitere Ausbildung des Verfahrens nach F.P. 452919. Danach soll man an Stelle der Erdgase oder Krackgase auch die bei der trockenen Destillation von Fetten, Kohlenwasserstoffen, Zellulose, Holz, Kohle oder anderen organischen Substanzen gewonnenen Gase anwenden. Man kann das mit diesen Gasen zu sättigende Petroleum durch flüssige oder halbflüssige Fette, Öle, insbesondere fette Öle ersetzen. Hierbei können die Fette oder Öle auch mit Alkoholen verdünnt werden (F.P. 17078. Zusatz zum F.P. 452919).

Es ist u. a. in dem bereits besprochenen Ö.P. 76302 darauf hingewiesen worden, daß man zur Spaltung von Ölen vorteilhaft deren Gemisch mit Wasserdampf über hocherhitztes Eisenoxyd leitet.

Läßt man (vgl. D.R.P. 227178) hierbei das Wasser weg, so entstehen aromatische und keine aliphatischen Kohlenwasserstoffe. Auch das F.P. 462484 arbeitet mit Eisenoxyd als Katalysator; indessen wird dort mit einem glatten Überzug von magnetischem Eisenoxyd gearbeitet, der sich an der inneren Wandung einer Druckschlange befindet, die hoch erhitzt wird, und durch die das Gemisch von Wasserdampf und Öldampf hindurchgepreßt wird (F.P. 462484. H. M. Hyndman, England. Vom 28. Januar 1914).

Wenn man nach den Angaben des F.P. 400141 oder des Hauptpatentes F.P.476876 (vgl. dieses Kapitel E.P.16791/1914) Ölgoudron bei 400—1200⁰ C spaltet, so treten sehr starke Abscheidungen von Kohle ein, die den Katalysator vollkommen unwirksam machen. Diese Kohle wird beim Einleiten von Wasserdampf in Wassergas umgewandelt (vgl. hierzu auch F.P. 400141, S. 1, Z. 40ff). Hierdurch ist eine wirtschaftliche Quelle für die Gewinnung der erforderlichen Hydrierungsmittel geschaffen. Es ist ferner festgestellt worden, daß die Verwendung von fein verteiltem Kupfer als Katalysator bei der Behandlung von Goudron auch zu aromatischen Kohlenwasserstoffen führt. Es tritt nur eine sehr geringe Abscheidung von Kohle ein. Man soll die getoppten Goudrondämpfe bei Temperaturen unter dem Schmelzpunkt des Kupfers, d. h. bei 400—1000⁰ C leiten über Kupfer in fein verteilter Form, Kupferpulver, elektrolytisches Kupfer, Drähte oder Späne oder Feilspäne von Kupfer oder seine Legierungen, über verkupferte andere Metalle, auch in Form von Briketten, Röhren, Kugeln, auch zusammen mit Magnesia, Tonerde, Bauxit. Man kann auch auf poröse Materialien Kupferoxyd aus löslichen Salzen niederschlagen und dann zu Metall reduzieren (F.P. 20601. Zusatz zum F.P. 476876. Sabatier und Mailke, Frankreich. Vom 4. November 1918).

Nach den Angaben des F.P. 20753 (Zusatz zum F.P. 476876) soll man die von den gleichen Erfindern beschriebenen Spaltverfahren auch zur Spaltung von fetten Ölen und Fetten animalischer oder vegetabilischer Herkunft benutzen, z. B. von Olivenöl, Arachisöl, Haifisch- und Walfischölen, von Fetten von Seetieren, von chinesischem Holzöl. Falls man aromatische Kohlenwasserstoffe herstellen will, soll man russisches Petroleum benutzen und für die Gewinnung von zyklischen Polymethylenverbindungen Erdöle aus Kalifornien, Japan, Rumänien, Galizien, Terpentinöl, Harzöl oder Terpene. Die durch Spaltung gewonnenen Produkte soll man von Olefinen durch eine Behandlung mit Schwefelsäure befreien (F.P. 20753. Zusatz zum F.P. 476876. Sabatier und Mailke, Frankreich. Vom 14. Jumi 1919).

Es ist bereits in dem F.P. 452919 (vgl. dieses Kapitel) darauf hingewiesen worden, daß die Gegenwart von Wasser bei Spaltungsprozessen von großer Wichtigkeit ist, und in der Tat werden die verschiedenen Spaltverfahren zum größten Teil bei Gegenwart von Wasser ausgeführt. Man soll nun nach den Angaben des F.P. 477261 die zu spaltenden Öle zunächst einem durchgreifenden Raffinationsprozeß unterwerfen, um sie von Pechen, Schwefel o. dgl. zu befreien und dann unter Anwendung von Harzseife mit Wasser emulgieren und diese Emulsion bei Temperaturen zwischen 260—482⁰ C über Späne aus Eisen, Stahl oder Nickel leiten. Die entstehenden Dämpfe werden entspannt, die Dämpfe abgesaugt und auch unter Anwendung poröser Diaphragmen kondensiert (F.P. 477261. Optime Motor Spirit Syndicate, England. Vom 8. Oktober 1915).

Um Katalysatoren von einer hohen Wirkungskraft zu erhalten, soll man Mischungen aus einem Metalloxyd und einem organischsauren Metallsalz bis zur Reduktion erhitzen. Beim Erhitzen spaltet diese Mischung Kohlenoxyd oder Kohlensäure mit oder ohne Wasser ab. Der Mischung kann auch noch ein festes Reduktionsmittel zugesetzt werden. Diese Katalysatormischungen haben sich bei der Ölspaltung sehr gut bewährt. Es werden folgende Mischungen empfohlen: 1. Eisenoxyd (32 Tl.), Nickeloxyd (7,5 Tl.), Kohle (5,5 Tl.), Eisenoxalat (40 Tl.) und Nickeloxalat (15 Tl.). In diesen Mischungen kann auch Aluminium oder Goudron sowie Eisentartrat und Nickelazetat mit benutzt werden (F.P. 478739. O. D. Lucas, England. Vom 5. Januar 1916).

In dem F.P. 478831 (vgl. dieses Kapitel Ö.P. 82488) ist ein Verfahren beschrieben, nach welchem Dämpfe von Schwerölen zusammen mit Wasserstoff über großflächige Katalysatoren, die vorzugsweise aus Nickel bestehen, geleitet werden (vgl. hierzu auch die D.R.P. 306282 und 326282). Nach den Ausführungen des F.P. 20331 (Zusatz zum F.P. 478831) soll man dieses Verfahren unter Anwendung eines hohen Druckes ausführen. Es werden Drucke von 5—10 Atm. empfohlen (F.P. 20331. Zusatz zum F.P. 478831. Dampierre. Vom 1. August 1917).

Um die Apparatur zu vereinfachen, die zur Ausführung des F.P. 478831 (vgl. dieses Kapitel Ö.P. 82488) und des Zusatzpatentes F.P. 20331 erforderlich ist, wird vorgeschlagen, das katalytisch wirksame Metall zum Teil in das zuzusetzende Öl einzutauchen. Der Spaltkessel ist zum Teil mit Öl gefüllt. An seinem Boden wird Wasserstoff unter Druck eingeleitet. Der Kessel steht durch ein senkrechtes, von seiner Decke ausgehendes Rohr mit einem Kondensator in Verbindung. In dem Kessel und in dem Rohr sind horizontale Nickelsiebe angeordnet, zwischen denen sich Nickelspäne befinden. Bei dieser Anordnung taucht also ein Teil des Katalysators direkt in das Öl ein (F.P. 20360. Zusatz zum F.P. 478831. Dampierre, Frankreich. Vom 28. November 1917). Die Verwendung von Nickel als Katalysator ist bereits u. a. in dem F.P. 400141 aus dem Jahre 1908 beschrieben.

Um Öle in niedrig siedende benzinartige Produkte oder in aromatische Kohlenwasserstoffe umzuwandeln, wird von dem F.P. 488832 folgende Arbeitsweise vorgeschlagen. Man unterwirft das Öl, indem man es mit hoher Geschwindigkeit durch enge auf die gewünschte Temperatur gebrachte Röhren leitet, einer teilweisen Verdampfung, wobei die verdampfte Menge und die Geschwindigkeit aufeinander eingestellt sein müssen, dann gelangt das Öl in eine große Kammer, wo infolge Entspannung eine Spaltung ohne Bildung permanenter Gase eintritt. Es werden Röhren von 25 mm Durchmesser, ein Druck von 5 kg/qcm und Temperaturen von 550—700° C angewendet. Die Ölgeschwindigkeit soll 1600 m/min betragen, wodurch jede Abscheidung von Kohlenstoff vermieden wird. Die Expansionskammer soll einen Durchmesser von 30 bis 40 cm haben. In der Expansionskammer beträgt der Druck nur noch 0,075—0,15 kg/qcm (F.P. 488832. Hall Motor Fuel. Vom 19. November 1918).

Bei der Spaltung von Ölen mit Katalysatoren hat es sich als sehr vorteilhaft erwiesen, in den Katalysator eine kleine Menge Wasser einzuleiten. Es ist nun von sehr großer Bedeutung, daß entsprechend der übrigen beim Spalten innezuhaltenden Bedingungen bestimmte und sich gleichbleibende Mengen der Einzelsubstanzen, d. h. von Öl und Wasser, angewendet werden. Man soll dies dadurch erreichen, daß man das Öl in einem Kessel auf freiem Feuer erhitzt, und zwar bis auf 250—330⁰ C und dann durch ein Schnatterrohr trockenen überhitzten Dampf in das Öl eintreten läßt. Man muß die Temperatur der Retorte konstant halten oder anderenfalls die Menge des einzuleitenden Dampfes abändern. Das Gemisch aus Öl und Dampf tritt dann in die Katalysatoren (F.P. 493505. Société E. Barbet et Fils. Vom 12. August 1919).

Auf die Verwendbarkeit von Kohle als Katalysator ist schon u. a. in dem E.P. 239556 (vgl. dieses Kapitel) hingewiesen worden. Auch die F.P. 400141 und 476876 (vgl. dieses Kapitel) erwähnen die die Umsetzung zwischen Kohle und Wasserdampf bei höheren Temperaturen, wobei sich Kohlenoxydgas und Wasserstoff bilden. Auch dem F.P. 495419 liegt eine ähnliche Arbeitsweise zugrunde. Auch hier werden Dämpfe von Steinkohlenteerölen, Schieferölen, Erdölen oder Braunkohlenteerölen gemischt mit Wasserdämpfen über Kohle, die auf 450 bis 600⁰ C erhitzt ist, geleitet, wobei eine Spaltung des Wassers unter Entwicklung von Wasserstoff stattfindet. Diese wesentlichen neuen Merkmale des an sich bekannten Verfahrens sollen in der Innehaltung bestimmter Temperaturen, in der Verwendung einer bestimmten Kohle und in der Benutzung einer ausreichenden Menge von Wasser bestehen. Man soll zu diesem Verfahren keinen Graphit, Retortenkohle, Koks o. dgl. verwenden. Dagegen sollen solche Kohlen benutzt werden, die man durch Verkohlen organischer Substanzen, z. B. Weidenholz, bei Temperaturen unter 600⁰ C hergestellt hat. Die Kohle soll bei dem Verfahren auf etwa 570⁰ C erhitzt werden (F.P. 495419. Forwood und Taplay, England. Vom 8. Oktober 1919).

Auch nach den Angaben des F.P. 495794 wird ein Gemisch von Öl mit Wasser bei hohen Temperaturen zur Einwirkung auf metallische Katalysatoren gebracht. Das Schweröl soll zunächst erhitzt und dann in einem bestimmten Verhältnis mit heißem Wasser gemischt werden. Das Gemisch wird fein verteilt in eine Retorte oder eine Röhre eingebracht, in der eine Temperatur von 315—1090⁰ C herrscht und ein Druck von 21 kg/qcm. Der Katalysator besteht aus einer Legierung von Nickel mit Chromstahl. Es können je nach der Temperatur benzinartige oder aromatische Kohlenwasserstoffe gewonnen werden. Der Katalysator besteht aus Drahtgeflecht und ist halbkugelförmig ausgebildet. Er ist am Ausgang der Spaltröhren an der heißesten Stelle angeordnet (F.P. 495794. Stone, Amerika. Vom 17. Oktober 1919).

Das F.P. 495795 stammt von dem gleichen Erfinder wie das zuletzt besprochene. Nach den im F.P. 495795 gemachten Angaben sollen aus hoch siedendem Schweröl benzinartige und aromatische Kohlenwasserstoffe dadurch gewonnen werden, daß man die Dämpfe des Schweröles unter einem Druck bis zu 42180 kg/qcm und einer Temperatur von 250 bis 675⁰ C mit Wasserstoff bei Gegenwart eines Katalysators behandelt. Als Hydrierungsmittel soll Wasser angewendet werden. Der Katalysator besteht wie in dem älteren F.P. aus einem Geflecht von Nickel-Chromstahl. Das gleiche gilt für die Ansprüche und die Zeichnung F.P. 495795. J. A. Stone, Amerika. Vom 17. Oktober 1919.

In dem F.P. 495419 (vgl. dieses Kapitel) und den dort erwähnten Patenten handelt es sich um Verfahren zur Spaltung von Ölen, die mit Wasserdämpfen gemischt sind und über erhitzte Kohle als Katalysator geleitet werden. Ein im wesentlichen gleiches Verfahren betrifft auch das F.P. 496264. Wesentlich für das zuletzt erwähnte Verfahren ist, daß man das Gemisch von Öl und Wasserdampf durch eine wagerechte oder schräge Retorte leitet, bei der am Anfang und am Ende die Temperatur niedrig, d. h. etwa auf 300⁰ C gehalten wird, während dazwischen (d. h. $^1/_6$—$^1/_2$ der Gesamtlänge) eine hohe Temperatur von 500—1200⁰ C aufrecht erhalten wird. Am Anfang und am Ende befindet sich Porzellan, in der Mitte Kohlenstoff oder Koks. Auch die Durchströmungsgeschwindigkeit muß genau einreguliert werden (F. P.496264. Naamloze Vennootschap. Nederlandsche Matschappy, Niederlande. Vom 31. Oktober 1919).

Während in den vorstehend besprochenen Patenten die Kohle in erster Linie dazu gedient hat, um den Wasserdampf zuersetzen, hat man auch schon Kohle allein als Katalysator bei der Spaltung von Ölen unter Erhitzung angewendet. Das Verfahren wurde im wesentlichen in der Weise dadurch ausgeführt, daß man ein Gemisch von Kohle mit Öl in einen Kessel unter fortwährender Bewegung erhitzt, oder daß man die Kohle auf einem über dem Boden des Spaltkessels angebrachten Siebe anordnete und das Öl von unten im Kreislauf hindurchströmen ließ (F.P. 531216. The Kansas City Gasoline Co., U.S.A. Vom 9. Januar 1922).

Es ist schon im F.P. 400141 (vgl. dieses Kapitel) darauf hingewiesen worden, daß metallische Katalysatoren leicht ihre Wirksamkeit dadurch einbüßen, daß sich auf ihnen große Mengen von Kohlenstoff ablagern. Nach den Ausführungen des F.P. 533545, das gleichfalls katalytisch wirkende Metalle, wie Nickel, Eisen, Kobalt, Platin, Palladium, Molybdän und Wolfram, verwendet, soll man diesen Übelstand dadurch vermeiden, daß man den Katalysator als siebförmiges, elektrisch erhitztes Diaphragma in der Mitte des Spaltrohres anordnet und vor und hinter diesem metallischen Diaphragma Elektroden anbringt, zwischen denen hochgespannte elektrische Ströme Funkenentladungen bewirken. Bei der Spaltung von Erdöl soll man das katalytisch wirkende Diaphragma auf etwa 425⁰ C erhitzen. Die elektrischen Funkenentladungen sollen die Abscheidung von Kohle auf dem Diaphragma vollkommen ausschließen (F.P. 533545. Chemical Fuel Co. of Amerika, U.S.A. Vom 4. März 1922 oder Am.P. 1374119. E. W. Stevens, Maryland. Vom 5. April 1921).

Es ist schon in dem D.R.P. 14924 der Vorschlag gemacht worden, Kalk auf Erdöle in der Hitze zur Einwirkung zu bringen. Nach den Ausführungen des F.P. 554494 wird auch eine Base zur Spaltung von Ölen benutzt, indessen aber zusammen mit einer Metallverbindung, die fähig ist, Schwefelwasserstoff zu binden, z. B. die Chloride des Zinks, Kupfers, Kadmiums, Quecksilbers, Antimons und Zinns sowie auch Magnesiumchlorid. Als Basen sind die Oxyde des Magnesiums, des Zinks und alkalisch reagierende Hydroxyde genannt. Die Öldämpfe kann man auch durch einen wagerecht liegenden, mit Scheidewänden versehenen rotierenden Kessel leiten, in dem sich die katalytisch wirkenden Gemische zusammen mit Koks o. dgl. befinden (Abb. 162). A ist der Behälter für das Öl, aus dem die Öldämpfe in die rotierende Trommel B durch 1 gelangen. Diese Trommel besitzt am Ein- und Austritt zwei Siebe 3 und 4 und im Inneren Prellplatten 6, durch welche die Öldämpfe gezwungen werden im Zickzack durch die katalytisch wirkende Füllung der Spalttrommel zu streichen (F.P. 554494. Plauson's Lmtd., England. Vom 12. Juni 1923).

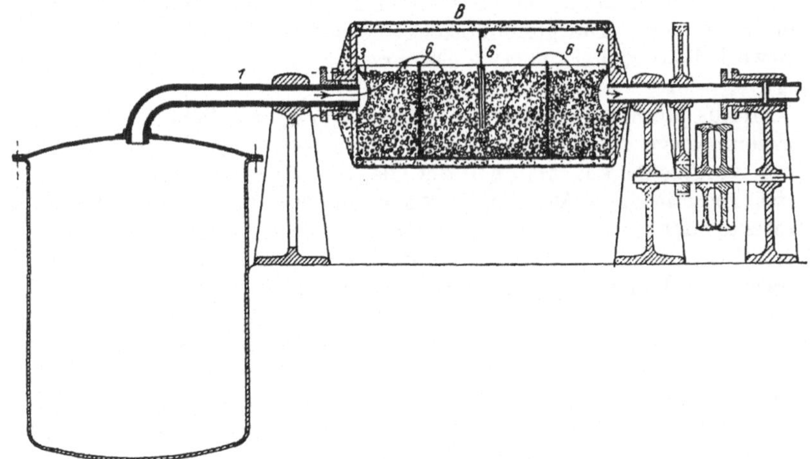

Abb. 162. F.P. 554494.

In dem F.P. 531216 (vgl. dieses Kapitel) ist auf ein Verfahren hingewiesen, wo die Kohle ohne Mitverwendung von Wasser zur Spaltung von Ölen benutzt wird, indem man entweder Mischungen von Kohle mit Öl erhitzt oder das Öl durch ein Kohlefilter zirkulieren läßt. Nach den Angaben des F.P. 554680 soll man zur Spaltung aktive Kohle anwenden, die eine größere Wirkung ausüben soll, als metallische, basische oder saure Katalysatoren. Man soll bei Temperaturen unter 500° C arbeiten. Die beste Temperatur liegt zwischen 200—400° C. Man soll die Kohle auch in einem korbartigen Sieb anordnen. An Stelle der Kohle kann man auch stückigen Koks, Bimsstein, Diatomeenerde anwenden. Die Reaktivierung der Katalysatoren erfolgt durch Erhitzen auf Rotglut, durch Behandeln mit organischen Lösungsmitteln oder mit überhitztem Wasserdampf (F.P. 554680. Erdöl und Kohleverwertung A.-G., Deutschland. Vom 15. Juni 1923).

Zur Spaltung von Ölen soll man sie einer Vordestillation unterwerfen und hierauf, wenn die Krackdestillation einsetzt, mit folgenden Zusätzen versehen: 1—3 vH Essigsäure oder eine andere organische Säure bzw. Salzsäure, 3—8 vH Eisensulfat und $^1/_4$—1 vH Natron oder Kali. Der Inhalt der Spaltretorte soll gerührt werden. Man kann mehrmals destillieren (F.P. 564550. Mony, Frankreich. Vom 4. Januar 1924).

Auf die Verwendbarkeit von Metallchloriden zur Spaltung ist bereits in dem F.P. 554494 und in dem Kapitel Spalten unter Verwendung von Aluminiumchlorid hingewiesen. Auch in dem Verfahren des F.P. 569123 werden Metallchloride, jedoch in geschmolzenem Zustand, angewendet. Vorgeschlagen werden geschmolzene Metallchloride wie Kochsalz oder geschmolzene Alkalien, in die die Öle als Dampf oder in feinem Strahl von unten eingeführt werden. Genannt ist auch ein Gemisch von Chlorkalzium mit 1—3 vH Chloraluminium, oder Kochsalz mit Natron, sowie Mischungen von Soda und Pottasche mit Mangansalz. Die Einführung des Öles kann auch in Tropfenform erfolgen und durch Vakuum erleichtert werden. Die geschmolzene Masse wird vorteilhaft durch ein Rührwerk bewegt (F.P. 569123. Dispersoid Syndicat Lmtd. Vom 7. April 1924).

Um aus pflanzlichen oder tierischen Ölen oder beliebigen Glyzeriden petroleumartige Kohlenwasserstoffe herzustellen, wird folgendes Verfahren vorgeschlagen. Man soll die Öle, die Glyzeride oder die höheren Fettsäuren mit einem Metallchlorid oder einem Metalloxyd in einer Kupferretorte oder einer aus Eisenblech oder Gußeisen unter Druck erhitzen. Man erhitzt bei 350—450° C. Wenn die Reaktion einsetzt, entweicht Wasser, Akrolein und geringe Mengen Fettsäure. Diese wird wieder in den Betrieb zurückgeleitet. Wenn man Metallchloride, wie Zink- oder Kalziumchlorid benutzt, erhält man eine ungefärbte Flüssigkeit, die langsam gelblich wird. Die späteren Destillate sind viskoser. Zur Ausführung der Umwandlung kann man folgende Körper benutzen, und zwar wenn möglich in geschmolzenem Zustand: Die Chloride des Calciums, Zinks, Bariums, Strontiums, Natriums, Kaliums und Magnesiums, des Zinns, gebrannten Kalk, Barium- und Strontiumoxyd (F.P. 579601. Mailke, Frankreich. Vom 20. Oktober 1924).

Von dem gleichen Erfinder wie das F.P. 564550 (vgl. dieses Kapitel) stammt auch das F.P. 580603. Nach den dort gemachten Ausführungen soll man aus Schieferölen zu niedrig siedenden Treibmitteln kommen, wenn man sie roh oder nach einer Vordestillation einer Krackdestillation unter Zusatz folgender, die Spaltung begünstigender Zusätze unterwirft; Schwefeleisen, Schwefelantimon, Pottasche, Soda oder Calciumchlorid. Man kann neutrales und saures Kaliumkarbonat zusammen mit Chlorcalcium anwenden. Als weitere Zusätze kommen in Betracht Aceton oder Essigsäure in Mengen von 1—3 vH. Diese letzten zwei Zusätze kann man auch zusammen mit den vorgenannten zur Anwendung bringen (F.P. 580603. H. Mony, Frankreich. Vom 12. November 1924).

Um die Vorschläge, die der Erfinder in dem F.P. 590616 macht, hinsichtlich ihrer technischen Entwicklung besser beurteilen zu können, ist es interessant, Vorveröffentlichungen des gleichen Erfinders z. B. Ö.P. 82488 (vgl. dieses Kapitel) und die dort erwähnten älteren Patente zu vergleichen, insbesondere das F.P. 20360 (Zusatz zum F.P. 478831), in dem bereits Nickelsiebe und dazwischen angeordnete Nickelspäne erwähnt sind. Auch in dem F.P. 579601 werden diese katalytisch wirkenden Mittel angewendet, und zwar die Nickelspäne als Filter an der Oberseite des Spaltkessels, in den unten Wasserstoff eingepreßt wird, und die Nickelsiebe in einem mit dem Filter verbundenen Katalysatorrohr. Es wird auch unter Druck kondensiert (Abb. 163). a ist der Kessel für das Öl, der von einer darunterliegenden Feuerung beheizt wird. Durch das Siebrohr e, das am Boden des Kessels angeordnet ist, wird Wasserstoff eingeblasen. An der Oberseite des Kessels befindet sich ein Sieb b, auf dem sich das fein zerkleinerte Nickel c als Katalysator befindet. g^0, g und g^1 sind Siebe aus Nickelblech. k ist ein Kondensator (F.P. 590616. Dampierre. Vom 19. Juni 1925).

Das F.P. 594604 schließt sich an das F.P. 495419 (vgl. dieses Kapitel) der gleichen Erfinder an, die Dämpfe von Ölen und Wasser über eine hocherhitzte, durch Verkohlen von organischen Substanzen erhaltene Kohle leiten. Nach dem neuen Verfahren soll die Kohle aktiviert werden oder in ihrer Wirkung erhöht werden, indem man ihr andere Zusätze einverleibt. Als Katalysatoren sind folgende genannt: Pottasche oder Soda, Oxyde des Eisens, Nickel als Oxyd oder Metall, Kobalt, Aluminium, Magnesium oder ihre

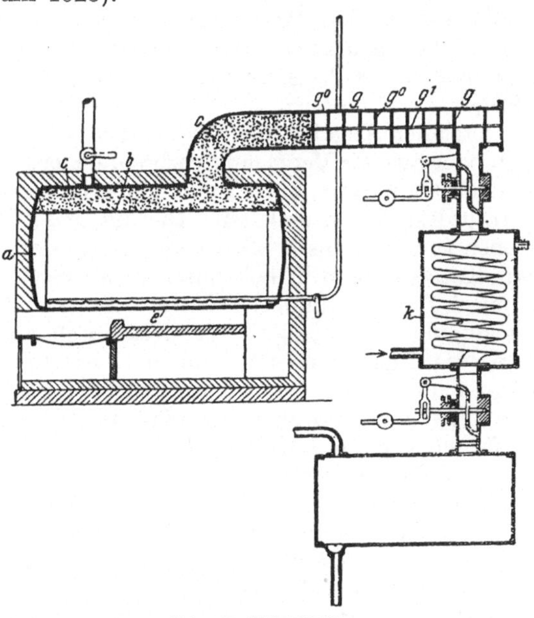

Abb. 163. F.P. 590616.

Oxyde oder Mischungen der Metalle oder Oxyde, Silikagel, Eisenhydroxyd in Gelform, Schwefeleisen, auch in Pulverform. Zur Entwicklung von Wasserstoff soll noch gegenwärtig sein: Ammoniak, Stickstoff, Schwefelwasserstoff, Wassergas, Kohlenoxyd, Wasserstoff, Nickelkarbonyl, Ameisensäure oder ähnliche, Wasserstoff liefernde Verbindungen. Die fein verteilten Metalle kann man mit Öl mischen und in die mit Kohlenstoff beschickte Spaltretorte einführen (F.P. 594604. Forwood und Taplay, England. Vom 16. September 1925).

Um die Abscheidung von Koks möglichst zu verhindern, wird in dem F.P. 594818 der Vorschlag gemacht, die Spaltung der Öle bei Gegenwart von Walkerde auszuführen, und zwar derart, daß die Öle durch diese Masse zirkulieren. Die entweichenden Destillate werden durch Frischöl ersetzt, und das stark kohlenstoffhaltige Öl wird aus dem Betrieb ausgeschieden (F.P. 594818. Sinclair Refining Co., U.S.A. Vom 19. September 1925). Ähnliche Filtereinrichtungen sind in größerer Anzahl in dem Kapitel Nr. 12 beschrieben.

Das F.P. 30906 ist ein Zusatz zu dem zuletzt besprochenen F.P. 594818. Die hier benutzte Arbeitsweise ist die gleiche wie beim Hauptpatent, d. h. die zu spaltenden Öle werden durch filterartige Massen geleitet. Während nun beim Hauptpatent Walkerde als Filtermaterial verwendet wurde, sollen hier zerkleinerte kieselsäurehaltige Ziegel oder Chamottesteine, Sand, Kieselgur Diatomeenerde, Bimsstein, Glaswolle, Schlackenwolle, metallische Späne aus Eisen, Eisenerze, Eisenoxyd, kalzinierter Bauxit in fein verteiltem Zustand Verwendung finden. Besonders geeignet sind auch kohlehaltige Materialien wie Koks oder Holzkohle, insbesondere Petrolkoks, aus der Raffination des Erdöles. Es wird der gleiche Apparat wie im Hauptpatent verwendet (F.P. 30906. Zusatz zum F.P. 594818. Sinclair Refining Co., U.S.A. Vom 5. Oktober 1926).

Nach den Angaben des F.P. 599825 soll man heiße Gase der Destillation oder aus der Vergasung verbrennlicher Stoffe durch eine angeheizte organische Materie, z. B. Braunkohle, leiten und dadurch eine Tieftemperaturdestillation einleiten. Die auf diese Weise erhaltenen Gase bestehen zum Teil aus Kohlenwasserstoffen der Acetylenreihe. Sie werden mit Katalysatoren in bekannter Weise behandelt. Man kann das Gasgemisch durch Lamingsche Masse reinigen. Als Katalysator wird z. B. Nickelpulver verwendet. Wenn es durch die Aufnahme von Schwefel unwirksam geworden ist, kann man es durch Einwirkung organischer Säuren und durch Zersetzung der dabei gebildeten Salze regenerieren. Die verwendeten Gase sollen Wasserstoff, Methan, Kohlenoxyd, Stickstoff und Olefine enthalten (F.P. 599825. Prudhomme, Frankreich. Vom 21. Januar 1926).

Es ist bereits in dem Schweiz.P. 93288 (vgl. dieses Kapitel) erwähnt, daß man Teeröle in niedrig siedende Produkte umwandeln kann, wenn man sie mit kristallwasserhaltigen Metallhalogeniden erhitzt. In dem E.P. 4573/1914 (vgl. dieses Kapitel) ist ein Verfahren beschrieben, um Naphthalin, Anthracen o. dgl. mit Hilfe von schwammförmigem Chromoxyd zu spalten. Eine gleiche Aufgabe, nämlich die Spaltung zyklischer Kohlenwasserstoffe, verfolgt auch das F.P. 607155. Zum Sprengen der Kohlenstoffringe sollen die Halogenide, wie Chloride, Bromide, Jodide und Fluoride der alkalischen Erden und Erden mit Wasserstoff unter Druck verwendet werden. Man soll auch Nitro- oder Hydroxylderivate so behandeln können. Der Druck soll etwa 50 Atm. betragen, die Temperatur 350—460° C. Man kann auch Kolophonium so behandeln. Als Katalyte sind genannt Chloride des Magnesiums, Zinks, Eisens, Aluminiums und Chroms (F.P. 607155. Kling und Florentin, Frankreich. Vom 28. Juni 1926).

In den älteren F. P. 594818 und Zusatz 30906 (vgl. dieses Kapitel) hat die gleiche Erfinderin Verfahren beschrieben, bei denen das zu spaltende Öl durch ein im Spaltkessel befindliches Filter hindurchgedrückt würde, das u. a. aus Walkerde, Glimmer, Chamotte, Kieselgur, Bimsstein, Meerschaum, Schlackenwolle, Metallspänen, Eisenerz, Eisenoxyd oder kohlehaltigen Materialien bestand.

In dem F.P. 609644 wird diese Arbeitsweise weiter dahin ausgebildet, daß man zur Herstellung des Filters Metalloxyde benutzen soll (im F.P. 30906, Zusatz zum F.P. 594818, ist auf S. 1, Z. 44 Eisenoxyd genannt). Als Oxyde sind hier u. a. die des Eisens und Kupfers genannt, sie sollen auch neben filtrierend wirkenden Substanzen verwendet werden, auf denen sie auch chemisch niedergeschlagen sein können. Solche Substanzen sind: zerkleinerte kieselhaltige Backsteine, Chamotte, Sand, Kieselgur, Diatomeenerde, Bimsstein, Glaswolle, Schlackenwolle, Koks, Holzkohle, Walkerde, Tone, auch solche, die mit Säuren oder Silikagel behandelt worden sind (F.P. 609644. Sinclair Refining Co., U.S.A. Vom 18. August 1926).

Für die weiteren Ausführungsmöglichkeiten der in dem E.P. 222481 oder F.P. 604167 beschriebenen Verfahren macht der Erfinder im F.P. 616202 folgende Angaben. Das ältere Verfahren besteht bekanntlich darin, daß die Dämpfe von Kohlenwasserstoffen zwecks Ausscheidung der in ihnen befindlichen Olefine u. dgl. durch Filter aus Walkerde, Beinschwarz, Bauxit, Infusorienerde o. dgl. geleitet werden, wodurch eine Polymerisation der Olefine stattfindet. Nach dem neuen Verfahren soll gleichzeitig mit dem Durchleiten der Kohlenwasserstoffdämpfe ein Lösungsmittel für die ausgeschiedenen Verunreinigungen durch den Katalysator hindurchgeschickt werden. Das Lösungsmittel soll aus den bei Ausführung des Prozesses gewonnenen Kondensaten bestehen (F.P. 616202. The Gray Process Corporation, U.S.A. Vom 29. Januar 1927).

Das Verfahren des F.P. 620659 schließt sich, wie der Erfinder selbst in der Einleitung angibt, an frühere Vorschläge des gleichen Erfinders an. Das wesentliche Merkmal ist, daß bei der Wärmespaltung von rohen Mineral- oder Pflanzenölen, von Ölen, die durch Destillation gewonnen worden sind, oder von Teerölen aus der Tief- und Hochtemperaturverkokung, sowie von Ölen aus Braunkohlen, Torf, Kohle, Schiefer solche Substanzen zugesetzt werden sollen, die den Zerfall der Öle im günstigen Sinne beeinflussen. Als solche sind genannt: Schwefeleisen oder ein anderes Metallsulfid, das Salz eines Alkalis oder einer alkalischen Erde wie Kaliumacetat oder Natriumsulfat. Man soll diese Salze aus den Komponenten auch im Öl selbst sich bilden lassen (F.P. 620659. Mony, Frankreich. Vom 27. April 1927). In dem F.P. 580603 des gleichen Erfinders sind als Zusätze Schwefeleisen oder Schwefelantimon und als Salze u. a. Pottasche und Chlorkalk genannt. In dem F.P. 564550 ist von ihm Essigsäure neben Alkalien erwähnt.

Das Verfahren des F.P. 594818 und seines Zusatzes 30906 aus dem Jahre 1925, nach dem Öle von unten durch Filter, die im Spaltkessel liegen, hindurchgepreßt werden, hat im Am.P. 826089 bereits im Jahre 1906 einen Vorläufer gehabt. Nach den Angaben dieses Am.P. wird in einen Kessel, z. B. aus verzinntem Messing, von unten Wasserstoff oder leichte Kohlenwasserstoffe in das über dem Boden des Kessels liegende Filter eingepreßt und hierauf das Öl. Das Filter ist auf einem Drahtnetz oder einem Textilgewebe angeordnet. Es besteht aus einer porösen adsorbierend wirkenden Substanz, wie Palladiumschwarz, Platinschwamm, Zinkstaub, Walkerde oder Ton. Der Druck des Wasserstoffs kann bis 150 Pfund/Quadratzoll betragen. Während dieser Behandlung kann auch erhitzt werden. Dieses Verfahren soll in erster Linie zur Reinigung und Hydrierung der Öle dienen (Abb. 164). In der folgenden Abb. ist H ein gewöhnlicher zylindrischer Kessel, in den das zu spaltende Öl eingebracht wird und der von unten erhitzt wird. h ist ein Einführungsrohr für Wasserstoff mit einem Siebeinsatz h'. Über dem Boden des Kessels ist ein Drahtgewebe k angeordnet, auf dem das poröse, katalytisch wirksame Material m ruht (Am.P. 826089. D. T. Day, Washington. Vom 17. Juli 1906).

Von dem gleichen Erfinder wie das zuletzt besprochene Patent stammt auch das Am.P. 1004632. Auch in diesem Verfahren sollen schwammförmige Metalle oder poröse Metalle dazu dienen, bei geeigneten Temperaturen und unter Anwendung von Druck und Wasserstoff, Wassergas oder Acetylen o. dgl. ungesättigte Kohlenwasserstoffe zu hydrieren. Diese Hydrierung kann auch gleichzeitig mit der Spaltung von Kohlenwasserstoffen vorgenommen werden. Zur Ausführung dient ein Druckkessel, in den unten Wasserstoff eingepreßt wird. In dem Kessel befindet sich ein aus offenen Röhren bestehendes Aggregat, in dem die Katalysatoren enthalten sind und das zwangsweise von dem Gemisch der Öldämpfe mit dem Wasserstoff durchströmt werden muß (Am.P. 1004632. D. T. Day, Washington. Vom 3. Oktober 1911).

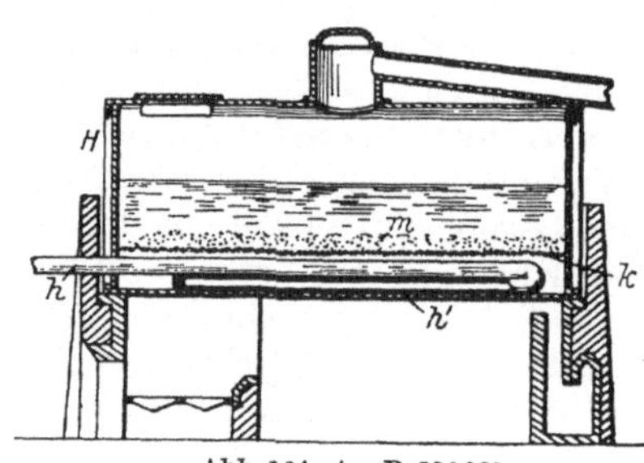

Abb. 164. Am.P. 826089.

Ähnliche Vorschläge, wie sie in den Am.P. 826089 und 1004632 im Jahre 1905 und 1910 gemacht wurden, finden sich auch in dem F.P. 400141 von Sabatier aus dem Jahre 1908 (vgl. dieses Kapitel).

Man soll den Gehalt eines Rohöles an leichten Kohlenwasserstoffen erhöhen, wenn man es mit gelöschtem oder ungelöschtem, am besten mit an der Luft zerfallenem Kalk in einem Druckkessel bei einer Temperatur von etwa 100° C mischt und dann unter Einleiten von Luft und Dampf oder Luft oder Dampf destilliert. Zur Ausführung dient ein aufrecht stehender zylindrischer Hohlkessel, der in eine Feuerung eingebaut ist und in den von oben bis etwa auf den Boden Einführungsröhren für Dampf, Luft u. dgl. führen. Es ist ein Ventil vorgesehen, um auch unter Druck zu arbeiten (Am.P. 1111580. S. M. Herber, Missouri. Vom 22. September 1914).

Der Erfinder des Verfahrens, das im Am.P. 1160670 beschrieben ist, geht von der bekannten Synthese von Sabatier und Senderens aus, die aus Acetylen und ungesättigten Kohlenwasserstoffen durch Überleiten über fein verteiltes metallisches Nickel gesättigte Kohlenwasserstoffe herstellten. Nach den Ausführungen des vorliegenden Patentes soll man Gemische von Ölen mit fein verteiltem Nickel unter Einleiten von Wasserstoff oder Wassergas in einem Druckkessel bei höheren Temperaturen stark rühren. Das Öl muß vorher von den Katalysatorgiften, d. h. von Halogenen, Schwefel oder arseniger Säure auch unter Anwendung von Säure und Alkalis befreit werden (Am.P. 1160670. W. P. Thompson, England. Vom 16. November 1915).

Das Am.P. 1175909 von Hall vom 14. März 1916 ist bereits S. 23 abgehandelt worden.

Nach den Angaben des Am.P. 1183266 soll man aus Erdölen, Schieferöl, Teerölen u. dgl. flüchtige Produkte herstellen, wenn man sie der Spaltung in der üblichen Weise unterwirft und die dabei entstehenden Gase oder Dämpfe von höher siedenden Ölen absorbieren läßt. Zur Spaltung soll man ein Gemisch von 8 Tl. Petroleum und 1 Tl. Wasser verwenden, das unter Anwendung von Katalysatoren auf 400° C angewärmt

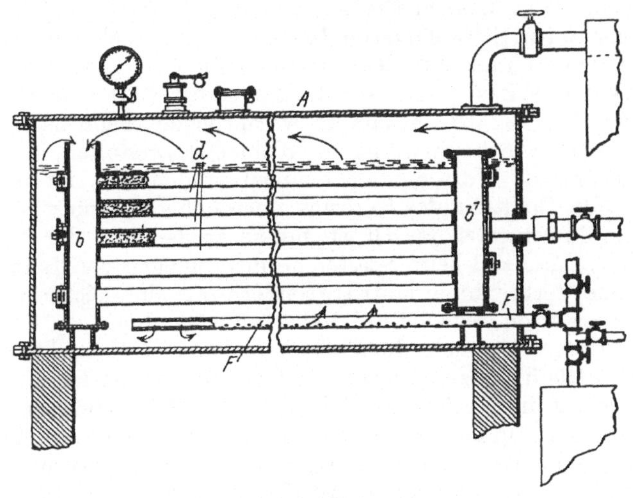

Abb. 165. Am.P. 1 221 698.

und dann in einem glühenden Rohr auf 710° C erhitzt wird, wobei die Durchflußgeschwindigkeit hoch genug gewählt werden muß. Die anfallenden Gase werden unter Druck bei gewöhnlicher Temperatur in Petroleum eingeleitet (Am.P. 1183266. Zerning, Deutschland. Vom 16. Mai 1916).

Man kann das Spalten der Kohlenwasserstoffe auch mit der Herstellung eines Karburierungsmittels verbinden, wenn man das zu spaltende Öl zunächst mit einer ausreichenden Menge von Kalk, Pottasche, Calcium- oder Bariumkarbonat mischt und dann bis auf Koks destilliert. Der anfallende Rückstand, der die anorganischen Verbindungen enthält, ist stark kohlenstoffhaltig und infolgedessen als Karburierungsmittel anwendbar. Es entstehen daneben auch noch die üblichen Produkte der Krackdestillation (Am.P. 1209336. H. Rodman, Pennsylvania. Vom 19. Dezember 1916).

Nach dem Am.P. 1221698 soll die Spaltung von Ölen sich leichter vollziehen, wenn man ihnen vor der Erhitzung Schwefel, Schwefelverbindungen oder Schwefelerze zusetzt. Man soll z. B. Ammoniumsulfid, Natriumsulfid, Schwefeleisen, Schwefelkupfer oder Schwefelwasserstoff anwenden. Man soll die Spaltung auch unter Mitverwendung von Wasserstoff und von porösen Katalysatoren im Sinne der Am.P. 826089 und 1004632 (vgl. dieses Kapitel) ausführen, in denen neben schwammförmigen Metallen auch Walkerde und Ton genannt sind. Der zur Ausführung dieses Verfahrens verwendete Apparat ist etwa der gleiche, wie der im Am.P. 1004632 beschriebene (vgl. dieses Kap.) (Abb. 165). A ist ein geschlossener Kessel. F ist ein perforiertes Zuleitungsrohr für Öl und Wasserstoff oder wasserstoffhaltige Gase. Die Röhren d enthalten das katalytisch wirksame Material e. Sie münden einerseits in die offene Verbindungskammer b, andererseits in die geschlossene Kammer b^1. Das Öl strömt von Kammer b zu b^1 (Am.P. 1221698. D. T. Day, Washington. Vom 3. April 1917).

Der Zusatz von Schwefelverbindungen wie Schwefeleisen oder Schwefelantimon beim Kracken findet sich auch in den F.P. 564550 vom 4. Januar 1924 und F.P. 580603 vom 12. November 1924 von Mony.

Das Am.P. 1232454 enthält im wesentlichen theoretische Ausführungen darüber, wie die Spaltung von Kohlenwasserstoffen, insbesondere bei Gegenwart von Wasser, vorgenommen werden soll. Es hat sich ergeben, daß die Spaltung des Kerosins einen höheren Druck verlangt als Schweröle. Je schwerer das Öl ist, um so größer muß der Zusatz von Wasser sein. Man soll beim Spalten geringe Mengen von Luft zuleiten, so daß keine Verbrennung eintritt, sondern nur eine leichte Oxydation und Polymerisation der Olefine. Bei der Verwendung von Wasserstoff und Katalysatoren braucht die Menge des Wasserstoffs nicht so groß zu sein, um alle Olefine abzusättigen. Die Übertragung der Hitze auf das Öl soll möglichst schnell erfolgen. Füllkörper aus Schmiedeeisen, plattiert mit Kupfer oder Kupfer und Nickel sind im Krackrohr empfehlenswert. Die zu krackenden Öle sollen getoppt sein. Strömungsgeschwindigkeit und Temperatur müssen aufeinander abgestimmt sein (Am.P. 1232454. A. A. Wells, New Jersey. Vom 3. Juli 1917).

In dem Am.P. 1248225 hat der Erfinder Wells anscheinend einigen der im Am.P. 1232454 gegebenen Vorschriften einen praktischen Ausdruck verliehen. Das wesentliche des Spaltapparates sind zwei konzentrisch zueinander angeordnete Röhren, von denen die obere eine innen nicht ganz durchgehende konzentrische Zwischenwand trägt. Die innere Wand ist mit feuerfestem Material gefüllt und wird mit Gas und Luft geheizt. Die Abwärme erhitzt das zu spaltende Öl, das von hier aus in den äußeren unterteilten Rohrmantel eintritt, dessen Hohlraum mit Würfeln gefüllt ist, die mit Nickel überzogen sind. Von da gelangen die Dämpfe in den Hydrierapparat, der gleichfalls Nickel als Katalysator enthält (Abb. 166). 1 ist eine Heizkammer, die mit feuerbeständigem granuliertem Material 2 gefüllt ist und in die durch Rohr 3 ein Gemisch von brennbarem Gas und Luft eingeführt wird. 5 ist der Auslaß für die Verbrennungsprodukte. 6 ist ein Vorwärmer, durch den das zu behandelnde Öl strömt. Das Öl gelangt durch die Röhren 8, 8^1 in die innen mit dem katalytischen Material 9 gefüllte Kammer, von da über die Trennwand in die äußere Kammer und dann durch Rohr *10* und *11* in den Dephlegmator (Am.P. 1248225. Wells, New Jersey. Vom 27. November 1917).

Es ist in dem Am.P. 1248225 bereits eine indirekte Innenfeuerung beschrieben, die aus einem mit feuerbeständigem Material gefüllten Rohr bestand, das durch ein Gemisch von Gas und Luft beheizt wurde. Ähnliche Heizeinrichtungen hat man auch zur direkten Erhitzung der Öle angewendet. Der senkrecht stehende röhrenförmige Spaltofen ist mit Stücken von Ziegeln oder stark tonerdehaltigem Material angefüllt, das mit Katalysatoren, wie Oxyden von Thorium oder Vanadium oder Aluminium überzogen ist. Zur Füllung kann man auch Feldspat nehmen.

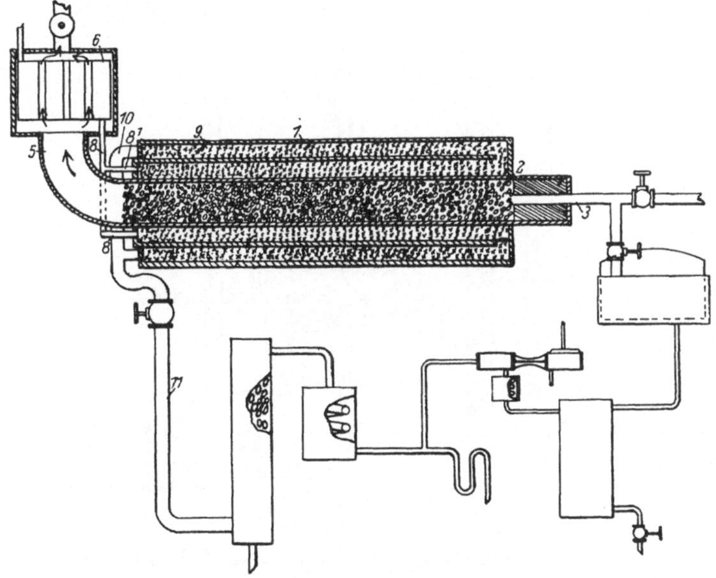

Abb. 166. Am.P. 1248225.

Das getoppte erwärmte Öl wird von oben auf die Füllung gesprüht. Es wird eine bestimmte Luft in den Ofen geblasen, um einen Teil des Öles zu verbrennen, das also demnach selbst als Heizmittel dient. Es sollen 3—10 vH Öl als Heizmittel verbrannt werden (Am.P. 1295825. C. Ellis, New Jersey. Vom 25. Februar 1919).

Zur Spaltung von Petroleum empfiehlt das Am.P. 1325582 folgendes Verfahren. Das Petroleum wird in einer Heizschlange bis nahe an die Spalttemperatur erhitzt und gelangt dann in die durch einen Ölbrenner erhitzte Spaltkammer. In der Spaltkammer befindet sich gegenüber dem Einlaßrohr für das Öl ein Dampfrohr, durch das auch permanente Gase, wie Wasserstoff, Methan, Äthan oder Mischungen eingeleitet werden können, die auf Temperaturen von 611—890⁰ C überhitzt sind. In der Spaltkammer befinden sich Siebe oder Füllkörper aus Eisen, die katalytisch wirken. Bei Innehaltung der erforderlichen Temperaturen wird der Wasserdampf durch die ausgeschiedene Kohle unter Bildung von Wassergas zersetzt. Die entstehenden Gase und Destillatdämpfe werden in die schweren Kondensate eingeleitet (Abb. 167). *1* ist ein Heizofen. Das Öl wird in der Röhre *3* bis kurz unter seine Zersetzungstemperatur erhitzt. Es gelangt dann in die Krackkammer *4*, die durch einen Ölbrenner *5* vorerhitzt wird, bevor das Krackverfahren zur Durchführung gelangt. Durch Rohr *6* wird Dampf, Wasserstoff, Methan o. dgl. eingeblasen. Die Krackkammer ist mit perforierten eisernen Platten *7* beschickt, durch welche die Öldämpfe in feine Ströme zerteilt werden (Am. P. 1325582. F. C. Ruff, Kalifornien. Vom 23. Dezember 1919). Die Spaltung von Gemischen aus Öl und Dampf mit Hilfe von metallischem Eisen ist schon in den D.R.P. 51553 und 226135 (vgl. dieses Kapitel) beschrieben. Die spaltende Wirkung der Kohle bei höheren

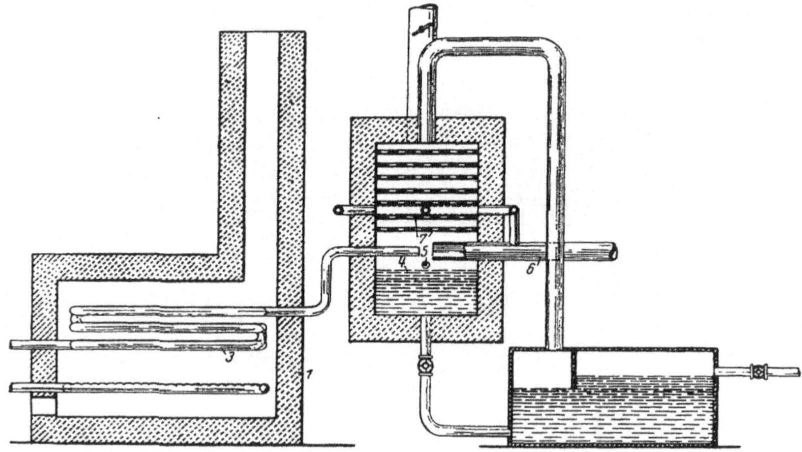

Abb. 167. Am.P. 1325582.

Temperaturen auf Wasserdampf ist u. a. in dem F.P. 400141 (vgl. dieses Kap. S. 307) erwähnt.

Spaltretorten mit katalytisch wirkenden Füllkörpern sind u. a. in den Am. P. 1248225 und 1295825 (vgl. dieses Kapitel) beschrieben. Auch das Am. P. 1387876 betrifft eine ähnliche Anordnung. Die Spaltretorte stellt einen liegenden, mit feuerfestem Material, wie Ziegelbrocken o. dgl. gefüllten Zylinder dar, der von außen erhitzt wird; an der hinteren Stirnwand treten zwei sich vereinigende Rohre ein, zum Einleiten eines Gemisches von Öl und Wasser in Dampfform. Die vordere Stirnwand besitzt eine Düse zum Austreten des Krackproduktes, die in einen als Expansionskammer dienenden Überhitzer mündet, der mit einem Kondensor in Verbindung steht. Die Temperatur der Retorte soll 333—444° C, die im Überhitzer mindestens 444° C betragen. Die Temperatur der Öle steigt demnach sukzessive. Der Druck in der Retorte soll etwa 15 Pfund sein (Am. P. 1387876. Wheeler, Australien. Vom 16. August 1921).

Eine sukzessive ansteigende Erhitzung ist auch in dem Am. P. 1341975 vorgesehen. Das Verfahren betrifft in erster Linie die Herstellung von Gasöl aus Kerosin, wobei sich noch Gasolin und permanente Gase bilden. Hierbei werden die Dämpfe des Kerosins einer steigenden Temperatur zwischen 450—600⁰ C bei der Gegenwart von metallischen Katalysatoren, die etwa 100⁰ C höher erhitzt werden als die Öldämpfe, unterworfen. Zunächst werden die Öldämpfe bei 475⁰ C über Eisenstücke und dann bei 500⁰ C über Stücke aus Nickel oder Kobalt geleitet. Man kann in den vorderen Teil des Apparates würfelförmige Eisenstücke und in den hinteren nickelplattierte Stücke aus Eisen tun. Die Heizung der Spaltröhren kann elektrisch erfolgen. Die Mitverwendung von Dampf und Gasen sowie die Anwendung von Druck ist vorgesehen (Am.P. 1341975. C. Ellis, New Jersey. Vom 1. Juni 1920).

Der Erfinder geht in der Einleitung zum Am.P. 1373654 von der bekannten Beobachtung aus, daß es bekannt ist, Öle bei Gegenwart von Wasserdampf und Nickel als Katalysator zu spalten, wobei das Nickel durch Aufnahme von Schwefel leicht unwirksam werden soll. Nach der Erfindung wird ein Spaltofen mit einem Gemisch von Nickelchlorid und Kohle beschickt, das durch Entzünden und Einblasen von Luft zum Glühen gebracht wird. In dieses glühende Gemisch wird eine Mischung von Öl und Wasserdampf hindurchgeblasen. An Stelle von Nickelchlorid kann man auch dessen Oxyd oder Karbonat anwenden. Der Druck soll 150 Pfund/Quadratzoll betragen. Die Beschickung wird in den Spaltofen von oben durch ein Füllrohr eingebracht und zirkuliert durch ein Paternosterwerk (Am.P. 1373654. Danckwardt, Kolorado. Vom 5. April 1921). Auf die Verwendbarkeit vielfacher Metallchloride ist bereits in dem Kapitel 18 hingewiesen worden. Die bisher besprochenen Katalysatoren sind im wesentlichen feste, bzw. bei höheren Temperaturen flüssige Körper, wie z. B. geschmolzene Metalle gewesen, sofern man davon absehen will, daß z. B. auch Aluminiumchlorid bei höheren Temperaturen, d. h. also in Dampfform Verwendung gefunden hat. Einen neuen Weg beschreitet das Am.P. 1423709, das als Katalysator die Dämpfe von Quecksilber verwendet. Der benutzte Apparat besteht im wesentlichen aus einem Spaltrohr, in das seitlich unten ein Gemisch von Öldämpfen mit Wasserdampf oder Luft eingeführt wird, während sich unten im Rohr Quecksilber befindet, das auf elektrischem Wege verdampft wird. Die Quecksilberdämpfe mischen sich beim Emporsteigen mit Öldämpfen, gelangen in eine von außen überhitzte Zone des Spaltrohres und von da in einen Kondensor, in dem das flüssig gewordene Quecksilber wieder nach unten geleitet wird (Abb. 168). *2* ist eine geheizte Retorte. Die Öldämpfe treten durch *1* und Luft oder Dampf durch *3* in das Heizrohr *4* ein. Bei *10* befindet sich Quecksilber, das durch einen elektrischen Heizwiderstand *7* verdampft wird. Bei *4¹* befindet sich eine Heizmuffel, um eine lokale Erhitzung des Rohres *4* auf 600⁰ C zu erzielen. *12* ist ein Kondensator und *14* der Rücklauf für das Quecksilber (Am.P. 1423709. J. C. Clancy, New York. Vom 25. Juli 1922).

Nach den Angaben des Am.P. 1429910 soll man aus Rohpetroleum und z. B. Erdgas oder Wassergas bzw. Wasserstoff und auch unter Mitverwendung von Wasserdampf und katalytisch wirkenden Körpern zu homogenen Umwandlungsprodukten des Ausgangsmaterials gelangen.

Die zur Umwandlung erforderliche Hitze für den Prozeß, der mit oder
ohne Druck ausgeführt werden kann, wird durch überhitztes Gas eingeführt. Die flüssigen und gasförmigen aufeinander einwirkenden Bestandteile werden im Gegenstrom aufeinander einwirken gelassen, so daß
das Öl sich progressiv erhitzt, während die Gase sich abkühlen. Es wird
eine senkrecht stehende, röhrenförmige Retorte benutzt, die im Inneren
mit Prellplatten und hohlen oder vollen Kontaktkörpern ausgerüstet ist,
welche die Form von Kugelsegmenten haben, über die das Öl sich von
oben in feiner Schicht verteilt. Diese Verteilungskörper sind aus
Chamotte, Terrakotta, Karborundum, Metalle o. a. Wie bereits erwähnt, läuft das Öl von oben über die Verteilungskörper in dünnen
Schichten nach unten, während von unten nach oben überhitzte
Gase auch zusammen mit Dampf nach oben strö-
men (Am.P. 1429910. H.R.Berry, New York.
Vom 19. September 1922).

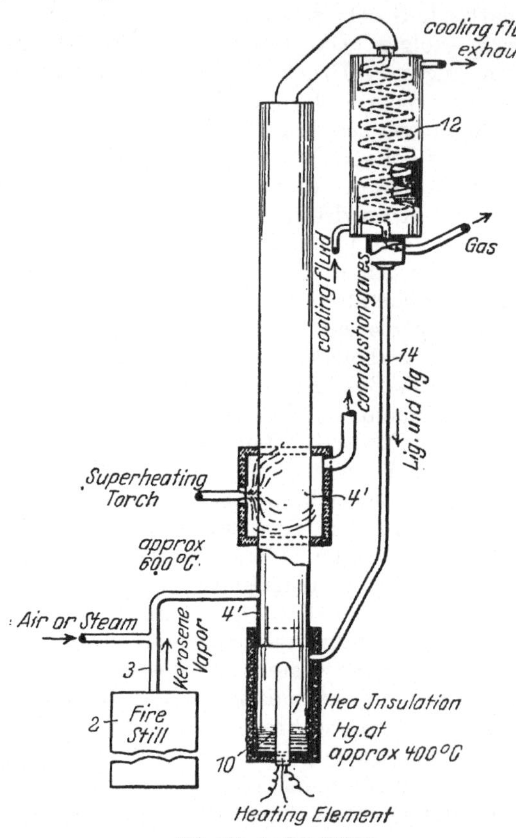

Abb. 168. Am.P. 1423709.

In dem Vorstehenden ist bereits u. a. in dem D.R.P. 14924 und in
dem Ö.P. 82442 darauf hingewiesen worden, daß man Öle auch unter
Verwendung von Kalk als Katalysator spalten könne. Eine ähnliche
Arbeitsweise ist auch in dem Am.P. 1434300 beschrieben. Nach den dort gemachten Angaben soll man eine Mischung von Kalk oder Kalkhydrat auch unter
Zusatz von Wasser durch eine Dampfdüse mit Wasserdampf von
90—110⁰ C oder höher ansaugen und nach inniger Mischung der
vorhandenen Bestandteile in eine Sammelkammer einblasen. Durch
diese Einwirkung von Wasserdampf und Kalk auf Öl sollen leichtere
Kohlenwasserstoffe gebildet werden (Am.P. 1434300. C. L. Lighten-
home, New York. Vom 31. Oktober 1922).

Man hat bereits in den Verfahren der F.P. 495419 und 496264 u. a.
erhitzte Kohle dazu benutzt, um aus Wasserdampf Wasserstoff frei zu

machen und somit die bei der Spaltung von Ölen entstehenden Produkte zu hydrieren. Auch in dem Am.P. 1440286 wird ein gleiches Verfahren benutzt. Als Ausgangsmaterial dient Kohlenöl, Schieferöl, Petroleum oder Braunkohlenöl, die mit Dampf gemischt und über erhitzte Kohle geleitet werden, die fähig ist unterhalb 600° C Wasserdampf zu zersetzen. Wesentlich für das Verfahren sind solche Kohlen, welche die spaltende Eigenschaft gegenüber Wasserdampf unterhalb von 600° C längere Zeit behalten. Es wird vorgeschlagen, Kohle zu nehmen, die aus Ruß, Holz, Zellulose oder Braunkohle besteht oder hergestellt worden ist. Insbesondere wird Kohle aus Weidenholz empfohlen, die bei 400° C hergestellt worden ist. Die Arbeitstemperatur soll 570° C betragen. Man soll 4,7 Volumen Wasser auf 1 Volumen Öl nehmen. Die entstehenden Dämpfe passieren

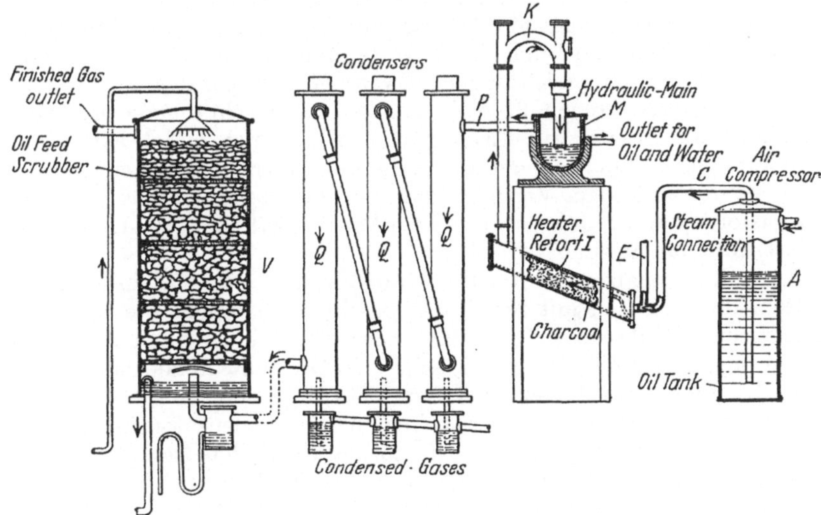

Abb. 169. Am.P. 1440286.

zunächst einige Kondensatoren und dann einen mit Koks, Ziegelstücken o. dgl. gefüllten Skrubber, in den von oben im Gegenstrom Rohöl eingeleitet wird (Abb. 169). A ist ein Vorratsbehälter für Öl, das durch das Rohr C in die mit Kohle gefüllte Röhrenretorte I gedrückt wird, gleichzeitig wird durch Rohr E in die Kohlenbeschickung, die in der Heizvorrichtung erhitzt wird, Wasserdampf eingeblasen. Die aus Retorte I entweichenden Gase und Dämpfe gehen durch J, K nach M und durch P nach den Kondensatoren Q. V ist ein Skrubber (Am.P. 1440286. G. F. Forwood, London. Vom 26. Dezember 1922).

Zur Spaltung von Schwerölen, insbesondere von Heizölen, wird in dem Am.P. 1445688 eine Behandlung mit Chlorgas unter Druck vorgeschlagen. Man füllt den Druckkessel zum größeren Teil mit Öl und leitet dann Chlor unter Druck ein. Dann werden sämtliche Ventile geschlossen und der Druckkessel auf 111—196° C erhitzt, wobei ein Druck von 75 bis 150 Pfund/Quadratzoll besteht. Die Erhitzung läßt man 12—48 Stunden andauern. Dann läßt man das gebildete Salzsäuregas ab und unterwirft den Kesselinhalt der bekannten Druckdestillation (Am.P. 1445688. E. M. Hyatt, Pennsylvania. Vom 20. Februar 1923).

Das Am.P. 1457068 geht von der bekannten Beobachtung aus, daß man die Spaltung von Ölen unter Zusatz von Kohle o. ä. ausführen könne. Nach dem neuen Verfahren soll man an Stelle der genannten Substanzen dem zu spaltenden Öl Kochsalz zusetzen. Man kann das Salz in feiner oder grober Form anwenden. Während des Erhitzens soll man am Boden des Kessels Dampf einleiten. Während des Spaltungsganges soll sich die ausscheidende Kohle auf dem Salz absetzen. Zur Verlängerung des Prozesses ist der Heizkessel mit einem Rücklauf versehen (Am.P. 1457068. H. M. Lasher, Kansas, City. Vom 29. Mai 1923).

Um mit Hilfe von überhitztem Wasserdampf Öle zu spalten, schlägt das Am.P. 1479833 folgende Arbeitsweise vor. Man soll Öl mit Hilfe von überhitztem Dampf und unter Anwendung eines, schneckenförmig ausgebildeten, Mischvorrichtungen aufweisenden, Apparates zunächst zur innigen Mischung bringen, über einen zweckmäßig schraubenförmig ausgebildeten Katalysator aus Eisen, Nickel, Aluminium o. dgl. leiten und dann auf eine Prellplatte verstäuben, die sich in einem Expansionskessel befindet, der außerdem Vorrichtungen zur Trennung der flüssigen von den gasförmigen Produkten aufweist (Am.P. 1479833. W. J. Reilly, Kolorado. Vom 8. Januar 1924).

Nach den Angaben des Am.P. 1485083 werden Öle in Heizröhren gespalten, die zum Zeil mit Stahlwolle gefüllt sind, welche die Spaltung katalytisch beeinflussen soll. Die Krackdestillate werden dann mit kalten Bohrkopfgasen gekühlt, wobei die schweren Destillate kondensieren und eine Mischung von Krackbenzin mit Naturgasolin entsteht. Diese Mischung wird vor ihrem Eintritt in den Endkondensator mit Dampf behandelt, um sie zu reinigen. Die zurückbleibenden Dämpfe werden komprimiert und gekühlt (Am.P. 1485083. M. H. Kotzebue et Al., Oklahoma. Vom 26. Februar 1924).

Bereits in dem D.R.P. Alexejew vom Jahre 1886 (vgl. S. 212) ist vorgeschlagen worden, die beim Spalten entstehenden, stark wasserstoffhaltigen permanenten Gase im Kreislauf in den Betrieb zurückzuleiten. Einen ähnlichen Vorschlag betrifft das Am.P. 1510918. Nach den dort gemachten Angaben werden die permanenten Krackgase in einem Kessel gesammelt und mit Hilfe von Siebrohren in den Spaltkessel, und zwar an seiner unteren beheizten Seite, eingeleitet, wo infolge der herrschenden hohen Temperatur die Metallflächen katalytisch bei der Hydrierung der entstehenden Spaltprodukte mitwirken (Am.P. 1510918. R. J. Black, Kansas. Vom 7. Oktober 1924).

In dem Am.P. 1516720 wird der Vorschlag gemacht, zu wertvollen Umwandlungsprodukten von Kohlenwasserstoffen zu gelangen, indem man Petroleum bei 10—20 Atm. Druck und 800—900⁰ C krackt, wobei eine Mischung aliphatischer und aromatischer Kohlenwasserstoffe entsteht, in welchen der Gehalt an aromatischen Kohlenwasserstoffen zwischen 5—30 vH betragen kann. Die so gewonnenen flüssigen Destillate werden dann einer Teiloxydation mit Luft oder Sauerstoff unter Verwendung von Chromoxyd, Vanadiumoxyd, Eisenchromat o. dgl. als Katalysatoren unterworfen. Die Katalysatoren können auf Bimsstein niedergeschlagen sein. Bei diesem Verfahren werden u. a. Mono- und Dikarbonsäuren erhalten (Am.P. 1516720. C. Ellis, New Jersey. Vom 25. November 1924).

In diesem Kapitel ist in dem Am.P. 1440286 ein Verfahren besprochen, bei welchem ein Gemisch von Wasserdampf und Öl über erhitzte Kohle bei solchen Temperaturen geleitet wird, daß der Wasserdampf unter Abspaltung von Wasserstoff zugesetzt wird und auf die Krackprodukte hydrierend einwirkt. Ein gleicher Gedanke liegt dem Am.P. 1523942, das von demselben Erfinder stammt, zugrunde. Man soll in einer Retorte kohlenstoffhaltigen Ölschiefer in einer Retorte unter Einblasen von Wasserdampf der Verschwelung unterwerfen, indem man Temperaturen von 450—600⁰ C anwendet. Hierbei tritt oben in der Retorte eine Destillation des Schiefers ein; das entstehende Schieferöl wird in den unteren Teilen der Retorte gespalten, und die Spaltprodukte werden durch den aus dem Wasserdampf abgespaltenen Wasserstoff hydriert (Am.P. 1532942. G. F. Forwood, London. Vom 20. Januar 1925).

Beim Überleiten der Öle über Katalysatoren unter Druck hat es sich nach den Angaben des Am.P. 1552698 als zweckmäßig erwiesen, derartige apparative Anordnungen zu treffen, daß die Öle in dünner Schicht einen möglichst langen Weg zurücklegen. Als Katalysatoren werden Eisenspäne, gepulvertes Kupfer, Silber, Nickel, Kobalt und Walkerde vorgeschlagen. Diese Katalysatoren sind auf siebförmigen Heizplatten als Träger angeordnet, und zwar derart, daß das zu spaltende Öl im Zickzackweg eine möglichst lange Strecke zurücklegen muß. Das Öl wird von oben in das Kracksystem eingeleitet und von unten dem Öl entgegen überhitzter Wasserdampf eingeblasen. Es ist ein Kreislauf für das zu spaltende Öl vorgesehen (Am.P. 1552698. F. M. Hess, Indiana. Vom 8. September 1925).

Als katalytisch wirkende Spaltmittel sind in den D.R.P. 373060, 378004 und 379895 Aluminiumhydrosilikate vorgeschlagen worden. Ähnliche Verbindungen, nämlich Ton, insbesondere Bentonit, und zwar in kolloidaler Form, soll auch im Verfahren des Am.P. 1558631 zu einem gleichen Zweck benutzt werden. Es sollen außer Bentonit alle kolloidalen oder plastischen Tonerdesilikate oder andere Tonarten die komplexe Tonerdesilikate darstellen, verwendet werden. Aus den weiteren Angaben ist nur zu ersehen, daß man den Bentonit mit Salzsäure behandeln soll, wobei sich u. a. Chloraluminium und gallertartige Kieselsäure bilden. Man soll zur Spaltung entweder dieses Produkt allein oder nach Zusatz von Lithiumkarbonat oder Chlorid anwenden. Dieses Produkt wird vor seiner Benutzung entwässert. Das Lithiumchlorid verdampft erst bei über 600⁰ C während das Aluminiumchlorid bei 183⁰ C flüchtig ist (Am.P. 1558631. Hermann und Hugo Reinbold, Omaha. Vom 27. Oktober 1925).

Auch das Am.P. 1558632 der gleichen Erfinder enthält im wesentlichen die gleichen Ausführungen, wie das Am.P. 1558631. Der Gegenstand des Anspruches 1. ist die Herstellung eines Produktes zur Behand-

lung von Ölen, das Kieselsäurehydrat, Aluminiumchlorid und Lithiumchlorid enthält (Am.P. 1558632. **Hermann** und **Hugo Reinbold,**
Omaha. Vom 27. Oktober 1925).

Das Am.P. 1570005 derselben Erfinder steht etwa zu dem älteren
Am.P. 1558631 in dem gleichen Verhältnis, wie das bereits besprochene
1558632. Nach dem Anspruch dieses Am.P. soll die Anwendung von
einem Gemisch, bestehend aus Kieselsäurehydrat und Chloraluminium
zur Behandlung von Ölen geschützt werden. Während die Mitverwendung des Chlorlithiums nach der Beschreibung ein wesentliches Merkmal
des Verfahrens zu sein scheint, ist dieses Merkmal in den Ansprüchen
nicht erwähnt (Am.P. 1570005. **Hermann** und **Hugo Reinbold,**
Omaha. Vom 19. Januar 1926).

Man hat z. B. nach den Angaben des D.R.P. 226135 Öle mit Wasserdampf über Eisen geleitet, wobei eine Spaltung des Wassers unter Bildung von Wasserstoff eintritt. Eine ähnliche Arbeitsweise ist auch in
dem Am.P. 1575663 beschrieben. Der Unterschied der beiden Verfahren
beruht im wesentlichen darin, daß hier zunächst das Öl in einem Druckkessel verdampft wird, in dessen Dom sich eine Düsenanordnung befindet, durch die Wasserstoff, der durch Spaltung von Wasser mit Hilfe
von glühendem Eisen gewonnen ist, hindurchgepreßt wird und dadurch
eine innige Mischung zwischen dem Gas und den Öldämpfen bewirkt
(Abb. 170). Der von unten erhitzte Kessel *1* ist mit Schweröl gefüllt. Das
zu spaltende Öl gelangt durch *4* in den Vorwärmer *5*, der sich in dem
Kondensator *6* befindet, und von da aus durch Pumpe *8* und Rohr *9* in
den Heizkessel *1*. Durch Rohr *2* wird Wasserstoff in die Mischdüse *16*,
17, *18*, *19* geleitet, in dem eine innige Mischung des Gases mit den Öldämpfen stattfindet (Am.P. 1575663. **F. C. Vande Water et Al.,**
New York. Vom 9. März 1926).

Wie bekannt, enthalten Öle, z. B. Schieferöl oder kalifornische bzw.
mexikanische Rohöle, große Mengen von Schwefelverbindungen, die auf
die katalytisch wirkenden Metallflächen der Destillationskessel zerstörend
einwirken. Es wurde nun die Beobachtung gemacht, daß man zu beständigen Kontaktflächen kommt, wenn man die Krackapparate innen
mit einem auf elektrolytischem Wege hergestellten Überzug von metallischem Chrom versieht. An Stelle von Chrom kann man auch Vanadium, Wolfram, Kobalt, Molybdän oder Gemische dieser Metalle mit
Chrom anwenden (Am.P. 1582407. **K. v. King,** Kalifornien. Vom
27. April 1926).

Die Verwendung von Bentonit bzw. seinem durch Salzsäure gewonnenen Umwandlungsprodukt, auch unter Zusatz von Lithiumchlorid, ist
zum Spalten von Ölen in den Am.P. 1558631, 1588632 und 1570005
(vgl. dieses Kap.) empfohlen worden. Im Gegensatz hierzu wird in dem
Am.P. 1587491 der unveränderte Bentonit unter Zusatz von schwefel-
bindenden Metallsalzen als Reinigungsmittel für die beim Kracken entstehenden Dämpfe vorgeschlagen. Das Reinigungsmittel ist auf sieb-
artigen Einsätzen in den Reinigungskolonnen angeordnet, die sich über
dem Druckkessel befinden. Der Bentonit ist ein Aluminiumhydrosilikat
und muß vor seinem Gebrauch entwässert werden. Als Zusatz zu dem

Silikat kann man Salze des Kupfers oder Eisens, wie z. B. Malachit,
Azurit oder Kuprit bzw. Siderit oder basische Eisenkarbonate nehmen.
Auch lassen sich natürliche Silikate oder Karbonate des Zinks an-
wenden. Zur Herstellung des Reinigungsmittels wird empfohlen, den
Bentonit mit Wasser in die Gelform überzuführen, dazu Kupferoxyd in
fein verteiltem Zustande hinzuzusetzen, zu trocknen, granulieren und
dann bei etwa 278⁰ C zu glühen (Am.P. 1587491. R. Cross, Kansas.
Vom 1. Juli 1926).

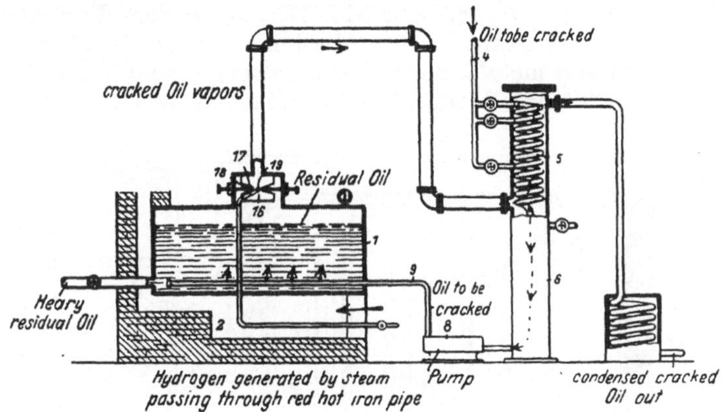

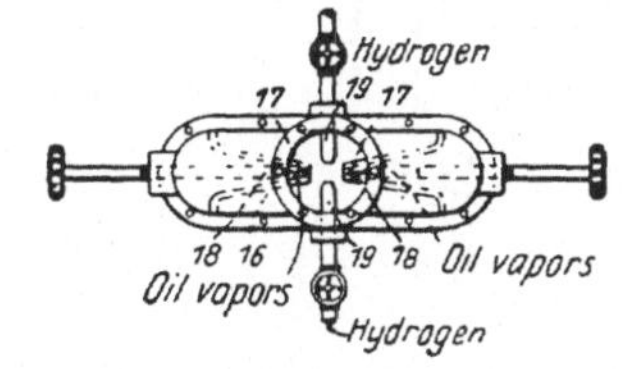

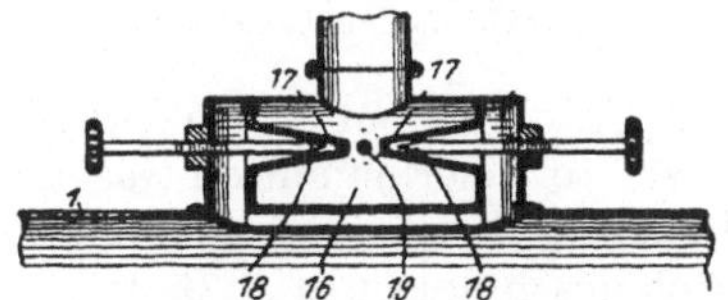

Abb. 170. Am.P. 1575663.

Auf die Verwendbarkeit des Aluminiumhydrosilikats als Spaltmittel
für Öle ist bereits bei der Besprechung des Am.P. 1558631 hingewiesen
worden. Das Am.P. 1590640 enthält ähnliche Vorschläge. Nach den
dort gemachten Angaben soll man eine Mischung von Ton, insbesondere
saurem Ton, Walkerde, Floridaerde o. dgl., deren Hauptbestandteil Aluminiumhydrosilikat ist, zusammen mit einem löslichen Metallchlorid, wie
Calciumchlorid, Kochsalz o. dgl. anwenden. Man wendet das Chlorid als
solches oder aufgesaugt von dem Hydrosilikat an. Nach dem Erreichen
höherer Temperaturen sollen die Chloride Salzsäure abspalten, die dann

zur Bildung von Chloraluminium führen soll. Auf 100 Tl. wasserfreies
Öl sollen 4—10 Tl. gepulvertes Chlorkalzium und 100 Tl. eines sauren
Tons, der 2 Tl. Calcium- oder Natriumchlorid enthält, angewendet wer-
den (Am.P. 1590640. Tsuynyoshi-Mii, Japan. Vom 29. Juni 1926).

Die Verwendung von metallischem Nickel als Katalysator ist in diesem Kapitel an vielen Stellen erwähnt (vgl. z. B. D.R.P. 326282 und
Ö.P. 82488). Gleichfalls hingewiesen ist auf die Verwendbarkeit von Alkalien, auch von geschmolzenen, bei der Ölspaltung (vgl. D.R.P. 14924
und D.R.P. 314745, 314746 und 314747). Nach dem Vorschlag des
Am.P. 1594666 soll man nun eine Mischung von geschmolzenem Natriumhydroxyd und metallischem Nickel anwenden und durch diese die
zu spaltenden Öldämpfe hindurchstreichen lassen. Das zu spaltende Öl

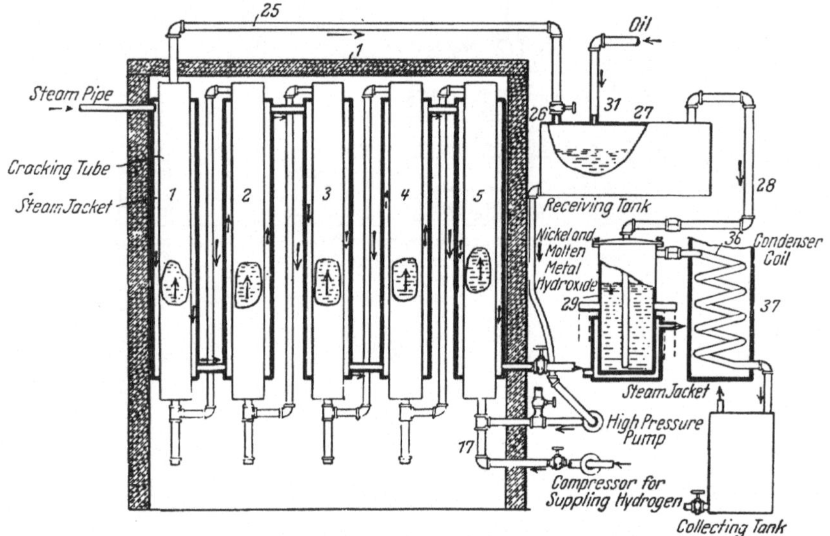

Abb. 171. Am.P. 1594666.

wird bei mäßiger Temperatur einem hohen Druck unterworfen mit oder
ohne Zusatz von Wasserstoff, permanenten Gasen oder Dampf, und dann
werden die Dämpfe auch nach vorheriger Abtrennung der schwersiedenden Bestandteile durch geschmolzenes Ätznatron geleitet, in dem metallisches Nickel suspendiert ist. Der benutzte Apparat besteht aus einer
Wasserdampf auf 556—611⁰ C erhitzt werden. Der Druck soll 400 bis
Kolonne von röhrenförmigen Krackretorten, die durch überhitzten
1000 Pfund/Quadratzoll betragen. Das Öl zirkuliert von einem Vorratsbehälter durch die Krackröhren mit Hilfe einer Pumpe. Die dampfförmigen Destillate gelangen dann durch das geschmolzene Ätznatron,
welches das Nickel als Pulver, Draht oder Späne enthält (Abb. 171).
Durch Rohr *31* gelangt das zu spaltende Öl in den Kessel *27* und
von dort aus unter hohem Druck durch die Pumpe *23* in die Spaltretorten *1—5*. Durch *17* wird Wasserstoff eingepreßt. *9* ist ein Dampfrohr zum Erhitzen der Krackretorten. Die Krackdestillate gelangen

durch Rohr *25* und Ventil *26* in den Kessel *27* zurück und von da durch Rohr *28* in das Gefäß *29*, das mit geschmolzenem Ätznatron und Nickel gefüllt ist. *36, 37* ist ein Kondensator (Am.P. 1594666. P. Danckwardt, Kolorado. Vom 3. August 1926).

Es ist bereits in früher besprochenen Verfahren auf die Wichtigkeit hingewiesen worden, die Hydrierung der Krackprodukte mit Wasserstoff in statu nascendi auszuführen (vgl. u. a. E.P. 107034 und Am.P. 1440286 sowie D.R.P. 226135). Während man aber früher den naszierenden Wasserstoff u. a. aus Schwefelwasserstoff und Kupfer oder Wasserdampf und glühendem Eisen oder glühenden Kohlen darstellte, soll man nach den Angaben des Am.P. 1598973 zu einem gleichen Zweck die Einwirkung von Ammoniumchlorid auf Eisen benutzen, die in folgender Weise bei höherer Temperatur sich vollzieht: $2\,NH_4Cl + Fe_2 = FeCl_2 + 2\,NH_3 + H_2$.

Dadurch ist es möglich, die Spaltung, Katalyse, Hydrierung und Entwicklung von Wasserstoff sich zu derselben Zeit vollziehen zu lassen. Als Metall zur Zersetzung der Ammoniumsalze kann man fein verteiltes Eisen, Zink, Kupfer, Aluminium oder deren Legierungen anwenden (Am.P. 1598973. G. Kolsky, New Jersey. Vom 7. September 1926).

In dem bereits früher besprochenen E.P. von Melamid (vgl. dieses Kap., insbesondere E.P. 180625) soll man zur Spaltung von Ölen Metalle bei Gegenwart von Wasserstoff anwenden, die bei der Spalttemperatur flüssig sind und keine Karbide bilden, wie z. B. Zinn, Antimon, Wismut oder deren Legierungen. Nach den Angaben, die der Erfinder in dem Am.P. 1602310 über dieses Verfahren macht, soll das zu spaltende Material sich in feinster Vernebelung befinden. Es ist ein Apparat vorgeschlagen, der aus einer zweischenkligen Kolonne von hintereinander geschalteten Einzelapparaten besteht, die nach ihrer Vereinigung in eine Kolonne von Kondensatoren übergeleitet werden (Am.P. 1602310. Melamid, Germany. Vom 5. Oktober 1926).

In dem Am.P. 1590649 (vgl. dieses Kapitel S. 329) ist ein Verfahren beschrieben, in dem als Spaltmittel Bentonit bei Gegenwart von Calcium- oder Natriumchlorid Anwendung finden soll. Nach den Angaben des Am.P. 1614660 soll man aus Bentonit einen Spaltungskatalysator in der Weise herstellen, daß man ihn zunächst mit Wasser in die Gelform bringt und dann dem zu spaltenden Öl zusetzt. Es ist vorteilhaft, das Naturprodukt mit Alkohol zu behandeln, wodurch es leicht in ein feines zartes Pulver übergeht. Von den in der Natur vorkommenden Bentoniten eignen sich diejenigen am besten, welche mit Wasser leicht in eine gallertige Form übergehen. Man kann im Bedarfsfalle den Bentonit auch ohne Anwendung von Wasser direkt mit dem zu spaltenden Öl anrühren (Am.P. 1614660. Darlington und Steffen, Illinois. Vom 18. Januar 1927).

Man hat vielfach die als Katalysator verwendete Kohle o. dgl. auf einer Tragfläche, die über dem Boden des Spaltkessels angeordnet war, verteilt. Es hat sich nun ergeben, daß man die Spaltreaktion durch die Entfernung des Katalysators vom Kesselboden beeinflussen kann. Deshalb ist in dem Am.P. 1622452 ein Apparat vorgeschlagen, bei dem die Tragfläche für den Katalysator heb- und senkbar angeordnet ist. Die

Bewegung der Tragfläche geschieht durch außerhalb des Kessels angebrachte Zugschrauben, an denen sich Tragketten befinden, die gegen den Kessel durch Stopfbüchsen abgedichtet sind (Am.P. 1622452. H. M. Lasher, Kansas. Vom 29. März 1927).

Nach den Ausführungen des Am.P. 1625453 wird das Öl in einer Spaltschlange auf Kracktemperatur erhitzt und dann im Kreislauf in einen Kessel, der keine besondere Heizung besitzt, eingesprüht und hindurchgepumpt. Das eingesprühte Öl gelangt auf ein katalytisch wirkendes Kohlefilter und dann auf den Boden des Kessels, wo sich der ausgeschiedene Koks in der Ruhezone des Öles absetzen soll (Am.P. 1622453. H. M. Lasher, Kansas. Vom 29. März 1927).

Man hat zur Beschleunigung der Spaltung auch schon die Einwirkung von chemisch wirksamen Strahlen, entweder als Emanation einer radioaktiven Substanz oder als ultraviolette Strahlen vorgeschlagen, die zur Einwirkung kommen solle, bevor hocherhitztes Öl mit überhitztem Wasserdampf in eine Mischkammer eintreten. Zur Ausführung wird das Öl durch ein Rohr geleitet, das von einem Dampfmantel umgeben ist. Dieses ummantelte Heizrohr liegt in einem Ofen. Der Öldampf wird dann mit einer bestimmten Menge des überhitzten Dampfes in eine Mischkammer und von da in eine Behandlungskammer übergeleitet. Nach den dort gemachten Angaben soll man das Öl und das Wasser bevor sie in das ummantelte Heizrohr eintreten radioaktiven Strahlen unterwerfen. Man soll auch die hoch erhitzten Öldämpfe der Emanation radioaktiver Substanzen oder ultravioletter Strahlen oder aber beiden unterwerfen. Auf den überhitzten Wasserdampf soll man einen Katalyten einwirken lassen, um seine Spaltung in Wasserstoff und Sauerstoff zu beschleunigen (Am.P. 1627938. S. J. Tingley, Westvirginia. Vom 10. Mai 1927).

Es ist bereits in dem Am.P. 1582407 (vgl. dieses Kapitel S. 328) darauf hingewiesen worden, daß man die Kontaktflächen der Krackapparate zu ihrem Schutz gegen die Einwirkung von Schwefelverbindungen mit Chrom, Wolfram, Vanadium, Kobalt oder Molybdän überziehen müsse. Nach den Angaben des Am.P. 1646349 soll man zum Aufbau der Krackapparate eine Legierung von Chrom und Eisen anwenden, die beständig gegen die Einwirkung von Schwefelverbindungen ist und überdies keine Abscheidung von Kohle hervorruft. Die Legierung soll etwa 20 vH Chrom enthalten. Die geringe Menge Kohle, die sich an einigen Stellen der Heizröhren absetzen sollte, kann man durch Einleiten von Luft verbrennen. Man kann mit diesen Spaltröhren unbedenklich bei Temperaturen von 900⁰ C arbeiten (Am.P. 1646349. C. O. Cunne, New York. Vom 18. Oktober 1927).

Die Behandlung von Kohlenwasserstoffen mit geschmolzenem Alkali ist u. a. in den D.R.P. 314745, 314746 sowie 314747 und die mit geschmolzenem Alkali und Nickel in dem Am.P. 1594666 (vgl. dieses Kapitel) vorgeschlagen worden. Nach den Ausführungen des Am.P. 1651114 soll man zur Behandlung der Kohlenwasserstoffe geschmolzene Alkalizyanide unter erhöhtem Druck anwenden. Der sich abscheidende Kohlenstoff soll dann im geschmolzenen Alkalizyanid suspendiert bleiben und dazu dienen, etwa zersetztes Zyanid durch Zusatz von Soda und durch Einleiten von Stickstoff zu regenerieren. Während des Krackens empfiehlt es sich, Öldämpfe oder permanente Gase, wie Wasserstoffgas o. dgl., durch die Schmelze treten zu lassen. Die Temperatur soll 550—600⁰ C betragen. Die Regenerierung des verbrauchten Zyanids soll bei 800—1200⁰ C stattfinden. Als katalytisch wirkende Reaktionskammer soll man eine schräggestellte Röhrenretorte aus Chromnickel anwenden. Es ist früher der Vorschlag gemacht worden, aus dem geschmolzenen Zyanid den Kohlenstoff durch Filtrieren über Eisenspäne zu entfernen (Am.P. 1651114. J. C. Clancy, New Jersey. Vom 29. November 1927).

Die spaltende Wirkung hoch erhitzter poröser Materialien ist schon in dem D.R.P. 34315 erwähnt (vgl. auch D.R.P. 395973 dieses Kapitels). Auch das Am.P. 1661804 macht von dem gleichen Mittel Gebrauch. Der horizontal liegende röhrenförmige Spaltkessel ist zum größten Teil mit einer auf einem ebenen Rost liegenden Füllung versehen, die aus Ziegeln besteht, welche unter Zusatz von granuliertem Kork hergestellt werden und demnach beim Brennen sehr porös werden. Das Öl wird unter die Ziegelfüllung eingefüllt, bis es sie zum größten Teil bedeckt. Unten am Boden sowie etwa in der Mitte des Kessels befinden sich auch die Einleitungsröhren für überhitzten Dampf (Am.P. 1661804. F. A. Kormann, New York. Vom 6. März 1928).

Nach den Angaben des Am.P. 1661826 soll man einen Strom Öl im Gegenstrom zu einer Mischung von Wasserstoff und Wasserdampf führen, so daß eine vollkommene Vernebelung des Öles erfolgt, und das fein vernebelte Öl durch geschmolzenes Zinn oder eine Legierung von Zinn und Antimon leiten. Der Ölvorratsbehälter wird durch einen Dampfmantel geheizt. Das Öl wird unter einem Druck von 8 Atm. in einen Vernebelungsapparat gepreßt. In dem Vernebeler trifft das Öl auf Wasserstoff und überhitzten Dampf (Am.P. 1661826. E. Th. Hesslé, Illinois. Vom 6. März 1928). In dem älteren Am.P. 1602310 ist zur Spaltung von Ölen Zinn oder eine Legierung von Zinn und Antimon (S. 1, Z. 55/56) empfohlen, auch ist darauf hingewiesen, daß man das Öl vorher durch Wasserstoff fein vernebeln müsse (S. 2, Z. 8).

20. Besondere Vorschläge für das Kracken.

Man wird nicht mit Unrecht die Frage aufwerfen, warum es dieses Kapitels bedurfte, da ja schon in den Kapiteln 13 und 16 Sondererscheinungen auf dem Gebiete der Kracktechnik besprochen werden sollen. Trotz dieser vorgenannten Kapitel erschien aber das vorliegende aus folgenden Gründen nicht entbehrlich.

Es ist eine bekannte Tatsache, daß die Mehrzahl der Krackverfahren und Apparate gewisse typenmäßige Erscheinungsformen aufweist, die u.a. auch in den Kapiteln 13 und 16 besprochen sind.

Dagegen sind auch Vorschläge zu verzeichnen, die mit den bisher bewährten Mitteln der Kracktechnik keine Vergleichsmöglichkeit aufweisen. Es sei z. B. an die Verwendung von ultraviolettem Licht zur Spaltung oder von Quecksilber als Heizmittel, Spaltung in Kolbenmaschinen, Zusatz von Lösungsölen u. a. m. erinnert. Solche aus dem Rahmen der üblichen Arbeitsweise herausfallenden Vorschläge sind insbesondere in dem folgenden Kapitel besprochen.

D. R. P. 405974, Kl. 23. Markus Brutzkus in Zürich. Verfahren zur Spaltung von Kohlenwasserstoffen. Vom 5. August 1919 (siehe auch E.P. 252786 und F.P. 594336).

Patentansprüche: 1. Verfahren zur Spaltung von Kohlenwasserstoffen, z. B. von Erdölen und Steinkohlenteeren, dadurch gekennzeichnet, daß die Spaltung im Innern von Kolbenmaschinen vorgenommen wird.

2. Verfahren nach Anspruch 1, dadurch gekennzeichnet, daß exothermische Spaltungen bei kühlenden, endothermische Spaltungen dagegen bei heizenden Einwirkungen vorgenommen werden.

3. Verfahren nach Anspruch 1 und 2, dadurch gekennzeichnet, daß der Vorgang in komprimiertem Wasserdampf vorgenommen wird.

4. Verfahren nach Anspruch 1 und 2, dadurch gekennzeichnet, daß zwecks Erhaltung hydrierter Spaltungsprodukte der Vorgang in Wasserstoff oder in Gasen vorgenommen wird, die Wasserstoffe enthalten.

5. Verfahren nach Anspruch 1 und 2, dadurch gekennzeichnet, daß der Vorgang in solchen Kolbenmaschinen vorgenommen wird, bei denen die Einführung des Kohlenwasserstoffes in der den Dieselmotoren eigenen Weise geschieht.

Wenn der Kompressor also z. B. überhitzten Wasserdampf von 12 Atm. und 320° C annimmt und dieser Dampf bis zu einem Enddruck von 50 Atm. komprimiert wird, so ergibt sich nach bekannter Rechnung, daß die Endtemperatur des komprimierten Wasserdampfes 550° C beträgt.

Für die Spaltungsreaktionen von Naphtha wird zweckmäßig die Temperatur von 400—550° C ausgenutzt. Wird die Spaltung innerhalb dieser Temperatur ausgeführt, so kann man mit 1 kg Dampf 1,5 kg Naphtha spalten.

Will man nun als Spaltungsprodukte Öle mit niedriger Zündungstemperatur erhalten, so kann man bis zu einer Endtemperatur von etwa 600° C gehen. Geht man mit der Endtemperatur noch höher, so werden sich Gase abspalten, und man kann auf diese Weise Acetylen erzeugen (vgl. auch Am.P. 1371268, Kap. XIII).

D. R. P. 437613, Kl. 23. Dr. Erwin Blümner in München. Verfahren zur Verhütung von Koksbildung bei der Krackdestillation. Vom 22. Juli 1922.

Patentanspruch: Verfahren zur Verhinderung der Koksbildung bei der zersetzenden Destillation von Mineralölen und Teeren durch Zusatz hochsiedender und beständiger Öle, dadurch gekennzeichnet, daß als Zusatzöle hochsiedende Steinkohlenteeröle, insbesondere der Anthracenfabrikation, verwendet werden (vgl. auch Ö.P. 101319, F.P. 616772, Am.P. 1419378 und 1408698).

D. R. P. 440296, Kl. 23. U. S. Gasoline Manufacturing Corporation in New York, U.S.A. Verfahren zur Spaltung von

flüssigen Kohlenwasserstoffen durch Erhitzung unter Druck.
Vom 10. September 1922 (vgl. auch Ö.P. 102799).

Patentansprüche: 1. Verfahren zur Spaltung von flüssigen Kohlenwasserstoffen durch Erhitzung unter Druck, dadurch gekennzeichnet, daß die Erhitzung auf Spalttemperatur ausschließlich oder fast ausschließlich durch hocherhitzte Gase oder Dämpfe von Kohlenwasserstoffen erfolgt, die in einem geschlossenen Arbeitskreislauf unter regelbarem Druck den flüssigen Kohlenwasserstoffen zu- oder entgegengeführt werden.

2. Verfahren nach Anspruch 1, dadurch gekennzeichnet, daß die Spaltung des zu behandelnden Kohlenwasserstofföls in einem nur durch innere Beheizung erhitzten Gefäße erfolgt.

3. Verfahren nach Anspruch 1, dadurch gekennzeichnet, daß die im Verlaufe des Arbeitsganges nicht verflüssigten Dämpfe in den Kreislauf zurückgeführt werden.

4. Verfahren nach Anspruch 1—3, dadurch gekennzeichnet, daß die kontinuierlich zugeführten, flüssigen Kohlenwasserstoffe durch die aus der Spaltkammer austretenden Gase und Dämpfe mittels einer Wärmeaustauschvorrichtung vorgewärmt werden, wobei die sich kondensierenden, schweren Anteile in das System zurückgeführt, die verbleibenden Dämpfe durch Kühlung kondensiert und die nichtkondensierten Dämpfe einer Kompression unterworfen und so in den Kreislauf zurückgeführt werden, daß sie den gewünschten Überdruck im System aufrechterhalten.

5. Verfahren nach Anspruch 1—4, dadurch gekennzeichnet, daß die aus der Kondensation austretenden Gase und Dämpfe in einer Absorptionskammer dem herabfließenden Ausgangsmaterial entgegengeführt werden, so daß nur trockene Gase die Kammer verlassen.

6. Verfahren nach Anspruch 1—5, dadurch gekennzeichnet, daß als Wärmeträger Bohrkopfgas verwendet wird.

Die Spaltung der Kohlenwasserstoffe erfolgt bekanntlich durch Erhitzen, und zwar soll erfindungsgemäß die Erhitzung auf Spalttemperatur ausschließlich oder fast ausschließlich durch hocherhitzte Gase oder Dämpfe von Kohlenwasserstoffen erfolgen, die in einem geschlossenen Kreislauf gegebenenfalls den flüssigen Kohlenwasserstoffen entgegengeführt werden, wobei für eine stete Regelung des Druckes Sorge getragen wird.

Weiter werden die im Verlaufe des Zersetzungsvorganges nicht verflüssigten Dämpfe wiederum in den Kreislauf zurückgeführt, wodurch die Ausbeute an leichtflüssigen Kohlenwasserstoffen eine Erhöhung erfährt.

Bei der Ausführung des Verfahrens hat es sich als sehr zweckmäßig erwiesen, die dauernd zugeführten flüssigen Kohlenwasserstoffe vor Eintritt in den Prozeß vorzuwärmen, was durch die aus der Spaltkammer austretenden Gase und Dämpfe mittels einer geeigneten Wärmeaustauschvorrichtung bewirkt wird. Die schweren und sich kondensierenden Anteile werden wiederum in das System zurückgeführt, die verbleibenden Dämpfe in der üblichen Weise durch Kühlung kondensiert, während die nichtkondensierten Dämpfe, nachdem sie einer Kompression unterworfen

wurden, derart in den Kreislauf zurückgeleitet werden, daß sie den gewünschten Überdruck im System aufrechterhalten. Die unkondensierbaren Gase und Dämpfe werden durch die Ausgangsflüssigkeit ge-
waschen, indem man in einem Absorptionsapparat Ausgangsmaterial und
Dämpfe im Gegenstrom zueinander zusammenführt, so daß die Gase und
Dämpfe die Kammer in trockenem Zustande verlassen.

Wie bereits oben erwähnt, soll die zur Spaltung notwendige Hitze
nicht durch direkte Erwärmung von außen, sondern durch Einleiten erhitzter Gase und Dämpfe in das Öl erfolgen, welche im Verlauf des Verfahrens aus dem Öl gewonnen werden. Man kann aber auch andere
Kohlenwasserstoffe führende Gase hierfür verwenden, beispielsweise Na-
·turgas oder Bohrturmgas, wodurch man diesen die Kohlenwasserstoffe
entziehen und gewinnen kann.

D. R. P. 445657, Kl. 23. Adolphe Antoine François Marius
Seigle in Paris. Anlage zur Destillation und eventuellen Spaltung von Mineralölen. Vom 16. Juli 1920.

Patentansprüche: 1. Anlage zur Destillation und eventuellen Spaltung von Mineralölen und anderen flüssigen Kohlenwasserstoffen nach
einem Kreisprozeß, bei welchem eine schließliche Kondensationsperiode
mit oder ohne Dephlegmation unmittelbar einer Periode der Verdampfung und eventuellen Pyrogenisierung folgt, die die Folge eines Kreislaufes
in einem Apparat mit abgestufter und methodischer Beheizung ist, dadurch gekennzeichnet, daß der Apparat aus einem oder mehreren Retorten
oder Kesseln von wagerechter, senkrechter oder schräger Anordnung mit
je einem inneren Kanal oder Heizraum besteht und um den die zu destillierenden oder zu spaltenden Kohlenwasserstoffe in einem schlangen-
rohrartigen Kanal zirkulieren, der zwischen dem Innenkanal und der
Außenwand der Retorte angeordnet ist und dessen abwechselnd in entgegengesetzten Richtungen verlaufende Windungen sich nach parallelen
Anfängen zwischen sich und senkrecht zur Achse des Innenkanals entwickeln.

2. Anlage zur Destillation und eventuellen Spaltung von Mineralölen
und anderen flüssigen Kohlenwasserstoffen nach einem Kreisprozeß, der
aus einer Beheizungsperiode mit oder ohne Druck zwecks Verdampfung
und eventuellen Spaltung der Kohlenwasserstoffe und eines oder mehreren Expansions- und Abkühlungsperioden besteht, dadurch gekennzeichnet, daß die aus dem oder den Heizapparaten kommenden Dämpfe
einer oder mehreren Abkühlungen und gleichzeitigen Expansionen in
Expansionskühlvorrichtungen unterworfen werden, in welchen mit etwa
100^0 C und gebotenenfalls noch höherer Temperatur eingeleitetes Wasser
unter einem bestimmten Druck zur Verdampfung gelangt, der im Bedarfsfalle der Spannung einer größeren Anzahl von Atmosphären entspricht.

3. Anlage nach Anspruch 2, dadurch gekennzeichnet, daß in den von
den kohlenwasserstoffhaltigen Gasen oder Dämpfen durchzogenen Wegen
des oder der Kühlscheider metallene Drehspäne o. dgl. eingelagert sind.

4. Anlage nach Anspruch 3, dadurch gekennzeichnet, daß der Kühlscheider in an sich bekannter Weise aus einem äußeren Ringraum und

einem mit ihm in Verbindung stehenden mittleren Raum besteht, die kochendes Wasser enthalten und durch einen ringförmigen Zwischenraum getrennt sind, durch den die Kohlenwasserstoffgase oder Dämpfe ziehen und der auf gelochten Böden die Drehspäne o. dgl. trägt.

Ö.P. 101319. Standard Oil Company in San Francisco (Kalifornien, U. S. A.). Verfahren zur kontinuierlichen Spaltung von schweren Mineralölen. Vom 26. Oktober 1925 (vgl. auch Schweiz.P. 106783).

Patentansprüche: 1. Verfahren zur kontinuierlichen Spaltung von schweren Mineralölen durch Druckerhitzung in einem geschlossenen System, dadurch gekennzeichnet, daß zusammen mit dem zu spaltenden Öl ein Lösungsöl im Kreislauf durch das System geleitet wird, so daß die sich bei der Spaltung bildenden teerigen kohlenstoffreichen Substanzen von demselben aufgenommen und ständig abgeführt werden können.

2. Verfahren nach Anspruch 1, dadurch gekennzeichnet, daß als Lösungsöl ein verhältnismäßig niedrigsiedendes, bei den in der Spaltzone herrschenden Druck- und Temperaturverhältnissen jedoch nahezu beständiges Kohlenwasserstofföl, oder eine diesen Bedingungen entsprechende Fraktion des zu spaltenden Öles verwendet wird.

Ö.P. 103791. Standard Oil Company in San Francisco (U.S.A.). Verfahren zum Spalten von schweren Kohlenwasserstoffen. Vom 26. Juli 1926.

Patentanspruch: Verfahren zum Spalten von schweren Kohlenwasserstoffen, dadurch gekennzeichnet, daß das Ausgangsöl vorerst einer schonenden Destillation bei Unterdruck unterworfen wird, worauf das so gewonnene Gesamtdestillat in an sich bekannter Weise einer zersetzenden Druckdestillation ausgesetzt wird.

Die Erfindung bezweckt, die für den Krackprozeß bestimmten Fraktionen des Ausgangsöles mit höchstmöglichem Wasserstoffgehalt zu gewinnen und die erwähnten Nachteile zu vermeiden und besteht darin, daß das Ausgangsöl vorerst einer schonenden Destillation bei Unterdruck unterworfen wird, worauf das so gewonnene Gesamtdestillat in an sich bekannter Weise einer zersetzenden Destillation ausgesetzt wird.

Der reduzierte Druck muß genügen, um die Siedetemperatur unter der Zersetzungstemperatur zu halten, so daß der Wasserstoffgehalt erhalten bleibt und die Bildung ungesättigter oder aromatischer Kohlenwasserstoffe, die die Neigung haben zu polymerisieren, vermieden wird. Wird das Gesamtdestillat dann einer zersetzenden Druckdestillation unterworfen, so ergibt sich ein größtmöglicher Ertrag an den gewünschten niedrigsiedenden Ölen bei geringster Produktion von unerwünschten kohlenstoffhaltigen Rückständen.

Schweiz.P. 119990, Kl. 23. Hermann Wolf, Bad Homburg v. d. Höhe (Deutschland). Verfahren zur Umwandlung von hochsiedenden Kohlenwasserstoffen in niedrigsiedende Kohlenwasserstoffe. Vom 16. April 1927.

Patentanspruch: Verfahren zur Verwandlung von höher siedenden Kohlenwasserstoffen in niedriger siedende durch Spaltung unter Druck, dadurch gekennzeichnet, daß die gesamten Spaltprodukte sofort nach ihrer Bildung in expandiertem Zustande plötzlich abgeschreckt werden.

Unteransprüche: 1. Verfahren nach Patentanspruch, dadurch gekennzeichnet, daß die Abschreckung der Spaltprodukte mit kalten Kohlenwasserstoffen in der Weise erfolgt, daß die Spaltprodukte mit diesen Kohlenwasserstoffen in Berührung gebracht werden.

2. Verfahren nach Unteranspruch 1, dadurch gekennzeichnet, daß die zum Abschrecken benutzten Kohlenwasserstoffe einem Destillationsprozeß unterzogen werden, zwecks Gewinnung der von ihnen aufgenommenen Spaltprodukte.

Die Abkühlung der expandierenden Spaltprodukte erfolgt zweckmäßig bis zu einer solchen Temperatur, daß außer den gasförmigen Bestandteilen der Spaltprodukte mindestens noch ein Teil der Benzine mit den Spaltgasen durch die Kühlflüssigkeit hindurchdestilliert. Man kann die Abkühlung auch so leiten, daß die gesamten Benzine, deren Gewinnung durch den Spaltprozeß erstrebt worden ist, mit überdestillieren, die Benzine werden dann in üblicher Weise von den Gasen durch Kondensation getrennt.

Nach den Angaben des Am. P. 1175910 sollen die Krackdestillate, die aus einem Verfahren herstammen, das bei 540—600⁰ C und einem Druck von 75 Pfund/Quadratzoll arbeitet, zunächst in Dephlegmatoren, die zugleich reinigend wirken und mit kleinstückigen, röhrenförmigen oder andersgeformten Tonstücken gefüllt sind, auf etwa 180⁰ C heruntergekühlt und dann in einem Kompressor einem hohen mechanischen Druck von 100—125 Pfund/Quadratzoll ausgesetzt werden, wodurch sich zwischen den Bestandteilen der Dämpfe eine exothermische Reaktion vollziehen soll (Am. P. 1175910. W. A. Hall, New York. Vom 14. März 1916, vgl. auch Am. P. 1242795 und 1242796).

Zur Ausführung der Spaltung wird im Am. P. 1194289 von Hall vorgeschlagen, die Öle mit sehr hoher Geschwindigkeit, d. h. etwa 1600 m/sec mit einem Druck von 75 Pfund/Quadratzoll bei Temperaturen von 550 bis 700⁰ C durch Röhren hindurchzupressen. Wegen der hohen Geschwindigkeit tritt nur eine teilweise Spaltung der Kohlenwasserstoffe und auch ohne Abscheidung von Kohle ein. Die Destillate werden dann in weiteren mit Füllkörpern gefüllten Dephlegmatoren plötzlich entspannt, wobei die Geschwindigkeit der Dampfmoleküle sich in Wärme bei der Entspannung umwandelt, wodurch die restlose Spaltung zur Durchführung kommt. Die Behandlung der Dämpfe ist dann die gleiche, wie sie in dem vorstehenden Am. P. 1175910 näher beschrieben worden ist (Am. P. 1194289. W. A. Hall, New York. Vom 8. August 1916).

Um den Spaltprozeß von Ölen in möglichst befriedigender Weise zur Ausführung zu bringen, wird in dem Am. P. 1221790 vorgeschlagen, daß nur solche Öle der Durchwärmespaltung unterworfen werden, die bei 56⁰ C eine Viskosität besitzen, die zwischen 70—170 Sekunden liegt. Kohlenwasserstoffe einer höheren Viskosität sollen höchstens in einer Menge von 10 vH darin enthalten sein. Auch sollen in den Ölen kein Paraffin oder teerartige Verunreinigungen enthalten sein und auch nicht solche Verbindungen, die beim Kracken Koks abscheiden (Am. P. 1221790. H. P. Chamberlain, New York. Vom 3. April 1917).

Es ist bereits in diesem Kapitel in dem Am.P. 1194289 auf die hohe Bedeutung der Strömungsgeschwindigkeit der zu spaltenden Öldämpfe hingewiesen worden. Auch das Verfahren des Am.P. 1226990 beruht im wesentlichen auf dem gleichen Prinzip. Nach den dort gemachten Angaben wird Öl auf etwa 222^0 C erhitzt, dann mit einer kleinen Menge von überhitztem Dampf gemischt und schließlich auf eine Temperatur von 555^0 überhitzt, wobei den Dämpfen eine spiralförmige Bewegung verliehen wird. Die Geschwindigkeit der Öldämpfe soll hierbei 33 m/sec betragen (Am.P. 1226990. W. M. Parker, Oklahoma. Vom 22. Mai 1917).

Unter Anwendung des Krackverfahrens soll man auf folgende Weise zu Motortreibmitteln kommen. Gasförmige Kohlenwasserstoffe sollen chemisch an flüssige ungesättigte Kohlenwasserstoffe in verdampftem Zustand gebunden werden. Die angewendeten Gase sollen beträchtliche Mengen von Propan, Butan, Pentan und Hexan enthalten. Der flüssige Bestandteil soll große Mengen ungesättigter Kohlenwasserstoffe enthalten. Den flüssigen Bestandteil erhält man durch Kracken von Schwerölen bei 600—650^0 C und einem Druck von 70 Pfund/Quadratzoll. Die Mischung der Gase und des verdampften flüssigen Bestandteiles findet bei etwa 200^0 C statt, dann wird komprimiert und gekühlt (Am.P. 1242795. W. A. Hall, New York. Vom 9. Oktober 1917).

Auch das Verfahren des Am.P. 1242796, das gleichfalls von dem Erfinder Hall ist, betrifft die Herstellung eines Treibmittels. Die Arbeitsweise ist sehr ähnlich der des Am.P. 1175910 (vgl. dieses Kapitel). Man soll Gasöl bei 650^0 C und einem Druck von 70 Pfund/Quadratzoll kracken. Die Mischung von Dämpfen und Gasen wird dann auf 200^0 C herabgekühlt, und zwar unter Erniedrigung des Druckes auf 20 bis 25 Pfund/Quadratzoll. Hierbei scheiden sich eine große Menge hochsiedender Produkte aus, die abgetrennt werden. Das zurückbleibende Gemisch von Dämpfen und Gasen wird dann mit einem Druck von 70 Pfund/Quadratzoll zusammengepreßt und gekühlt (Am.P. 1242796. W. A. Hall, New York. Vom 9. Oktober 1917).

In dem Am.P. 1285136 ist ein Apparat zur Herstellung von Treibmitteln durch Überhitzen von Ölen unter Druck, Entspannen über kleinstückigem Material, Kondensieren auf bestimmte Temperaturen und Kompression der Dämpfe unter Abkühlung beschrieben. Dieser Apparat ist in seinen wesentlichen Merkmalen identisch mit dem in diesem Kapitel besprochenen des Am.P. 1175910 (Am.P. 1285131. W. A. Hall, New York. Vom 19. November 1918).

Um die Abscheidung von Kohlenstoff in den Heizröhren bzw. Spaltretorten zu vermeiden, soll man nach den Angaben des Am.P.1319053 dem Öl eine inerte Substanz zusetzen, die mechanisch reinigend auf die Rohr- und Retortenwände einwirkt. Als eine solche Substanz ist Sand genannt, der an geeigneter Stelle mit dem Kohlenstoff aus dem Prozeß ausgeschieden werden kann. Der Apparat besitzt ein Heizröhrenaggregat und eine schrägliegende röhrenförmige Retorte, in die das Öl mit dem Sand von oben eingeführt wird (Am.P. 1319053. L. A. Dubbs, Chikago. Vom 21.Oktober 1919)..

Man soll nach den Angaben des Am.P. 1324212 das Kracken von
Ölen in der Weise ausführen, daß man bei geringer Hitze die Gasoline
aus dem Öl abdestilliert. Dann verdampft man die restierenden Schweröle und erhitzt bis auf Kracktemperatur. Die dabei entstehenden Gase und
Leichtöle werden aufgefangen und getrennt. Die permanenten Gase werden durch einen Überhitzer und Verdampfer in die Krackkammer geleitet, wo sie zur Sättigung der Olefine beitragen sollen (Am.P. 1324212
und 1324313. A. A. Stapp, Kolorado. Vom 9. Dezember 1919).

Das Verfahren des Am.P. 1324983 schließt sich der üblichen Ausführungsweise insofern an, als die Öle in einem Druckkessel der Spal-

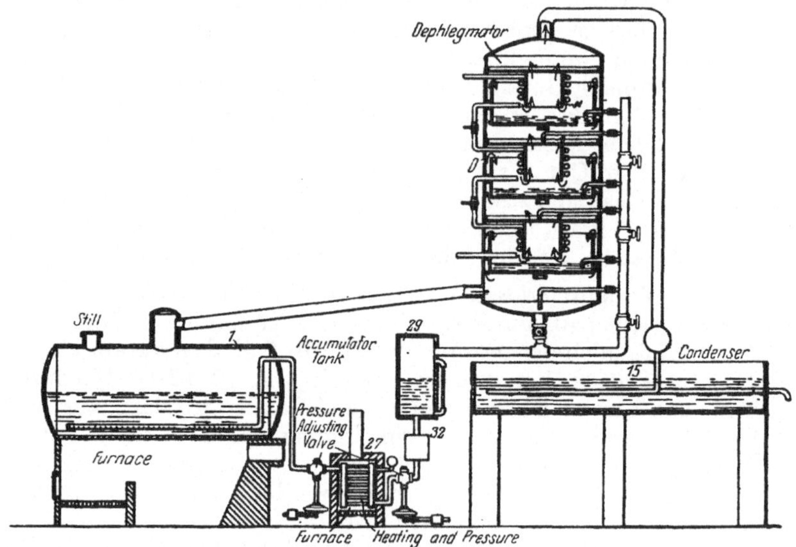

Abb. 172a. Am.P. 1324983.

tung unterworfen und die Kondensate nach ihrem Siedepunkt geschieden
werden. Während aber für gewöhnlich das Rücklaufkondensat wieder
zwecks erneuter Spaltung dem Druckkessel zugeführt wird, gelangt nach
dem neuen Verfahren das Rückstromkondensat in einen unter hohem
Druck stehenden Überhitzer. Die Dämpfe werden dann in den Spaltkessel geleitet. Die von ihnen aufgenommene Wärme soll die Spaltung
begünstigen (Abb. 172a). Auf die selbstverständlichen Teile des Krackapparates, d. h. den Kessel 1, den Dephlegmator D und den Kondensor
15 soll nicht weiter eingegangen werden. Bemerkenswert ist der Akku-
mulator Tank 29, aus dem das Rückstromkondensat durch Pumpe 32
unter Druck in den Erhitzer 27 eingepreßt und dort gespalten wird,
ehe es in den Kessel 1 zurückgelangt (Am.P. 1324983. R. R. Rosen-
baum, Chikago. Vom 16. Dezember 1919).

Nach dem Am.P. 1347543 hat der Erfinder festgestellt, daß es vorteilhaft ist, Krackapparate in der Weise anzuordnen, so daß man nicht
große Mengen Öl in einem Apparat verarbeitet, sondern vielmehr den

Apparat in kleine Einzelelemente zerteilt, die beliebig ein- und ausgeschalten werden können. Die batterieartig angeordneten Einzelelemente münden in Sammelrohre, aus denen ihr Inhalt wiederum in Batterien zur Weiterverarbeitung geleitet wird. Diese Unterleitung gilt für die Aufbewahrungskessel für das Rohöl, die Kompressoreinrichtungen, die Krackkessel und die Kondensatoren (Am.P. 1347543. H. W. Jones, Kansas. Vom 27. Juli 1920).

Der in dem Am.P. 1356208 erläuterte Apparat von H. W. Jones schließt sich an den in dem vorbesprochenen Am.P. 1347543 an. Es ist also die Unterteilung der Einzelteile des Krackapparates in Batterien beibehalten. Dagegen erscheint die Zurückführung der Rückstromkondensaten im Kreislauf neu, sowie die Anordnung zur besonderen Erhitzung der Rückstromkondensate in einem Einzelkessel (Am.P. 1356208. H. W. Jones, Kansas. Vom 19. Oktober 1920).

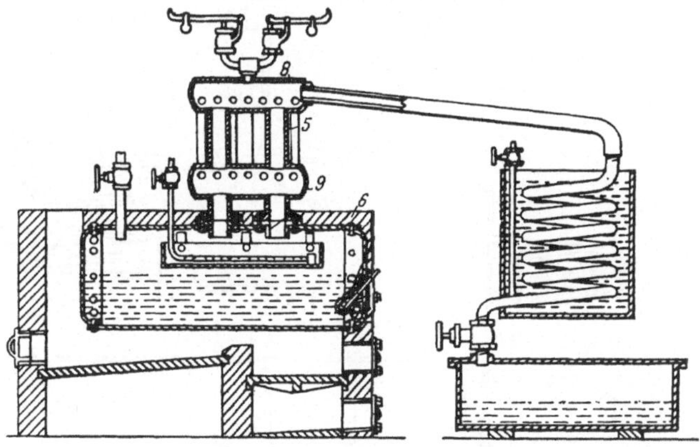

Abb. 172b. Am.P. 1368229.

Beim Kracken flüssiger Paraffine hat es sich als schädlich erwiesen, daß die wiederum zu krackenden schweren Rückstromkondensate in das Krackgut zurückfließen, weil hierdurch die erwünschten viskosen Eigenschaften des Krackrückstandes leiden. Um diesen Mißstand zu vermeiden, wird in dem Am.P. 1378229 ein Verfahren vorgeschlagen, das darin besteht, die Krackdämpfe in einen auf dem Druckkessel befindlichen luftgekühlten Kondensator zu leiten und die Rückläufe in einer in dem Kessel über dem Öl liegenden Pfanne aufzufangen, in der sie wiederum gekrackt werden, ohne die Rückstandsöle zu verdünnen (Abb. 172b). In der Zeichnung ist 6 der Wiederverdampfer und 8, 5, 9 ein luftgekühlter Dephlegmator (Am.P. 1378229. E. O. Hicks, Missouri. Vom 17. Mai 1921).

Nach den Ausführungen des Am.P. 1388415 soll man das zu krakkende Öl zunächst in einen Wärmeaustauscher leiten. Aus diesem gelangt es in eine Röhrenretorte. Die Temperatur soll 445—667⁰ C und der Druck 80 Pfund/Quadratzoll betragen. An einem Punkte der Röhrenretorte, an dem alles Öl sich in der Gasphase befindet, wird überhitzter

Wasserdampf eingepreßt. Das Gemisch aus Öldampf und Wasserdampf
gelangt dann in eine mit perforierten Prellplatten ausgestattete Misch-
und Expansionskammer, in der sich neue Kohlenwasserstoffe bilden
sollen. An die Mischkammer schließen sich die Kondenser an (Am.P.
1388415. C. Ekstrand, New York. Vom 23. August 1921).

Um Krackdestillate von besonders günstigen Eigenschaften zu erhalten, wird folgender Weg empfohlen. Die Kohlenwasserstoffe werden
unter Druck in üblicher Weise gekrackt. Die dabei entstehenden Destillate werden aber nicht wie üblich unter hohem Druck kondensiert,
sondern der Kondensator steht unter Vakuum. Die Leichtöle gehen als
Dämpfe ab und werden verflüssigt; dann setzt man sie den Produkten
zu, die man durch Destillation der im ersten Kondensor gewonnenen

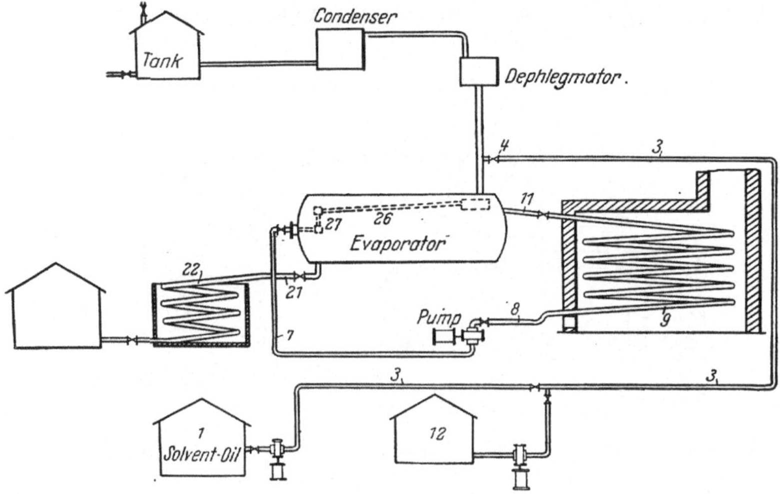

Abb. 173. Am.P. 1408698.

Kondensate erhält (Am.P. 1400800. John W. Coast jr., Oklahoma.
Vom 20. Dezember 1921).

Um die Abscheidung koksartiger Massen beim Kracken zu vermeiden,
soll man die Spaltung bei Gegenwart eines Lösungsöles für die teerartigen,
die Absetzungen bezeichnenden Verunreinigungen vornehmen. Das Verfahren wird in einem geschlossenen System als Kreisprozeß ausgeführt,
wobei die teerartigen Produkte in dem Lösungsöl gelöst bleiben. Das
Lösungsöl wird in einen Verdampfkessel eingeführt und zirkuliert mit
Hilfe einer Pumpe durch eine Heizschlange. Wenn die Temperatur hoch
genug ist wird dem Lösungsöl bei der Zirkulation vor dem Eintritt in die
Heizschlange das zu krackende Öl zugesetzt. Das Lösungsöl, das z. B.
aus kalifornischem Rohöl hergestellt werden kann, läßt sich praktisch
bei den verwendeten Drucken und Temperaturen nicht kracken (Abb. 173).
Das Lösungsöl ist im Tank 1, das Frischöl im Tank 12. Eine Mischung
dieser beiden wird durch 3, 4, 25, 26, 27, 7, 6, 8 nach Krackschlange 9
gepumpt und gelangt durch 11 in den Verdampfer 5. Die gelösten Rück-

stände laufen durch *21*, *22* ab (Am.P. 1408698. R. W. Hanna, Kalifornien. Vom 7. März 1922).

Um Gasoline, aber auch aromatische Kohlenwasserstoffe herzustellen, wird als Ausgangsmaterial Ölgas oder Öl enthaltendes Gas, wie Erdgas, Bohrkopfgas o. dgl., vorgeschlagen. Man soll die Gase einer hohen Temperatur und gleichzeitig einem hohen Druck aussetzen, z. B. 50 bis 100 Pfund bei 500—1000° C. Für Gase, die beim Kracken entstehen, wird folgende Vorschrift gegeben. Man soll die Krackgase bei einem Druck von 100 Pfund komprimieren, kühlen und die ausgeschiedenen flüssigen Kohlenwasserstoffe abtrennen. Dann werden sie unter Aufrechterhaltung des Druckes auf 500—1000° C erhitzt. Man kühlt dann zur Abscheidung der gebildeten leichten Kohlenwasserstoffe (Am.P. 1411255. C. M. Alexander, Texas. Vom 4. April 1922).

Für die synthetische Herstellung von Alkoholen hat man besonders in den letzten Jahren vielfach Olefine benutzt. Der Gehalt der nach den üblichen Krackverfahren gewonnenen Produkte an Olefinen ist nicht ausreichend, deshalb ist der Vorschlag gemacht worden, die nach der ersten Krackung entstehenden teerartigen Rückstände zu destillieren und die gewonnenen Destillate nochmals zu kracken. Die so gewonnenen Endprodukte sollen reich an Olefinen sein (Am.P. 1418414. A. A. Wells, Montclair. Vom 6. Juni 1922).

Die unerwünschte Ausscheidung von Kohlenstoff beim Kracken soll dadurch vermieden werden, daß man das Rohmaterial zunächst im Vakuum von den niedrig siedenden Bestandteilen befreit, d. h. also toppt und dann den hoch siedenden Rest krackt. Die dazu benutzte Arbeitsweise ist die gleiche wie in dem Am.P. 1408698 des gleichen Erfinders (siehe dieses Kapitel). (Am.P. 1419378. R. W. Hanna, Kalifornien. Vom 13. Juni 1922.) Das Toppen von Rohölen vor dem Kracken ist u. a. auch in dem D.R.P. 37728, S. 2, Sp. 2, Abs. 2 aus dem Jahre 1886 empfohlen (vgl. a. S. 234).

Zur Ausführung der Krackung wird vorgeschlagen, das Öl zunächst in einem Röhrenerhitzer vorzuwärmen und den Öldampf in einen Kompressor zu leiten, wo er hoch komprimiert wird. Der Druck und die dabei entstehende Wärme sollen zur Spaltung ausreichend sein. Es werden Drucke von 150—2000 Pfund/Quadratzoll und Temperaturen von 250 bis 800° C vorgeschlagen (Abb. 174). Das Öl fließt durch Einlaß *2* in den Erhitzer *1*, dann durch *3* in den Kondensor *5* und von dort über Verteilungsmaterial *6a* zum Kondensor *7* und soweit gewünscht im Kreislauf zurück nach *1*. Aus *A* fließt Kerosin gleichfalls nach *6* (Am.P. 1422038. David T. Day, Washington. Vom 4. Juli 1922).

Ebenso wie in dem zuletzt besprochenen Am.P. 1422038 ist die Verwendung von Kompressoren beim Kracken auch in dem Am.P. 1426149 vorgeschlagen. Man soll das Öl in einem großen Kessel erhitzen und die Dämpfe dann in einen Kompressor leiten, in dem sie von 10—500 Pfund komprimiert werden sollen. Der komprimierte Dampf wird unter Kühlung kondensiert (Am.P. 1426149. C. R. Burke, Pennsylvania. Vom 15. August 1922).

Das Am.P. 1437045 betrifft eine weitere Ausbildung der Verfahren der Am.P. 1175910 (vgl. Kap. XX und XXI), 1242795 (vgl. Kap. XX) und 1242796 (vgl. Kap. XX) von Hall. Das wesentliche Merkmal besteht in der Aufarbeitung der Krackdestillate. Man soll nämlich zur Herstellung von Motortreibmitteln aus den Krackdestillaten die über 200⁰ C siedenden ausscheiden, und zwar unter einem Druck, der geringer ist, als das beim Kracken benutzte, wobei die flüchtigen Bestandteile in der Dampfphase verbleiben sollen. Dann werden bei gewöhnlichem Druck die leichten Destillate kondensiert und so von den Gasen getrennt. In das so gewonnene Kondensat der Leichtöle werden die Gase mit einem Druck von 10 Atm. hereingedrückt (Am.P. 1437045. L. de Florez, New Jersey. Vom 28. November 1922).

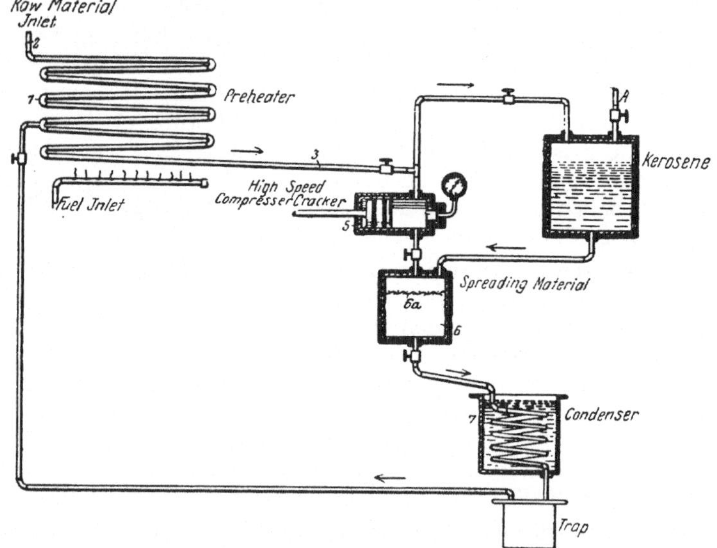

Abb. 174. Am.P. 1 422 038.

In dem Am.P. 1408698 hat der Erfinder Hanna ein Verfahren beschrieben, bei welchem das Kracken unter Zusatz eines hitzebeständigen Lösungsöles stattfindet. In dem Am.P. 1449226 desselben Erfinders wird zur Ausführung eine Arbeitsweise vorgeschlagen, wie sie in dem Kap. II vielfach beschrieben ist. Man verwendet, nachdem das mit dem Lösungsöl vermischte Ausgangsmaterial durch Wärmeaustauscher vorgewärmt ist, einen Vorerhitzer (Heizschlange) und einen Spalt- bzw. Absetzkessel zur Vollendung der Spaltung. Die Temperatur der Heizschlange ist etwa die Kracktemperatur. Die Temperaturerhöhung in dem Spaltkessel erfolgt durch die Umsetzung (Am.P. 1449227. R. W. Hanna, Mason und Hamilton, Kalifornien. Vom 20. März 1923).

Nach den Angaben des Am.P. 1462247 soll man den Krackprozeß in zwei Operationen ausführen. In der ersten Phase werden die Öle einer Temperatur von 300⁰ C und einem Druck von 30 Pfund/Quadratzoll oder mehr unterworfen. In der zweiten Phase trennt man aus dem entstandenen Produkt die zwischen 150—200⁰ C siedenden Bestandteile ab und krackt sie in der Dampfphase bei einer Temperatur über 400⁰ C und einem Druck über 30 Pfund/Quadratzoll. Es ist ein Apparat beschrieben, in welchem dieses Verfahren kontinuierlich ausgeführt werden kann (Am.P. 1462247. W. A. Rittmann, Pennsylvania. Vom 17. Juli 1923).

Bei allen Apparaten, die unter Verwendung von Heizschlangen arbeiten, ergibt sich von Zeit zu Zeit die Notwendigkeit, diese von dem in ihnen abgesetzten Kohlenstoff zu befreien. Zu diesem Zweck soll man nach dem Vorschlag des Erfinders Greenstreet in dem Am.P. 1470359 solange die Krackschlangen noch heiß sind überhitzten Dampf und Luft zur Oxydation des Kohlenstoffes durch die Röhren blasen. Die Anwendung der Luft allein kann leicht zum Durchbrennen der Röhren führen (Am.P. 1470359. C. J. Greenstreet, Missouri. Vom 2. Oktober 1923). Auf die Entfernung des Kohlenstoffes mit Hilfe von Wasserdampf bei erhöhten Temperaturen ist schon im F.P. 400141 (vgl. Kap. XIX) hingewiesen.

Um aus Petroleum ein Produkt mit geringerer Viskosität herzustellen, soll man es unter einem Druck von 60 Pfund auf 222—278⁰ C vorerhitzen, dann unter Einblasen von Dampf bei 416⁰ C durch eine Heizschlange hindurchpressen und das Öl auf 167—180⁰ C abkühlen, bevor sich eine merkliche Menge von leichtsiedenden Produkten gebildet hat. Der Druck soll so groß sein, daß die gesamte Behandlung in der Flüssigkeitsphase erfolgt (Am.P. 1478102. E. M. Clark et Al., New Jersey. Vom 18. Dezember 1923).

Nach den Angaben des Am.P. 1490055 soll man Rohöl in einem kontinuierlichen Strom auf eine Temperatur erhitzen, die unter der Siedetemperatur der am schwersten flüchtigen Bestandteile liegt, dann tangential in einen Zyklonseparator (Zentrifuge) und dort die flüssigen von den flüchtigen Bestandteilen trennen und dann in einen Reaktionsturm einleiten, der mit Raschigringen o. dgl. gefüllt ist. In diesem Turm soll eine innige Mischung der Bestandteile des Rohöles, wie Naphtha, Kerosin, Gas und Öldämpfe, mit Bohrkopfgas o. dgl. stattfinden, wodurch die Bildung neuer Kohlenwasserstoffe bewirkt werden soll (Am.P. 1490055. F. S. Woidich, Oklahoma. Vom 8. April 1924).

Man soll aus einem getoppten Mineralöl zu einer Ausbeute von 52 vH an Leichtdestillaten kommen, wenn man zwei Krackprozesse hintereinander ausführt, zwischen die ein Kühlprozeß eingeschaltet wird. Bei dem ersten Krackprozeß wird ein Röhrenerhitzer mit Sammelkammern benutzt, in dem ein Druck von 200 Pfund/Quadratzoll und eine Temperatur von 335—555⁰ C herrscht. Die Dämpfe gehen durch ein Trenngefäß in die erste Reaktionskammer, die aus zwei konzentrisch angeordneten Rohren besteht und in der die gleichen Bedingungen wie im Röhrenerhitzer herrschen. Dann treten die Dämpfe und Gase in einen Kühler, der auf etwa 222⁰ C gehalten wird. Hier scheiden sich die schweren Destillate aus. Das Kühlrohr ist so angeordnet, daß ein Gemisch von gasförmigen und flüssigen Destillaten in die zweite Reaktionskammer

eintritt und dort nochmals einer Druckwärmespaltung unterworfen wird
(Am.P. 1526907. W. Fourness. Vom 17. Februar 1925).

Man hat Öle nicht nur für sich gekrackt, sondern sie auch von einem
körnigen Material, wie pulverisierte Kohle, Schiefer, Sand, Kies, aufsaugen lassen und dann mittels einer Schnecke durch einen Spaltofen
fortbewegt. Der Spaltofen wird abschnittsweise steigend von 230 bis
500° C erhitzt. Die Einleitung von Dampf ist vorgesehen. Es sind Vorrichtungen zum Ableiten der Destillate verschiedener Siedepunkte angeordnet (Am.P. 1529095. C. W. Thompson et Al., New York. Vom
10. März 1925).

Das Am.P. 1530627 betrifft Verbesserungen des Verfahrens nach dem
zuletzt besprochenen Am.P. 1529095. Es ist darauf hingewiesen, daß
man die schweren Kondensate wieder in den Prozeß zurückleiten solle
und daß man die Ableitungseinrichtungen für die Gase und Dämpfe mit
Filtern aus Bimsstein, vulkanischer Asche, Walkerde o. ä. zur Reinigung
der Destillatdämpfe versehen solle (Abb. 175). *2* ist die Förderschnecke.

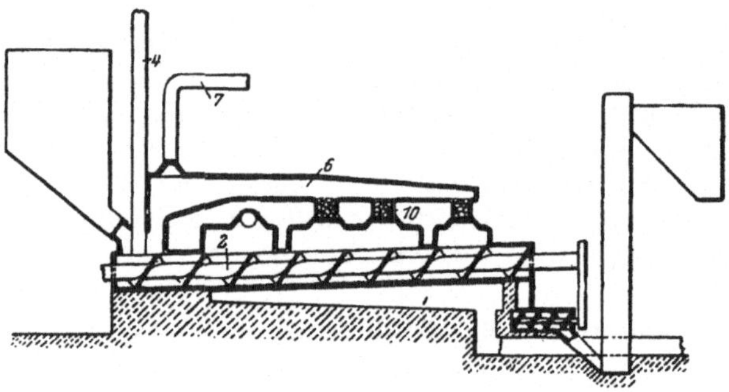

Durch *4* werden die schweren Öle eingeleitet. Durch *7* werden die Destillate abgezogen. *6* und *10* sind katalytische Füllungen (Am.P. 1530627. C. W. Thompson et Al., Kolorado. Vom 24. März 1925).

Abb. 175. Am.P. 1530627.

Man kann Ölemulsionen, die viel Wasser enthalten, nicht ohne weiteres kracken. Deshalb schlägt das Am.P. 1535654 vor, das Wasser aus
der Ölemulsion in einem Druckkessel durch Anwendung eines Kühlrohres
auszuführen, das auch später als Heizrohr benutzt werden kann. Man
läßt das Wasser ausfrieren, trennt vom Öl und krackt in demselben
Kessel (Am.P. 1535654. G. Egloff et Al., Kansas. Vom 28. April 1925).

Um die Abscheidung von Kohlenstoff an unerwünschten Stellen zu
verhüten und eine wiederholte Krackung bereits gespaltener Destillate
zu vermeiden, leitet man die Rückstromkondensate nicht mehr wie üblich in den Krackprozeß zurück, sondern fängt sie, wie sie aus dem Kondensor kommen, in einem besonderen Kessel, wo sie lediglich einer Destillation unterworfen werden (Am.P. 1535724. W. R. Howard, Illinois. Vom 28. April 1925).

Nach den weiteren Ausführungen des Erfinders des zuletzt besprochenen Verfahrens soll man die Destillation der Rückstromkondensate bei
einem anderen Druck und einer anderen Temperatur, als die bei dem
Kracken benutzten, vornehmen (Am.P. 1535725. W. R. Howard, Chikago. Vom 28. April 1925).

Ähnliche Gedankengänge wie bei dem Am.P. 1535725 scheinen auch dem Am.P. 1537593 zugrunde zu liegen. Die Spaltung der Kohlenwasserstoffe geschieht in der flüssigen Phase in einer Spaltschlange und daran anschließend in einem Expansionskessel. In der Schlange soll die Temperatur 390⁰ C und der Druck 135 Pfund/Quadratzoll und auch im Kessel 135 Pfund/Quadratzoll betragen. Das Rückstromkondensat geht nicht in den Betrieb zurück, sondern wird in eine besondere Heizschlange gepumpt, in der ein Druck von 175 Pfund/Quadratzoll und eine Temperatur von 430⁰ C herrscht, von da tritt es flüssig in den Expansionskessel. Man kann auch so arbeiten, daß in dem Dephlegmator, Kondensor und dem Auffanggefäß kein Druck, sondern Vakuum herrscht (Abb. 176). Durch die Pumpe *8* und Rohr *7* wird der unteren Rohrschlange *3* Frischöl zugeführt. Durch Pumpe *25* und Rohr *4* wird der Schlange *2*

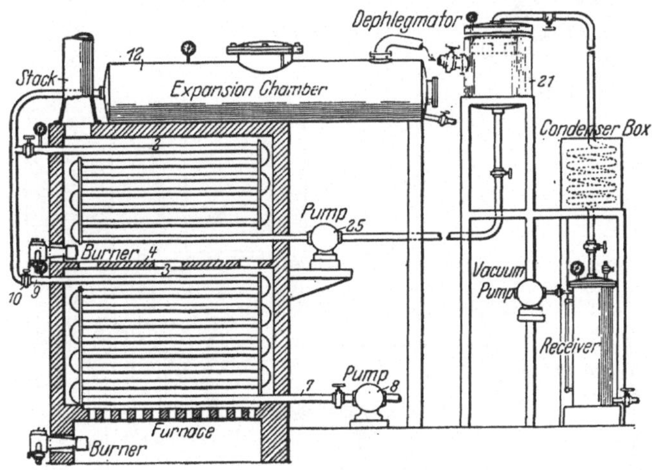

Abb. 176. Am.P. 1537593.

das Rückstromkondensat aus Dephlegmator *21* zugeleitet. Rohr *9* verbindet Schlange *2* und *3* und mündet in Expansionskessel *12* (Am.P. 1537593. G. Egloff, Kansas. Vom 12. Mai 1925).

Wenn man stark wasserhaltige Ölemulsionen, wie sie z. B. in rohen mexikanischen oder kalifornischen Ölen vorliegen, kracken will, so darf man sie wegen der Gefahr eines Siedeverzuges nicht ohne weiteres in den üblichen Apparaten erhitzen. Das Am.P. 1550892 schlägt für diese Zwecke einen liegenden zylindrischen Kessel vor, der in seiner oberen Hälfte von einer Schicht von beiderseits offenen Längsröhren durchzogen, die von Heizgasen einer Feuerung durchzogen sind und den Ölinhalt lediglich von oben erhitzen (Abb. 177). *4* ist das den Kessel durchziehende Heizrohr, das durch Heizgase der Feuerung *1* erwärmt wird (Am.P. 1550892. G. Egloff et Al., Chikago. Vom 25. August 1925).

Das Am.P. 1571994 hat sich die Aufgabe gestellt, aus schweren Kohlenwasserstoffen und wasserstoffhaltigen Gasen, wie z. B. Erdgas

o. dgl., gasolinähnliche Produkte herzustellen. Man läßt die zweckmäßig stark erhitzten Gase im Gegenstrom zu den schweren Kohlenwasserstoffen emporsteigen, die in Absorptionstürmen, welche kugelsegmentartige Verleitungskörper besitzen, herunterrieseln. Das Verfahren soll unter Druck ausgeführt werden. Hitze und Druck müssen so gewählt werden, daß eine Umsetzung zwischen den beiden Komponenten stattfindet (Am.P. 1571994. H. R. Berry, New York. Vom 9. Februar 1926).

Während die meisten Spaltverfahren unter sehr hohem Überdruck arbeiten, ist in dem Am.P. 1580372 der Vorschlag gemacht, unter Minderdruck zu arbeiten. Der Apparat besteht aus einem zylindrischen in drei Abteilungen getrennten Kessel. In der untersten Abteilung wird

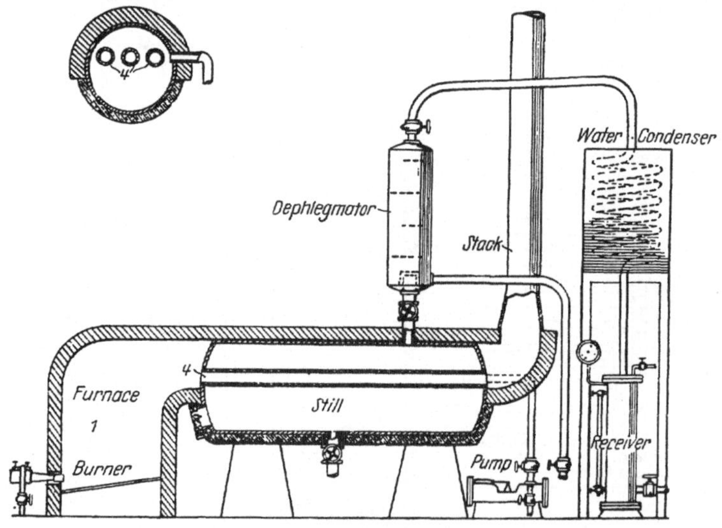

Abb. 177. Am.P. 1550892.

das Öl auf eine mit überhitztem Dampf gespeiste Schlange aufgespritzt und gespalten, die schweren Krackdämpfe werden in der mittleren Abteilung kondensiert und abgeleitet, die leichten Krackdestillate gelangen in der oberen, durch einen Wassermantel gekühlten Abteilung zur Kondensation (Am.P. 1580372. N. F. W. Hazeldine, Kalifornien. Vom 13. April 1926).

Das Am.P. 1585233 bezweckt das Destillationsgut zunächst in zwei Teile zu zerlegen und die in den Schwerölen enthaltende Hitze durch Erniedrigung des Druckes zu ihrer Verdampfung zu verwenden. Das Öl wird zunächst in einem zylindrisch liegenden Kessel gespalten. Er trägt auf der Oberseite einen Kühler mit Kondensator, besitzt ein endloses Band als Schaber zur Entfernung des Kohlenstoffs und ist mit einem Absetzkessel für das Schweröl und dem ausgeschiedenen Kohlenstoff verbunden. Dieser Absetzkessel steht mit einem Expansionskessel in Verbindung, in dem die übertretenden Schweröle durch Druckentlastung verdampfen (Abb. 178). Wesentlich an dem Apparat ist das Absetzgefäß für den ausgeschiedenen Koks und ein am Boden des Kessels *10* befindlicher Rührer zur mechanischen Entfernung des Koks (Am.P. 1585233. J. W. Coast jr., Oklahoma. Vom 18. Mai 1926).

Man kann den Siedepunkt von Kohlenwasserstoffen dadurch ändern, daß man das Öl auf eine Temperatur unter seinem Siedepunkt erhitzt, dann ohne Ablassen der Dämpfe mit einem Gas, wie Erdgas, Kohlengas, Wassergas, mischt und die Mischung in einen Kompressor leitet, worauf man abkühlt und die flüssigen Kohlenwasserstoffe abscheidet (Am.P. 1585687. A. J. Paris, Pennsylvania. Vom 25. März 1926).

Man hat in dem Am.P. 1586130 den Vorschlag gemacht, die in den Krackgasen enthaltene Energie in mechanische Energie mit Hilfe einer Turbine umzuwandeln, die auch dann in elektrische Energie transformiert werden kann. Um diese Energiequelle auf der gleichen Höhe zu

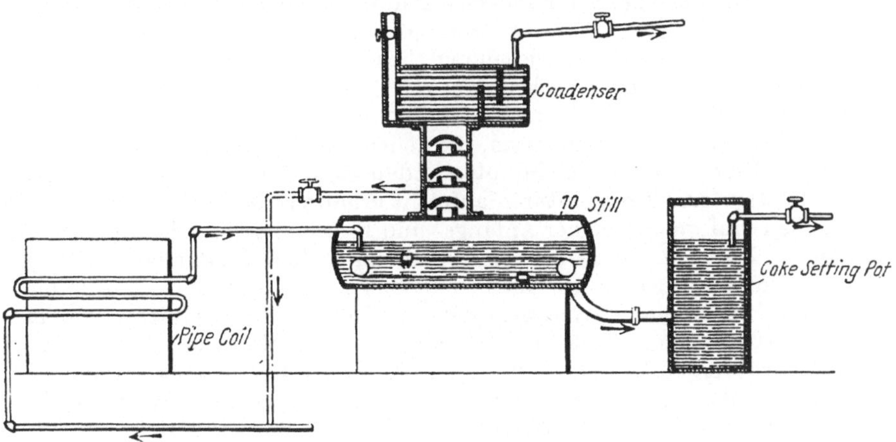

Abb. 178. Am.P. 1585233.

halten, sind automatische Regelungseinrichtungen für den Zutritt von Dampf und Öl sowie für die Regulierung der Heizung vorgesehen (Am.P. 1586130. M. J. Trumble, Kalifornien. Vom 25. Mai 1926).

In dem Am.P. 1586133 ist ein Krackapparat, der aus einem üblichen liegenden zylindrischen Kessel besteht. Aus diesem Kessel führt ein Dom die Gase in ein Rohr, das von dem Rückstromkondensat gekühlt wird, und dessen Inhalt durch ein perforiertes Rohr wieder in den Krackkessel im Kreislauf zurückgeführt wird. Ein zweites auf dem Kessel montiertes Dampfrohr führt die Gase und Dämpfe durch ein Regulierventil in einen Kondensator, aus dem das Rückstromkondensat wie erwähnt zur Kühlung abfließt. Das angewärmte Rückstromkondensat wird durch eine Pumpe in den Spaltkessel zurückgedrückt (Am.P. 1586133. M. J. Trumble, Kalifornien. Vom 25. Mai 1926).

Es ist in diesem Kapitel auf das Am.P. 1585233 hingewiesen, in dem ein Verfahren beschrieben ist, nach welchem die zu krackenden Öle in Destillate und ein schweres Rückstandsöl zerlegt werden, das durch Erniedrigung des Druckes ohne Zuführung von äußerer Wärme destilliert wird. Auch in dem Am.P. 1597674 ist eine ähnliche Arbeitsweise angegeben. Die Öle werden unter Druck durch einen Erhitzer geleitet. Die dabei entstehenden Dämpfe und das Öl treten in eine Krackkammer im Gegenstrom. Das restierende Öl wird in einen Verdampfer geleitet und durch Druckerniedrigung destilliert. Das Rückstandsöl und Frischöl, das den Kondensator als Kühlmittel durchlaufen hat, wird in die Krackröhren geleitet (Am.P. 1597674. H. Doherty, New York. Vom 31. August 1926).

Zur Herstellung von leichten Kohlenwasserstoffen aus festen kohlenstoffhaltigen Verbindungen, wie Kohle o. dgl., soll man Kohle mit einer Lösung von Kochsalz tränken und dann unter Einleiten von Luft und Wasserdampf verschwelen (Am.P. 1617697. J. D. Zielky, New York. Vom 15. Februar 1927).

Zur Ausführung des Krackens soll man zunächst das Ausgangsmaterial in einzelne Fraktionen von möglichst engen Siedegrenzen, z. B. 23^0 C, durch Destillation zerlegen und die gewonnenen Fraktionen einzeln den günstigsten Spaltungsbedingungen unterwerfen (Am.P. 1614930. A. J. Paris jr., Pennsylvania. Vom 18. Januar 1927).

Bei solchen Krackapparaten, bei denen die Hitzeeinwirkung in einer langen Röhre etwa 30—45 Minuten andauert, soll man an zwei Punkten des Heizsystems Temperaturen aufrecht erhalten, die untereinander abweichen und auch von der Anfangs- und Endtemperatur der Erhitzung (Am.P. 1615482. P. M. Poole, Oklahoma. Vom 25. Januar 1927).

Nach den Angaben des Am.P. 1619896 soll man das Krackgut unter Vakuum in einem Wärmeaustauscher auf etwa 280^0 C erhitzen, wobei eine Spaltung eines Teiles unter Verdampfung stattfindet. Die Krackdestillate werden komprimiert, wobei eine große Erwärmung stattfindet und die heißen Krackprodukte in den Wärmeaustauscher geleitet (Am.P. 1619896. W. E. Trent, Washington. Vom 8. März 1927).

Nach den Ausführungen des Am.P. 1624848 bildet sich beim Kracken z. B. von einem Schweröl in einem geschlossenen Raum ein Gleichgewichtszustand zwischen den entwickelten Gasen, den nun entstandenen Leichtölen und dem Rückstand. Stört man das Gleichgewicht dadurch, daß man das Krackgasolin entfernt, so bilden sich neue Mengen Gasolin. Das in die geschlossene Druckkammer eingeführte Öl soll drei Elftel des Gesamtvolumens der Kammer betragen. Die Gegenwart von kolloidalem Nickel oder kolloidalem Graphit begünstigen den Zerfall. Die Temperatur soll 400—500^0 C und der Druck 800 Pfund/Quadratzoll betragen (Am.P. 1624848. W. O. Snelling, Pennsylvania. Vom 12. April 1927).

Da bekanntermaßen das Kracken von Ölen bei Gegenwart von Wasserstoff zu gesättigten Produkten führt, ist in dem Am.P. 1638335 vorgeschlagen, die beim Kracken anfallenden Rückstände in einem bestimmt konstruierten Gasofen zur Herstellung wasserstoffhaltiger Gase zu benutzen, sowie die in den Rückständen enthaltene Hitze zu Krackzwecken nutzbar zu machen. Verwendet wird ein Ofen mit zickzackförmig angeordneten schrägen Heizflächen (Am.P. 1638335. F. M. Hess, Indiana. Vom 9. August 1927).

Zur schnelleren Entfernung der Krackdestillate aus den Spaltretorten wird in dem Am.P. 1 640 444 empfohlen, sich hierzu eines Gasstromes zu bedienen, der aus den beim Kracken entstehenden permanenten Gasen besteht. Dieser Gasstrom wird mit einer ringförmigen Düse von unten in die Spaltretorte eingeblasen (Am.P. 1 640 444. W. F. Faragher et Al., Pennsylvania. Vom 30. August 1927).

Das Am.P. 1 646 543 leitet das zu spaltende Öl unter geringem Druck in einen Erhitzer von 280—335⁰ C, dann wird es durch eine Kompressionspumpe auf 600—700 Pfund/Quadratzoll zusammengepreßt und durch eine Düse in eine stehende zylindrische Retorte von oben eingesprüht, in der eine Temperatur von 435⁰ C und ein Druck von 150 bis 200 Pfund/Quadratzoll herrscht. Diese Retorte ist durch eine senkrechte

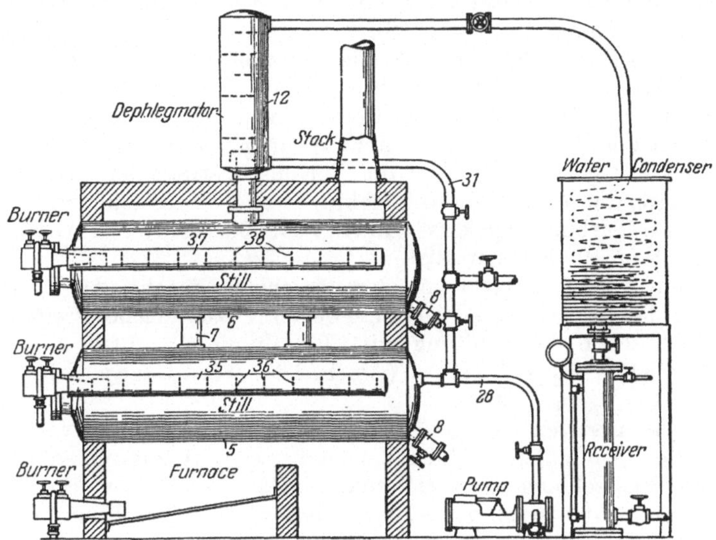

Abb. 179. Am.P. 1 649 102.

Wand in zwei kommunizierende Räume getrennt und trägt unten zwei schräg angeordnete Kohleabscheider. Die Heizgase werden durch eine Scheidewand gezwungen, die senkrechtstehende Retorte von oben nach unten und umgekehrt zu bespülen (Am.P. 1 646 543. W. C. Kirkpatrick, Kalifornien. Vom 25. Oktober 1927).

Das Am.P. 1 649 102 geht etwa von den gleichen Gedankengängen aus, wie das in diesem Kapitel besprochene 1 550 892 zur Spaltung stark wasserhaltiger Ölemulsionen. Man kann solche Emulsionen nur mit Erhitzung der Oberfläche ohne Schäumen verdampfen und kracken. Es ist ein Krackapparat vorgeschlagen, der aus zwei übereinander durch senkrechte Hohlschenkel verbundenen, liegenden, zylindrischen Kesseln besteht, die beide mit einem obenliegenden inneren Heizrohr ausgestattet sind. Der untere Kessel kann auch vom Boden beheizt werden (Abb. 179). 5 und 6 sind zwei Kessel, die durch Röhren 7 verbunden sind und Abläufe 8 tragen. Der Rücklauf aus dem Dephlegmator 12 wird durch 31 nach *28* geleitet. Das Rohöl tritt durch Rohr *28* zusammen mit dem Kondensat in den Kessel *5*. In den Kesseln ist mit Hilfe von Brennern eine Oberflächenheizung *35, 36, 37, 38* vorgesehen (Am.P. 1649102. G. Egloff et Al., Chikago. Vom 15. November 1927).

Nach den Angaben des Am.P. 1654771 soll man Öle dem Explosionsstoß eines Gemisches aus Leuchtgas und Luft aussetzen, wodurch eine Zertrümmerung der Ölmoleküle erfolgen soll (Am.P. 1654771. E. R. Wolcott, Kalifornien. Vom 3. Januar 1928).

Als Heizmittel für die Ölspaltung ohne Druck sind im Am.P. 1655030 hocherhitzte Rückstände von einer vorhergehenden Spaltung empfohlen. Als Spaltapparat ist ein domförmiger stehender Kessel angegeben, in dessen Mitte eine Feuerung eingebaut ist. Einsätze im Kessel sorgen für eine Zirkulation des Öles (Am.P. 1655030. F. C. Vande Water et Al., New York. Vom 3. Januar 1928).

Das Am.P. 1659930 betrifft die Herstellung von Kohlenwasserstoffen aus Materialien wie Ölschiefer, Kohle, Braunkohle u. dgl. Diese festen Materialien werden in einer Retorte mit überhitztem Wasserdampf verschwelt und die Schwelgase zur Erzeugung elektrischer Kraft in eine Dampfturbine geleitet. Die aus der Turbine austretenden Gase werden kondensiert, die öligen Produkte gekrackt und die Krackdämpfe in die Leitung zur Turbine eingeleitet (Am.P. 1659930. M. J. Trumble, Kalifornien. Vom 21. Februar 1928).

In dem Am.P. 1661565 wird der Vorschlag gemacht, das Edeleanu-Raffinat dem Krackprozeß zu unterwerfen. Das gleiche Produkt hat man auch schon der Spaltung mit Chloraluminium unterworfen (vgl. D.R.P. 333168, Kap. XVIII). (Am.P. 1661565. Lazar Edeleanu, Berlin. Vom 6. März 1928.)

Um das Ansetzen von Kohlenstoff in Röhrenerhitzern zu vermeiden, wird in dem Am.P. 1670804 der Vorschlag gemacht, zusammen mit dem Öl in die Spaltschlange wasserstoffhaltige Gase einzuleiten. Die Temperatur in der Schlange soll 556⁰ C sein und der Druck 150 Pfund/Quadratzoll. Etwa 20 vH des Öles sollen in der Schlange in der Flüssigkeitsphase bleiben (Am.P. 1670804. W. J. Gomory, Illinois. Vom 22. Mai 1928).

Am Boden der Expansionskessel setzen sich häufig teerige oder koksartige Rückstände an, die das Ablaufrohr für den Teer verstopfen und die Entfernung der Rückstände unmöglich machen. Deshalb schlägt das Am.P. 1672801 vor, durch ein über dem Boden des Kessels mündendes Rohr ein den Teer lösendes Mittel, z. B. Leichtöle aus der Krackdestillation, einzuführen und den gelösten Teer abzusaugen (Am.P. 1672801. C. B. Buerger, Pittsburgh. Vom 5. Juni 1928).

Bei der Ölspaltung bilden sich als unerwünschte Spaltprodukte auch Gase. Da aber bei bestimmten Arbeitsbedingungen sich Gleichgewichtszustände zwischen den Produkten der Spaltung einstellen, so soll man die Bildung von Gasen dadurch vermeiden oder einschränken, daß man die bei der Spaltung gebildeten permanenten Gase während des Krackens durch den Apparat zirkulieren läßt (Am.P. 1674390. Luis de Florez, Boston. Vom 19. Juni 1928). Vgl. a. D.R.P. 38949, Kap. 16.

Es ist auch schon überhitzter Quecksilberdampf als Heizmittel vorgeschlagen worden. Während das Am.P. 1586994 (vgl. auch Kap. IV) den Quecksilberdampf als indirektes Heizmittel in einen Mantelraum um den Heizkessel eintreten läßt, verwendet das Am.P. 1643036 den Dampf als direktes Heizmittel.

Zum Kracken ist auch die Verwendung ultravioletter Strahlen unter Benutzung von Quarzröhren vorgeschlagen worden (vgl. F.P. 549817, Am.P. 1627938, F.P. 469948, E.P. 249895).

Während man zur Ausführung des Krackens ausnahmslos Druck braucht, ist auch schon eine Arbeitsweise im Vakuum empfohlen worden (vgl. u. a. Am.P. 1392788 und 976975, S. 2, Z. 80ff.).

Die Krackgase stehen, wie bekannt, unter einem hohen Druck. Man hat diesen Druck zum Treiben einer Turbine und zur Erzeugung von Elektrizität nutzbar gemacht (vgl. Kap. XX, Am.P. 1586130 und 1659930 und F.P. 613714).

Man soll die störenden Koksabscheidungen durch Verbrennen entfernen (vgl. z. B. Am.P. 1326851, 1470359, 1569532, 1231695, 1351859 und 1367862).

21. Reinigen von Krackbenzinen.

Die Krackbenzine enthalten, wie bekannt, neben anderen Verunreinigungen, wie z. B. Schwefelverbindungen, eine relativ große Menge von Olefinen und Diolefinen oder anderen ungesättigten Verbindungen, die leicht zu gummi- bis harzartigen Stoffen polymerisieren, und auf deren Anwesenheit man das Verkleben der Ventile in den Explosionsmotoren zurückgeführt hat.

Bei Anwendung der für natürliche Öle üblichen Reinigungsmittel treten wegen der restlosen Ausscheidung aller nicht paraffinischen Verbindungen ungemein große Materialverluste auf, welche die Wirtschaftlichkeit der Krackverfahren stark beeinträchtigen. Man hat deshalb versucht, andere Reinigungsmittel ausfindig zu machen, die einen Teil der als harmlos erkannten ungesättigten Verbindungen im Öl beließen und deshalb zu höherer Ausbeute trotzdem gebrauchfähiger Krackbenzine führten. Es sollen im folgenden nur solche Verfahren beschrieben werden, die in erster Linie oder aber ausschließlich für Krackprodukte empfohlen sind, denn wie aus der wechselnden Zusammensetzung der Krackdestillate zu schließen ist, kann man von Gesetzmäßigkeiten in dem Verhalten von Krackkohlenwasserstoffen und anderen Kohlenwasserstoffen gegenüber bestimmten Reinigungsmitteln kaum sprechen. Jedenfalls lassen sich einige Einzelfälle in dieser Hinsicht kaum für das weite Gebiet der gesamten in Betracht kommenden Reinigungsmittel verallgemeinern. Die einzelnen Verfahren sind in folgender Reihenfolge besprochen. Eine Trennung zwischen Säuren und Alkalien hat deshalb nicht stattgefunden, weil auch die mit Alkalien arbeitenden Verfahren zum größten Teil von Produkten ausgehen, die bereits eine Säurebehandlung durchgemacht haben.

1. Säuren oder Alkalien,
2. Metalle,

3. Metallsalze oder Metallverbindungen,
4. Kolloide u. dgl.,
5. Reduktionsmittel,
6. Oxydationsmittel,
7. Verschiedene Verfahren.

1. Anwendung von Säuren oder Alkalien.

Über die Anwendbarkeit von 100proz. Schwefelsäure bzw. flüssiger schwefeliger Säure (Edeleanu) sind neuere Untersuchungen in der Zeitschrift „Brennstoff-Chemie" 1927, S. 358 ff. enthalten.

Bereits im Jahre 1897 sind im D.R.P. 93702, Kl. 23 Angaben über die Reinigung gekrackter Öle mit rauchender Schwefelsäure gemacht. Danach soll man die durch die rauchende Schwefelsäure im Öl gebildeten dunklen und schlecht riechenden Sulfurierungsprodukte mit gewöhnlicher konzentrierter Schwefelsäure von 75—100 vH H_2SO_4 herauslösen und dann zur Abscheidung bringen.

Nach den Angaben des D.R.P. 421558 vom 16. November 1925 (Firma Oberschlesische Kokswerke und Chemische Fabriken A.-G. in Berlin, Friedrich Russig, Berlin und Dr. Supan, Hindenburg O.-S.) soll man zur Reinigung eine Schwefelsäure von 1,53 spez. Gew. bei 40 bis 50° C verwenden, wodurch keine Harze, sondern nur höhere polymerisierte Öle gebildet werden sollen.

Wenn man gekrackte Öle, die mit Schwefelsäure behandelt worden sind, destilliert, so tritt eine starke Entwicklung von schwefeliger Säure ein, wobei man auch noch gefärbte Destillate erhält. Die Ursache sind die durch die Behandlung mit Schwefelsäure gebildeten Sulfoverbindungen. Man vermeidet diesen Mißstand, wenn man den Ölen nach der Behandlung mit Schwefelsäure und Waschen trockenes Kalkhydrat zusetzt und dann destilliert (Am.P. 561216. Frash, Cleveland. Vom 2. Juni 1896).

Zur Reinigung des Petroleums von den rauchenden Bestandteilen und auch zur Entfernung derartiger Bestandteile aus Krackdestillaten wird eine Schwefelsäure von 98 vH vorgeschlagen (Am.P. 968692. C. J. Robinson, New York. Vom 30. August 1910).

Von dem zuletzt genannten Erfinder wird zu dem gleichen Zweck eine Schwefelsäure von etwa 60° Bé vorgeschlagen (Am.P. 910584).

Zur Ausführung der Reinigung soll man 400 Liter Öl mit 4 Liter Wasser mischen und dann 54 Liter Schwefelsäure spez. Gew. 1,835 (93,56 vH) langsam zumischen und diese Mischung nicht über 20° C verarbeiten. Wesentlich ist die langsam zunehmende Stärke der verwendeten Säuren. Aus der abgesetzten Schwefelsäure können Alkohole isoliert werden (Am.P. 1365045. M. D. Mann jr., New Jersey. Vom 11. Januar 1921).

Nach dem Am.P. 1394987 soll man zur Kondensation der Krackdestillate Wasser anwenden, in dem Bleioxyd oder Bleiazetat und Natronlauge oder Kalziumhydroxyd, Natriumkarbonat und Bleisalze enthalten sind.

Um bei der Reinigung mit Schwefelsäure, wie im Vorstehenden erwähnt, größere Verluste durch Verharzung zu vermeiden, soll man den Kohlenwasserstoffen kontinuierlich beschränkte Mengen von Schwefelsäure zusetzen und sie unter Innehaltung bestimmter Temperaturen Mischgefäße durchlaufen lassen, dann wird die Schwefelsäure mit Alkali neutralisiert und mit Dampf destilliert (Am.P. 1402733. C. U. Alexander, Texas. Vom 10. Januar 1922).

Das Am.P. 1413899 benutzt zur automatischen Ausführung der Schwefelsäurereinigung den im Kracksystem herrschenden Druck. Dieser drückt die Kondensate von unten in eine Kolonne nebeneinander geschalteter Reinigungsgefäße, und zwar durch die in ihnen enthaltenden Füllungen, die aus Säure, Wasser, Alkali und Wasser bestehen. Die Gefäße stehen durch Überlauf miteinander in Verbindung (Am.P. 1413899. F. M. Clark, New York. Vom 25. April 1922).

Zur Ausführung der Schwefelsäurereinigung soll man etwa 5 vH einer Schwefelsäure von 75—80 vH anwenden und dann nach mechanischer Abtrennung über Alkali destillieren (Am.P. 1563012).

Krackdestillate soll man zunächst mit einer schwachen alkalischen Lösung behandeln, dann von dieser Lösung trennen und mit einer stark alkalischen Lösung behandeln, wobei die Temperatur 190° C nicht überschreiten soll (Am.P. 1592329. J. C. Black et Al., Kalifornien. Vom 11. Juli 1926).

In dem Am.P. 1603701 wird eine kombinierte Behandlung vorgeschlagen: 1. Natronlauge von 38—40° Bé, 2. Schwefelsäure von 70 bis 83 vH, wobei die Schwefelsäure sukzessive zugesetzt wird, 3. Destillation über festes Natriumhydroxyd und 4. im Bedarfsfalle Behandlung mit Entfärbungsmitteln, wie Infusorienerde, aktiver Kohle, Silikagel, Beinschwarz oder Walkerde (Am.P. 1603701. Paul McMichael, New York. Vom 19. Oktober 1926).

Man soll das zu reinigende Öl unter Zusatz einer Mischung, bestehend aus 500 ccm Walkerde und 50 g Natriumhydroxyd, in etwa 4 Stunden destillieren (Am.P. 1608089. G. Egloff et Al., Chikago. Vom 23. November 1926).

Zur Ausführung der Reinigung mit Schwefelsäure wird im Am.P. 1639988 ein Apparat vorgeschlagen, bei dem die Mischung des Öles mit der Schwefelsäure mittels einer Mischdüse erfolgt. Dann läßt man die Säuren in dem Behandlungsgefäß absetzen und entfernt die letzten Spuren der Säure, indem man das Öl von unten durch ein Sandfilter treten läßt (Am.P. 1639988. S. J. Dickey et Al., Kalifornien. Vom 23. August 1927).

2. Anwendung von Metallen.

Zur Reinigung werden Metalle, wie Natrium oder aber seine Legierungen bzw. Amalgame, vorgeschlagen, z. B. eine Legierung von Natrium und Blei. Man soll die Öle mit den Metallen erwärmen (E.P. 154464. R. V. S. Knibbs, London. Vom Dezember 1920). Im F.P. 611890 wird Zinn und Eisen, seine Legierungen, Kupfer oder Nickel in Pulverform vorgeschlagen.

23*

3. Anwendung von Metallsalzen oder anderen Verbindungen.

Während im Abschnitt 1 dieses Kapitels insbesondere Schwefelsäure als Polymerisierungsmittel, d. h. zur Ausscheidung der gummi- und harzbildenden Verbindungen verwendet wurde, schlägt das D.R.P. 290946 zu einem gleichen Zweck Metallsalze, z. B. Chlorzink, Eisenchlorid, Chlorzinn oder Kupfersulfat vor. Man soll von den gebildeten Harzen durch Destillation trennen. Die Kondensationsmittel, können auch durch indifferente Stoffe verteilt, zugesetzt werden (D.R.P. 290946, Kl. 23 b. Allgemeine Gesellschaft für Chemische Industrie, Berlin. Vom 30. September 1919).

An Stelle des zuletzt erwähnten wasserfreien Eisenchlorids wird wasserhaltiges Eisenchlorid für den gleichen Zweck vorgeschlagen (D.R.P. 433855. I. G. Farbenindustrie A.-G., Frankfurt a. M. Vom 13. September 1926).

Ähnlich wie in dem in diesem Abschnitt besprochenen D.R.P. 290946 sollen zu einem gleichen Zweck die wasserfreien Chloride von Eisen, Aluminium, Zink oder Magnesium angewendet werden (F.P. 601172. Société anonyme, Huiles, Gundrons et Dérivés, Frankreich. Vom 24. Februar 1926).

Insbesondere zur Desulfurierung soll man reduzierend wirkende Metallverbindungen verwenden, wie Stannosalze oder seine Doppelsalze, Zinn und seine Legierungen bzw. das Oxydul oder Oxydulhydrat bei Gegenwart von Salzsäure, Ferrosalze oder seine Doppelsalze, Eisen, seine Legierungen bei Gegenwart von Salzsäure, Chromochlorid, Titansesquichlorid, Ferrohydroxyd und die analogen Verbindungen von Eisen, Zinn, Chrom, Mangan, sowie Kupfer und Nickel in Pulverform (F.P. 611890. A. Mailke, Frankreich. Vom 13. Oktober 1926).

Die Verwendung von Chloraluminium als Reinigungsmittel ist bereits im F.P. 601172 vorgeschlagen worden. Man soll nach dem F.P. 630828 dieses Salz unterhalb 38° C anwenden (F.P. 630828. Stransky und Hansgirg, Österreich. Vom 9. Dezember 1927).

Man soll zur Reinigung die Krackdestillate mit 1 vH wasserfreiem Aluminiumchlorid destillieren (E.P. 119751. A. E. Dunstan, England. Vom Oktober 1918).

Zur Reinigung der Krackbenzine werden in dem Am.P. 1365894 die Chlorüre von Quecksilber, Kupfer und Eisen vorgeschlagen, z. B. u. a. die Lösungen von Kupferchlorid in Ammoniak. Luftrührung wird empfohlen und nachherige Behandlung mit verdünnten Alkalien (Am.P. 1365894. D. T. Day, Washington. Vom 18. Januar 1921).

Die Reinigung mit Natriumplumbit soll man derart vornehmen, daß man die Benzine zunächst mit Schwefelsäure und hierauf mit Alkali behandelt, dann setzt man Natriumplumbit hinzu, trennt nach längerem Rühren ab und fällt das vom Öl aufgenommene Blei durch Zusatz eines hydrolisierbaren Sulfids, z. B. von Calcium, Magnesium oder Aluminium, dann folgt eine Destillation mit Wasserdampf. (Am.P. 1569870. J. C. Morrell, Chikago. Vom 19. Januar 1926).

Bei dem zuletzt beschriebenen Verfahren bilden sich leicht kolloidale Niederschläge von Schwefelblei, die sich nicht absetzen, deshalb wird vorgeschlagen, die Fällung der Bleiverbindungen durch ein wasserlösliches Metallsulfid vorzunehmen und bei der Fällung Elektrolyte, insbesondere verdünnte Schwefel- oder Salzsäure im Betrage von $^1/_{10}$—1 vH zuzusetzen (Am.P. 1569871. J. C. Morrell, Chikago. Vom 19. Januar 1926).

In dem Am.P. 1569872 sind etwa die gleichen Angaben, wie in dem Am.P. 1569870 gemacht. Nur soll man die Fällung des Bleies mit wasserlöslichen Metallsulfiden, z. B. denen des Kaliums, Natriums oder Ammoniums vornehmen (Am.P. 1569872. J. C. Morrell, Chikago. Vom 19. Januar 1926).

Als Salz zum Reinigen wird das Aluminiumchlorosulfat ($Al \cdot SO_4 \cdot Cl \cdot 5H_2O$) vorgeschlagen, das man in einer Menge von 2—5 vH anwenden soll (Am.P. 1649384. H. Blumenberg, Nevada. Vom 15. November 1927).

Beim Behandeln von Krackbenzinen mit wässerigen Lösungen von Jodkalium sollen die so behandelten Benzine bei der Einwirkung von Licht oder Luft eine dunkle Färbung annehmen, die beim Filtrieren verschwindet, wobei lichtbeständige Öle entstehen (Am.P. 1674020. A. Oberle, Illinois. Vom 19. Juni 1928).

4. Anwendung von Kolloiden o. dgl.

Man soll die zu reinigenden Dämpfe durch eine Kolonne von Filtern aus Walkerde o. dgl. leiten, die auf 200⁰ C erhitzt sind (F.P. 483231. Hall Motor Fuel, England. Vom 13. Juni 1917).

Die Desulfurierung und Polymerisation der unerwünschten Bestandteile soll man in Filtern aus Bauxit oder porösem Ton vornehmen, die eine Temperatur von 150—300⁰ C besitzen, und durch die die Dämpfe hindurchgeleitet werden (E.P. 141272. Hall Motor Fuel, London. Vom April 1920).

Zu einem gleichen Zweck wird ein Filter aus aktiver Kohle bei einer Temperatur zwischen 100—250⁰ C empfohlen (E.P. 205868. J.F. G. P. Remfry, England. Vom Oktober 1923).

In dem E.P. 212500 empfiehlt der zuletzt genannte Erfinder die gekrackten Benzine in der Flüssigkeitsphase, d. h. bei 100—130⁰ C durch Filter aus Bauxit, Walkerde o. dgl., aktive Kohle usw. laufen zu lassen (E.P. 212500. G. P. Remfry, England. Vom März 1924).

Man soll erhitzte Filter aus Walkerde, Silikagel, Bauxit oder anderen Hydrosilikaten anwenden, über die man Öldämpfe unter hohem Vakuum leitet (E.P. 260455. Burmah Oil Co., Glasgow. Vom November 1926).

In dem Am.P. 1175910 wird vorgeschlagen, die Krackdestillate, die aus einem Verfahren herstammen, das bei 540—600⁰ C und 75 Pfund/ Quadratzoll erhitzt, zu ihrer Reinigung in röhrenförmigen senkrechten Kondensatoren zu entspannen, die mit kleinstückigem, röhrenförmigem oder anders geformtem Ton gefüllt sind (Am.P. 1175910. W. A. Hall, New York. Vom 14. Mai 1916).

In dem vorstehend besprochenen Am.P. 1175910 hat der Erfinder darauf hingewiesen, daß man Krackbenzine von den in ihnen enthaltenen gelben harzartigen Stoffen dadurch reinigen kann, daß man sie dampfförmig durch kleinstückigen Ton filtert. Das Am.P. 1239099 desselben Erfinders enthält ähnliche Vorschläge zur Reinigung von Krackbenzinen. Zwecks Herstellung eines Treibmittels wird vorgeschlagen, die Krackbenzine dampfförmig durch Walkerde zu filtrieren oder auch gewöhnlich darüber zu filtrieren. Ferner wird auch die Reinigung mit Schwefelsäure und darauffolgender Destillation vorgeschlagen (Am.P. 1239099. W. A. Hall, New York. Vom 4. September 1917).

Nach den Ausführungen des Am.P. 1337523 soll man die zu reinigenden Öle mit einem porösen Material, wie Walkerde, Kieselgur, Ton, Holzkohle, gepulverten Koks o. dgl. kochen, wobei sich 5—15 vH der unerwünschten Bestandteile des Öles als Harz auf dem porösen Zusatzmittel abscheiden (Am.P. 1337523. Leslie und Barbre, Kalifornien. Vom 20. April 1920).

Man soll Benzine über einer Mischung von 500 Tl. Walkerde und 50 Tl. Salzsäure destillieren (Am.P. 1535653. Egloff und Beuner, Kansas. Vom 28. April 1925).

Bereits in dem Am.P. 1337523 ist darauf hingewiesen, daß das mit den porösen Katalysatoren ausgeschiedene harzartige Polymerisationsprodukt ein wertvolles schellackähnliches Harz ist. In dem Am.P. 1608135 soll man aus dem Gemisch von Harz und Katalysator das Harz durch organische Lösungsmittel oder flüssige schwefelige Säure herauslösen und dadurch den Katalysator regenerieren. Man soll das Öl entweder zusammen mit dem Katalysator destillieren oder rühren und dann filtrieren oder durch aus diesem Katalysator (Walkerde, Bentonit, Ton, Holzkohle) bestehende Filter durchfiltrieren (Am.P. 1608135. J.C. Morrell, Illinois. Vom 23. November 1926).

Bei der Ausführung der Spaltung wird in den Strom der Destillatdämpfe ein Tonfilter eingeschaltet, das die Kondensation der schweren Destillate bewirkt und die Reinigung der Leichtöle herbeiführt (Am.P. 1624692. H. Thomas, Pennsylvania. Vom 12. April 1927).

5. Anwendung von Reduktionsmitteln.

Es gibt zahlreiche Krackverfahren, welche die Bildung der unerwünschten ungesättigten Verbindungen dadurch vermeiden wollen, daß sie das Kracken selbst unter Mitverwendung hydrierend wirkender Mittel vornehmen.

Bereits in dem F.P. 400141 ist darauf hingewiesen, daß man die bei höheren Temperaturen unter Anwendung von Metallkatalysatoren hergestellten Krackbenzine bei 150—300° C mit Wasserstoff unter Anwendung von Metallkatalysatoren hydrieren solle.

Auch das D.R.P. 401355, Kl. 23b betrifft einen ähnlichen Vorschlag. Danach sollen Krackbenzine, die bis 150° C sieden, unter Anwendung von Katalysatoren hydriert werden.

Die Hydrierung von Krackbenzinen vom Siedepunkt 60—150° C soll dadurch ausgeführt werden, daß man die Benzindämpfe zusammen mit Salzsäuregas über Eisenspiralen o. dgl. leitet, die elektrisch auf 270 bis 350° C erhitzt sind (D.R.P. 402991, Kl. 12^{01}).

Einen ähnlichen Vorschlag wie das vorstehende Patent enthält auch das Ö.P. 108165, das Krackbenzine mit trockenem Zinkstaub unter Einleiten von trockenem Chlorwasserstoff digeriert und dann über Zinkstaub destilliert (Ö.P.108165. Suida und Pöll, Wien. Vom 10. Dezember 1927).

Zur Hydrierung schlägt das Am.P. 826089 Wasserstoff unter Anwendung von Palladiumschwarz, Platinschwamm, porösem Zinkstaub, Walkerde, Ton o. dgl. vor. Diese porösen Katalysatoren werden unter Druck mit Wasserstoff oder wasserstoffhaltigen Gasen gesättigt und in den Sättigungsraum die zu behandelnden Benzine eingeführt (Am.P. 826089. D. T. Day, Kolumbien. Vom 17. Juli 1906).

Da die bei der Hydrierung vielfach verwendeten metallischen Katalysatoren durch Schwefelwasserstoff unwirksam gemacht werden, soll man die Krackdestillate vorher durch Kupferoxyd oder metallisches Kupfer desulfurieren (Am.P. 1396999).

6. Anwendung von Oxydationsmitteln.

Man soll die zu reinigenden Öle in drei hintereinander geschaltete Kessel bringen. In dem Kessel *1* ist als Katalysator Manganstearat gelöst, in dem zweiten befinden sich Späne aus Kupfer und in dem dritten Späne aus Blei. Dann wird bei etwa 90° C 40 vH Luft unter Druck durchgeleitet. Schließlich folgt eine Endbehandlung mit Säure und Alkali (F.P. 627984. Petroff, Rußland. Vom 17. Oktober 1927).

Nach dem E.P. 204078 behandelt man die Krackbenzine zuerst mit Chlorwasser oder wässeriger unterchloriger Säure, wodurch die ungesättigten Kohlenwasserstoffe in Chlorhydrine übergeführt werden, die durch Behandlung mit Alkalien in Äther, d. h. gesättigte Verbindungen übergeführt werden sollen (E.P. 204078. Dunstan, England. Vom September 1923).

Bei der Anwendung von Alkalihypochloriten soll man nur etwa 1,5 vH anwenden, d. h. eine Menge, die nur dazu genügt, einen Teil der unangenehm riechenden Schwefelprodukte zu entfernen. Die weitere Reinigung erfolgt durch Behandlung mit Säure oder Alkali und durch Destillation (E.P. 288931. F. B. Thole, England. Vom April 1928).

Das Verfahren des Am.P. 1492969 baut sich auf dem E.P. 204078 des gleichen Erfinders auf. Man soll bei Benzinen, die große Mengen von Diolefinen enthalten, vor der Chlorierung einen Teil der Diolefine durch Filtrieren über Bauxit oder Behandlung mit wasserfreiem Aluminium- oder Zinkchlorid ausscheiden (vgl. Abschnitt 4 und 3 dieses Kapitels). (Am.P. 1492969. A. E. Dunstan, England. Vom 6. Mai 1924).

Nach den Angaben des Am.P. 1636946 soll man das vorher filtrierte Öl zunächst mit Wasser emulgieren und dann Calciumhypochlorit hinzusetzen. Es folgt dann Waschen und eine Behandlung mit Wasserstoffsuperoxyd oder Natriumperborat bei erhöhter Temperatur, dann folgt eine Behandlung mit Schwefelsäure von 66° Bé und nach erfolgter Abtrennung des größten Teiles der Säure eine Behandlung des noch stark sauren Öles mit dem Alkalisalz einer schwachen Säure, insbesondere Alkalisilikat. Das Am.P. beschreibt auch noch andere anscheinend unwichtigere Arbeitsverfahren (Am.P. 1636946. F. H. Weber, New Jersey. Vom 26. Juli 1927).

7. Anwendung verschiedener Verfahren.

Man soll die Dämpfe von Krackbenzinen zusammen mit Wasserstoff und sehr geringen Mengen von Chlor oder Brom durch polymerisierend wirkende Filter, wie Walkerde, Bauxit, aktive Kohle, Aluminiumoxyd o. dgl., streichen lassen (F.P. 577969. V.L. Oil Processes, England. Vom 13. September 1924; siehe auch E.P. 214871).

Die zu reinigenden Öldämpfe werden durch Holzkohle und dann durch Kalkwasser geleitet (E.P. 10526/1897. J.R. Whiting, U.S.A. Vom Mai 1897; siehe auch Am.P. 583779).

Die Krackbenzine sollen die Eigenschaft gummiartige Massen zu bilden zum Teil verlieren, wenn man sie in Leinöl einleitet und dann destilliert oder ihre Dämpfe über Bimssteinstücke streichen läßt, die mit Leinöl getränkt sind. Nach dieser Behandlung kann man die Dämpfe über Bimsstein leiten, der mit Phosphorsäure getränkt ist. Eine Nachbehandlung mit Natronlauge oder Natronkalk ist vorgesehen (E.P. 113131. J.J. Nelson, Schottland. Vom Februar 1918).

Nach dem E.P. 249309 soll man dem Öl 1 vH Natriumhydroxyd oder Calciumoxyd zusetzen und hierzu 10 Tl. Wasser oder gesättigten Dampf; dann wird bei Gegenwart von Katalysatoren hydriert (E.P. 249309).

Die in den Krackbenzinen enthaltenen aromatischen Kohlenwasserstoffe kann man zum größten Teil daraus entfernen, wenn man sie mit z. B. flüssigem Dinitrotoluol behandelt. Es bilden sich zwei Schichten. In der oberen Schicht befindet sich die Hauptmenge des Gasolins zusammen mit geringen Mengen aromatischer Kohlenwasserstoffe und der Dinitroverbindung, die sich durch Destillation voneinander trennen lassen (Am.P. 1276219. F.B. Holmes, New Jersey. Vom 20. August 1918).

Das Reinigen der Krackbenzine kann man nach den Angaben des Am.P. 1325668 auch in der Weise vornehmen, daß man sie in Dampfform, d. h. so wie sie aus der Krackretorte austreten, in wässerige Lösungen von Reinigungsmitteln einleitet.

Das Am.P. 1528398 schlägt folgendes Verfahren vor. Behandlung mit 10 prozentiger Natronlauge, von der man 5—10 vH zusetzt. Abblasen mit Dampf, Behandlung mit Calciumhypochloritlösung. Nachbehandlung mit Spuren von Aluminium- oder Zinkchlorid und Destillation (Am.P. 1528398. B.T. Brooks, New York. Vom 3. März 1925).

Man soll zur Reinigung Kupferoxyd bei Gegenwart von Licht und bei starkem Rühren benutzen. Das Öl muß vorher mit Natronlauge und konzentrierter oder rauchender Schwefelsäure oder nur mit 75 vH Schwefelsäure gemischt sein (Am.P. 1551806. Davis, Kalifornien. Vom 1. September 1925).

Nach den Ausführungen des Am.P. 1568904 soll die Reinigung nach einer Vorbehandlung des Öles mit Schwefelsäure mit Natriumplumbit erfolgen. Das vom Öl aufgenommene Blei soll durch eine Nachbehandlung mit flüssiger schwefeliger Säure erfolgen. Vor der Behandlung mit schwefeliger Säure kann eine solche mit Schwefelwasserstoff erfolgen (Am.P. 1568904. J.C. Morrell, Illinois. Vom 5. Januar 1926).

Zur Reinigung der Leichtöle in Dampfform wird von dem Am.P. 1587491 ein Durchleiten durch ein Gemisch von Bentonit mit Kupfersalzen vorgeschlagen.

In dem Am.P. 1641546 wird ein kombiniertes Reinigungsverfahren vorgeschlagen, bei dem das Öl zuerst mit schwefeliger Säure und hierauf mit Absorptionsmaterialien, wie Walkerde, Infusorienerde, Silikagel, nachbehandelt wird. Nach dieser Behandlung wird mit Natronlauge oder Ammoniak nachgewaschen und eventuell noch mit Alkalihypochlorit oder Natriumplumbit, worauf destilliert werden kann (Am.P. 1641546. P. McMichael, New York. Vom 6. September 1927).

Man hat auch schon eine alkalische Lösung von Natriumchromat angewendet, die aus 28 Tl. Natronlauge (35 vH) und 72 Tl. Natriumbichromat (10 vH) zusammengesetzt ist. Hierauf folgt eine Nachbehandlung mit 1—10 vH Schwefelsäure (75—83 vH). (Am.P. 1658171).

Nach den Ausführungen des Am.P. 1669944 soll man das Öl zuerst mit Natriumhyposulfit ($Na_2S_2O_4$) behandeln, der Alkalilauge zugesetzt ist, dann wird mit der alkalischen Lösung einer Schwermetallverbindung nachbehandelt, z. B. mit einer alkalischen Chromatlösung oder mit Natriumplumbit bzw. einer Mischung von Kupfersulfat und Natronlauge. Hierauf folgt eine Nachbehandlung mit verdünnten Säuren (Am.P. 1669944. P. McMichael, New York. Vom 15. Mai 1928).

Oftmals handelt es sich darum auf dem Wege der Krackung aromatische Kohlenwasserstoffe herzustellen, die zur Herstellung von Sprengstoffen dienen sollen. Man kann aus einem Gemisch, das Paraffine und Olefine sowie aromatische Kohlenwasserstoffe von naheliegenden Siedepunkten enthält, die letzteren durch Destillation nicht abtrennen. Deshalb wird vorgeschlagen, derartige Gemische nochmals bei 525⁰ C und 500 Pfund Druck in einem Röhrenofen zu kracken, wobei die aromatischen Verbindungen unangegriffen bleiben, während die Paraffine und Olefine teils in Gase, teils in schwer flüchtige Verbindungen übergehen (Am.P. 1441341. Govers, New York. Vom 9. Januar 1923).

Das Krackverfahren ist auch schon zur Anwendung gekommen, um Olefine herzustellen, die in den letzten Jahren für die Herstellung von Glykolen von Bedeutung geworden sind. Um nun aus dem resultierenden Gasgemisch, was bei einem entsprechend geleiteten Krackverfahren entsteht, die höherwertigen Olefine auszuscheiden, soll man es durch kaltes Petroleum leiden, wobei nur die höheren Olefine vom Propylen aufwärts absorbiert werden, während das Äthylen nicht absorbiert wird (Am.P. 1452322. S. C. Stewart, Michigan. Vom 17. April 1923).

Es ist bekannt, daß sich Krackbenzine mit den gewöhnlichen Reinigungsmitteln, wie Schwefelsäure, Hypochlorite u. dgl., sehr schwer raffinieren lassen, weil sie eine sehr große Menge von Produkten enthalten, die sich leicht oxydieren, kondensieren oder polymerisieren lassen. Insbesondere leiten die gereinigten Produkte daran, daß sie nachdunkeln. Man soll beständige Produkte dadurch erhalten, daß sie längere Zeit unter Druck auf Temperaturen erhitzt werden, die unter der Kracktemperatur liegen. Es wird empfohlen $4^3/_4$ Stunden bei steigender Temperatur auf 340⁰ C und einem Druck von 380 Pfund/Quadratzoll zu erhitzen (Am.P. 1550673. B. J. Brooks, New York. Vom 25. August 1925).

22. Die Ausgangsmaterialien für den Krackprozeß.

Als wesentliches Ausgangsmaterial für den Krackprozeß kommen hochsiedende Erdölkohlenwasserstoffe oder ihre Destillationsrückstände in Betracht, ebenso wie auch die analogen Produkte aus der Teerölindustrie. Auch Teer beliebiger Herkunft u. a. m. ist dem Krackprozeß unterworfen worden.

Es sollen nun im folgenden, ohne eine erschöpfende Übersicht geben zu wollen, auf einige Ausgangsmaterialien hingewiesen werden, die zum Teil nicht unter die vorgenannten fallen.

Torfteer; E.P. 13261/1913. — Terpentin, Harz; F.P. 390558. — Schiefer; E.P. 14617/95. — Verschwelen von Briketten aus bituminösen Schiefern; F.P. 554374. — Kohle, Torf, Teer, Fette, Öle, Lack, Linoleum; E.P. 214940. — Braunkohlenteer, Schieferöle; D.R.P. 37728. — Zellulose, Sägespäne, Torf, Seegras, Moos, Lävulose, Laktose, Saccharate; D.R.P. 51553. — Erdpeche, Brandschieferöl; D.R.P. 94846. — Gasteer, Holzteer, Harze, Weinschlempe, Melasse; F.P. 390558. — Destillate von Kohlenstoff, Schiefer, Torf, Braunkohle, Holz, Paraffin, Wachse, Asphalt, Harz; Am.P. 1392788. — Pflanzliche und tierische Öle und Fette, Holzöle, Terpentinöl; F.P. 20753, Zusatz zum F.P. 476876. — Pflanzliche und tierische Öle; F.P. 579601. — Teere, Ozokerit, Paraffin, Kerosin, Wachse, Kohlenteer, Bitumen, Wassergasteer, Asphalt, Anthracen, Kreosot, Naphthalin; E.P. 4573/1914. — Kolophonium; F.P. 607155. S. 1, 7, 53. — Öle des Tieftemperaturteeres; F.P. 620659. S. 1, 6. — Säureteer, Säureschlamm; Am.P. 1373391. — Öle und Fettkörper; D.R.P. 432745, Kl. 26.

23. Das Material für die Krackblasen und Schlangen.

Es sollen hier nur einige außergewöhnliche Vorschläge, d. h. solche, die sich nicht auf Guß- oder Schmiedeeisen, Gußstahl o. dgl. beziehen, besprochen werden.

Nickelstahl; D.R.P. 226958. — Heizschlangen, ausgekleidet mit oxydiertem magnetischem Eisen; F.P. 462484. — Feuerfester Ton, Sandstein; F.P. 524622. S. 1, Z. 20. — Überzug von Chrom, Wolfram, Vanadium, Kobalt, Molybdän; Am.P. 1582402. — Verzinnte Kessel; E.P. 193071. S. 2, Z. 86 und E.P. 254011. — Retorten aus Eisen, Kupfer, geschmolzenem Quarz, Ton, E.P. 28460/1911. S. 2, Z. 19. — Retorten aus Guß- oder Schmiedeeisen, Kupfer, geschmolzenem Quarz, feuerfestem Ton, Überzüge aus Kohlenstoffeisen, Kupfer, Aluminium, oder Legierungen dieser Metalle oder aus Ziegeln bestehend, aus Koks, Kohle, Tonerde; F.P. 451471. — Verzinnte Kessel aus gegossenem Messing; Am.P. 826089. S. 1, Z. 65. — Kessel aus Chromeisen; Am.P. 1646349. — Retorte aus Quarz; Am.P. 1505870. S. 2, Z. 14. — Heizröhren, die außen aus oxydiertem Aluminium bestehen, dann aus einer Legierung von Eisen und Aluminium und innen aus Stahl; Leslie, Motor Fuels 1923. S. 332, Abs. 2. — Metallröhren, die innen mit Schwefeleisen überzogen sind; D.R.P. 431479, Kl. 12⁰. — Spaltzylinder innen verkupfert; E.P. 118122.

Namenverzeichnis.

Sachverzeichnis.

Zur Beachtung!

Um das Sachverzeichnis richtig auswerten zu können, ist es unbedingt erforderlich, nachstehende Ausführungen durchzulesen.

Das vorliegende Buch umfaßt ungefähr 1200 Patentschriften. Wenn man annimmt, daß jeder der besprochenen Vorschläge etwa 4—5 besondere Merkmale im Verfahren oder in der Apparatur aufweist, so berechnen sich daraus etwa 5000—6000 Merkmale, die dem Leser in möglichst übersichtlicher Form zugänglich gemacht werden sollen. Es handelt sich bei diesen Merkmalen auch in der bei weitem größten Mehrzahl nicht um Einzelmerkmale, sondern um Kombinationsmerkmale, die man durch ein einzelnes Stichwort nicht erfassen kann, ohne Gefahr zu laufen, die Kombination auseinander zu reißen und damit die Übersicht ernstlich zu beeinträchtigen. Es ist deshalb in einem Teil des Sachverzeichnisses der Versuch gemacht worden, nicht die Einzelmerkmale einer Kombination, sondern die Kombination selbst stichwortmäßig zu erfassen. Ferner sind technologisch zusammengehörige Merkmale, Arbeitsgebiete und Apparate mit Rücksicht auf ihre besondere technische Bedeutung für die Ausführung der Krackverfahren unter bestimmten Stichworten in erschöpfender Weise, und zwar hinter dem allgemeinen Stichwortverzeichnis zusammengefaßt worden. Diese Zusammenfassungen beziehen sich auf folgende Spezialstichworte:

1. Ausgangsmaterialien
2. — Vorbehandlung der
3. Frischöl
4. Hilfsapparate
5. Heizeinrichtungen
6. Heizmittel
7. Heizverfahren
8. Katalysatoren
9. Kohlenstoff
10. Kondensation und Kondensatoren
11. Krackdestillatdämpfe
12. Krackdestillate
13. Krackverfahren
14. Reinigung von Krackdestillaten
15. Rückstromkondensate

Die Verwertung dieser Zusammenfassungen soll an einem bestimmten Beispiel des Wortes Zinn erörtert werden. Zinn, geschmolzenes, als Wärmeüberträger steht unter 6. Heizmittel, als Material für Retorten unter 5. Heizeinrichtungen, als katalytische Substanz unter 8. Katalysatoren, als Reinigungsmittel für Kohlenwasserstoffe unter 14. Reinigung.

Durch diese 15 Spezialstichworte dürfte der Leser in den Stand gesetzt sein, sich ohne zeitraubende Recherche beim Durchlesen oft nur weniger Zeilen über bestimmte Arbeitsgebiete möglichst erschöpfend informieren zu können. Naturgemäß sollen diese Stichwortzusammenstellungen sich nicht untereinander ausschließen, sondern vielmehr ergänzen.

Der Verfasser.

Abkürzungen.

C = Kohlenstoff
D = Dampf
Kata = Katalysator, katalytisch
K.W = Kohlenwasserstoff
Kr = Kracken
R.K = Rückstromkondensator
t = Temperatur
W = Wasser
WD = Wasserdampf

A

B

C

D

E

F

1. **Ausgangsmaterialien** für das Kr (s. a. 3. Frischöl S. 373, 12. Kr-Destillate S. 390, 11. Kr-Destillatdämpfe S. 389, 15. R.K S. 402, 13. Kr-Verfahren S. 390).

2. Ausgangsmaterialien, Vorbehandlung der.

3. Frischöl (s. a. 12. Krackdestillate S. 390, 11. Krackdestillatdämpfe S. 389, 10. Kondensieren S. 388, 13. Kr-Verfahren S. 390, 15. Rückstromkondensate S. 402, usw.).

Frischöl, zum Abkühlen von Krackapparaten 64.
— und Rückstromkondensat Vorwärmen a. durch Abgase 68.
— vorwärmen und Rückstromkondensat einleiten 69, 78.
— direkt in die Spaltschlange 71, 74,
76, 130.
— vorwärmen durch Krackteer 76,
193.
— Erwärmung progressive vor dem
Kracken 78.
— einleiten mit Kondensation in die
Heizschlange oder den Expansionskessel 79.
— entwässern 80.
— einleiten in den obersten Hauptkessel in eine Umlaufretorte 137.
— einleiten in den Expansionskessel
173.
— einleiten mit filtriertem Rückstromkondensat 181, 182, 183.
— einleiten, filtriertes 182.
— vorwärmen mit Krackdestillatdämpfen, Abscheidung d. C, kracken 185.
— vorwärmen mit Destillatdämpfen,
einleiten zusammen mit Rückstromkondensat 193, 198.
— vorwärmen durch heiße Schweröldämpfe vom Kr-Verfahren 195.

Frischöl, mit Krackdestillatdämpfen
in einer besonderen Kammer gemischt, dann fraktioniert 195.
— einleiten in ein Gemisch von Rückstromkondensat mit Krackdestillaten 201.
— und Rückstromkondensat vorwärmen durch Krackdestillatdämpfe 201.
— als indirektes und direktes Kühlmittel 204.
— (hohe Säulen) als direktes Kühlmittel 205.
— gekühlt und Krackdestillate zum
direkten Kühlen von Destillatdämpfen 205.
— getoppt und R.K. als Kühlmittel
und Beschickung 206.
— als indirektes Kühlöl, dann entwässert und zusammen mit R.K.
als Beschickung 207.
— und Kr-Teer als Beschickung 220.
— spalten durch Kr-Destillatdämpfe
222.
— leichte Fraktionen des, zum direkten Kühlen der Kr-Destillate 232.
— — und Rückstandsöl als Kühlmittel 350.
— vorwärmen durch komprimierte Kr-
Destillate 350.

4. Hilfsapparate.

Heizung, Regelungsvorrichtung für
durch Dampfdruck 209.
Registriervorrichtung für den im Kr-
Kessel herrschenden Druck, betätigt durch die sich bildenden
permanenten Gase 209, 223.
Ventile zur Aufhebung des Druckes
beim Durchbrennen des Kessels
oder bei Rohrbruch 209.
Sicherheitsventil mit Betätigung aus
der Ferne 209.
Vermeidung zur Abscheidung des
Kohlenstoffes am Kesselboden
durch falschen Boden und Zirkulation des Öles 210.
Sicherheitsventil, auch automatisches
beim Eintreten von Rohrbrüchen
210, 211.
Ölzufluß, Regulierung des durch
Schwimmventil 210, 212.

Kr-Kessel mit Einlaßrohren oben und
Ablaufrohren unten und abnehm-
baren Stirnplatten 211.
Regulierungsvorrichtungen für Öl und
Dampf 211.
Kohlenstoff, Entfernung des, durch
Einblasen von WD 211.
Schneckeneinsatz in Röhren zum Mi-
schen von Dämpfen mit Gasen 211.
Sicherheitsventil für zu hohen Druck
211, 212.
Registriervorrichtung für den Stand
des Öles mit Schwimmerventil
211.
Kr-Rohre mit spiraligen Einsätzen
211.
Ölniveau, Regulierung des durch Ther-
moelemente 212.
Sicherheitsventil hinter dem Kr-Kessel
292.

5. Heizeinrichtungen (vgl. a. 7. Heizverfahren S. 383, 6. Heizmittel S. 382, 13. Kr-Verfahren S. 390).

Absetzkessel für C 349.
Autoklav (auch mehrere hintereinander) 51, 102, 216, 220, 222, 223,
225, 303, 318.

Blase, mehrkammerige mit einzelnen
Kondensatoren 84.
Bleibad mit Verteilungskörpern (Ra-
schig-Ringen) 110.

6. **Heizmittel für das Kracken** (s. a. 13. Kr-Verfahren S. 390, 7. Heizverfahren S. 383, 5. Heizeinrichtungen S. 374, Kap. 19, und 1. Ausgangsmaterialien für das Kr S. 371).

7. Heizverfahren für das Kracken (s. a..13. Kr-Verfahren S. 390, 6. Heizmittel S. 382, 5. Heizeinrichtungen S. 374, Kap. 19, 1. Kr-Ausgangsmaterialien
für das S. 371).

8. Katalysatoren (s. a. 13. Kr-Verfahren S. 390).
I. Metalle.

II. Metalloxyde.
Oxyde von:

V. Anordnung in, auf, geformt als und anderes mehr.

---

9. Kohlenstoff (s. a. 13. Kr-Verfahren S. 390).

10. Kondensation und Kondensatoren (vgl. a. 5. Heizungseinrichtungen S. 374, 11. Krackdestillatdämpfe S. 389, 3. Frischöl S. 373, 13. Kr-Verfahren S. 390, 6. Heizmittel S. 382, 7. Heizverfahren S. 383).

11. **Krackdestillatdämpfe** (s. a. 3. Frischöl S. 373, 10. Kondensation S. 388, 15. R. K S. 402, 13. Kr-Verfahren S. 390, 1. Ausgangsmaterialien S. 371).

12. Krackdestillate (s. a. 10. Kondensation S. 388, 11. Krackdestillatdämpfe S. 389, 3. Frischöl S. 373).

13. Krackverfahren.

14. Reinigung von Krackdestillaten (s. a. 13. Kr-Verfahren S. 390).

Druck von Breitkopf & Härtel, Leipzig.

Automobiltreibmittel des In- und Auslandes. Eine Übersicht über die vorgeschlagenen Mischungs- und Herstellungsverfahren, anhand der Patentliteratur dargestellt von Oberregierungsrat **Dr. Erwin Sedlaczek.** IX, 247 Seiten. 1927. Gebunden RM 14.40

Aus den Besprechungen:

Eine umfassende und wohlgelungene Übersicht über die bisher geleistete Forschungsarbeit auf dem Gebiete der Automobiltreibmittel ist in diesem Buche anhand der in- und ausländischen Patentliteratur geschaffen. Das Gesamtgebiet der Kraftstofforschung wird in gedrängter Kürze behandelt und durch die ursächliche Verknüpfung der Patentveröffentlichungen in eine übersichtliche Stoffanordnung gegliedert. Der erste Teil des Buches befaßt sich mit den Veröffentlichungen Deutschlands, Österreichs und der Schweiz; im zweiten Teil werden die französischen Vorschläge zur Herstellung von Treibmitteln besprochen und im dritten und vierten Teil die amerikanischen und britischen Patentvorschriften diskutiert. Die gleichbleibende Unterteilung dieser Abschnitte in sich erleichtert den Überblick des an und für sich recht verwickelten Problemkomplexes. Den Beschluß macht ein in seiner Ausführung sehr dankenswertes Sachverzeichnis.

„Chemiker-Zeitung."

Die Gewinnung von Erdöl mit besonderer Berücksichtigung der bergmännischen Gewinnung. Von Bergwerksdirektor **Gottfried Schneiders.** Mit 295 Textabbildungen. X, 363 Seiten. 1927. Gebunden RM 32.—

Wissenschaftliche Grundlagen der Erdölverarbeitung. Von Dr. **Leo Gurwitsch,** Professor an der Universität und der Technischen Hochschule zu Baku. Zweite, vermehrte und verbesserte Auflage. Mit 13 Abbildungen im Text und 4 Tafeln. VI, 399 Seiten. 1924. Gebunden RM 20.—

Die flüssigen Brennstoffe, ihre Gewinnung, Eigenschaften und Untersuchung. Von L. Schmitz. Dritte, neubearbeitete und erweiterte Auflage von Dipl.-Ing. Dr. **J. Follmann.** Mit 59 Abbildungen im Text. VII, 208 Seiten. 1923. Gebunden RM 7.50

Das Heizöl (Masut). Von E. Davin. Deutsche Bearbeitung von Dr. Ernst Brühl. Mit Geleitwort von Professor Dr. Fritz Frank. Mit zwei Textabbildungen und drei Zahlentafeln. IV, 62 Seiten. 1925. RM 3.60

Die wirtschaftliche Bedeutung der flüssigen Treibstoffe. Von Peter Reichenheim. Mit einer Kurve. VI, 86 Seiten. 1922. RM 2.40

Die Ölfeuerungstechnik. Von O. A. Essich. Dritte, vermehrte und verbesserte Auflage, herausgegeben von Dipl.-Ing. H. Schönian und Dr.-Ing. G. Brandstäter. Mit 253 Textabbildungen. VI, 128 Seiten. 1927. RM 8.—

Brennstoff und Verbrennung. Von Dr. D. Aufhäuser, Inhaber der Thermochemischen Versuchsanstalt zu Hamburg.

I. Teil: Brennstoff. Mit 16 Abbildungen im Text und zahlreichen Tabellen. V, 116 Seiten. 1926. RM 4.20
II. Teil: Verbrennung. Mit 13 Abbildungen im Text. IV, 107 Seiten. 1928. RM 4.20

I. und II. Teil gebunden RM 10.—

Lunge-Berl, Chemisch-technische Untersuchungs-methoden. Unter Mitwirkung zahlreicher Fachleute herausgegeben von Ing.-Chem. Dr. **Ernst Berl**, Professor an der Technischen Hochschule Darmstadt. Siebente, vollständig umgearbeitete und vermehrte Auflage. In 4 Bänden.

Erster Band. Mit 291 Textfiguren, einem Bildnis und 85 Tafeln. XXII, 1100 Seiten. 1921. Gebunden RM 36.—

Zweiter Band. Mit 313 Textfiguren und 19 Tafeln. XLIV, 1412 Seiten. 1922. Gebunden RM 48.—

Dritter Band. Mit 235 Textfiguren und 23 Tafeln. XXXI, 1362 Seiten. 1923. Gebunden RM 44.—

Vierter Band. Mit 125 Textfiguren und 56 Tafeln. XXV, 1139 Seiten. 1924. Gebunden RM 40.—

Das Werk gibt eine vollständige Übersicht der in den Industriewerken und Untersuchungslaboratorien angewendeten Untersuchungsmethoden für die wichtigsten Industrie und Handel interessierenden Stoffe und bringt ferner eine eingehende Darstellung der allgemeinen Laboratoriumsmethodik. Der dritte Band enthält u. a.: **Mineralöle** (Erdöl, Benzin, Leuchtöl, Gas-, Heiz-, Treiböle usw., Paraffin, Asphalt u. dgl.). Von Professor Dr. D. Holde, gemeinschaftlich mit Dr. G. Meierheim. **Erdöl und aus diesem gewonnene Produkte:** a) Erdöl, b) Benzin, c) Leuchtpetroleum, d) Putzöle aus Rohpetroleum, e) Gasöle aus Rohpetroleum, f) Treiböle, g) Heizöle (Masut, Astatki), h) Transformatorenöle, i) Staubbindende Öle (Fußbodenöle), k) Paraffinmassen aus Erdöl, l) Vaselin, Vaselinöl, Paraffinöl und Paraffinum liquidum, m) Teer- und pechartige Destillationsrückstände, n) Abfälle der Erdölverarbeitung, o) Ichthyol, p) Erdwachs. **Untersuchung der Schmiermittel. Prüfungen.** a) Chemische Prüfungen, b) Konsistente Fette und ähnliche Stoffe, c) Härteöl (Vergüteöl), d) Graphitschmiermittel, e) Bohröle, Gleitöle, Textilöle.

Kohlenwasserstofföle und Fette sowie die ihnen chemisch und technisch nahestehenden Stoffe. Von Professor Dr. **D. Holde**, Dozent an der Technischen Hochschule Berlin. Sechste, vermehrte und verbesserte Auflage. Mit 179 Abbildungen im Text, 196 Tabellen und einer Tafel. XXVI, 856 Seiten. 1924. Gebunden RM 45.—

Grundzüge der Schmiertechnik. Gestaltung und Berechnung vollkommen geschmierter Maschinenteile auf Grund der hydrodynamischen Theorie. Praktisches Handbuch für Konstrukteure, Betriebsleiter, Fabrikanten und Studierende des Maschinenbaufaches. Von Oberingenieur **E. Falz**. Mit 84 Textabbildungen, 21 Zahlentafeln und 31 Rechnungsbeispielen. VIII, 292 Seiten. 1926. Gebunden RM 22.50

Die Schmiermittel, ihre Art, Prüfung und Verwendung. Ein Leitfaden für den Betriebsmann. Von Dr. **Richard Ascher**. Mit 17 Textabbildungen. VIII, 247 Seiten. 1922. Gebunden RM 8.—

Technologie der Fette und Öle. Handbuch der Gewinnung und Verarbeitung der Fette, Öle und Wachsarten des Pflanzen- und Tierreichs. Unter Mitwirkung von G. Lutz, Augsburg, O. Heller, Berlin, Felix Kaßler, Galatz, und anderen Fachleuten herausgegeben von **Gustav Hefter**, Direktor der Aktiengesellschaft zur Fabrikation vegetabilischer Öle in Triest.

Erster Band: **Gewinnung der Fette und Öle. Allgemeiner Teil.** Mit 346 Textfiguren und 10 Tafeln. XVIII, 742 Seiten. 1906. Unveränderter Neudruck 1921. Gebunden RM 33.50

Zweiter Band: **Gewinnung der Fette und Öle. Spezieller Teil.** Mit 155 Textfiguren und 19 Tafeln. X, 974 Seiten. 1908. Unveränderter Neudruck 1921. Gebunden RM 46.—

Dritter Band: **Die Fett verarbeitenden Industrien.** Mit 292 Textfiguren und 13 Tafeln. XII, 1024 Seiten. 1910. Unveränderter Neudruck 1921. Gebunden RM 50.—

Vierter (Schluß-) Band. In Vorbereitung